객관성의 칼날

과학 사상의 역사에 관한 에세이

객관성의 칼날

과학 사상의 역사에 관한 에세이

찰리 길리스피 지음 | 이필렬 옮김

새물결

The Edge of Objectivity by 1. Charles Coulston Gillispie
Copyright ⓒ 1988, 1990 by Princeton University Press
Korean translation edition is published by arrangement with Princeton University Press,
Princeton through DRT International, Seoul.
Korean Translation Copyright ⓒ Saemulgyul Publishing House, 1997
All rights reserved.

옮긴이 이필렬

서울대학교 화학과 졸업
1986년 베를린 공과대학 화학과(화학 디플롬)를 졸업하였고,
1988년 동 대학에서 란탄족 아미드의 합성에 관한 논문으로 이학박사학위를 취득.
1989년에 영국의 런던 대학에서 과학사 연구.
현재 한국방송대학에서 과학사 교수로 재직 중.
저서로는 『교양환경론』(공저), 역서로는 『과학과 사회의 현대사』(나카야마 시게루),
『기술의 역사』(클램) 등이 있다.

객관성의 칼날 ― 과학 사상의 역사에 관한 에세이

기획 · 책임 교열 이범 | 지은이 찰스 길리스피 | 옮긴이 이필렬
펴낸이 조형준 | 펴낸곳 새물결 출판사
2판 1쇄 2005년 5월 20일 | 2판 12쇄 2023년 1월 5일
등록 서울 제15-55호(1989.11.9) | 주소 서울특별시 은평구 연서로 48길 12, 513동 502호
전화 02-3141-8696 | E-mail saemulgyul@gmail.com
ISBN 97889-88336-29-1(03400)

이 책의 한국어판 저작권은 저작권자와 독점 계약한 새물결 출판사에 있습니다. 신저작권법에 의해
한국 내에서 보호를 받는 저작물이므로 무단 전재와 복제를 금합니다.

<일러두기>

1. 이 책은 *The Edge of Objectivity* by Charles Coulston Gillispie (Princeton University Press, 1990)를 완역한 것이다.
2. 지은이의 주는 각주로 달았고, 옮긴이 주는 본문에서 ( )안에 넣고 '— 옮긴이'로 표시했다.

차례

1990년판 서문   9
서문   27

1장 완전한 원   85

2장 예술과 생명과 실험   75

3장 새로운 철학   115

4장 프리즘을 지닌 조용한 뉴턴   151

5장 과학과 계몽사조   187

6장 물질의 합리화   239

7장 자연의 역사   299

8장 성년에 도달한 생물학   345

9장 초기 에너지학   397

10장 장(場)의 물리학   453

11장 에필로그   543

후기   573
참고 문헌   579
찾아보기   587

1990년판 서문

출판사는 이 책 『객관성의 칼날: 과학 사상의 역사에 관한 에세이』의 탄생 30주년을 맞아 새 옷을 입힐 필요가 있다고 생각했고, 두번째 세대의 독자들에게 보여야 하는 지금 이 책의 모습이 어때 보이는지를 서문에 써달라고 부탁했다. 나는 당연히 이 책과 이 책의 저자인 내가 모두 살아있다는 것이 기쁘며, 이 책을 객관적으로 보기 위해 최선을 다할 것이다.[1]

이 책의 이야기는 갈릴레오와 낙체의 법칙에서 시작한다. 내가 만약 지금 이 책을 다시 쓴다면, 첫번째 장면은 여전히 이탈리아에서 시작하겠지만, 훨씬 거슬러 올라가서 브루넬레스키, 레오나르도 다 빈치, 미켈란젤로, 바스코 다 가마, 크리스토퍼 콜럼버스 등과 같은 인물에서 출발할 것이다. 그들은 훗날 갈릴레오가 가지고 있던 것과 동일한 본능에 의해 움직였다—즉 지식은 활동을 통해 그것의 목적을 찾아내며 활동은 지식 속에서 그 근거를 찾아낸다는 것, 그리고 어떤 문제가 풀릴 수 있다

---

[1] 나는 이 서문의 초고를 읽고 비평과 제안을 해준 동료이자 친구인 가이슨(Gerald L. Geison)과 마호니(Michael S. Mahoney)에게 고마움을 전한다. 이 서문은 이 책의 이탈리아어 번역본 *Il criterio dell'oggetività* (Bologna : Il Mulino, 1980)에 붙인 서문을 발전시킨 것이다.

면 그것은 풀려야 하며 어떤 일이 실행될 수 있다면 그것은 실행되어야 한다는 본능 말이다. 나는 고대적이거나 스콜라적인 학식과 기법을 현대 과학과 공학으로 변환시킨 모태가 된 이탈리아 르네상스 문화를 만들어 낸 것은, 플라톤적인 이상주의 — 고려 대상에서 완전히 배제되어서는 안 되지만 두드러진 요인으로 봐서는 안 될 — 라기보다는 이러한 행동 유형이라고 생각하기에 이르렀다.

지금 막 언급된 인물들 가운데에는 두 명의 항해자가 포함되어 있다. 15세기에 아드리아해, 포르투갈 해안, 아일랜드해의 세 꼭지점으로 이뤄진 삼각 지대에 한정되어 있던 과학의 영역을 확장시킨 사람들을 위한 자리가 역사에서 분명히 만들어져야 하기 때문이다. 결국 우주선을 달로 보내게 한 활력(vis viva)을 낳은 지리적·정치적 운동은, 분명히 당시 이 항해들로부터 시작된 것이다. 이러한 초기의 항해와 그 후속편들을 과학의 역사와 연관시켜 주는 것은, 이 문명의 소유자들이 과학을 통해서 좋건 나쁘건 간에 적어도 바로 어제까지 세계를 지배하였다는 점에 있다. 또한 고대 또는 다른 문명권에서 이뤄진 무작정 탐험이 모험, 전설, 또는 교역만을 만들어낸 것과 비교하여 그들의 항해를 구별짓는 것은, 그들이 언제나 세계가 어떻게 만들어져 있는지에 대한 문제, 즉 한마디로 말하면 지식의 문제에 골몰하고 있었다는 — 비록 이것이 항해의 원동력은 아니었을지라도 — 점이다. 하지만 지금 내가 이에 대한 책을 쓰는 것은 적당한 일이 아닐 것이며, 이러한 책은 지성사의 영역 안에서 그것에 마땅한 자리를 찾아야 할 것이다.

1960년 이 책이 출판되었을 때 나는 대담하게도 참고문헌 에세이의 서두에서 이 책이 과학사에 전문적으로 접근하려는 의욕을 북돋는 데 도움이 되리라는 희망을 피력했다. 그런데 이후 과학사 분야의 범위와 정교함은 이 분야에 종사하고 있던 그 누구도 예측할 수 없었을 정도로 대단하고 빠르게 발전하였고, 나의 책은 과학사 연구의 초기 단계에 해당

된다는 것이 분명해졌다. 더욱 분명한 것은, 과학사가 (이 책을 포함하여) 어느 한 특정한 문헌의 영향으로 돌려지기에는 너무도 광범위하게 발전했다는 것이다.

그때 자신의 첫 연구경력을 과학사 저술로 시작한 우리들은, 그 자체의 전문 분야로서의 과학사—예를 들면 예술사 또는 (그때 내가 제시한 바와 같이) 과학철학과 비교할 만한—에 전적으로 몸담은 첫번째 세대의 학자들이 되었다. 물론 중요한 문헌들이 이미 존재하고 있었으며 그 시기는 18세기, 심지어 17세기로 거슬러 올라간다. 대체로 그 내용은 철학적인 것이었으며, 이것들의 특성은 규범을 제시한다고까지 하지는 않더라도 프로그램을 제시하는 식이었다. 이러한 사례들은 오귀스트 콩트, 피에르 뒤엠, 에른스트 마흐 등의 것들이다. 이와는 다른 부류의 공헌이 과학자들 자체에서 나타났는데, 달랑베르의 연구나 천문학자 샤얄(Chasles)의 기하학사 연구, 작스(Sachs)의 식물학사 연구 등이 그것이다. 또한 특히 고대와 관련된 영역에서는 문헌학적인 요소도 강하게 작용하였다. 조지 사튼(George Sarton)의 저술도 이 분야와 관련된 자료들을 모으고 서지학적인 방법들을 정리해놓은 것이었다. 이 모든 접근방법들은 각자 고유의 장점과 한계들을 가지고 있다.

이 책이 쓰어지던 시기에 이르러서야 학자들은 과학사를 하나의 전문적인 역사 서술 분야로 만들기 시작했으며, 대학들에서 공식적인 과학사 교육 과정이 개설되기 시작한 것 또한 1950년대였다. 학부 강좌를 듣는 학생들은 주로 자연과학이나 공학 전공자들이었다. 강좌들은 이 책 『객관성의 칼날: 과학 사상의 역사에 관한 에세이』의 내용이 강의된 강좌와 같은 부류의 것들에서 비롯되었다. 이와 같은 시기에 (또는 조금 뒤에) 몇몇 대학원 과정 프로그램의 학생들은 의식적으로 과학사학자가 되기 위해 박사학위 훈련 과정을 이수하기 시작했는데, 이것은 그들의 선생들이 개인적인 우연에 의해서 또는 연구를 진행하다가 뜻밖에 과학사학자가 된 것과는 대조적인 일이었다.

참고문헌 에세이를 통해서도 알 수 있는 것처럼, 이 행운의 사건이 일어난 1940년대 말과 50년대 초에 알렉상드르 코이레의 갈릴레오에 대한 연구는 과학 사상에 대한 비판적 역사가 얼마나 흥미를 유발할 수 있는지를 보여주는 모델을 제시하였다.[2] 이와 함께 아서 러브조이(Arthur O. Lovejoy)의 우아하고 매력적인『존재의 대(大)연쇄 *The Great Chain of Being*』 (1936)도 언급해야 하겠지만, 어쨌든 우리의 사고에 보다 큰 추진력을 제공한 것은 코이레였다. 어떤 사람들은 코이레의 방식이 과도하게 주지주의적이라고 생각하여 그를 비판하기도 했지만, 그의 연구는 매우 자극적이었고 그의 취향은 매우 간결하였으며 그가 미친 영향은 행운이었다고 말할 수밖에 없을 정도의 것이었다. 아마도 콩트의 과학 발전의 3단계를 코이레의 역사 서술에 적용할 수도 있을 것이다. 즉 초년기에는 신학적이었고, 청년기에는 형이상학적이었으며, 장년기에는 실증적이었다고 말이다. 그렇다면 코이레의 호소력과 그가 내 책에 미친 반향은, 나와 과학사 분야가 성숙해 가는 단계들 가운데 청년기 후기에 해당하는 것이라고 할 수 있을 것이다.

이 책을 다시 발간하자는 이야기가 나왔을 때, 출판사는 당연히 참고문헌 에세이도 개정해야 하는 것이 아니냐고 물어왔다. 이 요청을 들어주지 못한 것은 두 가지 종류의 당혹스러움 때문이었다. 첫번째는 비교적 사소한 것으로서, 이 참고문헌 에세이가 1960년의 연구자들에게조차 철저한 것이었다고 말할 수 없다는 데 있다. 즉 이 에세이는 이 책을 저술하는 데 있어 가장 도움을 준 저술들에 대하여 비평적인 언급을 담고자 한 것일 뿐이었다. 그런데 참고문헌 에세이를 개정한다면 이러한 단

---

[2] Alexandre Koyré, *Études galiléennes* (Paris, 1939). 휴머니티 출판사(Humanities Press)에서 번역본 *Galileo Studies* (Atlantic Highlands, N.J., 1978)을 발간했다. 코이레의 경력과 영향에 대해서는 *Dictionary of Scientific Biography* 7 (1973) : 482~490쪽에 내가 쓴 글이 실려있다.

순한 목적을 추구하기란 불가능해질 것이다. 두번째 어려움은 극복할 수 없는 것인데, 이 책에서 논의된 주제들과 관련하여 지난 30년 동안 나온 문헌들을 논평한다는 것은 너무 규모가 큰 작업이어서 불가능할 것이라는 점이다. 예를 들어 이 책에 알맞은 뉴턴의 업적과 경력에 대한 참고문헌 에세이를 다시 쓴다면 그의 생애와 물리학에 대하여 쓴 장(章)보다 훨씬 길어질 것이다. 뉴턴이나 또는 내가 이 책에서 다룬 다른 어떤 주제를 좀더 연구하고자 하는 사람들은 『과학자 전기 사전 Dictionary of Scientific Biography』(1970~1980)의 해당 항목을 참조할 수 있을 것이다. 이 사전은 출판 당시까지 최신의 연구 성과에 기초하여 씌어져 있거나 또는 이 연구 성과 자체를 이루고 있는 책으로서, 각각의 항목마다 완벽한 참고문헌 목록을 담고 있다. 학술지 『아이시스 Isis』에서는 매년 '비평적 참고문헌 목록'(Critical Bibliography)을 출간하여 『과학자 전기 사전』을 보충해주고 있다. 여기서 나는 지난 30년 동안 연구 성과가 컸던 주요 영역들을 언급하고, 성과물 가운데 중요한 것들만을 선별하여 보여주고자 한다.

중세는 이 책의 시야 밖에 놓인 시대이다. 하지만 우선 중세에 대해 언급해야 하겠는데, 그 이유는 그 동안의 학문적 성과들에 의해 중세에서 근대 초기 과학으로의 이행 과정이 많이 완만하게 인식되는 경향이 있기 때문이다. 데이비드 린드버그는 이 시대를 개괄하는 공동 저술서를 편집했다.[3] 유럽 기술의 독창성은 중세 전성기의 건축가와 장인이 이룬 기술혁신들로 거슬러 올라간다.[4] 크롬비는 귀납 추론과 실험적 방법의 기원을 14세기 로버트 그로세테스트와 그 후예들에서 찾을 수 있다고 주장하였다.[5] 광학 연구는 알 킨디에서 케플러에 이르기까지 연속적이었던

---

[3] David C. Lindberg, *Science in the Middle Ages* (Chicago : University of Chicago Press, 1978).
[4] Lynn T. White, *Medieval Technology and Social Change* (Oxford : Clarendon Press, 1963).
[5] A. C. Crombie, *Robert Grosseteste and the Origins of Experimental Science* (Oxford : Clarendon Press, 1963).

것으로 보인다.6) 힘과 운동이라는 현상을 개념화하고 수학화하는 과정에서 중세 정역학과 운동학이 수행한 역할은 갈수록 중요하게 평가되고 있다. 마샬 클라겟은 번역된 문헌들 가운데에서 광범위한 인용문들을 뽑아내어 포괄적인 역사서를 썼으며, 에드워드 그란트는 공간과 진공에 관한 이론들을 설명해 냈다.7) 그리고 고대 이래 17세기까지에 걸친 이 주제들의 역사에 관심을 가진 사람들이라면 다익스터로이스에 의존해야 할 것이다. 이 책은 위풍당당하다는 말 이외에 달리 적절한 표현을 찾을 수 없다.8)

과학혁명기에 관해 말하자면, 갈릴레오에 대한 이 책의 이해방식은 그의 업적에서 실험의 측면을 강조한 경향이 있다는 것이 밝혀졌다.9) 갈릴레오의 추론과 논쟁, 저술을 둘러싸고 있던 당시의 과학적·정치적 그리고 교회적 환경을 생생하게 재창조해 낸 피에트로 레돈디의 매력적인 연구는 교회가 그에게 유죄선고를 내린 진정한 (그러나 감춰져온) 이유를 핵심적인 문제로서 다루고 있다.10) 노엘 스베들로우와 오토 노이게바우어는 코페르니쿠스의 천문 이론을 설명하였고, 마이클 마호니는 근대 해석학의 출현 배경에서 페르마의 업적이 가지는 중요성을 연구하였다.11) 실

---

6) David C. Lindberg, *Theories of Vision from al-Kindi to Kepler* (Chicago : University of Chicago Press, 1976) : 또한 A. I. Sabra, *Theories of Light from Descartes to Newton* (London : Oldbourne, 1967)을 보라.
7) Marshall Clagett, *The Science of Mechanics in the Middle Ages* (Madison : University of Wisconsin Press, 1959) : Edward Grant, *Much Ado Agout Nothing : Theories of Space and Vacuum from the Middle Ages to the Scientific Revolution* (New York : Cambridge University Press, 1981).
8) E. J. Dijksterhuis, *The Mechanization of the World Picture* (Oxford : Clarendon Press, 1961)
9) Ludovico Geymonat, *Galileo Galioei* (New York : McGraw-Hill, 1965) : 그리고 특히 『두 새로운 과학에 대한 논의 *Discourse on Two New Sciences*』의 완전한 판본이 나왔다. *Discorsi e dimonstrazioni matematiche, intorno a due nuove scienze* ……, ed. Adriano Carugo and Ludovico Geymonat (Turin, 1958).
10) Pietro Redondi, *Galileo : Heretic* (Princeton : Princeton University Press, 1987).
11) Noel Swerdlow and Otto Neugebauer, *Mathematical Astronomy in Copernicus's De Revolutionibus* (New York : Springer Verlag, 1984) : Michael S. Mahoney, *The Mathematical*

험 철학에 근거하여 실제로 어떠한 활동이 이뤄졌으며 이것이 홉스의 철학과 어떤 관계를 맺고 있었는지는 사이먼 섀퍼와 스티픈 셰이핀의 『리바이어던과 진공펌프: 홉스, 보일, 그리고 실험가의 생활』의 주제가 되었다. 박식(博識, erudition)이라는 개념과 이것이 변형되어간 과정은 피터 디어의 메르센느 연구의 테마이다.[12] 영국 왕립학회의 서기장이던 헨리 올덴버그의 서간들이 출간된 것은 이 시기와 관련하여 중요한 일이며 그 중요성은 단지 영국 과학에만 국한되지 않는다.[13]

주술과 헤르메스주의가 과학에 중요한 역할을 했다는 주장은 이 책에서 전혀 주목받지 못한 주제였으나, 특히 1960년대 후반에서 70년대 초반 사이의 대항문화 운동에서 자연을 보는 대안적 방식에 대한 매혹이 비학(秘學, occult)에 대한 매혹과 더불어 부활하면서 광범위하고 강한 관심을 불러일으켰다. 물론 이것이 이러한 조류를 일으킨 유일한 이유는 아니다. 자연에 대한 염력이라는 주제는 다음과 같은 다양한 저술의 관심사였다—프란시스 베이컨의 철학의 기원에 대한 파올로 로시의 감탄할만한 연구라든가 케이쓰 토마스의 16~17세기 영국에서 주술의 쇠퇴 과정에 대한 책, 프란시스 예이츠의 헤르메스주의에 대한, 특히 조르다노 브루노에 대한 선구적인 연구, 찰스 웹스터의 청교도 혁명 기간 동안 영국에서 과학이 일반적으로 어떻게 이해되고 있었는지에 대한 연구 등.[14]

Career of Pierre de Fermat, 1601~1665 (Princeton : Princeton University Press, 1973).
12) Simon Shaffer and Steven Shapin, *Leviathan and the Air Pump :* Hobbes, Boyle, and the Experimental Life (Princeton : Princeton University Press, 1985) : Peter R. Dear, *Mersenne and the Learning of the Schools* (Ithaca : Cornell University Press, 1988).
13) A. R. and M. B. Hall, eds., *Correspondence of Henry Oldenburg*, 13 vols. (Madison : University of Wisconsin Press, 1965~86).
14) Paolo Rossi, *Francis Bacon : From Magic to Science* (London : Routledge and Kegan Paul, 1968) : Keith Thomas, *Religion and the Decline of Magic* (New York : Scribners, 1971) : Charles Webster, *The Great Instauration* (London : Duckworth, 1975) : Frances A. Yates, *Giordano Bruno and the Hermetic Tradition* (Chicago : University of Chicago Press, 1964), 그리고 *The Rosicrucian Enlightenment* (London : routledge, 1972).

연금술이나 파라켈수스주의자들에 대한 연구 성과에서 의학적인 요소들이 강조되는 한편, 하비는 그를 역학적 생리학자로 낙인찍어버린 데카르트로부터 구출되어 아리스토텔레스주의자로서의 면모를 되찾았다.15) 옥스퍼드의 하비 추종자들을 다룬 책이 출간되어, 그들이 과학의 형성과정에서 얼마나 중요한 역할을 했는가를 단순히 일깨우는 것뿐만 아니라 그들이 연구 전통을 가진 진정한 탐구자들임을 밝혔다.16)

심지어 뉴턴의 원고에 남아있는 연금술 관련 부분도 연구되었으며, 심리전기학적인 관심의 대상이 되기도 했다.17) 그러나 가장 주목할만한 것은 리처드 웨스트폴이 뉴턴에 관하여 과학적・개인사적으로 광범위한 영역을 다룬 눈부신 전기 『잠시도 쉬지 않는다』이다.18) 뉴턴의 미출간 서간과 수학 연구기록들이 상호보완적이며 눈부신 두 가지 판본으로 출간되었다.19) 여기에 더하여 버나드 코헨은 뉴턴의 『프린키피아』가 나오게 된 과정에 대한 역사를 썼고 그가 알렉상드르 코이레와 공동으로 시작한 프로젝트를 완결하는 『자연철학의 수학적 원리』의 주석본을 편집하였다.20) 끝으로 앨런 샤피로는 뉴턴의 광학 저술의 기획 출판본 가운

---

15) Allen G. Debus, *The English Paracelsists* (London : Oldbourne, 1965) : *The Chemical Philosophy*, 2 vols. (New York : Science Press, 1977) : *Science, Medicine and Society in the Renaissance : Essays to Honor Walter Pagel*, 2 vols. (London : Heinemann, 1972) : *Walter Pagel, William Harvey's Biological Ideas* (Basel : Karger, 1967).

16) Robert G. Frank, Harvey and the Oxford Physiologists : Scientific Ideas and Social Interactions (Berkeley : Univerisity of California Press, 1980).

17) Betty J. T. Dobbs, Foundations of Newton's Alchemy (Cambridge : Cambridge University Press, 1975) : Frank Manuel, A Portrait of Isaac Newton (Cambridge, Massachusetts : Harvard University Press, 1968).

18) Richard S. Westfall, *Never at Rest* (New York : Cambridge University Press, 1980).

19) H. W. Turnbull, J. F. Scott, and A. R. Hall, eds., *The Correspondence of Isaac Newton*, 7 vols. (Cambridge : Cambridge University Press, 1959~77) : D. T. Whiteside, ed., *The Mathematical Papers of Isaac Newton*, 8 vols. (Cambridge : Cambridge University Press, 1967~80).

20) I. Bernard Cohen, *Introduction to Newton's Principia* : and *Isaac Newton's Philosophiae Naturalis Principia Mathematica, The Third Edition (1726)* 및 이에 첨부된 *Variant Readings*

데 첫번째 권으로서 1670~72년의 '광학 강의'를 출간하였다.[21]

이 책을 논평한 사람들은, 이 책에서 시사점이 가장 많은 부분은 과학과 계몽사상의 관계를 다룬 5장이라고 본다. 문화에서 과학이 수행하는 역할에 대한 합리주의적 입장과 이에 대한 낭만주의적인 방식의 반동 사이의 긴장은 다시 반복되었다고도 볼 수 있다.[22] 1970년대 문화적 급진주의자들은 과학을 무지와 미신으로부터의 해방으로 보는 대신 인간성에 대한 폭력이요 서구 문명의 질병이라고 여기는 경향을 갖고 있었는데, 이러한 경향을 통해 낭만주의적인 반응의 심리적 실체가 확인되었다. 마르크스주의는 늘 자신이 과학을 역사 발전의 법칙으로 확장시킨 것이라고 주장한다. 그럼에도 불구하고 당시 신좌파가 엄밀 과학 — 물론 여기에는 박물학, 생태학, 또는 유기체론적 생물학은 해당되지 않는데 — 에 대한 문화적 적대의식과 정치적 적대의식을 동시에 드러낸 사정은 궁금증을 자아내는 일이다. 이러한 면에서 신좌파는 바이마르 정부 시절의 독일 극우파와 똑같은 위치에 있는 것이다.[23]

극좌파와 극우파가 정서적인 접점을 가지고 있음을 보여주는 이 같은 사례가 바로 지금 막 말한 역설을 이루고 있다. 왜냐 하면 결국 과학의 정치적 역할을 일깨운 것은 이들의 분노였기 때문이다. 과학이란 역사적으로 진보주의를 포함하는 것이며 보수주의와 전통에 반대되는 것이라는 마르크스주의자와 자유주의자들의 의식은 폭넓게 공유되고 있다. 과학에 대한 이러한 관념이 사회학적인 근거를 가지고 있기는 하다. 그러

(Cambridge, Massachusetts : Harvard University Press, 1971 : 2 vols., 1972).
21) Alan Shapiro, *The Optical Papers of Isaac Newton*, vol. 1 (New York : Cambridge University Press, 1984)
22) Thomas L. Hankins는 이 문제를 철저하게 다룬 *Science and the Enlightenment* (New York : Cambridge University Press, 1985)를 출간하였다.
23) Paul Forman, "Weimar Culture, Causality, and Quantum theory, 1918~1927", *Historical Studies in the Physical Sciences* 3 (1971) : 1~115쪽.

나 과학은 자연 법칙이 가진 정치적인 함의의 토대도 아니며, 전문 과학자 집단의 정치적 행동을 위한 토대도 아니다.[24] 과학자들의 사적인 견해가 어떠하든 간에, 통상적으로 그들의 공적인 역할은 과학을 위하여 국가의 권위와 자원을 동원하는 한편으로 정부 당국에 권력을 부여해주는 데 있었다. 근대 사회에서 과학자들과 국가는 하나의 당파에 속해 있다기보다 파트너 관계에 있었던 것이다. 내가 보기에 이러한 점은, 과학이 본래 어떠한 목적을 선택하는가와는 무관하며 단지 그 방법에만 관련되어 있음을 보여주는 또 하나의 증거이다.

이 책 이야기로 돌아가자. 다음 주제는 화학 혁명인데, 최근에 『아이시스』의 자매지인 『오시리스』에서 이 주제를 다시 다루었다.[25] 화학 혁명의 배경을 실용 화학과 약제 제조에서 찾는 것은 헨리 굴락을 비롯한 사람들의 연구 주제였으며, 프레드릭 홈즈는 라부아지에가 죽기 몇 년 전부터 매달린 호흡 연구에 관한 책을 출간하였다.[26] 파리의 과학 아카데미는 라부아지에의 서간 출판을 오랫동안 중단했다가 재개하였다.[27] 조셉 프리스틀리와 존 돌턴에 대한 가치 있는 연구들이 나왔으며, 화학 결합에 대한 이해가 발전해가던 과정에서 선택적 친화력 이론과 분자 결정 모델이 차지하고 있던 자리가 밝혀지기 시작했다.[28]

---

24) 나는 이 문제를 다음의 두 글 "Remarks on Social Selection as a Factor in the Progressivism of Science", *American Scientist* 56 (1968) : 439~450쪽 및 미국 철학학회가 발간하는 *Aspects of American Liberty*, no. 118 (Philadelphia, 1977) 에 실린 "The Liberating Influence of Science in History"를 통해 다룬 바 있다.
25) Arthur Donovan의 편집으로 "The Chemical Revolution : Essays in Reinterpretation"이라는 제목으로 나온 *Osiris* 4 (1988).
26) Henry Guerlac, *Lavoisier, the Crucial Year* (Ithaca : Cornell University Press, 1961), *Essays and Papers in the History of Modern Science* (Baltimore : Johns Hopkins University Press, 1977) : Frederic L. Holmes, *Lavoisier and the Chemistry of Life* (Madison : University of Wisconsin Press, 1985).
27) *Oeuvres de Lavoisier, Correspondance*, fascicule 4 (1784~86), ed. Michelle Goupil (Éditions Belin, 1986)

19세기 생물학과 관련하여, 이 책은 진화와 관련된 주제 이외에는 다루지 않았다는 한계를 가지고 있다. 이러한 점은 이 책이 쓰여지던 당시 학문의 상태를 (적어도 부분적으로) 반영하는 것이었다. 이후 30년 동안 진화와 관련된 문제들에 대한 관심이 라마르크주의 및 다윈주의 양쪽에 걸쳐 지속되어 왔다.[29] 현대 진화 생물학을 주도한 생물학자 에른스트 마이어는 『생물학 사상의 성장』에서 이 주제를 능수능란하게 다뤘다.[30] 다른 방식으로 19세기를 조명한 연구들은 이론의 형성에 관한 것이라기보다 과학이 실제로 어떠한 태도 속에서 만들어졌는지에 관한 연구로서, 특히 영국 지질학계 및 독일 생물학계에서 논쟁이 종식된 과정이라든가 생리학과 의학의 관계, 또는 유전학과 분자생물학의 배경에 관한 것 등이다.[31]

28) D. S. L. cardwell, ed., *John Dalton and the Progress of Science* (Manchester : Manchester University Press, 1968) : Robert E. Schofield, ed., *A Scientific Autobiography of Joseph Priestley* (Cambridge, Massachusetts : Harvard University Press, 1963) : Trevor H. Levere, *Affinity and Matter : Elements of Chemical Philosophy*, 1800~1865 (Oxford : Clarendon Press, 1971) : Seymour H. Mauskopf, "Crystals and Compounds", *Transactions of the Amierican Philosophical Society* 66, part 3 (Philadelphia, 1976).

29) Richard W. Burckhardt, Jr., *The Spirit of System : Lamarck and Evolutionary Biology* (Cambridge, Massachusetts : Harvard University Press, 1977) : 내가 쓴 서문이 붙어있는 Goulven Laurent, *Paléontologie et Évolution en France, 1800~1860* (Paris : Comité des Travaux Historiques et Scientifiques, 1987) : Michael Ghiselin, *The Triumph of the Darwinian Method* (Berkeley : University of California Press, 1969) : David Kohn, ed., *The Darwinian Heritage* (Princeton : Princeton University Press, 1985).

30) Ernst Mayr, *The Growth of Biological Thought* (Cambridge, Massachusetts : The Belknap Press, 1982).

31) Martin J. S. Rudwick, *The Great Devonian Controversy* (Chicago and London : University of Chicago Press, 1985) : James A. Secord, *Controversy in Victorian Geology : The Cambrian-Silurian Dispute* (Princeton : Princeton University Press, 1986) : Timothy Lenoir, *The Strategy of Life : Teleology and Mechanics in Nineteenth-Century German Biology* (Dordrecht and Boston : Reidel, 1982) : John E. Lesch, *Science and Medicine in France : The Emergence of Experimental Physiology, 1790~1855* (Cambridge, Massachusetts : Harvard University Press, 1984) : Mirko D. Grmek, *Raisonnement expérimental et recherches toxicologigues chez Claude Bernard* (Geneva : Droz, 1973) : Frederic L. Holmes, *Claude Bernard and Animal Chemistry* (Cambridge,

19세기 물리학에 관한 첫 장(章)은 2차 문헌의 부족을 개탄하게 되는 부분이었다. 사정은 많이 나아졌는데, 특히 80년대 10년에 걸쳐 그러했다. 엔리코 벨로네의 『종이에 씌어진 세계』는 2차 과학 혁명의 틀 안에서 물리학의 핵심 주제들을 철학적으로 그리고 퀴즈풀이하는 방식으로 다루고 있다.32) 쿨롱, 말뤼스, 앙페르, 패러데이, 맥스웰, 그리고 켈빈에 대한 연구가 나왔다.33) 모리스 도마의 『아라고』의 새 판본이 발간되었다.34) 제드 부크발트는 19세기 초반 빛의 파동 이론의 발전 과정과 19세기 말 전자기 이론의 발전 과정을 다뤘으며, 스티븐 브러시는 기체 운동 이론의 역사를 썼다.35) 피터 갤리슨은 그의 책 『실험은 어떻게 종결되는가』에서, 과학을 산출하는 극히 세밀한 활동들에 관한 선입견들을 물리학의 역사를 서술함으로써 검토하였다.36) 토마스 쿤의 『흑체 이론과 양자 불연속성』은 막스 플랑크가 어떻게 그의 이론에 도달했으며 이로부터 어떻

Massachusetts : Harvard University Press, 1974) : Gerald L. Geison, *Michael Foster and the Cambridge School of Physiology* (Princeton : Princeton University Press, 1978) : Robert C. Olby, *The Path to the Double Helix* (Seattle : University of Washington Press, 1974).

32) Enrico Bellone, *A World on Paper* (Cambridge, Massachusetts : MIT Press, 1980). 이것은 *Il Mondo di Carta*의 영역본이다. 물리학의 법칙에서 시간의 역할에 대한 그의 책 *I Nomi del Tempo* (Turin : Bollati Boringhieri, 1989) 또한 매우 도전적이다.

33) C. Stewart Gillmor, *Coulomb* (Princeton : Princeton University Press, 1971) : André Chappert, *Étienne Louis Malus* (Paris : Vrin, 1977) : Christine Blondel, *Ampère et la Création de l'électrodynamique* (Paris : Comité des Travaux Historiques et Scientifiques, 1982) : L. Pearce Williams, *Michael Faraday* (New York : Basic Books, 1965) : John Hendry, *James Clerk Maxwell and the Theory of the Electro-Magnetic Field* (Bristol and Boston : A. Hilger, 1986) : Crosbie Smith and M. Norton Wise, *Energy and Empire : A Biographical Study of Lord Kelvin* (New York : Cambridge University Press, 1989).

34) Maurice Daumas, *Arago* (Paris : Éditions Belin, 1987)는 Emmanuel Grison이 편집했으며 Jean Dhombres가 서문을 썼고 후기는 내가 썼다.

35) Jed Buchwald, *The Rise of the Wave Theory of Light*, 그리고 이 문제를 극히 전문적으로 다룬 *From Maxwell to Microphysics* (Chicago : University of Chicago Press, 각각 1989 및 1986) : Stephen G. Brush, *The Kind of Motion We Call Heat* (Amsterdam and New York : North-Holland, 1986).

36) Peter Galison, *How Experiments End* (Chicago : University of Chicago Press, 1987).

게 양자 이론이 출발했는지에 대한 단계적인 분석이다.37) 마지막으로 에이브라함 페이스는 물리학자로서의 아인슈타인에 관한 전기를 썼으며, 아인슈타인의 저술 출간은 매우 오래 전부터 진행 중이다.38)

미국 과학의 역사를 훌륭하게 쓰려면 물리학의 내용보다 전문분야로서의 물리학을 다뤄야 한다는 사실은, 과학사 분야 전체에서 강조점에 변화가 일어났음을 보여주는 사례라고 할 수 있다.39) 과학사학자들의 관심사는 과학의 사상과 개념들을 다루는 내적 과학사로부터 과학을 그 자신의 제도 속에서, 그리고 사회와의 연관 속에서 다루는 외적 과학사로 많이 옮겨갔다. 내가 이 책을 쓸 무렵에는 제도에 대하여 몰두하는 것은 구식이고 유행에 뒤진 것으로 여겨졌었다. 제도에 대한 관심이 존중될 만한 것이자 심지어 중심적인 것으로 등장한 것은 주로, 과학의 실제 활동이 어떻게 그 내용에 영향을 주었느냐는 질문을 불러일으킨 토마스 쿤의 『과학 혁명의 구조』의 영향에 의한 것이었다.40) 그밖에도 1960년대 후반 이래 역사학계 전체에 걸쳐 사회적 의식이 고조되면서 과학의 사회사가 힘을 얻게 되었으며, 과학이 국내문제와 국제관계 양편 모두에서 하나의 힘으로 여겨지게 되면서 과학의 정치사 역시 비슷하게 중요한 것으로 인식되게 되었다.

내 생각으로는, 사회정치적 환원론이라고 할만한 이런 주장들로 나아가는 것은 지나친 일이다. 과학이 더이상 순수한 지적 추구가 아니라는

---

37) Thomas S. Kuhn, *Black Body Theory and the Quantum Discontinuity* (Chicago : University of Chicago Press), 1978.
38) Abraham Pais, *Subtle is the Lord : The Science and the Life of Albert Einstein* (New York : Oxford University Press, 1982) : *The Collected Papers of Albert Einstein*, vol. 1, *The Early Years, 1897~1902* (Princeton : Princeton University Press, 1987), 그리고 vol. 2, *The Swiss Years : Writings, 1900~1909* (Princeton : Princeton University Press, 1989).
39) Daniel J. Kevles, *The Physicists* (New York : Knopf, 1978).
40) Thomas S. Kuhn, *Structure of Scientific Revolution*, Chicago : University of Chicago Press, 1962.

점 — 과학이 순수하게 지적으로 추구된 적이 있었다는 말은 신화일 뿐이다 — 을 부인하는 것은 어리석은 일이다. 또한 과학의 영향을 교육, 경제, 정치, 외교, 전쟁 등에 기여한 면에만 한정시켜 보는 것도 어리석은 일이다. 나는 과학의 역할은 전문적인 관심사와 공적인 관심사의 교차점 위에서, 또는 내적인 요소와 외적인 요소의 교차점 위에서 연구되어야 한다고 생각하며, 과학 지식의 골간이 정치나 사회 구조로 인해 나타나는 것이라고 치부해서는 안 된다고 본다. 과학이 얼마간 정치적·사회적 산물로서의 모습을 띠는 것은 과학의 본성에 본질적인 측면이라기보다는 부차적인 측면이다. 이러한 접근방식이 내가 쓴 『프랑스 구체제 말기의 과학과 정치체제』에서 취한 것으로서, 나는 이러한 방식으로 과학과 국민국가가 서로의 중요성을 인정해주게 되는 — 이후 그 정도는 빠른 속도로 커져갔다 — 맥락을 서술하였다.41)

마무리하면서, 이 책의 제목에 대하여 몇 마디 해야 할 것 같다. 이 책은 출간 당시 '객관성'을 명확히 정의하고 있지 않다는 비판을 받았다. 이후로도 종종 (항상 그런 것은 아니었지만) 탐탁찮은 시선을 받아야 했는데, 그것은 객관성의 뜻이 무엇이건 간에, 문화적으로 조건지어져 있고 이데올로기들이 상충하고 있는 이 세상에서 객관적인 태도를 가지기란 불가능하다는 근거에서였다. 나는 첫번째 비판은 어느 정도 정당한 것임을 인정한다. 다만 철학 저술과 달리 역사 저술은 그 특성상 저자가 저술에 담긴 이론이나 주장의 요지를 통해 설득력을 얻는다기보다, 저자는 다루는 주제들의 여러 부분들과 측면들을 재창조함으로써 보다 많은 설득력을 얻게 된다는 점만을 변론으로 남겨둔다. 만일 내가 이 책을 최대한 순수하게 지성사로서 다시 쓴다면, 객관성이 과학 이론들에 공통된 특성이라고 그토록 분명하게 주장하지는 않을 것이다. 대신 과학에서 중심적인 문

---

41) Charles C. Gillispie, *Science and Polity in France at the End of the Old Regime* (Princeton : Princeton University Press, 1980).

화적 경향을 서술하기 위해서는 '자연의 외화(外化, externalizatioin)'와 같은 용어를 쓸 것이고, 과학이 감성의 차원에서 일으킨 결과를 서술하기 위해서는 '소외'와 같은 용어를 쓰고 싶어질 것이다. 하지만 이처럼 보다 섬세하게 책을 다시 쓸 수는 있겠지만, 그 주제는 달라지지 않을 것이다. 나는 여전히 과학이 우리에게 대가를 요구해 왔으며, 그 대가는 과학의 정식화된 내용과 서술들에서 인간의 모습을 한 목표, 목적, 적합성, 희망 등에 대한 고려를 제거하는 것이라고 생각한다.

내가 가진 식견에 따르면 이러한 대가는 지불할만한 것이다. 또한 나는 과학이 전지전능하지는 않다 할지라도 무지, 미신, 독단, 약탈에 맞서는 유력한 무기라고 생각한다. 핵분열의 발견이 제 아무리 양 날을 가진 칼로 느껴진다 할지라도, 그리고 산업공해의 물결 속에서 생명 보존을 외치는 것이 제 아무리 답답하게 느껴진다 할지라도, 인간의 정신을 존중한다면 우리는 아직도 이렇게 믿어야 한다 — 비록 지식이 위험할지라도 무지는 더욱 위험한 것이며, 과학에 수반된 악을 감소시키는 것은 과학의 후퇴나 퇴보를 요구하는 것이 아니라 과학을 보다 잘 이끌어가도록 요구하는 것이라고.

한편 나는 한 저명한 인류학자가 "주술이 잘 작동한다"는 것이 "과학이 잘 작동한다"는 것과 같은 정도로 맞는 말이라는 요지의 이야기를 하는 걸 들은 적이 있는데, 나는 여기에 동의하지 않는다. 이런 말은 근래 유행하고 있는 한 학파 — 대개 사회구성주의라고 불리는 — 가 내놓을 만한 것이다. 그들은 우리가 자연의 과정이나 구조에 대한 어떠한 하나의 표상을 다른 표상들에 비해 보다 선호할 만한 이유를 자연 자체로부터는 전혀 찾을 수 없다는 — 예를 들어 뉴턴의 표상을 아리스토텔레스의 것보다 선호하거나 다윈의 이론을 창조론보다 선호할 이유, 양자역학을 고전역학 또는 상대론적인 역학에 비해 선호할 이유, 질병에 관하여 세균설을 체액설보다 선호할 이유를 찾을 수 없다는 — 것을 근거로 이런 말을 한다. 도교나 스토아주의, 또는 나바호 인디언이나 아프리카 부족민이 품고 있는 자연 현상에 대한 믿음과 마찬가지로, 과학의 표상들은 특정한 상황 속에서 지배적인 집단의 경제적이거나 정치적인 목적들에 봉사하는 특정한 문화의 산물에 불과하다는 것이다. 그리고 과학의 표상들에 대한 인식이나 판단은 그들이 가진 사회문화적인 구조물에 의해 이뤄진다는 것이다.

나는 이 책에서 명시적으로 논의되지는 않은 두 가지 반대 근거를 언급하고자 한다. 과학은 의심할 나위 없이 어떤 사회적 환경 속에 존재하는 개개인들과 집단들에 의해 산출되지만, 역사적 과정 속에서 결국 개인의 인성과 사회적 환경을 초월하는 능력을 보여준다. 첫째는 과학이 그것을 창조한 사람과 어떠한 관계를 갖고 있는가와 관련된 것이다. 『햄릿』, 모나리자, B 단조 미사곡 등은 셰익스피어, 레오나르도 다 빈치, 그리고 바흐가 없었더라면 결코 존재하지 않았을 것임은 명백하다. 하지만 과학은 이와 다른데, 가장 위대한 과학조차도 그러하다. 뉴턴이 조산아로 태어났을 때 주위에서 예측했던 것처럼 곧 죽었다 할지라도, 행성들은 여전히 거리에 제곱 반비례하는 만유인력의 지배를 받으면서 운동할 것이다. 어느 누구도 『자연철학의 수학적 원리』를 쓰지는 않았다 할지라도, 다른 누군가가 그때쯤 혹은 조금 뒤에 고전 역학의 주요 내용들을 모두 저술했을 것이라는 주장을 설득력 있게 펼 수 있다. 이것은 근대 과학의 거의 모든 위대한 업적들에 똑같이 적용될 수 있다. 중요한 법칙들이건 이보다 덜 중요한 현상이나 효과들이건 간에 거의 모든 발견들이 거의 동시에 여러 명에 의해 이뤄졌다는 사실만으로도 충분한 근거가 될 것이다. 물론 이러한 동시 발견은 사회적 힘들이 한 곳으로 수렴되었기 때문에 일어난 것이라고 말할 수도 있을 것이다. 그러나 어쨌든 그것들이 어딘가로 수렴되는 것은 틀림없다. 게다가, 하나의 과학이 만들어질 때에는 그것의 창조자의 낙인 ─ 라부아지에의 명석함, 맥스웰의 재기 넘치는 상상력, 갈릴레오의 당당한 연극적 감각 등 — 을 받게 되지만, 최초의 정식화에 포함된 개인적인 요소는 일단 이것이 그 창조자를 떠난 뒤에는 일상적인 과학 활동에 아무런 차이를 만들어 내지 않는다. 과학의 개인적 속성은 매우 관심을 자극하는 것이지만, 이것은 과학적 관심이 아니라 인간적인 관심인 것이다. 과학적 발견은 검증가능한 것이어야 하며 자격을 가진 사람이라면 그 누구도 작동시킬 수 있는 것이어야 한다 — 그것이 과학이 되려면 말이다.

발견의 문화적 맥락 또한 마찬가지이다. 나는 15세기 또는 16세기부터 매우 최근에 이르기까지, 과학은 세상의 그 모든 문명들 가운데 오로지 유럽 문명만의 창조물이었다고 생각한다. 기술과 더불어 과학은 다른 문명권이 도입하고자 한 요소이다. 그들은 결코 우리의 정치·사회 체제나 종교, 철학, 예술이나 문자를 원하지는 않았다. 하지만 일본을 필두로 그들은 과학을 원했으며, 우리 서구 문명을 비롯한 많은 종류의 구속으로부터 그들을 자유롭게 만들기 위해 우리만큼이나 과학을 잘 습득하고 이용할 수 있다. 즉 과학은 개개인에 의해 문화 속에서 만들어진 것임에도 불구하고, 몰개인적이며 보편적인 것이다. 나는 과학 이외에는 이런 표현이 걸맞은 것을 아무것도 생각해낼 수 없다. 과학이란 객관적이며 개인들에 의해 만들어지는 지식체계이지만 그들 자신에 관해서가 아니라 세계에 관하여 만들어지는 지식체계라고 말할 수 있게 해주는 것은 아마도 이러한 고찰일 것이다.

우리 자신에 대하여 아는 데에는 또 다른 방식들이 있다.

프린스턴, 뉴 저지
1990년 3월

서문

1871년 10월 제임스 클러크 맥스웰의 케임브리지 대학 실험물리학 교수 취임 강연의 일절.

"우리는 여기에 문학과 역사 연구를 옹호하기 위하여 와 있는 것이 아닙니다. 인간 연구가 인류에게는 가장 적절한 연구 분야라는 것을 우리는 인정합니다. 그렇지만 과학 연구자가 이 진리의 발견에 자신의 생애를 바쳐서 전념하고 있는 사람들 그리고 자신들의 탐구 결과가 그들의 이름조차 들어본 적이 없는 일반 대중의 언어와 사고에 영향을 미치는 사람들과 교류하며 학문에 힘쓰는 한, 과연 과학 연구자는 인간에 대한 탐구로부터 손을 떼어도 되겠습니까? 또 고결한 감정을 내버려도 되겠습니까? 한편 역사나 인간 연구자가 세계의 한 시대와 다른 시대 사이를 뚜렷하게 갈라놓았던 여러 사람들의 기원과 보급의 역사에 관해서 고찰하지 않아도 되겠습니까?

과학의 역사가 역사의 과학과는 뚜렷이 구별된다는 것은 분명합니다. 맹목적인 힘이 무명의 대중에 작용하고 공후(公侯)들과 권력자를 두려움에 떨게 만들고 분별 있는 사람들로 하여금 사건들의 추이는 철학자가 설정한 질서에 다다른다고 제안하도록 몰아댄다고 흔히들 말합니다만, 우리는 이러한 맹목적인 힘의 작용을 연구하지 않으며 또 연구하려고 하지도 않습니다.

과학의 역사에 그 이름이 남게 되는 사람들은 군중이라는 가설적 구성 분자가 아니며, 따라서 집단으로서만 논의될 사람들이 아닙니다. 우리는 그들도 역시 우리와 같은 인간이라는 것을 인정합니다. 그리고 그들의 행동과 사상은 정념(情念)의 영향을 별로 받지 않고 다른 사람들의 행동과 사상보다 정확하게 기록되어 있기 때문에, 인간성의 냉정한 부분에 대한 연구로서는 매우 적당한 재료입니다.

그러면서도 과학의 역사는 성공한 연구를 나열하는 데 그치지 않습니다. 그것은 성공에 이르지 못한 연구에 대해서도 말해야 하며 어째서 가장 유능한 사람들도 지식의 열쇠를 발견하는 데 실패했는지, 또다른 사람들의 명성이라는 것도 그들이 빠졌던 오류에 보다 확고한 토대를 제공하는 데 불과했는가에 대해서 말해야 합니다.

그것이 정상적이든 비정상적이든 간에, 사상 발전의 역사는 무릇 사색하는 인간으로서의 우리가 가장 깊이 흥미를 품고 있는 모든 주제에 걸친 것입니다. 그러나 마음의 움직임이 진리인가 오류인가를 논하는 지적인 활동 무대를 떠나서 분노와 정념, 악의와 선망, 격정과 광기 같은 격렬한 감정 상태로 들어가 봅시다. 과학 연구자는 이들 고삐 풀린 힘이 인간에 미치는 무서운 영향력을 인정할 수밖에 없습니다. 그러나 아마 그는 인간성의 이러한 부분을 연구하기에는 적합하지 않을 것입니다.

그리고 또 우리들 중에는 그러한 연구에서 이익을 얻을 수 있는 사람도 거의 없습니다. 이들에 대한 혐오감을 얼마간 없애지 않는 한, 인간성의 이 저급한 양상에 완전히 공감하기란 어렵습니다. 이 혐오감이 저열한 품성으로 전락하는 것을 막아주는 가장 확실한 안전장치입니다. 우리는 즐겁게 뛰어난 사람들에게 되돌아가서, 그들과 함께 이론적인 것이든 실제적인 것이든 고귀한 목적을 열망함으로써, 폭풍의 영역을 넘어서 청명한 대기로 올라갑니다. 그 곳에는 견해에 대한 그릇된 설명도, 표현의 애매함도 없으며, 오직 진리에 가장 가까이 접근한 지점에서 마음과 마음이 서로 접촉할 뿐입니다."

제1장 완전한 원

1604년 갈릴레오 갈릴레이(Galileo Galilei: 1564~1642)는 친구 파올로 사르피에게 보낸 편지에서 낙체의 법칙을 정식화했다. "나는 하나의 명제에 도달했는데, 그것은 아주 자연스럽고 명료한 것이다. 그것을 가정하면 다른 문제도 증명할 수 있다. 즉 자연스런 운동에서 통과한 거리는 시간의 제곱에 비례하며, 따라서 같은 시간 간격 사이에 통과하는 거리는 1에서 시작하는 홀수의 수열과 같다. 그 원리는 자연적으로 운동하는 물체의 속도는 운동이 시작된 지점으로부터의 거리에 비례해서 증가한다"는 것이다. 이것은 기묘한 논술이다. 처음 부분은 옳다. 그러나 갈릴레오가 어떻게 그것을 알아냈는지 설명할 수 없다. 왜냐하면 그 원리는 틀린 것이어서 그로부터 처음 부분이 유도되지 않기 때문이다. 일정한 가속도 하에서 속도는 시간에 따라 변화하지 거리에 따라 변화하지 않는다. 중고등학생이라면 다음 방정식 가운데 하나 또는 둘 다를 암기하고 있을 것이다.

$$s = \frac{1}{2}gt^2 \qquad\qquad s = \frac{1}{2}vt^2$$

갈릴레오가 결국 그것을 올바르게 파악했을 때에도 그는 이러한 형태로는 표현할 수 없었다. 연속적으로 변하는 양을 기술(記述)하는 데 아직 대수(代數, algebra)가 사용되지 않고 있었던 것이다. 그가 자유롭게 사용할 수 있었던 것은 일상 언어 및 유클리드와 아르키메데스의 기하학뿐이었다. 몇 년 동안 심사숙고하고, 적지 않은 실패를 겪은 후, 1632년에 그는 『두 가지 주된 우주 체계에 관한 대화 *Dialogo sopra i due massimi sistemi del mondo*』— 코페르니쿠스 설을 옹호한 탓으로 로마 가톨릭교회로부터 굴욕을 당했던 위대한 변론 — 를 세상에 내놓았다. 여기서도 그는 이 법칙에 대하여 설명하는데, "정지 상태로부터 출발한 물체가 통과하는 거리는 측정된 시간의 제곱에 비례한다"고 되풀이한다.

이에 대하여, 그 견해에 동조적인 대화자 사그레도는 "그것은 정말 훌륭합니다. 그런데 그것을 수학으로 증명할 수 있습니까?"라고 묻는다. 그래서 갈릴레오는 속도-거리-시간의 관계를 삼각형으로 나타내어서 그의 물음에 답한다. A에서 정지하고 있던 물체는 낙하하면서, "무한한 등급의 속도"를 차례차례 얻는다. 낙하 시간은 수선 AC로 잡는다. 그와 직각인 선분(DH, EI 등)은 시간 AD, DE 등이 지난 후의 속도를 나타낸다. 그리고 이 삼각형 전체는 "시간 AC 사이에 어떤 거리를 움직인 속도를 모두 합한 양"이다. 다시 말하

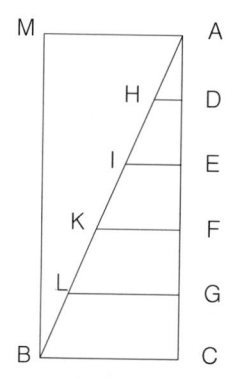

면 삼각형의 넓이($\frac{1}{2}vt$)는 운동한 거리를 나타낸다. 그런데 일정한 속도(BC)로 운동하는 물체가 통과한 거리를 얻으려면, 이 삼각형을 2배하여 직사각형(ACBM)으로 만들면 된다.

이것은 아주 정확한 것이긴 하지만, 오늘날 이것을 읽으면 어딘지 불완전한 것처럼 보인다. 여기서는 속도와 시간이 각각의 변수로서 나타나고 있는 반면, 속도는 오히려 시간에 대한 거리의 비로 생각하는 것이 보

통이기 때문이다. 더구나 여기서는 직선거리 s가 면적으로 나타나고 있다. 기하학에서는 아직 거리와 가속도를 관련시키는 형태의 법칙($\frac{1}{2}gt^2$)을 끌어내지 못하고 있었다. 1638년에 갈릴레오는 그의 마지막 저작이며 가장 뛰어난 과학 저작인 『두 가지 새로운 과학에 관한 논의 *Discorsi intorno à due nuove scienze*』에서 마침내 이 법칙의 일반적인 두 형태를 명료하게 논술하는 데 성공했다. 제3일의 토론에서는 속도-시간의 관계에 관한 새로운 증명으로 나아갔는데, 그것은 『대화』에서보다 문장의 화려함은 뒤떨어지지만 기하학적 형식은 훨씬 아름다운 것이었다. 그는 자신이 "일정한 부등속도 운동(uniformly difform motion)"이라고 불렀던 것을 도식적으로 정식화해야 했다. 즉 본질적으로 평면 기하학의 정역학(靜力學)적 형식 속에서, 가속도를 포함하는 동역학(動力學)적 명제를 정식화해야 했던 것이다.

그는 "시간의 흐름"을 단순하게 연장해서, 직선 AB로 나타냈다. 이 직선상에서 AD, AE는 두 개의 시간 간격을 나타낸다. 오른쪽의 직선 HI는 등가속도인 경우의 낙하거리를 나타낸다. 그러므로 HL은 시간 AD 사이에 움직인 거리이고, HM은 시간 AE 사이에 움직인 거리이다. 따라서 "거리 HM 대 HL의 비는 시간 AE 대 AD의 제곱의 비와 같다." AB에 임의의 각도로 AC를 긋는다. 그러면 DO, EP 등은 각각의 시간에 대응하는 최대 속도를 나타낼 것이다. 앞의 (평균 속력)정리로부터 다음 사실이 도출된다. 즉 어떤 물체가 정지 상태에서 등가속도로 움직인 거리는 이 운동에서 얻어진 최대 속도의 절반의 속도로 일정하게 움직인 제2의 운동에 의해서 통과한 거리와 같다. 이

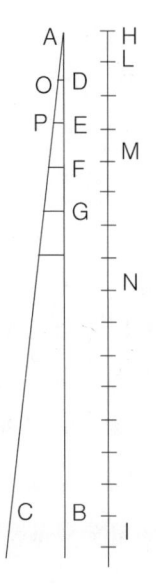

렇게 해서 낙하 거리 HL, HM은 시간 AD, AE 사이에 각각 DO, EP의 절반의 속도로 등속 운동한 거리와 같아질 것이다. 그러나 이미 증명했 듯이 등속 운동을 하는 두 물체가 통과한 거리의 비는, 각각의 속도의 비와 거리의 비를 곱한 것과 같다. 그런데 EP와 DO의 비는 AE와 AD의 비와 같기 때문에 이 경우 속도의 비는 시간의 비와 같다. "그러므로 통과한 거리의 비는 시간의 비의 제곱과 같다."

갈릴레오의 대변자 살비아티는 여기서 한 줄기 빛이 비친 것처럼, "지금 나에게 떠오른 생각에 대해 사색하는 동안 잠시 강의를 멈추어주십시오"라고 말하며 대화를 멈춘다. 그리고 그는 이 법칙의 두 형태를 결합한다. 여기서도 AI는 시간을 나타낸다. AF는 임의의 각으로 잡을 것이며, C는 AI의 중점이다. (논의를 조금 간단히 하기 위하여) 물체가 자유롭게 C까지 떨어진다고 하자. 그러면 BC는 최대 속도가 되며, 거리는 ½BC와 같은 EC 위에 세워진 등속도의 직사각형으로 측정될 것이다.

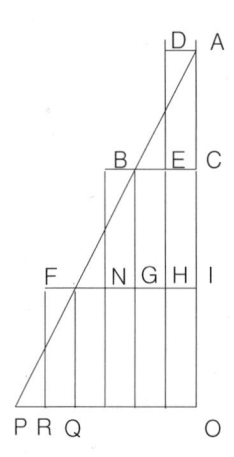

더욱이 물체가 일정한 속도 BC로 계속 낙하한다면, 시간 CI 동안에는 정지 상태에서 출발하여 시간 AC 동안 움직인 거리의 두 배되는 거리를 통과한다. 그러나 이 물체는 등가속도로 운동하기 때문에 시간 CI 동안 그 속도는 FG 만큼 증가한다. 이때 삼각형 BFG는 삼각형 ABC와 같다. 그리고 나서 (BC와 같은) 속도 GI에 가속을 통하여 얻어진 최대 속도 FG의 반을 더하면, 동일한 시간에 동일한 거리를 움직이는 등속도가 얻어진다. 더이상 설명하지 않아도 대강의 의미는 분명해졌을 것이다. 연속적인 시간 간격을 통과한 거리를 나타내는 이 직사각형의 면적은 차례대로 증가해 간다. "1부터 시작하는 홀수열 1, 3, 5의 비와 같이 ……

일반적으로 통과한 거리는 시간의 제곱비를 이룬다. 즉 시간의 제곱에 비례한다."

이 도형들은 증대하는 물리량에 적분을 적용한 최초의 예이고 따라서 단지 비에 관한 수학만이 아니라, 자연에 관한 수학의 발아를 상징한다고 해도 좋을 것이다. 등속 운동을 추상적으로 기하학적 양의 변화율로 표현하는 것은 하등 새로울 것이 없었다. 갈릴레오의 운동에 대한 첫번째 삼각형은 수학에서는 진부한 것으로, 14세기에 초기 옥스퍼드 대학에서 번성했던 운동론 철학의 학파를 따라 보통 머튼 규칙이라고 불렀다. 뿐만 아니라, 평균 속력의 정리는 가속도의 법칙으로 환원되어 있었으며, 필요한 것은 이것을 발견하는 것이라기보다는 오히려 이것을 쓸모 있게 서술하는 것이었다. 사실 갈릴레오가 집대성했던 것 거의 대부분은 후기 스콜라 학파의 여러 저작이나 레오나르도 다 빈치의 금언집이나 르네상스의 선구적 수학자들의 업적 속에서 발견할 수 있다. 그러나 갈릴레오만이 수차례 시도했다가 실패한 끝에 겨우 수학적 기법과 철학적 주장이 온통 뒤섞여 있는 곳에서 물리학의 기본 요소를 골라내는 자연에 대한 판단력과 직관과 감각을 발전시켰던 것이다. 그것은 수리 물리학자가 단지 토론으로만 그치지 않고 실제로 상황을 일변시켜버린 기법으로는 최초의 것이었다.

이 기법은 앞서 말한 부분에서 세 번이나 나타난다. 첫째로 그는, 등가속도의 규칙을 자유 낙하하는 물체에 적용할 수 있는 형식으로 만들었다. 다음에 그는 경로의 척도인 '속도×시간' 및 '가속도×시간의 제곱'이 포함되어 있는 일반적 논술 속에 그것을 포함시켰다. 마지막으로 그는 그것을 자연의 실례(實例)에다 적용했는데, 바로 거기에 갈릴레오의 천재성이 있었던 것이다.

이 마지막 부분, 즉 수학적 증명 직후에 보이듯이 논의를 뒤바꿀 수 있었던 사람은 갈릴레오 뿐이었을 것이다. 아리스토텔레스의 입장을 지지하는 심플리치오도 기하학의 위력 앞에서는 고개를 숙이고 이렇게 말한다. "이 등가속도 운동의 정의를 일단 받아들이면, 사물이 여기서 묘사된 것처럼 존재한다는 것을 나도 확신합니다. 그러나 이 가속도가 낙체의 경우에 실제로 볼 수 있는 것인지 아닌지에 관해서 나는 여전히 의심하고 있습니다. 그런데 나뿐만 아니라 나와 같은 생각을 가진 모든 사람들을 위해서, 당신이 도달한 결론을 여러 방법으로 설명해 주는 실험 하나를 소개해 주었으면 합니다. 그런 실험은 매우 많이 있으리라고 생각합니다만." 여기서 갈릴레오는 그가 상상했던, 물론 그중 일부는 실제로 했으리라고 여겨지는, 유명한 경사면에 관한 실험에 관하여 보고한다.

*

이것들은 불길한 삼각형이었다. 서구 문명의 근래의 운명과 미래의 전망에 대해 폭넓게 생각하는 역사가에게, 우리의 기질 여하를 막론하고 그 속에서 살아가야 하는 우리 자신의 문화는 두 가지 근본 요소에 의해서 아시아, 아프리카의 문화 및 고대 세계의 문화와 구별되는 것처럼 보인다. 그 한 요소는 역사에다 일종의 목적 실현의 약속을 부과하는 기독교인데, 그것으로부터 서구 문화가 출현했다. 다른 한 요소는 서구 문화가 만들어낸 서구 정신의 가장 활기 있고 가장 두드러지고 영향력이 강한 창조물로서, 끊임없이 진보해 가는 자연에 관한 과학이다. 사실 이 전문적인 영역에서만 진보라는 매력 있는 서구적 관념은 예증 가능한 의미를 획득한다. 예를 들어 마키아벨리보다 정치권력을 더 잘 이해한 사람은 없다. 또 피카소가 예술가로서 레오나르도보다 더 뛰어나다든가 못하다든가 하는 결론을 내리기란 불가능하다. 그러나 물리학에서는 모든 대학 신입생들이 근대 과학의 토대를 마련한 영예를 누구보다도 먼저 누려야 할 갈릴레오보다 더 많은 것을 알고 있다. 또한 자연 탐구에 본격적으로 착수했던 가장 강력한 정신의 소유자 뉴턴보다도 더 많은 것을 알고 있다.

초기에 과학은 기술과는 완전히 별개의 것이었고, 기예보다는 오히려 사상과 철학에서 유래하고 있었다. 그러나 오늘날에는, 과학이 지난 세기 이래 기술과 점점 더 밀착되어서 기술에 힘을 주고 그 능력을 증강시켜 왔기 때문에, 이에 관해서 어떻게 말하든 또 어떤 공포를 느끼거나 희망을 품든 이것을 과장이라고 할 수 없게 되었다. 그러나 우리 서구 세계의 미래만이 이 위대한 발명을 통해서 움직여지는 것은 아니다. 책의 첫머리부터 불손한 말을 하는 듯한데, 하나의 예언을 하는 것을 허락해 주기 바란다. 불안의 시대이긴 해도, 오늘날이 정치가의 지혜와 민중의 덕이 최종적으로 시험 받는 때는 아니다. 서구에 의해서 창조된 힘의 도구들이 전면적으로 비서구인의 손에 들어갔을 때, 다시 말하면 역사 속에서의 인간의 궁극적 책임이라는 서구적 감각을 갖지 않은 문화와 종교 속에서 형성된 사람들 손에 들어갔을 때, 그때야말로 심한 시련이 시작될 것이다. 한편으로는 독선적인 것이 되었는지도 모르고 다른 한편으로는 흔적만 남았는지도 모르지만 기독교의 저 세속적 유산은 아직도 여전히 우리 세계를 어느 정도는 구속하고 있다. 다른 전통을 지닌 사람들도 우리의 과학과 기술을 도입해서 사용할 수는 있겠지만, 우리의 역사나 가치를 그렇게 할 수는 없다. 중국이 원자탄을 사용할 수 있다면 도대체 어떻게 될까? 이집트의 경우에는? 동방에서 오로라(새벽의 여신 — 옮긴이)의 장밋빛 여명(黎明)이 비치기 시작할까? 그렇지 않으면 네메시스(복수의 여신 — 옮긴이)일까?

앨버트 아인슈타인은 중국과 인도에서 왜 과학을 창조하지 못했는지를 이해하기는 어렵지 않다고 말한 적이 있다. 문제는 오히려 왜 유럽에서 시작되었는가에 있을 것이다. 왜냐하면 과학은 매우 힘이 드는 것이고, 거의 성공하기 어려운 사업이기 때문이다. 그 답은 그리스에 있다. 근원적으로 과학은 그리스 철학의 유산에서 유래한다. 물론 이집트인들은 측량 기술을 개발했고 또 매우 교묘한 솜씨로 외과 수술을 하기도 했다. 바빌로니아인들은 행성의 움직임을 예측하기 위해서 수를 정교하게 다루는 방법을 고안해 냈다. 그러나 오리엔트 문명의 어느 것도 기술이나 주술을 넘어서서 사물 일반에 관한 호기심에 다다르지는 못했다. 그리스인의 사변적 천재성의 모든 승리 중 가장 예기치 못했던 것이면서 가장 진귀한 것은 사고에 의해서 발견할 수 있는 법칙에 따라 움직이는, 질서 정연한 전체로서의 합리적 우주라는 개념이었다. 신화에서 지식으로의 그리스인의 전이는 철학뿐만 아니라 과학의 기원이기도 했다. 실제로 자연에 관한 지식은 17세기의 과학혁명을 통해서 분리되기까지 철학의 일부분을 형성하고 있었다.

우리들 자신의 세계에서 과학은 그리스에서처럼 의식과 자연 사이를 매개해주는 개념적 사고로서 존재한다. 아니 그 이상의 무엇이기도 하다. 그것은 단순히 사변적인 것을 넘어서서 결정적인 것으로 되었다. 과학혁명은 정보가 흐르는 방향을 역전시켜서 커뮤니케이션의 구조에 살을 덧붙였기 때문이다. 그리스 과학은 주관적이고 합리적이며 순수하게 지적이었다. 그것은 정신의 내부에서 출발했고 현상을 자기 인식이라는 낯익은 말로 설명하기 위하여 그 속에서부터 목적, 영혼, 생명, 유기체 같은 개념이 외부로 투영되었다. 이러한 개념을 가지고 어떤 설명을 할 때 그 성공 여부는 오직 그것의 보편성과 이성을 만족시키는 능력에 달려 있었다. 그리스 과학은 실험을 거의 몰랐다. 그리고 호기심을 넘어서 적극적인 힘으로 나아가는 것도 생각하지 못했다. 이에 반해서 근대 과학은 비개성적이고 객관적이다. 그것은 그 출발점을 정신 외부의 자연에 두며, 새로운 현상을 예측하고 새로운 개념을 제안할 수 있다. 그러므로 가능하면 수학적으로 표현하고, 또 실험을 통해서 검증하기 위하여 모은 현상의 관찰 결과들을 분석-종합하여 여러 개념으로 나눈다. 근대 과학은 합리성을 내던지지는 않았지만, 무엇보다도 계량적이고 경험적이다. 이러한 속성으로 인해서 르네상스와 더불어 서구에서 시작되었고 세계 지배를 향해서 총괄적인 진격을 계속하고 있는 기술과의 결합이 성립하였다. 마지막으로 근대 과학은 자연을 이해함과 동시에 통제하려고 한다. 오늘날 유력한 설득력을 갖고 있는 실증주의 철학자들에 의하면 이해란 착각적인 목표라고 주장한다. 그들에게는 예측과 통제가 전부이다.

진정한 혁명은 기성 권위에 대한 반역을 통해서 근본적인 변화를 일으킨다. 그러나 여러 혁명의 역사에서 드러났듯이, 부채를 부정한다고 그것을 피하는 것은 아니다. 그렇기 때문에 르네상스 시기에 근대 과학이 창조된 것은 그리스 과학의 재생인 동시에 또 그 한계의 돌파이기도 했다. 르네상스에서 옛 것과 새로운 것을 분리하는 일은 언제나 어렵다. 왜냐하면 고전 학문에 몰두했던 인문주의자들은 낡은 말에서 새로운 관념을 발견했기 때문이다. 과학이, 화석화된 아리스토텔레스주의 속에다 학문을 가두어 놓는 데 반항하는 플라톤에 고무되어서 새 생명을 얻었다고 말해도 복잡한 정황을 왜곡하는 것은 아닐 것이다. 오히려 해결을 위한 첫번째 단서가 될 것이다.

갈릴레오 시대까지 아리스토텔레스의 과학과 권위는 서구 정신을 오랫동안 끌고 다니다가 막다른 골목으로 몰고 갔다. 아리스토텔레스의 철학은 가장 포용력 있는 것이었다. 원리에 있어서 그것은 모든 것을 설명했고, 구조보다는 추론을 다루었으며, 추상보다는 범주를 좋아했다. 예를 들면 갈릴레오는 이상적 조건 하에서 돌이 어떻게 떨어지는가를 수학적으로 기술할 수 있었다. 그러나 그것이 왜 떨어지는가는 설명할 수 없었다. 반면에 아리스토텔레스 물리학은 그것의 운동을 측정할 수 없었다. 그러나 이상적 조건이 실현될 수 없는, 마찰이 존재하는 복잡한 현실 세계에서 이것을 기대하기란 불가능했다. 아리스토텔레스는 더 중요한 것을 할 수 있었다. 그는 왜 돌이 떨어지며, 왜 불꽃이 위로 올라가며, 왜

별이 그 궤도를 따라 움직이는지를 설명할 수 있었던 것이다.

아리스토텔레스가 말하는 운동은 물리적으로는 이동으로 표현되지만, 실은 형이상학적이었고 변화의 일례였으며 불완전성의 증거였다. 변화란, 사물이 세계 내에서 자기의 가능성을 깨닫고 창조자의 질서에의 의지를 완수하기 위해서 끊임없이 노력하는 행위였다. 질서에의 의지란, 혼탁한 현실 속에서 가능한 한 각자의 선을 이루려는 의지이기도 했다. 질서가 있는 우주에서 모든 사물은 각각의 부여된 위치가 있다. 무거운 물체는 바닥에 자리 잡는다. 돌이 낙하하는 것은 무거운 성분으로 구성되어 있기 때문이다. 마찬가지로 불은 가볍기 때문에 상승한다. 그 원소의 위치는 에테르의 영역에 있다. 그 밑에는 공기가 있고, 공기 밑에는 물이 있다. 그리고 거친 흙이 중심을 둘러싸고 있다. 그러나 화살에 관한 설명은 어떻게 해야 하는가? 그래서 여러 종류의 운동이 도입되어야 했다. 그 운동은 자연적인 것이 아니라, 강제된 것이다. 그것은 질서 있는 것이 아니라, 무질서하고 폭력적이다. 거기에는 원인이 있어야 한다. 논리는 원인에 합당한 결과를 요구한다. 그러므로 자연에 반하는 모든 운동은 운동의 동인을 전제로 하며 설명을 요구한다.

그렇다면 무엇이 활시위에서 떠난 화살을 움직이는 것일까? 보편적인 것이 전부인 철학에서 이에 답할 수 없다면 이것은 학문일 수가 없으리라. 그래서 아리스토텔레스는 약간 주저한 후 공기를 가지고 이 동역학의 어려운 문제를 설명한다. 화살을 추진시키는 것은 투사체의 배후로 밀려드는 주위의 매질이다. 따라서 진공 속에서는 운동이 존재할 수 없다. 또 진공에서는 자연운동이라 해도 있을 수 없다. 왜냐하면 자연운동은 매질에 의해 속도가 늦춰지는 운동이기 때문이다. 진공에서는 이러한 매질이 없으므로 돌이 떨어지는 데 시간이 걸리지 않을 것이다. 이것은 불합리하다. 따라서 자연은 진공을 모르는 것이다. 세계는 충만하지 않으면 안 된다. 세계는 유한하고, 그 크기는 후세의 기준으로 보면 매우 작아야만 한다. 그러나 진공을 허용하지 않는 것은 진공에 대한 혐오보다도 뿌리 깊다. 그것은 근본적인 것이다. 진공 속에는 장소 같은 것은 없기 때문이다. 아리스토텔레스 철학의 목표는 모든 조건에다 각각의 목적에 따라, 정당하고 필연적인 장소를 정해 주는 것이었다. 그런데 무(無) 속에서 존재란 있을 수 없다. 진공 속에서는 돌도 어디로 가야 할지 모르며, 불꽃도 제 갈 길을 찾지 못한다. 방향이란 개념, 즉 질서마저도 무의미해질 것이다. 따라서 진공을 인정하는 것은 의미로 가득 차 있는 우리들의 세계 대신에 혼돈의 지배를 받아들이는 것이다.

아리스토텔레스 물리학은 처음부터 끝까지 이런 식이다. 이것은 본격적인 물리학이며, 자연 현상을 논리 정연하고도 고도로 정교하게 관념화한 것이다. 이것은 상식에 의해서 파악된 경험에서 출발하여, 정의·분류·연역을 거쳐서 논리적 증명에 도달한다. 이것의 무기는 실험과 방정식이 아니라 삼단 논법이었다. 이것의 목표는 무수한 종속적 수단들이 어떻게 질서라는 커다란 목적에 들어맞게 되는가를 보임으로써, 세계에 대한 합리적 설명을 달성하는 것이었다. 그것은 이런 일들에 적합했다. 직접적이고 미세한 관찰, 종(種)에 의한 형상의 분류, 부분이 어떻게 전체에 봉사하는가에 대한 분석, 이러한 것들은 19세기까지는 생명과 그것을 둘러싼 환경에 대한 기술(記述)이라고 불렸던 박물학에는 유용하였다. 사실 생물학은 19세기까지도 자연 속의 목적이라는 아리스토텔레스적 관념을 극복하고 물리학을 본받아 객관성에 도달할 준비가 되어 있지 않았다. 아리스토텔레스 물리학에는 갈릴레오 이후의 물리학에서는 부정되고 있는 엄청난 인간적 이점이 있었다. 그것은 자연의 섭리에 쉽게 공감할 수 있었다. 이슬람교, 유대교, 기독교의 세계관을 비호하는 물리학 체계로서, 그것은 로마 이후 암흑의 세기에 출현한 서구를 형성했던 이들 세 종교의 정통 과학이 되었다. 아리스토텔레스 물리학은 세계의 의미를 가르쳐 주었고, 신에게 봉사하는 사람들의 세력을 강화하였으며, 야만으로부터 문명, 문화, 진리를 구하기 위하여 노력하는 사람들에게 힘을 주었던 것이다.

단 하나 곤란한 점이 있었는데, 그것은 이 물리학이 틀렸다는 것이었다. 아리스토텔레스 물리학이 그것을 공들여 만든 사람들의 자기 인식에 아무리 잘 들어맞는 것이었다고 해도 자연은 그와 같은 것이 아니다. 자연은 상식적인 배열의 확장도 아니거니와, 의식이나 인간적인 목적의 연장도 아니다. 자연은 포착하기 어렵고, 어쩌면 더욱 요염한 것 같기도 하고, 또 한없이 미묘하기도 하다. 그녀(자연—옮긴이)는 단순한 고집쟁이나 훌륭한 사람들에게는 포착되지 않고 자취를 감춘다. 오직 진정한 호기심을 가진 사람들에게만 위대한 질서와 비인간적인 아름다움을 잠깐 보여준다. 이 아름다움은 옳게 주목한 사람에게만 보답으로서 주어진다. 그가 바라는 보답이란 단지 이 비인간적인 아름다움과 명성뿐이다. 그러나 2천 년이 지난 뒤 제임스 클럭 맥스웰은 다음과 같이 묻는다. "사고(思考)가 사실(事實)과 단단히 맺어져 있는 어둡고 깊고 은밀한 곳으로 나를 이끌고 가서 수학자의 정신 작용과 분자의 물리적 행동을 그 진정한 관계 속에서 볼 수 있게 하는 자가 과연 누구일까?" 질서는 수학적이고, 음표는 조화를 이룬다. 그것은 아리스토텔레스적이기 보다는 플라톤적인 것이다.

플라톤과 아리스토텔레스가 모든 기본적 요소에서 상이했던 것은 아니다. 그들은 스승과 제자 사이다. 두 사람 다 자연은 기교적 정신의 창조물이고 질서는 합리성의 표현이라고 생각했다. 두 사람 모두 과학에 대하여 자연주의적 견해보다는 인간주의적 견해를 택했다. 그리고 숭고한 목적이 신의 영지(英智)로서 현시되는 것을 설명하고 확인하려고 했다. 그러나 아리스토텔레스는 물리학과 생물학의 문제에 뛰어들었고, 플라톤은 이상적 존재로 향했다. 플라톤은 아리스토텔레스와 달리 과학을 만들지 않았다. 그는 다만 "과학과 관련하여" 사람들을 고무했다 — 아마 아르키메데스를, 그리고 훨씬 뒤에는 분명히 갈릴레오를. 플라톤의 영향은 아리스토텔레스보다 많다고도 적다고도 할 수 있다. 즉, 그가 후세에 건 주문(呪文)은 메마름과 동시에 활기를 불어넣는다. 사물의 세계에서 진리를 제거한다는 점에서는 메마름을 주지만, 이상적인 단순성을 수학적 현실로 확인하는 점에서는 아이디어에 활기를 불어넣는다. 플라톤은 미적인 자연 상에 시적으로 말을 건다. 그러나 상식에는 말을 걸지 않는다. 상식의 수수께끼 같은 표현에 그는 화를 낸다. 그러면 무엇이 진리이고, 무엇이 선인가? 그것은 영원하고 완전한 것이며, 생성이 아니라 존재이다. 실재는 이상적인 것이고, 변화는 타락의 반영이다. 아리스토텔레스는 우주론과 물리학을 구별하기 위해서 플라톤의 형이상학을 물리적 용어로 바꾸어 놓았을 뿐이다. 우주론은 달 저편에 있는 천체의 영역에 관여하고, 물리학은 우리들 지상의 세계에 관계한다. 지상에는 다른 법칙이 있고, 모든 것은 사멸할 수밖에 없으며 우연적이다. 이렇게 해서 초기 그리스 철학자들의 하나의 우주는 둘로 분열되었다. 그리고 이때 천체와 지상에 관한 단일 과학을 확립할 기회를 잃었다. 따라서 불완전성의 명백한 증거인 변화에 대한 불신으로 말미암은 가장 영향력 있는 결과물이 아리스토텔레스의 운동이론인 것이다. 플라톤과 아리스토텔레스에게 있어서, 그리고 그 이후 케플러와 17세기에 이르기까지 오직 하나의 운동만 완전한 것이었다. 그것은 천체의 운동을 지배하는 원운동이었다. 원에서만 운동이 변화 없이 수행되기 때문이다.

　플라톤은 "신은 항상 기하학적으로 생각한다"고 말했다고 한다. 이 말은 원에 대한 찬미와 함께 플라톤이 피타고라스학파로부터 인용한 것이었다. 이 반전설적 인물 피타고라스에게서는, 과학이 신화·신비주의·수학이 뒤섞인 선사시대의 상태로 후퇴한다. 자연의 통일 원리를 탐구했던 소크라테스 이전의 철학자들 중에서 피타고라스학파는 자연은 수로 이루어지며 수는 형(形)을 가지고 있다는 확신에 도달했다. 그들이 보기에 실제로 세계는 선·삼각형·입방체·원으로 이루어져 있었는데, 이는 19세기의 물리학자가 세계는 92종의 원자들로 이루어져 있다고 생각했던 것과 같다. 피타고라스학파에게는, 수는 사물의 형상을 포함하고 있으며, 실재하면서 동시에 이상적인 것이다. 수에는 외견상의 혼란 밑에 완전하고 영원한 구조가 존재한다. 그런데 이 신념은 2의 제곱근이 무리수라는 것과 무리수 일반의 발견으로 흔들렸다고 흔히들 말한다. 그러나 이 충격은 쓸모 있는 것이었다. 왜냐하면 그것은 머튼 규칙 같은 기하학적 비율을 이해할 수 있도록 인도했으며, 머튼 규칙은 갈릴레오가 낙체를 수학적으로 기술(記述)할 수 있도록 해주었기 때문이다. 과연 피타고라스학파는 우리가 알고 있는 것과 같은 물리학을 처음으로 논술한 사람들이었다고 할 수 있을지도 모른다. 즉 그들은 현악기를 연구해서 진동하는 현과 거기서 나오는 가락의 관계를 알아냈다. 그리고 하모니를 기하학적 양으로 표현했다. 그러나 그들 뒤에 출현했던 플라톤의 영향도 그러했듯이, 그들의 유산은 사실 플라톤에 의해서 건전하고 유익한 방향으로만 발전한 것이 아니라 과학의 지하 세계로도 이행되어 갔다. 수리 물리학의 서출(庶出) 쌍생아인 그들의 유산은 수비학(數秘學, numerology)에 대한 비밀스런 열광을 초래했다. 갈릴레오뿐 아니라 노스트라다무스도 그들의 후계자이며, 상대성 이론뿐만 아니라 장미십자회(Rosicrucian)의 연금술도 그들의 후예인 것이다.

그리스 철학 전통에서의 이 위대한 두 인물은 고대 과학에 마지막 제약을 가했다. 플라톤이든 아리스토텔레스든 수리 물리학을 만들기란 원리적으로 불가능했다. 왜냐하면 그들은 수학과 물리학이 서로 어울리지 않는다는 점에서 의견이 일치했기 때문이다. 다만 그 결점에 관해서는 달랐다. 플라톤에게 있어서 수학적 관계는 영속적이고 이상적이다. 따라서 실재이며 진실이다. 그러나 사물의 세계에는 이러한 확실성이란 전혀 없다. 물리학은 고작해야 "그럴 듯한 이야기"에 지나지 않는다. 이와 반대로 아리스토텔레스에게 있어서는 현실적인 것을 취급하는 것이 바로 물리학이다. 수학은 물론 진실이다. 그러나 추상적인 것에서만 그렇다. 세계 자체는 성질과 형상과 미묘한 특성 ― 수학이라는 정확하고 양적이며 극히 비현실적인 언어로는 표현할 수 있을 것 같지 않은 ― 들로 이루어져 있다. 따라서 존재론적으로 말하면, 고대 과학은 이들 두 개의 발판 사이로 전락했던 것이다. 아르키메데스가 그것을 회복할 수 있었을지도 모른다. 통찰력과 역량에 있어서 아인슈타인에 필적하는 그는 당대 최고의 과학적 지성이었다. 지렛대의 법칙, 더 일반적으로 말해서 간단한 기계의 원리는 플라톤과 아리스토텔레스가 불가능하다고 여겼던 기하학과 물리학의 결합을 보여준단 것을 누구라도 인정할 것이다. 아르키메데스는 물리적 무게만을 떼어내고 그 양을 유클리드적 비율로 나타나는 기하학적 길이와 결합시킴으로써, 정역학적 모멘트라는 개념에 도달했다. 또 한편으로는 아르키메데스가 기하학적 도형의 중심을 결정함으로써 물리적 직관을 수학의 문제에 도입했다. 그러나 아르키메데스의 출현은 너무 늦었다. 램프는 거의 다 타서 꺼져가고 있었다. 그리고 1700년 후, 그의 가장 뛰어난 제자 갈릴레오가 나타나서 정역학을 운동에 적용함으로써 오늘날의 역학을 창시했다.

*

물리학에 관한 한, 과학혁명은 우주론과 동역학의 두 측면에서 일어났다. 그것은 뉴턴의 중력법칙이 아리스토텔레스 이래 분리되어 있었던 천체와 지상의 지식을 연결하여 운동하는 물체에 관한 단일한 이론 과학으로 완성시켰을 때 비로소 완전하게 되었다. 이 두 측면에서 혁명의 영감은 플라톤적 비판으로부터 왔다. 그것은 아리스토텔레스적 자연철학이 중세 후기에 확산시켜 왔던 문자상의 구별의 방대한 집적 위에 수학적 실재론(實在論, realism)의 빛을 던졌다. 아리스토텔레스적 자연철학은 문자상의 구별만 가지고 자연으로부터 신학적 소논문을 끝없이 끌어냈다. 궁극적으로 동역학이 과학 사상의 더 심오한 면을 입증했다. 그러나 우주론은 더욱 극적이었다.

우주론에 있어서 르네상스는 복잡한 정황을 계승하였다. 아리스토텔레스의 우주상은 둔하고 더럽고 움직이지 않는 지구 주위에 동일한 중심을 가지는 중국풍의 투명한 천구들이 겹겹이 싸여 있는 것이었다. 그 천구들은 마치 반짝이는 장식용 단추 같은 달, 태양, 행성 또는 항성들을 가지고 있었다. 회전은 가장 바깥에 있는 천구에 의해서 이 복합체에 전해졌다. 그 너머에는 천국이 있다. 이것이 신학, 시, 문학, 철학에 의하여 널리 퍼져서, 당시 지식인의 우주상을 만들어 냈다. 그러나 그것은 천체의 일주 운동을 설명할 수는 있었지만, 황도(黃道)상의 행성의 겉보기 운동을 추적하고 예측하지 않으면 안 되는 천문학자들에게는 아무 쓸모도 없는 것이었다. 그 행성들은 다양한 속도로 전진하는데, 때로는 속도를 늦추고 멈추는가 하면 조금 후퇴하고 그리고 나서는 다시 전진하는 그런 식으로 움직인다. 이러한 불규칙성은 지구의 궤도 운동이 각 행성으로 투영된 결과였다. 위도상의 조그마한 변화와 모든 데이터의 불확실성 때문에 이들은 더욱 복잡하게 보였다. 사실 고대인들이 정확한 관찰자였다는 것은 꾸며낸 이야기에 불과하다. 궤도가 실제로는 타원이었다는 것은 오류의 원인으로서는 대단찮은 것이었다. 원 궤도에서 이탈한 양은 이 천문학의 오차의 허용범위 내에 있었기 때문이다. 어쩌면 가장 중대한 불규칙성, 즉 항성의 역행 운동은 태양계의 태양 중심 모델에 의하여 해결될 수 있었을지도 모른다. 피타고라스 학파는 태양이 중심에 위치한다는 것을 믿었다고 하며, 사모스의 아리스타르코스(Aristarchos of Samos: 310~230 B.C.)는 분명히 기원전 3세기에 이러한 설을 제안했다. 그러나 그것은 사산(死産)이었다. 그 대신 천문학자들은 클라우디오스 프톨레마이오스(Claudios Ptolemaios: 85~165 A.D.)의 완전한 기하학적 천문학을 실제로 채용함으로써 상식적으로 지구는 정지하고 있다는 생각을 정당화했다.

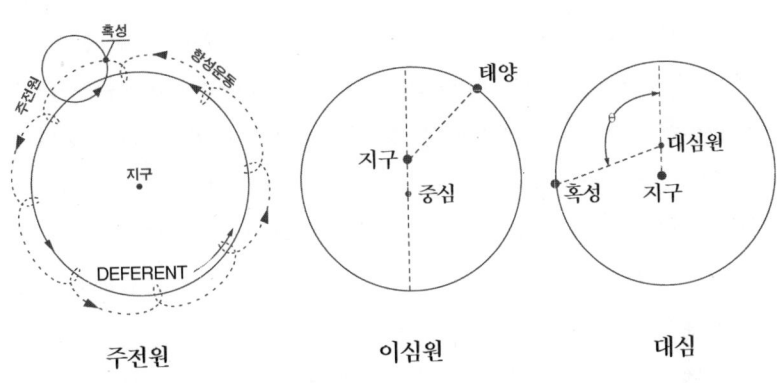

주전원   이심원   대심

프톨레마이오스는 원의 조합에 의하여 각 천체의 겉보기 운동을 합성했다. 그는 주전원(周轉圓, epicycle), 이심원(離心圓, eccentric), 대심(對心, equant)이라는 세 가지 구조를 사용했다. 주전원에서 행성은 소원(小圓) 상에 있고 그 소원의 중심은 운동의 궁극적 중심 주위의 대원(大圓)이라고 불리는 원을 그린다. 이심원은 운동의 중심을 지구 중심에서 조금 떨어진 곳에 있게 한다. 대심은 원의 중심 이외의 점인데 대심을 지나는 직경과 대심과 원주상의 점을 잇는 선이 이루는 각이 균일한 증가율을 갖도록 잡은 점이다. 주전원 위에 또다른 주전원을 덧붙이거나 주전원을 이심원이나 대심과 조합함으로써 70여 개의 구조가 고안되었고, 이것에 의하여 변칙성을 설명할 수 있게 되었다. 기하학의 자유로운 구사는 훌륭한 것이었다. 그것은 여러 현상을 설명할 수 있었다. 그럴 듯한 이야기를 하는 원시 실증주의적 물리학은 이러한 것에 만족했을 뿐만 아니라, 고대 로마로부터 16세기까지 역(曆)의 계산을 뒷받침하는 데도 충분한 기능을 했다. 그런데 마침내 오차가 쌓여서 허용 한도를 넘고 말았다. 그렇기는 하지만 뱃사람들은 예전과 같이 지구가 천체의 중심인 양 항해를 계속했다.

혁명은 어떤 것이나 문화에 깊이 뿌리를 내리고 있지만, 무언가 결정적인 행동 — 종종 부패된 관습을 정화하고 보수적 근본주의자들이 사물의 원 상태라고 생각할 만한 것을 복원하려는 — 으로부터 시작한다. 니콜라스 코페르닉(Nicolas Kopernigk: 1473~1543) — 자신은 코페르니쿠스(Copernicus)라는 라틴어 이름을 썼다 — 은 1543년에 『천구의 회전에 관하여 De revolutionibus orbium coelestium libri sex』를 출판했다. 이것은 대단히 난해한 책이다. 코페르니쿠스 필생의 사업의 진수를 통찰할 수 있도록 문을 열어주는 스콜라 철학, 라틴어법, 천문학, 삼각법, 중세 취향에 대한 공감과 이해를 가지고 책을 썼던 작자는 지금까지 거의 없었다. 현대에도 없다. 그러나 천문학적으로 볼 때 코페르니쿠스는 틀림없이 퓨리턴적 반동주의자였으며, 그의 손에 의하여 낡은 형식이 그 부착물뿐만 아니라 근본원리까지도 잃고 말았고 새것으로의 길이 열리기 시작했다는 것은 분명하다.

지식의 영역에서 이토록 대규모인 문제에 파고들었던 과학자는 지금까지 없다. 코페르니쿠스의 학설은 태양계의 배치를 바꾸었다. 그리고 움직이지 않는 지구를 그 축을 중심으로 하루 한 바퀴씩 돌게 만들었고, 태양 주위를 일 년에 한 번 돌게 만들었다. 태양은 중심에 놓여졌다. 이것이 근본적인 차이다. 그의 수학이 보수적이었다거나, 운동론이 집요하게 원에 매달려 있었다거나, 실생활에서 도망친 원숭이처럼 머뭇거렸다거나 그 외에 어떤 비방을 할지라도 이 커다란 변화를 얼버무리는 것은 허용될 수 없다. 하찮은 반대 때문에 그의 학설은 승인받기까지 거의 1세기나 걸렸다. 이를 여기서 재현하는 것은, 코페르니쿠스의 생각이 상식의 흐름에 대항하여 얼마나 강하게 거슬러 올라가야 했는가를 보여줄 것이다. 그 시대는 관성의 원리도 운동의 합성도 알려지지 않은 시대였기 때문에,

그가 주저하며 자기 생각을 숨겼다고 해도 조금도 이상하지 않다. 만일 지구가 움직인다면 우리는 공중으로 팽개쳐지는 것처럼 느껴야 한다. 탑 위에서 떨어진 돌은 탑 서쪽에 떨어져야 할 것이다. 서쪽을 향해서 발사된 포탄은 동쪽으로 발사된 포탄보다 멀리 날아가야 한다. 지구는 돌면서 산산조각이 나야 할 것이다. 우리는 투석기에서 튕겨져 나간 돌처럼 날아가서 흩어져야 할 것이다. 갈릴레오는 정확히 90년 후에, "지구의 연주 운동과 명백하게 모순되는 이 경험들은 대단히 설득력 있는 것처럼 보인다. 그러나 아리스타르코스와 코페르니쿠스의 경우에는 이성이 오감(五感)을 제압하여 그 주인이 되었는데, 이에 대해서 나는 찬탄을 금할 길이 없다"고 쓰고 있다. 지구가 하늘에서 원을 그리며 돈다는 것은 지구에 어울리지 않으며 그런 운동은 에테르나 비물질적인 물체에 적합하다는 편견은 매우 깊은 것이었으며, 우리가 느끼는 직관적인 정지감은 그보다 더 뿌리깊은 것이었다.

 폴란드 학자 코페르니쿠스는 크라카우, 볼로냐, 파두아(Padua)에서 공부했다. 그의 아버지는 그가 소년이었을 때 토른(Thorn)에서 작고했기 때문에 그는 숙부 루카스 바첼로데의 보살핌을 받게 되었다. 이 숙부는 교회 정치가였으며 중세 후기의 혼란기에 폴란드 교회와 튜턴기사단의 지배권이 뒤섞여 있던 발트 세계에서 상당히 세력이 있었던 인물이다. 바첼로데는 에름란트의 주교가 되었다. 그곳은 가톨릭 도시 프라우엔브루크에서 발트해로 나가는 좁다란 출구가 딸린 교회령이었다. 그곳에서 바첼로데는 그의 조카를 위해 성당 참사원의 승록(僧錄)을 마련해 주었다. 그는 1496년에 성직을 얻자마자 이탈리아로 갔는데, 그 전후의 많은 폴란드인과 독일인처럼 이탈리아에서 돌아오지 않고 자리를 비워 둔 채 몇 년 동안 성직자록을 받았다. 코페르니쿠스는 볼로냐와 파두아에서 고전·의학·천문학을 배우면서 인문학 교육을 받았다. 그의 지적 세계는, 아니 어쩌면 정신적 세계도 그리스-라틴의 고대 문화의 그것이었을 것이다. 말년에 그는 세상에 별로 알려지지 않은 7세기의 비잔틴 작가 테오필라크투스라는 사람의 도덕적이고 전원적이며 약간 호색적인 주제에 관한 서간집을 라틴어로 번역하기도 했다. 그러나 코페르니쿠스가 자신의 고대 문화에 대한 식견을 발휘하여 세계를 부흥하기 위한 르네상스 운동에 진정으로 유용한 것을 고대 학문으로부터 뽑아낸 것은 오직 천문학에서였다. 그리고 그가 훌륭한 인문주의자답게 아리스타르코스를 치켜세우며 고대 문화의 권위를 빌리려고 했지만 그의 독창성은 야누스적인 정신을 가진 르네상스 문화 전체와 마찬가지로 애매한 것이었다. 코페르니쿠스는 태양 중심설을 단순한 사변이 아니라 과학답게 만들었다. 태양 중심설은 그에 의해서 진보해가는 자연 지식 체계로 들어왔다. 코페르니쿠스의 작업은 과학에 결정적인 요소를 덧붙였다. 과학의 역사 전체가 그를 옹호하고 있다. 따라서 비판적 정신은 이 결정적 요소가 무엇인지 찾아내지 않으면 안 된다.

코페르니쿠스가 1505년인가 1506년에 아리스타르코스적 생각의 단순성과 우아함을 깨달았다는 증거가 있다. 『천구의 회전에 관하여』의 서문에 의하면 그는 자신의 아리스타르코스적인 생각을 피타고라스 학파가 명한 9년이 아니라 그 4배나 되는 긴 기간 동안 발표하지 않고 있었다고 한다. 그 생각은 그가 귀국하려고 했을 때 마치 신앙적 전향처럼 일어났을 것이다. 그때부터 그는 10년간을 태양 속에서 그리고 이탈리아의 개방적인 지적 풍토 속에서 방황했다. 이 위대한 사상이 정말 그런 식으로 탄생한 것이라면 그것은 감동적인 광경이다. 그는 다시는 폴란드를 떠나지 않았다. 그후 그는 발트 해안의 작은 하일스부르크에 있는 숙부의 집에서 바첼로데가 1512년에 죽을 때까지 살았다. 그리고 그 뒤에는 작은 프라우엔부르크의 성벽의 탑에서 여생을 보냈다. 때때로 그는 그라우스타르크의 통치와 에름란트의 외교에 관여하기도 했다. 또 안개를 뚫어지게 응시하거나, 프톨레마이오스와 천문학표에 관하여 더욱 큰 혐오감을

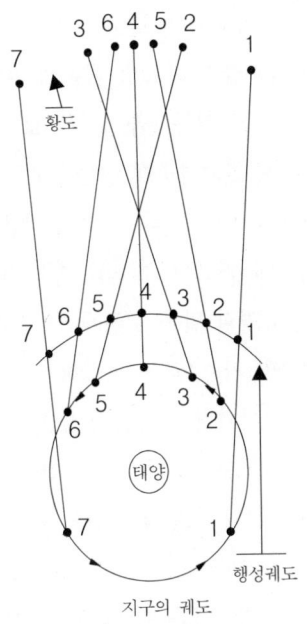

외행성 하나가 1에서 7까지의 위치를 운행하는 동안 역행하는 것처럼 보이는 관측 사실을 지구가 움직인다고 생각하는 것에 의하여 구할 수 있다. 이것을 원리적으로 나타내는 그림이다.

가지고 명상하기도 했다. 코페르니쿠스는 별을 연구한 것이 아니라 수학을 연구했기 때문이다. 그는 자기 자신의 체계를 세웠는데, 그것을 종래의 기하학적 가설에 대신하는 것 이상으로 만들 셈이었다. 그는 그것을 진짜 천문학 체계로 만들 셈이었고, 천문학자와 항해자들이 사용했고 달력(曆)에서도 사용되었던 프톨레마이오스의 체계를 대신할 뿐만 아니라 더 나아가서 태양, 지구, 달, 행성의 물리적 관계를 정말로 나타내는 것으로 만들 셈이었다.

그러나 아무래도 사실과 숫자는 감당하기 어려운 것이었다. 아주 틀린 것도 많았다. 그 연구가 완성되어도 그 중심적인 내용의 멋진 단순성을 입증하기는 불가능했다. 그는 많은 모순에 압도되면서도 기가 꺾이지 않고, 온갖 곤란에 직면하면서도 이 생각을 고집했는데, 이 사실이 증거하는 바는 과학에서 이론이 수행하는 합리화의 역할 및 사물에 궁극적 이치가 들어 있다는 신념일 것이다. 1532년경 코페르니쿠스는 자신의 저서

제1장 완전한 원 51

를 완성하고 출판을 망설이면서 피타고라스는 오랫동안 발표하지 말라고 명령했다는 전설도 있지 않느냐는 말을 이따금씩 하기도 했는데, 이는 조금도 이상한 일이 아니다. 그러나 그가 모든 커뮤니케이션을 보류하고 있었던 것은 아니다. 이보다 훨씬 전, 아마 1512년경에 그는 『개요』라는 초고에 그의 학설의 요지를 써서 유포했던 적이 있다. 그의 생각은 르네상스의 남을 헐뜯기 좋아하는 학자 세계에 퍼졌고, 마침내 루터가 "성서에 거역하는" 어떤 어리석은 자에 관한 유명한 말을 토하게까지 되었다. 1539년에는 게오르그 요아힘 레티쿠스(Georg Joachium Rheticus) ─ 본명은 폰 라우헨(Von Lauchen)이지만 그는 자기가 태어난 곳을 따서 이렇게 불렀다 ─ 라는 사람이 프라우엔부르크에 도착했다. 그는 비텐베르크에서 온 젊은 수학 교수였는데, 태양 중심설의 소문에 강하게 이끌려서 도대체 어떤 내용인지 배웠으면 좋겠다고 열망하고 있었다. 코페르니쿠스는 그와 허물없이 과학을 논했으며 함께 데이터를 고쳐나갔다. 레티쿠스는 1540년에 단치히에서 최초의 신뢰할만한 해설서인 『가장 중요한 논설 Narratio prima』을 출판했다.

이 해설의 성공으로 또는 아마 레티쿠스와 다른 친구들의 권고로 코페르니쿠스가 움직였을 텐데, 어쨌든 그 덕분에 그의 논문 전체가 책으로 나오게 되었다. 그것은 여섯 권으로 이루어져 있다. 제1권은 세계의 체계에 대한 일반적인 기술로서 태양이 중심이지 지구가 중심이 아니라는 것, 천체 전체의 일주 운동은 지구가 그 축을 중심으로 돌고 있기 때문이라는 것, 태양의 연주 운동은 실은 지구가 1년마다 공전하기 때문에 그렇게 보인다는 것, 행성의 순행과 역행은 위와 같은 원인이 각 행성의 운동과 결합하여 투영된 것이라는 것, 태양에서 지구나 행성까지의 거리는 항성까지의 거리에 비하면 너무 작다는 것 등이 서술되어 있다. 제2권은 고대부터 당시까지의 천문학에서 편집한 별에 관한 표인데, 코페르니쿠스는 이것을 가지고 일련의 기본적 요소들을 계산했다. 나머지 4권은 상세한 수학적 이론을 담고 있다. 말하자면 지구와 태양에 속하는 행성의 운동과 지구와 달의 실제 운동을 예측하기 위한 기하학적 고안이나 삼각법 같은 것들이다. 인쇄는 레티쿠스의 친구이자 루터파 신학자인 안드레아스 오지안더(Andreas Osiander)의 감독 하에 1543년 뉘른베르크에서 완성되었다. 오지안더는, 저자는 이 체계를 가지고 진리를 주장하는 것이 아니라 수학적 편의를 주장하는 데 그치는 것이라고 하는 취지의 변명적인 서문을 신중하게 덧붙였다. 그러나 이것은 사실이 아니었다. 코페르니쿠스는 피타고라스적 전통에 선 수학적 실재론자였는데, 그 전통에 따르면 도형과 수는 사물의 구조를 나타낸다. 그런데 코페르니쿠스는 이 책이 진리가 아니라는 서문뿐 아니라 그 책 자체마저도 결국은 읽지 못했다. 제1쇄가 프라우엔부르크에 도착했을 때 그는 뇌일혈로 쓰러져서 임종의 침상에 누워 있었기 때문이다.

코페르니쿠스의 『천구의 회전에 관하여』는 과학의 대저술이다. 그것은 모든 대저술들이 그러하듯 그것을 경시하는 학문의 전통과 싸워서 살아남아야만 했다. 이 경우 그러한 전통은 태양 중심설과 지구 중심설은 기하학적으로 교환 가능한 것으로서, 특별히 전자를 취해야 할 현실적인 이유가 없다고 하는 감정을 내포하는 것처럼 보인다. 계산의 단순성과 천체 운행의 경제성에 그 기초가 놓여 있다는 것만으로는 코페르니쿠스의 장점이 명확하게 드러나지 않는다. 프톨레마이오스의 데이터에 의존했고, 인문주의자로서 고대 학문에 대한 경의를 가지고 있었고, 원이 천체의 기본형이라는 신념을 지니고 있던 그는 계산의 덤불 속에서 오랜 세월을 악전고투하며 얻은 운동 중에서 아주 시시한 것까지 하나도 빼먹지 않고 다 기록했다. 코페르니쿠스는 불행히도 지구의 자전과 공전에 제3의 운동, 즉 팽이의 요동 같은 것을 불필요하게 덧붙임으로써 문제를 복잡하게 만들고 말았다. 그래서 분점(分點)은 세차 운동(이는 약간의 설명을 필요로 했다)을 하고 북극은 공전궤도의 양쪽에서 북극성을 가리키게 되었다(물론 사실은 그렇지 않다). 또 코페르니쿠스 천문학을 프톨레마이오스 천문학과 비교하더라도 주전원의 수에 있어서 뛰어난 것 같지도 않다. 물론 적은 쪽이 좋다.

사실 코페르니쿠스의 우아함에 대한 기준은 이와 달랐기 때문에, 이러한 비판을 만족시킬 수 없었다. 그는 주전원을 제거하는 것이 아니라 오히려 질서의 기초에 들어맞는 사물 속의 구조를 판별함으로써 천문학의 방법을 간소화하고 합리화하려 했다. 그 기초란 완전한 형(形), 즉 원이었다. 그의 세계상의 본질을 전하는 것은 자연의 단순성이라기보다 원이다. 사실이란 성가신 것이다. 코페르니쿠스는 주전원을 가지고 그것을 정복하려 했다. 또 그것을 이심원을 통해 배열하려 했다. 분명히 그는 지구 궤도의 중심을 태양 밖의 아무것도 없는 공간에 있는 기하학적인 점으로 잡지 않으면 안 되었다. 그런데 프톨레마이오스 천문학에서 코페르니쿠스가 심한 모욕감을 느꼈던 것은 대심이었다. 이것은 균일 운동과 원 운동 사이에 구별을 지음으로써, 외견상의 속도 변화를 설명할 수 있었다. 코페르니쿠스는 이를 속임수라고 생각했다. 대심을 제거하기 위하여 그는 이심원과 주전원을 더했다. 이렇게 해서 지구가 태양 주위를 돌게 함으로써 얻었던 것을 원 운동을 위해 내주고 말았다.

그러므로 코페르니쿠스 체계의 우월성은 실제적인 것이 아니라 개념적인 것이었다. 그 우월성을 입증하는 것은 데이터가 완성된 미래에 가능한 것이지 영감을 얻었던 과거에 가능했던 것은 아니다. 케플러는 아마 태양이 지구 주위를 타원을 그리면서 돈다는 것을 증명할 수 없었을 것이다. 사실이 그렇지 않기 때문이다. 게다가 코페르니쿠스 체계가 실제로 간단하다고 하는 중요한 경험적 측면도 있었다. 그것은 미세한 점에 이르기까지 대단히 복잡하기는 하지만 프톨레마이오스가 보여주지 못했던 하나의 장대한 규칙성을 제시했다. 행성의 공전 주기는 그 중심에서 멀어질수록 길어진다는 것이다. 즉 반지름이 클수록 햇수가 더 걸린다.

두 체계의 복잡성을 놓고 볼 때, 물론 유효한 영역을 간단하게 규정할 수 있는 것은 아니다. 그리고 조금 다른 방식으로 비교할 수도 있다. 코페르니쿠스 체계에 있어서 외행성의 지구 궤도에 대한 각은 바로 프톨레마이오스 체계에서 각 주전원의 지구에 대한 각과 같았다. 그렇기 때문에 코페르니쿠스 체계에 있어서 각 행성의 이론에 대한 주전원의 상대적 공헌은 태양으로부터의 거리가 멀어짐에 따라 감소하며, 반면에 대원(大圓, deferent)의 공헌은 증대한다. 내행성의 대원은 어떤 것이든 태양의 대원과 같다는 것은 프톨레마이오스 체계의 미심쩍은 점이었다. 더 나아가서 코페르니쿠스 체계는 왜 태양과 달의 경우에는 황도 상에서 그 방향이 역전되지 않는가에 대해서도 한층 더 자연스럽게 설명했다. 마지막으로 코페르니쿠스의 주장처럼, 지구가 매일 자전한다고 생각하는 것이 이러한 회전으로 항성에 어떤 속도가 부여되는지를 상상하는 것보다 합리적이었다.

현 시점에서 돌이켜보면, 이런 견실한 이유들이 코페르니쿠스적 미학보다 설득력 있는 것처럼 보인다. 코페르니쿠스는 신플라톤주의 안에서 기독교화된 피타고라스 숭배에 열중하고 있었다. 태양 바로 그것이 피타고라스적 숭배의 대상물이었다. 기독교 신비주의에 있어서 광명은 영혼을 꿰뚫는 진리의 빛이었다. 그렇기 때문에 코페르니쿠스는 세계의 등불인 태양이 중심을 차지하지 않는 배열은 상상할 수 없었다.

모든 것의 중심에는 태양이 왕좌를 지키며 앉아 있다. 이 가장 아름다운 사원이야말로 다른 어떤 장소보다 찬란히 빛을 발하는 물체가 안주하기에 알맞은 곳이다. 그럼으로써 이 물체는 모든 것을 동시에 비출 수 있다. 그것이 등불, 지성, 우주의 지배자로 불리는 것은 지당하다. 헤르메스 트리스메기스투스(Hermes Trismegistus, 모세와 동일시대에 살았다는 전설상의 인물—옮긴이)는 그를 눈에 보이는 신이라고 칭찬한다. 그에게 소포클레스의 엘렉트라는 전능이라는 이름을 붙인다. 이렇게 태양은 왕좌에 앉아서 그의 주위를 도는 자식들인 행성을 지배한다.

16세기까지의 이 모든 것들의 주위에는 어딘지 모르게 저속한 분위기 같은 것이 있다. 또는 그런 것처럼 보인다. 코페르니쿠스의 명성이 그의 문학과 철학에 대한 조예에 의지하지 않는 것은 다행한 일이었다.

지금까지 우리는 태양 숭배라는 미신에 의해서 적당히 단련된 기하학적 보수주의에 대해서 살펴보았다. 그러면 무엇이 결정적이었을까? 케플러나 갈릴레오 같은 인물의 물리적 직관에 권위 있게 말을 거는 코페르니쿠스의 천체 회전설에는 무엇이 있었을까? 그것은 본질적으로 바로 그의 상상력 속에 들어 있는 물리적 요소였다. 비록 그것은 모두 오류였지만, 바로 이 물리적 요소로 인해 코페르니쿠스는 자신이 데이터와 기술을 얻었던 고대와 명확하게 선을 긋고 과학으로 나아간 것으로 보인다. 왜냐하면 그의 학설은 수학적 형식과 현실의 물리 현상을 결합했기 때문이다. 그는 지구와 천체를 회전시키는 무언가를 필요로 했다. 그는 이것을 실제로 존재하는 구조라고 생각했다. 그는 기하학 이외의 것은 보지 못했으며, 그의 운동론과 계산의 기초는 모두 원이었다. 그는 대담하게도 "구에 있어 회전은 자연스러운 것이고, 바로 그 행위에 의해서 그 형체가 표현된다"고 했다. 구를 공간에 놓으면, 그것은 자전할 것이다. 이것은 자연을 해석하는 데는 별로 도움이 안 되지만 코페르니쿠스를 해석하는 열쇠이다. 비판의 대상에 그치기는 했지만 코페르니쿠스 천문학이 물리학의 발달에 기여한 매우 중요한 점이 또 하나 있다. 그것은 아리스토텔레스적 질서를 뒤엎었다는 점이다. 코페르니쿠스의 우주에서는 지구를 무거운 물체의 존재 장소로서 상정하는 물리학은 이미 존재할 수 없었다. 많은 사람들은 이 중요한 사실을 깨닫지 못했으며, 또 천체 운동을 지상의 물리학에 결부시킬 수 없었다. 그러나 우주론에 있어서 이것은 기하학적 선택 이상의 의미를 내포하고 있었다. 지구가 중심이 아니라면 세계는 어디에서 시작해서 어디서 끝나는 것일까? 우주의 둥근 지붕에 별이 부착되어 있지 않다면, 그것들은 얼마나 깊은 공간에 놓여 있을까? 코페르니쿠스는 이런 점에 대해서는 결코 언급하지 않았다. 그의 학설에 대한 또 하나의 반론은 육안으로는 별의 연주 시차가 보이지 않는다는 사실이었다. 그는 별이 시차가 관측되지 않을 정도로 멀리 떨어져 있다고 가정함으로써, 이 반론에 답했다. 그러면 공간과 세계(그리고 피조물도?)의 무한성에 생각이 미칠 수밖에 없지만, 그는 현명하게도 그런 위험한 예측은 좀더 용감한 철학자들이 논의하도록 내버려 두었다. 그 중의 한 사람인 조르다노 브루노(Giordano Bruno: 1548∼1600)는 새 세기의 첫해에 그 용감성으로 말미암아 화형당하고 말았다.

*

코페르니쿠스의 저작의 가장 값진 독자는 요하네스 케플러(Johannes Kepler: 1571∼1630)와 갈릴레오였다. 케플러는 "나는 코페르니쿠스의 견해가 진리임을 고백하며, 황홀하게 그 조화를 명상한다"고 말했다. 케플러에게 있어서, 과학은 자주 음악의 표현을 취했다. 그의 자질은 모차르트와 비교되어 왔다. 그들은 비례에 대한 신선한 감각에서 서로 같았으며, 정확한 양의 미묘한 표현을 듣는 귀 또한 같았다. 케플러의 이름이 붙은 법칙은 그의 모든 생애를 사로잡았던 자연에 관한 수학적 랩소디 중 세 개의 가장 영속적인 화음일 뿐이다. 첫번째 법칙에 의하면 행성은 타원의 한 초점에 놓여 있는 태양 주위를 타원 궤도를 그리며 돈다. 두번째 법칙은 속도가 변하더라도 일정하게 유지되는 양을 정의한다. 즉 태양과 행성의 동경(動徑) 벡터는 같은 시간에 같은 면적만큼 움직인다. 케플러는 이 법칙들을 1609년 『새로운 천문학 Astronomia nova』에서 발표했다. 세번째 법칙은 1619년에 그가 마지막 저서 『우주의 조화 De harmonice mundi』를 낼 때 때맞춰서 발견되었다. 그것은 행성 주기의 제곱이 태양으로부터의 평균 거리의 세제곱에 비례한다는 것이었다.

케플러에 이르기 전까지는 원은 우주 질서의 기초였으며, 사물은 원 위를 영원히 회전하고 있었다. 그런데 케플러의 경우에는 상상력, 사실에의 몰입, 좀더 깊은 질서에의 신념이 도대체 어떻게 배합되어 있었기에 천문학 창시 이래의 관습을 깨고 태양계를 그 참 형태로 끌어내서 원의 완전성보다 더욱 추상적인 수학적 기초 위에 놓게 되었을까? 그것은 유연성으로 가득한 위대한 인간 정신의 공적이며, 참신함이란 점에서 이와 비견될 수 있는 것은 상대성 이론뿐이다(상대성 이론은 과학이 자연에서 발견하는 근본 형체를 바꾸었다). 케플러만큼 독자를 자기 신념 속으로 완전히 끌어들이는 과학자도 없었다. 다른 사람에게서는 찾아보기 어려운 그의 천진성이 없었다면 그것은 미혹(迷惑)이었을 것이다. 케플러는 무엇이든지 털어 놓았다 — 개인적인 감정, 무서운 유년 시대의 굴욕, 건강에 대한 경시, 자기 아내의 결점, 그리고 그것을 어리석게도 공격했다는 것 등을. 만약 자기 자신에 대해서 객관적이었던 사람이 있었다면, 케플러가 바로 그런 사람이었다. 그는 별을 관측하기에는 너무 근시여서 계산만 할 수밖에 없었다. 그는 또 자기의 학문에 대해서도 모조리 말했다. 영감과 억측, 잘못된 출발과 실망, 자신의 어리석음과 오류, 최후의 멋진 승리 등을. 이런 것들이 단조롭고 고된 삼각법의 어두운 조수와 함께 과학적 의식의 급류가 되어서 풍부한 비유와 상징을 동반하며 페이지 위에 넘쳐 흘렀다. 케플러는 굉장히 이상한 인물이었다. 그렇기 때문에 (사람들이 말하듯이) 그가 원의 마력을 일소했지만 대신 그를 연구하는 사람 모두에게 그 자신의 마법을 건다. "2절판(絶版) 크기의 책 스무 권에 달하는 케플러의 저작은 어느 페이지나 생동감으로 넘치고 있다"고 아서 케슬러(Arthur Koestler)는 말한다. 그는 자신이 경험한 매력을 그의 흥미로운 저서 『몽유병자들 The Sleepwalkers』(1959) — 이 책에 대해서도 똑같은 말을 할 수 있다 — 에서 다루고 있다.

케플러는 방종한 감정을 지녔으나 사실에 세심하게 몰두하는 정서도 지녔다. 코페르니쿠스와 달리 그는 사실을 갖고 있었다. 아니 그렇다기보다는 첫 저작이 실패한 뒤에 사실을 획득했다. 케플러는 루터파의 튀빙겐 대학에서 신학을 공부했는데 우주론에 흥미를 가지고 있었다. 그 자신의 경향은 칼빈주의자였다. 아마 예측 가능한 양으로서의 신에 이끌렸을 것이다. 그는 스티리아에 있는 가톨릭계의 그라츠 대학에서 주(州) 수학자 및 천문학 교사 자리를 얻었다. 1594년에 그는 그곳에서 23세의 나이로 가르치기 시작했다. 2년 후 그는 교단에 섰을 때 마음속에 떠오른 우주의 구조에 관한 생각을 출판했다. 그것은 태양을 중심으로 하는 5개의 정다면체가 태양계의 수학적 골격을 형성한다는 생각이었다. 수성의 궤도는 정8면체에 내접해 있고, 그것에 금성의 궤도가 외접해 있는데, 그 궤도는 또 정20면체에 내접해 있다. 그리고 그것에 지구 궤도가 외접하며 나머지 궤도들도 정12면체, 정4면체, 정6면체에 내접 또는 외접해 있다. 케플러의 『우주의 신비 Mysterium cosmographicum』(1596)는 깊은 의미에서 코페르니쿠스적 우주의 짜임새에 관한 견해이며, 나아가서 기독교와 피타고라스적 종교성의 융합이었다. 물론 이것은 틀린 것이었다. 그것은 잘 맞지 않았다. 케플러는 곧 그것이 세부적인 면에서 실패라는 것을 알았다. 그렇지만 이와 같이 현실 속의 조화롭고 기하학적인 비율을 찾는 것이 신을 아는 것이라는 점을 의심치 않았다. "나는 우주를 고찰함으로써 바로 내 손으로 신을 붙잡을 수 있다." 그런데 1600년에 케플러는 그의 모형을 사실과 부합시킬 수치들을 가지고 있는 것처럼 보이는 인물과 만났다. 그가 바로 합스부르크의 수도 프라하에서 반미치광이 루돌프 2세의 궁정 수학자로 체재하고 있던 티코 브라헤(Tycho Brahe: 1546〜1601)였다.

티코는 이 분야에서 찬양받을 만하고 없어서는 안 될 연구자의 한 사람이었다. 그의 사명은 가능한 한 정확하게 자연에 관해서 관측하고 실험하는 것이었다. 그런데 그에게는 이론적 통찰이라는 고도의 자질이 결여되어 있었다. 1572년에는 굉장한 신성(新星)이 출현해서 하늘에 이변을 일으켜 유럽 전역을 놀라게 한 일이 있었다. 그러나 티코는 코페르니쿠스 체계를 믿으려 하지 않았다. 기껏해야 달, 태양, 항성의 천구가 지구 주위를 돌며 다섯 행성은 태양 주위를 돈다고 하는 타협안을 인정하려 할 뿐이었다. 이것은 지구의 부동성을 구했으며, 코페르니쿠스설의 가장 중요한 천문학적 증거 — 태양으로부터의 거리에 대한 주기와 대원의 반지름의 관계 — 도 구했다. 티코는 덴마크의 귀족으로 천문학에 대한 귀족 계급의 편견을 팽개친 장난스런 귀족이었는데, 침착성을 지니지는 못했다. 왕은 그에게 흐벤섬을 하사했다. 거기에다 그는 훌륭한 천문대 우라니보르크(Uraniborg)를 세우고 1년간 당당한 봉건적 위세를 떨치며 지배했다. 그는 성벽을 따라 반지름이 14피트에 달하는 것도 있는 여러 개의 커다란 상한의(象限儀, quadrant)를 세웠다. 그것들은 천체 관측 기술에 망원경의 도움 없이 인간의 눈으로 성취할 수 있는 최고의 정밀도를 가져 왔다. 티코의 데이터 중 가장 정밀한 것은 각도 1분 단위까지 신뢰할 수 있었는데, 이것은 그 이전 것에 비해 열 배나 개량된 것이었다. 게다가 보통의 천문학 측정 기술은 티코를 만족시킬 수 없었다. 당시의 천문학자들은 교점(交點)과 삭망(朔望)을 관측해서 이 점들 사이에다 궤도를 그려넣는 식으로 관측을 했다. 이에 반하여, 티코와 그의 조수들은 20년에 걸쳐서 매일 밤 행성을 추적하여 관측한 결과를 놋쇠로 덮인 거대한 천구의(天球儀)에 기입했는데, 이것이 그들의 기록이 되었다.

그는 덴마크 왕과 다투었을 때 이 기록을 가지고 떠나 프라하의 황제를 섬기게 되었다. 그리고 프로테스탄트에 대한 가톨릭의 박해의 파도가 밀려오기까지 스티리아에서 은둔하고 있던 케플러가 티코의 연구에 참

가했다. 후원자와 탄원자라는 그들의 관계는 쇠퇴해 가는 군주와 추정 상속인의 관계로도 얽혀 있었다. 티코는 케플러에게 고도의 이론적 능력이 있음을 발견하고 그의 귀중한 관측 결과를 사용하게 하여 티코 학설을 수립하도록 케플러를 구속하려 했다. 그러나 1601년에 티코의 사망으로 케플러는 법정 상속인으로부터 데이터를 받았고, 궁정 수학자로서 티코의 뒤를 잇게 되었다. 이 지위는 합스부르크 재무 대신의 상습적인 업무 지연으로 인하여 급료가 지불되지 않는 일이 잦았던 지위였다.

티코가 죽기 전부터 케플러는 이미 화성에 대한 이론을 연구하고 있었다. 이 별은 다른 별보다도 원에서 이지러지는 정도가 컸으므로 가장 다루기 힘들었는데, 다행스럽게도 이에 관한 지식도 가장 충실했다. 그것은 지구 바깥의 별 중에서 가장 가깝고, 아침과 저녁에만 나타나는 금성이나 수성과는 달리 태양 빛으로 인해 보이지 않게 되지 않기 때문이다. 케플러는 두 가지 조건을 가정했는데, 이것들 덕택으로 그는 코페르니쿠스적 사고를 뛰어넘어 뉴턴적 사고로 접근했다. 첫번째 조건은 기하학적인 것으로서 지구 공전 궤도면과 화성 공전 궤도면이 태양의 중심에서 교차한다는 것이다. 두번째 조건은 이와 관련된 가설인데, 물리적인 것이며 따라서 한층 더 의의가 깊었다. 이 가설이 없었더라면 대심에 의한 운동으로 되돌아갔을 것이다. 『새로운 천문학』이 마침내 세상에 나왔을 때, 그 부제는 "천체 물리학(Physica coelestis)"이었다. 케플러 속에서 싹터 가던 기계적인 것에 대한 감각은 처음 시작 때부터 그로 하여금 태양에 행성 운동의 원인이 되는 힘을 부여하도록 인도했다. 그의 연구 대상은 단순한 운동론이 아니라 천체 역학이었으며 그의 목표는 단순한 운동의 법칙이 아니라 힘의 법칙이었다. 태양의 힘에 대하여 그는 그것과 평형을 이루는 다른 힘을 각 행성에 주고, 행성의 궤도를 결정하는 데 있어 양자가 동등한 상태에서 무한히 투쟁하도록 했다(케플러는 전투적인 사상가여서 참된 법칙을 추구하는 긴 여정을 자신과 화성과의 개인적인 투쟁으로 보았다. 혹은 스포츠맨 같은 사상가라고 할 수도 있다. 왜냐하면 그 게임은 고도의 긴장 속에서, 그러면서도 태연하게 체스를 두는 것처럼 진행되었기 때문이다). 태양의 힘은 거리가 멀어짐에 따라 감소하며, 또한 행성의 속도와 그 힘의 근원으로부터의 거리의 관계에는 반비례관계가 성립한다고 상정하는 것은 합리적이었다.

케플러의 연구 생애는 우리를 감질나게 하는 것들로 가득 차 있다. 예를 들어 그의 물리적 발견들 중에는 빛의 세기가 광원에서의 거리의 제곱에 비례하여 감소한다는 광학 법칙이 있다(이것은 중력법칙과 마찬가지로, 빛의 성질로부터 유도되었다기보다는 입체 기하학에서 유도된 것으로서 세계가 기하학적 형태로 구성되어 있다는 가정이 얼마나 많은 결실을 맺었는가에 대한 예증으로 생각할 수 있다). 케플러의 태양은 빛뿐만 아니라 힘도 방사(放射)하기 때문에, 과학은 여기 뉴턴의 우주론으로 진입해 가는 문 앞에서 전율하는 것처럼 보인다. 그러나 과학은 과감하게 전진할 수 없었다. 케플러의 운동령(運動靈, anima motrix)은 태양에서 거리가 증가함에 따라 1차 비로 감소한다. 더구나 그것은 반지름 방향으로 뻗는 힘이 아니다. 그것은 케플러가 자기(磁氣)와의 유추를 통해 착상해낸 접선 방향의 저항력이다. 케플러는 윌리엄 길버트(William Gilbert: 1540~1603)가 1600년에 출판한 『자기에 관하여 De magnete』를 읽고 깊은 감명을 받았던 것이다. 길버트는 자석과 나침반에 대해 논했으며, 더 나아가서 지구 자체가 작은 자석이 친화력에 의해 일렬로 늘어서 있는 거대한 자석이라고 말했다. 케플러는 그의 웅대한 규모의 우주에 대해서도 이와 같이 생각했다. 이 우주에서는 고유한 성질에 의해 서로 관계 맺는 물체들 사이에 친화력이 작용한다. 이러한 것들은 태양과 행성, 태양에서 방사되어 정해진 범위를 따라 행성을 움직이도록 하는 운동령 등이다. 따라서 관성의 원리가 없었던 당시로서는 운동력(運動力: vis motrix)이란 중력에 대한 예감 — 중력이 되려면 방향을 90° 돌려주어야 하는데 — 이라기보다 운동은 기동자(起動者, mover)를 전제로 하는 고대 아리스토텔레스적 본능의 표현처럼 보인다.

그러나 이것도 물리학이긴 하다. 그리고 이것은 티코의 숫자에 구체적인 몸체를 부여했다. 케플러는 몇 년 동안 이 숫자들과 씨름하면서, 화성의 비밀을 붙잡으려고 노력했다. 케플러는 이미 궤도의 기하학적 기술(記述)과 물리학적 기술을 일치시켜야 한다고 결심하고 있었다. 또한 공간에서는 실제의 곡선을 취급해야지, (프톨레마이오스나 코페르니쿠스처럼) 주전원의 조합을 다루어서는 안 된다는 결심도 하고 있었다. 태양 반대편의 화성 위치를 나타내는 숫자가 케플러의 출발점이 되었다. 그는 이 숫자들을 사용해서 장축의 연장선상에 위치해 있는 항성에 대한 방향, 장축 위에 있는 태양의 이심적 위치, 반지름 등을 발견해야 했다. 엄밀한 해답은 얻을 수 없었다. 그러나 근사적인 방법과 시행착오를 통해서 일하는 것은 기하학자로서는 악몽 같은 일이었다. 케플러는 희망도 실망도 모두 빼놓지 않고 말한다. "만약 당신들이" ─ 그는 누구에게나 옆에 있는 것처럼 말한다 ─ "이 지루한 계산법에 진저리가 났다면, 그 계산에 엄청난 시간을 허비하면서 적어도 일흔 번 이상 해야만 했던 나를 생각해 주기 바란다. 내가 화성과 마주치고 나서 그럭저럭 5년이 흘렀다고 하더라도 당신들은 놀라지 않을 것이다." 그리고 마침내 올바른 값을 얻었다고 생각이 들었을 때, 그는 그 궤도를 증명했다. 그런데 관측된 위치와 이론에 의해서 예상된 위치 사이에 8분 정도의 각도가 어긋난다는 것이 발견되었다.

그것은 아주 적은 차이였다. 티코 이전이라면 그것은 발견되지 않았을 것이다. 8분의 각도를 가지고 6년을 희생하며 연구했다는 것만큼 케플러의 양심을 증명해 주는 것은 없다. 이 하찮은 실패를 자연 탐구는 지루하고 성가신 일이라는 것을 보여주는 한 예로 받아들여서는 안 된다. 연구를 완성하기 위하여 이 정도의 숫자는 날조해도 좋다는 말도 아니다. 무언가 새로운 것을 배울 기회로 삼아야 하는 것이다. 케플러는 "하느님이 우리에게 티코 같은 관측자를 보내 준 것은 우리로 하여금 그를 이용할 수 있도록 하기 위해서이다"라고 썼다. 그런데 바로 이 8분이 원을 깨뜨리는 결함이라는 것이 판명되었다. 이러한 사실들과 케플러 법칙들의 발견 사이의 관계가 분명히 말해 주는 것은, 과학의 이해를 깊게 하는 것은 왕왕 커다란 문제가 아니라 오히려 사소한 모순이라는 것이다. 그러한 모순은 아리스토텔레스 자연철학의 논리적 구조가 아니라 무엇이 화살

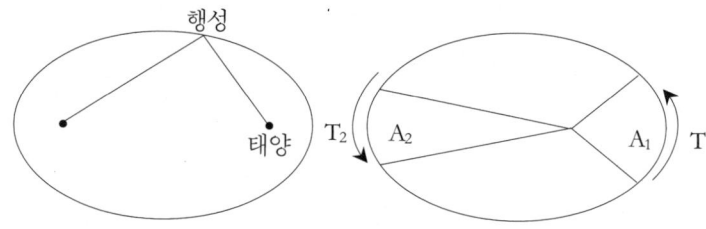

을 날아가게 하는가 하는 깊고도 조그만 문제이고, 아인슈타인이 지적한 뉴턴 물리학의 허점이 아니라 에테르의 견인(牽引)이 없다고 하는 거의 탐지할 수도 없는 문제 등이다. 이리하여 케플러는 화성의 궤도가 원이 아니라 다른 형태일 것이라고 생각하기 시작했다.

이 가능성을 밀고나간 그는 제1법칙(타원 궤도의 법칙)을 발견하기 전에 이른바 제2법칙(같은 시간에 같은 면적의 법칙)을 발견했다. 그런데 그는 이 법칙을 지배적인 원리로 발표하기 전까지 계산상의 편법으로 사용했다. 그렇기 때문에 이 법칙의 유도는 진리의 덕에 보답하는 해피 엔딩을 동반하는 오류의 희극이었다. 그는 이 계산 방법으로 인하여 난점이 발생하는 것이 아닌가 하는 생각으로 잠시 망설였다. 사실 그는 그것을 의심할 이유가 있었다. 왜냐하면 이심에 해당하는 태양으로부터의 거리에 반비례해서 속도가 변한다는 가정은 태양-행성 벡터와 접선이 수직이

되는 장축(ab)의 양 끝에서만 사실이기 때문이다. 게다가 케플러는 등면적의 정리에 그의 운명을 걸기로 결심했을 때, 그 증명 과정에서 더 한층 놀랄 만한 오류를 범했던 것이다. 케플러에 의하면 무한소의 현을 통과하는 데 걸리는 시간은 태양으로부터의 거리에 비례한다. 따라서 이 거리의 합은 이 궤도에서 운동한 면적이 되며, 이 면적의 어떤 부분이라도 태양-행성 벡터가 그것을 통과하는 데 걸린 시간에 의하여 측정할 수 있다. 그러면 같은 시간에 같은 면적을 지나게 된다. 물론 이 추론은 완전히 오류이다. 그의 말대로 한다면 dr~dA이며 따라서 $\sum r = A$ 이다. 틀림없이 케플러는 더 잘 알고 있었을 것이다. 그렇지만 그는 그 결과가 올

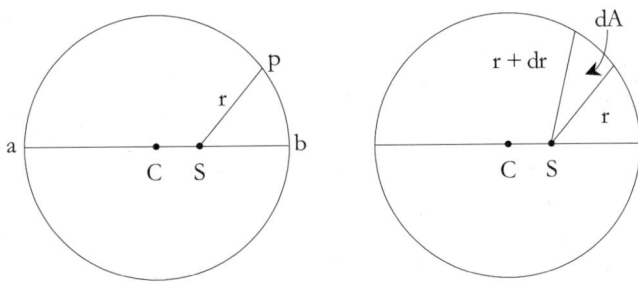

바르다는 것도 알고 있었고, 이 두 개의 잘못이 서로 상쇄된다는 것도 알고 있었다. 그런데 여기서 그는 화성은 잠시 제쳐놓고, 지구의 운동을 더욱 깊이 연구하기로 했다. 케플러가 "같은 면적의 법칙"을 이야기한 것은 화성 궤도상의 고정된 점에서 생각한 지구와 관련해서였기 때문이다.

이 데이터는 그를 고무하여 전통을 내던져버리게 했다. 그것은 두 면을 따라서 원의 내측으로 대칭적으로 들어가는 난형(卵形)의 곡선을 내놓는 것처럼 보였기 때문이다. 그렇다면 그것은 어떤 곡선일까? 처음에 그는 태양이 뾰족한 부분 가까이에 위치한 달걀형이라고 생각했다. 그는 또 두 개의 기하학적 초점과 하나의 운동 중심을 도는 모양을 생각할 필

요가 있었다. 자신이 옳은 답을 얻었다는 것을 알기 전에 그 답을 사용하여 우여곡절을 겪으면서 한 걸음씩 나아갔던 케플러의 발자취를 우리가 추적할 것까지는 없다. 달걀형의 기하학적 성질을 연구하기란 고통스러웠다. 원추 곡선도 조금도 실마리를 제공하지 않았다. 그래서 그는 "진짜" 곡선의 근사체로서 타원을 사용하게 되었다. 이리하여 그는 후세의 대발견과 일치하는 또 하나의 발견에 도달했다. 달걀형과 원 사이에 생긴 초승달 모양의 최대폭은 반지름의 0.00429배였다. 그는 또 이 측정과는 완전히 독립적으로 화성에서 태양과 궤도 중심에 그은 선분이 이루는 최대각이 5도 18분이라는 것을 측정했다. 그는 이 모든 숫자들과 함께 지내고 있었다. 이 각의 시컨트(secant) 값이 1.00429라는 것은 그를 놀라

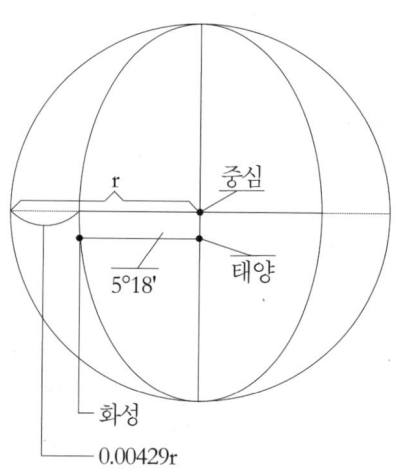

게 했다. 이것은 우연일 리가 없었다. 그가 모르고 있었던 것은, 이 관계는 타원을 정의하는 조건의 하나이며 또 그가 테스트 과정에서 산술적인 실수를 저질렀다는 사실이다(안타깝다는 말은 이 경우 너무 약한 편이다). 이리하여 그는 칭동(秤動, libration)의 이론 — 일종의 궤도의 호흡 운동과 같은 — 으로 끌려갔다. 이 이론에 따르면 합성 운동은 궤도의 회전과 지

름의 반지름 방향으로의 진동에 의해서 합성된다. 그러나 결국 그는 달 걀형으로 돌아갔고, 다음에는 자포자기하여 타원 ── 기하학적으로 하나의 초점에 태양이 위치한 ── 으로 복귀했다. 그리고 나서 그는 이것이 자신이 몇 달 전에 삼각법으로 도달했던 도형과 같은 것이라는 사실을 발견했다. 이 모든 일이 해석 기하학도 없이, 그리고 확정된 로그표도 없이 수행되었다는 것을 기억해야 한다.

  케플러를 읽다 보면 사람들은 이것만으로도 충분하다고 느낀다. 아무도 이렇게 고생하려 들지는 않았을 텐데 하고 생각한다. 그러나 조건은 지금 생각하는 것보다 훨씬 더 나빴다. 케플러에게 있어 그의 법칙들은 역학이라는 하나의 통일 체계로 환원할 수 있는 현재와 같은 과학은 될 수 없었다. 아직 해석 기하학이 없었으므로 그 법칙들은 차례차례 유도되지 않았다. 케플러 자신에게도 그 법칙들은 하나의 교향악을 만들려고 할 때의 간단한 멜로디 조각들이었다. 그 법칙들은 그가 청년 시절에 5개의 정다면체로 구상하여 그것으로 충분하다고 믿었던 우주 구조를 거의 뒷받침하지 않았다. 케플러 우주의 기하학적 구조는 아직도 미숙하였다. 그의 타원이란 결국 원에 대한 보잘 것 없는 대용품이었다. 그는 그것을 "거름 마차"라고 불렀는데, 이는 타원의 불합리함에 화가 치밀었기 때문이다. 이것은 그가 이차원적 형태의 궤도를 태양계의 구조와 관련지어 줄 발견을 하기 전의 일이다. 그러는 동안 갈릴레이의 망원경과 목성의 위성에 관한 소식이 들려왔다. 케플러가 별점을 쳐 주었던 ── 그러나 이것이 아무런 해를 끼치지 않을 때만 ── 루돌프는 폐위되었다. 그는 자기 자신에 관해서는 자신의 잉태나 탄생이 행성의 배치에 영향을 받았다고 믿었다. 그러나 황제가 현실로부터 점성술로 도피하는 데 가세하는 일은 주저하였다. 그는 오스트리아의 도시 중에서 가장 따분한 도시, 린츠의 수학 교사 자리를 얻었다. 거기서 그는 『우주의 조화』를 쓰기 시작했다. 이것은 그의 마지막 대저술인데, 집필은 그의 괴상한 노모가 어떤 이유에서인지는 모르겠지만 마녀로 고발당한 것을 변호하기 위해 중단되었다.

그가 다뤘던 조화는, 이것에 따라 신이 모든 존재의 외양을 창조한 이상적인 기하학적 비율이다. 우리가 화성(和聲)으로 인정하고 있는 옥타브, 제4음, 제5음은 현악기의 현의 길이의 일정비에 의해서 생긴다. 기하학 자체에도 협화음(정다각형과 정다면체)과 불협화음(7변형처럼 자로 그릴 수 없는 불규칙형)이 있다. 평면 기하학은 2차원의 물질적 세계를 상징하는 것을 다룬다. 구의 3차원적 완전성은 삼위일체를 나타낸다. 구의 평면적 단면도는 인간의 이원적 양상 — 육체와 정신을 의미한다.

그러므로 우주론에서 케플러는 그의 타원보다 (모든 의미에서) 더 깊이 내재한 사물의 근거를 찾으려고 했다. 세계의 조화는 어디에 있을까? 그는 장님이 조각 그림 맞추기 놀이를 하는 것처럼 여러 방식으로 시도해 보았다. 행성 주기는 조화 급수에 따라서 시간이란 제3의 차원에 의미를 부여할까? 그러나 그는 그 급수에서 아무 규칙성도 발견할 수 없었다. 그 비밀은 크기, 즉 행성의 체적에 있을까? 그러나 거기에도 증거는 없었다. 태양으로부터 여러 행성까지의 거리에 어떤 비율이 숨어 있지나 않을까? 그러나 거기에도 없었다. 최대 속력과 최소 속력 사이의 관계에 있는 것은 아닐까? 혹은 평균 속도 사이에? 이제 그는 조금 접근한 것처럼 느꼈다. 그는 상상력을 발휘하여 태양으로 가서 거기에서 각 행성들의 각속도의 최대치와 최소치를 비교했다. 그러자 비로소 그의 신념이 확립되었다. 토성에서 이 비는 4:5, 즉 장조의 제3음, 목성은 단조의 제3음, 화성은 제5음이었다. 이로써 마음의 귀에 들려오는 천구의 음악에서 토성과 목성은 베이스, 화성은 테너, 지구와 금성은 알토, 수성은 소프라노가 된다.

이것이 케플러가 그의 제3법칙에 도달한 순서였다. 이 법칙이 마침내 그가 찾고 있던 행성의 운동과 거리의 관계, 태양계의 운동과 구조의 관계를 수립했다. 어떤 두 주기의 제곱의 비는 평균 거리의 세제곱의 비와 같다는 것은 완전히 의외의 상관관계였다. 되풀이해서 시도하지 않았으면 그것은 발견되지 않았을 것이다. 실제로 케플러의 독자는 이 마지막 책의 환상과 황홀 속에서 그의 제3법칙을 찾아내는 데 어려움을 느낄 것이다. 그러나 케플러 자신이 그 속에서 음악적 기하학의 피타고라스적 비상(飛翔) 이상의 것을 보지는 못했다는 것은 진실이 아닐 것이다. 이 관계를 명백히 드러내고 있는 장(章)의 서문에는 그의 유명하고 또 자주 인용되는 송가(頌歌)가 있다.

열여덟 달 전, 나에게는 첫 여명이 비쳤다. 세 달 전에는 화창한 날이, 그리고 며칠 전에는 황홀하고 완전한 태양이 내게 떠올랐다. 지금 아무것도 나를 뒤로 끌고 갈 수 없다. 나는 격정을 못 이기며 전진한다. 나는 죽을 운명의 덧없는 인간을 경멸한다. 나는 이집트인의 황금 그릇을 훔쳐 내어, 그것으로 이집트에서 멀리 떨어진 곳에다 나의 신을 위하여 성전을 짓겠다. 당신이 나를 용서한다면 나는 기뻐할 것이다. 내가 당신을 화나게 했다면 나는 그것을 감내하겠다. 주사위는 던져졌다. 나는 동시대인들을 위하여, 혹은 — 누구라도 좋은데 — 후세인들을 위하여 책을 쓰고 있다. 나의 책은 백 년 동안 독자를 기다려야 할지 모른다. 신은 사람들이 자기 작품을 명상하고 이해할 수 있게 되기까지 6천년이나 기다리지 않았던가.

*

코페르니쿠스나 케플러 모두 그 수학적 특질에 있어서는 중세적, 즉 바로크적인 것과의 관계를 끊지 못했다. 그들의 우주는 괴수와 성상(聖像)으로 장식된 성당이 그랬듯이 기하학적 구조에 따라 건축되었다. 그러나 이 북방의 고딕적 별종들에게는 언제나 플라톤적 형상이 붙어 다녔다. 그리고 또 풍부한 정령 숭배적 상징주의가 장식에 붙은 것인지 건물에 부속되어 있는 것인지 판단하는 것도 반드시 쉬운 것은 아니었다.

갈릴레오의 경우에 이런 의문은 없다. 그의 플라톤주의는 피타고라스적 전통보다는 오히려 아르키메데스적 전통을 계승했으며, 그의 사상과 업적은 이탈리아 고전주의의 맑고 깨끗한 빛이라는 특색을 지니고 있었다. 갈릴레오로부터는 라틴 정신이 발휘된다. 그의 객관성은 마키아벨리의 정열적인 객관성인데, 이것에 따르면 소망은 조금도 문제되지 않는다. 세계의 작동방식이란 바로 그런 것이다. 그는 우주의 구조에서 감각성, 경건한 윤리, 교훈 등의 애매한 요소들을 제거하여, 연구의 대상으로 유클리드적 차원의 견실하고 곧은 뼈대만을 남겼다. 그것은 겉껍데기를 벗고 알몸만 남은 플라톤주의였으며, 토스카나의 태양 아래에서 비교적(秘敎的)인 잠꼬대를 거세해버린 플라톤주의였다. 갈릴레오의 자연철학에서는 신인동형동성론(神人同形同性論, anthropomorphism)을 신봉하는 감정이 고상한 인문주의로 대치된다. 『두 가지 주된 우주 체계에 관한 대화』에서 사그레도는 "자연스러운 물체가 감각이 없고 불변이라는 것을 그것의 커다란 영예와 완전성의 표지로 보는 반면에 변화 가능하고 생성 가능하며 부정형(不定形)한 것을 심한 불완전성의 표지로 간주하는" 일상적인 편견을 반박한다.

세상에서 유행되는 논의를 연구하면 할수록 그것들이 시시하고 단순하다는 생각이 든다. 보석, 은, 황금 따위는 귀하고, 흙은 천하다고 말하는 것만큼 어리석은 짓이 있을까? 흙이 보석이나 귀금속만큼 희소한 것이라고 하자. 그러면 다이아몬드나 루비나 금덩이를 잔뜩 주고 즐겁게 흙을 사서 작은 항아리에 담아 자스민을 심고 또 탕헤르 귤을 심어서, 그것이 싹을 내밀어 자라고, 많은 잎을 드리우고 향기로운 꽃을 피우고 맛 좋은 과실을 맺으면 기뻐하지 않을 왕이 있을까. 물질의 희소성이나 풍부함에 따라 사람들은 그것을 높게 평가하든지 업신여기든지 한다. 사람들은 "여기 맑은 물과 같이 대단히 아름다운 다이아몬드가 있다. 그렇지만 10톤의 물과도 바꾸지 않겠다"라고 말한다. 나는 불후성과 불변성 따위를 그토록 찬양하는 이 사람들은 영생에의 강렬한 욕망과 죽음의 공포 때문에 그렇게 말한다고 생각한다. 그러나 그들은 만약 인간에게 죽음이 없었다면 그들이 이 세상에 태어나지도 못했으리라는 것은 생각조차 못한다. 이런 사람들은 차라리 그들을 다이아몬드 상이나 비취 상으로 변형시켜 줄(그럼으로써 그들은 현재 상태보다 완전해질 수 있다) 메두사의 머리와 만나는 편이 나을 것이다.

물체의 제1성질과 제2성질을 구분했던 사람이 바로 그였다는 말이, 갈릴레오의 생애를 요약해 준다. 그는 제1성질(길이, 넓이, 무게, 모양)을 수량화하여 기술하는 데 본질적인 성질이라고 정의했다. 제2성질(색, 맛, 냄새, 감촉)은 물질에 속한 본질이 아니라 우리 안에 있는 지각 양식이다. 그 차이는 객관과 주관의 차이이다.

갈릴레오 갈릴레이는 1564년에 피사에서 태어났다. 그의 아버지는 피렌체의 음악가였다. 그는 수학과 자연철학을 연구했으며, 열아홉 살 때 가톨릭교회 본당에 있는 커다란 램프의 진동을 연구하여 진자의 등시성(等時性)을 발견했다고도 한다. 1592년에 그는 파두아로 갔다. 그의 책상은 지금도 그곳의 대학에 보존되어 있다. 베살리우스와 갈릴레오가 강의했고, 코페르니쿠스와 하비가 공부한 그 대학은 다른 어느 대학보다도 근대 과학의 요람으로 인정받아야 마땅할 것이다.

아리스토텔레스 운동론의 실패에 대해서 연구하는 것도 그때는 이미 새로울 것이 별로 없었다. 갈릴레이의 운동론은 머튼 전통에서 유래했으며, 그의 동역학은 머튼 전통과 관계있던 14세기의 장 뷔리당(Jean Buridan: ?~1358?) 학파와 파리대학 학파로부터 왔다. 그들은 무거운 포탄이 그것이 날아간 자리에 있는 공기의 압력에 의해서 비행을 지속한다고 하는 어처구니없는 설명에 만족스러워 하지 않았다. 이 설명에서 공기는 저항도 되고 추진체도 된다. 그래서 그 대신에 그들은 운동의 원인으로서 임페투스(impetus)가 포탄에 주어진다고 제안했다. 이 생각은 운동량이라는 측면을 조금 내포하고 있다. 임페투스는 속도와 근본 물질(prime matter)의 양에 비례했다. 이것은 한 걸음 크게 전진한 것이었다. 그러나 아직 이 이론으로 운동을 객관화하기는 불가능했다. 임페투스는 그것이 일으킨 과정 중에 소비되어 없어지는 내재적 성질에 머물러 있었다. 또 그것은 운동과 포탄을 개념적으로 분리하지도 않았다.

그렇기 때문에 독창적인 것은 갈릴레오의 최종적인 운동 개념이지 그의 아리스토텔레스 비판은 아니다. 분명히 그것은 대단히 독창적이기 때문에 아주 드문 성과 중의 하나, 사상의 참된 전환, 과거와의 단절로 생각할 수 있다. 그것은 자연 속에서 인간 외부의 실제 세계에 관한 의식을 바꾸었다. 이 새로운 세계는 공감보다는 오히려 측정에 의해서 파악된다. 거기에서는 정지상태의 물체를 고찰하는 정역학이 아니라, 운동하는 물체를 연구하는 동역학, 즉 아르키메데스적 과학이 가능한 것이다. 갈릴레오의 낙체 법칙에서 무엇이 혁명적이었는지 우리는 확신을 가지고 말할 수 있다. 그것은 그가 시간을 순수한 물리 현상의 매개변수로 취급했다는 것이다. 이로써 그는 그리스인이 하지 못한 것, 즉 운동을 수량화할 수 있었다. 갈릴레오는 시간 ─ 그가 그 속에서 살아가고 늙어가는 ─ 이라는 인간의 자연스런 생물적 본능으로부터 해방되기까지 이십 년 동안이나 이 문제와 씨름했다. 시간은 갈릴레오 시대까지는 과학으로부터 교묘하게 빠져 나갔던 것이다. 공간의 차원으로서의 성격(dimensionality)은 보다 낮은 추상화 단계에서도 명백하다. 갈릴레오는 물체의 낙하 거리와 속도에 관한 일반적 표현을 발견하려는 시도를 거듭했다. 그리고 언제나 실패했다.

결국 그는 속도를 낙하 시간과의 관계로 표시했고, 그리고 성공했다. 그러나 이 관념은 얼마나 난해한 것이었는지! 이 개념의 중대성은 오히려 그것이 성공했기 때문에 우리에게 드러나지 않는다. 갈릴레오 덕분에 우리는 모두, 단순하게 의식되는 것처럼 보이는 것에 힘입어서 어느 정도는 물리학자가 된다. 이처럼 단조로운 상식의 세계로 모습을 감추는 것이 과학적 혁신의 운명이다. 우리는 운동의 스콜라 철학적 정의로 되돌아가기 위하여 상상력을 발휘할 필요가 있다. 이 필요성은 갈릴레오의 성취의 위대성을 말해 주는 것으로 볼 수도 있다. 결국 역사가 발견보다 쉽다. 아리스토텔레스로 돌아가는 것은 인간적인 연상(連想)의 세계로, 또 (스콜라 철학에서라면) 종교적 위안의 세계로 들어가는 것이다. 이것은 인내와 재능만 있으면 가능하다. 반면에 르네상스로부터 나와서 갈릴레오의 세계를 바라보는 것은 공감이나 어떤 인간적 연관도 없는 자연을 혼자 응시하는 것이었다. 그것은 용기와 추상적 사고 능력 — 위대한 천부적 재능의 하나이며, 대단히 드물게 볼 수 있는 기질에게만 허용되는 — 을 필요로 했다. 왜냐 하면 감상은 자연이 자연철학자에게 부여한 조건에 반역하기 때문이다. 이 말은, 과학은 수학이라는 언어로 양을 전달하고 거기에는 선악, 자비, 잔혹 따위의 개념은 존재하지 않는다는 말이며, 또한 과학은 의지, 목적, 희망이라는 우리의 언어를 파기(또는 변형 또는 빈곤화)한다는 말이다. 예를 들면 과학은 개인의 힘도 질량과 가속도의 곱으로 바꾼다.

　현대의 뛰어난 작가가 과학사의 문제에 관한 책을 썼다는 것은 과학사가에게는 매우 흥미 있는 일임에 틀림없다. 아서 케슬러의 『몽유병자들』에 대해서는 이미 말했다. 코페르니쿠스와 케플러가 이만큼 생생하게 묘사되어 있는 책은 없다. 뿐만 아니라 이 저자는 과학혁명에 관한 글을 쓴 많은 전문학자들 이상으로 원문을 이해하는 데도 노력을 아끼지 않았다. 설령 어떤 과학사가가 그 해석에 대하여 과학이 문학적 지성에 끼친 악영향의 일례라고 평할지라도 그것이 이 뛰어난 작품에 대한 모욕을 의미하지는 않는다. 이것은 과학자와 교육자가 두루 주목해야 할 사례이다.

과학과 인문학의 궁극적인 통일에 관한 모든 희망적인 슬로건 속에서 그들은 이 책에 대하여 숙고할 수 있을 것이다. 케플러의 천재는 정말 "몽유병적" 천재 — 무의식적인, 불합리한, 유령 같은 — 였다는 점에서 케플러가 이 이야기의 주인공이다. 그의 광기는 신성한 광기였으며, 그의 표현은 영원한 예술가인 인간, 자연과 합일하는 인간의 집단적 잠재의식으로부터 출현하는 피타고라스적 신화의 표현이었다. 케슬러는 "내가 이 책에서 애써서 논한 것 중의 하나는, 경험의 신비적 양식과 과학적 양식은 원래 단일한 원천으로부터 나온다는 것과 그것이 분리될 때는 비참한 결과가 야기된다는 것이다"라고 말한다. 케플러 같은 사람들의 정신 속에서 "우리는 과거와의 급격한 단절이 아니라 그들의 우주 경험의 상징이 서서히 변화되어 가는 것을 본다. 즉 아니마 모트릭스(anima motrix)에서 비스 모트릭스(vis motrix)로, 운동령(運動靈)에서 운동력(運動力)으로, 신화적 비유에서 수학적 상형문자로. 이것은 일찍이 완성된 적이 없고 앞으로도 결코 완성되지 않을 것이라고 생각되는 변화이다."

케슬러에게 있어서 갈릴레오는 악한이다. 왜냐하면 그는 이 변화를 강인하게 추진하여, 과거와의 단절을 꾀했기 때문이다. 그에게는 고통으로 가득 찬 열정을 가끔 해소해 줄 수도 있었을 신비적이고 명상적인 경향이 조금도 없었다. 갈릴레오는, 케플러가 가장 괴로웠던 때에 우주에 관한 신비로 도피했던 것처럼, 자기 자신을 초월하든지 안식처를 발견하든지 할 수는 없었다. 갈릴레오는 분수령(分水嶺)에서 양다리를 걸치지 않았다. 갈릴레오는 완전히 그리고 놀랄 만큼 근대적이었다. 그는 자연의 모든 것을 크기, 형, 수, 운동이라는 제1성질로 환원하고 그밖의 것은 모두 주관적인 것으로서 제2성질로 분류했다. 이리하여 과학과 윤리학 사이의 "치명적인 불화"가 시작되었으며, 그것은 우리가 머무를 수 없는 세계에 우리를 버려두고 갔다. 거기서 우리는 니힐리즘을 향해서 표류하고, 아무 것도 모르는 전문가는 캄캄한 밤에 니힐리즘의 암초에 충돌한다. 과학자는 측정을 너무 좋아하는 나머지 도덕적 책임을 스스로 해제했고, 사물에 대한 분별력을 행사하지 않게 되었다. 우리는 갈릴레오의 경우에서 최초로 과학자의 성격에 대한 판단으로부터 그의 업적에 대한 판단을 분리하라는 요청을 받는다. 그렇기 때문에 케슬러가 그런 평가를 내렸던 것이다.

사람들은 갈릴레오에 대하여 여러 가지 반응을 보일 수 있다. 갈릴레오의 가혹한 객관성의 칼날에 질리기보다 오히려 그 용기를 찬양하는 사람도 있을 것이다. 자연이나 신화나 집단 등에 도피처가 있다는 원시적인 환영에 빠지기를 그치고 객관성의 칼날을 들이대어 우리를 현실에 적응시키려 했던 것이야말로 갈릴레오의 공적이라고 느낄 수도 있겠다. 역사가는 그의 본능 속의 민감한 기질의 응답에 따라 근대 과학의 지성사는 갈릴레오와 함께 시작되었으며 그가 이룩한 운동 개념의 변환과 함께 시작되었다는 것을 확신할 것이다. 결국 운동 중의 물체가 과학의 연구 대상인 것이다.

어쨌든 우리는 운동이 모든 물체의 상대적이고 영속적인 상태라는 관념 속에서 자라났다. 이 관념은 갈릴레오에게서는 암시에 그치지만 뉴턴에게서는 명시적이었다. 우리는 어릴 때 받은 교육 때문에 그것을 당연한 것으로 여겼을 뿐이지, 왜 운동에 관한 관념은 반드시 멈추고야 마는 현실의 운동 경험과 정 반대인지, 운동에 관한 관념은 얼마나 추상적인 것인지 알려고 하지 않는다. 이것은 정말 추상적이다. 상호 관계에 있어서 움직이는 물체, 그러나 서로 아무 영향도 주지 않는 물체——이것을 떠나서는 갈릴레오의 운동은 존재하지 않는다. 그것은 이미 과정이 아니다. 그것은 수학적 표현에 의해서 기술(記述)되는 순수한 관계이다. 경험의 세계는 이러한 이상적 관계를 보여주지 않는다. 현실의 사건은 그렇지 않을지라도 이상적·수학적 방법으로는 그것을 이해할 수 있다. 우리는 옷이 꼭 맞는지 안 맞는지를 따져야지 주름 따위로 시비할 수는 없다.

공간 운동은 이미 변화의 형이상학의 특수하고 일시적인 사례가 아니다. 그것은 더이상 소년은 성장하여 어른이 되고 어른은 안락한 생활을 영위하기 위해 노력하는 것처럼 자연이 규정한 목적을 실현해 가는 일종의 발전이 아니다. 그것은 더이상 질서와 선(善)을 향한 우주의 다양한 표현이 아니다. 이때 이후로 운동에는 아무 의미도 없게 되었다. 단지 양(量)만이 있을 뿐이었다. 한 성분으로서 시간을, 또 하나의 성분으로서 거리를 갖고 있는 속도라는 추상적 양이 있을 뿐이었다. 그리고 이런 차원들은 우리가 그것 속에서 도달하고 생활하는 것도 아니다. 그것들은 유클리드의 선인 것이다.

만일 갈릴레오가 역학만 연구했다면, 그가 인간의 창조적 활동의 역사에서 위대한 비극적 인물 중의 하나가 되는 일은 없었을 것이다. 그러나 그는 단순한 전문가도 냉정한 수학자도 아니었다. 갈릴레오는 매력과 취미와 문학적 우아함을 겸비한 인문주의자였다. 그는 문명의 혜택도 유감없이 입고 있었다. 그는 포도주에 관한 여러 정의 중에서도 가장 멋지게, 포도주는 빛과 습기가 결합한 것이라고 말하기도 했다—"Il Vino era Luce impastata con humore." 그는 단순한 물리학자가 아니었다. 그는 낙체라는 결정적인 문제—이것이 결정적 문제임을 느끼기는 어려운 것이었지만—를 넘어서 우주와 과학에 관한 위대한 통찰을 보여준 자연철학자였다. 그 환영에 따르면 현실적인 것은 이상적인 것에 의해, 구체적인 것은 추상적인 것에 의해, 물질은 정신에 의해서 기술된다. 그는 『시금자(試金者) Il saggiatore』에서 "자연의 책은 수학으로 기록되어 있다"고 선언했다. 여기에 갈릴레오가 이해했던 자연철학과 교양 있는 기독교도 일반, 특히 로마 교황청 법령의 배후에 있던 인물 로베르토 벨라르미노(Roberto Bellarmino) 추기경이 이해했던 스콜라 철학 사이에서 벌어진 논쟁점의 중심 문제가 있다. 벨라르미노는 예수회원이었고 군인 기질의 교회 정치가였다. 그는 가톨릭교회가 지금도 여전히 명하고 있는 교리 문답을 만들었다. 교회는 그를 성자로 여겼다. 어쨌든 그는 오랜 통치로 가톨릭 정책에 지속성을 가져왔고, 종교개혁과 그 투쟁의 여파로 발생한 철학의 혼란과 행정의 무질서 속에서 교회와 문명을 안전하게 지켜줄 책임을 진 강력한 정치가였다.

코페르니쿠스설도 이 혼란 속에 포함되었는데, 이는 벨라르미노의 과실은 아니다. 그가 이 새로운 우주론에 대하여 취한 태도는 정책의 문제였지 진리의 문제가 아니었다. 그에게는 이미 진리가 있었으며, 그의 사명은 그것을 지키는 것이었다. 그것은 자연의 수학적 기술이 아니었다. 그것은 가톨릭 사상의 전체 구조였으며, 기하학과는 전혀 관계없는 것이었다. 또한 스콜라적으로 사색하는 교수들이나 후견인들이 기하학에 관계하는 것도 허락되지 않았다. 충실한 아리스토텔레스주의자인 그들에게 세계란 우연적인 것이며 성질과 의미와 미세한 특질과 수학적으로 파악되지 않는 물리적 대상이 복합된 것이었다. 하늘에서는 모든 것이 완전하고, 물리학은 완전성을 다루지 않는다. 로마는 코페르니쿠스가 살아 있을 때 태양 중심설에 아무런 적의도 느끼지 않았고, 그가 죽은 후 수십 년 동안도 그랬다. 그렇기는커녕 오히려 1536년에는 교황청과 가까운 쇤베르크 추기경이 코페르니쿠스에게 편지를 써서 동포의 명예와 학계를 위해서도 출판을 권유했던 것이다.

갈릴레오 또한 자신이 코페르니쿠스를 해설하기 시작했을 때 신학상의 이의가 제기되리라는 것은 예기치 못했다. 그가 자극을 가하려 했고 빈틈없이 조심해야 했던 사람들은 파두아의 철학자, 교수, 현학자들이었기 때문이다. 갈릴레오는 성숙해지면서부터 자신의 이론의 아름다움을 알아보는 본능에 의거해 코페르니쿠스가 옳다는 것을 깨달았다. 그러나 그는 당시에 사람들이 거의 믿지 않았던 자연에 관한 수리 철학으로 증명할 수 없는 물리적 표상의 수립은 생각할 수도 없었다. 1610년에 그는 망원경을 입수했다. 이것은 누구나 대강(grosso modo)을 이해할 수 있는 길잡이였고 또 누구라도 관심을 갖는 것이었다. 주요한 사실이 곧 눈에 띄었다. 달은 하늘에 걸려 있는 보석이 아니라, 구멍투성이의 죽은 암석 덩어리였다. 목성에는 몇 개의 위성이 돌고 있었다. 갈릴레오는 용의주도하게 이 발견에 "메디치가의 별들"이라는 이름을 붙이기를 원했는데, 이것이야말로 누구나 볼 수 있는 코페르니쿠스 체계의 축도였다.

그러나 갈릴레오는 보는 것을 거부하는 사람이 있다는 것을 즉시 알아챘다. 그는 케플러에게 보낸 편지 — 어떤 편지에는 케플러를 글레페로 (Gleppero) 각하라고 하는데 — 에서 "이런 사람들이 있는데 어떻게 하면 좋을까요? 웃어야 할까요, 울어야 할까요?"라고 말했는데, 이는 어느 스콜라 철학자들이 망원경으로 관찰하는 것을 거절했을 때의 일이다. 세속적인 일의 처리는 평범성과 복잡성을 구비해야만 할 수 있는 것인데, 갈릴레오는 세사에 어두웠고 그런 일을 떳떳치 않게 여기는 성질이 있었으며 좀 독선적인 면도 있었다. 이런 성질은 자연으로 향하면 비상한 위력을 발휘하는 사람들 특유의 것인데, 그 세계에서는 우아함과 단순함이 사고의 목표였다. 갈릴레오와 교회의 분쟁은 종교의 과학에 대한 원천적인 적의나, 진리와 지식 사이의 반목에서 유발된 것은 아니다. 그것은 과학자와 세상 물정에 밝은 사람들 사이에는 의사소통이 잘 되지 않는다고 하는, 어느 정도 어쩔 수 없는 사정에 기인한 것이다. 세계가 어떻게 만들어졌는지를 아는 것만으로도 혼란을 초래할 수 있으므로 그것이 거론되길 원치 않는 사람들이 있으리라고, 어떻게 갈릴레오가 상상할 수 있었겠는가? 신앙과 도덕과 문명의 질서를 지배하고 있던 로마 성직자들이, 상식과 정통 종교에 대항하여 기존 자연철학의 구조를 뒤엎으려 하는 갈릴레오의 정열을 어떻게 이해할 수 있었겠는가? 추기경과 수사들은 수리적 추론에는 완전히 무지했으며, 그것이 내포하고 있는 힘도 이해할 수 없었을 것이다.

즉 과학과 교회 사이의 이 드라마는 사물에 내재된 필연성이라기보다는 인간의 특성들에서 유래하기 때문에 비극적이었고 피할 수 없는 것이었다. 1610년에 갈릴레오는 대공의 초청에 응하여 파두아에서 피렌체로 돌아왔다. 거기에서 그의 견해는 독창성과 불신앙도 구별하지 못하는 것으로, 게다가 도덕의 수호자로 자처하던 두 사람의 승려에 의하여 탄핵됐다. 반향은 로마로부터도 왔다. 갈릴레오는 신경을 곤두세웠다. 자기 자신을 위해서가 아니라, 당국이 과학의 미래를 판단할 능력도 없으면서 가톨릭교에 대한 신앙이나 이성 둘 중에 하나를 선택하라고 요구하지나 않을까 두려웠기 때문이다.

그래서 그는 당국을 교육시키기 위하여 로마로 갔다. 교육을 필요로 하는 사람들 대부분이 그런 것처럼 그들은 그것을 몰랐으며, 또 그 학설이 암시하고 있는 것에 대하여 불쾌하게 생각했다. "갈릴레오는 열광적으로 이 견해에 빠져 있으며 이곳 사람들을 교육하는 것이 그의 임무인 것처럼 생각하고 있습니다. 그리고 그것이 어떤 일을 초래할 것인지도 모르고 있습니다. 이곳 승려들은 대단히 강력하며, 갈릴레오를 좋아하지 않습니다. 그렇기 때문에 로마의 분위기는 갈릴레오에게 아주 위험하게 돌아가고 있습니다. 특히 이 세기에 들어와서 말입니다. 지금 교황은 문예를 혐오하고, 갈릴레오 같은 인물을 싫어하며, 이런 신기한 것과 난해한 것에는 참지 못하는 성미입니다"라고 피렌체 대사는 조심스럽게 대공에게 써 보냈다. 그런데 갈릴레오의 노력에 대한 유일한 보답은 1616년에 코페르니쿠스의 학설이 틀렸다고 한 금서목록 성성(聖省)의 금지명령이었다. 수학의 한 방법으로서 그것을 은밀하게 사용하는 것은 상관없지만 "지지하거나 변호해서는" 안 된다는 것이었다.

이윽고 1623년에 늙은 교황이 죽고 마페오 바르베리니가 우르바누스 8세로서 이를 계승하자, 갈릴레오는 마음을 고쳐먹었다. 새 교황은 인문주의자라는 평판이 있었기 때문이다. 그래서 갈릴레오는 표면상으로는 코페르니쿠스의 가설을 증명하는 것이 아니라, 『대화』라는 플라톤적 형식으로 "기하학, 천문학, 철학으로 가득 찬" 책을 쓸 계획을 세웠다. 토론은 가설로 그치게 할 셈이었다. 갈릴레오가 정말로 교황을 속이려 했는지, 그것은 확실치 않다. 그러나 갈릴레오의 기지와 지식은 그의 신중성을 뛰어넘는 면이 있었다. 아리스토텔레스의 지지자인 심플리치오는 압도되어 패배에 패배를 거듭하면서도 조금도 기죽지 않고 자기가 토론에서 이길 수는 없지만 그래도 자신의 견해를 확신하고 있다고 항변한다. 플라톤주의자이자 코페르니쿠스주의자인 살비아티의 태도에는 비범하고 심술궂은 분위기가 감돌고 있고, 또한 뛰어난 이해력으로 상대방으로 하여금 아니꼽다는 생각을 들게 할 정도로 오만함이 드러나는 경향이 있다. 과학이 그렇듯이, 갈릴레오에게도 단순성이 있었다. 그러나 겸양은 없었다. 이 두 명 사이에서 균형을 취하려는 사그레도의 시도는, 갈릴레오가 서문에서 "나는 이 논의에서 코페르니쿠스 지지자 역을 맡았다. 그리고 논의는 순수하게 수학적인 가설 위에서 진행될 것이다"라고 말한 것만큼이나 명백하게 설득력이 없었다.

『대화』를 읽는 사람들은 누구나, 바보가 아닌 이상 코페르니쿠스적 우주를 거부하는 사람은 없을 것이며 존재의 수학적 구조의 아름다움을 인정하지 않을 사람도 없을 것이라는 느낌을 받을 것이다. 이것은 분명히 교황이 인가한 것은 아니었다. 1633년에 로마로 소환당하여, 악명 높은 종교재판소 당국에 의하여 가톨릭 교리의 이름으로 지구는 움직인다는 그의 신념을 파기하도록 강요당했던 것도 놀라운 일은 아니다. 그가 순교자 역을 선택했으면 좋았을 텐데 하고 생각하는 사람도 있을 것이다. 이런 사람들은 갈릴레오가 가톨릭 신자였으며, 비록 교회의 종들이 잘못을 범했어도 그는 교회에 충실했다는 점을 잊고 있다. 과학과 종교 간의 투쟁의 불가피성을 모호하게 만드는 요소가 또 하나 있는데, 이것이 로마 지성사의 아주 성가신 이 에피소드를 진리의 영역으로부터 정치의 영역으로 옮겨간다. 갈릴레오에 대한 유죄 판결은 코페르니쿠스 체계를 논해서는 안 된다고 하는 당국의 명령을 갈릴레오가 어겼다는 것을 근거로 했다. 이에 관한 문서가 제출되었으며, 갈릴레오에게는 그것을 보는 것조차 허용되지 않았다. 그러나 그는 그것에 불복할 수는 없었다. 결국 그는 그 문서를 못 보고 말았다. 그것은 갈릴레오에게 적의를 품은 승려들이 문서철에 살짝 끼워 넣은 위조 문서였을 것이다.

갈릴레오 학설의 강제적 철회는 이 일에 관계한 모든 사람들의 품위를 떨어뜨렸고, 과학자와 성직자를 정치 무대라는 공통분모로 환원시켜 버렸다. 그러나 지적으로는 더욱 큰 응보가 갈릴레오의 대화를 기다리고 있었다. 이 위대한 책의 아리스토텔레스주의에 대한 승리는 과학적이기보다는 오히려 문학적이었기 때문이다. 천체와 지상을 단일 물리학으로 결합시키는 수리 과학을 수립하려는 열망 때문에 갈릴레오는 난점을 건너뛰고 오로지 전진만 했다. 그가 만일 그것들을 해결하기 위해 멈추었다면, 그는 아리스토텔레스에 대신할 통일적 우주상은 얻지 못했을 것이다. 그렇지만 그 경우 갈릴레오는 자신의 낙체 법칙의 논리에 따랐을 것이며, 고전 물리학에는 뉴턴 대신 갈릴레오의 이름이 붙었을지도 모른다.

여기서도 문제는 운동이었다. 이것이야말로 그리스와 단절할 수 없는 사람들 모두의 생명줄이었다. 갈릴레오는 운동을 자연적인 것으로 보고 그것이 지속된다고 하여 보존 법칙과 힘의 법칙으로의 길을 열었다. 그러나 뉴턴의 제1법칙과 고전 동역학의 기초가 되는 관성의 원리를 정식화하지는 못했다. 왜냐하면 우주의 질서와 자연의 완전한 수리화 사이에서 선택하지 않을 수 없었을 때, 그 역시 질서 쪽을 택했기 때문이다. 그리스에서 과학의 기능은 우주를 단일한 이론적 바탕 위에서 설명하는 것이지, 단지 어떤 특정한 현상만을 일반화하는 것이 아니었기 때문이다. 설명 가능한 우주, 우리에게 적합한 우주는 유한해야 한다. 갈릴레오조차 앞에 펼쳐져 있는 무한성과 대결하지 않았다. 갈릴레오에게 있어서 자연스런 운동은 관성 운동이며, 상승도 하강도 하지 않은 지구 중심으로부터의 등거리 운동, 즉 원 운동이었다. 지구는 이미 우주의 중심은 아니지만, 여전히 운동의 중심이긴 했다.

  갈릴레오는 이 원을 타파하는 데 필요한 것을 가지고 있었다. 그의 낙체의 법칙에는 투사체의 궤도가 포물선이라는 것이 들어 있었다. 그러나 『대화』의 제3일에 그는 그것을 연역해내지 못했으므로, 정지 상태에서 낙하하는 물체가 지구―회전하며, 투과할 수 있다고 가상한―의 중심을 향하여 반원을 그리는 것으로 했다. 그는 필요한 것을 가지고 있었다. 케플러가 갈릴레오에게 타원 궤도를 논한 『새로운 천문학』을 보내온 것이다. 타원 궤도에서 행성을 떠받치고 있는 물리적 힘은 지상을 향한 투사체가 포물선을 그리도록 하는 힘과 수학적으로 같은 것이며 어느 것이나 원추 곡선이다. 그러나 갈릴레오는 여기에 주의를 기울이지 않았다. 갈릴레오가 원했던 것은 코페르니쿠스의 승리지, 혼돈이 아니었다. 중력이 없다면 직선적인 관성을 가진 물체는 일직선으로 무한히 날아 갈 것이다. 만약 갈릴레오가 원을 포기했다면, 그리고 만약 그가 칭찬은 했지만 연구해 볼 시간이 없었던 케플러의 업적을 생각했다면, 그는 관성을 직선상(狀)으로 보았을 런지도 모르며 천체와 지구를 중력으로 연결했을지도 모른다. 그러나 갈릴레오는 그렇게 하지 않았다. 지구의 회전을 물리적으로 증명하기 위하여, 그는 흔들리는 컵 속의 수프처럼 바다의 요지(凹地)를 미끄러져 가는 조수를 끌어낸다.

  분명히 그는, 자신이 『대화』 속에서 운동을 정당하게 다루지 않았다는 것을 알고 있었다. 그런데 이제 최후의 성취가 이 괴상한 인물을 기다리고 있었다. 이단 심문소에 의한 굴욕도, 그리고 대저술에서 도를 지나쳤다고 하는 내적인 느낌도 그에게 과학을 포기하게 하거나 고령을 인정하게 하지 못했다. 교황의 명령에 따라 피렌체 위에 있는 아르체트리의 본가에 칩거하면서 그는 약해져 가는 시력과 쇠약해진 건강과 싸우며 진실로 과학적인 『두 가지 새로운 과학에 관한 논의』를 썼다. 여기서 취급되는 주제의 하나는 소위 물질의 강도이다. 갈릴레오가 정역학에 이러한 외형을 씌워서 제출한 것은 그가 어떻게 아르키메데스적 추상을 물리학 특유의 문제로 응결시켰는지를 보여 준다. 또 하나의 주제는 "공간 운동"에 관한 것이다. 갈릴레오는 이 운동을 그것이 마치 접선 방향으로 영속하는 것처럼 기하학적으로 다룬다. 또 그것의 원주로부터의 이탈이 보통 거리에서는 눈에 띄지 않고, 대단치 않다는 내용에 대하여 꺼림칙하다는 느낌을 드러내지 않는다(이것은 아르키메데스가 동경(動徑) 방향의 성분을 가진 지렛대 끝의 무게를 막대에 수직이라고 간주했던 것과 같은 근사법이다). 이 냉정한 논문에는 우주와 철학에 관한 큰 문제는 끼어들지 않는다. 이전과 같은 이름을 가진 사람들이 논의를 전개한다. 그런데 그것은 대학 일년생의 역학 강의처럼, 논쟁적이며 시끄럽다. 사실 이 논의는 역학의 궁극적 원천이다.

갈릴레오의 생애 중 가장 얄궂은 일은 위대한 『대화』의 실패가 오히려 흠잡을 데 없는 『논의』보다도 흥미 깊다는 것이다. 이 점에서도 갈릴레오는 역사에서 과학이 인간 정신의 창조물로 여겨질 경우 우리가 직면하는 딜레마를 예시한다. 어떤 의미에서 볼 때 케슬러는 옳다. 과학적 성공의 지속성은 그것의 진실에 대한 호소력의 강도에 반비례한다. 그러나 케슬러의 판단과는 다른 견해를 가진 사람도 분명히 존재한다. 그것은 과학이 일단 만들어지면 비인간적인 것이 된다는 것을 부정하는 점에서가 아니라, 과학에 대해서 개탄하거나 과학을 부드럽게 만들거나 그것이 자연에 대해 이야기하는 것을 바꿈으로써 이 딜레마로부터 벗어날 수 있다고 하는 함축을 거부한다는 점에서 케슬러와 견해를 달리하는 것이다. 이런 식의 생각은 슬라브와 튜튼 문화의 낭만주의적 감상성의 표시이며, 이런 식으로 생각하면 과학이 그 확고한 강인성을 발휘해서 학문과 사상으로 성립하기 위하여 쟁취한 독립이 무너지고 만다. 범인의 이해력을 능가하는 것에 대해서 불쾌하게 여기며 "한낮의 암흑"으로 끝나는 저 용서할 수 없는 속물성도 거기에 있다. 갈릴레오가 『대화』 끝에다 자필로 써넣은 다음과 같은 말은 이 점을 예견하고 있다.

신기한 것의 도입에 관하여. 신에 의해 자유롭게 창조된 정신이 외부의 의지에 강요당했을 때 가장 깊은 혼란에 빠지리라는 것을 그 누가 의심하겠는가? 우리가 자신의 분별력을 부정하고 다른 사람들의 변덕에 따르라는 명령을 받았을 때는 과연 어떨까? 또 아무 능력도 없는 사람들이 전문가를 재판하고 제멋대로 전문가를 다룰 수 있는 권한을 부여받았을 때는 어떻게 될까? 이것들이 공화국의 파멸과 국가의 와해를 초래할 신기함이다.

제2장 예술과 생명과 실험

　물리학은 갈릴레오 이래 과학의 예리한 칼날이 되었다. 따라서 그것을 수학적으로 표현하여 동역학을 수립한 것은 과학혁명에서 결정적인 행위였다. 근대 과학은 사상적 요소와 사회적 요소가 뒤섞여 있는 복잡한 성격을 지니고 있다. 17세기의 천재들이 과학이란 천을 짜기 위해서 사용했던 요소들은 르네상스의 다양한 분야에서 끌어온 것이었다. 먼저 자연주의는, 과학적 전망의 주요 요소가 되기 전에 이미 예술의 표현 양식으로 사용되고 있었다. 그리고 경험주의는 물리학보다 생명의 과학에서 더욱 명확하게 예시되고 있었다. 거기서 그것은 적당히 영웅적이고 적당히 성급하고 자의식이 강한 권위에 대한 한 반항아와 일찍부터 짝을 이루고 있었다. 세번째로 르네상스의 항해자, 기술자, 장인 등의 기술적 성취는 베이컨주의의 배경을 이루는 현실이었다. 베이컨주의는 과학을 단순한 개념이 아니라 자연에 의거하여 수행된 실험과 관찰을 귀납적으로 조작하는 것으로 만들었으며, 자연의 힘을 조종할 능력은 자연을 이해한 보상으로 오는 것임을 명시했다.

　레오나르도 다 빈치(Leonardo da Vinci: 1452~1519)는 많은 르네상스 인문주의자와 마찬가지로 인간 속에 전 세계가 있다고 보았다. 그가 보기에 과학과 예술은 모두 대우주의 실재를 지각의 작용을 통해 소우주에 투영하여 충만하게 하는 일이었다. 물론 그럴 리는 없다. 이 둘의 자연 파악 양식은 다르다. 한쪽은 특수하고 구체적이며, 다른 한쪽은 일반적이고 추상적이다. 그럼에도 불구하고 레오나르도는 윤리와 관계없는 순수한 탐구 대상으로서 자연을 받아들이는 태도를 완전히 무의식중에 예감하고 있었다.

우리 서구의 기술적 전통의 역사에서, 레오나르도의 연필이 책 속에 영원히 표집(標集)해 놓은 자연보다 문화의 파토스에 민감한 사람의 마음을 움직이는 것은 없다. 우리는 레오나르도를 과학사의 입장에서 어떻게 취급해야 할까? 그 당시에는 아직 없었던 잠수함, 장갑차, 기관총, 도시계획 등의 고안과 설계도로 가득 차 있는 저 노트를 어떻게 취급해야 할까? 또 천문학으로부터 역학, 지질학을 거쳐서 생물학에 이르기까지 과학의 전 분야에 걸쳐서, 관성이라든지 진화 같은 개념을 예언하고 있는 것처럼 보이는 저 금언(金言)에 대해서는? 박쥐 날개의 구조를 그림으로 설명하는 것은 비행의 준비로 비행 동역학을 이해하려는 것이라는 명백한 가정에 대해서는? 또 보는 것은 아는 것, 즉 행하는 것이라는 명확한 가정에 대해서는? 필자로서는 이런 것들의 의미를 파악하기란 불가능하며, 또 지금까지 어느 누구도 파악할 수 없었다고 답할 수밖에 없다. 레오나르도의 과학은 독창적 정신의 놀랄 만한 메모에 그치고 있다. 또 그의 노트의 내용도 18세기 말까지 알려져 있지 않았다. 그것은 나폴레옹 군대의 뒤를 이어 프랑스 공화국이 이탈리아로 보낸 문화 침략자들에 의하여 파리로 운반된 것이었다.

의상, 해부학, 발을 구르며 몸을 일으키는 말, 무기, 성채, 건축, 재료의 강도, 이런 것에 관한 레오나르도의 연구는 자연에서 기하학적 형상을 인정하는 정신의 표현임에 틀림없다. 그러나 레오나르도의 기하학은 명확하고 뚜렷한 것이었지, 추상적인 것은 아니었다. 레오나르도의 정신은 설계도와 한치도 어긋나지 않는 기계 장치를 만들어 내는 데 온 정열을 쏟는 공학자(engineer)의 정신이었다. 그의 수학에 관한 개념은 공간 곡선과 입체 기하학의 형상을 설명하기 위하여 점토나 실로 만든 모형 자체가 바로 입체 기하학이라고 해도 될 그런 것이었다.

안타깝게도 그것은 과학 일반으로 전진하지 못했다. 그래도 레오나르도의 인문주의와 자연주의는 어떤 특수한 학문, 즉 인체의 해부학은 되었다. 초기 단계의 기술적(記述的) 과학은 사물을 관찰에서 보여주는 것 자체라고 가정하지 않으면 안 되었다. 따라서 3차원의 관찰을 평면상에 기록하는 미술상의 기법이 필수적인 방법이었다. 이 기법은 투시 화법을 기하학에 응용한 것이었다. 중세의 예술가가 묘사했던 과학적 해부학을 상상할 수 있다면, 그 중요성이 판명될 것이다. 한편 해부학 연구는, 르네상스 전성기의 취향에 맞는 자연 표현을 실현하기 위하여 이 분야에 숙달되고자 하는 예술가의 필요에 의해서도 자극받았다. 레오나르도는 해부학을 배우려는 사람들에게 그 어려움에 대하여 다음과 같이 경고한다.

여러분이 이 과목에 흥미를 갖고 있다고 해도 지극히 당연한 혐오감 때문에 망설이게 될 것이다. 만약 그런 것이 아무렇지 않다고 하더라도 사지가 갈기갈기 찢겨지고 피부가 벗겨진 보기에도 끔찍한 시체와 밤을 지새우는 공포가 기다리고 있다. 그래도 여러분이 주저하지 않는다고 할지라도 그런 것을 그리는 데 필수적인 재능이 없을지도 모른다. 재능이 있다고 해도 투시 화법의 지식을 갖고 있지 않을지 모른다. 혹 그 지식이 있다고 하더라도 기하학적 증명법 또는 근육의 힘과 세기에 대한 평가법에 숙달되어 있지 않을지 모른다. 또는 인내가 부족해서 근면하지 않을지도 모른다.

지금까지 알려진 바로는, 르네상스의 해부학자들 중에서 가장 뛰어난 인물인 안드레아스 베살리우스(Andreas Vesalius: 1514~1564)는 레오나르도의 가르침도 읽지 않았고, 또 그가 그린 해부도 보지 않았다. 그러나 베살리우스의 업적은 마치 그것들로부터 영감을 받아 이루어진 것처럼 보인다. 이 말은, 레오나르도가 자연주의 안에서 미술과 과학이 교배하는 축도를 그리긴 했어도, 교배의 원동력은 되지 못했다는 것을 의미한다. 1543년은 사상사의 연대적(年代的) 이정표를 제공하는 중요한 출판이 동시에 이루어진 해이다. 그것은 코페르니쿠스의 『천구의 회전에 관하여』와 베살리우스의 『인체의 구조에 관하여 De humani corporis fabrica』이다. 그러나 이 해부학 책은 코페르니쿠스의 저서와는 그 주제뿐만 아니라 외견 및 스타일도 아주 다른 것 같다. 여기서 독자의 눈은 난해한 천문학 계산으로 인한 거부감을 느끼지 않고, 윤곽이 뚜렷한 이탈리아 인쇄의 활자면에 매혹된다. 논증의 재료로는, 접근하기 어려운 삼각표가 아니라 인체의 멋진 목판화가 제공된다. 그 판화는 노련한 대가(大家)의 작품이 분명한데, 티치아노의 것으로 판정되었다. 그리고 우아한 자세를 취하고 있는 이 훌륭한 근육 도판들을 나열해 보면, 그것은 르네상스 풍경을 배경으로 펼쳐지는 인체 구조 그림이라는 것이 드러난다. 이 풍경은 어디인지 확인되기도 했다. 그곳은 아바노 테르메에서 가까운 페트라르크의 시골구석이며, 그곳에서 베살리우스는 연구도 했고 가르치기도 했다. 거기서 그는 베네치아에도 발을 뻗쳐 티치아노와 만난 적은 없을지 몰라도 적어도 그의 작업장에는 갔을 것이다. 베네치아파의 양식과 마찬가지로 르네상스 문화는 1543년에 이미 그 전성기에 달해 있었다. 그러나 점차로 잠식해 들어오는 바로크의 그림자 밑에서 베살리우스의 저작은 과학 속에 자연주의의 영주처(永住處)를 확립했다. 마치 르네상스의 최후 순간에 갈릴레오의 저작이 그 최종적인 승리로서 물리학 속에 플라톤주의를 구현했던 것처럼.

따라서 생명 과학도 종속적인 지위에 있다는 인상을 피할 길은 없지만 과학혁명에 포함된다. 베살리우스의 저작은 아주 명료하게 호소하는 바가 있지만, 아니 어쩌면 그렇기 때문에 그의 업적은 코페르니쿠스나 갈릴레오의 업적에 비해 지적으로 낮은 등급에 속한 것이었다. 베살리우스의 사상은 인류의 세계관을 바꾸지 않았고 그 자신의 생각도 바꾸지 않았다. 이런 사정은 다윈 이전의 어떠한 생물학자의 사상의 경우에도 마찬가지였다. 일반적으로 물리 과학의 경우 이론의 심화는 사실의 확장에 선행했다. 반면 생명 과학이 발전한 순서는 그와 반대였다. 19세기에 들어와서 비로소 생물학의 변용(變容)이 일어났을 때, 이것은 혁명에는 도달하지 못하고 물리학의 객관적 태도에 생물학을 동화시키는 형식을 취했다.

생물의 과학을 물리학과 비교하며 불리한 점을 이것저것 늘어놓는 것은 무의미하다. 생물학의 소재가 어렵다고는 말할 수 없더라도 보다 무질서하다는 것은 사실이다. 일반화하는 작업이 없었다는 말은 아니다. 베살리우스의 해부학으로부터 하비의 혈액 순환의 실증에 이르기까지 사고의 움직임은 물리학사의 어떤 에피소드에도 뒤떨어지지 않을 만큼 이론의 진화 구조로서도 흥미가 있다. 하비의 업적의 한계는 바로 그 범위에 있었지, 그 공적에 있었던 것은 아니다. 뉴턴은 중력 이론으로 케플러의 행성 법칙과 갈릴레오의 역학을 통일하여 물리학의 전문제가 망라된 운동하는 물체에 관한 수리 과학을 수립했다. 그러나 혈액 순환은 해부학과 생리학을 결합시킨 데 불과하다. 이것이 생물학이 물리학의 일반성에 최대한으로 근접할 수 있었던 부분이다. 그리고 그것은 어떤 객관적 개념에 의하여 조직되지 않은 엄청난 지식의 단편을 의학과 박물학의 광대한 황무지에 흩뿌려진 채로 남겨 놓았다.

생물학(biology)이라는 말이 만들어지기 위해서 19세기까지 기다려야 했다는 사실은 이 학문이 이제 겨우 시작 단계라는 것을 보여 준다. 16세기와 17세기에 이 학문은 거의 독립적으로 존재하지 못하고 있었다. 해부학과 생리학은 과학이라기보다는 오히려 의학의 양상을 띠고 있었으며, 의학은 지식보다는 기예(art)와 치료법의 방향을 향해 나아가고 있었다. 인체 해부학은 인간의 시체보다는 동물과의 유추를 통하여 연구되는 것이 많았는데, 이 방법은 비교해부학의 원천이 아니라 오류의 원천이었다. 비교해부학은 18세기에 들어서야 처음으로 등장했다. 박물학은 탐구자적 정신에 의해서가 아니라 오히려 조류 관찰자나 도덕주의자의 정신으로 추구되었다. 어원적으로 볼 때 이 말(natural history)은 단순한 자연의 기술(記述)을 의미한다. 동물학은 우화의, 식물학은 약초의, 그리고 광물학은 광석의 공급원이었다. 광물계는 언뜻 생각하면 동식물계와 다를 것 같은데, 그렇지도 않다. 왜냐하면 광물은 대지의 모태에서 양육되며 거기에는 다양한 형태의 종(種)들이 분포되어 있다고 생각되었기 때문이다.

어느 분야에서든, 아리스토텔레스와 고대에 관한 태도는 양면성을 가지고 있었다. 상세한 비판도 있었고 권위에 대한 울분도 있었다. 어떤 의미에서 이것은 독창성을 향한 건전한 노력이며, 스스로 사물을 보아야 한다는 명령형의 언명이었다. 그러나 여기에는 동시에 — 이는 자기 자신에게 확신이 없는 자에게 흔히 있는 일인데 — 권위 측의 뛰어난 점보다 잘못된 점을 이것저것 따지고 싶어하는 질투심 같은 것도 섞여 있었다. 그 결과는 낙체의 법칙이 보여 주는 것과 같은 고대와의 깨끗한 단절이 아니라 그것에 대한 비난뿐이었다. 아리스토텔레스의 방법이 실제로 생물학의 여러 문제에 오랫동안 들어맞았다는 것이, 생물학이 직면하고 있던 어려움을 말해 준다. 생물의 분류인 분류학은 몇 백만의 생명 형태에 질서를 부여하는 첫걸음이어야만 했다. 목적에 대한 고려, 기능에 대한 목적론적 분석은 다윈에 이르기까지의 생물학을 지배했다. 어째서? 라는 물음에 답하기 위하여 생물학자는 물리학자보다 훨씬 깊게 그 학문에 파고들어 갔다. 그런 물음에 답하려는 노력이 장애물이 된 것은 훨씬 나중의 일이었다고 해야 할지 모른다. 이러한 여러 가지 이유에서 볼 때, 생물학은 과학의 양대 조류 가운데 덜 급진적인 쪽이었다. 따라서 역사를 통해서 볼 때 생물학자들은 흔히 수리(數理) 분야의 학자들보다는 좀더 인간적인 기질의 소유자들이었다. 수리 분야의 동료들이 추상적인 것, 정확한 것에 주목했다면 이들은 오히려 생명과 육체에 중점을 두었기 때문이다.

베살리우스는 어딘지 수수께끼 같은 삶을 살다 갔다. 그가 어떤 정신으로 인생을 살았는지는 과학사에서 그와 비슷한 기량을 지녔던 그 어떤 인물의 경우보다도 불분명하다. 그는 1514년에 브뤼셀에서 태어났다. 그의 집안은 베젤(그의 성은 여기서 유래되었다)이라는 라인 강변의 마을에서 대대로 의술을 하고 있었다. 그는 우선 루뱅에서 배운 다음 파리에서 공부했다. 베살리우스는 선생들을 증오했다. 그는 르네상스의 관습 중에서 별로 호감이 가지 않는, 교수진에 대한 격렬한 경멸 — 적어도 후세의 교수들이 볼 때 놀랄 만한 일이다 — 을 항상 드러내고 있었다. 그는 루뱅으로 돌아와서 학위 논문을 제출하고, 연구를 마치기 위하여 파두아로 갔다. 거기서 1543년에 의학 박사 학위를 받고, 다음날 베네치아 원로원에 의하여 외과 교수에 임명되었다. 그때가 23세였다. 그는 불과 5, 6년 동안 교직에 머물렀다. 그리고 자신의 강의를 1543년에 출판했다. 이 위대한 책이 인쇄되고 명성이 확립되자 그는 해부학과 교직을 버리고 황제 카를 5세의 시의 임명을 받아들여서 이 병든 권력자를 간호하며 여생을 보냈다. 왕은 베살리우스가 옆에서 돌봐주었으므로 의학적 충고를 안심하고 무시했다. 따라서 베살리우스를 학구적인 연구자라고 해야 할지, 출세주의자라고 해야 할지, 이것은 대답하기도 어렵고 또 대답을 보류한 채 지나쳐 버리기도 어려운 문제다.

어쨌든 베살리우스는 교사로서 대성공을 거두었다. 그는 이 6년 동안 열심히 노력해서 해부학 실물 교습(demonstration)의 방법을 입안하고 실행했다. 베살리우스 시대 이래 이 학문은 상세한 수정을 거친 끝에 과학적 생물학에 부속되었다. 하지만 그 본질은 조금도 바뀌지 않았다. 베살리우스의 책은 사상에 관한 것이 아니다. 그러므로 일단 책이 출판된 이상 그가 계속해서 교직에 머무르는 것은 의미 없는 일이었을 것이다. 그 책은 해부학 테아터(theater)를 그 속에 집어넣은 것 같았다. 사실 심한 결벽주의자가 보기에는 그 속이 강의실로선 가장 좋은 장소처럼 보일지도 모른다. 지금도 여행자는 베살리우스가 가르친 지 50년 후에 세워진 파두아 대학의 낡은 해부학 강의실을 방문할 수 있다. 그러나 "테아터"라는 말은 널찍하다는 느낌을 갖도록 만드는 단어로서 혼동을 불러일으키기 십상이다. 왜냐하면 그 방은 작고, 환기가 잘 안되며, 지름이 30피트도 안되는 타원형 모양의 방이기 때문이다. 측면에는 사람이 겨우 설 수 있을 정도의 낮은 관람석이 좌우로 뻗어 있다. 이곳에 땀내 나는 학생 수십 명이 꽉 들어차서(그 중에는 졸도하는 사람도 구토하는 사람도 있었을 텐데) 서로 밀고 와글대고 고개를 내밀고 있고, 그 한가운데에서는 살아 있을 때도 냄새가 코를 찔렀을 도둑인지 걸인인지도 모를 사람의 시체를 교수가 해부하고 있다. 과연 그 광경이 어땠을까?

베살리우스의 강의 및 강의 내용이 수록된 책은 세 가지 요소로 인해 성공을 거두었는데, 세 가지 요소란 권위 있는 지식, 해설적 방법 그리고 조직적인 접근으로서 이것들 중 어떤 것도 특별히 새로운 것은 아니었다. 베살리우스의 주요한 공헌은 어떤 단일한 세부사항이나 방법에서의 독창성보다, 오히려 이 세 요소를 짜 맞추어서 해부 실습의 체계를 세우는 종합적인 수완에 있었다. 베살리우스 자신은 책을 통해서보다는 시체로 해부학을 배우는 것을 매우 중요시했다. 고대 그리스의 인문주의와 중세 기독교의 가르침은, 비록 죽은 다음이라 해도 인간의 시체를 절개하는 것에 대하여 강한 반감을 만들어 낸 것은 틀림없는 사실이다. 그럼에도 불구하고 베살리우스가 시체를 절개하여 들여다본 최초의 해부학자는 아니었다. 엘리자베스 여왕은 케임브리지의 의과대학에서 1년에 세 사람의 범죄자를 해부하는 것을 허락했다. 14세기에 볼로냐 대학에는 볼로냐에서 30마일 이내에 거주했던 사람이 아니라면 의학도가 그 시체를 해부할 목적으로 손에 넣어도 좋다는 규정이 있었다. 확실히 시체 공급이 충분치 못했다는 점, 그것이 금방 부패해 버린다는 점 등이 장애가 되었지만 연구에 절대적인 장애는 되지 않았다.

　더 큰 장애는 해부를 수행하는 정신이었다. 그것은 탐구라기보다는 오히려 실물 교습 같았기 때문이다. 기능을 분석하는 것이 아니라, 신체가 어떤 식으로 되어 있는가를 미술가나 학생들에게 보이는 것이 목적이었다. 해부가 베살리우스 시대까지 존재하지 않았던 것이 아니라, 틀에 박힌 일로 고정되어 있었던 것이다. 베살리우스는 선배들의 강의가 실물 교습을 생략했기 때문이 아니라, 그것을 조수들에게 맡겼다는 이유로 비판했다. 의학교수는 전통적으로 강단 앞에 서서 갈레노스(Galenos: 130~200)의 원문을 음울한 목소리로 암송한다. 그 동안 밑에 있는 무지한 하인이 발밑에 놓여 있는 시체 속에서 교수의 해설에 따라 간장을 들어 보이기도 하는 것이었다. 『인체의 구조에 관하여』의 속표지 그림은 베살리우스가 의자에서 내려 와서 시체에 관하여 직접 강의를 하고 실물 설명을 하는 것을 지체 높은 사람들이 관람하는 광경을 나타냄으로써 이 가르침을 보여 준다. 두 실험 조수는 격하되어서, 테이블 밑에서 천하게 싸우고 있다. 그리고 왼쪽에는 의학의 상징이자 해부학상의 너무 많은 틀린 지식의 원천에 대한 비판의 상징인 원숭이가 있다. 그러므로 베살리우스가 일으킨 혁신은 실물 교습의 방법이었고, 그것은 자연에 관한 지식을 가르치는 기법이 되었다. 그것은 우연적인 것이 아니라, 의식적인 커뮤니케이션 철학이었다. 베살리우스는 본문과 도판을 밀접하게 결부시키기 위하여, 그리고 그의 방법을 생생한 도판에서 불후의 것으로 하기 위하여, 미술가와 긴밀하게 연락을 취하며 일했다. 이 책은 가끔 들여다 보는 주석서(註釋書)가 아니라 참고서이고 테크닉의 교본이다. 왜냐하면 그는 메스가 감각의 연장(延長)처럼 된 외과 의사의 뛰어난 팔을 가지고 있었기 때문이다.

마지막으로, 『인체의 구조에 관하여』는 고도로 체계적인 저작이다. 그 체계는 임의로 계획한 것이 아니라 육체 자체에 대한 베살리우스적 분석이다. 대상의 구조가 그대로 연구에 구조를 부여한다. 피부와 근육은 층층이 벗겨져서 조직의 각 면, 즉 근육 계통, 혈관 계통, 신경 계통, 호흡기 계통, 복관(腹管), 골격의 구조, 관절 등을 생생하게 드러낸다. 심장, 폐, 뇌, 생식 기관 등의 개별 기관은 따로 떼어져서 해체되고 묘사되었다. 가끔 잘못 그려지기도 했다(자궁은 일종의 프로이트적 악몽처럼 보인다). 그러나 이 일은 전반적으로 유례를 볼 수 없을 정도로 정확하고 정밀하게 수행되었다. 도판은 미세 부분에 대한 과학자의 눈과 효과에 대한 예술가의 눈을 겸비하고 있었다. 따라서 이 책의 중요성이란 그 전체로서의 영향에 있다. 그것은 모범적인 해부학 저술일 뿐만 아니라, 모든 관련 사실이 질서 정연하고 자연으로부터 직접 받아들여졌다는 점에서 과학의 역사상 최초의 저술이다. 거기에는 새로운 이론은 없었다. 그러나 모든 사실이 거기에 있었다. 거기에는 힘들고 정밀한, 그러나 숙달될 수 있는 테크닉이 있었다. 해부학자가 되고자 하는 사람은 자신이 무엇을 해야 되는지 알고 있었다. 여기에는 이 학문의 전통적인 해설과 비교되지 않을 수 없는 지식의 집단이 있었다. 비록 베살리우스가 생리학에서는 갈레노스주의자였다고 해도, 그의 저술의 영향은 낡은 과학의 안정성을 무너뜨리게 되고, 해부학 전체가 세심한 관찰과 독립적 사고방식 — 창시자 베살리우스 자신은 철저하지 못했던 — 에 의하여 재건되어야 한다는 것을 가르치게 된다.

해부학은 기술(記述)에서 기능(機能)으로 이행되어야만 했고, 베살리우스가 책에서 얻은 지식을 경멸했음에도 불구하고 갈레노스는 여전히 생리학의 입법자로 남아 있었다. 어느 누구도 살아 움직이는 육체를 과학적으로 고찰할 수 없었다. 고전 고대의 의사 중 갈레노스 이상으로 우리에게 알려져 있는 사람도 없고, 상세한 부분에 이르기까지 그만큼 영향을 끼쳤던 인물은 어느 시대에도 없었다. 갈레노스의 선생 히포크라테스의 유산은 학파의 것이었지 일개인의 것이 아니었으며, 자연주의적 의학 철학의 유산이었지 의료 기술의 유산은 아니었다. 의학사에서 갈레노스의 위치는 물리학사에서 아리스토텔레스의 위치와 비교할 수 있다. 이해를 돕는 수단으로서의 목적론에 의지했다는 점에서, 갈레노스는 아리스토텔레스 이상이었다. 갈레노스의 목적론은 사물의 목적에 관심을 가진 아리스토텔레스의 합리적인 태도와 신이 모든 것을 완전히 계획하고 있다는 플라톤의 신비 사상이 결합된 것이었다. 후세 사람들은 갈레노스의 눈으로 육체를 보았다고 흔히 이야기되곤 한다. 그러나 이야기는 그리 간단하지 않았다(베살리우스는 분명히 자기 자신의 눈으로 보았다). 다른 방식으로 보기보다는 단순히 보는 것이 물론 쉽다. 그리고 인간의 육체 속에 있는 일견 하찮은 것이 실은 태양이 전 세계의 육체에 생명을 주는 것과 같은 중요한 역할을 수행하고 있다는 설명이 유행했는데, 이런 설명 앞에서는 착각적인 이해를 할 수밖에 없었다.

   심장의 기능은 육체의 메커니즘을 고찰하는 어떤 생리학 이론에 대해서도 결정적으로 중요한 것이다. 그러나 갈레노스는 간장의 우월성에 대해서는 플라톤을 따랐다. 그 기관의 풍부한 능력에 대한 갈레노스의 찬미는 『티마이오스 Timaios』(플라톤의 대화편들 중 첫번째 편—옮긴이)의 한 기묘하고 난해한 구절을 반영하고 있다. 갈레노스가 보기에 간장은 생명의 세 주요 불수의(不隨意) 과정, 즉 소화, 호흡, 박동하는 심장 사이를 조정하는 것이다. 간장은 위에서 소화된 음식의 생성물인 "백유미(白乳糜: white chyle)를 장정맥(腸靜脈)을 통하여 공급 받는다. 두번째 과정에 의하여 간장은 유미혈(乳糜血)을 생성한다. 이 혈액의 대부분은 대정맥을 거쳐 심장의 팽창 박동, 즉 심장 확장에 의하여 우심방으로 빨려 올라간다. 다음에 심장이 수축하면 일부의 피는 폐동맥으로 밀려가서 폐를 적시고 나머지는 심장의 중앙벽(격막)을 통하여 왼쪽으로 나온다. 거기에서 그것은 폐로부터 폐정맥을 거쳐 직접 운반된 공기의 생명의 영(vital spirit)과 섞인다. 이 폐정맥은 갈레노스가 보기에는 기관(氣管)이지 혈관이 아니다. 따라서 두 종류의 피가 존재한다. 생명의 영에 의하여 변화된 것 — 어떤 설명에 의하면 뇌로부터 온 동물의 영(animal spirit)에 의해서 더욱 활기를 얻게 된 것 — 은 생명을 주는 유동체이고 밝은 적색을 띠고 있으며, 생기로 거품이 넘치고 있다. 그것은 폐의 리듬이나 조수처럼 동맥 속에서 원형으로 밀려갔다 밀려오며 신체에서 물결친다. 동시에 간장에서 온 정맥혈은 신체 중의 검은 자양물을 좀더 서서히 운반한다. 어떤 경우나 거기에는 순환은 없었다.

거기에는 육체에 관한 복잡하고 일관된 설명이 있었다. 그것은 아리스토텔레스 물리학처럼, 그 자체로 의미가 통했다. 그것은 틀린 것이었지만, 해부학 자체의 기법으로는 반박이 불가능했다. 그러나 무엇이 포탄을 날아가게 하는가 하는 문제와 마찬가지로 거기에도 좀 곤란한 문제가 있었다. 그것은 나중에 구조 전체를 뒤엎는 지레와 같은 작용을 한다는 것이 드러날 몇몇 납득되지 않은 견해였다. 먼저 심장의 주된 작용은 흡인이라고 서술되어 있는데 실험동물의 흉강(胸腔)을 열어 본 사람이라면 누구나 알 수 있듯이 심장 확장은 근육의 이완이며 심장 수축은 근육의 긴장이었다. 두번째로 폐에서 심장으로 가는 공기의 직접 통로가 있다고 하는데 해부를 해 보면 이 도관은 흔히 혈액으로 가득 차 있을 뿐만 아니라, 혈관과 구조적으로 동일하며 양 기관지와는 전혀 다르다는 것을 알 수 있었다. 갈레노스주의자는, 이러한 현상은 해부상의 사고이고 절개 혹은 죽음의 충격으로 일어난 혼란이라고 했을 것인데, 실제로 그렇게 말했다. 그들이 이런 그럴듯한 견해를 내세운 것은 그들이 학문의 질서라는 대전제에 충실했다는 데 불과하다. 이 질서는 과학의 전제 조건인데, 과학에 대한 확신을 더욱 확대하고 심화시키기 위해서는 질서의 요소들을 수정하고 재배열하려는 노력이 여전히 어떤 경우라도 강조되어야만 했다.

그들이 신봉하고 있던 견해는 심장 한복판의 벽을 통과하는 피의 통로에 의하여 혹독한 시련을 겪었다. 갈레노스 체계가 몇 세기 동안이나 이 시험을 통과했다는 것은 그것의 지배력에 대한 가장 유력한 증거이다. 격막은 두껍고 강한 근육이다. 베살리우스 자신은 이 구멍을 조사했지만 통로를 발견할 수 없었다. "이 구멍들은 어느 것이나 우심실에서 좌심실로 통하게 되어 있지 않다 …… 그렇기 때문에 나는 피가 우심실에서 좌심실로 눈에 보이지 않는 통로를 통하여 스며 나오도록 창조한 조물주의 위업에 경탄해마지 않을 수 없었다." 지금 생각해도 흥미 있는 것은, 만약 피가 심장의 한쪽에서 다른 쪽으로 직접 옮겨 갈 수 없다고 하면 폐를 돌아서 가야 하리라는 답을 내는 것을 연구자들이 어떻게 피했을까 하는 점이다. 회상록을 읽는 사람은, 그들이 발견은 했으면서도 그 의미를 올바로 파악하지 못한 해답이 그들을 안타깝게 부르는 것 같은 느낌이 든다. 윌리엄 하비(William Harvey: 1578~1657)의 혈액 순환 이론이 1628년에 출판될 때까지 사람들은 이러한 발견을 갈레노스의 형틀에 끼워 맞추어 왔다(베살리우스에서 하비까지의 연대적 거리가 정확하게 코페르니쿠스에서 갈릴레오까지라는 사실은 주목되어야 할 것 같다).

착각적인 이해에 의하여 사람들의 정신이 보수적으로 되어 있었다는 것은 이 사이에 일어난 두 개의 주요한 발견을 조금도 이용하지 못했다는 점에서도 드러난다. 대담한 정신을 가진 사람이라면 그 어느 것을 가지고도 하비를 예상할 수 있었을 것이다. 폐를 거쳐서 우심실에서 우심방으로 이행하는 혈액의 소순환은 1553년에 출판된 상당히 색다른 책에 기술되어 있다. 그 저자는 스페인 사람 미구엘 세르베토(Miguel Serveto: 1511～1553)인데, 그는 과학사에서 그리 유명한 인물이 아니다. 그는 툴루즈에서 법률을 공부했는데, 그곳에서 그는 신학 특히 자연 신학에 대한 흥미도 발달했다. 그는 『기독교의 부흥』이라는 제목의 책에서 이 문제를 다루었다. 이 책은 모든 세기의 신학자들에 의해서 생긴 허영과 부패를 뛰어넘어 자연에서 읽고 파악할 수 있는 신의 단순한 말을 통찰해야 한다고 논한다. 모세조차도 세르베토의 검열을 벗어나지 못한다. 물론 이것은 이단이었고, 세르베토는 요직에 있는 신학자들의 명령에 의해서 화형에 처해졌다. 이 경우 명령은 가톨릭 신학자가 아니라 칼빈과 제네바의 장로들에 의해서 내려졌다. 이 의로운 도시는 모독을 용서하지 않았던 것이다.

   피가 심장에서 나와 폐를 거쳐서 다시 심장으로 돌아간다고 하는 세르베토의 기술은 『기독교의 부흥』의 한 페이지 반을 차지하고 있다. 이 구절은 그의 주요한 과학 논문이었다. 그가 이븐 알 나피스(Ibn al-Nafis)의 책에 쓰여 있는 아라비아인의 소순환에 관한 묘사를 알고 있었으리라는 것은 가능한 일이다. 세르베토는 파리에서 해부학을 배운 일이 있었다. 삼위일체로서의 성령에 관한 논의를 통해서 그는 육체를 돌면서 영혼을 전하는 피의 세 가지 영(靈, spirit)에 관해서 쓰게 되었다. 세르베토는 격막을 통한 전달은 없다고 말했다. 그 대신 "이 피는 교묘한 기교를 써서 폐 속의 어떤 도관을 통과한다. 폐에 의하여 그것은 밝은 색을 띠게 되며 폐동맥에서 폐정맥으로 옮겨 간다. 다음에 그 정맥에서 공기를 흡입하는 사이에 공기와 섞이며 배기할 때 불순물을 씻어낸다"라고 썼다. 화형에 의한 악명 때문에 그의 책은 오히려 자주 읽혔다. 또 그다지 널리는 아니지만 받아들여지기까지 했다. 그러나 모든 피가 순환할 가능성을 영향력 있는 누군가에게 암시하는 일은 하지 못했다는 것은 분명하다. 기껏해야 그것은 피가 격막을 통하여 심장의 한쪽에서 다른 쪽으로 스며 나오고 그 동안 생명의 영에 의해서 깨끗해진다고 하는 설을 폐 우회설로 대치시켰을 뿐이다.

제2의 발견은 더욱 시사하는 바가 많다고 할 수 있다. 파두아의 해부학 교수 중 베살리우스의 후계자 중의 한 사람은 파브리키우스(Fabrici d'Acquapendente, Hieronymus Fabricius: 1537~1619)였는데, 그는 나중에 갈릴레오 지지자가 되었던 인물이다. 그는 1603년에 정맥에서 발견한 판막(valve)에 관하여 기술한 해부학 저술을 출판했다. 베살리우스는 이 판막을 전혀 알아채지 못했지만, 실제로 그것은 아주 간단한 기법으로도 쉽게 관찰할 수 있었다. 지금은 그 중요성이 대단히 명료한 것처럼 보인다. 왜냐하면 그것들은 정맥 피를 오직 한 방향, 즉 심장으로만 흐르도록 하기 때문이다. 그러나 파브리키우스는 정말이지 해부학을 너무나 잘 알고 있었다. 그것들이 존재하는 목적은 말하자면 소우주의 수문 역할을 하기 위해서라고 그는 말했다. 그것들은 심장에서 피가 흘러가 버리는 것을 막으며 모든 피가 수족으로 몰리는 것을 방지한다. 요컨대 바깥쪽으로의 흐름을 저지하는 것이다. 따라서 이 시대까지도 해부학자들은 육체의 동역학을 올바로 파악하는 데 필요한 모든 지식을 가지고 있었던 것이다. 그들은 정맥을 동여매고 피가 심장에서 먼 쪽으로 몰리는 것을 관찰하기도 했다. 그들은 이 현상을 피가 당황하여 틀린 방향으로 압박한다고 설명했다. 그렇기 때문에 이 학문은 새로운 사실이 아니라 새로운 접근방법이 제시되어야 할 상태에 있었다.

*

해답은 탐구와 경험주의의 최초의 대등하고 성스러운 결혼에 의해서 태어났다. 윌리엄 하비의 『심장과 피의 운동에 관하여 De motu cordis et sanguinis』(1628)는 귀납적 과학의 고전이다. 갈릴레오는 그의 머리 속이나 종이 위에서 대부분의 실험을 했다. 그것들은 물리학적 사고의 중요한 예이지만, 실험 과학의 그것은 아니다. 그가 사고 실험을 할 때면, 그것은 보통 움직이는 물체의 성질을 설명하기 위한 것이었다. 그런데 그 성질은, 그가 이미 운동이나 평형을 기하학적으로 고찰하면서 멋진 아르키메데스적 양식으로 연역해 낸 것이었다. 하비의 경우에도 과학적 창조는 상상력과 인내를 겸비한 기질의 우아한 표현이었다. 그리고 이 두 사람의 경우 인내를 자극한 것은 오류였지 체계적 사고의 훈련이 아니었다. 그러나 하비는 논증하기 위해서가 아니라 무언가 기본적인 것을 발견하기 위해서 관찰과 실험을 한 최초의 인물이었다. 그의 연구에서는 경험 및 그것을 실험실에서 인위적으로 재현하는 것이 탐구의 첫째 무기였고, 더 나아가서 이론의 결정적 요소였다.

하비의 집안은 켄트의 보잘 것 없는 향신(鄕紳)이었다. 그는 먼저 켄터베리에서 공부했고, 그 다음에는 케임브리지에서 공부했으며, 1599년에는 의학도로서 파두아로 갔다. 당시에는 갈릴레오와 파브리키우스도 그곳에서 가르치고 있었는데, 그는 파브리키우스 밑에서 공부하였다고 한다. 그의 저작과 언행에는 항상 어딘지 엄숙한 분위기가 감돌고 있었다. 이런 성질은 아마 파두아 풍에 의해서 강화되었을 것이다. 1602년에 그는 런던으로 돌아왔는데, 여기서도 파두아 유학 시절의 영향으로 의복 속에다 언제나 단검을 차고 다녔다고 한다. 의업은 성공이었다. 그는 1609년에 성 바톨로뮤 병원의 의사로 임명되어서, 제임스 1세와 찰스 1세의 시의로 봉사하였다. 1615년에 런던 왕립 의학교는 그를 룸레이 강좌의 강사로 임명하였으므로, 그는 이에 따라 매년 해부학과 외과를 가르치게 되었다. 그는 연구를 진료와 결합시켰고, 1628년에는 저서를 출판했다. 그의 기록에 의하면, 그는 자신의 견해를 여러 해 동안 강의하면서 발전시켜 왔다고 한다. 당시에 이 학문은 혼란 상태에 있었다. "모든 해부학자가 행하는 것처럼 동물의 기관들을 기술하고 검증하고 연구하기를 원하면서도 오직 하나의 동물, 즉 인간만의 — 그것도 죽은 인간만의 — 내부를 들여다보는 데 만족하고 있는 사람들은 과오를 범하고 있는 것이다." 하비는 파두아의 생리학 교설에 만족하지 않고 종류가 다른 많은 동물의 생체를 해부하고 많은 관찰과 대조를 하고 차츰차츰 넓고 신중한 탐구를 추진하면서 심장 연구를 계속했던 모양이다.

하비의 책에서는 참으로 아름다운 논의가 전개되고 있다. 대단히 적절한 사실들이 완전한 기술(技術)에 의하여 배치되어 있다. 그의 실물 검증을 인정하지 않는 것은 기하학의 정리를 인정하지 않는 것만큼이나 어려운 일일 것이다. 프란시스 베이컨(Francis Bacon: 1561~1626)은 "진실하고 풍부한 결실을 맺는 자연철학은 모두 이중의 사닥다리, 즉 상승하는 것과 하강하는 것을 가지고 있다. 이것은 실험에서 공리로 상승하는 사닥다리와 공리로부터 새로운 실험의 고안으로 하강하는 사닥다리다"라고 말했다. 하비는 방법론자라기보다는 과학자였고 자신의 저술로 심장에 관한 올바른 생리학을 전하려고 했다. 그러나 오늘날 그의 책을 귀납적 추론을 공부할 목적으로 읽는다면 얻는 바가 많을 것이다. 각 장마다 많은 예를 들면서 설명한 간결한 요점이 적혀 있다. 우선 냉혈동물(심장 박동이 느려서 선택되었다)의 생체 해부로부터 심장 근육의 수축이 펌프 작용을 한다는 것을 보인다. 다음에 먼저 심방의 고동, 이어서 동맥의 고동이 심장을 흉벽을 향해 들어올리는 심실의 밀어 올림과 일치해서 일어난다는 것을 증명한다. 여기서 우리는 심장의 국부적 작용을 인정할 용의가 생기게 된다. 이번에는 이것이 귀납을 통해 앞서 들었던 여러 사례 이상의 것을 끌어내도록 우리를 준비시킨다. 그것은 심장의 구조의 한 가지 기능임에 틀림없는 폐순환에 관한 고찰로 인도한다. 왜냐하면 폐가 없는 동물은 심실이 하나밖에 없는 심장을 보여 주기 때문이다. 더구나 포유류의 태아에서는 폐가 사용되지 않기 때문에 두 심실이 하나처럼 작용한다. 때때로 하비는 바보 같은 오류에 대해서 과학의 확실한 불관용을 드러내 보이기도 한다. 폐순환은 피가 격막을 통해서 스며 나온다고 말하는 해부학자들에 의해서 여전히 부정되고 있었다. 하비는, "그러나 그곳에 구멍 따위는 없으며 그런 것을 보이기란 불가능하다"라고 말한다.

하비는 심장이 정맥에서 온 피를 폐를 통하여 걸러낸 후 동맥으로 보낸다는 것을 보임으로써 자신의 논제를 언제라도 총괄적인 형태로 서술할 준비를 갖추게 되었다. 그는 신체를 도는 이 주요 순환 회로가 동맥에서 정맥으로 흐름으로써 완성된다는 것을 자명한 것으로 받아들인다.

남아 있는 문제, 즉 정맥에서 동맥으로 흘러가는 혈액의 양과 근원에 관하여 말하겠다. 이것은 매우 새롭고 전대미문의 성격을 가진 것이므로 나는 몇몇 사람의 질투 때문에 나 자신에게 해가 가해지지나 않을까 두려워할 뿐만 아니라 전 인류마저 적으로 돌리지 않을까 떨린다. 그만큼 모든 인간에 있어서 한 번 씨가 뿌려진 후 깊이 뿌리를 내린 가르침은 제2의 천성이 된 것이며, 옛 사람에 대한 존경은 사람들에게 그러한 정도로 영향을 미친다. 그러나 주사위는 던져졌다. 내가 기대하는 것은 학계의 진리에의 사랑과 명민함이다.

하비의 논의는 본질적으로 해부학적이고 양적이다. 결정적인 논의는 피의 양에 관해서 전개된다. 하비는 심장의 용량, 속도 및 박동으로부터 심장은 한 시간에 인간의 체중보다도 많은 양의 혈액을 뿜어낸다고 계산했다. 이 양은 사람이 섭취할 수 있는 음식물의 최대량으로 만들어진 것보다도 많은 양이다. 아무리 간장이 활발하게 작용한다 할지라도 하비의 학설에 의하지 않고는 이만한 양의 피가 어디서 왔는지, 또 어디로 갔는지 설명할 수 없다.

여기서 하비는 귀납의 사닥다리를 내려오기 시작한다. 그것은 결과를 예측함으로써 증명하는 것이다. 그는 가설에 의하여 주어진 추정으로서의 실물 검증이라는 형태를 제시한다. 다음에 그것이 실험으로 확인되어 가설이 참이라는 게 드러나면 그것을 이론의 단계로(어떤 사람의 표현을 빌린다면) 높인다. 이리하여 동맥은 공기의 관이 아니라 혈관이 되고, 정맥 판막에 대한 관찰과 동맥과 정맥을 적당하게 묶는 작업을 통해 흐름의 방향이 확립된다. 따라서

계산과 육안에 의한 실증으로 나의 모든 가정은 확증되었다. 즉 피는 심실의 박동에 의하여 폐와 심장을 통과하고 전신으로 보내지며 거기에서 정맥과 근육 사이의 작은 구멍으로 들어간다. 다음에는 신체의 모든 방면에서 각각의 정맥을 통하여 말단에서 중심 방향으로 가는 정맥에서 굵은 정맥으로 환류하고, 마침내 대정맥과 심장의 심방에 도달한다. 더 나아가서 동맥으로부터의 유출과 정맥을 거친 환류가 너무 많은 양이기 때문에, 섭취하는 식물로는 도저히 이를 공급할 수 없고 또 단순히 영양만을 위한다고 하기에는 지나치게 많은 양이라는 것도 입증되었다.
이제 결론을 내려야 한다고 생각한다. 즉 동물에 있어서 혈액은 순환로를 끊임없이 돌아서 일종의 순환 운동에 의하여 밀려간다. 이것이 바로 심장의 작용이고, 이 순환은 심장의 박동에 의해서 실현된다. 간단히 말하면 심장 박동이야말로 혈액 순환의 유일한 원인이다.

그러나 아직도 하비의 일은 끝나지 않았다. 그는 이제 일반성이 적은 다른 결과, 즉 피의 흐름에 의한 병리학적 조건의 분포, 특수한 문제로서 심장과 다른 근육의 발달 및 건강한 상태와의 일치 등에 주목한다. 이것들은 하비의 이론을 최대로 확장한다. 단지 연결점이 하나 부족할 뿐이다. 그것은 어떻게 피가 세동맥에서 세정맥으로 흘러가는가이다. 모세혈관은 눈에 보이지 않았고, 현미경도 아직 없었다. 그럼에도 불구하고 하비는 모세혈관의 존재를 가정했으며, 현미경이 널리 사용되자 하비의 예

언은 1661년 개구리의 폐에서 모세혈관 구조를 확인한 말피기(Marcello Malpighi: 1628~1694)에 의해서 증명되었다.

코페르니쿠스가 태양 숭배자였듯이 하비는 심장 숭배자였다고 말하는 사람이 있다. 거기에는 분명히 간장과 심장 어느 쪽이 우월한가에 관한 플라톤과 아리스토텔레스의 논쟁의 잔향(殘響)이 남아 있다.

우리는 심장의 우위에 관한 아리스토텔레스의 견해에 찬성해야 한다. 그리고 심장이 운동과 감각은 뇌로부터 받고 혈액은 간장으로부터 받는가 하고 묻는 것을 삼가야 한다 …… 왜냐 하면 아리스토텔레스를 반박하려는 사람들은 다음과 같은 주요한 점을 고려하지 않기 때문이다. 즉 심장이 생존에 가장 중요한 것이라는 점, 그리고 뇌와 간장이 형성되어 분명하게 그 모습을 드러내거나 적어도 어떤 기능을 할 수 있게 되기 이전에 심장이 이미 혈액, 생명, 감각, 운동의 중심이었다는 점을. 일종의 내재하는 동물처럼 운동을 위한 독특한 기관으로 설계된 심장은 다른 기관보다 먼저 발현한다. 즉 최초로 심장이 창조되고, 그 작용으로 자연은 동물을 하나의 전체로 만들어 내서 육성하고 유지하고 완성한다. 그리고 자연은 심장으로 하여금 이 일을 시키고 그 기반으로 삼으려고 한다. 국왕이 국가에서 첫째의 그리고 최고의 권위를 갖고 있는 것처럼 심장은 신체 전체를 지배하는 것이다.

그러나 여기서 하비는 신비주의가 아니라 발생학에 관해서 쓰고 있다. 하비가 자주 보여주는 아리스토텔레스에 대한 찬미는 고전을 연구한 성실한 생물학자가 느끼는 경이 이상의 것은 아니다.

확실히 위의 인용문은 하비의 연구 방법의 의의를 왜곡하고 그의 자연관을 세계를 살아 있는 것으로 보는 견해와 혼동하게 한다. 생리학사에서 하비의 위치는 뚜렷하고 중심적이다. 하비가 체계를 부여한 현상이 생리학 이외의 부문으로 나아갈 수는 없었다. 그렇기는 하지만 그의 연구는 과학혁명에 의하여 생명 과학에서 열린 최초의 — 비록 부분적이기는 해도 — 돌파구였다. 그의 주제는 생명의 신비에 관한 것이 아니다. 그것은 유체 역학에 관한 문제다. 심장은 펌프, 즉 "한 바퀴가 다른 바퀴를 움직이게 하지만 여전히 모든 바퀴가 동시에 움직이는 것처럼 보이는 하나의 기계이다." 정맥과 동맥은 관이다. 이 문제에 관한 한 피는 단지 액체이며, 폐의 공기 여과기를 주기적으로 통과하는 윤활유다. 생기라든가 영양소 같은 것은 이 분석에 끼어들지 않는다.

하비의 주제가 갈릴레오의 주제와 다르고 또 그들의 방법도 다르지만 하비의 업적은 똑같이 과학의 선구적 개념이 되었다. 그에 있어서 객관적으로 측정하는 새 과학은 성질, 체액, 목적, 내재적 경향 등을 중심으로 하는 옛 과학을 대신했다. 한편 다른 일면에서는 과학적 사고와 질서의 모델로부터 개성적인 것이 배제되었다. 갈릴레오는 물리학으로부터 생물학적 비유를 추방했다. 하비는 한 걸음 더 나아가서 기계론적인 사고를 유기체 연구에 도입했다. 이윽고 데카르트가 체계적이기는 하지만 단순한 부연에 의하여 인간 속에서 기계를 발견하게 된다. 막연히 감지할 수 있는 이러한 함축에 대해서 약하게나마 우려하는 사람이 나타났다. 하비의 견해는 말피기의 발견이 사람들을 납득시키기 이전에는 30년간이나 전반적으로 받아들여지지 않았다. 하비가 예상했던 바대로 그에 대한 반대는 습관의 힘 이상이었다. 왜냐하면 그의 피의 흐름의 수력학은 단 하나의 자연 현상을 확증하기 위하여 신체의 철학 전체를 파괴해 버렸기 때문이다.

하비와 프란시스 베이컨 사이의 오해는 과학을 실천하는 자와 그 방법에 관하여 논하는 자 사이의 관계를 풍자적으로 말해 준다. 『심장과 피의 운동에 관하여』는 가장 순수하고 가장 우수한 베이컨주의라고 볼 수 있다. 그러나 실제로 하비는 베이컨을 "대법관처럼 철학을 쓴다"고 하여 배척했으며, 베이컨은 베이컨대로 혈액의 순환을 부정하는 실책을 저질렀다. 뿐만 아니라 베이컨은 길버트의 자석도 코페르니쿠스의 태양 중심설도 케플러의 행성 법칙도 받아들이지 않았다. 게다가 갈릴레오도 이해 못했다. 이처럼 잘못된 판단을 내렸음에도 불구하고 베이컨이 당당하게 장광설을 늘어놓으며 자기야말로 새 과학의 철학자라고 주장했던 것이 약간 이상하게 보일지도 모른다. 그렇지만 그 권리는 아주 일반적으로 그에게 돌려져 왔다. 베이컨은 과학을 창조하지 않았다. 그러나 개혁된 과학에 의하여 완성된 세계에 관한 베이컨의 예언 — 그는 오로지 예언자일 뿐이었다 — 은 과학 자체보다도 훨씬 인기 있는 진보라는 상(像)을 만들어 냈다. 스콜라 철학자들을 철저하게 경멸했던 그는 이해하기 위해서가 아니라 사용하기 위해서 지식을 조직하는 새로운 학파를 창시했다. 그는 아리스토텔레스주의자들을 별로 힘들이지 않고 멸시하고, 그 자신이 철학적 시민층의 아리스토텔레스가 되어서 그의 방법을 평범한 두뇌를 가진 자들에게 과학의 왕도로 제공했다. 중세의 그림자는 아직 사라지지 않았고, 베이컨의 진보의 꿈도 반드시 즐겁고 확신에 찬 것만은 아니었기 때문이다. 그는 근대가 역사의 해뜰 무렵인지 해질 무렵인지 정확히 알지 못했다. 그러나 그는 근대인이 고대인의 경지에 도달할 수 있으리라고는 생각지 않았다. 그러므로 우리는 미력이나마 다하지 않으면 안 되는 것이다. "내가 과학의 발견을 위하여 제안하는 과정은 지혜의 예리함이나 힘에는 거의 의존하지 않고 재능이나 이해력 여하를 막론하고 모두 동일한 수준에 놓는 것이다."

이것은 기분 좋은 민주주의적 교설(教說)이다. 인간 생활의 향상을 위하여 직업을 발전시키고, 가문에 의하건 두뇌에 의하건 귀족주의를 신봉하지 않으며, 공통된 추구로부터 획득된 지혜를 신봉하는 사회, 즉 17세기의 영국, 18세기의 프랑스, 19세기의 미국, 모든 나라의 마르크스주의자들에게서 베이컨주의가 왜 과학의 방법으로서 독특한 매력을 끌었는지는 명백하다. 그러나 베이컨이 좋지 않은 영향을 끼쳤다고 개탄하는 것은 속물근성일 뿐이다. 베이컨의 철학은 과학이 공공적으로 그리고 공중에의 관심에서 수행되는 하나의 운동이라는 것을 고취했던 철학이었다. 이러한 과학관은 17세기 이전에는 거의 존재하지 않았다. 그때 이래, 이 과학관은 때때로 지적인 노력에 수반되거나 그것을 덮어 가리기도 했다. 전문가와 문외한을 연결하는 일에는 일종의 긴장이 생기게 마련이다. 과학자는 자신의 학문이 개인적으로만 가능한 지적 모험이기를 바란다. 대중은 이익만을 원하지 과학을 이해하는 정신적 대가를 치르겠다고 생각지는 않지만, 자기가 제외될 때 분개하는 것은 인간으로서 당연한 일일 것이다. 그러나 긴장은 왜곡하면서도 결합시킨다. 과학과 대중의 복지는 베이컨 식의 복합체로부터 분리될 것 같지 않다.

하비의 말에는 조롱 이상의 의미가 내포되어 있었다. 왜냐하면 베이컨은 법률가이자 정치가였기 때문이다. 그의 경력은 별로 칭찬할 만한 것이 아니다. 베이컨은 고등 재판소에 있을 때 수뢰 혐의로 고소를 당한 일이 있는데, 그는 그것이 자신의 판결에 영향을 주지 않았다고 항변했다. 그러나 그는 그토록 변명했는데도 이해를 얻지 못하고 결국 오명을 뒤집어쓰고 말았다. "영예로운 지위에 오르는 것은 뼈를 깎는 일이다. 사람들은 고생 끝에 더 큰 고생에 도달한다. 그리고 그것은 흔히 비천한 일이다. 사람들은 명예롭지 못한 행실을 숨겨서라도 영광된 자리에 오르려고 한다. 사회적 지위는 손에 넣기 어렵다. 퇴보가 전락이든 아니면 적어도 명성의 쇠락이든 그 어느 쪽이나 우울한 것일 뿐이다." 이것이 과학에 시민적 차원을 부여했던, 세상 물정에 밝은 변호사의 말이었다.

베이컨 저작의 주제는 세 가지, 즉 학문의 가치와 존엄의 실증, 학문을 쇠퇴시키고 쓸모없게 만드는 장애의 분석, 학문을 개혁하고 진보시키는 방법으로 나눌 수 있다. 첫번째 것을 강조하는 것은 불필요할 것이다. 베이컨이 암시했듯이, 사실 17세기 초에 그것은 불필요했다. 학문에 대한 그의 변호는 무릇 학문으로 통용되었던 모든 것을 조롱하고 부정하는 형식을 취했다. 두번째 장애에 대해서 살펴보면, 조금도 결실을 맺지 못하는 권위에 대한 맹신이라는 습관과 스콜라 논리의 순환 논법에 대한 비난 등이었는데, 지금 생각하면 진부한 것들뿐이다. 그러나 베이컨은 과학의 학도는 아니었지만 대단히 날카로운 인간학의 학도였으며, 지성 자체에 대한 지성의 방해 작용을 논하여 그의 기개를 보여 주었다. 그는 우리 오성의 구조 자체에 정신의 혁신을 저해하는 요소들이 들어 있다고 보았다. 베이컨은 이 생득적인 눈가리개들을 "우상"이라고 불렀다. "종족의 우상"은 우리의 공통된 천성으로부터 오는 왜곡이다. "인간의 이해력에는 의지와 애정이 스며든다. 각인각색의 기호에 맞는 다양한 학문이 생겨난 것도 이 때문이다. 인간은 스스로 진리라고 믿는 것을 실제의 진리보다도 쉽게 믿어버린다." "동굴의 우상"은 만인 공통의 이 오해의 경향과 개인의 편견 및 정열이 복합된 것이다. 그들 각 개인은 "자연의 빛을 굴절시키고 색을 상실케 하는 그 자신의 동굴 내지는 은신처를 가지고 있다."

세번째는 "사람들의 교제나 연합에 의하여 형성된 우상인데, 이것을 나는 '시장의 우상'이라고 부르겠다. 사람들은 이야기함으로써 사귀고, 서민의 이해력은 말에 영향을 미치기 때문이다. 따라서 말의 부적절한 선택은 오성을 놀랄 만큼 저해한다." 이것은 베이컨의 관찰 중에서 가장 통찰력이 있으며 가치 있는 말일 것이다. 인간 연구의 어려움을 충분히 인정한다고 하더라도 결국 인간성에 관하여 중력과 관성 이상으로 많은 발견을 이룩할 수는 없다. 그러나 말에 가득 차 있는 오류를 확인하는 것은 수정을 향한 첫걸음이었다. 그때 이후로 과학 언어에 정확성을 도입하려는 시도는 소홀히 여겨진 적이 없었다. 인문 계통의 사람들이 과학의 전문 용어를 비난하는 일이 있는데, 때로 이 비난도 지당한 경우가 있다. 그러나 어떤 과학이라도 자기 자신의 언어를 갖게 될 때까지는 번영할 수 없다. 그 언어에는 사물 또는 조건을 나타내는 말만 있을 뿐, 인간 경험의 막연한 찌꺼기를 모두 담고 있는 말은 없다.

마지막으로 베이컨은 "극장의 우상"을 의심해야 할 대상으로 제시했다. 그에 의하면 그것은 철학자의 체계적 독단론이었다. "왜냐하면 나의 판단으로는 모든 기성 체계는, 비현실적이고 연극과 같은 방식으로 그들이 창조한 세계를 표현하는 연극에 불과하기 때문이다." 고대 철학들의 근거 없는 많은 가정 — 원의 완전성, 자연에 내재된 목적이라는 생각 등 — 은 체계의 대비약에 대한 베이컨의 고발을 정당화한다. 데카르트가 몇 년 뒤에 지적한 것처럼, 한사람의 철학자도 이를 지적하지 않았다는 것만큼 부조리한 것은 없다. 언어의 분석과 관련된 이 "체계의 추방"이 18세기 계몽사조의 과학의 주요 모티프가 된다. 그러나 그것이 과학에 상당한 건전성을 가져 왔지만, 지나치게 건전하게 보이게 하는 결점도 조장했다. 말하자면 상상력에 반대했던 것이다. 뉴턴의 유명한 문구, 즉 "나는 가설을 만들지 않는다"에 대한 오해와 더불어 그것은 미세한 사실의 축적을 장려하고 이론을 막았으며, 박물학을 장려하고 추상적인 일반화를 억눌렀다. 베이컨적 과학에서는 조류 관찰자가 활개를 치는데, 반면에 먼 곳에서 이론을 세우는 천재는 희미한 존재가 되고 만다. 베이컨에게는 사소한 사상이나 추론을 확장하여 세계 체계에 도달하려고 하는 케플러, 코페르니쿠스, 길버트와 같은 태도가 없기 때문이다. 그러나 이성은 베이컨이 죽는 마당에 그의 독단적 경험주의에 복수했다. 그는 닭에 눈을 채워 넣다가 감기에 걸렸던 것이다. 이것이 베이컨이 했다고 하는 가장 유명한 실험이다.

베이컨의 견해에 따르면 기성 철학 체계는 완전히 공허한 것이기 때문에 깨끗이 던져 버려야 한다. "옛 것에 새것을 첨가하고 이식하는 일에서 과학의 진보를 기대하는 것은 태만이다. 우리가 원 위에서 영원히 돌기를 바라지 않는다면 기초부터 다시 시작하지 않으면 안 된다. 비록 진보가 미미한 것일지라도." 그렇다면 베이컨을 선구자로 하는 "새 학문"이 일어나야 한다. 그 목표는 무엇인가? 한마디로 그것은 진보——17세기 이래 서구의 어느 곳에서나 받아들여졌던 진보, 기술과 자연을 지배함으로써 얻어지는 진보——이다. "인간의 생활에 새로운 발견과 힘을 부여하는 것, 과학의 참된 목표는 이것 이외에는 있을 수 없다." 이리하여 학문으로부터 실용적인 결과를 요구하는 데 실패했기 때문에 답보상태로 있던 지식의 마지막 장애——가장 거추장스러우면서도 가장 불필요한——가 뒤엎어지게 될 것이다. 자연철학자들은 사색에 골몰했는데, 이는 그 결과의 응용을 생각하기 위해서가 아니라, 그들의 허영과 태만한 호기심을 만족시키기 위해서였다. 그러므로 베이컨의 철학에는 기초 과학과 응용 과학의 구별이 없다. 오히려 응용 과학이 기초 과학으로 정의된다. 그것이야말로 연구의 대상이다.

끝없이 더 나은 쥐덫을 만들어서 마침내는 보다 나은 세계를 건설하겠다고 하는 베이컨의 적극적인 면은 세 개의 서로 연관된 단계를 상정했다. 그것은 귀납적 방법의 적용, 보편적인 박물학(natural history)의 창조, 과학의 공공 연구 조직이다. 귀납은 과학의 절차를 뒤바꿈으로써 그것의 공허한 합리주의를 뜯어 고치고, 새롭게 출발할 것이다. 베이컨에 따르면 스콜라학파의 학문은 원리에서 출발하여 결론을 연역한다. 베이컨은 개별 사실에서 출발하여 모든 관련 사실들을 망라해서 차츰차츰 일반적 원리로 높여 간다. 이 방법은 언뜻 보면 무비판적인 것 같지만 베이컨은 그처럼 무비판적이지도 않았다. 그는 비교 분석을 강조하였고, 정신을 일반적인 분석으로 인도해 가지 않는 사실과 방법을 배제하려고 애썼다. 예를 들어서 열을 연구한다고 하자. 금속은 빛을 발하지 않고도 뜨거워질 수 있다. 달은 빛을 비추지만 열은 내지 않는다. 따라서 열의 법칙을 내놓을 때, 빛의 현상은 제외되어야 한다. 이 배제의 원리가 과학 연구에서 중요하다는 것은 명백하다. 그렇지만 이것이 확립되기 위하여 과연 베이컨이 필요했을까? 그것은 갈릴레오의 운동의 해결 속에도 암시되어 있었고 하비의 경우에는 분명하게 나타났다. 그것은 모든 유용한 과학의 고유한 성질인 것이다.

더욱 중요한 것은 베이컨의 실험에 대한 강조가 과학의 스타일을 형성했다는 점이다. 이것의 강한 영향으로 인해 "실험 과학"과 "근대 과학"은 실제로 동의어가 되었다. 또 실험의 역할만큼 17세기 이후의 과학을 르네상스 및 그리스 과학으로부터 명료하게 구분하는 것은 없다. 사실들을 발견하고 그것들로부터 귀납을 끌어내는 베이컨의 새 과학자는 어디에 있을까? 물론 그는 자연의 관찰결과를 볼 것이다. 그러나 되도록이면 자연의 인공적 재현, 즉 실험의 관찰기록을 보려 할 것이다. 실험이란 무관계한 것을 배제하는 원리를 실행하는 것이다. 그것은 탐구자마저도 이 탐구의 제어 속에다 집어넣는다. 그것은 수동적인 관찰 이상의 것을 보여 준다. "자연을 노하게 하면, 그것은 가면을 벗고 진면목을 드러낸다."

귀납 과정에 의해서 자연을 조사하는 일의 전망은 개별 사실 — 여기에서부터 출발하는 — 의 집적이 방대한가 아닌가에 달려 있었다. 베이컨도 예를 들어서 아리스토텔레스처럼(추상을 신뢰하지 않는 철학자는 누구나 그렇지만) 세계에 질서를 부여하는 방법으로 분류에 의존하지 않을 수 없었다. 이리하여 베이컨과 그의 최대 공격 목표 사이에 "같은 교파 내의 적(frères-ennemis)"의 관계가 성립한다. 그러므로 "박물학과 실험(natural and experimental history)"이 진보의 선행 조건이다. 베이컨은 『학문의 존엄과 진보 The Dignity and Advancement of Learning』(1623)에서 모든 지식을 역사(history), 시, 철학, 신학으로 분류하고, 기술은 인간에 관한 것과 자연에 관한 것으로 나누었다. 이것은 높은 수준에서는 과학과 철학의 그리고 낮은 수준에서는 과학과 인문학의 분리의 시작일 것이다. 역사는 인간의 세사(世事)를 다루고 박물학(natural history)은 자연의 사실을 다루기 때문이다. 베이컨은 소극적이 아니었다. 그의 박물학은 모든 사실을 빠뜨리지 않고 집대성할 목표를 가지고 있었다. 그것은, 만일 마법, 요술, 주술 같은 부류의 서술 속에도 사실이 존재한다면 이것들로부터도 수집되어야 하는 것이었다. 그러나 베이컨은 기계 기술, 공예, 무역, 요리법, 농업, 항해 등, 말하자면 실용적인 인간을 가장 좋아했다. 이런 것을 강조하는 점에서 그는 서구의 역사를 멀리 거슬러 올라간 옛 시대의, 그와 같은 성을 가진 또 한 사람의 기술 이해자인 수도승 로저 베이컨(Roger Bacon: 1214~1294)의 반향(反響)이다. 이 인물도 스콜라 철학의 자질구레한 논의를 참지 못했고 그것에 대하여 적의마저도 품었으며, 13세기에 벌써 지식이란 정의(定義)의 문제가 아니라 무엇을 할 수 있는가의 문제라고 말했다. 실용적인 서구의 본능은 한편으로 양식을 갖추고 있는 것처럼 보이는가 하면, 다른 한편으로는 끊임없이 비속성에 곁눈질을 하는 면이 있다. 이 본능에 의하면 대장장이는 금속을 아는데 금속학자는 책만 알 뿐이고, 실생활에서는 에디슨이 아인슈타인보다 위대하며, 실업가가 학자보다 우월하다. 그렇기 때문에 모든 것을 체험을 통해서 배우도록 철학을 산업이라는 학교에 견습생으로 보내라고 하는 이 지상 명령만큼 베이컨주의를 환영하는 독자에게 아양 떠는 것은 없다.

　베이컨은 이 박물학을 혼자 완성하리라고는 생각지 않았다. 모든 사실의 수집과 백과전서적 검토는 매우 방대한 작업이 될 것이므로, 협력과 자금을 필요로 한다. 그러나 이것은 모험적인 대사업이지만, 언젠가는 이룩되고야 말 사업이다. 원리적으로, (여기서도 아리스토텔레스의 견해와 같이) 과학의 완성은 완전히 실현 가능한 일이다. "나는 이런 모든 일들이 가능하고, 또 실행될 수 있다고 생각한다. 혼자서는 불가능하지만 많은 사람들이 협력하면 가능할 것이고, 한 사람의 생애로는 불가능하지만 많은 사람들이 협력하면 가능할 것이고, 한 사람의 생애로는 불가능하지만 몇 세대에 걸친 노력으로 가능해질 것이며, 개인의 재력이나 노력으로는 불가능하지만 공공적인 계획과 비용으로 이룩될 수 있을 것이다." 과학은 인간에게 이익을 가져다주기 때문에 과학을 유지하고 조직하는 것은 국가의 임무이다. 오늘날에는 물론 그렇게 되고 있다. 그 일이 끝나지 않을 것처럼 생각되는 점을 제외하고는. 실제로 과학은 협동적 사업이 되었다. 베이컨적인 벌집에 방대한 수의 기술자, 즉 일벌들이 모여서 컴퓨터를 통하여 주인인 이론가에게 정보를 보내고 있다. 베이컨은 그의 마지막 저서 『새로운 아틀란티스 The New Atlantis』에서 유토피아의 계시를 받은 사람이 즐겨 고안해내는 그곳에다 그의 꿈을 펼쳤다. 그는 유토피아는 저 잃어버린 대륙의 잔여물에 있다고까지 말했다. 이 대륙은 티마이오스의 우주론적 비유에서 플라톤이 묘사한 최후의 철인왕(哲人王)과 함께 장막 저편으로 사라진 것이다. 조난당한 유럽인은 거기서 완전한 질서의 나라, 조화된 지식으로 가득 차 있고 분쟁과 질투가 없는 나라를 발견한다. 군주의 성격에 관한 설명도 나오는데 군주는 왕도 폭군도 아니고 일군의 현인들로서 서로 떨어져 살며, 학문과 그 나라를 이끄는 일에 전념한다. 그러므로 현명한 정부의 모범은 지식을 축적할 여가와 그것을 공공의 복리에 적용할 힘을 가진 일군의 과학자들이다. 그들이 만든 여러 가지 놀랄 만한 발명품의 목록은 마치 오늘날의 미국식 생활수준에 대한 찬가 같다는 느낌이 든다.

 갈릴레오 이후로 과학은, 그것의 고전 고대의 선구자의 깊은 내적 의미에 있어서는 더이상 인간적인 것일 수 없었다. 그 대신 베이컨은 그것을 인도주의로 장식했다. 그러므로 그가 인기 있는 까닭도 분명해진다. 과학은 부분적으로 베이컨이 의도했던 대로 되었다. 그리고 공중이 과학에 바라는 것은 그 전체로서, 말하자면 과학을 인간 향상의 무해한 수단 ─ 그것에 숙달되고자 하는 자에게는 어려운 추상적 사고가 아니라 인내와 올바른 방법만 요구되는 수단 ─ 으로서이다. 과학자들 가운데에서 베이컨주의가 인기를 누린 이유는 분명하지 않다. 베이컨의 방법에 따라 이루어진 발견은 전혀 없었다. 그리고 과학 사상도 베이컨이 예상했던 것보다 혹은 베이컨이 뜻했던 것보다 훨씬 추상적이고 우아하며, 지적으로 귀족적인 것이 되지 않을 수 없다. 그런데 무릇 과학자는 인간적인 사람들이기 때문에 선을 행하기를 원하며 또 실제로 그렇다는 말을 듣기 좋아한다. 그들 사이에서는 과학의 엄격함이 올바르게 인정되는 일이 드물다—예를 들면 파스칼이 인정한 것처럼. 요컨대 이해라는 행위는 소외 행위이다. 파스칼은 권위에 대하여 얼굴을 찌푸리며 현대적인 태도를 취했다. 이것은 인간의 성질이 비뚤어졌다고 하는 설명도 된다. 파스칼은, 과학에서 사람들은 권위를 존경하고 혁신을 두려워하기 때문에 아리스토텔레스설을 신봉하고 진공을 믿지 않으면서도, 권위에 의존하지 않으면 안 될 신학에서는 오히려 색다른 것을 추구한다고 지적한다. 그러나 고뇌하는 태도가 서구의 역사에서 영향력을 행사했던 적은 없다. 기술의 전통을 형성한 것은 파스칼적 인간의 섬세한 정신이 아니라, 강인한 정신을 가지고 있고 동시에 인도주의적인 베이컨적 인간의 물질주의적 행위이다. 사회는 비극적인 가면을 쓴 인간에게는 금방 싫증내고 마는 것이다.

제3장 새로운 철학

르네 데카르트(René Descartes: 1596~1650)의 사상은 갈릴레오의 물리학과 베이컨의 예언들 사이에 있는 과학혁명의 간극을 극복하고 전진했다. 그의 성공이라면 각각을 보충한 것이고, 실패라면 철학으로부터 과학이 독립을 선언해야 할 필요가 있다고 발표한 것이다. 데카르트의 『방법서설 Discours de la méthode』(1637)은, 새로움을 너무나 강조한 나머지 오히려 그 신기함을 진부한 것으로 환원해 버릴 위험조차 무릅쓰고 있는 17세기 과학의 선전 책자로서, 흔히 베이컨과 함께 읽히고 있다. 양자는 입을 모아 성급하고 배타적으로 철학의 공허함을 역설하고, 올바른 방법으로 지식의 체계를 세울 예비 공작으로서 구각(舊殼)을 일소할 것을 역설했다. 그러나 무엇이 올바른 방법인가 하는 점에서 그들의 의견에는 차이가 있었다. 베이컨은 유용성에 의거하고 데카르트는 명석함에 의거하여 과학을 재건하려고 했다. 베이컨은 실험과 귀납을 신뢰했고, 데카르트는 이성과 연역을 신뢰했다. 그러나 경험주의와 합리주의 모두 대부분의 중요한 연구에 영향을 미치고 있으며, 과학은 이 두 길을 번갈아 걸으면서 수리 물리학으로 수렴해 갔다.

베이컨은 과학의 예언자이었을 뿐이지만, 데카르트는 창시자였다. "자연을 알려고 하는 자는, 운동을 이해해야 한다." 이 말은 레오나르도의 금언(金言)의 일절이다. 그런데 데카르트는 관성의 원리를 정확하게 서술했다. "1) 어떤 물체도 가능한 한 동일 상태를 유지하려 하며, 그 상태는 다른 물체와의 충돌에 의해서만 바뀐다. 2) 어떤 물체도 그 운동을 곡선이 아니라 직선으로 계속하려고 한다. 모든 곡선 운동은 무언가의 구속을 받는 운동이다." 데카르트는 이렇게 담담하게 갈릴레오의 원리들이 대담하다는 것을 보였다. 데카르트에게는 지적 허영 같은 것이 있었다. 그래서 언제나 새로운 학문적 성과에 관심을 가지고 있었다. 그는 갈릴레오의 『대화』의 과장된 연극조의 제스처에 눈살을 찌푸렸다. 그러나 데카르트에게 운동은 물체와 관계없는 상태이고, 물체를 포함하는 과정이 아니라는 것을 가르쳐 준 사람은 갈릴레오였다. 갈릴레오는 원에서이긴 하지만 운동을 영속하는 것으로 규정했다. 데카르트는 원으로부터 무한으로 그 방향만 돌렸을 뿐이다.

이처럼 관성의 원리의 자명한 귀결로서, 조용하게 무한의 우주상을 끌어들인 것이야말로 데카르트다운 지적 스타일이라고 할 만하다. 갈릴레오는 이 무한 우주라는 개념을 그의 새 물리학으로부터 단호하게 이끌어내지 못했고, 이에 관한 사색이 브루노를 화형장으로 끌고 갔으며, 코페르니쿠스는 더 신중하게 이 결론을 철학자들에게 떠맡겼다. 가장 날카로운 과학사가 중 한 사람인 알렉상드르 코이레(Alexandre Koyré)의 견해에 의하면, 우주의 무한성이야말로 다른 어떤 과학의 발전보다도 깊게 철학의 방위를 바꾼 것이다. 문제는 세계의 크기가 아니라, 인간이 지금까지와 같은 적응감을 느낄 수 있는가이다. 유한과 무한 사이에 중간적 존재란 없으며, 과학으로나 다른 어떤 방법으로도 인간과 우주의 통신은 불가능하다. 무한에는 장소(place)라고 할 만한 것이 없기 때문에, 인간이 자연 속의 어느 특정한 장소에 존재한다고 말할 수도 없다. 인간이 세계에 대하여 할 수 있는 일은 기껏해야 그에 관하여 무언가 이해하려는 노력

정도이다. 우주의 진행에 참여한다는 것은 이미 생각할 수 없다. 과학은 결코 위안이 되지 않는다.

그러나 어쨌건 간에 뉴턴은 관성의 원리로부터 운동의 법칙을 만들어내게 된다. 그것 외에도 데카르트 철학이 물리학에 남긴 유산 중에는 필수적인 수학적 무기인 해석 기하학과 합리적 광학의 출발점이 되었던 정확한 굴절 법칙 등이 포함되어 있었다. 뿐만 아니라 데카르트는 물리학을 유클리드적 공간(space) 개념 속에 자리잡게 했으며, 그 개념 속에서 물리학은 아인슈타인에 이르기까지 정주(定住)하게 된다. 유기체의 목적성을 기계의 비인격성으로 조직적으로 대체하여, 그것을 전 자연을 포괄하는 질서의 모델로 삼은 것도 데카르트였다. 그러나 마지막으로 명석함과 단순성이라는 위대한 데카르트적 미덕의 최대 결함은, 그가 형이상학으로 아주 잘못된, 그러면서도 대단히 흥미로운 물리학을 만들어냈다는 점이다. 사람들은 흔히 뉴턴이 아리스토텔레스를 극복하지 않으면 안되었다고 말하는데, 그것은 옳지 않다. 이미 데카르트가 갈릴레오가 만들어 놓은 틈으로 돌진하여, 아리스토텔레스를 내쫓아 버렸던 것이다. 그러나 데카르트는 너무 멀리 가버려서, 뉴턴은 그를 밀어내고 갈릴레오가 계획했던 행로로 물리학을 끌고 와야 했다.

그러므로 『방법 서설』의 독자들은 데카르트가 그것을 뉴턴 이후에 올 과학의 서설로서가 아니라 데카르트적 의미에서의 과학의 서설로 썼다는 점을 명심해야 한다. 이 저작은 어디까지나 아름답고 차분한 프랑스어로 씌어진, 사상적 자서전 형식을 취하고 있다. 내성적 독백의 기질, 평온에의 찬미, (프랑스의 지적 생활을 언제나 선풍처럼 휘저었던 동료, 검열관, 비평가의 손이 미치지 않는 네델란드의 은신처에서의) 은둔적인 생활 ― 이러한 습벽은 몽테뉴가 지녔던 회의적인 초연함과 통하는 것이다.

이 태도는 사람들을 현혹시킨다. 『방법 서설』은 매우 과격한 글이다. 그는 자기가 받은 교육을 회고하며 "철학은 모든 사물에 대하여 그럴 듯하게 이야기하며, 학식이 자기만 못한 사람들의 찬탄을 사게 하는 수단을 제공한다"라고 말한다. 그리고 자신에 대해서는 "나는 수학을 특히 좋아했는데, 이것은 그 추리의 확실함과 명증성(明證性) 때문이었다. 그러나 나는 아직 그 참된 용도를 깨닫지 못하고 있었다. 그리고 그것이 기계적 기술에만 응용되고 있음을 생각하고서 그 기초가 아주 확고하고 견실함에도 불구하고, 아무도 그 위에다 더 높은 건물을 세우지 않는 것을 이상하게 여겼다"라고 말한다. 『방법 서설』이 설명하는 "방법"이란 이 더 높은 건물을 세울 목적이었음에 틀림없다. 데카르트는 수학적 증명에서 진리의 지침을 간파해 내는 아주 대담한 정신을 가진 사람 중의 하나였다. 데카르트는, 세계를 명석하고 단순하며 따라서 진실인 기하학의 관념으로 파악하려고 한다. 즉 플라톤처럼 존재를 부정하고 단지 물리적인 것으로 봄으로써가 아니라, 불명확한 용어로도 인식에 도달할 수 있다는 미망(迷妄)을 전면적으로 비판하여 그것을 제거함으로써. 그것이 바로 체계적 회의라는 무기였다. 그것은 사정없이 맹위를 떨치며 보통 사람이라면 더이상 견딜 수 없는 고립 —— 세상에서 단지 자기의 이성과 함께 있다고 하는 상태 —— 으로 데카르트를 몰아넣었다. 이것은 자기 스스로 회의하고 있기 때문에, 회의를 극복한 하나의 실체였다. "나는 생각한다, 고로 나는 존재한다." 존재는 이성과 함께 시작한다고 하는 저 단호한 말. 여기서 데카르트는 과학과 철학을 수, 운동, 연장(延長, extension) 등의 수학적 개념으로 재건할 것을 제의한다. 그의 철학 비판은 개혁에의 호소였지, 세계를 단일한 근본 이유로써 파악하려고 하는 사명에 대한 부정이 아니었기 때문이다.

　『방법 서설』의 일절을 데카르트적 사상의 통일적 명령법의 좋은 예로서 인용해 보겠다. 이것은 데카르트가 어떻게 자신의 교훈에 따라 "가장 단순하고 가장 알기 쉬운 대상"에서부터 학문의 개조에 착수했는지 이야기한다. 데카르트는 기하학자답게 직선으로, 그리고 직선에 관하여 생각했다. 그는 대상 자체가 아니라 다음과 같은 것을 연구하려 했다. 여기에 기하학자의 생생한 면모가 드러나 있다.

대상 가운데 존재하는 관계들이나 비례들 …… 그리고 그 비례들을 인식하기 위해서는 어떤 때는 그것들을 하나하나 따로 고찰할 필요가 있고, 또 어떤 때는 그저 그것들을 마음에 간직하거나 그 중의 많은 것을 동시에 파악할 필요가 있음을 깨닫고서, 나는 그것들 하나하나를 더욱 잘 고찰하기 위해서는 그것들을 직선 사이에 존재하는 것으로서 간주해야 한다고 생각하였다. 이것은 내가 직선보다 더 단순한 것을 찾을 수 없었고 또 직선보다 더 판명하게 내 상상과 내 감각에 나타나는 것을 찾지 못했기 때문이다. 그러나 그것들을 마음에 간직하기 위해서 또는 그 중의 여러 개를 동시에 파악하기 위해서는, 될 수 있는 대로 가장 짧은 기호로 그것들을 나타내야만 한다고 생각했다. 또 이와 같이 함으로써 기하학적 해석과 대수의 모든 장점을 끌어들이고, 양자의 모든 결함을 피차 다른 것에 의하여 없앨 수 있으리라고 생각했다.

데카르트의 저작 속의 서술의 온건성과 착상의 독창성의 대비를 보여 주는 예로서 이것보다 더 적절한 것은 없다. 이 온건한 문장은 그가 해석 기하학을 직각 좌표(즉 데카르트 좌표)로 구성한 이유를 설명하며, 오늘날에도 사용되고 있는 표시법(a,b,c를 기지(旣知)의 것으로, x,y,z를 미지의 것으로 놓는)에 대하여 언급하고 있다. 더구나 데카르트는 빛과 운동에 응용하는 등 여러 관계를 직각 좌표로 풀어 보고 굴절의 법칙과 관성의 원리라는 성과를 얻었다. 그리고 외연을 가진 것으로서의 물질에 적용시키자, 그것은 물질을 공간에 동화시키고, 이 둘을 모두 기하학화했다.

데카르트 기하학이란 공간적 관계들에 적용된 대수학(algebra)이다. 미적분학의 기본 지식을 갖추고 있는 사람이라면, 조금만 생각해 봐도 그 의의를 이해할 수 있을 것이다. 우리는 선이나 원을 그리기만 하는 것이 아니라, 그것들을 정해진 방정식으로 나타낼 수 있다. 더욱 중요한 것은 갈릴레오의 시간-속도 삼각형처럼 단지 양만을 밝힐 뿐만 아니라 낙하하는 물체의 운동 방정식을 쓸 수도 있다는 것이다. 대수학과 기하학의 통합은 편리함 이상의 훨씬 큰 의의를 가진 것이었다. 과학의 역사 전체를 통해 보면 해석(analysis)의 양식은 자연에 관하여 표상된 수학의 개별 부문으로부터 파생된 것처럼 보인다. 이러한 의미에서 고전 물리학은 유클리드 기하학의 공간에의 적용이었고, 일반 상대성 이론은 리만의 곡면 기하학의 공간화였으며, 양자 역학은 통계적 확률의 자연화(自然化)였다. 데카르트에 이르기 전까지 불연속적 양의 수학으로서의 대수학은, 실재의 구조에 관한 원자론적 가정에만 적합하였다. 한편 기하학은 전통적으로 공간적 연속의 수학으로서 플라톤 학파 혹은 스토아 학파에게만 봉사했다. 이 학파들은 자연의 구성 성분을 수량화하기보다는 오히려 자연의 통일을 꾀하려 했다.

　데카르트는 이 차이를 없앴다. 이것에 의하여 열린 가능성은 그의 세대에게는 너무 거대한 것이었으며, 데카르트 자신도 너무나 충실한 기하학도였기 때문에 그것을 이용할 수 없었다. 그러나 뉴턴은 고전 물리학의 세계상을 명확히 수립하는 가운데 이 진보를 물리학적 의미로 표현하게 되었다. 뉴턴적 종합의 한 요소는 추상적이고 연속적인 공간 개념과 구체적이고 원자론적인 물질 개념을 통합한 것이었다. 그러나 그런 감추어진 의의를 생각하지 않더라도, 해석 기하학의 발명은 유클리드 이래 수학에의 가장 중대한 공헌이었다. 이것을 기술한 논문은 데카르트가『방법 서설』의 논의를 실제로 응용한 세 편의 논문 중의 하나였기 때문에, 이 방법이 왜 권위를 획득했는지는 명백하다.

　두번째 논문은 "광학"을 다루고 있고, 세번째 것은 데카르트가 "기상학"이라고 부른 것 — 실제로는 물리적 환경 — 을 다룬다. 광학을 거쳐서 물리학으로 들어갔던 것도 데카르트의 기질과 모순되지는 않는다. 왜냐하면 신플라톤 학파에서 빛은 진리의 사자(使者)였기 때문이다. 신비주의를 제외하고는 빛은 언제나 플라톤 학파의 현실주의 전통에서 우위를 차지하고 있었다. 이것은 광학 현상의 단순한 아름다움 때문이라는 것이 분명하다. 이는 코페르니쿠스나 케플러의 경우에도 마찬가지였다. 훨씬 깊은 면에서 아인슈타인의 경우에도 그렇다. 아인슈타인의 물리학에서 빛은 신호의 전달자이다. 빛이 공기 중에서 물 속으로 들어오면 그것은 법선 방향으로 굴절한다. 그리고 입사각의 사인값과 굴절각의 사인값 사이에는 일정한 비가 성립한다. 이것이 굴절의 법칙이다. 이것은 순수하게 경험적인 기초에 의거하여 스넬(Willebrod Snell: 1591~1626)이 예측한 것이었다. 그러나 데카르트는 스넬의 예측을 믿지 않았다. 자기보다 능력이 모자란 선구자를 무시하는 태도는, 유감스럽게도 독창적인 지성에게 흔히 있는 일이다. 뉴턴과 라부아지에가 더 깨끗하게 처신했다고 할 수도 없다. 그러나 데카르트는, 어떤 발견을 자기의 방법으로 관철하면 그것은 이미 자기의 지적 재산이 된다고 암시한 점에서 대부분의 혁신자들보다 더 심했다.

그렇기는 하지만 그 법칙을 흥미 있는 것으로 만든 사람은 데카르트였다. 그는 빛을, 발광하는 물체 속의 운동에의 경향이라고 정의했다. 『굴절 광학 La Dioptrique』(1637)은 상상적인 탄도학 실험과 교묘하게 비교함으로써 굴절의 법칙을 제시한다. (데카르트의 사상은 기계론 이외의 아무 것도 아니다.) 지금 공이 눈이 성긴 면포 장벽을, 비스듬히 통과하여 물 속으로 들어간다고 하자. 이 경우 면포가 반사면에 해당한다. 공의 궤도는 수평 방향으로 휘고, 속도는 감소할 것이다. 그러나 여기서는 논의를 위해, 속도가 증가한다고 가정하자. 이러한 경우가 탄도체와 달리 광학적으로 밀도가 높은 매체를 통해 압력을 더 잘 전달하는 빛의 굴절이다. 속도가 증대한다고 생각하면 그것이 빛의 굴절이며, 빛은 탄도체와 달리 광학적으로 밀(密)한 매질을 통해서도 쉽게 전파된다. 그리고 데카르트는 굴절 전후의 법선 방향 성분과 평행 방향 성분의 상대적 비율로부터 기하학적으로 스넬의 법칙을 유도하였다.

데카르트는 자주 그의 극도의 추상적인 사고벽 때문에 비난을 받았다. 그러나 바로 이것이 갈릴레오가 관성을 원형으로 한정했던 저 망설임으로부터 데카르트를 구했다는 사실을 인정해야 한다. 무한은 데카르트에게는 공포가 아니었다. 그가 용감했던 것이 아니라, 무관심했다. 그는 자신의 사고가 명석하고 단순하기만 하다면, 인간을 무한의 우주로 내쫓는 데는 아무 양심의 가책도 느끼지 않았다. 갈릴레오에게 세계는 궁리해야 할 대상이었고, 그 세계는 결국 둥근 것이었다. 그러나 데카르트에게는 오직 명석함, 어떤 결과가 나와도 무관심한 일종의 놀랄 만한 일관성만이 있을 뿐이다. 아니 그는 널리 대중을 향하여 말하지 않고, 철학에 뜻을 둔 사람에게만 말함으로써 결론을 조종하려 했다. 데카르트는 관성의 원리를 두 가지 전제, 즉 직선의 균질성과 신의 불변성 — 이것으로부터 세계의 운동량은 불변이란 표현이 도출되는 — 으로부터 끌어냈다. 데카르트는 이 탄탄대로에서 실제로는 결코 일어날 수 없는 것 — 직선적 형태의 관성 — 을 물리학의 기초로서 확인할 수 있었다. 즉 무한한 우주의 아득한 끝, 평행선이 만나는 곳까지 직선적으로 계속되는 운동을 확인한 것이다. 그리고 이 관성의 개념은 고도로 추상적인 것이기 때문에, 물리적 현상보다는 자기의 사고를 더 크게 확신할 수 있는 사람만이 그것을 정식화할 수 있다. "눈뜨고 있든지 잠들어 있든지, 우리는 이성의 명증(明證)에 의하지 않고는 결코 설득되지 않을 것이다. 나는 우리의 이성에 관해서 말하는 것이지, 상상력이나 감각에 관해서 말하는 것이 아니라는 점에 유의해야 한다."

공간이라는 추상적인 것도, 결국은 구체적인 것으로 가정함으로써 구체적 표현을 얻게 된다. 데카르트는 공간을 입체 기하학의 틀 속에다 넣어 버렸다. 그것은 무한대의 3차원 상자로서 그 속에서 직선은 두 점을 연결하는 최단 거리이다. 이것이 오랫동안 잘못된 상식으로 존속했던 공간 개념이다. 그러나 그것은 상식으로 출발한 것은 아니다. 그것은 갈릴레오의 시간 취급 방식(이것이 더욱 어려운데)의 보완물이었다. 갈릴레오는 시간을 우리들의 인생 여정으로부터 차원으로 옮겼다. 즉 과학에서 측정하고 수량화하는 운동 상태의 추상적인 매개변수(parameter)로 전환시켰던 것이다. 데카르트는 시간을 고전물리학의 다른 좌표, 즉 단순히 선형의 거리가 아니라 깊이를 가진 공간과 직각으로 교차시켰다.

이상에서 이미, 뉴턴이 수량적인 것과 공간적인 것 — 데카르트 기하학 — 의 결합을 물리학적으로 표현하게 되리라는 것이 암시되었다. 다시 말하면, 보다 포괄적인 공간의 문제라는 영역에서 뉴턴의 사상은 데카르트로부터 유래하는 것이다 — 단지 이번에는 반대 방향으로. 왜냐하면 뉴턴은 그의 비범한 물리적 직관(바로 이것이 데카르트에게는 없었던 특질이다)을 가지고 데카르트의 공간 개념을 물질에 동화시킴으로써 그 개념을 추상했기 때문이다. 그러나 대단히 유감스럽게도, 뉴턴은 데카르트주의에 대항해서 생각을 전개했다. 그렇기는 하지만 뉴턴은 데카르트 학설이 공간을 유클리드 기하학보다 정교한 기하학, 즉 데카르트 기하학으로 구상화한(혹은 오히려 비구상화한) 데 대하여 최대의 경의를 표했다. 뉴턴에 있어서 공간은 데카르트 좌표의 추상적인 체계로 되고, 현실을 동요케 하는 절대 운동도 그 좌표에 관계된다.

그렇지만 이것은 데카르트 이후의 발전을 예측한 것이고, 이야기는 아직 그렇게까지 복잡해지지는 않았다. 데카르트는 단순성에 사로잡혀 공간을 좀더 구체적으로 사용했다. 그의 공간은 진공이 아니다. 만약 진공이라면 아무것도 말할 수 없을 것이다. 데카르트의 공간은 물질로 가득 차 있는 세계이다. 공간은 곧 물질이다. 그리고 이것은, 우리를 세계가 정신과 물질로 구성되어 있다고 말하는 데카르트 형이상학의 근본적인 이중성으로 이끌고 간다. 정신은 생각하는 것이고 물질은 연장을 가진 것이다. 데카르트는 이 이외의 견해를 가질 수 없었을 것이다. 만약 정신이 물질에 관하여 진실되게 생각한다면, 물질은 기하학적으로 조종할 수 있는 것이어야 한다. 이것을 명석하고 단순한 말로 나타낸다면, 물질은 기하학적 연속 속에서 연장되지 않으면 안 된다.

데카르트는 세계를 이렇게 마치 무한한 달걀처럼 충만한 것으로 생각한 뒤, 우주론에 관하여 보편 기계론을 제안했다. 선배 갈릴레오나 후배 뉴턴처럼, 그도 또한 17세기의 과학의 대문제에 답하지 않으면 안 되었던 것이다. 운동이 쉬지 않고 지속되고 있는 우주에서, 행성을 궤도상에 묶어 두는 것은 무엇일까? 천체를 결합시키는 것은 무엇일까? 이것이 과학혁명이 일어나게 된 문제이고, 갈릴레오가 원형의 관성을 얻었던 (또는 얻지 못했던) 문제이다. 데카르트는 명석하고 단순한 생각으로 이에 답했다. 즉 세계는 하나의 기계다. 사람들은 지성사에서 흔히 "뉴턴적 세계 기계(Newtonian World-Machine)"라는 말과 마주치는데, 세계 기계란 뉴턴에게는 어울리지 않는다. 그것은 데카르트적인 것이다. 뉴턴적인 것은 훨씬 한정된 논제인 역학의 과학일 뿐이다.

데카르트 자신은 물리학에서 멈추려는 생각이 전혀 없었다. 그는 즉시 과학 전체(생물학마저도)를 그 기계 속에 담았다. 데카르트가 감탄해 마지 않았던 소수의 발견자 중의 한 사람은 하비였다. 데카르트의 생물학은 순환계의 수력학을 기계로서의 동물에 대한 종합적인 논의로 일반화한 것이다. 팔과 다리는 도르래로 움직이는 지레이다. 신경은 속이 빈 관으로, 메시지는 마치 오늘날의 기송(氣送) 통신체계에서처럼 신경액에 의하여 내뿜어진다. 사실 하비의 순환 이론이 데카르트 우주관의 안내 역할을 했고, 이 우주론은 그리스인이 생각했던 우주 동물을 우주 수력학계로 바꾸어 놓았다고 하는 그럴듯한 주장이 있었다. 데카르트 물리학에는 진공이란 있을 수 없다. 오직 물질의 다양한 상태가 있을 뿐이다. 단단한 물질은 고체를 이루고 있고, 미묘한 액체상의 물질은 행성간의 공간에서 거대한 소용돌이를 이루며 물결치고 있다. 마지막으로 태양과 별의 발광 물질은 이 소용돌이 속을 직선적으로 흘러간다.

연장(延長)은 데카르트에게 많은 문의 열쇠를 주었다. 그의 『철학의 원리 Principia philosophiae』(1644)는 교회의 노여움을 진정시키는 일부터 시작한다. 갈릴레오가 선한 가톨릭교도답지 않게 유죄 판결을 받았다는 소식을 듣고, 데카르트가 당황했다고 생각할 이유는 없다. 왜냐하면 그는 최초의 우주론인 『세계』를, 그처럼 예측할 수 없는 꼴을 당할까 봐 보류해 두었기 때문이다. 그러나 데카르트는 자신이 코페르니쿠스의 생각에 동의함으로써 발생한 딜레마로부터 피하는 길을 발견했다. 지구는 분명히 태양 주위를 돌고 있다. 동시에 당국의 견해도 옳다. 지구는 움직이지 않는다. 지구는 그것을 직접 둘러싸고 있는 공간-물질에 대해서는 움직이지 않기 때문이다. 운동은 소용돌이 속에 있지 지구에는 없다. 거의 14개의 소용돌이 계(系)가, 복잡하지만 규칙적인 큰 소용돌이 속의 코르크처럼 행성과 그들의 위성을 궤도상에 올려 놓고 있다. 원심력에 의하여 엄청난 양의 에테르상(狀)의 물질(ethereal matter)이 소용돌이 밖으로 밀려 나간다. 이 때문에 중심부의 밀도가 적어져서 내측에 구심적인 압력이 생긴다. 이 힘들이 평형을 유지하는 선은 타원이며, 이 선을 따라 행성은 영원히 직선적인 관성 운동을 억제 당한다. 중력, 조수, 화학 현상, 빛, 열, 소리, 이 모든 것들은 형태, 운동, 연장을 명시함으로써 설명할 수 있다. 그리고 (다시 갈릴레오를 따라서) 여러 성질들은 우리 내부의 여러 가지 지각 양식에 기인할 뿐이다. 자연의 규칙성은 기계론을 보여 줄 뿐, 자연을 지배하는 지성이나 의지의 존재를 보여 주지는 않는다. 데카르트는 궁극 원인(final cause)에 대해서는 갈릴레오와 마찬가지로 신랄하다. 틀림없이 신은 세계를 창조했다. 그러나 우리를 위해서는 아니다.

그러므로 과학사가는 분명히 데카르트라는 문제를 해결해야 한다. 그러나 데카르트는 결코 간단히 다룰 수 있는 인물이 아니다. 그의 추진력이 반드시 정도(正道)를 걸었던 것도 아니다. 이토록 명민한 인물이 이처럼 미숙한 물리학을 만들어 냈다는 것에 대해서는 약간 생각해 볼 점이 있다. 잘 생각해 보면 데카르트의 자연관에 난점이 있다는 것이 "명백" ─ 이것이야말로 데카르트가 원했던 것이다 ─ 한 것처럼 보인다. 물론 군더더기 없는 설명은 과학의 목표다. 데카르트에게는 자연 자체가 단순한 것이다. 반면에 보통 이상의 물리학자라면 누구나 자연은 심히 복잡한 것이고 자연법칙만이 단순하다는 것을 알고 있다. 결국 데카르트적 사상은 지나치게 수학적이다. 갈릴레오나 뉴턴 그리고 근대 물리학에 있어서 수학은 도구이고 양을 표현하는 수단이다. 그것은 과학의 언어다. 그런데 데카르트는 이 언어를 주제와 혼동하고 있다. "나의 물리학이 기하학 이외의 아무것도 아니라는 것은 사실이다"라고 데카르트는 말했다. 데카르트의 사상은 지나치게 명석함을 추구한 나머지 세계를 뒤에 남겨 놓았다. 그렇다고 해서 다른 방법으로 할 그도 아니었다. 데카르트는 자연이 아니라 이성에 흥미를 가지고 있었다. 그는 "과학의 씨앗은 우리들 속에 있다"라고 『성찰 Meditationes de prima philosophia』(1641)의 한 구절에서 말했다. 자연이 아니라 우리 속에 있다. 그래서 그는 자신의 사상이 진리를 시험하는 데 명확하게 들어맞는가 보기 위하여 검토했던 것이지, 진리가 거기에 있다 하더라도 그다지 명석함은 기대할 수 없는 세계에 관해서 검토한 것이 아니다.

데카르트 과학의 또 하나의 난점은, 흔히 지나치게 수학적인 기질에서 볼 수 있는 오만한 인상이라는 것이다. 그것은 너무 야심적이다. 그것은 과학적 설명의 기능을 과대평가한다. 또 일련의 현상을 서술하는 데 그치지 않고, 단일한 일반화를 가지고 행위와 원인을 일거에 설명하려 한다. 행성이 태양 주위를 타원을 그리며 돈다고 말하는 것만으로는 만족하지 않는다. 과학은 왜 행성이 그렇게 움직이는가에 대해서도 설명해야 한다고 말한다. 그것은 데카르트가 추구한 방법 가지고는 지금도 대답할 수 없는 문제다. 중력의 원인은 아무도 모른다. 다만 그렇게 불리고 있는 특정 효과를 측정할 뿐이다. 그런데 데카르트는 더욱 먼 곳을 보고 있었다. 모든 것을 설명하기 위해서 그는 기계론에 의지했다. 그러나 이 기계론도 어느 하나의 명석하고 단순한 관념에 지나지 않았다. 데카르트의 추론이 이렇게 닫힌 것이었으므로, 그 실패와 함께 무너진 것은 물리학만이 아니었다. 형이상학, 명석함과 단순성을 진리의 증표로 삼았던 저 아름다운 형이상학도 붕괴하고 말았다.

따라서 데카르트는 과학혁명의 구조 깊숙한 곳, 고대와 근대의 갈림길에 서 있었다고 할 수 있다. 르네상스의 과학은 그것의 그리스의 원형처럼 주로 문화와 철학에서 유래했다. 17세기 이후로 우위는 역전되었다. 오늘날에는 문화와 철학 — 특히 철학 — 은 주로 과학에서 유래하게 되었다. 이 사조는 데카르트 철학 이래 역전했다. 그 후부터 자연에 관한 지식은 철학에서 과학으로 이행했다. 그것은 법칙의 균일성만을 가정할 뿐 진리의 통일, 우주 인격 같은 것은 상정하지 않는다. 데카르트는 형이상학으로부터 직접 과학에 총괄적인 공헌을 한 최후의 위대한 체계적 철학자였다. 데카르트가 과학의 대상으로 생각했던 무한 기계론이라는 상은, 뉴턴에 의하여 그 구조가 수정되었고 의의가 한정되기는 했지만 그 후의 다른 형이상학 논문에 의해서 수정되거나 대치되는 것이 불가능하다는 것이 판명되었기 때문이다. 19세기 이래 이 무한 기계론이라는 상은, 물리학적인 논문들에만은 굴복했다.

*

역사가는 하나의 변증법을 발견한다. 그것은 과학이 자연의 통일과 현상의 다양성, 즉 하나와 다수 사이를 진동하는 커다란 딜레마를 차례차례 어떻게 해결했는지 가르쳐 준다. 우주란 기하학적 물리학에서 묘사된

제3장 새로운 철학 127

단일한 연속체일까? 그렇지 않으면 불연속체 — 맥스웰의 정의에 따르면 "두 개로 나눠질 수 없는" 물체인 원자 — 의 덩어리일까? 버트란드 러셀이 말한 것처럼 세계는 당밀이 든 양동이인가, 모래가 든 통인가? 이 문제가 아인슈타인을 만년에 대부분의 동료 물리학자들로부터 갈라놓았다. 이 문제가 그리스에서 발견된 이래 2천5백 년, 성과가 있었다고 할 수 있지만 특별히 해결점에 다가간 것처럼 보이지는 않는다. 취할 만한 점은 토론이지 해답이 아니라고 하는 것이 오히려 무난할 것 같다.

　이 해답은 아마 과학이 완전한 것이 될 미래에 얻어질 것이다. 그러나 그때까지는 어떤 방법도 — 기하학화도 계량화도 — 완전한 진술은 할 수 없을 것이다. 어느 쪽을 택할 것인가 하는 것은 기질의 문제처럼 보인다. 아인슈타인이나 데카르트와 같이 수학적인 인물이라면, 자연의 통일성을 기하학의 언어로 나타낼 것이다. 일관성이 없었다면 데카르트는 아무것도 아니었다. 원자는 결코 기본적인 것일 수 없었다. 공간-물질은 연장에서나 분할에서나 모두 무한하다. 직선에는 그 이상 분할되지 않는 점이란 없다. 그러나 물리적 직관을 가진 탐구자라면, 측정의 명확한 조건, 즉 사실은 그렇지 않을지라도 적어도 원리적으로는 그곳으로 과학이 내려와야 할 계량 가능한 것을 찾을 것이다. 따라서 과학의 경험 전체는 기묘한 패러독스를 확증한다. 연장에 있어서는 무한을 요청하면서도, 분할에 있어서는 무한을 배제한다는 것이 물리학이 거듭해서 보였던 뛰어난 지혜였다. 사물의 논리에는 이에 대한 근거가 아무것도 없다. 그러나 역사는 결코 논리학의 과거, 미래를 조망하지 않는다. 역사는 지혜의 곳간이기 때문에 그렇게 할 수 있다는 주장이 나오기도 하지만.

　결국 원자론에 대하여 말할 때가 왔다. 도식적으로 말하면, 이론물리학은 한편으로는 플라톤적 과학의 연장이고, 또 한편으로는 원자론적 실험물리학의 연장이다. 원자론을 못뽑이의 양 팔에 비유하면, 그 받침이 될 만한 사람은 뉴턴이었다. 이 못뽑이가 마침내 상식적 데이터에서 나온 형상과 성질에 의하여 수립된 아리스토텔레스적 세계상의 신뢰성을 뽑아 버렸다. 고대 원자론 학파에서는 네 사람의 위대한 인물이 잇달아 나타났다. 먼저 레우키포스, 이 사람에 관하여 우리는 거의 아는 바가 없다. 다음에는 데모크리토스, 이 사람은 극히 유력한 사상가인데 그에 관해서도 아는 바가 별로 많지 않다. 다음은 에피쿠로스인데 그는 자신의 학설을 헬레니즘 세계의 이대 철학의 하나로 편입시켰다(다른 하나는 스토아 철학이다). 마지막 사람은 로마인 루크레티우스로서, 그는 자신의 교의를 『자연의 본질에 관하여 De rerum natura』란 시로 전하고 있다. 원자론자들은 최초의 밀레토스 철학자들처럼, 운동을 기본적 조건으로 물질은 보존되는 것으로 생각했다. 그들의 학설은 수학적인 것과 논리적인 것을 명확하게 구별함으로써 운동과 보존을 논리적 함정에서 구출했다. 그렇지 않으면 이 과학의 전제조건은 그 함정에 빠졌을 것이다. 이런 구별을 짓지 않으면 참된 운동 개념은 아킬레스가 거북이를 잡을 수 없었던 것과 같은 패러독스에 봉착하게 되는 것이다. 왜냐하면 거리의 반을 주파하는 데는 언제나 유한한 시간이 걸렸기 때문이다. 더욱 중요한 것은 운동을 "설명"할 필요성에서 벗어났던 것인데, 이 필요성이 아리스토텔레스를 미혹(迷惑)시켰던 것이다. 이 고대의 원자론자들은 무한한 연장을 가진 진공 속에다 입자를 넣었고, 그럼으로써 물질이 보존되는 우주에서 운동이 가능하도록 했다.

　루크레티우스는 "거미집을 다시 짓는 것, 이것이 내 논의의 임무이다. 무릇 자연은 두 가지 것, 즉 물체와 진공으로 구성되어 있다"라고 말한다. 변화와 진행은 유전(流轉), 영혼에 의한 통찰, 인생의 목적의 실현 속에서 일어나는 것이 아니라, 객관적 존재를 갖는 특정 크기와 형태를 지닌 입자의 물리적 재배열 그것이다. 이것(이것만으로도 엄청난 것이긴 하지만) 이상의 어떤 뜻으로도 해석해서는 안 된다. 원자론은 대우주(macrocosm)의 운동론이 아니다. 단지 원자가 진공 속을 떠돌 뿐이다. 그것은 화학의 주기율표에 나오는 원자와 아무 유사성도 없다. 그것은 도식적인 유추로서, 그 중요성에 관해서는 사람에 따라 의견이 다르다. 그러나 어쨌든 원자론자가 자연을 원자라는 가상적인 알파벳으로 구성한 것은 틀림없다. 마치 언어가 철자와 문장론의 법칙에 따라 구성되는 것처럼, 샘버스키(S. Sambursky)는 그리스 과학에 관한 책을 쓴 물리학자인데, 그는 이 상상력의 경험주의 — 눈에 보이는 것에서 눈에 보이지 않는 것을, 단지 객관적 추론을 가능하게 하기 때문에 채용된 개념들을 사용하여 추론하는 방식 — 를 대단히 높게 평가한다.

그렇지만 에피쿠로스 철학이란 케이스 속에 넣어진 원자론적 교설은, 결코 도덕적 권위의 환영을 받을 수 없었다. 일반의 평판도 좋지 않았다. 조용하긴 해도 객관성은 올림포스적 위용을 갖추고 있다. 그것은 올림포스의 신들보다 더 올림포스적이다. 왜냐하면 에피쿠로스의 신들은 세계를 창조하지도 않았고 관심도 보이지 않았기 때문이다. 루크레티우스는 "자연은 자유다. 그리고 거만한 사람들의 통치도 받지 않고 신들의 도움 없이 우주를 운행시킨다"라고 말한다. 그리스 과학의 다양한 유파 중에서, 원자론자들만이 인간의 사고와 목적으로부터 법칙을 분리했다. 그들의 자연관은 신학과는 완전히 양립할 수 없는 것이었다. 마치 18세기의 계몽철학자들(philosophe)처럼, 에피쿠로스와 루크레티우스는 원자론을 계몽의 전달 수단으로 도입했다. 그들은 "죄 많고 부정한 행위를 낳은" 종교의 허식을 부정하고, 미신과 변덕스러운 신들의 공포에서 인간을 해방시키려 했다. 그 결과 에피쿠로스주의를 암시하는 것만으로도, 기독교적 유럽에서는 짐승(요한 묵시록에 나오는 사탄의 화신 — 옮긴이)의 표지로 간주되었다. 마키아벨리를 제외하고는, 그만큼 잘못 전해지고 비방 받은 사상가는 없었다. 유물론은 여전히 경멸적인 말이다. 어설프게 교육 받은 사람은 그것을 방종으로 여긴다. 그러나 에피쿠로스주의는 훈련된 안정된 취미이고, 세상을 마음 내키는 대로 보는 것이 아니라 오관의 창(窓)을 통하여 실제 있는 그대로 살펴보는 용기에 찬 체념이다. 감각이 에피쿠로스적 진리와의 접촉이기 때문이다. 당국이 금지한다고 해서 대중으로부터 그들이 좋아하는 것을 빼앗을 수는 없다. 우리가 이 세계에서 감지하는 질서는, 진부한 표현을 빈다면 원자들의 우연한 집합이다. 자연에 존재하는 것은 모두 원자의 불투과성, 형, 배열이다. 우리가 감지하고 판단하는 물질의 제2성질 — 색, 냄새, 맛, 형, 감촉 — 은 우리 속에 있는 지각의 양식에 불과하다. 루크레티우스도 인정하듯이, 이것은 인식의 대가로 자연에서 영광과 미를 박탈해 버리는 정말 애석한 손실이다. 밀턴의 문장을 해부하여 『실락원』 속의 'a'와 'e'의 빈도를 계산하는 것은, 이 시의 실재(reality)를 경험하는 것이 아니다. 인식의 범주들은 자연 속에 존재하지 않을 뿐만 아니라, 영혼과 지성도 단순한 미립자의 배열에 불과하다. 에피쿠로스는 자유 의지가 머무를 장소를 주기 위하여, 그의 일관성을 깨뜨려야만 했다. 그는 원자가 무(無) 속을 하강할 때, 약간이긴 하지만 예측할 수 없는 일탈을 허용함으로써 우연을 들여놓았고, 그에 따라 선택을 들여놓았다. 이러한 예외는 당연히 비평가들의 조소를 불러 일으켰다. 그러므로 역사적으로 원자론이, 과학을 가끔 종교와 도덕의 적처럼 보이게 했던 고전 물리학의 본체론이 되었던 것은 단순한 우연에 불과하다. 왜냐하면 원자론은 철학자들의 인식과 평온을 달성하기 위하여, 인간성의 가장 평범한 본능을 손상시켰기 때문이다.

  17세기에 이르기까지 이 그리스 철학의 마지막 것은, 과학에 의하여 육성되지도 않았고 세련된 사교계에 받아들여지지도 않았다. 그것의 재발견은 갈릴레오나 데카르트 같은 인물에 의해서가 아니라 이류 사상가 피에르 가상디(Pierre Gassendi: 1592~1655)에 의해서였다는 것은, 원자론이 얼마나 무시되고 있었는가를 말해 준다. 그는 별로 중요하지 않은 천문학상의 관찰도 했고 물리적 측정도 해서 명성을 얻은 프로방스 사람이었다. 그는 이 그리스 철학을 가톨릭 교의와 화해시키려고 했지만, 그것은 조금도 설득력이 없고 참을 수 없을 정도로 산만한 것이었다. 그러나 그것은 조금도 문제가 안 된다. 그는 데모크리토스와 에피쿠로스를 문인 사회 앞에서 과시했다. 이리하여 가상디는 과학사에서 확고한 자리를 차지했던 것이다. 왜냐하면 원자론은 권위를 가지고 17세기의 물리적 직관에, 그리고 두뇌뿐 아니라 손으로도 과학을 하려고 했던 사람들에게 말하기 시작했기 때문이다. 감각의 차원 아래에 있다고 정의되는 원자의 존재를 경험적으로 증명할 가망은 거의 없었다. 그러나 진공의 존재는 증명할 수 있었을 것이다―물론 무한한 진공이 아니라 적어도 국부적인 진공이라면. 갈릴레오와 이론물리학자들이 아리스토텔레스의 위치 운동의 개념과 운동에는 운동원인이 있다는 원리를 공격하여 역학을 창시한 것처럼, 실험물리학자들은 진공이 있을 수 없다는 것을 논박하여 자연은 진공을 혐오한다는 원리를 무시할 것을 제안했다.

광부들은 오래 전부터 흡입 펌프는 34피트 이상 물을 끌어올릴 수 없다는 것을 알고 있었다. 이 문제는 갈릴레오에게 중요한 의미가 있는 것처럼 생각되었다(이론물리학과 실험물리학의 계보를 도식화할 때 한쪽이 다른 쪽을 배척한다고 생각해선 안 된다). 그러나 아리스토텔레스주의자의 진공 혐오(horror vacui)는 갈릴레오류의 사고방식과는 동떨어진 어린 아이 같은 것이어서, 이 문제가 폭발 가능성을 품고 있다는 것을 알 수 없었다. 『대화』에서 이것은 재료의 강도 문제로 취급되고 있다. 그는 기둥은 그 자체의 무게로 34피트에서 부서진다고 말하여, 이것을 암시하는 데 그친다. 이것은 틀렸는데, 이 문제는 해결을 보지 못한 갈릴레오의 다른 문제들과 함께, 그의 탁월한 제자의 한 사람이며 그의 뒤를 이어 대공의 궁정 수학자가 된 토리첼리(Evangelista Torricelli: 1608~1647)에 의하여 계승되었다. 토리첼리의 기질은 실험가 풍이었다. 그는 물 대신 수은을 사용하여, 위끝이 막힌 수직관 속의 액체의 움직임을 실험실의 규모로 축소하려는 뛰어난 생각을 했다. 이것이 수은 기압계의 발명이었다.

토리첼리 자신은 측정 기구보다는 수은이 그것을 담은 그릇으로 떨어져서 보통 30인치가 되었을 때 관 위쪽에 남는 빈 공간의 의미에 흥미가 있었다. "진공을 만들기란 불가능하다고 한다. …… 이에 대하여 나는 다음과 같이 추론한다. 진공을 만들 때 받는 저항은 분명히 다른 원인으로부터 온다. 이 작용을 진공 탓으로 돌리려는 것은 무의미한 일이다. 정말 아주 간단한 계산만으로도 나는 내가 제안한 원인(그것은 공기의 무게인데) 자체가 진공을 만들기 위한 노력보다도 큰 효과를 가지고 있다는 것을 발견했다." 이것은 1644년에 씌어졌다. 토리첼리는 이 기압 실험에다 세계의 구성에 대해서도 들어맞는 일반성을 부여했다. "우리는 공기의 대양(大洋)의 밑바닥에 살고 있으며, 이 공기는 무게가 있다는 것이 실험에 의해서 밝혀졌다."

물리학자는 확립할 수 있는 것을 입증하고 확장함으로써 만족을 얻는다. 독일에서는 마그데부르크(Magdeburg)의 시장 오토 폰 게리케가 토리첼리의 결과를 튜튼식의 집단적 방법으로 보여 주었다. 큰 놋쇠 반구의 내부를 거의 진공이 되도록 한 것을, 두 대(隊)의 노새로 떼어 내려 했으나 불가능했던 것이다. 한편 파리에서는 파스칼이 역사적으로 대단히 세련된 지성의 표시라고도 할 만한 섬세함과 예민함으로 이 의미를 전개하였다. 파스칼의 지적 경력은 통찰력을 가진 사람의 고민을 보여주는 것이라고 할 수 있다. 그는 너무 멀리 보았기 때문에, 물리학 문제로부터 그의 천재에 어울리는 미에 대한 지각을 이끌어내는 대신 과학 자체를 꿰뚫어 보고 종지부를 찍었다. 그의 처남 프랑수아 페리에는 "그때 이후로 종교야말로 사색할 가치가 있는 유일한 대상이라는 것이 그의 굳은 신념이 되었다. …… 그는 자주 이 문제에 관하여 이렇게 말했다. '과학은 고뇌할 때 아무 위안도 주지 못한다. 그러나 기독교의 진리는 고뇌할 때나 과학을 모를 때나 항상 위안이 된다.'" 이러한 지성의 취약성에 대해서 우리가 느끼는 불쾌감은, 명민함과 인간성을 가지고 있는 파스칼도

제3장 새로운 철학 133

과학에 있어서 언제나 솔직하고 공정하지만은 않았다는 것을 발견하더라도 줄어들지 않는다.

파스칼의 스타일은 갈릴레오처럼 아르키메데스적이며, 반대자를 당황케 하지 않고는 견딜 수 없는 물리적 결론을 생각해 내는 저 짓궂은 재간을 가지고 있었다. 파스칼은 명상을 찬미한다고 했다(그리고 그걸 믿기도 했다). 그러나 실제 행동에서는(신학에서조차도) 경기자가 체조를 즐겨하듯이, 논쟁을 좋아했다. 시몬 스테뱅(Simon Stevin: 1548~1620)의 물리학에 관하여 이 책에서 말할 여유가 없음이 유감이다. 그는 갈릴레오와 같은 시대의 플랑드르인으로, 선전 능력에서는 그를 못 따라 갈지라도 사고력에서는 갈릴레오에 필적할 만한 사람이다. 스테뱅은 아르키메데스로부터 내려온 정역학에 고전 역학에도 유용한 형식을 부여한 인물이다. 파스칼은 스테뱅의 연구를 과학사의 주류도 가져 왔다. 그의 '액체의 평형에 관한 논문'은 스테뱅의 유체 정역학과 토리첼리의 대기의 가설이 통합될 수 있도록 하는 예비 작업이었다. 실험에 관하여 말하는 파스칼의 세련된 필치는, 모든 것을 실제로 했을 것 같은 인상을 만들어 낸다. 길이 46피트의 유리 기압계라든가, 지표면 20피트 밑에서 실험하는 물리학자라든가, "공기뿐만 아니라 미지근한 물 속에서도 살 수 있는" 벌레는 물 속에 있어도 사방에서 똑같은 압력을 받으므로 조금도 불쾌하지 않으리라는 것 등은 잠깐 생각해 보기 전까지는 실제인 것처럼 느껴지는 것들이다. 파스칼의 제2논문 '공기의 무게에 관하여'는 인간이 대기의 대양을 헤엄치고 있다는 유추를 납득하게 한다. 파스칼이 계산한 바에 의하면 대기 전체의 무게는 8.28×10^{18} 파운드였다.

1648년에 파스칼은 높은 곳에서는 기압이 내려간다고 하는 유명한 실험을 실증하여 온 유럽의 주의를 끌었다. 그는 페리에와 함께 기압계를 가지고 그들이 태어난 검은 용암의 마을 클레르몽으로부터 "높이가 약 550패덤(fathom, 1패덤은 6피트—옮긴이) 가량 되는" 퓌이 드 돔(Puy-de-Dôme) 화산

꼭대기까지 가서 눈금을 비교했다. 그 차이는 수은주 3인치도 넘었다. 이 수치는 과연 너무 완벽하기 때문에, 관찰 결과라기보다는 적어 넣은 것 같다는 느낌이 든다. 우리는 자연의 구조를 살피기 위해서 뿐만 아니라, 과학적 설명의 구조를 살피기 위하여서도, 파스칼이 내린 결론을 인용해 볼 수 있다.

그러므로 나는 이제는 다음 사실을 받아들이는 데 아무 어려움도 없으리라고 생각한다. …… 즉 자연은 진공을 싫어하지 않고, 그것을 피하려고 하지도 않는다. 이 혐오라고 되어 있는 현상은 모두 공기의 무게와 압력에 기인한 것이다. 그리고 이것만이 진짜 원인이다. 사람들은 지식이 부족했기 때문에 진공의 혐오라는 가상적인 것을 생각해 내어 설명했던 것이다. 인간의 연약함으로 인하여 참된 원인을 간파하지 못할 때, 그들은 교묘하게 가상적 원인을 만들고 여기에다 특수한 이름을 붙여서 이성이 아니라 그 귀를 만족시킨다. 이런 일은 여러 번 있었다. 그래서 그들은 자연적 물체의 공감과 반감이 여러 현상의 일반적인 효과인(efficient cause)이라고 말한다. 마치 무생물체가 공감이나 반감을 가질 수 있는 것처럼.

실험물리학은 로버트 보일(Robert Boyle: 1621~1691)과 함께 본 궤도에 진입했다. 그의 보고서는 아주 상세한 것이다. 그가 보고한 모든 실험, 수백 수천에 달하는 실험을 그가 실제로 했다는 것은 아무도 의심할 수 없다. 그는 실험실에다 비범한 솜씨, 비길 데 없는 인내, 단순한 정직성을 도입함으로써 실험을 오만한 시범으로부터 존경할 만한 탐구로 바꾸었다. 그의 독특한 기술은 배기펌프를 꽤 많은 가스탱크에 응용한 것이었다. 그는 진공의 존재에 관한 토리첼리와 파스칼의 의견을 확인했다. 그리고 진공이 되면 종소리가 들리지 않는 것, 연기가 흩어지는 것, 새 털이 총탄처럼 낙하하는 것, 그 속에 20일 동안 쥐를 넣어 두면 죽는 것 등을 증명했다.

보일은 젠틀맨(주로 지방에 근거를 둔 지주, 즉 젠트리 계급의 일원 — 옮긴이)이었다. 그는 엘리자베스 1세가 프로테스탄트의 우위를 확보하고 그들을 부유하게 만들기 위하여 아일랜드로 보낸 가족들 중 하나의 시조인 코르크 백작(Earl of Cork)의 막내아들이었다. 보일은 옥스퍼드에 있을 때 과학에 흥미가 끌려서, 대륙의 기체 실험에 관한 글을 읽었다. 그는 1660년에 『공기의 탄성에 관한 물리학적-기계론적인 새 실험』을 발표했다. 나중에 그는 왕정복고기의 영국에서 과학에 기여했던 천재 세대의 주요 구성원이 되었다. 보일에 있어서 과학의 영국적 성격은 이미 분명하다. 그는 관찰에서는 끈질겼고, 손재주가 좋았으나, 서술은 지루했다. 그의 문장에는 재치 있는 번득임이 없다. 때때로 경구가 나오지 않는 것도 아니지만, 너무도 무겁고 게다가 드물어서 잠깐 숨 돌리게 해주는 것으로도 안 된다("나는 거품처럼 공허한 것에 관하여 그렇게 오랫동안 당신을 즐겁게 해주는 일을 감히 할 수 없다"). 신학에서 그는 선인이며 단순한 생각을 갖고 있었다. 그리고 원자와 진공에 항상 따라 다니는 무신론의 오명을 반박하려고 했다.

나는 입자 철학, 즉 기계론 철학에 관하여는, 저 에피쿠로스 학파가 말한 것처럼 무한한 진공 속에서 우연히 서로 만난 원자가 그들 스스로 세계를 만들어 낼 수 있다고 생각지 않는다. …… 내가 옹호하고 싶은 철학은 순수하게 유형적인 물질에 관한 것이고, 원초적인 물질과 그에 뒤이은 자연의 운행을 구별하여 전자에 대해서는 신이 물체에 운동을 부여하고 또 그 운동을 인도하여 신의 계획대로 세계를 구성했다는 것을 말해 주는 철학이다.

보일은 신의 업(業)에 대한 연구로서의 물리학에 관하여 일련의 강좌를 개설했다. 그것은 18세기까지 계속되었다. 보일은 수학적 소양이 없었지만 열심히 노력하여 물질의 구조를 올바르게 파악했을 뿐 아니라, 요점 ─ 이 점에 대해서만 그는 아리스토텔레스에게 동의할 수 있었는데 ─ 도 바르게 파악했다. 이 요점이란 원자론이 수의 세계, 즉 플라톤의 추상적인 수나, 갈릴레오의 기하학적 형식이 아니라 계산할 수 있는 사물의 세계를 고찰한다는 것이다.

그런데 기체에 관한 사실의 방대한 집적 때문에, 보일의 사상의 줄거리를 놓쳐 버린 사람들이 많다. 보일은 자연에 관한 사상가였다. 보일의 법칙 ─ 밀폐된 기체의 압력과 부피의 곱은 일정하다는 법칙 ─ 은 연구의 부산물이었지 목적은 아니었다. 보일의 화학을 연구하는 사람은 가끔 그를 계획성 없는 단순한 경험주의자로 만들었는데, 이는 사실이 아니다. 그렇기는 하지만 인쇄를 거듭했던 저서『회의적인 화학자 The Skeptical Chymist』(1661)는 화학이라는 암중모색 중이던 과학에 대한 건설적인 지도로서보다는, 연금술사들의 원리에 대한 파괴적 비평으로서 성공한 것이 사실이다. 보일은 화학자라기보다는, 그 자신이 희망했던 바인 원자물리학자라고 간주해야 더 잘 이해될 수 있을 것이다. 보일도 잘 알고 있었듯이, 진공실험은 토리첼리, 파스칼 및 그 외의 다른 사람들이 이미 한 적이 있었다. 그는 그들을 앞지르겠다고 생각하여 소극적 확인에 머무르지 않고 적극적 증명으로 나아가고자 했다. 그는 진공을 뛰어넘어, 또는 진공 속으로 들어가서 원자로 나아가려고 했던 것이다. 보일의 흥미는 아주 초기의 기체 실험에서부터 만들어진 진공보다는 펌프의 작용과 공기의 반응, 즉 "탄성"에 있었다. 그것은 손으로 타이어에 공기를 넣을 때 느끼는 바로 그 반응이다.

나는 공기의 탄성에 대하여 이렇게 생각한다. 공기는 대기의 윗부분이나 다른 물체의 무게로 압축되면, 그 압력에서 벗어나려고 노력한다. 공기는 그러한 본성으로 되어 있거나 또는 적어도 그러한 성질을 풍부하게 가지고 있다.

…… 더 나아가서 다음과 같이 생각할 수 있을지도 모른다. 즉 지표 부근의 공기는 양털 비슷한 작은 물체가 겹쳐져 쌓여 있는 것이다. 그 물체는 …… 가느다랗고 탄력 있는 털로 되어 있다. 그것들은 작은 용수철처럼 쉽사리 휘어지고, 둘둘 말리며 또 원상태로 펴지기도 한다.

보일은 그의 실험들을 "입자 철학(corpuscular philosophy)"의 자료로 삼을 생각으로 계획했다. 뉴턴은 그가 아직 학생이었을 때, 아마 보일의 『공기의 탄성』을 읽었을 것이다. 물질의 구조에 관하여 보일은 뉴턴의 직접적 원천이었음에 틀림없다. 뿐만 아니라, 보일은 고전 물리학의 세계상으로 가는 예상선을 몇 줄 깊이 그어 놓았다. 보일의 업적에서는 대륙의 수학적 경향을 지닌 이론가들의 전제들보다 신중한 현상주의(phenomenalism)를 볼 수 있다. 보일은 공기가 원자로 되어 있다고 말하지 않는다. 단지 원자 모형은 그 현상을 "알기 쉽게" 한다고 말한다. 이렇게 함으로써 그는 과학에 접근할 수 있으리라고 생각했다. 그러나 물질의 본질에 대하여는,

공기의 탄성을 어떤 그럴듯한 원인 때문이라고 말하는 것이 아니라 공기가 탄성을 가지고 있다는 것을 명백히 하고 그 효과들에 관하여 말하는 것이 이 글의 목적이므로, 필요 이상으로 설명하기 어려운 문제에 손대는 것은 피하고 싶다.

고 말한다. 그리고 다시 다음과 같이 말한다.

자연탐구자가 어려운 현상을 해명할 때 살펴보아야 할 것은 동인이 무엇인가 또는 그것이 무엇을 하는가보다는, 그 동인의 작용에 의하여 대상에게 어떤 변화가 일어나며, 또한 어떤 수단에 의하여 그리고 어떤 식으로 이 변화가

일어나는가 하는 것이다.

화학에의 흥미는 여기서 유래한다. 연금술의 안개와 의학의 처방으로부터 물질의 결합에 관한 이 학문을 구해내려는 노력, "화학자와 기계론 철학자(후자는 전자를 지독하게 경멸하였는데) 사이에 바람직한 이해를 낳기 위한" 노력은 여기서 유래한다. 보일은 입자 철학을 수립하는 수단으로서, 화학을 진지하게 받아들였던 최초의 중요한 물리학자였다. 이것은 원대한 야심, 즉 변화를 객관화하는 과학으로 들어가는 첫걸음이었다. 갈릴레오는 운동 — 이행적 변화(translational change) — 을 과정에서 상태로 바꿈으로써 물질의 위치와 관련된 기초를 닦았다. 보일 또한, 이와 같은 방식으로 질적 변화를 고찰함으로써 물질 구조를 구명하는 것이 과학이라고 생각했다. 질적 변화란 능동적인 성질들 — 열, 색, 생명 — 에 의한 침투도 아니고, 세계의 재료를 형상의 범주로 바꾸어 놓는 것도 아니다. 오히려 "기계론 철학자는 물질의 일부분이 위치 운동 또는 그 운동의 효과나 결과에 의하여 물질의 다른 부분에 작용할 수 있다는 생각에 만족하며, 문제되는 동인이 분명히 알 수 없는 것이고 물리적인 것도 아니라면 그것이 현상을 물리적으로 설명해 줄 수 없다고 생각한다." 기계론 철학자는 모든 변화를 "두 개의 가장 종합적인 원리 — 물질과 운동"으로 돌린다. 말하자면 변화는 객관적 세계의 여러 부분들의 재배치다. 만약 과학이 가능하다면, 그것은 이와 같은 것이어야 한다. 그렇지 않으면 모든 것은 혼돈으로 화하고, 세계는 (나중에 괴테가 원했듯이) 측정에 의해서 파악되는 것이 아니라 공감에 의해서 통찰해야 할 것이 된다. 파우스트는 지식과 권력에의 지름길을 과학을 통해서가 아니라 주술을 통해서 얻으려 한다.

보일의 과학은 상식의 과학이었다. 그러나 그의 경력에는 실패라고는 말할 수 없더라도 적어도 철저하지 못한 요소가 있다. 보일의 입자설은 추측의 영역을 벗어나지 못했다. 그것은 물질에 관한 하나의 생각, 즉 데카르트의 경우처럼 하나의 방법론이었을 따름이다. 그는 화학을 양적인 것으로 만들지 않았다. 이유는 간단하다. 보일은 공기의 물리적 특성을 발견했지만, 기체의 화학적 특성을 발견하지 못했기 때문이다. 기체가 화학적 물질로서 확인되는 것은 그를 교묘하게 피해 갔다. 따라서 보일은 기체 상태에서 작용하는 화학적 동인을 조종할 수 없었다. 백 년이 더 지나서 돌턴에 이르러서야 처음으로 "입자 철학"은 수로 표현된 적극적 의미를 갖게 된다. 그러므로 보일의 경우에도, 원자론은 데모크리토스의 경우나 17세기와 18세기를 지나면서도 그랬던 것처럼 실험 과학의 발견이기보다는 오히려 객관적 과학의 전제조건에 머물러 있었다. 물질은 "유한한 물체이기 때문에 그 차원은 한정되고 측정 가능해야 한다. 같은 이유로 그 형은 바꿀 수 있다 하더라도, 반드시 어떤 형을 가지고 있어야 한다." 그리고 또 과학자의 생활 방식으로서의 베이컨적 실험주의의 실천에 품위를 부여한 것은, 보일의 학문적 성공이라기보다는 그의 헌신이었다.

보일의 출판인은 그의 『형상과 성질의 기원 Origin of Forms and Qualities』 (1666)의 서문에서 다음과 같이 말하고 있다. 그것은 출판인의 것으로서 정당한 평가였다.

이 고매한 저자는 여기서 원자론을 지지한다. …… 나는 이것이 저자의 독특한 새 가설이라는 것을 아무 주저 없이 말할 수 있다. 그것은 이 저자의 하루하루의 관찰, 익히 알고 있는 증명과 실험, 정확하고 실행하기 쉬운 화학적 조작에 의하여 탄생했다. 이 가설에 의하여 자연철학의 가장 난해한 부분, 즉 형상과 성질의 기원이 분명해졌다. 이 문제는 옛 사람들을 번민케 했고, 어찌할 바를 모르게 했으며, 데카르트주의자들의 양해를 얻어서 말한다면 그들의 영리한 선생조차도 감히 시도하지 못했던 혹은 적어도 선뜻 손대려 하지 않았던 문제이다. 따라서 이 논문이 나온 이상 저 유명한 베룰람(즉 베이컨)의 고귀한 계획이 완전히 달성될 것을 기대할 수 있고 또 즐겁게 그 성과를 지켜볼 수 있게 되었다. 그것은 알기 쉽고, 진실되고, 일반적으로 인정되고 있는 원리에 의거하여 수립된, 현실적이고 유용한 실험 생리학(즉 물리학)이다.

*

실험에의 열의는 17세기의 과학 문헌에서 차츰 높아져 가서, 마침내 도덕적 동인의 일부가 되었다. 스프랫 주교는 왕립학회(Royal Society) 성립의 역사에서 왕립학회의 계획을 "이 고상한 실험 계획"이라고 말한다. 실험이란 이름에 값하는 일을 했던 적이 없는 베이컨으로서는, 이런 자부심에 가득 찬 주장에는 참을 수 없었을 것이다. 그러나 보일과 왕립학회 창립 회원들이 베이컨에게 보낸 찬양은 부정할 수 없다. 베이컨의 영감이 보일에게 작용하여 원자 물리학을 진공으로부터 탄생시켰다고 해도 지나친 말은 아니다. 다시 한 번 스프랫을 인용하면, "베이컨의 문장만큼 『왕립학회의 역사』의 서문으로 어울리는 것은 없을 것이다."

그것은 방법의 문제만은 아니다. 그것은 이미 하비에서 나타났으며, 뉴턴의 광학 연구에서는 더욱 완벽한 모습을 띠고 나타난다고 할 수 있다. 그러나 뉴턴은 창조적 활동기의 수년 동안 왕립학회와 관련이 없었다. 문제는 과학의 양식과 취향에 관한 것이다. 베이컨은 개념을 가지고 질서를 수립하려는 추상적인 사상에 비하면 실험은 쉬운 것이라고 말했는데, 그에게 천하게 보인 것은 실제로 실험하여 얻은 몇 조각을 가지고 세계가 어떻게 구성되어 있는가를 발견하려고 하는 사람들의 겸양이었을 것이다.

(스프랫은 이렇게 말한다.) 우리는 여기에서부터 나아가기만 하면 된다. 이전에 훨씬 높은 곳으로 날아올라 갔던 철학을, 우리 눈이 미치는 곳, 손이 닿는

곳으로 끌어내리기만 하면 되는 것이다. 왕립학회는 철학을 시간(혹은 야만 자체)의 침입으로부터 방어할 수 있는 상태로 만들었다. 즉 인간의 생득 관념에 의해서가 아니라 모든 자연 행위 위에 보다 확고한 기초에 의거하여 철학을 수립하고 또 인간이 거기서 일상적 욕구를 발견할 수 있는 생활의 예술로 그것을 바꿈으로써, 이 조건이 갖추어지면, 철학이 소멸되는 일은 없을 것이다. …… 그러나 그것이 파괴되기를 바란다면 사람들은 그 전에 그들의 눈과 손을 잃지 않으면 안 된다. 그리고 생활을 편리하고 유쾌하게 만들 소망을 포기하지 않으면 안 된다.

실험가들은 과학의 장인(匠人)이었다. 말피기, 스넬, 로버트 후크, 보일조차도 그 장인들이다. 결국 수학은 오만하다. 그것은 자연에 의해서가 아니라, 정신에 의하여 만들어졌기 때문이다. 그러므로 모든 이론이 겪어야 할 시련에는 무서운 실험적 방법이라고 불리어 온 것에 의한 심판이 따른다. 비록 초기의 실험 계획이 아무리 소박하고 번거로운 것이었다고 해도, 데카르트는 사실을 진지하고 겸허하게 탐구하는 실험가들에 의하여 재표현될 필요가 있었다. 베이컨이 빠졌던 천박한 반지성주의로부터 실험 과학자들을 구한 것은, 그들이 사실의 축적과 분류로써 얻은 질서를 추상과 수학 공식에 의하여 얻어진 질서와 대립시키지 않았다는 것이다. 뉴턴이란 인물과 대비하면 그들은 진실로 겸허한 사람들이었다.

과학은 협동, 커뮤니케이션, 후원 등의 필요로부터 그것의 사회적 성격을 발전시켰다. 역사적으로 두 개의 가장 탁월한 과학 단체가 있는데, 그것은 런던 왕립학회(1662)와 프랑스 과학아카데미(Académic des Sciences, 1666)이다. 단명한 문학적, 문화적 아카데미(이 말은 플라톤의 서클에서 유래한 것이다)는 르네상스 이탈리아에 얼마든지 있었다. 그것들은 궁정의 장식이나 귀공자의 심심풀이로 생겨났다가, 성립할 때와 같이 간단하게 소멸되었다. 최초로 과학적 목적을 가진 것은 1603년에 로마에서 탄생한 린체이 아카데미(Academia dei Lincei, 산 고양이의 눈, 즉 안광이 예리하다는 뜻 — 옮긴이)였다. 후견인은 페데리고 체시 공(Prince Federigo Cesi)이었는데, 그는 넘치는 정열을 — 아카데미를 세울 당시 그의 나이는 18세였다 — 박물학에 쏟았다. 갈릴레오도 회원이었는데, 이 그룹은 후원자, 즉 1630년에 체시가 죽은 후 곧 사라졌다. 훨씬 더 견실한 사업은 1657년에 창설된 피렌체의 아카데미아 델 치멘토(Accademia del Cimento, 실험이란 뜻 — 옮긴이)였다. 그것은 계획 연구의 산실이었다. 문제는 구성원이나 통신 회원에 의하여 제출되었다. 실험은 피티궁에 있는 아카데미아의 방에서, 모두 갈릴레오의 수제자인 조바니 보렐리(Giovanni Borelli)나 비비아니(Vincenzio Viviani)에 의하여, 혹은 그 외의 9인의 구성원 중에서 하도록 되어 있었다. 그러나 어떤 문제를 추구할 것인가에 대한 결정은 대공 페르디난드 2세의 동생으로 회장이었던 레오폴드 공작에게 일임되어 있었다. 이 아카데미아는 대기압, 온도 측정, 압력 측정에 관한 연구를 발표했다. 실험 기구의 고안이 아마 그들의 가장 뛰어난 공헌일 것이다. 그들은 결빙 현상이 일정한 온도에서 일어난다는 사실을 발견했다. 최후의 찬란한 십 년간, 피렌체는 다시 한번 문화의 가장 놀라운 부문(과학)의 거점이었다. 그것은 이탈리아의 문화적 지도력의 백조의 노래였다. 1667년 이 제2의 메디치가(家)라고도 할 만한 사람들의 후원은, 성직자의 증오가 점점 높아져 가는 분위기 속에서 점차 위축되어서 결국 아카데미아는 붕괴되고 말았다.

이와 같은 시기에 런던과 파리에서도 문화의 분위기가 점차 성장해 왔는데, 이는 학문 분야의 활기를 보여 주는 것이다. 다른 분야에서와 마찬가지로 프랑스인은 영국인보다 커뮤니케이션의 필요를 알아차리는 데는 빨랐지만, 연구 기관을 안정시키는 데는 느렸다. 이미 17세기 전반에 파리의 지식인들은 장소를 이리저리 옮겨 다니는 살롱을 형성했는데, 여기에서 몇 세대의 학자들은 차례차례 자신들이 각별한 책임을 지고 있는 프랑스적 양심에 관하여 끊임없이 논쟁을 벌였다. 지방에 있는 동료들과의 관계는 서신에 의존했다. 이 그룹의 중심인 메르센느(Marvin Mersenne: 1588~1648) 신부는 과학의 가십을 전하는 사람으로 유명해졌다. 그는 갈릴레오의 역학 실험의 최근 소식을 전하기도 했고, 파스칼의 진공 실험, 데카르트의 빛에 관한 의견도 전했다. 1620년부터 1648년에 걸쳐서 메르센느의 통신자들은 그의 정보에의 헌신 — 후세 사람들이 학술적 출판물에서 발견할 만한 — 에 의존했다. 은혜를 모르는 프랑스 사람(Gallic ingratitude)은 그를 "학계의 우편함"이라고 놀려대기도 했지만, 메르센느가 그 기구의 유력한 구성원이었던 것은 사실이다.

더 중요한 배려는 콜베르의 합리적 통치 — 루이 14세의 대왕국 초기의 건설적인 몇 년간을 통치했던 —를 기다려야 했는데, 그때는 이미 왕립학회가 한발 앞서 있었다. 그런데 영국인의 본보기가 자극이 되었음에도 불구하고 왕립 과학 아카데미(Académie royale des sciences)는 베이컨의 새 아틀란티스의 상(像)보다는 프랑스풍의 국가 통제적 전통에서 구상된 것이었다. 깊이 생각함으로써 국가의 신장을 한 큐빗 늘일 수 있다는 신념은 언제나 고관들에게 생기를 불어넣어 왔다. 따라서 왕립학회와 달리 과학 아카데미는 프랑스 공업의 기술적 감독과 개량에 대해 법적 책임을 지고 있었다. 이와 관련하여 얼마나 많은 일을 완수했는지 분명치는 않지만, 다행히도 문제를 해결하도록 재촉받는 일은 거의 없었고, 아카데미 회원들은 왕으로부터 연금을 받아 영예를 누렸다.

이 정신은 왕립학회의 정직한 아마추어 기질과는 거리가 멀었다. 왕립학회는 흥미 있는 개인적 기획을 넘어서 특별히 자격을 까다롭게 심사하는 일은 없었다. 과학 아카데미의 자리는 제한되어 있었다. 1699년의 수정 규약에는 3인의 "연금 수령자"와 3인의 "연구자"가 6개 부문 — 기하학, 천문학, 역학, 해부학, 화학, 식물학 — 에 각각 속하게 되었다. 리슐리외가 창설한 아카데미 프랑세즈(Académie française)는 1635년 이래 문명의 전달 수단인 프랑스어를 순화하고 보호할 사명을 띠고(반대가 없는 것도 아니었지만) 문학에서 군림해 왔는데, 과학 아카데미에 또한 과학의 수준에 대하여 이와 동등한 책임이 주어졌다. 결과는 영국보다 프랑스에서 과학이 좀더 전문적으로 제도화된 것이다. 그런데 이 훌륭한 계획은 변덕스러운 유전 현상에 의하여 좌절되었다. 루이 14세 치하의 프랑스에서 성숙한 과학자들은 데카르트나 파스칼 세대에 비하면 훨씬 빈약했고, 뉴턴 시대에 왕립학회에 모여들었던 영국의 천재들보다 덜 생산적이었다. 콜베르가 의도했던 우위에 달하자면, 프랑스는 18세기의 계몽사조를 기다리지 않으면 안 되었다.

17세기에 과학 대중(scientific public)의 요구에 대한 자연발생적 응답으로 성립되어 과학의 경향과 양식을 창조한 것은 왕립학회였다. 이러한 과학 대중의 창조가 과학적 문화의 원인은 아닐지라도 조건이라고 볼 수 있다. 과학 대중이 없었더라면 사회적 활력으로 되기에는 너무 세련된 수준에서, 갈릴레오와 데카르트의 후계자 및 그들과 필적하는 사람들 사이에서만 고상한 개념이 교환되는 형태가 계속되었을 것이다.

왕립학회는 위대한 사람들의 발견이 단서가 되어서 창설된 것은 아니다. 그것은 성실한 사람들이 그런 발견을 이해하려 하고, 경건·학문·인간성과의 관계에서 그것을 발전시키려고 토론을 거듭했던 데서 유래했다. 어떤 의미에서 그것은 내란으로부터의 도피이기도 했다. 보일은 크롬웰 통치하의 그들의 모임을 "보이지 않는 컬리지(Invisible College)"라고 불렀다. 1646년에 그가 "거장들"과 교제를 맺었을 때, 그의 나이는 19세였다. 의사가 가장 많았는데 그들은 조나단 고다드, 조지 엔트, 프란시스 글리슨, 크리스토퍼 메렛, 토마스 윌리스 등이었다. 최초의 사회 통계학자 중의 한 사람인 윌리엄 페티도 그 성원이었다. 테오도르 하크와 사무엘 올덴부르크는 독일인이었다. 올덴부르크는 뒤에 파리의 메르센느 역할, 즉 정보 제공자 역을 맡았다. 그들 중에는 청교도 신앙으로 살려는 성직자들도 있었다. 수학과 천문학에 흥미가 있었던 존 월러스와 세드워드 그리고 크롬웰의 누이와 결혼했고 워담 컬리지의 학장이 된 존 윌킨스 등이 그런 사람들이었다.

이 그룹의 기풍은 윌킨스의 경력에서 가장 잘 나타나고 있다. 1648년에 그는 새로운 역학과 우주론을 다룬 저작을 출판했다. 그는 놀랄 만한 통찰력으로, 갈릴레오의 과학의 수학화와 베이컨의 과학의 사회화 사이에 조정이 이루어져야 하리라는 것을 예언했다. 그는 지도력 있는 인물이었다. 어떤 회원들 — 특히 보일 — 은 윌킨스를 따라 1650년대에 런던에서 옥스퍼드로 갔다가, 왕정복고로 청교도들이 컬리지에서 추방당한 후에는 런던으로 다시 돌아왔다. 대단히 흥미 있는 것은, 윌킨스가 과학의 성과 중의 하나로서 의견 교환이 아니라, 사물을 표시하는 기호에 의한 명확한 커뮤니케이션의 가능성을 깨달았다는 점이다. 그것은 일종의 "학술 언어"의 고안인데, 이것은 존 로크의 심리학을 중요한 방식으로 예상하는 것이며, 또 베이컨의 시장의 우상을 추방하려는 것이다.

왕정복고로 세상이 안정되자, 이 그룹은 국왕의 은혜를 청하여 항구적인 조직을 세우려고 했다. 찰스 2세는 청교도의 과거를 간단히 용서하고 인가를 해주었다. 1662년에 예비헌장이 발표되었으며, 1663년에 이 그룹은 특허증에 의하여 "자연의 지식을 향상시키기 위한 런던 왕립학회"라는 재가를 받았다. 학회의 『철학 회보 *Philosophical Transactions*』는 1665년에 창간되어 이후 끊어지지 않고 계속되는 학술지가 되었다. 그러나 "왕립"이라는 칭호는 국왕의 관용을 표시할 뿐, 지원 같은 것은 없었다. 왕립학회는 영국식의 자발적인 단체로, 대륙에서라면 공영 기관이 되었을 것에 민영 사업이 손을 뻗친 것이다. 거기에서 공공심 있는 후견인, 예를 들면 브라운커 경 그리고 사무엘 페피스나 존 이블린 같은 시골의 교양인들 — 스프랫에 의하면 "자유롭고 구애받지 않는 젠틀맨들" — 과 보일, 로버트 후크, 에드먼드 핼리 등 자기 실험실이나 재정 상태가 지극히 좋지 않은 학회의 실험실에서 "자연에 관한 지식의 향상"에 실제로 종사한 사람들이 제휴했다. 이리하여 왕립학회는 왕정복고 하의 협동적인 문화 운동을 체현하였다.

이 운동은 18세기 유럽의 계몽사조를 위한 영국에서의 리허설이라고 해도 좋을 것이다. 단 하나의 특징이 빠져 있는데, 그것은 기독교에 대한 적의이다. 원자론에 대한 종교의 불신이나 갈릴레오가 당한 부당한 취급으로 미루어서 종교와 과학이 항상 투쟁하고 있었다고 생각해서는 안 된다. 그와 반대로 청교도의 헌신과 열의가 종교의 에토스로부터 과학의 에토스로 이행되었다. 벤저민 프랭클린의 생애는 청교도 윤리가 과학과 정치라는 세속적 활동으로 돌려진 예로서, 미국인을 고무하는 데 사용되고 있다. 보일에 있어서 이 윤리는 세속화될 것까지도 없었다. 그의 지극히 영국적인 자연 신학(natural theology)은 고도의 성실성에 따르는 그 모든 불확실성에도 불구하고, 신의 업으로서의 자연이라고 하는 증거 위에 안주해 있었다.

칼빈주의자의 행동 양식들로는 전통에의 적의, 공리주의, 타산적 자기 부정, 세상일에 대한 소명, 합리성, 경험의 개인적 해석 등이 있는데 이러한 성질들과 실제 사업 및 과학의 상관관계 — 이것은 사변적이거나 이론적인 과학에서는 그리 두드러지지 않지만 — 야말로 서구 문화사의 일반적 특색이다. 프로테스탄트와 시민 계급의 환경이 재능 있는 자나 야심 있는 자를 격려하여 과학을 높여 왔던 것에 반하여, 가톨릭과 귀족적 환경이 과학자의 발전을 저해했다는 것은 의심할 여지가 없다. 스코틀랜드인과 네덜란드인은 과학의 역사에서 무리를 이루고 있는데, 아일랜드인과 스페인인은 거의 찾아볼 수 없다.

그러나 이 영향들은 사회적인 것이지 교의적인 것이 아니다. 프로테스탄트 국가와 가톨릭 국가를 구별하거나, 그 나라 안에서도 마찬가지로 구분할 수 있을 뿐이다. 예를 들어 프랑스에서는 과학자들 중 얀센파

(Jansenist, 17세기 초반에 나타난 가톨릭 개혁파—옮긴이)의 비율이 압도적으로 많았다. 얀센파는 가톨릭 중에서도 심리적으로 청교도주의에 가까운 교파이다. 영국에서 대다수의 과학자들은 영국 국교의 젠트리 출신이 아니라, 평민 계급 출신의 비국교도였다. 최근 미국 과학자의 출신에 관한 조사에 의하면, 대부분 중서부의 특정 종파와 관계있는 소규모 대학 출신이라는 사실이 밝혀졌다. 귀족주의의 망령이 남아 있는 남부나 졸업생들이 보통 법률, 외교, 정치 분야로 진출하는 아이비리그 출신이 아니라, 옥수수 지대 출신인 것이다. 그런데 마지막으로 러시아의 대 군중을 움직여서 과학을 종국적인 사회화로 이끌어 간 것은 도대체 어떤 청교도적 결의의 화신일까? 또 어떤 진보에의 명령일까?

일반인의 눈에는, 과학자는 그의 지식에 의하여 다른 사람으로부터 고립된 존재로 비칠 것이다. 그런데 현대 과학의 진정한 사회적 성격으로부터 이렇게 동떨어진 견해는 없다. 예를 들어서 어느 인문학자의 인상에 의하면, 그의 과학자 동료들은 참으로 아름다운 집단을 이루고 샘이 날 정도의 연구비에 힘입어서, 온 세계를 여행하며 언어가 제대로 통하지 않지만 훌륭한 결과를 맺는 토론을 하기에는 하등의 방해도 안 될 것 같은 집회에 참석한다. 그 이유는 그들이 모두 과학의 언어로 말하기 때문이다. 『과학과 공통의 이해 Science and the Common Understanding』에서 로버트 오펜하이머 (Robert Oppenheimer)—부끄러운 일이지만 그의 조국은 그의 경력의 의의를 이해하지 못했다—는 과학 안에서 살고 과학 안에서 존재하는 참된 공동체를 감동 깊게 고찰한다(오펜하이머는 미국의 원자폭탄 개발을 지휘했던 물리학자로서 50년대 매카시즘의 열풍 속에서 사상적인 의혹을 뒤집어쓴 후 이를 씻지 못한 채로 죽음—옮긴이). 이것이 왕립학회가 발족했을 때부터 성취한 것이다. 당시에 영국 국내는 매우 어지러워서 선의를 가진 사람들은 세상 돌아가는 사정에 별 관심을 두지 않았고, 지지할 만한 대의명분—온건하고 교양 있는 사람들을 공격하지 않는—을 발견할 수도 없

었다. 스프랫은 그들의 헌장이 종교와 정치에 대한 논의를 금한 이유를
다음과 같이 말한다.

신학 문제로 항상 마음을 쓰는 것은 사적인 기분 전환이라고 할 수 있는데,
이것이 지나치면 세상 사람들로 하여금 그들을 싫어하도록 만든다. 언제나
정치에 대하여 곰곰이 생각하고, 나라의 곤궁을 염려하는 것도 꽤나 우울한
일이다. 유쾌하고 즐겁게 해줄 수 있는 것은 자연뿐이다. 이에 관한 고찰은
우리를 과거와 현재의 재난으로부터 해방시켜 주며, 불행이 가득한 세상에서
사물의 정복자가 되게 한다. 반면에 인간과 인간 세상에 관한 고찰은 수없는
불안을 안겨 줄 뿐이다. 자연은 우리를 분열시켜서 치명적인 내분에 빠뜨리
는 짓은 하지 않는다. 그것은, 원망 받지도 않고 인간으로부터 멀어질 여지를
준다. 또한 내란에 말려들 위험도 없이 그에 대한 반대 견해를 제기할 수 있
도록 해준다.

제4장 프리즘을 지닌 조용한 뉴턴

아이작 뉴턴 경(Sir Isaac Newton: 1642~1727)의 지성은 인류의 영광의 하나였고, 그 신비의 하나였다. "어떻게 발견을 했습니까?"라고 한 숭배자가 물었을 때, 뉴턴은 "언제나 그에 대해 사색함으로써"라고 대답했다고 한다. 그러나 그는 자신의 대부분의 창조적 업적이 1665~66년과 1685~86년 사이의 각 18개월 정도 되는 두 기간 동안 이루어졌다는 사실은 말하지 않았다. 뉴턴은 20년의 연구와 반성 사이에 놓인 이 3년간을 집중적으로 사용하여 천체와 지구의 지식을 고전 물리학의 수학적 구조 속에 결합시킨 것이다. 그 후 2세기 남짓한 기간 동안, 이 수학적 구조는 더이상 탄생을 위하여 투쟁하는 것이 아니라, 힘과 용량에 있어서 지수 함수적으로 성장한 한 학문의 사고를 담고 있었다. "뉴턴 같은 인물은 단 한 사람밖에 존재할 수 없다. 그리고 발견될 세계도 단 하나였다." 이는 라그랑주가 나폴레옹에게 했다는 말이다(나폴레옹은 자기 자신과의 비교를 원했으므로 이 말이 기분 좋을 리 없었다). 현대 물리학은 아주 작은 것, 아주 빠른 것의 영역에서 뉴턴 물리학을 초월하였다. 그러나 우리 세기에는 과학의 보조가 빨라졌을 뿐이지, 물리학의 법칙이나 성격이 바뀐 것은 아니다. 참으로 일거에 과학 전반을 창시한 지성과 개성을 연구하는 것은 언제나 노력을 쏟을 가치가 있는 일일 것이다. 같은 인간인 이상 이 승리를 나눌 권리도 있고 그것을 존경할 의무도 있다. 그것은 인간성 전체를 고양한다.

갈릴레오가 죽은 해인 1642년에 뉴턴은 링컨셔(Lincolnshire)의 작은 향신(gentry) 가정에서 유복자로 태어났다. 모친이 재혼했으므로 유년 시대의 뉴턴은 행복하지 않았다. 이웃 여자의 기억에 의하면 그는 "우울하고 말수가 적고 생각에 깊이 잠겨 있었으며, 다른 소년들과 어울려서 바보 같은 놀이를 하는 적도 없었다"고 한다. 14세 때 그의 의붓아버지가 사망했다. 어머니는 그에게 장원 일을 맡겼다. 그러나 그것은 잘 되지 않았다. 그녀는 현명하게도 그를 다시 학교로 보내, 1660년에는 케임브리지에 가게 했다. 거기서 뉴턴은 트리니티 컬리지(Trinity College) 입학 허가를 받았다. 그는 고전학자이고 천문학자이며 광학의 권위자인 아이작 배로우(Isaac Barrow) 밑에서 공부했다. 최초로 뉴턴의 전기를 쓴 퐁트넬은 다음과 같이 말하고 있다. "수학 공부를 하면서 그는 유클리드를 연구하지 않았다. 너무 간단명료해서 시간을 들일 가치가 없는 것처럼 보였던 것이다. 그는 그것을 읽기 전에 벌써 이해했고, 정리의 내용을 조금 들여다보는 것만으로도 그것을 이해하기에 충분했다." 그는 즉시 데카르트의 기하학과 케플러의 광학 등으로 나아갔는데, 우리는 고대인들에게 그 원류가 알려지지 않았던 나일강에 관하여 루카노스가 한 말을 그에게 적용할 수 있을 것이다.

자연은 주의 깊게 그대의 원류를 숨기고
당당한 대하가 되어서야 비로소 그 모습을 드러낸다.

배로우는 과연 이 흐름의 성질을 감지했다. 그는 교사의 기쁨을 최고도로 맛보았다. 그는 뛰어난 학생을 얻었던 것이다. 1660년에 그는 루카스좌의 수학 교수직을 사임하고 뉴턴에게 물려주었다. 이 친절한 선임자의 행위는 학생이 자기보다 뛰어나다는 것을 알게 된 교수를 깨우쳐 주는 행위임에 틀림없다. 그러나 배로우마저도 그 당시 뉴턴이 남모르게 시작하고 있던 일의 의미를 몰랐다. 같은 해에 그는 한 권의 책을 출판했는데, 그것은 일찍이 그의 학생이었던 뉴턴의 광학 실험 결과에 의하여, 활자화되기 전에 이미 시대에 뒤진 것이 되고 말았다. 뉴턴은 자신의 여러 가지 사색을 전달할 준비가 되어 있지 않았다. 그러나 23세 때의 예비 연구에서 그는 이미 고전 물리학적 세계상의 개요를 기록하고 있다.

지성의 경기자라고도 할 수 있는 이론물리학자들은 자신들의 이력을 청년 시대에 얻은 혁신 사상의 기초 위에 쌓아간다. 1665년에 케임브리지에는 페스트가 유행했는데, 뉴턴은 이를 피하여 울즈돕(Woolsthorpe)에 있는 모친의 장원으로 갔다. 전설의 진실성에 대하여 기록할 수 있다는 것은 유쾌한 일이다. 뉴턴이 정원에 앉아 있을 때 떨어진 사과 하나가 틀림없이 그의 정신을

중력에 관하여 사색하게 했다. 뉴턴의 생각은 이 힘이 우리가 도달할 수 있는 데라면 지구 중심에서 아무리 멀리 떨어진 곳 — 높은 건물 위나 산꼭대기 — 에서도 감소하지 않으리라는 것으로 나아갔다. 이 힘은 보통 생각하는 것보다는 훨씬 멀리까지 미친다는 결론이 타당하리라고 생각되었다. 그것은 달의 높이까지 미치지 않을까? 만약 그렇다면 달의 운동도 그것의 영향을 받고 아마 그 때문에 궤도에 머물러 있을 것이라고 뉴턴은 자신에게 말했을 것이다.

이것은 노년 시대의 뉴턴과 가깝게 지냈으며 뉴턴의 체계를 최초로 그리고 가장 잘 해설한 책을 쓴 헨리 펨버튼(Henry Pemberton)의 설명이다. 그러나 컬리지를 마치고 종잡을 수 없는 명상에 잠기는 것이 뉴턴의 은퇴는 아니었다. 그는 이 기간 동안의 발견에 대한 단편적인 회상을 남겨

놓았다.

나는 이 방법(유율법流率法 — 미적분)을 1665년과 1666년 사이에 서서히 발견했다. 1665년 초두에 나는 근사적인 급수의 방법 및 어떠한 고차의 이항식이라도 이러한 급수〔그는 이항정리를 정식화했다 — 인용자〕로 환원할 수 있다는 법칙을 발견했다. 같은 해 5월에 나는 그레고리와 슬루시우스의 접선의 방법을, 11월에는 유율법의 직접적 방법(미분법)을 발견했고, 다음해 1월에는 색채 이론으로, 그리고 5월에는 유율법의 역(逆)방법(적분법)으로 진입했다. 또 그 해에 나는 달 궤도까지 미치는 중력에 관하여 생각하기 시작했다. 행성의 공전 주기의 제곱은 그 궤도 중심에서의 평균 거리의 세 제곱에 비례한다는 케플러의 법칙으로부터 천구를 공전하는 행성이 천구면을 내리누르는 힘을 계산하는 방법을 발견하고 나서, 행성을 그 궤도에 붙잡아 두는 힘은 그 궤도 중심에서의 거리의 제곱에 반비례하지 않으면 안 된다고 추론했다. 그리고 이것에 의하여 달을 궤도에 붙잡아 두는 데 필요한 힘과 지구 표면에서의 중력을 비교하여, 그것이 거의 같다는 답을 얻었다. 이 모든 것은 1665년과 1666년 페스트가 유행하던 2년 동안에 이루어졌다. 이 시기는 나의 초기 발명 시대에 해당하며 나는 그때 이후의 어느 시기보다도 수학과 철학에 몰두했다.

미적분학, 빛의 조성, 중력의 법칙 — 앞의 두 가지는 기초적인 것이었지만 중력의 법칙은 기초적이면서도 전략적인 것이었다. 마치 본능에 의한 것처럼, 뉴턴은 행성을 궤도에 붙잡아 두는 힘이 무엇인지 묻지 않았다. 단지 이 힘들의 비(比)를 물었다. 어떤 면에서 뉴턴의 천재는 선택적 천재였다. 그는 케플러로부터 행성 법칙을 가져 왔다(케플러는 그것을 공감적인 인력의 접선 방향의 저항력으로 사용했다). 데카르트로부터는 곡선 운동이 관성에 반하는 하나의 강제라는 논의를 받아들였다(데카르트는 이 강제의 양을 정식화하는 대신 하나의 기계론을 상정했다). 갈릴레오로부터는 운동이 과학의 대상이긴 하지만 수로 파악할 실마리는 운동의 변화라는 생각을 받아들였다(갈릴레오는 정령숭배적인(animistic) 또는 신비적인 성질을 풍기는 결벽주의자였으므로 낙하를 운동의 원천으로 보았지 가속도를 힘의 법칙에 연관시키려는 문제는 다루지 않았다. 그렇기 때문에 갈릴레오는 운동론의 창시자로 머무르고, 동역학의 창시는 뉴턴에게 넘겨주었다).

크리스티안 호이겐스(Christiaan Huygens: 1625~1695)의 저작에는 이 부족한 점들이 포함되어 있다. 뉴턴은 마지못해서 "호이겐스가 구심력에 관하여 발표한 것은 나보다 먼저였다고 생각한다"라고 썼다(여기에는 발견에 대한 탐욕 같은 것이 있다. 이것은 동시에 발견의 원동력이기도 하지만). 네덜란드 사람 호이겐스는 파리에서 명성을 얻었다. 그는 조국의 실험적 전통을 데카르트의 합리주의와 결합하여 스승의 소박한 물리적 명제를 자주 비판했다. 진자시계의 설계는 호이겐스의 연구에 힘입은 것이다. 그의 연구는 세계관의 수립보다는 특수한 문제 — 충격의 법칙, 운동량 보존, 빛의 파동 이론 — 로 돌려졌다. 그는 물질의 실재의 기계론적 근거로서의 데카르트적 과학관에는 충실하였다.

원심력 — 이 용어에 대한 후일의 반대가 이 논의의 역사적 가치를 감소시키지는 않는다 — 에 관한 호이겐스의 분석은 원 운동을 관성적이고 중심 방향으로 가속된 것으로 본다. 그의 논문을 읽는 독자는 추가 매달린 철사 줄을 붙잡고 바퀴 가장자리에 있는 사람 — 물리학자 호이겐스, 그는 장치 놀이에 열중하는 물리학자의 일례이다 — 을 상상하게 된다. 차바퀴가 회전하면 물리학자는 정지 상태에서의 중력의 힘과 구별되지 않는 철사 줄의 장력을 경험한다. 이제 철사 줄을 놓았다고 하자. 호이겐스는 대단히 아름다운 기하학적 증명을 통해 접선을 따라, 멀어지는 추와 바퀴 테두리의 물리학자 사이의 거리는 회전 시간의 제곱에 비례하여 증대한다는 것을 보였다. 그러므로 바퀴에 있는 사람에게 각운동(角運動, angular motion)의 식이 낙체의 법칙과 동일하다는 것, 가속도의 개념에는 속도의 변화뿐만 아니라 방향의 변화도 포함된다는 것을 알 수 있다. 뉴턴은 호이겐스의 증명을 모르는 상태에서 그와 같은 결론을 얻었던 모양이다. 그렇지만 뉴턴이 그 공적을 다른 사람에게 돌릴 필요는 없다. 그는 호이겐스가 보지 못한 것도 보았기 때문이다. 즉 그는 이 논의를 통하여 달이 영구히 그 궤도를 도는 것은 사과가 떨어지는 것과 같은 현상이라는 것, 가속도는 어떤 것이든 힘을 전제로 한다는 것, 만약 달과 사과가 같은 힘에 의하여 움직인다면 천체 역학은 만유인력의 법칙 하에 있는 관성 운동의 웅대한 예가 된다는 것을 보였던 것이다.

뉴턴은 "대강 예측하기 위해서" 이러한 비교를 생각해 냈다. 그런데도 그는 중력이라는 보편적 법칙의 정식화를 추진하지 않았다. 또 가속도에 의한 힘의 측정을 운동의 법칙으로 일반화하지도 않았다. 뉴턴은 이 모든 것을 마음속에 간직하고 나서 13년 동안 그것을 돌아보지 않았다. 이렇게 지체된 것에 대하여서는 여러 가지 설명이 나오고 있다. 그는 책에 의존하지 않은 채 연구를 계속해서 지구의 크기에 대한 잘못된 수치 — 위도 1도는 실제로는 69½마일인데, 그의 계산으로는 60마일 — 를 얻었다. 뉴턴은 이 차이 — 그는 "정확히"라고 하지 않고 "대체로"라고 말한다 — 는 중력과 동시에 작용하는 다른 힘, 즉 데카르트의 소용돌이 같은 것에 기인하는 것인지도 모른다고 생각했다. 왜냐하면 그는 아직 진공을 중력의 활동무대로 도입할 준비가 되어 있지 않았기 때문이다. 더욱 중요한 점은 본질적인 증명을 못했다는 것이었다. 뉴턴은 지구나 달을 전 질량이 중심에 집중된 점으로 취급했다. 그러나 그것은 직관일 뿐 충분한 설득력이 없었다. 더구나 그것을 정당화하는 정리를 증명할 수도 없었다. 이것은 대단히 어려운 적분 문제인데, 그는 『프린키피아』를 집필할 무렵에 그것을 풀 수 있었다. 후세인들은 그의 직관의 예언적 힘에 매혹되지만, 그는 기하학적 증명력을 제외하고는 그의 동시대인을 거의 앞설 수 없었던 것이다.

*

한편 20대 후반에 뉴턴의 머리와 손은 광학과 화학으로 가득 차 있었다. 어떤 해설자는 화학이 아니라 연금술이었다고 하는데, 이는 뉴턴의 화학이 보일의 입자 철학의 정신에 의거하고 있었으므로 옳지 않다. 1672년에 그는 왕립학회에 "자연의 작용에 관하여 지금까지 이룩된 발견 중, 가장 중요한 것은 아니지만 가장 이상한 발견"에 관하여 설명한 글을 보냈다.

나는 유명한 "색채 현상"을 시험하기 위하여 세모꼴로 된 유리 프리즘을 손에 넣었다(이렇게 그는 설명하기 시작한다). 그리고 적당한 양의 태양 광선을 얻기 위하여, 방을 어둡게 만들고 창에 작은 구멍을 뚫고 빛이 들어오는 입구에 프리즘을 놓아서 반대편 벽으로 굴절할 수 있도록 했다. 그럼으로써 생긴 생생하고 짙은 색채를 바라보는 것이 처음에는 아주 즐거웠다. 그런데 잠시 후 그것들을 좀더 신중하게 고찰하고 나서 그것들이 긴 타원형이라는 데 더욱 놀라게 되었다. 일반적으로 인정되는 굴절의 법칙에 따르면 그것은 원형이어야 하리라고 생각했기 때문이다.

뉴턴은 스펙트럼 띠를 최초로 본 인물이 아니라 그것을 최초로 분석한 인물이었다. 그는 유리의 불완전성과 만곡 광선이라는 우연적 사항을 제거하고 나서, 이 "결정적 실험(Experimentum Crusis)"을 했다. 그는 각 색채의 광선을 제2의 프리즘으로 굴절시켜서, 각 색채는 그 색 특유의 굴절량이 있는데, 보라색으로 갈수록 커지고 빨간색으로 갈수록 작아진다는 것을 확인했다. 따라서 백색광은 "발광 물체의 각 부분으로부터 어수선하게 방사되는 모든 종류의 색채를 가진 광선의 집합," 즉 혼합물이라는 것이 판명되었다. 그리고 이것은 색채를 결합하는 실험을 통하여 증명되었다.

그렇기 때문에 암흑 속에 색채가 있다든가, 색채는 우리가 보는 대상물의 성질일 것이라든가, 빛은 물질일 것이라든가 하는 것은 이미 논의의 대상이 될 수 없다. 왜냐하면 "색채"는 "광선"을 그 직접적인 종속물로서 가지고 있는 빛의 "성질"인데 어떻게 이 "광선"들을 성질로 생각할 수 있겠는가. 한 성질이 다른 성질에 속하며 그것을 지지(支持)할 수 있다면 모르겠지만. 이 성질로 인하여 그것을 물질로 부르게 된다. 감지할 수 있는 성질이 없다면 우리는 물체를 물질로서 인지할 수 없을 것이다. 그러나 이 가운데 주요한 것이 다른 성질에 기인한다는 사실이 알려진 이상 그것도 물질이라고 믿을 만한 충분한 이유가 있다.

뿐만 아니라 이질적인 것으로 이루어진 집합체가 있다면, 빛을 들 수 있을 것이다. 그러나 빛이 무엇이고, 어떤 식으로 굴절하며, 어떤 형식이나 작용에 의하여 우리의 정신에 색채 감각을 일으키는가 하는 문제를 완전하게 결정하기란 그리 간단하지 않다. 나는 추측과 확실한 것을 혼합하려는 생각은 없다.

실행과 계획 두 방면에서 뉴턴의 실험이 적절했다는 것을 제대로 요약하기란 불가능하다. "자연에 관한 탐구는 아이작 경과 같이 정확하고 집요한 태도로 해야 한다"라고 퐁트넬은 말했다. 뉴턴의 첫 논문은 그가 쓴 것 중에서 가장 간단하고, 가장 명료한 것이었다. 이 논문의 분위기는 솔직하고, 싱싱하며, 천진난만하다. 뉴턴 자신이 그랬던 것처럼 다른 사람도 모두 빛과 색채에 관한 발견을 기뻐하리라고 확신하는 것처럼 보인다. 발견이란 가슴을 두근거리게 하는 것이다. 그는 확신을 가지고 발견에 대한 보답의 하나인 승인을 고대했다.

뉴턴의 발견의 기이함에 대해서는 그가 말한 대로임이 드러났다. 그것은 수 세기에 걸쳐서 사람들이 가졌던 직관에 반하는 것이었다. 빛은 단일하며 기본적이라는 것이 공리처럼 뿌리 깊이 박혀 있었던 것이다. 뉴턴 자신의 경험으로는 당시의 사고방식의 완고함을 전혀 예견할 수 없었다. 그는 반대에 대하여 전혀 무방비 상태였다. 그는 아직 학자 세계의 어두운 면을 알지 못했다(후에는 경쟁자에 대한 뉴턴의 불관용이 그 가장 유명한 예가 되지만). 명성이란 누군가의 지위를 대가로 치르고 얻게 마련이다. 학자 사회는 이런 유감스러운 일을 억제하기 위하여 규범을 만들었다. 그러나 그때는 이 규범이 그리 강하지 않았다. 청년 뉴턴은 골리앗과 대항한 적이 없는 다윗이었는데, 그 골리앗은 공정하지만은 않은 방법으로, 그리고 더욱 심해져 가는 정신의 비밀주의와 냉혹한 혼을 대가로 해서, 우월함을 무기로 정상을 정복하려고 하였다. 뉴턴은 대단히 복잡하고 실제로는 조금도 순진하지 않은 성격이었으므로, 단지 인지상정에 불과한 것이지 부당하다고는 할 수 없는 취급에 직면하더라도, 심한 환멸을 느끼거나 극단적으로 놀라기도 했다. 존 로크는 "뉴턴은 다루기 쉬운 사람이었는데, 아무 근거도 없이 의심을 품는 일도 잦았다"라고 썼다(과민하다는 뜻이리라). 왕실 천문학자 존 플램스티드(John Flamsteed)는 뉴턴이 절교한 인물인데, 그는 뉴턴에 대하여 "방심할 수 없고 야심 많고, 칭찬에 대하여는 과도하게 욕심을 내고, 반박을 받으면 가만히 있지 못하며 …… 근본은 좋은 인물인데, 선천적으로 의심을 잘하는 사람이다"라고 말했다.

뉴턴의 색채 이론에 대한 학자들간의 몰이해는 더욱 예상이 빗나간 것이었다. 그가 칭찬 받기를 열망한 열등한 지성의 사람들 사이에서 그 이론은 반대를 불러일으켰다. 그들은 뉴턴이 말하는 것을 정말 이해할 수 없었던 것이다. 그의 통찰은 깊고 참신하였으며, 그의 과학 개념은 아주 새롭고 이질적이었다. 뉴턴은 왕립학회로부터 밀려든 비판에 하나하나 답하는 일에 착수했다. 파리에서는 아드리앙 오주(Adrien Auzout)와 이냐티우스 파르디스(Ignatius Pardies) 신부가, 리에주에서는 망명한 영국인 예수회원 프란시스쿠스 라이너스(Franciscus Linus)가, 그리고 다시 파리에서는 다름아닌 호이겐스가, 왕립학회의 심장부 런던에서는 위대한 실험가이며 관찰과 실험의 베이컨적 코르누코피아(그리스 신화에 나오는 풍요의 상징 — 옮긴이)인 『미크로그라피아 Micrographia』(1665)의 저자 로버트 후크가 비판을 가했다. 뉴턴은 파르디스에 대해서만은 성공했다. 그는 다른 사람들과 달리 논의를 이해하고 생각을 바꾼 것이다. 나머지 사람들의 경우에는, 증거는 차치하고 과학이 무엇을 하는가라는 문제와 관련해서도 혼란이 일어났다. 그들은 색채를 빛의 변화로 볼 것을 주장했다 — 1세기 후에 괴테는 뉴턴의 "빛의 분석"에 반하는 마지막 낭만주의적 악담으로서 색채를 "빛의 행위와 고뇌"라고 불렀다. 그들에게 있어서 광학은 빛의 움직임에 대한 과학일 뿐 아니라 빛의 본성에 대한 설명이었다.

처음에 뉴턴은 인내를 가지고 자신의 생각을 설명하려 했다. 노력을 쏟은 가치는 있었다. 상냥한 파르디스의 마음을 돌렸을 뿐만 아니라, 과학의 한계와 과학적 방법의 개념 — 뉴턴 자신은 꼭 그렇게 하지 않는다 해도 이에 바탕하여 뉴턴 물리학이 작동하는 — 을 명확하게 했기 때문이다. 뉴턴이 "나는 가설을 만들지 않는다(Hypotheses non fingo)"는 입장을 분명히 내세운 것은 빛에 관한 그의 소견을 정의할 때였다. 이것은 거의 이론에 대한 베이컨적인 부정처럼 보이며, 비평가들을 매우 당혹하게 한 것이었다. 이 말은 이론 과학의 모든 문헌 중에서도 가장 우아하고 종합적인 저서인 『프린키피아』 끝에 나오는 구절이다. 뉴턴은 비평가들의 가설에 대한 회답 중에서 이렇게 말한다. "그 가설에 따르면 빛은 힘, 행위, 성질, 또는 발광 물체로부터 사방으로 방사되는 물질처럼 보인다."

이에 대한 답으로서 굴절과 색채에 관하여 내가 설명한 학설은 빛의 특정한 성질에만 있는 것으로, 이 특성을 설명하기 위한 가설을 고려할 필요는 없다는 것을 알아 두어야 한다. 학문의 가장 바람직하고 가장 안전한 방법은 우선 근면하게 사물의 성질을 조사하고 그것을 실험에 의하여 확립하고 그리고 나서 그것들을 설명할 수 있는 가설로 서서히 나아가는 것이다. 가설은 단지 사물의 특성을 설명하는 데만 도움 될 뿐이고, 그것이 실험을 제공하지 않는 한 사물의 특성을 결정하는 데 있어서 상정할 만한 것은 못된다. 만약 가설의 상정 가능성이 사물의 진리와 실재에 대한 시험이 된다면 나는 어떤 과학에서도 확실성을 얻을 수 없다고 생각한다. 왜냐하면 새로운 난점을 극복할 수 있는 것처럼 보이는 수많은 가설을 다시금 설정할 수 있기 때문이다. 그러므로 반대하는 힘을 별도로 고찰하기 위해서도, 그리고 더욱 충실하고 일반적인 해답을 얻기 위해서도 모든 가설을 목적과는 다른 것으로서 멀리 비켜 놓지 않으면 안 된다.

후크(Robert Hooke: 1635~1703)의 반대는 과학에서 동의를 표하는 방식을 아는 데 가장 흥미 있는 것이다. 왜냐하면 당시에는 과학의 표상들 ― 예를 들어 간결성, 기계론, 실재론 ― 이 문자 그대로, 아주 낮은 추상 단계에서 도입되었으므로, 이론을 진보시키기는커녕 그것을 정교화하는 일을 방해하는 경우가 많았기 때문이다. 후크는 "흑과 백은 교란되지 않은 광선이 희소 상태로 혹은 풍부하게 있는 것일 뿐이다. 그리고 이 두 색채(이것보다 더 복합적인 것은 자연에 없다)는 복합 진동의 효과 외의 아무것도 아니다"라고 말했다. 후크는, 색채는 "원래 단순한 광선 속에 있어야 한다"는 뉴턴의 설에 대하여 그것은 마치 악기에서 나온 음이 풍금의 바람통이나 현악기의 현에 있다는 말과 같다고 했다. 그리고 그는 "기본색 또는 원색의 무한한 변화"를 실재의 허용될 수 없는 다양화라고 비판했다. 이 문제를 요약하는 데 있어서 두 사람의 빛에 대한 정의를 함께 대비시켜 놓는 것보다 더 좋은 방법은 없다. 먼저 후크의 견해는 빛은 단순하고 균일한 운동 이외의 아무것도 아니다. 즉 균일하고 적당한 (말하자면 투명한) 매질의 진동이고, 발광체로부터 모든 상상 가능한 거리까지 순식간에 전파되며, 그 운동은 발광체 안의 어떤 다른 운동에 의하여 시작된다. 예를 들면 유황 같은 물질이 공기에 의해 녹는다든가, 공기의 작용을 받는다든가, 썩은 나무가 어떤 성분의 작용으로 분해된다든가 오물을 정화한다든가 하는 것에 의하여, 또는 다이아몬드, 설탕, 바닷물 등에서의 외부로부터의 충격, 두 개의 부싯돌이나 수정이 서로 부딪쳤을 때 등과 같은 운동에 의하여. 이 운동은 전파 가능한 모든 물체를 통하여 전달되고 굴절체에 가해진 타격의 경사성(傾斜性)에 의하여 생긴 우발적인 운동과 서로 섞인다. …… 나는 뉴턴이 나의 가설을 받아들이기만 하면 프리즘, 색이 있는 액체 또는 고체뿐만 아니라 도금된 물체의 색채에 관한 모든 현상을 해결하는 데 조금도 어려움이 없으리라고 생각한다.

그러나 뉴턴은 이것이 무의미하다는 것을 알았다. 그의 빛에 관한 정의는 그만한 포용력이 없었기 때문이다. "나는 빛을 어떤 존재 또는 발광체로부터 직접 나와서 시각을 자극하는 존재의 힘(물질 또는 그 물질의 힘, 작용, 성질)으로서 이해한다."

4년의 논쟁 끝에 뉴턴은 암담한 기분으로 커뮤니케이션 ― 그의 후계자들이 과학의 진보와 분화에 따라 익숙해진 ― 의 실패에 직면했다. 그는 이러한 곤경에 대하여 체념할 인물은 아니었다. 그의 반응은 둘로 분열되었다. 한편으로 그는 체념한 것처럼 가장했다. "나는 빛 이론의 발표가 일으킨 논쟁으로 인하여 너무나 괴로웠으므로 은둔에 따르는 실질적인 조용한 행복과는 거리가 먼 나 자신의 무분별에 대하여 책망했다"라고 그는 라이프니츠에게 썼다. 그리고 올덴부르크에게는, "나는 나 자신을 학문의 노예로 만들고 말았다는 것을 깨달았다. 그러나 만약 내가 라이너스 씨의 일에서 해방된다면, 나의 개인적 만족을 위하여 하는 경우를 제외하고는 영원히 그것과 결별하고 말겠다. 왜냐하면 나는 인간은 조금도 새로울 것이 없는 것을 해결하든지 그것을 변호하기 위하여 노예가 되든지 둘 중의 하나여야 한다는 것을 알았기 때문이다"라고 썼다. 그리고 뉴턴은 후크가 죽을 때까지 광학 연구에 관한 저술을 쓰기를 거부했다. 이런 이유로 뉴턴의 저작 중에서 가장 접근하기 쉽고 가장 감동을 주는 『광학 Opticks』이 제일 먼저 완성되었음에도 가장 뒤인 1704년에 발표되었던 것이다.

또 한편 뉴턴은 울화통을 터뜨리며 주의 깊은 현상주의의 가면을 벗어던졌고, 스스로 은둔의 행복을 깼고, 그 존재의 근원으로부터 완전히 다른 과학자의 개성을 드러냈다. 그것은 이론에는 증거가 없으면 안 된다고 하는 정확한 경험주의자가 아니라, 실증주의와 동일시될 수 있는 뉴턴이 아니라, 인간이며 발견자인 뉴턴, 신의 신비로운 업(業)을 연구하고 있을 때에도 야콥 뵈메(Jakob Böhme)의 신비주의적 작품을 연구한 열광가(熱狂家), 유례를 찾아볼 수 없을 만큼 대담한 사변가이며 가장 풍부한 가설의 생산자인 저 숨은 뉴턴을 분명하게 드러냈다. 비평가들에게 그들이 원하는 것을 주어야만 했을지라도, 이 뉴턴이라면 충분히 그들과 의사소통할 수 있었을 것임에 틀림없다.

나는 거장들의 사고가 가설 위에서 왕성하게 활동하고 있는 것을 관찰하였기 때문에 나의 논의가 마치 그 가설들을 설명할 가설을 필요로 하는 것처럼 생각했다. 그들에게 내가 말하고자 하는 바를 전달할 수 없었을 때, 즉 내가 빛과 색채의 본성에 관하여 추상적으로 말했을 때, 어떤 사람들은 내가 가설을 사용하여 설명하자 쉽사리 이해할 수 있었다는 것이 드러났다. 이런 이유로 나는 내가 여기서 당신에게 보내는 논문의 설명으로서 이 가설이 생긴 사정에 대하여 이야기하는 것이 더 적절하리라고 생각하였다.

그러나 뉴턴은 오만하게도 자기가 정도를 낮추어서 말한다는 것을 노골적으로 드러내 보인다.

나는 이런 저런 가설을 설정하지 않는다. 내가 발견한 빛의 특성이 이 가설로 설명될 수 있는지, 또는 후크나 다른 사람의 가설로 설명될 수 있는지 그런 일에 대하여 생각할 필요는 없다. 다음과 같은 말을 해 두는 것이 적절하겠다. 즉 아무도 이것을 나의 다른 논문과 혼동하지 않기를 바라며, 이 논문의 확실성을 다른 것을 가지고 짐작하지 않기를 바라며, 이 글에 대한 반박에 내가 답해야만 한다고 생각하지 않기를 바란다. 왜냐하면 나는 이러한 귀찮고 무의미한 논쟁에 말려들고 싶지 않기 때문이다.

이리하여 1675년에 뉴턴은 빛과 색채에 관한 두번째 논문을 발표했다. 어조가 심하게 바뀌었으며, 내용도 놀랄 만큼 달라졌다. 이 논문은 두 부분으로 구성되어 있다. 제2논문에서 뉴턴은 후크의 실험적 반론 중 몇에 대해서 방어하고 그럼으로써 상대를 면목 없게 만들게 하기 위하여 그의 근거를 바꾸었다(이런 일이 이때뿐만은 아니었다). 서두에서 그는 가설에 착수한다. "먼저, 공기와 조성이 거의 같지만 훨씬 희박하고 미묘하고 탄성이 강한 에테르 상의 매질이 있다는 것을 가정해야 한다."

뉴턴은 에테르를 정확한 것으로 도입한 것도 아니며 물리학의 구조상의 필요에서가 아니라 막연하게 물리학을 알기 쉽게 하기 위한 조건으로서 도입했다. 그는 이에 대한 증명이 불가능했으므로 상상력에 호소하고 공상에 완전히 맡겼다.

아마 자연의 전체 구조란 에테르적 영(aethereal spirit)의 다양한 구성체일 것이다. 그것은 수증기가 응결하여 물이 되는 것과 같이 응축에 의하여 더욱 큰 물질이 된다. 그것은 그렇게 간단하게 응축되는 것은 아니지만 응축되고 나서 먼저 창조자의 손에 의하여, 다음에는 줄곧 자연의 힘에 의하여 다양한 형(形)을 갖게 된다. 또한 신의 명령에 따라 번성하여, 창조주가 그에 부과한 모형을 완성하게 된다. 이렇게 모든 사물은 에테르로부터 유래하였을 것이다.

정전기 현상에 있어서 먼지가 들러붙는 것도 아마 이 미묘한 에테르의 작용일 것이다. "에테르는 공기처럼 진동 매질인데, 다만 그 진동이 훨씬 더 빠르고 미세한 것이라고 상정해야 할 것이다." 모세관을 상승하는 물과 같이 에테르는 고체의 구멍에 스며든다. "그러나 자유로운 에테르 공간보다도 이 세공(細孔)에서는 훨씬 더 희박의 정도가 높다." 이 에테르는 영혼이 육체에 어떻게 작용하는가 하는 "수수께끼 같은 문제"를 풀 수 있을지도 모른다. 이에 관하여 뉴턴은 수 페이지를 할애한다. "그러므로 영혼은 공기가 자유로운 공간에서 움직이는 것과 같이 가볍게 이 에테르 상의 동물의 영(animal spirit), 즉 바람을 각 신경에 보냄으로써 우리가 동물에서 보는 모든 운동을 일으킨다."

만약 뉴턴의 사상을 이해하기를 원한다면, 이 문장을 정령숭배(animism)라고 보아서는 안 된다. 에테르는 영혼과 같은 것이 아니다. 그것은 모든 것을 서로 뒤섞어 놓고서 그로부터 통일을 창조하는 세계 정신(world-spirit) 같은 것도 아니며, 물질과 운동에 본체론적으로 선행하는 활동도 아니다. 물질에 삼투하여 그것을 공간과 결합시키는 것도 아니다. 이와 반대로 물질의 보편적 불투과성이 뉴턴 학설의 초석으로서, 에테르는 입자들 사이의 작은 틈들에 삼투한다. "유형적 사물의 변화는 자연이 영속하도록 이 항구적인 입자들의 분리와 재결합과 운동에 위치해야 한다"라고 (보일보다도 명확하게) 말한다. 다시 말하면 에테르는 스토아 학파의 뉴마(pneuma)도 아니며, 말로 표현할 수 없는 의식의 도피처도 아니다. 그것은 미묘한 유체로 그 자체가 미묘한 입자 구조를 가지고 있다. 뉴턴의 공상은 과학적인 공상이고 과학을 풍요롭게 하는 것이지, 과학으로부터의 도피가 아니다. 영혼으로부터 광학으로 돌아와도 마찬가지 방식으로 "빛은 에테르도 아니고 그것의 진동도 아니다. 그것은 발광체로부터 전파된 다른 종류의 것이다." 에테르는 빛의 매질인 것이다.

빛과 에테르는 상호 작용을 한다고 상정할 수 있다. 즉 에테르는 빛을 굴절시키고 빛은 에테르를 데운다. 밀도가 가장 높은 에테르가 가장 강하게 작용한다. 그러므로 광선이 밀도가 균일하지 않은 에테르를 통과할 때, 매질에 의하여 밀도가 보다 높은 에테르 쪽으로 밀리도록 작용을 받으리라고 생각된다. 밀도가 낮은 쪽으로 향해 갈 때는 연속적으로 충격을 받고 후퇴한다. 밀도가 높은 방향으로 움직일 때는 가속되며, 반대 방향으로 갈 때는 감속된다.

뉴턴은 에테르 자체로부터 이 논문의 두번째 부분, 즉 후크를 염두에 둔 광학에 대한 마지막 답변인, 색채의 설명에 있어서 에테르의 역할에 관한 내용에 도달했다. 그러나 여기서 그는 프리즘의 스펙트럼보다 운모의 박편이나 비누 거품 같은 아주 얇은 투명체에서 나타나는 고리 무늬에 관심을 가졌다. 이 간섭 현상 — 그때 이래로 이렇게 불리고 있다 — 에 관하여는 후크가 『미크로그라피아』에서 대략 기술한 바 있었다. 그는 이 현상이나 회절의 예는 모두 뉴턴의 색채 이론으로 설명되지 않는다고 반박했다. 뉴턴은 자신이 옳다는 것이 너무나 분명했기 때문에, 대단히 정확하고 아름다운 일련의 실험에 의하여 이 현상에 관한 지식을 확장했다. 그것은 두 광학적 표면 사이의 공기의 "박막(薄膜)" 실험인데, 한 면이 약간 볼록한 유리판을 다른 유리 위에서 회전시키면 고리 무늬가 변화하는 것을 여러 각도에서 관찰하는 것이었다.

이 현상을 뉴턴은 빛의 주기성과 관계있을 것이라고 보았다. 단색광의 경우 고리는 밝든지 어둡든지 둘 중의 하나였다. "만약 빛이 투명한 물체의 얇은 막 또는 판에 입사되면 최초의 표면을 통과할 때 들뜨게 된 파는 차례대로 제2의 표면에 도달하며 뒤미처 오는 파의 압축된 부분과 팽창된 부분에 따라 반사하거나 굴절하게 된다." 그러나 고리에 색이 있을 경우 그 이유는 복합광에서 "붉은색이나 노란색을 나타내는" 광선이 "파란색이나 보라색을 만드는 광선보다 에테르에서 커다란 진동을" 일으키기 때문이다. 이 고리들의 분리를 측정함으로써 뉴턴은 각 고리와 색에 대응하는 공기 박막의 두께를 계산했다. 이것은 경계색의 변화가 뚜렷하지 않기 때문에 까다로운 일이었다. 1세기도 더 지나서 토머스 영은 횡간섭이라는 그의 새 원리를 이용하여 가시광선 스펙트럼의 파장을 계산하는 데 뉴턴의 측정을 이용했다. 영의 결과는 오늘날 인정되고 있는 수치와 아주 잘 일치한다.

  후세에는 여러 가지 상반되는 해석이 나와서 뉴턴의 추론을 불명료하게 했다. 18세기의 원자론은 빛의 입자설을 지지했고 19세기의 물리학은 파동설을 지지했다. 둘 중의 어느 관점에서 말하더라도 뉴턴의 프리즘의 색에 대한 설명과 엷은 판의 색에 대한 설명은 모순되는 것처럼 보인다. 그러나 실제로 그것은 문제가 틀린 것이다. 뉴턴 자신은 조잡한 광학적 원자론을 채용하지 않았다(광학적 원자론이 그에게서 유래하지만). 뉴턴의 용어가 때로는 무비판적인 후세 사람들로 하여금 입자의 흐름을 뉴턴적인 빛의 이론이라고 생각하게 만드는 것은 사실이다. 그러나 그것은 하나의 표현법에 지나지 않는다. 뉴턴 이론의 핵심은 그 입자적 구조보다는 오히려 빛의 복합적 본성에 있다. 그 구성 성분은 광선이지 입자가 아니다. "해변의 모래처럼" 하나하나 서로 다른 것이 "광선"이다. 뉴턴을 그의 이론으로 인도한 것은 빛의 구성 성분과 물질의 구성 성분 사이의 단순한 유추가 아니라, 철학적 원자론과의 구조상의 일치였다. 그러므로 그것은 모순이 아니라, 뉴턴이 진동을 간섭 현상의 물리적 기초로 도입했을 때, 그의 처음 논문에서 부딪친 여러 사실들을 처리하기 위하여 채용한 그의 견해의 확장인 것이다.

이 논의도 역시 후크의 색채 변화 이론에 대한 양보라고 여겨져 왔다. 그것은 실은 후크의 견해였다. 1675년 12월 16일의 왕립학회 회의록에는 다음과 같이 기록되어 있다. "이 논문을 읽고 '후크'는 그 논문의 취지는 그의 『미크로그라피아』에 다 들어 있는 것인데, 단지 그것을 뉴턴이 특수한 문제에 관하여 발전시킨 데 불과하다고 말했다." 뉴턴의 회답은 단언적인 것으로, 5일 만에 나왔다. "에테르가 민감한 진동 매질이라고 가정한 것 이외에 나와 후크는 아무 공통점도 없으며, 이 가정도 아주 다른 방식으로 사용하고 있다. 후크는 그것을 빛 자체로 생각하는데, 나는 그렇게 생각하지 않는다." 잘 음미해서 읽으면 이 구별이 모든 불명료성을 밝힐 것이다. 그것은 어떤 종류의 현상을 객관적 과학의 영역으로 가져오는 방식에 관한 근본적인 구별이다. 갈릴레오가 운동과 운동하는 물체 사이에 확립한 구별, 보일이 물질과 변화 사이에 도입하려 했던 구별, (객관성의 시초로 거슬러 올라가면) 데모크리토스가 원자와 진공 사이에 수립한 구별이 모두 이와 같은 것이다. 뉴턴의 업적에서 객관성의 최전선은 광학을 통하여 전진한다. 여기서도 수(數)가 성공을 가져왔다. 후크는 틀림없이 얇은 판으로 만든 물체가 나타내는 색채에 관하여 관찰했다.

나는 판으로 만든 물체가 색채를 내는 현상에 주의를 기울여 준 후크에게 감사한다. 그러나 나는 그와 관계없이, 이 색채들이 어떤 식으로 생성되는가를 알아보기 위하여 실험을 했다. 후크는 색채가 층의 두께에 좌우된다는 것 이상의 통찰을 보여 주지 못했다. 그는 『미크로그라피아』에서 각 색채가 얼마만한 두께에서 생기는지 조사해 보았지만 성과가 없었다고 고백하고 있다. 따라서 내가 그것을 측정하지 않으면 안 되었으므로, 후크는 내가 애써 발견해 낸 것을 자신이 사용하는 것에 대하여 이의를 제기하지 않으리라고 생각한다.

모든 잘못은 뉴턴의 광학적 원자론을 전략적으로 해석하지 않고 문자적으로 받아들인 데 있었다. 경우에 따라서 뉴턴은 빛을 입자로 보는 것이 더 유용하며, 또 어떤 경우에는 파동으로 보는 것이 더 유용하다고 말한다. 그리고 빛은 항상 각각의 특성을 지닌 유색 광선의 복합체이다(단지 어떤 의미에서만). 왜냐하면 이 통찰에 아주 많은 예지가 있다고 생각하기 전에 뉴턴의 파동은 종진동이지 횡진동이 아니라는 사실을 기억해 두어야 하기 때문이다.

1676년 이후로 뉴턴은 색채 이론에 대하여 논쟁하기를 체념하고 은둔이라는 그의 또다른 태도로 물러났다. 1679년에 그는 이렇게 말했다. "나는 지난 수년간 철학에서 벗어나 다른 연구에 몰두했는데, 만약 그것이 한가한 때에 가끔 기분 전환으로 한 것이 아니라면, 쓸데없는 짓으로 시간을 허비했다는 생각이 든다." 그가 그 동안 어떻게 지냈는지 상세히는 알 수 없다. 신학과 성서의 고사(故事)에 대한 연구는 분명히 했을 것이며, 수학과 화학에 관한 연구와 광학을 완성하는 일로도 시간을 보냈을 것이다. 그의 성격상 틀림없이, 공적으로는 각성 상태를 유지했을 것이고 사적으로는 연구를 계속했을 것이기 때문이다. 1679년에 뉴턴은 과학으로 복귀했는데 이번에는 동역학으로였다. 이 복귀의 계기는 왕립학회의 서기가 된 후크의 편지가 만들어 주었다. 후크는 두 측면에서 그에게 접근했다. 사적으로 그 편지는 화해의 표시였다. 공적으로는 새로 선출된 서기로서 자기 집에 틀어박혀 등을 돌리고 있는 가장 유력한 후배에게 보낸 새로운 협력의 요청이었다.

뉴턴의 응답은 분명히 형식을 갖춘 것이었다. 그러나 별로 솔직한 것이 아니었고, 성의도 보이지 않는 것이었으며, 후크가 뉴턴의 의견을 물은 "탄성의 가설"(후크의 탄성 법칙)에 대하여선 한마디도 언급하지 않은 것이었다. 냉정한 태도를 누그러뜨리지 않은 상태에서 그것을 위장하기 위하여 뉴턴은 심심풀이로 냈던 문제의 해답을 "내 멋대로 공상한 것"이란 이름을 붙여서 빵 조각 던지듯 내놓았다. 그것은 지구가 투과 가능하며 자전만 한다고 생각했을 때 높은 탑에서 자유낙하 하는 물체의 궤도에 관한 문제였다. 이것은 코페르니쿠스 설에서 나온 유명한 수수께끼로서 갈릴레오가 기묘하게도 지구 중심을 향하여 반원을 그린다는 틀린 답을 냈던 문제와 같은 것이다. 그 이후로 이 문제는 유명무명의 학자들 사이에서 자주 거론되었다. 마치 후크의 안면의 턱 근육을 일그러지게 하기 위한 것처럼, 뉴턴도 갈릴레오 못지않게 틀린 답을 내 놓았다. 뉴턴이 경솔하게 제출한 궤도란 지구 중심을 향한 나선이었다.

그런데 후크도 옳은 답을 몰랐다. 이 힘은 사실 복잡한 것이다. 중력은 지구 표면에 도달하기까지는 거리의 제곱에 반비례하고, 그 후부터는 거리에 반비례한다. 후크는 많은 다른 사람들과 같이, 전자일 거라고 추론했다(그는 수학에 약했으므로 중력을 상수 이외의 것으로는 다룰 수 없었다). 그러나 후자에 관해서는(당시의 뉴턴도 그랬듯이) 알지 못했다. 그런데 그는 탑을 적도 위에다 놓음으로써, 코리올리의 힘(전향력)을 제거한다는 뛰어난 생각을 했다. 그러나 후크에게는, 잘못된 속설을 바로잡아 준다고 자처하면서 뉴턴이 지적한 것처럼, 운동의 초기 접선 방향의 성분이 그 물체를 탑의 동쪽으로 옮길 뿐만 아니라 동일한 추론에 의하여 나선상이든 그 외의 경로를 거쳐서든 그 물체가 통과할 수 없는 점이 지구 중심이라는 것을 이해하기 위하여 이 문제를 정확하게 풀어야 할 필요는 없었다. 후크는 이런 기회를 놓칠 사람이 아니었다. 그는 이미 뉴턴과 사적으로 서신 왕래를 하고 있었다. 그는 뉴턴의 대답을 왕립학회에 전하고 뉴턴의 잘못을 공개 석상에서 정정했다.

계속된 서신 왕래를 여기서 추적하는 것은 지루할 것이다. 그것은 예의바른 형식, 목표로 하는 진리에의 철학적 찬사, 밑바탕에 깔려 있는 악의, 여백에 스며 있는 분노에 찬 기록이다. 뉴턴은 철학에 소비한 시간보다 자기 잘못을 인정하기를 훨씬 더 싫어했다. 그는 그 문제를 결코 풀지 않았다. 그러나 뉴턴은 그것을 과학사에서 가장 중요한 미해결 문제로 남겨 놓았다. 그것은 그의 마음을 동역학과 중력, 즉 그가 13년 전에 남겨 놓았던 문제로 이끌고 갔기 때문이다. 그리고 그는 이 기하학적 연구를 하는 중에, 행성의 운동 법칙을 해결했다. "나는 행성이 거리의 제곱에 반비례하는 원심력에 의하여 타원 ― 하나의 초점에 힘의 중심이 위치하는 ― 위를 회전하며 그 중심에서 그은 반경은 시간에 비례하여 면적을 형성한다는 명제를 발견했다." 뉴턴은 이 질점의 원리를 1685년 이후에야 겨우 증명하게 된다. 그러나 그는 이미 중력의 법칙을 천체의 규모로 증명하였다. 1666년처럼 대략 어림잡은 원 궤도로서가 아니라 케플러의 법칙과 호이겐스의 원심력의 법칙을 결합한 엄밀한 기하학적 연역으로서. 그리고 그는 아무에게도 말하지 않고 "이 계산을 팽개치고 다른 연구에 착수했다."

뉴턴의 천체역학에 관한 연구를 아무도 미리 알지 못했다는 것은 그의 『프린키피아』의 기원에 수반되는 아이러니 가운데 하나이다. 후크는 뉴턴을 서신 왕래로 꾀어냄으로써 이 경쟁자를 자기 입장으로 끌어들이고 있다고 생각했을지도 모른다. 중력의 문제가 끊임없이 논의되고 있었기 때문이다. 후크는 분명히 인력은 천체의 운동에 포함되며, 거리의 제곱에 반비례할 것이라고 추정하고 있었다. 당시에 가장 큰 활약을 하던 거장들 중 한 사람인 크리스토퍼 렌(Christopher Wren: 1632~1723)과 젊은 천문학자 에드먼드 핼리(Edmund Halley: 1656~1742)도 그와 같이 생각하고 있었다. 그러나 그들 모두 힘의 법칙으로부터 천체의 운동을 연역할 만한 수학자는 아니었다.

후크는 보일보다 훨씬 더 완전한 베이컨주의자였다. 그의 만년의 행위에 대한 단 하나의 그럴듯한 설명은 그가 수학적 증명의 필요성을 이해하지 못했다는 것이다. 후크는 그의 풍부한 상상력이 만들어 낸 잡다한 사상들 중에서 좋은 것을 가려내기 위하여 오로지 실험에만 의지했다.

그는 뉴턴의 나선을 시험하기 위하여 고안해 낸 낙체 실험 등으로부터 천체역학까지도 수립할 준비가 갖춰진 것처럼 보인다. 후크는 『프린키피아』의 엄밀한 기하학적 증명이 그의 사상에 보탬이 되리라고는 생각할 수 없었다. 결과는 역시 마찬가지였다. 후크는 원고를 보면서 또다시 뉴턴이 그의 지적 특징을 숫자로 감추고서 슬쩍 빠져나가 버렸다고 생각했다.

핼리는 좀더 세련된 인물이었다. 그는 또 매력적이고 동정심 많은 청년이었다. 1684년 8월에 핼리는 뉴턴과 상의하기 위하여 런던을 떠났다. 나중에 뉴턴의 조카딸과 결혼한 존 콘듀이트(John Conduitt)가 이 방문을 기록했는데, 이것은 일반적으로 받아들여지고 있다.

핼리는 자기가 사색한 것이나 후크나 렌의 생각을 말하지 않고, 방문 목적만을 알리고 뉴턴에게 질문했다. 중력이 거리의 제곱에 반비례하면 행성의 궤도는 어떻게 되겠는가? 뉴턴은 즉시 타원이라고 대답했다. 핼리는 기쁘면서도 놀라서 그것을 어떻게 알았느냐고 물었다. "나는 그것을 계산했습니다"라고 뉴턴은 대답했다. 계산을 보여 주면 좋겠다는 말을 듣자 뉴턴은 그것을 찾았으나 발견하지 못하고 나중에 보내 주겠다고 약속했다.

다른 사람들이 중력의 법칙을 찾고 있을 때, 뉴턴은 그것을 잃어버렸다. 핼리의 독촉으로 뉴턴은 다시 계산을 했고 "운동에 관한 특정 명제(즉 뉴턴의 법칙)"와 그 계산을 연관시키려 했다. 뉴턴은 이 문제에 관한 강의를 그 학기에 하고 있었다. 그는 처음에 사태의 중대성에 대하여 깨닫지 못하고 있었다. 그러나 뉴턴이 그 일에 열중함에 따라, 그가 케임브리지에서 25년 동안 숙고한 재료가 어떤 완전한 숫자의 춤처럼 차례차례 질서 정연하게 나타났다. 핼리의 원리를 증명하는 것 외에 그는 『자연철학의 수학적 원리 *Philosophia naturalis principia mathemetica*』를 썼다. 이 책은 이것 말고는 원리가 없는 것처럼, 언제나 『프린키피아』(원리)로 불리고 있다. 분명히 어떤 의미에서는 그렇다. 이 책에는 고전 물리학의 모든 고전적인 것이 들어 있기 때문이다. 이 책과 비교할 수 있는 과학의 저술은 없다.

"나는 그것을 17,8개월 동안 썼다"라고 뉴턴은 말했다. 그는 필기해 주는 사람을 고용했는데, 그 사람은 뉴턴의 연구 생활에 관하여 다음과 같은 기록을 남겼다.

나는 그가 승마, 산책, 공굴리기 등 운동이나 놀이를 하는 것을 본 적이 없다. 그는 연구에 사용하지 않은 시간을 잃어버린 시간이라고 생각하고 연구에 몰두했으며, 루카스좌 교수로 강의하는 일 이외에는 집에서 나가는 일조차 거의 없었다. …… 무슨 집회가 있는 날이 아니면 식당에서 식사를 드는 일조차 드물었다. 다른 사람이 개의치 않는다면, 뒤꿈치가 닳아빠진 구두를 신고 양말을 묶지도 않고 흰 법의(法衣)를 걸친 채 머리는 거의 헝클어진 모습으로 아무 거리낌 없이 외출하는 게 보통이었다. 어쩌다가 식당에서 식사를 하겠다고 외출했다가 왼쪽으로 돌아가서 도로로 나와 버리면, 잘못 나왔다는 것을 알아차리고 급히 되돌아오는데 이때도 종종 식당으로 가지 않고 자기 방으로 되돌아가기 일쑤였다.

대개의 경우 뉴턴은 식사를 자기 방으로 가져오게 하고는 잊어버리는 것이었다. 비서는 식사를 다 들었는지 자주 물었다. 뉴턴은 "먹었던가?" 하고 대답하는 것이 보통이었다.

왕립학회는 헌사를 받아들여서 이 책의 인쇄를 착수했다. 그러나 진짜 학술 단체에 흔히 있는 일처럼 자금이 없었다. 그래서 비용과 편집은 핼리에게 일임했다. 그는 돈 많은 사람이 아니었지만 기꺼이 이 부담을 떠맡아 이 일에 전념했으며, 책을 내기 위하여 모든 수단을 다 동원하였다.

후크는 원고를 보고 제곱반비례 법칙이란 생각은 뉴턴이 자기에게서 얻은 것이므로 서문에서 사의를 표해 주면 좋겠다고 말했는데, 후크의 요구를 뉴턴에게 알리는 내키지 않은 일도 하지 않으면 안 되었다. 이 말을 듣자 뉴턴은 논의의 정점이자 우주 체계에 운동 법칙을 적용한 제3권을 내지 않겠다고 위협했다. 물론 그런 일을 할 셈도 아니었겠지만, 설득을 받고는 마음을 돌렸다. 그러나 여기에서 우리는 후크에 대한 뉴턴의 감정이 혐오에서 증오로 바뀐 경위를 이해할 수 있다.

이것이야말로 정말 근사한 일이 아닐까? 발견을 하고 결정하고 모든 일을 해낸 수학자는 단지 계산장이로 만족해야 하고 반면에 아무 일도 한 게 없으면서 모두 파악하고 있는 체 하는 사람이 선행자들과 후임자들의 발명을 모두 채가고 만다. 정말 이러한 태도로 그는 나에게 편지를 보내, 지표에서 지구 중심으로 하강할 때 중력은 고도의 제곱에 반비례하며, 이 지역의 투사체가 그리는 궤도는 타원이 되며 그러므로 모든 천체의 운동은 이것으로 설명할 수 있다고 말해 주었다. 마치 자기가 모든 것을 발견했으며 게다가 가장 확실하게 알고 있는 듯한 어투로 그리고 나는 출판에 즈음하여 이런 사실을 알려 준 분에게 사의를 표해야만 한다. 나는 그에게서 모든 것을 얻었으며 나 자신이 한 것은 위대한 분의 발명에 의거하여 뼈 빠지게 계산하고 증명하고 책으로 기록한 것밖에 없다는 것을 써놓지 않으면 안 된다. 그러나 그가 말한 이 세 항목 중 첫번째 것은 틀렸고 아주 비학문적이다. 두번째 것도 올바르지 않다. 세번째 것에 관하여는 아직 그의 소견이 얕았으므로, 서신 왕래로 나에게 무지를 깨닫게 하는 일 따위는 할 수 없었다.

이러한 어투로 그는 분노를 표시했지만 그의 분노는 너무나 큰 것이었다. 『프린키피아』를 완성하고 나서 몇 년 후 뉴턴은 신경 쇠약에 걸렸다. 그는 아주 묘한 편지를 썼다. 하나는 여성 문제로 그를 괴롭히려 한다며 로크를 비난한 것이었다. 마치 눈에 보이지도 않는 존재인 것처럼, 여성에 대하여는 무관심했던 뉴턴인데, 놀란 그의 친구들은 런던으로 이주하도록 손을 써서 사람들과 좀더 많은 교제를 가지도록 했다. 뉴턴은 미련 없이 고독을 팽개치고 몇 년 후에는 조폐국 장관에 취임하며, 이어서 전에는 가까이 하려고 하지도 않던 왕립 학회 회장이 되었다. 1705년에는 기사 작위를 수여받았고, 1727년까지 살다가 죽었다. 자국인의 눈에는 그는 과학의 화신이었으며 생전에 이미 하나의 전설적 존재였다. 그러나 그는 다시는 과학 연구에 거의 손대지 않았다.

*

『프린키피아』는 손에 잡기 어려운 책이다. 이것과 비교할 만한 영향을 미친 저술로서 이처럼 읽히지 않은 책이 또 있을까? 뉴턴의 성취가 의미하는 바를 헤아리고 고전 물리학의 위치를 상정하기 위해서는 과학자들 사이에서도 40년간의 논의가 필요했다. 그 이후로 『프린키피아』는 읽을 필요마저 느껴지지 않았다. 존재하는 것만으로 충분했다. 1900년까지 역학 — 천체역학도 포함하여 — 은 더욱 세련되고 엄밀한 수학적 기법에 의하여 뉴턴 법칙이 형식상의 발전을 이룬 과정이었다. 고전역학은 전문적 과학사에 무엇보다도 중요한 것이지만, 그 창시자 뉴턴은 과학의 사상사에 공헌했다. 전자기학, 열, 광학 등 다른 물리학 분야는 뉴턴적 원리의 확장으로서 또 새로운 현상의 영역에 대한 적용으로서 각각 성공을 거두었다.

분명히 『프린키피아』가 나오자마자 이러한 발전이 진행되었지만 『프린키피아』는 읽을 수 없다고는 할 수 없어도, 적어도 읽기 어려운 것이 되고 말았다. 그것은 고풍스런 형식 — 17세기의 새로운 해석학이 아니라 그리스인의 종합 기하학 — 으로 표현되었기 때문이다. 수학적 취향에 있어서 뉴턴은 파스칼이나 갈릴레오처럼 결벽가였다. 그는 틀림없이 먼저 자기 자신의 유율법, 즉 미적분학에 의하여 결정적인 원리에 대한 확신을 얻었을 것이다. 그러나 그는 그것들을 고전 기하학의 정리로서 증명했다.

뉴턴은 서문에서, 고대인은 기하학과 역학을 구분하였는데 전자는 합리적 추상적이고 후자는 손의 기술과 관계있다고 썼다. 기하학은 이론으로서 크기를 다룬다. 실천으로서 "손의 기술은 운동하는 물체와 관계있다." 따라서 역학은 사물의 운동에 관계한다. 뉴턴은 이 둘을 결합하여 "이 저술을 자연철학의 수학적 원리로 하자"고 제안한다. "왜냐하면 철학의 모든 어려운 문제는 운동 현상으로부터 자연의 힘을 탐구하고, 더 나아가서 이 힘으로부터 다른 현상을 증명한다고 하는 점에 있기 때문이다."

다음에 뉴턴은 자신의 용어를 정의했다. 그것은 여기서 처음으로 명확해진 고전 물리학의 기본적인 양(量)들이다. 그것은 질량, 운동량, 힘 등인데, 그 중 마지막 것은 여러 관점에서 바라보며 특히 구심력에 주의를 쏟는다. 오로지 뉴턴의 언어만이, 물리학이 기본적으로 수량의 문제라는 것을 확립한다. 따라서 질량에 대해서는 "밀도와 부피의 곱이다"라고 말하며, 운동량에 대해서는 "속도와 물질의 양의 곱"이라고 말한다. 그리고 힘의 정의에는 다음과 같은 중요한 조건이 붙는다.

> 나는 인력과 충격(impulse)을 모두 동일한 의미에서 가속적이며 운동을 일으키는 것들이라고 말하고자 한다. 그리고 인력, 충격, 구심적 경향 등의 말들을 차별 없이 대범하게 사용한다. 이들 힘을 물리적이 아니라 수학적으로 고찰한다. 그러므로 독자는 이 용어들로부터 작용의 종류와 방식, 그 원인 또는 물리적 근거를 생각해서는 안 된다.

이 마지막 정의에 대한 중요한 주석이 절대 시간과 상대 시간, 절대 공간과 상대 공간을 구별한다. 물론 이것은 아리스토텔레스 운동론이 비판을 받았던 형이상학적 허점이었다. 그러나 여기서 그것을 예상하기보다 그의 정의의 마지막에 나오는 뉴턴 자신의 말을 소개하겠다.

나는 시간, 공간, 장소, 운동을 모든 사람이 이미 알고 있는 것으로서 정의하지 않는다. 나는 단지 보통 사람들이 이 양들을 감지할 수 있는 대상의 관계를 벗어나서는 인식할 수 없다는 사실을 관찰했을 뿐이다. 그렇기 때문에 어떤 편견들이 발생하게 되는데 그것을 제거하기 위해서는 시간, 공간, 장소, 운동을 절대적인 것과 상대적인 것, 참된 것과 외견적인 것, 수학적인 것과 상식적인 것으로 구분하는 것이 편리할 것이다.

(1) 절대적이고 참되며 수학적인 시간은 그 자체의 성질상 외적인 것과는 아무 관계도 없이 균등하게 흐른다. 이것을 지속이라고도 부를 수 있다. 상대적, 외견적, 상식적 시간은 운동에서 감지할 수 있으며 외적인 (정확하든 고르지 못하든) 지속이다.

(2) 절대 공간은 그 자체의 성질상 외적인 것과 아무 관계없이 항상 균질적이며 흔들리지 않는다. 상대 공간은 절대 공간의 가변적 차원이다.

마지막으로 뉴턴은 "운동의 공리, 또는 운동의 법칙"에 대하여 논함으로써 이 원리를 완성한다. 그것은 관성, 힘의 법칙, 그리고 작용과 반작용의 동등함이다.

『프린키피아』는 세 권으로 구성되어 있다. 제1권은 저항 없는 매질 속에서 움직이는 물체에 관하여 전개한다. 그것은 극한과 소멸의 방법, 힘의 중심 문제, 원추 곡선에 있어서의 운동, 궤도의 결정, 구체에 의한 인력, 서로 잡아당기는 물체의 운동, 그밖의 다른 문제에 관한 일련의 기하학적 정리이다. 제2권은 저항이 있는 매질 속에서 운동하는 물체에 관한 것이다. 대부분의 내용이 유체 역학과 관계된 것이어서 본질에서 벗어난 것처럼 보인다. 논의도 반드시 정확한 것만은 아니다. 그러나 그것은 이전의 갈릴레오처럼 뉴턴의 논술이 엄밀하고 수학적이었기 때문에 포함되었던 것이다. 뉴턴의 의도는 논쟁적인 것이라기보다는 철학적이었다. 그는 공간의 유체 속에서 물체가 소용돌이친다고 하는 데카르트설을 반박하고 그 소용돌이계(系)를 엄밀한 수학적 입장에서는 지지할 수 없다는 것을 보이려 했다.

그러나 제2권을 서술하는 동안 뉴턴은 이것을 암시만 하고 사람들이 그것을 짐작하도록 하였다. 여기까지 그의 책의 구조는 유클리드적(그의 공간구조처럼)이고, 일련의 수학적 연역이 몇 가지 기본적 정의와 세 개의 공리로부터 유도된다. 그러나 제3권부터는 오히려 아르키메데스적이 되며, 논의도 천문학에 의하여 주어진 물리적 지식에 적용된다. 뉴턴은 보편적 우주관을 형이상학적인 추론에 의하지 않고, 기하학적 증명에 의해서만 설명하려 했던 것이다. 그는 운동의 법칙을 태양계에 적용시켜서, 그것이 케플러의 궤도가 천체의 필연적 결과임을 보인다는 것을 증명했다. 영구적으로 추진되지 않는 관성 운동의 경우 달과 행성은 우주의 모든 물체 — 모든 입자 — 가 질량에 비례하고 거리의 제곱에 반비례하는 힘으로 다른 모든 물체에 작용하는 만유인력에 의하여 궤도에 구속된다. 무게란 질량에 작용하는 중력에 지나지 않는다. 그리고 뉴턴은 중력의 작용에 대한 설명으로서, 달의 운동과 조수에 관한 방대한 계산을 도입한다. 갈릴레오와 같이 그도 우주론에 대한 지상의 증거로서 조수에 눈을 돌렸던 것이다. 그러나 뉴턴에게는 갈릴레오에게 없었던 원리가 있었다. 그것은 무엇이 우주를 연결시키는가 하는 더욱 일반적이고 근본적인 물음에 대한 해답이었다. 그렇다면 무엇이 무한한 우주에서 우리의 과학을 통일시키는가?

그 답은 중력의 법칙이었다.

현재 살아있는 사람들은 바로 그러한 것을 논한 책에 의해 형성된 세계상 속에서 양육되었다. 왜냐 하면 상대성이론과 양자 물리학은 뉴턴의 시간, 공간, 장소, 운동, 힘, 질량만큼 우리에게 익숙한 것이 아니기 때문이다. 『프린키피아』를 요약하기는 쉽다. 그러나 그것이 우리의 의식에 어떤 영향을 미치는가를 알기란 그리 쉽지 않다 — 프랑스인이 아니라 미국인으로, 이슬람 교도가 아니라 그리스도 교도로 자라나는 것이 영향을 미치는 것처럼 뉴턴적 세계에서 자라나는 것이 분명히 의식의 형성에 영향을 미침에도 불구하고 말이다. 그것은 문화의 요소이며, 그것의 유래에 대한 어떠한 관념도 없는 문화 속에서 존재하는 것은, 교양 있고 깨어있으며 그만큼 자유로운 인간으로서 살게 되는 것이 아니라, 인류학자의 연구 대상이 되는 길이다.

*

"나는 온통 뉴턴의 종합(Newtonian synthesis)에 관하여 읽고 있는데, 도대체 뉴턴이 무엇을 종합했다는 말인가?" 하고 어떤 영국인 교수가 흥분하여 말한 일이 있다. 그것은 중요한 질문이다. 뉴턴에게서 처음으로 이론과 실험은 대등하고 가장 직접적인 수준에서 만났던 것이다. 실천에서나 원리에서나 뉴턴은 계량 과학으로서의 물리학과 수량의 언어로서의 수학 사이에 올바른 관계를 수립했다. 이 문제는, 플라톤과 아리스토텔레스가 서로 상반되면서도 똑같이 패배주의적인 존재론 속에서 이 둘을 분리한 이래, 과학을 혼란시켜 왔다. 갈릴레오는 그것을 정말 정확하게 파악했다. 그러나 여전히 일반성이 불충분했으며 데카르트가 이 문제를 다시 혼란시키고 말았다. 따라서 뉴턴은 수학을 물리학으로부터 다시 분리하고 동시에 물질로부터 공간도 다시 분리하지 않으면 안 되었다. 이렇게 해서 뉴턴은 물리학과 천문학을 운동하는 물질에 관한 단일 과학으로 종합할 수 있었다. 마지막으로 중력을 진공으로 돌입시킴으로써 그는 공간의 연속성과 물질의 비연속성을 조화시켰다. 이것은 자연을 조화시켰다. 이것은 연속인가 원자의 집합인가 하는, 유럽이 과학으로 표현한 그리스 철학의 마지막 대문제에 대한 해결이었다. 그것은 양쪽 모두이다. 힘과 운동으로는 연속이고, 물질로는 불연속이다. 그리고 이것이 플라톤-아르키메데스적 전통과 원자론을 결합한다.

이 분리된 관점에서 사색하는 일에 익숙해진 사람들이 과학의 대하(大河)에서 길을 잃고 헤매는 일은 이제 쉽게 일어날 수 없었다. 그러나 수용을 방해한 것은 습관 이상의 무엇이었다. 뉴턴의 과학이 모든 전통적 의문에 다 답한 것은 아니었다. 그런 문제에 대하여 묻는 일도 없었으므로 사람들은 뉴턴의 과학이 영국에서 받아들여진 것은 뛰어난 문화 때문이 아니라 민족적 자부심 탓으로 돌리고 싶어지게 된다. 왜냐하면 대륙의 가장 세련되고 가장 섬세한 정신을 소유한 사람들에게는 뉴턴이 형이상학에서 두 가지 치명적인 죄를 범한 것처럼 보였기 때문이다. 첫째는 진공이 무(無)의 존재를 도입했다는 것이며, 둘째는 중력이 떨어진 물체 사이의 작용 — 매질이 없어도 신비한 능력에 의해 물체 사이에서 작용하는 — 을 상정했다는 것이다. 사실 뉴턴 비판자들에게 공통되는 불만은 인력으로서의 중력이 신비적 힘보다 더 나을 것이 없으며, 아리스토텔레스가 물체에 부여했던 내적 경향으로의 복귀라는 것이었다. 그러니 뉴턴이 즉시 이해된다는 것은 거의 기대할 수 없는 일이었을 것이다. 과학은 당분간 이 난제들을 지닌 채 존속하지 않으면 안 되었다. 그리고 그 후 이 난제들 — 하찮은 것이나 심오한 것이나 모두 — 은 해결된 것이 아니라 그 과학의 성공의 그늘에서 잊혀지고 말았다.

첫번째 반대는 오해에 불과했다. 뉴턴이 사용한 진공은 형이상학적인 무(無)가 아니었다. 그것은 에테르를 보완하는 것이었으며, 그 속에서 운동이 일어나는 것이었다. 이행 운동은 진공 속에서, 진동 운동은 에테르 속에서 일어난다고 생각했던 것이다. 같은 이유로 진공은 적극적인 물리적 가설로서가 아니라 물리학의 가능성의 조건으로서 도입되었다. 두번째 점, 즉 중력의 "원인"은 좀더 흥미 있는 것이다. 그것은 과학이 설명하는 것이 무엇인가 하는 문제로 넘어가기 때문이다. 후크라는 규모가 작은 인물의 경우, 광학이란 작은 문제와 관련될 때 베이컨주의는 이미 뉴턴 과학의 중요성을 이해하는 데 실패했다. 그런데 이번에는 라이프니츠와 데카르트 학파가 중력이라는 보편적 면(面, plane) 위에서 뉴턴의 취지를 이해하지 못한 것이다.

뉴턴에 대한 형이상학적 저항은 거미줄처럼 복잡한 것이었다. 그는 신학으로부터 오는 십자포화를 뚫고 나아가야 했다. 뉴턴이 태양계에 있어서 누적되고 있다고 생각한 어떤 불규칙성을 신이 조정해 준다고 말했다는 것은 잘 알려져 있다. 그런데 이것은 하찮은 것이며 뉴턴 물리학의 구조와는 상관없는 것인데도, 뉴턴에 대하여 거의 아는 바가 없는 사람들 사이에서 이 일은 아주 잘 알려져 있다. 뉴턴이 아주 종교적인 사람이었다는 것은 더욱 흥미로운 사실이다. 후년의 많은 합리주의자들처럼 뉴턴도 삼위일체설을 믿을 수는 없었다. 그는 유니태리언(Unitarian, 삼위일체설과 예수의 신성을 부정하는 기독교의 일파—옮긴이)이 정당한 지위를 얻기 이전에 이미 유니태리언이었다. 물론 그는 분명히 신이 세계를 자유롭게 창조했다는 것과 그것이 섭리에 따라 움직인다는 것을 믿고 있었다. 그의 신앙, 태양계가 때때로 신에 의하여 조정된다는 것이 물리학의 원리가 아닌 것처럼, 개인적인 신앙이었다. 그러나 이런 견해들(특히 후자)을 가지고 있다고 하여 뉴턴은 데카르트 학파의 비판을 받았다. 그들은 어떤 궁극 원인론(finalism)도 유치하다고 여겼던 것이다. 또 라이프니츠는, 뉴턴이 신의 섭리가 깃든 운명을 물리학의 일부로 만드는 데 실패했다고 비판했다. 라이프니츠는 데카르트의 연장이나 뉴턴의 중력 같은 물리적 원리에 의하지 않고, 예정 조화라는 형이상학적 원리에 의하여 자신의 세계상을 통일했다. 라이프니츠는 원자론이 야기한 전통적인 반감을 뉴턴에게 돌렸고, 뉴턴의 과학이 이미 홉스(Hobbes: 1588~1679)가 통과한 경로를 거쳐 자연신학을 파괴하는 자기충족적 유물론으로 인도하는 경향이 있다고 비난했다.

예컨대 뉴턴의 비판자들은 뉴턴이 과학에서 발견한 것 이상을 과학에서 기대했던 것이다. 스콜라주의에 대하여 전면적인 적의를 나타낸 데카르트적 견해에서는 과학은 자연을 통과함으로써 정의(定義)로부터 근본이유로 나아간다. 라이프니츠의 견해에서는 오히려 원리에서 가치로 나아간다. 그리고 뉴턴의 견해에서는 기술(記述)과 측정으로부터 추상적인 일반화로 나아간다. 그러므로 엄밀히 말하면 뉴턴 과학은 자신을 벗어나기가 불가능하며 하나의 동어반복이라고 할 수 있을지도 모른다. 적어도 인간에의 관심과 가치에 대하여는 성취하는 바가 아무것도 없다. 문제는 그 증거에 있는 것이 아니었다. 아무도 수학에 관하여 비난하지는 않았다. 다만 우주관으로 볼 때 그 체계는 실패였다. 혹은, 이것은 우주관 같은 것이 결코 아니었다. 왜냐하면 거기에는 어떠한 대의명분도 부여될 수 없었으며, 인력의 원리라는 그 핵심 원리의 메커니즘은 전혀 상상될 수 없었기 때문이다. 그것은 구체적이고 유효하게 작용하며 기계론적인 데카르트의 우주상을 일련의 기하학적 정리로 대치했을 뿐이다.

이 모든 것들에는 참으로 역설적인 면이 있다. 많은 사상가들은 라이프니츠에 동조하여, 영혼이 없고 결정론적인 세계-기계상을 수립한 책임이 뉴턴 이론에 있다고 한다. 그러나 뉴턴 이론은 당시에 호이겐스나 퐁트넬(Fontenelle) 같은 분별 있는 사람들에 의하여, 너무 추상적이고 기계론적으로 불충분하고 자연신학에 봉사하는 것이라고 하여 반박을 당했다. 사실 뉴턴으로서는 자연을 일관되게 그리고 전체로서 보는 체계, 즉 현상의 행동과 원인, 즉 "어떻게"와 "왜"를 동시에 설명해 주는 체계를 원했던 비판자들을 만족시키기란 불가능했다. 그는 중력의 원인을 몰랐다. 뉴턴의 중력은 수학적인 것이지 역학적인 힘이 아니었다. 또 실제로 그는 원격 작용이나 내재적 경향으로서의 중력을 믿지 않았다. "당신의 말은 중력이 물질에 본질적이고 고유한 것처럼 들리는데, 그런 생각이 나에게서 나왔다고 하지 말기 바란다. 나는 중력의 원인을 알고 있는 것처럼 가장하지 않는다. 그러므로 이것은 좀더 오래 고찰해 보아야겠다." 이렇게 뉴턴은 벤틀리(Bentley)에게 말했다. 그러나 그 원인을 모른다고 해서 그 효과를 부정하게 되지는 않는다. 그는 『프린키피아』 끝에 나오는 일반주(一般註)에서 다음과 같이 말한다. "중력이 확실히 존재하고 우리가 설명한 법칙에 따라 작용하며, 천체와 해양의 모든 운동을 설명하는 데 풍부한 도움이 된다는 것만으로도 우리에게는 충분하다."

그렇지만 데카르트주의자에게는 그것만으로는 충분치 않았다.

늙어서도 격렬한 성격이 완화되지 않았던 뉴턴은 그런 몰이해에 대하여 젊었을 때 광학에서 했던 것과 같은 방식으로 응수했다. 그는 이 "일반주"를 『프린키피아』 제2판(1713)을 위하여 썼다. 그 끝에서 두번째 절은 엄하게 꾸짖는 말로 되어 있다. "그러나 지금까지 나는 현상 가운데에서 중력의 여러 성질들의 원인을 발견할 수 없었다. 그리고 (코이레가 새로이 영역한 것에 따르면) 나는 가설을 만들지 않는다(I feign no hypothesis). 현상으로부터 연역되지 않는 것은 모두 가설이라고 불러야 하기 때문이다. 가설은 형이상학적인 것이든 물리학적인 것이든, 신비적인 것이든 기계적인 것이든 실험 철학에서는 어떤 자리도 차지하지 못한다." 그리고 과학사의 해석을 과학만큼이나 어렵게 만드는 것이 다음의 마지막 절이다.

이제 모든 물체에 내재해 있는 어떤 미묘한 영(spirit)에 관하여 말하겠다. 이 영의 힘과 작용에 의하여 물체의 입자는 가까운 거리에서 서로 잡아당기고 또 접촉하면 서로 밀착한다. 전기를 띤 물체가 먼 거리에서 작용하여 인접한 인자를 잡아당기고 반발을 일으키는 것도 이것에 의한 것이었다. 빛이 방사되고, 반사되고, 굴절되고, 휘는 것, 그리고 물체를 뜨겁게 하는 것이 모두 이것에 의한 것이다. 모든 감관이 흥분하는 것도 이 때문이며 동물체의 사지가 마음먹은 대로 움직이는 것도 이 영의 진동 ─ 신경 섬유를 통하여 외측 감각 기관에서 두뇌로 또 두뇌에서 근육으로 상호 전달되는 ─ 에 의한 것이다.

여기서도 두 사람의 뉴턴이 번갈아서 말하는 것처럼 보인다. 경험주의자로서의 좌절이 또다시 환상적인 것을 긍정해 준다. 뉴턴의 런던 생활은 외견상으로는 모든 열정을 소비해 버린 과학의 원로 정치가라는 의례적 존재처럼 보이는데, 실은 그렇지 않았다. 사람 눈이 미치지 않는 곳에서 그는 아직도 잘 보이는 눈으로 논쟁적인 흥미 거리를 추구하였다. 후크는 1703년에 죽었다. 1704년에 뉴턴은 『광학』을 출판했다. 이번에는 영어로 썼고 더구나 널리 읽힐 셈으로 아주 잘 썼다. 초기의 실험들은 다 들어지고 확장되어 있었다. 그 책은 유명한 "의문(Queries)"으로 끝을 맺는다. 그 의문은 빛, 열, 전기, 에테르, 원자 및 신에 관한 감동적이고 아름다운 일련의 사색인데, 뉴턴은 그것을 미해결 문제로 후세에 남겼으며 나중 판에서는 더 추가하였다. (그의 프리즘에 관한 논문이 미묘하게 받아들여진 후, 1672년에 그의 견해를 설명하기 위한 첫번째 시도로서 "의문"이라는 형태로 왕립학회에 제출한 것은 거의 주목을 끌지 못한다).

『광학』을 제외하면, 뉴턴은 제자들의 옹호 뒤로 은퇴했다. 아마 그들을 감독했을 것이다. 로저 코우츠(Roger Cotes)는 『프린키피아』제2판의 서문을 썼다. 사무엘 클라크(Samuel Clarke)는 라이프니츠와의 철학적 논쟁을 출판했다. 이 논쟁은 미적분학의 발명을 둘러싼 꼴사나운 말다툼으로부터 전개되었다. 이 점에 관하여 왕립학회는 그다지 공정하다고는 볼 수 없는 정신으로 심판 역할을 맡았다. 그러나 그 이전의 논쟁에 못지않게, 이 모든 천박한 싸움들도 고상한 목적에 이바지하지 않았다고 할 수는 없다. 이런 천박한 논쟁 덕분에 이 문제는 학자 사회의 화젯거리가 되어서『프린키피아』의 여러 정리를 음미하게 만들었다. 이 정리들은 냉담하게 음미를 뿌리치는 것이었으므로, 이런 논쟁이 없었다면 이 정리들은 결코 문젯거리가 될 수 없었을 것이다.

뉴턴 자신이 다시금 일반주에서 거침없이 말하기 시작한다. 그리고 마침 주어진 에테르에 관한 암시를 다시 부각시키면서 끝맺는다. 그러나 뉴턴의 마음에 가장 깊은 상처를 입힌 것은 무신앙으로 몰아붙여진 일이었다. 그의 신학에 관한 견해는 그의 에테르 가설 ─ 그가 처음으로 스스로 가설이라고 불렀던 ─ 보다도 더 흥미로운 것이다. 신은 가설도 과학의 대상도 아니다. 신은 확실성이다.

신은 영원히 존속하며 어디든지 존재한다. 그리고 언제나 존재함으로써 그는 영속과 공간을 구성한다. 모든 공간의 입자는 언제나 있고 영속의 불가분한 순간은 어디에나 있기 때문에, 만물의 창조자인 주가 어디라도 존재하지 않을 리가 없다 …… 그러므로 신은 균등함 자체이고, 눈, 귀, 두뇌, 팔 자체이며, 지각력, 행동력, 이해력 자체이다. 그러나 때로는 조금도 인간적이 아니고, 조금도 육체적이 아니며, 우리들로서는 전혀 이해할 수 없다. …… 우리는 신의 속성에 대한 관념은 가지고 있지만 어떤 것이 실재하는 물질인지 모른다. 물체에 관하여 우리는 단지 그것들의 색과 형태를 볼 뿐이고, 단지 음을 들을 뿐이고, 그 외면을 만질 뿐이고, 그 냄새를 맡을 뿐이며, 그 맛을 맛볼 뿐이다. 그러나 그 속에 들어 있는 본질은 우리의 감각으로도, 우리 정신의 어떤 반사 작용으로도 알 수 없다. 물론 신의 본질에 관한 관념을 갖는 것은 불가능하다. 우리는 단지 자연현상이라는 신의 가장 현명하고 뛰어난 취향과 궁극 원인에 의하여 신을 알 뿐이다. 우리는 그의 완전성 때문에 신을 찬미하고 그의 우세함 때문에 신을 경외한다. 우리는 그의 종으로서 그를 숭앙한다. 우세, 섭리, 궁극 원인이 없는 신은 운명이나 자연과 다를 바가 없다. …… 그러므로 자연 현상을 가지고 신을 논하는 것이야말로 자연철학의 임무이다.

이것은 논의이지, 규정이나 추정이 아니다. 에테르에 관한 이 모든 사변과 신에 대한 외경이 뉴턴 과학의 영감이 되고 있다는 것은 흥미 있는 일이다. 그러나 그것은 뉴턴 과학의 유효성과는 상관없다. 그 유효성은 뉴턴과의 관계에서가 아니라 자연과의 관계에서 판단되어야 한다(이렇게 뉴턴이 말하지 않았던가?). 분명히 가장 기본적인데도 가장 등한시되고 있는 특성의 하나는 과학자와 그의 과학과의 관계이다. 과학은 과학자에 의하여 창조되지만, 그것은 자연에 관한 것이지 그 자신에 관한 것이 아니다. 일단 그것이 창조되면, 그것은 예술 작품처럼 독립성을 갖는다. 사람들은 가끔 과학의 오만함에 관하여 읽는다. 뉴턴도 사람들의 반대를 받았을 때 꼴사나운 오만에 빠진 적이 있었다. 그러나 확실히 — 앞서와 같은 구별을 한다면 — 뉴턴의 과학은 오히려 겸허함의 표현이다. 증거에 입각한 이론만이 허용 가능하다고 한 것은 사물의 세계의 진리에 관한 실증주의적 회의가 아니었다. 오히려 그것은 겸허함이었다. 데카르트는 세계는 이래야 한다고 단독적으로 규정했다. 뉴턴은 단지 그것이 어떠한 상태로 있으며 어떻게 작용하는가를 말했을 뿐이다. 그러므로 논쟁자 뉴턴이나 신학자 뉴턴보다는 과학자 뉴턴으로 하여금 이 장을 끝맺도록 하는 것이 정당할 것이다. 그것은 『프린키피아』 서두에 있는 마지막 정의의 맺음말이다. "그러나 어떻게 우리는 그들의 원인, 결과, 외견상의 차이로부터 참된 운동을 얻는가? 또 반대로 참이든 외견적이든 그들의 운동으로부터 어떻게 그것들의 원인 및 결과에 관한 지식에 도달하는가? 이것이 이하의 논문에서 대부분 설명될 것이다. 이 목적 때문에 나는 이 책을 썼다."

제5장 과학과 계몽사조

 어떤 사람이 유클리드의 『기하학 원론』이 무슨 소용이 있겠는가 하고 물었을 때, 뉴턴이 꼭 한 번 웃었다는 이야기가 전해진다. 그러나 18세기 계몽사조의 후견인으로서 뉴턴이 사상사에서 차지하는 위치는, 이 질문보다 훨씬 더 어울리지 않는 것이다. 자연법에 의하여 계약이 파기된 이상 조지 3세에 대한 미국인의 반역이 정당하다는 제퍼슨의 주장에, 『프린키피아』나 『광학』이 어떤 영감을 주었다고 할 수 있겠는가? 또는 헌법에 의한 견제와 균형의 제도에 어떤 영향을 미쳤다고 할 수 있겠는가? 혹은 유기체적 봉건적 공동체 의식을 대신할 유럽의 개인주의, 즉 사회의 원자론적 모형에 어떤 영향을 미쳤겠는가? 자연 상태가 곧 덕의 상태라고 말한 장 자크 루소의 본능에 어떤 영향을 주었을까? 또 사회는 덕에 기초하지 않으면 안 된다는 낭만파의 감정과 반대로 사회는 능력에 기초해야 한다는 합리주의자들의 감정에는 어떠했을까? 파리 회의주의자들의 기독교에 대한 조소와 빈정댐에는? 또 제레미 벤덤은 입법 분야의 뉴턴으로서의 소명을 자각하고, 최대 다수의 최대 행복의 원리가 사회적인 중력법칙임을 확인하고, 더 나아가서 그것을 온 국민이 지켜야 한다고 했는데, 이 벤덤의 온건한 결의에 어떤 영향을 미친 것일까? 신앙심이 깊으며 비밀스런 인간 뉴턴이, 혹은 그 숭고하고 비인간적인 과학이, 계몽사조의 이 인간적이고 공적인 선입견들에 어떻게 관계할 수 있었겠는가?

이것은 간단한 문제가 아니다. 그것은 즉각 과학은 무엇이고 무엇을 하는가의 불일치, 과학을 어떻게 보고 어떻게 이용하는가에 대한 불일치, 그리고 과학의 내용과 그 도덕적·사회적·논리적 이용의 불일치라는 문제를 제기한다. 과학의 기초 위에서 계몽사조를 구상한 합리주의의 원형을 지적하기는 쉽다. 계몽철학자(philosophe)들은 뉴턴의 원리를 무기로 삼고 그 성공에 힘입어서, 이성에 근거한 자연상을 마음속에 그리며 사회와 문화를 개조하려 했다. 뉴턴이 자연에서 분명히 보여 준 것은 무엇일까? 그것은 조화, 질서, 그 질서에 적합한 사물 및 세계이다. 그는 객관적 사실로서의 우주법칙을 발견했다. 그렇다면 뉴턴이 제시한 기준으로 사회와 자연을 비교할 때, 계몽된 인간의 눈에 비친 것은 무엇이었을까? 그것은 투쟁, 무질서, 시대착오적 교육기관, 무지한 미신을 조장하고 그것을 권력을 위하여 이용하는 성직자와 귀족들이었다. 그러므로 철학은 인간성의 학문이 되어서, 사람들과 세상만사에서 질서의 원리를 발견해 내고 인간 본성의 법칙을 공표할 것이며, 분별 있는 존재들이라면 이 철학을 읽고 그에 따를 것이다.

그런데 과학의 신망이 뉴턴의 승리에서 유래한다는 사실은 의심할 여지가 없다. 정신의 힘은 이해력에 있어서 자연의 힘에 필적하는 것처럼 보였다. 그런데 신망과 참된 이해력이란 전혀 별개의 것인데, 이 구별이 희미해져서 혼선을 빚기 시작한다. 18세기의 물리 과학은 오직 뉴턴적으로만 존재할 수 있었다. 그러나 계몽사조의 과학 이데올로기는 그것과는 조금 다른 것이었다. 계몽사조의 저작자들은 때로는 베이컨에 또 때로는 데카르트에 비추어 보면서 뉴턴을 읽었던 것이다(만약 그들이 정말 뉴턴을 잘 읽은 사람이었다면). 기술과 진보의 문제 혹은 기술과학(記述科學)의 문제에서는, 실제적인 일에 종사하는 장인들, 실험들, 사실수집에 대한 일종의 감상주의가 이 낙관주의에 가미되었다. 당시에 박물학의 표본 진열장이 없는 성이 있었을까?

그러나 지식에 도달하는 길로서 베이컨적인 분류학에의 확신은, 이성에 대한 데카르트적 신뢰에 의하여 강화되었다. 그것은 뉴턴이 명확하게 부정했던 철학적 기계론에 무엇이든지 즉각 관련되는 것을 보아도 분명하다. 뉴턴 역학이 사상적으로 보편화되었던 것은, 세계가 하나의 기계 이외의 아무것도 아니라는 어떤 증거 때문이 아니라 그 합리성 때문이었다. 계몽사조가 데카르트적 방법을 형이상학으로부터 사회 철학으로 가져오려고 했던 것도, 바로 그와 같은 이유에서였다(그런데 데카르트는 형이상학에서 데카르트적 방법을 분명하게 제외했다). 회의와 비판은 불명료와 오류를 추방하기 위하여 사용되었다. 그러고 나서 이성은, 뉴턴에 의하여 잘못을 범할 리 없다는 것이 명백하게 밝혀진 과학의 신망으로 무장하고, 인간성의 세계를 재건하려 했다.

합리주의자들은 낡은 유럽의 구조와 제도들이 자연에 반하는 것이기 때문에, 부조리하고 부정하다면서 멸시하기 시작했다. 과학의 입으로 그러한 말을 하게 한 계몽사조의 재치 있는 솜씨에 대하여 여기서 역사가로서 이러쿵저러쿵 할 생각은 없다. 오늘날 상징의 영역으로 올라간 뉴턴의 이름이 어떤 일이라도 가능하게 하는 마력을 지녔다는 것을 밝혀두고 싶은 것이다. 계몽사조의 지도자들은 합리적 비판을 실천했고, 진보라는 공리주의적 이념을 채택했다. 그리고 그들은 거기에다 뉴턴의 권위를 부여했다. 그들의 성공은 그들의 인도주의적 견지의 힘을 입증한다. 한 자유주의자(필자―옮긴이)도 이 결과에는 갈채를 보내지 않을 수 없다. 그는 비판적인 프랑스에서 뻗어 나온 이 사상 운동을 인정하지 않을 수 없다. 그것은 서구 전체를 17세기의 종교적이고 왕조적인 여러 선입견으로부터, 계몽사조와 인민의 통치를 위한 혁명 투쟁을 거쳐서, 19세기와 우리 세기의 민주주의적 선입견으로 이행시켰다. 그러나 동시에, 아무리 자유주의적이라도 다음 사실을 인정하지 않으면 안 된다. 그것은 사회과학—이 명칭은 좀더 뒤에 나온 것이지만—이 자연과학으로부터 끌어낸 권위는, 선을 행하겠다는 사회과학자들 특유의 결의에 의하여 처음부터 오염되었다고 하는 점이다. 왜냐하면 벤덤과 공리성의 원리와의 관계는, 마치 뉴턴이 행성을 설득하여 제곱반비례 관계에 따르도록 함으로써 그 법칙을 수립했다고 할 때의 뉴턴과 그 중력법칙의 관계와 같은 것이기 때문이다. 말하자면 자연법칙에 대한 18세기 사람들의 신뢰에는, 법칙의 진술적 의미와 규범적 의미, 즉 "있다"와 "그래야 한다" 사이의 근본적인 혼란이 포함되어 있었다는 것이다.

과학이 단순하게 문화로부터 힘과 문제를 이끌어 내지 않으면서 세계를 형성하기 시작한 18세기에 대하여 논하기에 앞서서, 이 "있다"와 "그래야 한다"의 구별을 분명히 해두는 것이 중요하다. 이 책은, 과학이 우리 역사의 현저한 위업이며, 우리 문화의 보존이라는 중대하기 그지없는 문제는 과학의 성장과 결실을 얼마만큼 이해하는가에 달려 있다는 확신에서 씌어진 것이다. 과학의 영향은 단지 생활에 안락을 주는 것만으로 끝나지 않는다. 공공 생활이나 개인 생활에서, 과학이 윤리를 수립하기란 불가능하다. 그것은 우리에게 무엇을 할 수 있는가를 가르쳐 주지만 무엇을 해야 하는지는 가르쳐 주지 않는다. 가치의 영역에서 과학의 완전한 무능력은, 객관적 태도의 필연적 결과이다. 이 필연성은 앙리 푸앵카레가 1913년에 쓴 논문 「윤리와 과학」에서 가장 엄밀하게 확인되고 있다.

과학적 윤리라는 것이 존재하지 않듯이, 부도덕한 과학이라는 것도 존재하지 않는다. 이유는 간단하다. 그것은 오로지 문법적 이유에 의한 것이다.

삼단 논법의 전제가 모두 직설법이라면 결론도 그와 마찬가지로 직설법이 된다.

결론이 명령법으로 나오기 위해서는 적어도 전제의 하나는 명령법일 필요가 있다. 그런데 과학의 제 원리, 기하학의 제 공리는 직설법이고, 직설법으로만 존재할 수 있다. 실험에 의한 진리 역시 그와 마찬가지다. 과학의 기초에는 이것 이외에는 없고 또 있을 수 없다. 솜씨 좋은 변증가가 제 마음대로 이 원리들을 가지고 요술을 부려서 연결시키거나 차례차례 쌓아 올릴 수는 있다. 그렇지만 그것들로부터 유도될 수 있는 것은 모두 직설법이다. 이것을 하라거나 저것을 하지 말라거나 하는 명제, 즉 윤리를 확인하거나 부정하는 명제를 얻기는 불가능하다.

"진리를 알지니 진리가 너희를 자유케 하리라"(요한복음 8장 32절 — 옮긴이). 이것이 계몽사조의 중요한 테마이다. 그러나 많은 사람들에게는 해방만으로 충분치 못했다. 지금까지 충분했던 예도 없다. 그들은 과학이 사상적으로 위대한 창조이고, 물리적 세계가 어떻게 움직이는가에 대한 기술(記述)이고, 그 자체가 아름답고 감탄할 만한 것이긴 하지만, 도덕과 교훈이 결여되어 있다는 사실에 불만인 것이다. 그들은 그 이상을 과학에 요구한다. 그들은 자연의 설계로부터 신의 존재에 대한 확신을, 자연의 불완전함이 계속 복구되는 것으로부터 신의 배려에 대한 확신을 바라는 것이다. 그들은 진화론에서 조야한 개인주의에 대한 허용을 바란다. 그들은 전자(電子)의 움직임을 예측할 수 없다는 사실에서 자유의지에 대한 하찮은 위로를 구하며, 디지털 컴퓨터라고 간주되는 정신을 연구할 것을 바란다. 간단히 말해서 그들이 원하는 과학은, 그리스의 과학처럼 우리가 그 속에서 적응할 수 있는 세계를 제공하는 과학이지, 측정이 끝나면 파괴될 수도 있는 외적 대상의 세계가 아니다.

따라서 사람들은 실망하고, 문화에 있어서 과학의 영향의 역사는 과학의 의의에 대한 오해의 역사가 되지 않을 수 없다고 생각하게도 된다. 그러나 이것은 과학사가가 채용하기에는 너무나 절망적인 견해이고 또 너무 비위에 거슬리는 접근 방식이다. 과학은 하나의 도구임에 틀림없다. 따라서 그것은 실용주의적으로 사용되어야 하며, 그것을 만든 사람의 의도에 맞게만 사용될 수는 없다. 결국 과학도 신학, 철학, 문학보다 결백하다고 주장할 권리는 없다. 그러나 우리는 과학과 다른 문화의 요소들의 근본적인 차이가 무엇인지 생각해 보아야 한다. 그 다른 요소들은 인간이나 신, 인격이나 정치에 관한 것이다. 과학은 자연에 관한 것이고, 사물에 관한 것이다. 그렇기 때문에 과학은 문학과 철학의 유파들이 맛보는 것 같은, 직접적이고 효과적인 영향을 맛보는 일은 거의 없다. 마르크스주의 정치 체제가 물리학자에게는 외국의 영예를 입는 것을 허락하지만, 작가에게는 허락하지 않는 것은 이 때문이다. 따라서 문화에 대한 과학의 삼투는, 문화에 있어서 과학의 유효성에 대한 연구보다는 오히려 과학과 문화의 조정 문제여야 한다.

이것은 중대한 문제이다. 18세기 이래 과학과의 조정을 꾀할 필요성이 문화를 낭만주의와 합리주의라는 두 가지 커다란 양식으로 분화시켰던 것이다. 자연을 소외시키는 것에 저항하며, 뉴턴 과학은 자연의 빈곤화에 불과하다고 보는 낭만파의 전통은 객관성을 상대로 분기(奮起)하여, 과학과 모든 과학 활동에 대하여 선전포고를 하든지 주관적 과학으로 대치하자고 제안했다(19세기 말까지는 이런 일이 여전히 가능했다). 주관적 과학이란 기계론으로부터 질서의 비유로서의 유기체로 돌아감으로써, 자연을 인간에게 적합하게 하려는 과학이다. 끝내 자멸하고 말았지만, 수확이 전혀 없었던 것도 아니다. 지도적 과학으로서 물리학을 생물학으로 대치하려는 낭만파의 시도에서 생물학 연구는 대단한 자극을 받았던 것이다.

반면에 합리주의 전통은 과학에 의하여 경험주의와 협력하고, 인간을 자연에 맞춤으로써 과학과의 조정을 꾀하려 했다. 그것의 도구는 대상화된 심리학이었다. 이 심리학은 과학적 설명의 기능을 자연의 질서 속에서 인간성이 조화를 이룩할 수 있도록 하는 교육이라고 생각했다. 계몽사조의 가장 주목할 만한 과학자들 — 문인이나 계몽철학자들과 달리 — 이 이 운동에 참여했다. 궁극적으로 이것은 실증주의로 나아가는데, 극단적인 형태로는 모든 철학을 과학적 방법에 대한 연구와 동일시한다. 그러나 그것이 실증주의에 도달하기 전에, 과학 자체로의 가장 주목할 만한 피드백(feedback)이 화학혁명에서 일어났다. 그것은 화학에 18세기 과학 특유의 스타일을 부여했다.

*

프랑스 계몽사조의 철학적·문학적 뉴턴주의자 중 푸앵카레의 비판에 가장 잘 견뎌낼 수 있으리라고 생각되는 사람은 볼테르(Voltaire: 1694~1778)이다. 볼테르는 지식 계급에게 누구보다도 성공적으로 뉴턴 과학을 설명했다. 아마 그것을 이해하기 위하여 더 많은 노력을 쏟았기 때문일 것이다. 그러나 그는 세계를 기계론적 결정론에 따르게 한 자로서의 뉴턴에 기울었던 것은 아니다. 그와는 반대로 해방자로서의 뉴턴을 신봉하여, 1730년대에 그의 최선의 노력을 물리학에 바쳤다. 그 기간은 문학에서 처음으로 명성을 얻은 때로부터 철학적 십자군을 일으킬 때까지이고, 왕족 로앙(Rohan)의 손에 의하여 심한 굴욕을 당했던 때로부터 인간의 존엄성과 세상을 경험에 입각하여 있는 그대로 관찰하는 교양 있는 예지를 일생 동안 체계적으로 옹호하기 시작할 때까지이다.

"Droit au fait — 사실로 하여금 승리하도록 하라." 이것이 볼테르의 좌우명이었다. 그는 1726년부터 1729년까지 영국에서 은둔 생활을 하는 동안, 영국의 자유 사상 및 실천의 결실들과 함께 처음으로 뉴턴을 알게 되었다. 그는 웨스트민스터 사원에서 거행된 뉴턴의 장례식에 참석했다. 그리고 처음으로 그의 사상의 개요를 1734년의 세 편의 『철학 서간 Lettres Anglaises ou Philosophiques』에 담아 프랑스 민중에게 바쳤다. 뉴턴과 데카르트를 천장에 올려놓고 달아 볼 수도 있다. 그러나 상반되는 과학 체계의 존재 자체가 도그마의 부조리함을 보여 준다. 선택할 수도 있다. 그러나 어떻게?

런던에 도착하는 프랑스인은 무엇이든지(설령 철학까지도) 바뀌어 있다는 것을 알게 된다. 그의 나라에서 세계는 충만하지만 여기서는 공허하다. 파리에서 우주는 미묘한 소용돌이로 이루어져 있었는데, 런던에는 그런 것은 아무 데도 없다. 고국에서는 조수의 원인이 달의 압력이었는데, 영국에서는 그것은 바다가 달을 향하여 끌려가는 것이다. 데카르트파에 의하면 모든 일은 이해할 수 없는 충동에 의하여 일어나지만, 뉴턴에 의하면 그것은 원인을 알 수 없는 인력 때문이다. …… 이처럼 극심한 대립이 있다.

하지만 볼테르는 시간이 지난 다음에야 뉴턴에 의해 열린 전망을 바라볼 수 있게 되었다. 1736년부터 1741년까지 볼테르는 그의 반려자 "불멸의 에밀리에"인 샤틀레 후작 부인(Marquise du Châtelet)과 함께 물리학에 전념했다. 그녀의 저택은 학술 연구소가 되었다. 실험실이 꾸며지고, 화학과 불에 대한 연구가 시작되었다. 샤틀레 부인은 뉴턴을 라신느(Racine)의 언어로 번역했고, 라이프니츠 신봉자가 되어서 볼테르를 곤란하게 만들었다. 그녀의 도움으로 볼테르는 "어리석은 나의 동료들의 척도까지 이 거인을 축소하기 위하여," 연구와 서신 연락을 통하여 뉴턴에 정통하려고 덤벼들었다. 볼테르의 『뉴턴 철학의 원리들』은 1738년에 나왔다. 그것은 뉴턴에 대한 사랑에 의한 것은 아닐지라도 적어도 헌신적인 노작이었다. 대부분의 사람들과 같이 볼테르도 실은 물리학을 좋아하지 않았다. 그럼에도 불구하고 그것은 그와 그의 연인이 5년 동안 최선의 노력을 쏟을 가치가 있는 것이었다. 왜냐하면 아무리 이 과목이 달갑지 않다고 해도, 그것은 독단론으로부터 정신을 해방시켰기 때문이다.

물리학이 볼테르에 미친 영향은 그의 책의 배열에서 역력히 드러난다. 그것은 『프린키피아』가 끝난 지점에서 시작된다. 『프린키피아』는 데카르트의 세계상에 따라 세계가 이루어진 것이 아니라, 신이 마음대로 세계를 창조했다는, 즉 신의 자유로써 논의를 끝맺는다. 그러나 볼테르가 관심을 가졌던 것은 인간의 자유였다(종교적 회의주의를 추적하여 과학에까지 당도하려는 사람들이 처음으로 놀라게 되는 것이 바로 볼테르의 이 책에서이다). 뉴턴 과학 덕분에 사상은 자유롭게 되었다. 그것은 검열이나 자신의 어리석음으로부터의 자유가 아니라, 더 한층 위험한 형이상학의 압제로부터의 자유였다. 볼테르는 형이상학에 대한 조롱 — 근대 과학도 이에 입각하여 작용했다 — 을 퍼부었다. 볼테르에게 있어서 자연의 객관화는 자연 상실의 비극이 아니었다. 반대로 그것은 사상의 해방을 가져왔다.

데카르트의 과학은 데카르트의 비판적 명령과 달리, 전통 가톨릭에 의하여 이용될 소지가 있음이 분명해졌다. 학문을 깊이 추구했던 이지적인 성직자 말르브랑슈 신부(Nicolas de Malebranche, 1638~1715)는, 자신을 데카르트주의의 아퀴나스로 자처하고 있었다. 데카르트 물리학은 가톨릭 교회에 받아들여졌다. 이리하여 회의의 정신은 소르본의 원형지붕 밑에 안주하게 되었다. 회의 정신을 제외하고는, 신학자들은 데카르트의 선험적(a priori) 사상 양식을 완전히 이해했다. 그들도 교리와 인간성을 있는 그대로 받아들이는 것이 아니라 그것을 정의하는 것이 보통이었다. 여기에 뉴턴 과학의 명백한 우월성이 있다. 일단 과학이 개념의 투사(投射)가 아니라 두뇌의 창조물이 되면, 그것은 이미 사상을 위한 렌즈 역할을 할 수 없게 되고, 대신에 우주의 모든 필연성을 독단론으로서 인간 위에 내려쪼인다.

볼테르는 뉴턴 물리학에 없는 인간적인 보완물을 로크의 심리학에서 발견했다. "마치 숙달된 해부학자가 인체의 기능을 설명하는 것처럼, 로크의 『인간 오성론』은 의식의 박물학(natural history)을 제공한다"라고 볼테르는 말한다. 여기서도 볼테르는 불손한 사변을 위축시키는 경험주의를 기꺼이 받아들였다. 계속하여 볼테르는 다음과 같이 말한다. "혼의 로맨스를 쓴 철학자는 상당히 많지만, 여기 마침내 겸허하게 혼에 대하여 기술한 현자가 나타났다."

로크와 뉴턴의 (거의 완전한) 이 결합이, 영국 경험주의라는 매듭을 통해 과학과 자유주의를 연결시켰다. 그렇다고 해서 과학이 자유주의 체제에 의존한다고 하는 위안의 말을 구해선 안 된다. 이 결합은 우연한 주위 상황 탓이었고, 역사적이긴 하지만 필연적인 것은 아니었다. 어쨌든 로크는 구속을 받지 않으며 장래성이 돋보이는 사상가였으며, 과학과 자유주의의 일치에는 계몽사조 ― 절충주의적이라고밖에 말할 수 없는 ― 의 요소가 많이 포함되어 있었다. 정치학에서 『통치론 Essay on Civil Government』은 동의에 의한 통치 ― 자연법 하의 사회계약이라는 고전적 기초에 토대를 둔 ― 를 옹호하였다. 이것은 진작 씌어졌으나, 영국식 대의제도가 세계에서 그 우위를 확보한 1688년의 혁명이 일어나자 이를 정당화하는 것으로서 출판되었다. 『관용에 관한 서간 Letter on Toleration』(1693)에서는 시민의 악은 종교적 편협성에서 유래하며, 네덜란드인은 이로부터 자유롭기 때문에 번영하고 있다는 사실을 입증했다. 『기독교의 합리성 Reasonableness of Christianity』(1695)은 결코 이신론자(理神論者)의 논문이 아니지만, 경험에 의하여 광신에서 치유된 종교를 위한 변호론이다. 무신론자들은 야훼의 불타는 복수심에 놀라는 척한다. 로크는 여기에 해답을 주었다. 전 인류를 아담의 원죄 때문에 벌하는 것은 불공평한 행위가 아니다. 불멸은 특권이지 권리가 아니기 때문이다. 단지 권리를 침해했을 때만 불공정하다. 분별 있고, 절도를 지키며, 산문적이고, 적잖이 속물이고, 교수 아니 오히려 돈(don, 옥스퍼드·케임브리지의 컬리지 교관 ― 옮긴이) 같다. 이런 것들이 로크의 기질이다. 로크 같은 옥스퍼드의 돈이라면 무난한 인물일 것이며, 약간은 시골 학교 선생 냄새도 풍길 것이다. 윤리 도덕에 의하여 예복을 벗어 던지는 것이 금지된 학교 선생이란 얼마나 답답한 사람일까?

『인간 오성론 An Essay on the Human Understanding』(1690)에서는, 관념은 모든 감각의 기록이라는 명제를 전개한다. 따라서 인간이란 인간이 자신의 경험으로 만들어 낸 것이다. 인간성을 향상시키는 방법은 보다 나은 경험을 인간에게 주는 것이라는 점이 감각주의 심리학으로부터 자유주의적 개혁자가 끌어 낸 분명한 교훈이다. 로크는 그가 전체적 경험주의라고 해석한 과학을 모범으로 삼아 그의 학설을 세웠다. 그에게는 수학적 소양이 없었다.『프린키피아』의 정리를 시험해 보기에는 너무 현실적이었던 그는, 호이겐스에게 그 기하학이 옳은지 어떤지 물었다. 그리고 그것을 신뢰할 수 있음을 확신하고(호이겐스가 남김없이 털어 놓지 않은 것은 무시하고), 물리학적인 논의와 추론 규칙을 자기 것으로 삼았다. 이 점에서도 그는 계몽사조를 예언했다. 로크는 뉴턴의 구조 전체 속에서 자기가 다룰 수 있는 것만을 골라냈던 것이다.

감각주의 심리학은 뉴턴 이전으로 거슬러 올라가서, 과학 활동 전체로부터 영감을 끌어냈다. 로크는 그 자신 왕립학회의 회원이었고 뉴턴이 아직 무명의 수학 교수이었을 때 이미 보일의 벗이었다. 그는 약간 모호한 면이 있지만 의학 훈련도 받았다. 그것은 당시에 자연철학과 연관되어 있는 단 하나의 전문직업이었다.『인간 오성론』은 1670년에 시작된 "거장들"과의 비공식적인 토론 후에 약기(略記)되었다. 그것은 1690년에 비로소 출판되었는데, 논문이라기보다는 노트에 가깝다. "현재 상태보다는 좀더 축소할 수 있으리라는 것을 부정하지 않는다. …… 이따금 기회 있을 때마다 띄엄띄엄 썼기 때문에 중복되는 게 있어도 어쩔 수 없다. 그러나 정직하게 말하면, 지금은 너무 게을러서 아니 너무 바빠서 그것을 줄일 수 없다"라고 로크 자신도 인정하기 때문에 뭐라고 말할 수도 없다.

그 방법은 "견해와 지식 사이의 경계에 대한 탐구"였다. "우리가 자기의 힘을 알면, 무엇에 성공할 수 있는가에 대하여 더 잘 알게 되기" 때문이다. 곧 로크도 데카르트 철학이 뉴턴을 가로막았던 것과 똑같은 장애, 즉 본유 관념설과 대결하게 되었다. 만약 과학이 내적 성찰(introspection)이라면, 우리는 외부의 자연을 이해할 수 없을 것이다. 그렇다고 외부의 지시대상물이 없다면, 우리는 과학을 넘어서 과학을 창조하는 정신 작용에 대한 객관적인 기술(記述)을 바랄 수 없게 될 것이다. 그렇기 때문에 본유 관념은 원칙에 있어서나 방법론의 조건으로서나 제외되어야 마땅하다. 죽음은 지성의 칠판을 지워 버린다. 그러므로 모든 관념은 새로운 것, 각 사람이 살아가는 동안 보고, 듣고, 느끼고, 접촉하고, 맛보았던 그 무언가의 반향이다. 의식이라는 하늘을 날아다니며 사상에다 둥지를 트는 모든 공상과 몽상, 우리가 품고 있는 모든 희망과 신앙, 가장 저속한 미신 같은 가장 고상한 이론, 이 모든 착오와 지식의 요소들은 경험으로부터 정신으로 도달한다.

그것들은 두 가지 측면에 도달한다. 먼저 감각이 직접적인 인상을 준다. 그러나 로크는 자기가 무언가 알고 있다는 것을 깨달았다. 즉 반성의 능력, 아니 반성의 경험은 제2의 더욱 고도의 관념들로 이루어져 있다는 것이다. 우리는 자기를 앎으로써, 사유, 회의, 신앙, 추론, 의지를 안다. "이 관념들의 원천은 각 사람들의 내부에 있다. 이것은 외부의 대상과는 아무 관계도 없으므로 감각이 아니지만 감각과 너무 비슷해서 내적 감각이라고 부를 수 있다."

이렇게 의식을 내적 지각으로 환원한 것은 로크의 경험주의를 모순에 직면케 했다. 왜냐하면 그는 과학과 진보에 관한 베이컨적 낙관주의를 비판하고 취사선택하는 일을 후계자들에게 남겨 놓았기 때문이다. 로크 자신은 오히려 실증주의를 지향한다. 자기를 아는 것만이 직접적이고 확실하다. 뉴턴이 말했듯이, 대상들은 규칙적이고 정돈되어 있다. 우리는 냄새를 맡고, 맛을 보고, 감촉을 느낀다. 그러나 사물 자체는 알 수 없다.

그러므로 과학이 바탕으로 삼아 성공한 조건 자체부터 생각해 보면, 결국 인간에게 적합한 연구 대상은 역시 인간이라는 예기치 않은 결론이 얻어진다. 경험주의는 인간에게 진리를 벽으로 차단하고, 우리가 자연에 대하여 가질 수 있는 최선의 지식을 교양 있는 추측의 영역을 벗어나지 못하게 한다. 철학에서 이 회의주의는 버클리의 관념론과 흄의 인과율 비판이 되었다. 과학으로 인하여 인식론에 독단론이 도입되는 대신 회의주의가 도입된 것은 흥미 있는 일이지만, 과학사의 주요 관심사는 로크에 의해 정식화된 탐구와 뉴턴의 과학적 설명이라는 개념 사이에 일치하는 부분이다. 예를 들어 뉴턴이 가설에 부과한 제한을 로크의 관념에 관한 다음과 같은 요약과 비교해 보자.

이 논문의 목적은 사물로부터 얻은 관념과 외견에 의하여 우리의 정신이 사물에 대하여 가지게 된 지식을 탐구하고, 어떻게 정신이 그 지식에 도달하는가를 물을 뿐, 사물의 원인이나 생성 방식에 대하여 묻는 것이 아니다. 나는 이 논문의 취지로부터 벗어나서 물체의 구성과 각 부분의 배열을 철학적으로 탐구하지는 않겠다. 그것들은 그 구성과 배열로써 감각적 성질에 대한 관념이 우리 속에서 일어나게 할 수 있는 힘을 가지고 있다. 또 나는 황금과 사프란이 노란 색이란 관념을, 구름과 우유가 흰 색이란 관념을 우리에게 일으킬 수 있는 힘이 있다는 것에 대해서도 더 깊이 연구하지 않겠다. 그러한 사실을 관찰하는 것만으로도 나의 의도에 대해서는 충분하다. 그 독특한 감각들이 우리 속에서 생기려면 단지 보는 것만으로 충분하지 그 물체의 구조나 서로 반발하는 입자의 형태·운동을 조사할 필요는 없다. 우리가 우리 정신 속의 얼마 안 되는 관념을 넘어서 그것의 원인을 탐구하려고 해도, 우리 내부에서 여러 다른 관념을 생성해 내는 무언가 감지할 수 있는 대상을 상상하기란 불가능하며 단지 감지할 수 있는 부분의 다양한 양, 형, 수, 구조, 운동을 발견할 뿐이다.

콩디약(Condillac)이라면 비문(碑文)에나 어울릴 어투로 다음과 같이 말할 것이다. "우리가 절대로 빠뜨려서는 안 되는 첫번째 연구 대상은 인간의 정신이다. 그리고 그 본성에 대한 발견이 아니라 그것의 작용에 관한 지식이다."

로크의 인간 본성에 관한 과학은 물리학을 모범으로 삼고 뉴턴적 물질관과의 유추로부터 정신을 논했기 때문에, 원자론적이지 않을 수 없었다. 기본적인 감각과 동일한 기원을 지닌 기본적인 관념이 분석 — 단지 작용만을 알려고 하는 — 의 조건을 설정한다. 이 미립자적 관념들이 감각의 다섯 깔때기를 통하여 정신으로 떨어진다. 거기에서 그것들은 마치 물리학의 입자처럼 서로 반발하거나 결합한다. 이 지성의 운동론에서는 관념의 연합이 만유인력의 법칙에 대응한다. 따라서 정신이 개개의 자극을 골라내는 기구라는 생각은, 오늘날의 커뮤니케이션 이론가들이 생각하는 것만큼 참신하지 않게 된다. 전문가들은 그들이 아주 최근에 탄생되었다고 흔히들 생각하는데, 실제로 그것은 거의 틀린 생각이다.

한 걸음 더 진행시키는 것은 이 물리학과 심리학의 유추를 남용하는 것일까? 새로운 심리학은 종국적으로 새로운 물리학을 추종했다. 그것은 적극적 발견에 의해서라기보다는 조건적 가정에 의하여 인정되었다. 모든 관념이 경험에서 유래한다는 것은 물질의 구조가 원자론적이라는 것과 마찬가지로 아무 증거도 없다. 그러나 원자론과 — 에피쿠로스 학파의 원형대로 — 감각론은 객관성을 인정한다. 관념이 경험에 연관되어 있지 않다면, 그것은 정확한 과학적 연구로 파악할 수 없을 것이다. 그러면 인간 본성에 관한 어떤 과학도 불가능해질 것이다. 그리고 이 모든 문제 중 가장 친근한 인간이라는 커다란 문제는, 종교와 미신의 영역으로 되돌아갈 것이다. 융(Jung)이 실제로 인간을 파악한 곳인 집단적 잠재의식 — 이곳으로부터 프로이트(Freud)가 행동보다는 말로써 튀어나온 — 으로 되돌아갈 것이다. 만약 로크가 잘못을 범한 것이 있다면, 주관적으로만 경험되어야 할 지식의 한 분야를 객관적으로 취급함으로써 옛 학문에 너무 많은 보상을 해주었다는 데 있을 것이다.

*

우리의 마음은 정보, 즉 경험으로부터 공급되는 다양한 정보를 조직하기만 할 뿐이라는 명제에 대하여 18세기 사람들이 보인 열광은 우리가 상상할 수 없을 정도이다. 당시에는 심리학적 수수께끼에 대한 해설이 인기 있었는데 거의 모든 이름 있는 작가들이 여기에 손을 댔다. 볼테르, 버클리, 콩디약, 디드로 등은 모두, 오감 가운데 하나를 상실한 인간에게 세계가 어떻게 비칠까 하는 문제를 다룬다. 철학 소설의 대가 디드로는 기하학을 완전히 구상할 수 있는 맹인 수학자 손더슨에 대해서 말한다. 그는 케임브리지 대학에 자리를 가지고 있었다. 그러나 그는 현실 세계를 부분적으로 파악하고 있었을 뿐이다. 감각은 모두 각각 하나의 차원인데, 그는 한 가지가 결여되어 있었기 때문이다. 미의 관념, 의무의 관념 그리고 신의 관념마저도, 모든 것은 맹인이 사는 단조로운 세계에서는 다른 형태를 띨 수밖에 없다.

이 교훈을 뒷받침하는 듯한 실례가 있었다. 1728년에 첼시 병원의 체셀든이란 의사가 열네 살 난 소년의 눈을 가리고 있던 선천성 백내장 수술에 성공했다. 사람들은 그 환자를 아주 열심히 관찰했다. 관념 연합설을 지지하는 심리학자가 기뻐했던 것은, 그 아이가 금방은 시각을 이해하지 못했다는 사실이다. 그는 우선 입방체와 구, 빨강과 노랑의 차이를 경험해야 했다. 그는 자기가 보는 것 모두가 자기 안구 위에 놓여 있다고 생각했다고 볼테르는 말했다. 이 예는 그의 『뉴턴 철학의 원리들』에서 현저하게 나타난다. 관념연합의 습관을 가진 보통 사람들은 시각과 접촉을 연관시킬 터인데, 그 소년은 이 같은 연관을 형성할 수 없었던 것이다.

그래서 당시의 이름 있는 작가들은, 누가 이 관념연합설 심리학(associationist psychology)을 드 콩디약 신부(Étienne Bonnot de Condillac: 1715~1780)의 분석적 정신 속에서 인간 본성학파로 전개시키겠는가에 대해서 논했다. 이때는 프랑스 과학이 찬란하게 빛났던 때이며, 우선 달랑베르에 의하여, 이어서 라플라스, 콩도르세 및 라부아지에에 의하여 좌우되었던 몇 세대가 모두 그들의 방법의 권위자로서 콩디약을 찬미하고 있었던 때이다. 루소나 디드로와 친밀했고 유물론자 돌바흐와도 친했던 콩디약은 지적인 성직자였고 그의 학식은 계몽사조의 꽃이었다. 많은 계몽철학자들과 마찬가지로 그도 예수회의 교육을 받았다. 파리에서 그는 드 레스피나스 부인, 데피네 부인, 탕생 부인 등 고귀한 여성들의 살롱에 초대 받았는데, 계몽사조는 그들의 살롱의 기지에 넘치는 대화에서 출발하였다. 그는 자기의 성직을 숨기고 있었다. 『인간 지식 기원론』은, 심리학이 필요한 이유는 인간의 타락 때문이라는 문장으로 시작되는데, 그 타락이 우리에게서 본질을 인식하는 천부적 능력을 빼앗아 갔다는 것이다. 오성은 불완전하지만, 이것을 현실적으로 분석해 가면 이를 최대한 활용할 수 있는 길이 열릴 것이다. 그러나 콩디약의 성직자로서의 소명이 그의 경험주의에 끼어드는 것은 이 서문에서 뿐이다.

콩디약 자신의 말에 의하면, 그는 뉴턴을 모범으로 삼고 로크에게서 배웠다고 한다. 스승에서 제자로 눈을 돌리는 것은 하나의 구원이다. 로크는 산만하고 중복이 많고 장황하게 늘어놓는데 반해, 콩디약은 예리하고 분석적이며 간명하다. "말해야 할 곳에서 한 번 말한 사항은, 여기저기서 몇 번씩 되풀이하는 것보다 명석하다." 지식을 조직하는 원리에는 하등 신비로울 게 없다. 그것은 정확한 문장을 구성하는 원리와 같다. 콩디약은 효과적인 인식은 커뮤니케이션과 같다고 보았다. 그는 데카르트의 생득 관념에 대한 로크의 산만한 비판을 정리하고, 통일, 단순성, 보편성 등을 찾는 진짜 데카르트적 본능을 가지고 논의를 전개했다. 예를 들어서 신은 어떤 불완전한 물질 덩어리에도 사고하는 힘을 부여했다는 등 로크가 제멋대로 조작한 언동에 대해서 그는 이의를 제기했다. 콩디약은 이러한 주체와 객체의 혼란에 대해서는 간결하고 준엄하게 비판한다. "생각하는 주체가 하나여야 한다는 것만으로도 충분하다. 그런데 물질 덩어리는 하나가 아니다. 그것은 잡다하다."

이러한 엄격한 정신으로 콩디약은 로크가 인정한 감각과 반성 사이의 차이와 대결했다. "만약 로크가 주장하듯이 혼은 그것이 의식하지 않는 지각을 경험하지 않는다고 하면 무의식적 지각은 모순어가 되고 따라서 지각과 의식은 단일 작용이라고 생각되어야 한다. 그리고 이 반대가 참이라면, 두 작용은 별개의 것이며, 우리의 지식은 의식에서 유래하지, 내가 가정했듯이 지각에서 유래하지 않는다." 로크가 이 귀찮은 결론과 정면으로 대결한 적은 전혀 없다. 콩디약은 간단하게 이 구별을 없앴다. 그는 어떤 주도권도 정신에 주지 않은 채, 정신의 가장 발달된 작용에 관하여 말한다. 그의 방법은 세련되고 대단히 독자적인 언어 이론이었다.

비록 필연적은 아니었지만, 콩디약이 과학을 곧 언어로 보았던 것은 계몽사조에 있어서 경험주의와 분석적 합리주의의 가장 수확이 풍부한 결합이었다. 그 유래는 물론 베이컨에 있다. 언어에 의하여 도입되는 오류와, 이름이 사물을 나타내야 한다는 요청은 베이컨의 가장 뛰어난 고찰이었다. 그러나 추상을 부정하기 때문에, 베이컨적 박물학(natural history)은 분류를 초월하여 수학이 과학의 언어로 불리는 의미를 이해할 수 없었다. 물론 뉴턴의 방법이 세상에 알려지기 이전에 그러한 것을 확신을 가지고 단언하는 것은 무리였다. 콩디약의 시대에는 뉴턴의 방법이 이미 알려져 있었는데, 이는 과학철학을 논하는 데 중요한 이점이 되었다. 그가 언어의 모범으로 제시한 수학은 종합적 기하학이 아니라(콩디약은 이것을 정신을 형이상학적 괴물로 유인하는 마녀 사이렌이라고 생각했다), 오히려 분석적 수학이었다. "대수학(algebra)은 어떤 종류의 표현에 대해서도 가장 단순하고 정확하고 최선의 방법으로 그 목적에 부응한다. 그것은 언어임과 동시에 해석적 방법이다." 대수는 협정에 의하여 조작되어야 하는 일련의 정확한 기호이다. 그 기호는 약속에 따라 언제나 같은 것을 의미한다. 우리의 판단이나 원망이 거기에 혼합되지도 않고, 두려움에 의하여 약해지지도 않는다.

  콩디약은 물리학에서 수학의 해석적 역할에 대한 유추로부터, 경험을 본능적으로 해석하는 일상 언어를 예리한 것으로 개량하려고 했다. 언어는 조잡하고 불완전한 것이긴 하지만, 우리가 타고난 이지의 표현이라고 생각하는 모든 정신 작용은 실은 의사소통에서의 노력이다. 아기는 모든 감각을 동작 — 쿡쿡 목구멍으로 소리내는 것, 울부짖는 것, 훌쩍훌쩍 우는 것, 토하는 것 — 으로 나타낸다. 이 동작이라는 색다른 언어는 이윽고 관찰과 훈련에 의하여 프랑스어나 영어, 즉 일상적 기호와 상징으로 바뀌어 간다. 말할 수 있는 아이는 이제는 닥치는 대로 부딪히는 사건에 좌우되지 않는다. 그는 자신의 어휘에 비례하여 현실의 틈바구니를 잘 헤쳐 나갈 수 있고, 공통의 경험과 공통의 지혜를 끌어 낼 수 있다. 이 둘은 결국 같은 것이다. 사람들이 필요로 하는 것에 대응하는 기호가 있다는 것은, 그것을 확보할 방법이 있다는 것이다. 그러므로 비록 모든 경험이 외부로부터 오더라도, 언어를 구사하는 것은 자기 사상의 주인이 되는 것이다. 그것은 우연적인 인상을 정리해서 문명적 존재 형태로 만드는 도구를 지배하게 되는 것이다. 우리의 말은 허구의 논술이 아니라 사물에 대한 확정된 관념을 표현하는 것이라는 점은 분명한 사실이다. 그렇지 않으면 우리는 옛 철학자와 같은 오류를 범하는 게 된다.

  따라서 언어는 경험에서 유래한 기호의 인습화로서, 정신의 가장 고상하고 복잡한 작용의 표현임과 동시에 그 원인이다(중력이 원인임과 동시에 결과라고 하는 뉴턴적 의미에서). 이것은 크게 일반화될 수 있고 대단히 독창적인 심오한 개념이다. 계몽사조 연구에서 이 점이 지금까지 거의 강조되지 않았다는 것은 이상한 일이다. 종래의 계몽사조 연구는 이신론, 자연주의, 사회적·정치적 개혁 등에 관한 막연하고 어디에나 있는 주의 -주장들이 과학에서 유래한다는 것을 추적해 왔다. 근대 문예 비평과 커뮤니케이션 이론은 물론 독립적이긴 하지만, 그들이 언어 분석을 발명했다는 인상을 가끔 준다. 그 이론의 발견이나 비평의 주장 중 하나는, 경험을 공유하기 어렵다는 데서 고립이 발생한다는 것이다. 콩디약은 이 곤란에 대해서는 몰랐다. 그러나 "우리는 말을 매개로 해서만 생각한다"고 주장한 사람은 분명 그이다. 그것은 아무리 무서운 용을 그리려고 할지라도 결국은 흔한 동물의 모습을 기초로 하여 구도를 잡을 수밖에 없다는 미술 심리학의 원리가 보여 주는 대로이다. 실현성 있는 과학적 공상에 의존하여 상상한다고 해도, 과학 소설은 결국 호기심에 머무를 수밖에 없다. 아무리 그것이 상상을 왕성하게 하려 해도, 무언가를 발명하진 못한다.

수세기 동안의 궤변과 미신을 거쳐 온 일상 언어는, 유감스럽지만 녹슬어서 잘 들지 않는 연장이다. 그것을 대수라는 정밀 기계와 비교하는 것은, 마치 과학과 인생의 차이를 대비하는 것과 같은 것이다. 계몽사조에서 합리주의의 주된 목적은 올바른 교육에 의하여 이 차이를 감소시키는 것이었다. 그렇기 때문에 18세기 심리학은 우선 뉴턴적인 과학적 설명의 개념에 의거하여 인간 본성의 과학을 구축하고, 다음에 인간 인식 전체의 진보적 개량이라는 가장 넓은 의미에서의 교육의 개념을 과학에 돌려줌으로써 그에 보답하였다.

이러한 표준적 방법에 의하여 먼저 복잡한 주제의 여러 요소가 분석된다. 이 요소들이 밝혀지면 현상의 모든 혼란, 부적절한 경험의 모든 혼돈 밑에 숨어 있는 논리적이고 자연스런 연계에 따라 그것들을 배열하고 분류할 수 있다. 마지막으로 분석에 의해서 과학 특유의 언어, 즉 사물을 이름에 고정시키고 관념을 의식적으로 대상과 동화시키고, 기억과 자연을 결합시키기 위하여 고안 된 조직적인 명명법이 발견된다. 그래서 비너스의 염(鹽)은 황산구리라고 명명된다. 단순히 이름을 붙이는 것만으로 미신이 타파되고 화합물이 출현한다.

일단 명명법이 확립되면 분석과 명명은 단일한 행위가 된다. 언어는 대수처럼 분석의 도구이기 때문이다. 정확성과 자기 인식의 정도가 다를 뿐이다. 이 방법을 가지고 콩디약은, 베이컨은 과학이 없었기 때문에 그리고 데카르트는 겸허함이 없었기 때문에 실패한 바로 그 지점에서 성공하려고 했다. 그는 학문을 개조하는 길을 언어의 개혁에서 찾으려고 했다. 필요하다면 그는 언어를 재명명하여 사실을 정확하게 말하도록 했고, 경험의 문장론으로 언어를 재결합했고, 고대 원자론자들 — 그들의 말은 자연의 알파벳이었다 — 이 사용한 표현에 실재성을 부여했다. "추론의 기술은 언어를 잘 배열하는 것일 뿐이다." 그러므로 과학적 설명이란 어떤 문제를 객관적 세계의 요소들로 분해하고, 관념의 연합에 의하여 정신 속에서 재결합하는 것이다. 따라서 인간 오성 자체가 자연의 문법에 점점 접근해 간다.

이것은 추상적 과학에서 실험적, 기술적(記述的) 과학으로, 천문학과 이론물리학에서 실험물리학, 박물학, 화학으로 관심이 이행되고 있던 당시의 정세에 잘 들어맞는 과학철학이었다. 뉴턴은 단순한 수식화와 정밀성의 단계를 넘어서, 이미 18세기의 능력이 미치지 못하는 고상한 이론을 만들어 내고 말았다. 그러나 그보다 겸허한 과학들은 올바른 분류에 의한 질서 부여를 기다리는, 종합되지 않은 사실들의 집합을 제공했다. 그리고 콩디약이 총애하던 해석법은 추상적인 양의 대수적 해석보다도 박물학자의 간단한 분류학이 되었다. 그의 영감이 대수였다면, 그의 모범은 식물학이었기 때문이다.

과학 사상사의 입장에서 볼 때, 분류학은 별로 주의를 끄는 것이 아니다. 이 문제는 매우 인기 있었고 실용적이었지만, 분류가 자연적인가 인위적인가 하는 문제는 결국 흥미 있는 것이 아니라는 사실이 판명되었다. 식물학에서는 칼 폰 린네(Carl von Linné: 1707~1778) ― 혹은 린나에우스(Linnaeus), 그는 식물에 대해서와 마찬가지로 자기 이름도 라틴어로 보편화했다 ― 의 체계가 보급되었다. 린네는 자연에 대하여 사상이라기보다는 오히려 신앙이라고 할 만한 것을 가지고 있었다. 그는 종(種)의 형태를 완전히 자기충족적인 섭리론에 의하여 설명했다. 이 라플란드 이끼의 변종이 이곳에서는 나는데 저곳에서는 나지 않는 것은 신이 그렇게 되도록 했기 때문이다. 왜냐하면 "신이 나에게 그의 비밀 표본 진열대를 엿보는 것을 허락했기" 때문이다. 그럼에도 불구하고 린네는 원칙에만 따르는 도서관원 같은 기질을 가진 인내심 강하고 정확한 스웨덴 사람이었고, 그의 체계는 판정 조건의 보편적 적용 가능성이라는 점에서 아리스토텔레스 이래의 많은 선구자들이 체계를 개량한 것이었다.

식물이 성(性)을 가지고 있다는 것, 일반적으로 꽃이 성기라는 생각은 이미 17세기에 성립되어 있었다. 린네식 분류법은 꽃의 형태를 이용했다. 그는 식물을 수술의 수, 비율, 배열에 따라 24개의 강(綱)으로 나누었다. 강은 암술대의 수에 따라 목(目)으로 나뉘고, 목은 결실 방법에 따라 속(屬)으로, 속은 그것을 구별할 수 있는 특징에 의하여 종으로 나뉘었다. 이 체계는 명확하고 간결했다. 루소는 어떤 위안이라도 될까 해서 이 분류법을 몇 주간 동안 공부했다고 한다. "갑자기 나는 완전히 박물학자가 되어서 자연을 연구했고, 자연을 사랑할 새로운 이유를 발견할 수 있게 되었다. 린네의 명명법의 중심은 복식 명명 체계였는데, 그것은 곧 동물학으로 확장되었고, 그에 따라 주요 성질은 속을, 부속적인 성질은 종을 가리키게 되었다. 이 방법에 의하면 한 번 확인된 식물은 영구히 확인된 셈이 된다. 영국의 forget-me-not, 프랑스의 oreille-de-souris, 독일의 Vergissmeinnicht는 과학의 Myosotis palustris(물망초의 학명 ― 옮긴이)가 되었으므로 어느 나라의 박물학자라도 서로 이해할 수 있게 되었다.

콩도르세(Marquis de Condorcet: 1743~1794)는 박물학에 대하여 "이 방법은 일종의 진정한 언어로서, 어떤 대상이라도 그것의 지속적인 성질을 이 언어로 명명할 수 있다. 그리고 역으로 이 방법에 의하여 대상의 성질들을 앎으로써, 대상이 보통 언어로는 무엇이라고 불리었는지 발견할 수 있다"라고 말한다. 콩도르세는 수학자, 더구나 유능한 수학자였는데, 그의 참 모습은 과학의 정치가이자 자유주의적 귀족으로서 더 잘 드러난다. 그는 콩디약의 해석법을 찬양했는데, 거기에는 이 방법의 은혜를 입은 분류학자들뿐 아니라 수학자들도 동조한다. 지금 생각해 보면 그 방법은 과학들에게 도구로서 유용했다기보다는 오히려 그들의 인간적 가치에 대한 확신으로서 유용했던 것처럼 보인다. 그러나 그렇다고 하더라도 이 해석 방식은 과학자들이 그들의 일에 부여하고 있는 가치의 구조에 존엄성을 제공했다. 이것은 지금도 우리가 알고 있는 과학의 분석으로부터 유도된 최초의 교묘한 방법론이었다. 거기에는 20세기와 비교해 보면 흥미 있는 점이 있다. 우리 시대는 과학을 행위로 보며, 어떤 명제가 조작적(operational)이라면 그것을 과학적이라고 간주한다. 현대는 간결성을 위하여 목표로서의 진리를 단념한다. 이와 달리, 계몽사조의 실증주의 선구자들은 과학을 인간 오성에 대한 교육으로 보았으며, 어떤 명제가 "분석적" 혹은 "철학적"이라면 그것을 과학적이라고 간주했다. 이 속성들이 의미하는 바는, 자연 안에 있는 사물들의 관계와 행동들로부터 발견되는 사물에 관한 진리는 정신에 깃들어 있다는 점이다. 결국 콩디약의 언어 이론에 의해서 얻어진 것은, 객관적 진리를 인식할 수 있는 우리의 능력에 관한 로크의 회의주의로부터 과학을 구한 것이었다. 명명이 곧 인식—본질이나 총체가 아니라 우리가 인식할 수 있는 것을 인식하는—이다.

콩도르세의 『인간 정신의 진보의 역사적 전망에 대한 개관』은 인간성의 교육자로서의 과학에 대한 신뢰를 감동적으로 기록하고 있다. 이 저술은 계몽사조의 중요한 문헌이다. 언어를 발명함으로써 인간은 미개 상태에서 공동체로의 첫발을 내디뎠다. 경험의 공유가 인간 사회를 진보시킨 것이다. 그러나 무지, 미신, 광신 등에 이기적인 욕심을 품은 사람들의 음모는 인위적으로 종족의 유아 상태를 연장했으며, 인민들로 하여금 왕, 성직자, 그리고 철학자들 — 무지를 조장함으로써 이들에게 봉사하던 — 에게 의존하도록 했다. 모든 역사는 이 무지의 극복의 역사이다. 모든 역사는 오랫동안 거의 수평 상태를 유지하다가 현재는 꿈틀거리며 수직적으로 상승해 가는 곡선의 역사이다. 그에 따라 인간 정신이 점근선적으로 자연의 질서 — 자연 상을 떠받치고 있는 수직 좌표 — 에 접근해 간다. 따라서 과학이 교육자인 것처럼 역사는 인간성의 교육이 된다.

어느 시대 어느 특정 지역의 주민들에게서 발현되는 이 발전을 연구하여 세대에서 세대로 추적해 가면, 인간 정신의 진보라는 광경을 얻게 될 것이다. 이 진보는 개인의 능력 발달에서 관찰할 수 있는 것과 같은 일반 법칙을 따른다. 그리고 그것은 사회에서 연결되어 있는 다수의 개인들에게서 실현되었던 발전의 총화 이외의 아무것도 아니다.

과학이 이 발전의 방법을 발견한 이상, 인간의 완성 가능성에는 이미 한계가 없게 되었다. 왜냐하면 "정치와 윤리의 모든 오류는 철학적 오류에 근거하고 있고, 더 나아가서 이것들은 과학적 오류와 연결되어 있으며, 자연법칙에 대한 무지에 근거하지 않은 종교 체계와 초자연적 방종은 하나도 없기 때문"이다.

이 신념은 실제로 작용하기도 하는 것이다. 최근에 세계를 변모시킨 과학의 합리화의 영향력을 기술이 최초로 느끼기 시작한 것은 계몽사조에서였다. 역사가는 과학이 산업에 가져오고 있던 혁신에 관한 당시의 증거 자료를 얻으려고 할 때, 약간 어리둥절해질지도 모른다. 왜냐하면 과학은 산업혁명을 일으킨 복잡한 기술 혁신과 거의 관계가 없기 때문이다. 심경(深耕), 윤작, 코크스에 의한 금속의 용융, 방적기와 면공장, 철을 전환하는 정련 공정, 분리 응결기에 의한 증기기관의 개량 등등, 이것들은 모두 당시의 기초 과학의 성과들, 즉 박물학의 분류학, 연소 이론, 계량 결정학의 수립, 전류의 발견, 자기력 및 정전기적 인력의 제곱반비례 관계, 라그랑주에 의한 해석 역학의 정식화, 라플라스에 의한 행성 균시차의 해결과 뉴턴에 대한 옹호 등 어느 하나에도 힘입은 바가 없었다.

분명히 18세기에는 이론 과학이 산업에 제공하는 바가 거의 없었다. 적용된 것은 과학적 방법이었다. 과학자들이 산업에 눈을 돌린 것은, 여러 직업을 기술하고, 과정을 연구하고, 원리들을 분류하기 위해서였다. 디드로의 『백과전서 *Encyclopédie*』(1751~1772)는 계몽사조의 가장 유명하고 대담한 사업이었으므로, "백과전서파"와 "계몽철학자(philosophe)"는 거의 동의어처럼 되었다. 이 책은 그 자체가 산업의 박물학이었다. 그것의 부제는 "과학-기술-직종에 대한 분석 사전"이었다. 디드로의 정의에 의하면 좋은 사전은 "사고 양식 일반을 바꾸는 성격"을 가져야 한다. 검열에 따라 현저한 부침이 있었지만, 그 17권의 책은 이데올로기와 기술이라는 상보적인 것으로 가장하고 구독자들 앞에 나타났다.

기술로 하여금 이데올로기를 짊어지게 한 것은 디드로의 뛰어난 지략이었다. 후자가 지성사가들의 주의를 독차지해 왔다는 것은 당연한 일이다. 왜냐하면 프랑스 계몽사조라는 연애 장난 중에 로크와 영국 헌법에 의하여 잉태되고, 프랑스 혁명에서 정열적으로 탄생하여 근대 민주주의 통치 체제라는 실재로 성숙한 것은 진보와 자유주의 이데올로기였기 때문이다. 그런데 정치와 종교에 관한 논문에서, 이 모든 것들은 완곡하게 암시와 풍자투로 다루어지지 않으면 안 되었다. 풍자는 치안을 어지럽히며, 정당화되었을 때도 인기를 얻는 일은 없었다. 그러므로 당시에 일반인들에게 인기 있었던 것은 『백과전서』의 자유주의가 아니라, 사람들이 물품을 생산하고 생계를 유지해 가는 방법을 진지하게 다루고, 과학의 뒷받침에 의하여 사람들의 공통된 일에 품위를 주었던 기술이었다.

『백과전서』나 과학 아카데미의 일류 과학자들에 의한 엄청난 양의 산업 연구 모두 베이컨적 영감에 의한 것이었다. 그러나 그것은 교묘한 방법을 구사하여 무지한 전통의 수렁 속에서 기술과 직업을 들어올리고, 합리적 기술(記述)과 분류에 의하여 인간의 거대한 지식 체계 속에서 그것들에게 올바른 위치를 부여하기 위한 시도였다. 예를 든다면, 금속산업이 금속학의 발전에 의하여 바뀐 것이 처음에는 거의 없었다. 그들은 단순히 금속학을 이해하려는 일부터 시작했다. 그러나 원리를 이해하게 되면 공정은 개량될 것이며, 직인들이 기계 조종 원리를 알게 되면 그들의 조종 방식을 개량할 것이다. 이것은 '분류에 의한 진보'에 대한 신념의 예이며, 조화적인 교육으로서의 과학적 계몽에 대한 신념을 산업에서도 찾아볼 수 있는 사례이다. 직인의 무지와 인습에 의하여 합리적 방법이 저해된 것은 대단찮은 일이었다. 미신은 항상 합리적 비판으로써 도살해야 할 용이었으며, 그 비판이 종교와 기술로 눈을 돌리자 미신이 무지와 비밀 속에서 창궐하고 있다는 것이 드러났다. 이 공개 운동은 19세기의 진취적인 제조업자와 중세적 장인 사이의 대비를 상기시키는 면이 있다. 즉 한편에는 대담한 기술자가 있는데, 다른 편에는 큰 솥 위에 몸을 구부리고 전통적 비법에 의하여 처방된 양조물을 휘젓고 있는 비전(秘傳)과 신비를 옹호하는 옛날 고딕풍의 우두머리 장인이 있다. 콩도르세는 이렇게 말했다. "과학에 기반하여 장족의 발전을 이룩하고 판에 박힌 방법을 타파한 기술의 표(表)가 과학의 표에 덧붙여져야 한다."

이러한 사상이 연구 기관에서 구체화되었다는 사실은 그 진실성을 입증하는 것이다. 콩도르세의 과학과 이성에 대한 신뢰에는 비극이 뒤따르고 있었다. 그는 단두대를 피하면서 글을 썼다. 그러나 이러한 그도 대혁명의 "자코뱅 공포정치"에서 살아남을 수는 없었다. 이 공포정치는 프랑스의 과학 연구 기관들도 때려 부쉈다. 한편으로는 그것이 구체제의 유물이라는 생각과, 또 한편으로는 추상적 과학의 오만함, 수학의 비인간적 압정, 직인에 대한 과학자의 우월감 등에 대항하는 비속하고 감정적인 울분에서였다. 그러나 숙청은 대혁명 중 과학의 한 가지 양상에 불과했다. 왜냐하면 로베스피에르가 몰락한 후 계몽사조의 합리적 전통이 프랑스 공화국의 교육적 기초로서 제도화됨으로써, 콩디약과 콩도르세의 견해가 받아들여졌기 때문이다.

자코뱅들이 남겨 놓은 공백 상태 위에다, 집정관 정부(Directoire)는 새로운 일련의 과학 연구 기관을 설립했다. 첫번째로 고등사범학교(École normale), 다음에 에콜 폴리테크닉(École polytechnique, 고등 이공학교 — 옮긴이), 파리, 스트라스부르, 몽펠리에에 있는 새 의학 및 공예 학교(Conservatoire des arts et métiers) 등이다. 자연사 박물관(Muséum d'histoire naturelle)만 공포정치에서 살아남아 번영하였는데, 이는 식물학 및 루소 식의 자연에 대한 낭만주의적 열정에 부합되었기 때문이다. 광산학교(École des mines), 토목학교(École des ponts et chaussées), 콜레쥬 드 프랑스(Collège de France) 등의 학교도 부활되었다. 마지막으로 그 절정으로서 프랑스 학사원(Institut de France)이 창설되었다. 이렇게 하여 프랑스는 단숨에 과학 연구 기관들을 갖게 되었다. 그리고 처음으로 거기서 교수하고 연구한 세대는, 19세기 초의 프랑스의 과학적 지도력과 그 지도력의 확장을 확신하고 있었다.

그것은 수미일관된 철학에 의하여 고무된, 주목할 만한 노력이었다. 그 철학은 과학을 과학적 방법이라는 공동 개념으로 통일하였고 그렇게 함으로써 과학들이 진보의 이념을 실현하도록 제도적으로나 철학적으로 연계시켰을 뿐이다. 그래서 잠시 동안 과학은 교육적 사명의 기관으로서 조직되었던 것이다. 폴리테크닉은 교수진으로서 유례를 찾아볼 수 없을 만큼 쟁쟁한 인재를 모았다. 처음으로 학생들은 기술 교육을 받았다. 그들은 일류의 인물들 밑에서 진짜 공학 지도를 받았다. 유능하고, 열의에 불타고, 경쟁시험을 거쳐서 선발된 학생들은 오직 과학적 성과의 최전선까지 단숨에 인도된다는 의식과 공화국의 미래는(그것이 곧 인류의 미래였는데) 자기들이 어떻게 책임을 완수하느냐에 달려 있다는 말 등에 크게 격려를 받았다.

그런데 폴리테크닉은 그와 똑같은 영향을 교사들에게도 주었다. 만약 1795년에서 1805년 사이에 나온 프랑스 학사원의 연구 보고를 읽으면, 프랑스 과학은 과학 아카데미와 함께 붕괴되었다는 결론을 내리게 될지도 모른다. 그러나 이 결론은 엄청나게 잘못된 것이다. 왜냐하면 과학자들은 자기의 동료들뿐 아니라 학생들과도 의견 교환을 하고 있었기 때문이다. 폴리테크닉은 과학자를 교수로 만들었다(이것도 그때까지는 없던 일이었다). 그것은 라그랑주를 그가 10년 전에 『해석 역학』을 완성한 이래 몰두하던 것으로부터 수학으로 되돌아가게 했다. 몽쥬(Gaspard Monge)는 『도법 기하학』을 썼는데, 그것은 동시에 그의 강의를 위한 것이기도 했다. 마찬가지로 라플라스도 『우주의 체계』와 『확률론』을 썼다. 퀴비에의 『비교해부학』은 콜레쥬 드 프랑스에서 강의되었다. 라마르크는 진화론 사상을 먼저 자연사 박물관에서 강의 요지로서 말했다. 요컨대 그 당시는 체계적인 저술이 연구 보고를 대신하던 시대였다.

교육을 위하여 과학을 재조직할 필요성이 계몽사조와 실증주의 사이의 과학철학에 끼어들어 가면서, 실제 행위로의 전환, 상세한 해설의 증강, 엄밀성에의 접근 등이 도입되었다. 이로서 과학자 자신들도 방법론, 분류학, 명명법 등에 열중하게 되었다. 어떤 논문의 저자는 연구자이자 교수였는데, 그는 자신의 학문 전체에 대하여 말하려고 했다. 이것은 그가 자신의 학문을 합리적 지식의 집대성으로 변형시켜 줄 원리에 따라 설명하려는 것이었다. 권위로서 말할 뿐 아니라 주창자로서 논하는 것이 당시의 방식이었다. 이런저런 사실의 발견보다도 어떻게 원리들을 처리하는가에 따라 그의 독창성이 주장되었다. 퀴비에가 부분이 전체에 종속된다는 원리로 비교해부학의 창시자가 된 것, 몽쥬가 린네를 참고하여

면(面)을 분류한 것, 비샤가 조직을 분류하여 조직학을 창시함으로써 생리학 교육에 해부를 도입한 것, 베르톨레가 정역학을 들여다보면서 평형상에서의 화학적 질량들에 대하여 탐색한 것 등이 그러한 예이다.

이처럼 그 영향력과 작용 범위는 놀랄 만한 것이었다. 프랑스의 이 합리화 운동을 계몽사조의 최후 진격이라고 불러도 과장은 아닐 것이다. 이것에 의하여 계몽사조는 그것이 발생한 곳으로 되돌아가서, 볼테르 시대에 그것이 과학적 문화에 진 빚을 갚았던 것이다. 통일성이 과학적 노력에 부여되었는데, 이러한 일은 앞으로 다시 일어나지 않을 것이었다. 그러나 분석적 방법의 보편성은 정말 그 방법이 반대하려 했던 일종의 어의적 환영 자체에 입각하고 있었다는 것은 의심할 여지도 없다. 라그랑주에게 대수학적인 과정인 것이 린네에게는 단순한 분류학에 불과했다. 그러나 이 난점은 비교의 방법을 사용하여 의사소통이 전문화되는 것을 막은 상호 존중과 일종의 관용 덕택에 은폐되었다. 원칙적으로는 프랑스 대과학자들 중 어느 누구도 자기의 전문 분야로 시야를 제한시킨 사람은 없었다. 생리학에서 도덕 철학을 창시한 카바니스(Cabanis)는 이렇게 말한다. "모든 기예(art)와 모든 과학이 하나의 공동체를 형성하고, 분할할 수 없는 전체를 이루고, 한 줄기에서 나온 가지로서 공통의 뿌리로 연결되고, 더구나 그 과실에 의하여 인류의 진보와 행복이 창출된다는 생각은 참으로 웅대하고 아름다운 것이다."

*

그렇다면 낭만주의는 무엇인가? 주지하는 바와 같이 이 프로테우스처럼 변화무쌍한 정조(情調)가 계몽사조라는 동전의 반대쪽 면을 차지하고 있다. 이것을 정의하려 했던 대군(大軍)의 학자들은 세르보니스 늪을 통과하여 아자론 골짜기로 들어섰다(진퇴유곡에 빠졌다는 뜻 — 옮긴이). 버크와 셸리가 모두 낭만주의자라는 것은 분명한데, 한 사람은 귀족주의의 사도이고 또 한 사람은 인간성의 사도이다. 이와 같은 모호함은 블레이크와 칼라일, 보나로티(Buonarotti)와 메트르(Maistre), 셸링과 피히테에 대해서도 적용할 수 있을 것이다. 언제나 관망자였던 콜리지(Coleridge)는 처음에는 프랑스 혁명을 열광적인 급진주의자의 눈으로 바라보다가, 결국에는 손으로 눈을 가린 채 공포에 가득 찬 반동의 눈으로 바라보았다. 나폴레옹과 로베스피에르, 독수리와 공론가 가운데 어느 쪽이 진짜 낭만주의자일까? 아무리 많은 예를 들더라도 해답은 나오지 않는다. 정치, 철학, 문학의 역사에서 그 이상 전진하기 어려운 이유는 이 분야들이 낭만주의의 과실을 품고만 있기 때문이다. 그 뿌리는 깊이 인간의 자연 인식에까지 들어가 있다. 따라서 이 문제를 분명히 밝힐 수 있는 것은 과학의 역사일 것이다. 이것은 자연에 관한 사상을 다루기 때문이다. 이 사상들은 그것들이 가치에 관한 것이 아니라 사물에 관한 것이기 때문에 명확한 정의가 가능하다. 더구나 이 문제를 일반적으로 취급할 때, 빠뜨릴 수 없는 특수 사례로서 과학사가 앞에 나타나는 사람이 있다. 그것은 모든 낭만주의 정신 중 최대의 정신 괴테이다. 과학사상가로서의 괴테에 대하여 무엇이라고 말하면 좋을까? 또 계몽사조의 한 인물로서는?

괴테는 한편으로는 비교해부학 분야에서 부정할 수 없는 발견 — 인간의 간악골(間顎骨) — 을 했다. 그의 식물의 변태에 관한 연구도 중요한 것으로서, 생물학자들은 그것을 진지하게 취급해 왔다. 그러나 또 한편 뉴턴에 대한 반론, 색채 이론을 뛰어넘어서 뉴턴의 자연철학 전체에 걸친 반론은 지독한 시대착오이다. 그 자체가 그럴 뿐 아니라 이것이 뉴턴적 정신에 의하여 고취된 것처럼 보이던 세기의 마지막에 나타났다는 것, 또한 계몽사조의 아니 적어도 독일 계몽사조(Aufklärung)의 정수로 여겨지고 있던 인물에서 나타났다는 사실이 시대착오인 것이다. 그가 죽기 조금 전인 1829년에 그는 에케르만(Eckerman)에게 이렇게 말했다. "시인으로서 내가 한 일에는 특별히 자랑할 만한 게 없다. 내가 살아있는 동안에도 뛰어난 시인들은 있었다. 나 이전에 위대한 시인들이 무수히 많았고 앞으로도 그럴 것이다. 그러나 색채라는 어려운 과학의 진리를 알고 있는 사람은 이 세기에는 나 혼자뿐이다. 나는 그것을 상당히 자랑스럽게 여기고 있으며, 바로 여기에 내가 타인들보다 우월한 점이 있다고 생각한다."

장 자크 루소(Jean Jacques Rousseau: 1712~1778)의 백과전서적 정신에 대한 반역에서도 낭만주의를 해석하는 열쇠는 발견할 수 없다. 1749년 여름 투옥된 디드로를 위로하기 위해 『메르꿰르 드 프랑스 Mercure de France』를 훑어보며 방센느 쪽으로 난 먼지투성이 길을 가던 루소는, 디종(Dijon)의 아카데미가 현상 공모한 논문 제목 "과학과 기술의 진보는 도덕을 부패시켰는가, 향상시켰는가?"를 보고서 대단히 흥분하여 목적지에 닿았을 때는 "일종의 정신 착란이라고 할 수 있는 상태"에 있었으며, 교양 있는 지성인에 대항하여 십자군을 일으킬 결의를 했다. 그렇기는 하지만 낭만주의의 기원을 탐구하려면 이 루소의 경험보다 더 광대한 경험을 구해야 한다. 괴테의 경우에는 머리에 대항하는 가슴의 반역 이상의 심각한 그 무엇이 있었다. 괴테는 볼테르에 대한 루소의 반역을 볼테르의 선생 뉴턴에 대한 반혁명으로 단순히 확장한 것이 아니다. 루소 자신은 18세기의 객관적 과학 정신에 대하여 체계적으로 적의를 표하지 않았다. 루소의 경우는 보다 받아들일만한 과학에 대한 전망—또는 기억—을 가지고 있었다기보다는 편집광이 간헐적으로 짜증을 낸 것이었다. 예를 들어 아마추어 식물학자로서의 루소가 린네의 분류 방법을 좋아했다는 것은 중요한 사실이다. 대인관계에서 그토록 까다로웠던 인물이 특정한 자연의 산물을 고정된 형태의 범주에 맞추어 넣는 데는 아무런 저항감도 느끼지 않았던 것이다. 괴테의 경우는 이렇게 왔다갔다하지 않았다. 그에 있어서 린네의 방법에 따르는 것은 심각한 굴욕이었다.

그 굴욕이 얼마나 심각했는가를 이해하기 위해서, 우리는 루소가 방문했던 더니 디드로(Denis Diderot: 1713~1784)를 연구해야 한다. 디드로야말로 그 표현에 있어서는 낭만주의만큼이나 다양한 인물이며, 철학자들 중에서도 콩디약과 함께 가장 중요한 인물이다. 여기서 인물과 행동 각각이 합리주의나 낭만주의 가운데 어느 한쪽에 들어맞지 않는다고 해서 혼란이 초래된다고 말할 필요는 없다. 오히려 모든 것이 정도의 차이는 있지만 합리주의와 낭만주의를 모두 가지고 있다고 하는 편이 낫다. 예를 들어서 참으로 합리주의와 실증적 방법에 의해서 이루어진 디드로의 『백과전서』에도 서민성과 감상주의라는 정반대 요소가 함축되어 있다. 그것은 노동의 존엄성을 역설한 기독교의 가르침이 세속화한 것인데, 겸양과 진리를 보통 사람들이 종사하는 일 — 즉 과학이 아니라 기술 — 에 있는 것으로 이야기하며, 과학자가 이론에 의하여 모호하게 만드는 것을 장인(匠人, artisan)은 실제로 알고 있다고 아첨하는 점에서 베이컨적이다. 디드로의 저술 어디에서도 그러한 면을 엿볼 수 있으며, 또한 이것은 자연인의 몇 가지 측면을 찬양하고 있다. 그 이상의 표면적 일관성을 찾아나서서는 안 된다. 디드로는 합리주의 정조나 낭만주의 정조 어느 한 쪽에 해당한다고 말할 수 없다. 양쪽 모두이기도 하며 또한 그 어느 쪽도 아니다. 디드로는 지적이고 호색적이고 감각적이고 세련되고, 비판적이고 감상적이고 인간적이고 근면하며 유머러스했으나, 그 자신의 눈으로 보았을 때 그 무엇보다 도덕적인 사람이었다. 그는 자연 일반의 결백함과 특히 그 자신의 특수한 자연(nature, 즉 본성 — 옮긴이)의 결백함을 확신했으며, 이 둘 사이의 일치에 의해 주어진 기회의 결백함을 확신하였다.

『숙명론자 자크』에서 디드로는 이 피카레스크한 주인공의 성격에 관하여 "물리적 세계와 도덕적 세계의 구별이 그에게는 무의미한 것처럼 보였다"라고 말했다. 이 말은 하나의 테마를 내포하고 있는데, 이것은 디드로의 자연철학의 주제이다. 더 나아가서 이것은 근대 과학이 처음으로 문화와 마주친 계몽사조 시대에 디드로가 쓴 낭만주의의 기본 주제이다. 계몽사조 중 물리학에 대한 이 낭만주의적 응답은, 도덕적·의식적으로 전우주적인 과정에 참여하려는 인류의 열망과 과학 사이에 존재하게 마련인 긴장의 아마도 가장 중요한 발현인 것이다. 이 열망은 갈릴레오 이후의 과학에 의하여 기술된 자연과는 다른 자연을 요구한다. 그것은 운동을 관찰하고 양을 측정하는 과학의 원자론적 자연도 아니며, 형상을 분류하고 목표를 설정하는 과학의 아리스토텔레스적 자연도 아니다. 그것은 오히려 스토아적 자연이다. 여기서 과학은 활동성을 식별해내고, 과학의 대상은 자연에서 생겨나는 덕(德, virtue)이며, 질서의 원천은 전우주적인 인격이다.

뉴턴의 세계는 덕에 대하여 아무런 자리도 주지 않는다. 마치 헬레니즘 시대에 에피쿠로스 학파가 원자와 진공이라는 사형 선고를 내린 것에 대하여 스토아 학파가 자연의 동적 통일성을 역설했던 것처럼, 계몽사조의 낭만주의자는 뉴턴적 "입자 철학"에 대항하여 고대의 원자론적 동역학에 대한 반박을 되불러오는 것처럼 보인다. 아마 18세기에 스토아 학파는 로마의 스토아 학파, 특히 세네카를 통하여 알려져 있었을 것이다. 세네카의 시민의 덕과 의무에 대한 강조는 공법(公法, res publica)이란 고귀한 감각에 크게 호소했다. 원로원 의원이자 귀족인 몽테스키외는『법의 정신』에다 스토아주의를 불어넣었다. 디드로의 자연철학을 고찰하기에 앞서서, 잠시 이 최후의 그리스 학파가 내세운 주요 사상을 회상하는 것도 의미 있을 것이다. 이 학파의 자연 인식은 과학의 옷을 입고 변모된 모습으로 오늘날 우리 서구에 계승되고 있다.

이 학파의 개념들은 신화와 전설에 담겨있는 자연력의 표상 ― 유사 이전부터 전해내려 오는 ― 에서 유래한다. 스토아 학파의 물리학은 이 전승을 과학과 철학으로 높이고, 세계를 유전(流轉)과 불로 보는 헤라클레이토스의 우주관과 그 전승을 결합하려는 시도였다. 스토아 학파에 있어서는 사물에서 존재론적 의의를 가지고 있는 것은 물질이 아니라 언제나 활동이다. 우주의 활동 원리이자 이것을 묶어내어 통일체로 만들어내는 것은 영(spirit)의 호흡인 뉴마(pneuma)인데, 이것이 세계를 하나의 동적 전체로 결합한다. 세계에 대한 뉴마의 관계는 동물에 대한 생명의 관계와 같으며, 따라서 그것은 세계의 생명이다. 그러나 엄밀히 말하면, 우리는 뉴마가 무엇인지 결코 말할 수 없다. 스토아 학파의 형이상학은 생성을 다루지 존재를 다루지 않는다. 스토아 학파의 논리는 논거를 명사에 놓지 않고 동사에 놓는다. 우리는 단지 뉴마가 무엇을 하는가 만을 말할 수 있다. 무엇보다도 먼저 뉴마는 물질을 결합시켜 — 그렇지 않으면 물질은 수동적이고 분화되지 않은 재료에 머무를 것이다 — 여기에 항구성과 안정성을 부여한다. 성적 자극이 동물의 발기 조직에 스며드는 것처럼, 그것은 흥분의 동인으로서 물질에 삼투한다. 그것은 근육의 신축성이고, 고무 밴드의 신장이다. 그러나 자연의 통일을 창조하기 위하여, 뉴마는 스스로 단순성을 포기해야 한다. 그것은 결합할 뿐만 아니라 분화도 한다. 에피쿠로스 학파가 원자의 형 및 배열이라고 생각했던 물체의 성질이, 스토아 학파에서는 뉴마에 의한 삼투 상태가 된다. 스토아 학파에게는 자연의 경계란 없다. 결합은 병렬하여 접합하는 것으로부터는 결코 일어날 수 없으며, 단지 완전히 합일하여 융합됨으로써 가능하다. 변화는 전체를 꿰뚫는 변형이며, 단순한 부분들의 재배열은 변화가 아니다.

간단히 말해서 스토아 학파의 세계는 인과율과 공감이 함께 지배하는 동적 연속이다. 엄격한 인과율이 자연의 통일 속에 내포되어 있다. 스토아 학파의 교설에서 그것은 운명 또는 숙명이란 외관으로 가장한다. 그리고 이것은 인과율과 섭리의 화해, 즉 그것들의 동일성을 인정했다(왜냐하면 스토아 학파의 경향은 언제나 통합적이기 때문에). 거기에서 섭리란 종속적인 아리스토텔레스적 목적들이 서로 충돌함으로써 쉽게 타락해가는 변덕스러운 섭리가 아니라(분명히 기독교의 자연 신학에서는 타락한 것이었다), 자기의 마음을 완전히 알고 있는 고매한 섭리이다. 이 교설에 따르면 지각이란 사물을 꿰뚫고 지나가는 참 성질이 오관에 침투되는 것이다. 따라서 그것은 세계의 위대한 생명의 유전과 과정 속에 있는 의식에의 참여이다. 같은 이유로 지식은 자연의 진리에 의한, 즉 참과 선(善)에 의한 혼의 계발이다. 그러나 스토아 학파의 학설에는 민주주의적 의미도 내포되어 있었다. 그것은 계몽사조에 대한 호소력의 면에서 볼 때, 세네카의 시민적 덕이란 완고한 교훈만큼 명확하지는 않았지만, 더 통속적이고 훨씬 더 알기 쉬웠다. 평범한 이해력으로도 진리를 얻을 수 있기 때문이다. 스토아 학파의 현자는 탐구자가 아니라 교사인데, 그는 만인 공통의 생각을 분별해내고, 자연으로부터 행위의 법칙을 설정하며, 우주와 인격체, 즉 대우주와 소우주 사이의 교감과 조화를 찾아낸다.

*

18세기에 이 더욱 심오한 의미의 자연에의 접근은 화학에서 먼저 시작되었다. 그것은 물질의 개념을 심도 있게 하고, 물리학의 위치와 차원 이외의 모든 속성을 박탈해 버린 물체에 그 속성들을 회복시켜 주려 했다. 그러나 여기서 명확히 밝혀 두어야 할 것은, 그것은 오늘날의 화학과는 다르다는 사실이다. 라부아지에와 프리스틀리를 논할 때 취급하는 본격적인 화학이 아니라는 말이다. 오히려 그것은 자연과 교감하는 작업 양식이고, 지금은 완전히 잊혀진, 그리고 과학에 관한 한 잊혀지는 게 당연한 예스럽고 공감적인 화학이다. 운동하는 물체를 다루는 물리학에 대하여 말할 때 우리는 "물체"라는 말이 원래는 조직 — 내부의 물질적인 조직, 화학도 생물학처럼 당연히 다루어야 하는 조직 — 을 의미했다는 것을 잊고 있다. 그렇기는 해도 "생물학"이란 말은 아직 발명되지 않은 상태였고, 유기체라는 개념은 세계로서가 아니라 개체로서 생존하고 있는 것에 한정되어 있었다.

  디드로의 『백과전서』에 있는 화학에 관한 항목은 아주 색다른 논문이다. 그것은 브넬이 썼다. 그는 새로운 파라켈수스(Paracelsus: 1493~1541, 유명한 연금술사·의사이자 의화학醫化學의 창시자 — 옮긴이)의 출현을 기원하는데, 그는 자연을 이해한다고 자임하는 기하학을 화학으로 대치하여 참으로 자연을 이해하는 과학으로 만들 사람이다. 이 신-파라켈수스(neo-Paracelsus)는 물리학을 뛰어넘어 통찰할 수 있는 기술적(技術的) 시야를 타고나게 될 것이다. 또 그는 뉴턴 이전의 철학자들과 같은 정신을 가질 것이다. 그들은 "자연을 지금보다 더 잘 보았다." 왜냐하면 "자신만만한 운동 법칙에다 자연을 적용하는 데 실패하면 자연이 우리에게는 당장 모순이 되어버리는 반면, 그들에게는 자연과의 공감과 교감이 유일한 현상이기 때문"이다. 비교를 계속하자면, 물리학은 피상적인 반면 화학은 심원하다. 물리학은 물체들의 조야한 외적 특성들을 측정하는 데 반해 화학은 본질을 통찰한다. 물리학은 추상과 진리를 혼동하고 있다. 사실을 구하는 사람에게 물리학은 하나의 정리로 답한다. 물리학자는 이 정확한 이론에 도달하기 위하여 엄밀하게 계산한다. 그리고 나서 실험으로 그것을 확인한다 — 단지 "근사적으로." 화학자는 계산으로 자신을 기만하지 않는다. 오히려 화학자는 그의 이론을 "실험적 본능"에 의하여 이해한다. 화학자의 경우에 근사적인 것은 이론 쪽이다. 그러나 그의 겸허함의 보답으로, 자연과의 부합은 정확하다.

  그렇다면 문제는 자연에 있어서 존재의 구조일 수밖에 없다. 실재의 구조는 입자론적인 것이 아니기 때문에, 역학은 화학자로 하여금 사물의 핵심을 파악케 할 수 없다. 화학의 가장 중요한 공적은 원자론을 무력화한 데 있다. 화학은 원자론이 존재론적 관심을 기울이지 않는 덩어리들을 받아들였기 때문이다. 이리하여 화학은 뉴턴의 비현실적 추상을 벗어나서 경험적 방법을 마련한다. 사물에 있는 성질은 우리의 감각, 즉 실재를 향한 창에다 인상을 남긴다. 이 실재는 덩어리에 있는 것이 아니라, 활동으로서, 성질의 담지자로서, 그리고 감지된 효과의 동인으로서 세계에서 활동하는 원리들(principles)에 있다. 그러므로 노랑, 생명, 불 같은 존재를 부정하는 물리학자는 주제넘은 것임에 틀림없다. 그것들은 물리학자의 영역에는 발을 들여놓지 않는다.

물리학자는 질을 연구하지 않으며, 화학자는 양을 연구하지 않는다. 브넬(Gabriel Venel: 1723~1775)은 보일을 물리학자라 하여 배척했다. 화학자의 작업은 그와는 다른 것이 될 것이다. 그의 실험실에서는 무게나 크기를 재는 광경을 볼 수 없을 것이다. 물질의 화합과 분리는 그 상호 침투 상태로서 화학자의 관심을 불러일으킨다. 덩어리끼리는 서로 화합하지 않는다. 단지 모일 뿐이다. 화합하는 것은 원리들뿐이다. 따라서 화학자는 덩어리(mass) 안팎에서 작용하는 모든 현상, 즉 비등과 증류, 증발과 응축, 희석과 팽창, 탄성, 연성, 전성, 유동성 등에서 그의 실험실을 순환하는 "자연의 생명"을 감지할 것이다. 이 이미지는 자연에 내면(inside)가 있다는 파우스트적 감각으로 가득한 깊이까지 넓어지고, 거기서 융합한다. 그 이미지에 초자연적인 것이란 아무것도 없다. 그것은 영적 세계의 화학도 아니다. 오히려 살아있는 세계의 화학이다. 브넬은 항상 이성의 눈으로 실험실에서 이뤄지는 발효로부터 동물의 소화를 거쳐 광물을 품고 있는 저 깊은 대지까지 두루 살펴본다. 대지의 광대무변한 모태에는 자연의 통일이 깃들어 있다. 그가 역설한 실험실의 화학자는 거의 히포크라테스적이다. 그는 도구를 솜씨 있게 구사한다. 그의 손놀림은 우아하다. 난폭하게 분석하고 작열케 하며 파괴하는 자는 물리학자이다. 화학자는 분석하지 않는다. 그는 헤아려 안다.

그러므로 화학자의 세계가 연속체라는 것은 자명하다. 그의 과학은, 데카르트주의로부터 기하학을 그것의 명석한 관념과 함께 벗겨낸 것이다. 뉴턴적 자연의 빈곤을 다시금 충만케 하기 위하여, 이 과학은 활동으로 고동치는 세계의 내부를 관찰한다. 입자간의 만유인력 대신 브넬은 물질의 기본적 성질이 만유 혼화성(混和性)이라는 것을 발견했다. 화학은 자연과의 친화 이상의 그 무엇이다. 그것은 누구의 손에라도 닿을 수 있다. 그것은 만인의 과학, 즉 가난한 사람의 공작적(工作的) 형이상학이다. 숙련 속에 참된 지혜를 간직하고 있는 직인은, 그 형이상학에 의하여 자존심을 손상시키는 수학의 추상으로가 아니라 자신의 손으로 실재를 다룬다. "화학은 이원적 언어를 말한다. 즉 통속의 언어와 과학의 언어를." 이 모든 것이 무난한 것처럼 보였는데, 갑자기 『백과전서』로부터 그야말로 변덕스럽고 천한 목소리가 깜짝 놀랄 만한 문장으로 튀어나온다. "Parlez plus bas," 수리 물리학자는 이 소리를 듣는다. 즉 "입 닥쳐! 석탄 운반꾼이 당신 소리를 들으면 웃다가 자빠져 죽을 거야!"

『자연의 해석에 관한 소견』에서 디드로는, 이 화학자들의 과학이 정확한 실험 기술로 자연을 다루는 것을 보여주는 뛰어난 예라고 말한다. 그러나 지각능력과 유기체는 좀더 우아한 베일을 짠다. 디드로는 그의 명료한 실재의 개념을 활동의 연속체에서 이끌어 내어, 그것을 화학으로부터 더욱 그럴듯한 박물학의 용어로 전환시켰다. 그리고 그것을 시간의 흐름에다 진수시켜서, 다윈의 의의가 충분히 인식되기까지—즉 극히 최근까지—생물학적 사고를 지배한 관념론적 견해를 만들어 냈다. 그 논문 서두의 몇 개 절은 수학의 쇠망이 가까움을 예언한다. 이것은 뉴턴주의의 찬란한 매력에 눈이 어두워진 사람들에게 원래의 시야를 회복해 주려는 사람의 순간적인 열광으로서, 또 앞으로 도래할 생물학의 시대를 선견적으로 묘사한 과도기적 과오로서 너그럽게 용서되곤 했다. 그런데 종종 디드로는 이렇듯 가볍게 말했지만, 실제 그의 뜻은 추상적인 개념화를 완전히 부정하는 것이었다.

그의 수학에 대한 부정은 근본적인 것이었다. 그는 수학이 형이상학적, 역학적, 도덕적 등 모든 근거에서 참된 과학 언어라는 주장에 반대했다.

수학이 이상화되는 것은 정당하지 않다. 그것은 물체로부터 지각 가능한 성질들 — 물체는 이 성질들 속에서만 경험적·공감적 과학의 대상으로서 존재할 수 있는데 — 을 박탈함으로써 사실을 왜곡한다. 수학은 물체를 측정하는 것이 그것에 생기를 주는 활동을 이해하는 것이라고 잘못 생각함으로써, 역학을 하찮은 기술(記述)로 만들고 말았다. 무엇보다도 나쁜 것은, 수학적 정신이 황폐함의 근원이라는 것이다. 무미건조와 순환 논법으로 전락한 이 학문에 의해 인간적인 감수성이 둔화되지 않은 수학자는 행운이겠지만, 그런 사람은 드물다. "가르침과 즐거움을 주기"를 그친 학문은 어떤 학문이라도 그럴 것이 틀림없다. 일단 나태한 호기심이 충족되고 진기함이 사라지면, 단지 교화력만이 학문을 존속시킬 것이다. "박물학마저도 예외는 아니다." 라고 디드로는 말한다.

더욱 험악한 징조로서, 아마 그의 화학 연구 때문이겠는데, 디드로는 더 격한 어투를 계몽사조에 되돌려 준다. 이것이 이후의 낭만주의 운동 전체에 울려 퍼진다. 수학은 몰인정보다 더 나쁘다. 그것은 오만하다. 어떤 의미에서는, 긴 나눗셈이나 미적분 이상의 어딘가에서 자기의 수학적 한계를 느낀 적이 있는 사람이라면, 추상의 감추어진 아름다움에 의하여 일어나는 어쩔 수 없는 분노를 틀림없이 알고 있을 것이다. 그런데 디드로 자신의 수학적 능력은 결코 얕볼 만한 것이 아니었다. 종속적인 사항에 관한 정밀한 도구로서의 수학의 가치를 그는 충분히 인정하고 있었다. 그의 수학에 대한 고발은 진기하고 흥미로우며, 단순한 짜증이 아니다. 수학이란, 유한한 지성이 그것으로써 무한의 길이를 재려는 학문이다. 그런데 자기 능력 밖의 것을 동경하는 인간은, 고전적으로는 불손의 죄, 기독교적으로는 오만의 죄를 초래하게 된다. 무한한 우주를 예상하는 것은 언제나 과학을 인간적인 것으로 만들려는 사람들을 당황하게 만들었다. 그러나 디드로는 무한에 관하여 고민하는 파스칼이 아니었다. 우리는 지금 18세기에 있는데, 그는 감탄을 자아낼 정도로 냉담하게 응답한다. 그는 무한에 대해 간단히 무관심으로 처리한다. 우리는 지식과 미지의 무한한 것 사이에 경계를 설정하기 위한 어떤 판정 기준을 필요로 할 것이기 때문에, 무한에 흥미가 있을 리 없다. "몇 세기 후에 실험 과학에 한계를 설정하게 될 것은 유용성일 것이다. 수학은 지금 막 그렇게 될 참이다." 그래서 디드로는 과학으로 하여금 인간성을 확고하게 둘러싸게 함으로써, 어떤 의미에서는 정신을 유한한 우주로 복귀시켰다고 할 수 있다.

디드로의 자연에 관한 저작의 형식은 개요를 거칠게 모아놓은 것이 아니다. 『달랑베르의 꿈 Le Rêve de d'Alembert』(1769)에서는 뛰어난 수학자가 무의식 상태에서 거의 착란에 빠져 있다. 그 상태에서 달랑베르는 진리를 말한다. 그러나 그것을 쉽게 예측하고 즉시 진리라고 알아차릴 자가 누구겠는가? 그와 대화하는 사람은 의사다. 우리 모두의 곁에서 몸을 굽혀 우리를 바라보고 있는 인간 본성이란, 배경을 가로 질러서 자연을 조망하고 언제나 해답을 알고 있는 보편 의사이다. "바라보고 있는 의사와 꿈꾸고 있는 철학자 사이에는 차이가 없다." 『자연의 해석』이 형식을 명확히 갖추지 않았다는 것이, 인간과 자연의 융화를 전달하는 데에는 오히려 더 적절하다. 그것은 의식의 흐름으로서, 실험적 기예에 대한 공상으로서, 자연의 과학으로 가는 진짜 도정으로서 씌어진 것인데, 세 가지 대상 — 존재, 성질, 용도 — 을 향해 움직여 나아간다. 세 가지 대상, 그러나 단 하나의 목적 — 디드로의 자연철학 속에서 탐구하는 저 젊은이는 어떤 사람일까? "나보다 유능한 사람이 그대에게 자연의 힘을 가르쳐 줄 것이다. 나는 그대 스스로 하라고 말하는 것으로 족하다."

그러므로 디드로는 자연을 알기 위하여 자기 자신을 연구한 데카르트와는 정반대이다. 디드로는 화학 강의를 듣고, 뷔퐁을 읽고, 자연을 연구한다. 자기 자신을 알기 위해서다. 그런데 의사소통은 직접적, 즉 경험적이다. 그것은 수학으로 속이지 않는다. 의사소통은 그대신 정교한 기능에 의하여 거짓을 만들어 낸다. 그리고 이것이 『백과전서』에서 기술(技術)은 뉴턴 정신의 표현—말하자면 과학의 표현—이라고 한 해석을 복잡하게 만들어 놓는다. 디드로에게 진리는 화학자들에게서와 마찬가지로 누구의 손길도 닿을 수 있는 것이다. 그리고 베이컨의 주장처럼 올바른 방법의 의의는 천재가 필요 없고 보통 사람들로도 충분하다는 데 있다. 자부심으로 가득 찬 천재는 자연과 보통 사람들 사이에다 수학이라는 난삽한 막을 치기 좋아한다.

진리 가운데는 도저히 "보통 사람들의 손길"에 닿을 수 없는 것도 있다는 사람들의 말은 틀린 얘기다. 분명히 범인은 쓸모 있을 것 같지 않은 것에 대해서는 그 가치를 인정하지 않는다. 이 점에서 그들이 본 것은 옳다. 아니 오히려 보지 못한 것이 옳다. 오직 경험 철학만이 "순진무구한 연구"다. 그것은 정신의 예비 조종을 필요로 하지 않기 때문이다. 묵묵히 아무 지도도 받지 않으면서 실험하는 가운데 생기는, 실제로 재료를 다루는 습관은 가장 거친 작업을 하는 사람 속에서도 영감과 같은 직관력이 생기게 한다. 손의 숙련된 솜씨는 일종의 "탐지하는(subodorer)" 능력을 준다. 그러나 이 힘을 가지고 있다는 것을 어떻게 알 것인가? 자기 자신이 옳다는 것을 어떻게 알 것인가? 만약 비유가 허용된다면, 그것은 신의 은총에 대한 자각 같은 것일 게다. 그것은 덕과 같다. 그것은 진리에의 참여이다. 그것은 우리 자신 속에서, 우리 자신의 자연과의 친교에서, 아니 친교 이상인, 자연과의 연대에서 깨닫는 것이다. 이러한 가슴 속에서는 과학과 자연은 하나—거대한 유기체의 실재가 작은 유기체의 물질적 의식 속에서 흘러넘치고 있는—이다. 따라서 과학의 무기는 자연으로부터의 수학적 추상이 아니라 자연으로의 도덕적 통찰이다. 과학자는 자신이 정한 공식을 자연의 규칙으로 정해놓는 주제넘은 짓을 함으로써, 간결한 것은 그의 자연법칙이 아니라 그 본질적 통일 속에서 존재하는 자연 자체라는 사실을 자신과 타인에게 모두 감춰버린다.

자연은 그 요소들의 결속이지, 단순한 집합이 아니다. 그렇지 않으면 철학은 존재할 수 없다. "전체라는 관념 없이는 철학이라는 것도 없다." 그러므로 디드로는 분할이 아니라 연속성에 흥미를 쏟을 수밖에 없다. "분할은 형상의 본질과는 양립할 수 없다. 왜냐하면 그것은 형상을 파괴하기 때문이다." 그가 분자에 관하여 말할 때, 그것은 그 존재에 관해서 말하는 것이 아니라 그 순간성에 관해서 말하는 것이다. 유전학에서 디드로는 동물들이 천지창조 시에, 지금에 이르기까지의 모든 세대를 완전히 형성된 상태로 담고 있었다는 꿰맞추기(emboîtement) 식의 생각을 배격한다. 그런데 디드로가 받아들일 수 없었던 것은 그것의 신학적인 함축뿐만 아니라 원자론적 함축에도 있었다. 자연은 한계를 모르기 때문이다. 남성은 여성 속에 존재하며, 그 역도 가능하다(그의 저작 도처에서 보이는 자웅동체성雌雄同體性, hermaphroditism에 대한 기이한 매혹이 여기서 유래한다). 광물은 광물과 융합한다. 한 생물종의 성질은 어느 정도 다른 종에도 침투한다. 광물 자체도, 식물이 광물을 영양분으로 삼고 또 이 식물이 동물에게 영양분이 되는 연쇄를 통해 살아있는 물질 속으로 융합된다. 각 동물들은 촘촘한 편인 조직이 현실로 발현되는 소용돌이다. 그것은 시간을 따라 흘러내리는 생명력 있는 액체의 흐름을 따라 자연의 모태로부터 탄생한, 근본적이지만 비연속적인 단위이다. 심지어 물리학들도, 지속적이며 전파되는 것—예를 들어 공명, 불, 전기, 세찬 증발, 솟구치는 파도 등—에 좀더 주의를 기울이게 될 것이다. 디드로는 또 입자론 물리학자의 만유인력을 대체할 것을 가지고 있었다. 그것은 만유 탄성이다.

"Tout change: tout passe: il n'y a que le tout qui reste—만물은 변화하고, 만물은 움직인다. 전체 외에는 아무것도 머무르지 않는다." 디드로는 이 통일상을 표현하기 위하여 두 도식을 사용한다. 그 중 두번째 것이 더 친근감이 든다. 그것은 광대한 폴립(polyp, 산호와 같은 동물로서 수없이 많은 개체들이 모여 하나의 큰 군락을 이룬다—옮긴이)으로서의 우주인데, 시간은 그것의 생

제5장 과학과 계몽사조 227

명의 전개이고, 공간은 그것이 깃들고 있는 곳이며, 점진적인 변화는 그것의 구조이다. 이 폴립은 보편적 감수성과 진화라는 상생적 관념을 담고 있다. 디드로는 우주의 연속적 발전을 우주적 시간의 분할불가능성의 결과로 취급한다. 그러나 그의 시간은 — 그의 자연철학 전체와 마찬가지로 — 생물학적 주체성의 시간이지 결코 차원으로서의 시간이 아니다. 이는 역사주의와 일치되는 점이지만, (곧 밝혀지듯이) 다윈 학설의 조짐을 보이는 듯한 기미는 거의 없다. 따라서 이보다는 디드로의 첫번째 은유가 더 중요하다. 그는 꿀벌 떼에 관하여 말한다. 우주의 결속은 사회적이기 때문이다. 이 사회적인 곤충은 온 우주적 규모의 통일을 알고 있다. 그들 사이에서는 사회법칙이 곧 자연법칙이다. "악인만이 고독하게 살아간다." 이것은 디드로가 루소에게 그들의 슬프고도 성난 이별의 순간에 한 말이다. 이 사회적 자연주의는 고대 물활론으로 복귀하는 것보다 더 전체와 부분, 일(一)과 다(多) 사이의 조화 — 자유주의자에게는 우려할 만한 일이겠지만 — 에 대한 선견(先見)을 가지고 있다.

*

　진정, 디드로는 이 학문이 아직 생물학(biology)이란 이름을 갖지 않고 있을 때부터, 이 학문의 스피노자였다. 아니 뉴턴이었다고 할 수도 있다. 그의 학문은 정확성에 대한 여성적 혐오나 자연 속에 있는 신에 대한 영적 감각이 아니라, 숙명론자적인 유기체의 철학이었다. 디드로는 이것을 도덕 철학으로 바꿔버리기 위하여 이 학문의 핵심에 파고들려고 했다. 디드로의 명석한 눈을 통하여 저 옛 자연관을 회고해 보면, 뉴턴 과학의 세계상에 대해서 괴테(Johann Wolfgang Goethe: 1749~1832)가 보인 반응 — 마치 델포이의 신탁처럼 본질적으로 시인다운 — 을 이해할 수 있게 된다. 괴테는 그 자신 인간이기는 했지만, 저 비극적인 숫자 이야기에 의해 초래된 인간 상실을 단순히 슬퍼하지만은 않았다. 그는 그것에 대하여 무엇이든 하려고 했다. 그는 파우스트 전설과 "노스트라다무스가 자필로 쓴 『신비에 관한 책』"의 마법뿐만 아니라 ─ "그대 끝없는 자연이여, 어떻게 그대를 내 것으로 만들 수 있는가?" ─ 간악골(間顎骨)과 식물의 변태(metamorphosis)와 "빛의 여러 작용과 고뇌"로서의 색채 이론까지 이용하여 꿈을 다시 채우려고 했다.

식물학은 가장 접근하기 쉽고 위안을 주는 과학이다. (이 점에서는 루소를 본받아) 괴테도 식물에서부터 시작했다. 그는 린네의 책을 집어 들고 바이마르 주변을 돌아다니면서, 그의 눈에 들어오는 식물을 어떻게 분류해야 할 것인지를 공부했다. 그러나 정적인 형태를 하나하나 조사하는 것은 괴테에게 맞지 않았다. 분류학은 그에게 어울리지 않았던 것이다. 나중에 그는 린네에게서 셰익스피어와 스피노자 이외의 어떤 사상가보다도 많은 영향을 받았다고 말했다(괴테도 역시 유전과 과정 속에, 즉 기계론적 우주가 아니라 유기체적 우주 속에 깃들여 있는 운명과 필연성을 발견하려 했기 때문이다). 린네의 영향은 심오한 것이기는 했지만, 반발을 불러일으키는 것이었다. "왜냐하면, 이런 엄격한 분류에 나 자신을 동화시키려 할 때조차도 …… 나의 마음속에서는 갈등만 더 심해졌다. 그가 구별이라는 힘으로 분류하려 했던 것도, 나의 전 존재의 가장 깊은 필연성에서 보면 하나로 결합하려고 하는 것이었다." 린네의 식물학에는 명명법 이외에는 아무것도 없었다. 지성에의 호소력도, 상상력에의 호소력도, 형상과 꽃의 사랑스러움을 위한 장소도 전혀 없었다. 그것은 수술과 암술의 수를 셈으로써, 숫자 위에다 자기 자신을 세운다. 비인간적인 해부학자처럼, 린네도 살아 있는 식물뿐 아니라 죽은 식물도 연구할 수 있었던 것이다. 린네는 언제나 이런 상태에서 연구했으므로, 생명의 흐름을 해골의 모자이크로 만들어 버렸다.

괴테의 친구로서 바취(Batsch)라고 하는 박물학자가 린네와는 다른 체계를 만들어 냈는데, 그것은 18세기의 많은 "자연의 체계" 중의 하나였다. 그의 방법은 존재의 연쇄 속의 진보에 대응하는 형상에 따라 식물을 배열하는 것이었다. 괴테는 이 진보하는 형상이라는 생각을 붙들었다. 그것은 고대의 관념이었다. 존재할 수 있는 모든 것은 존재해야 한다는 원칙 위에서, 형상의 완전한 연속은 가장 낮은 것에서부터 가장 높은 것으로 상승한다 — 아니 끊임없이 상승하고 있음에 틀림없다. 어떤 식물도 단순히 창조주의 손에 의하여 만들어진 모습 그대로라고는 할 수는 없다는 것이 괴테의 견해였기 때문이다. 생장하고 있는 것에 대해서는 그들의 순환적 삶을 연구해야 한다. 어떤 사람이 종자를 심는다. 싹이 튼다. 날마다 그는 꽃이 피기를 기다린다. 여기에는 완만한 운동이 있다. 처음에는 알아차릴 수도 없지만, 어느덧 기관이 나타난다. 곧 그것은 잎이라는 모태의 형상으로부터 자기 자신을 분화시킨다. 꽃의 영광과 절정이 최고조 — 꽃의 오르가즘 — 에 달하면 존재로 들어가기 위한 소멸, 즉 종자로의 회귀를 위하여 생명은 죽음으로 물러간다. 이것은 파우스트의 서재에 흩어져 있는 책들만큼이나 의미 없고 사소한 것들 속에 섞여있는, 분류라는 현학적이고 지루하고 성가신 일을 마친 뒤에 도달하는 감동적인 광경이다. 그것은 긍정이며 해방이다.

　괴테의 『식물의 변태』는 모든 생성의 척도로서 식물을 논한다. 뿌리 없는 유기체와 달리, 식물은 속에 있는 본성을 모든 사람에게 보이기 위하여 밖으로 드러낸다. 모든 식물은 시간을 거슬러서 존재의 깊숙한 곳으로 파고 들어가야만 도달하는 원형식물(原形植物, Urpflanz)의 변형이다. "모든 것은 상사형을 갖고 있지만, 어느 것도 같지는 않다. 그러므로 이 생장의 합창은 신비스런 법칙을 드러낸다." 이것이야말로 진짜 합창이다. 식물의 모든 부분은 잎이라는 단일한 원시 기관의 변이다. 잎은 종자와 형상, 줄기와 꽃이 연속적으로 교체하는 "진짜 프로테우스(자유자재로 변신하는 능력을 가진 신 — 옮긴이)"이다.

언제나 변화하고, 확고하게 존속하며
가까이 멀리, 멀리 가까이,
형성과 변형 속에서
나의 존재는 당신의 경이가 된다.

1790년대에 괴테는 그의 관심을 동물학으로 넓혔는데, 이것도 똑같이 관념론적 기질에서 비롯된 것이었다. 모든 동물은 하나의 원형의 변형이다. 개개의 동물에 있어서, 전 육체는 척추의 교환의 연속이다. 두개골은 척추가 변태된 것이고, 이 대칭적 테마가 신체의 대칭에서도 전개된다. 그렇기 때문에 괴테는 인간의 간악골을 발견하고 기뻐한 것이다. 그것은 과잉 성장한 것으로서 위턱에 병합되어 있다. 그러나 고등한 원숭이에서 진보한 것으로서의 인간을 형태학적으로 (이전보다는 조금 더) 밀접하게 다른 동물과 연결시키는 해부학적 고리를 확인할 수 있는 곳은 여기이다.

모든 과학을 형태학적으로 파악하려는 시도가 필연적으로 물리학의 부정을 내포하고 있음을 발견하는 시점은, 우리가 괴테의 『색채에 관한 교설』—Ferbenlehre를 문자 그대로 "teaching"으로 번역하는 것이 보통 사용되는 "theory"보다 그의 정신을 더 잘 전달한다—로 눈을 돌릴 때이다. "나의『색채에 관한 교설』은 이 세상만큼이나 오래 된 것이며, 종국에 이르기까지 그것은 부정될 수도 파기될 수도 없다. 비평가들이 아무리 제멋대로 다루려고 해도, 적어도 그들은 이 책을 물리학의 역사로부터 말살하지는 못할 것이다." 그는 1810년에 그 책을 썼다. 그러나 이 문제에 대한 그의 정열은 1786~87년의 이탈리아 여행에서 솟아났다. 많은 독일인과 마찬가지로, 그도 이탈리아의 경관의 찬란함을 계시로서 경험했다. 그것의 순수하고 강한 색채는 괴테를 매료시켰다. 그는 그 색채를 가지고 작업하는 예술가를 관찰했다. 마침내 "만약 예술의 여러 목적을 위하여 색채를 마음대로 다루고 싶다면, 그는 먼저 자연이란 관점에서 색채를 물리 현상으로서 파악하지 않으면 안 된다"라는 생각이 떠올랐다. 여기서 다시 괴테는 과학으로 눈을 돌려서, 그 명저를 집어 들었다. 뉴턴의 『광학』을 손에 든 것이다.

그리고 이 경우에도 앞서 린네에게 반발한 것처럼 뉴턴에게도 반발했다. 뉴턴의 분석은 똑같은 이유에서 활동을 원자화함으로써 전체를 조각조각 분해한다. 그것은 행동을 껍데기로 만들고 만다. "본능적으로" 괴테는 뉴턴의 색채론이 틀렸다는 것을 알았다. 그래서 그는 프리즘을 빌어서, 뉴턴이 오류를 범한 곳을 보았다("Zum sehen geboren" — 보는 것은 나의 타고난 권리다). 프리즘을 통해서 보아도, 반대편의 흰 벽은 흰 상태 그대로였다. 창틀에서처럼 이 흰색이 어두움으로 둘러싸인 곳에서 비로소 색채가 나타났다. 그리고 가장자리가 빛을 두들겨 색채를 만드는데, 그 색채는 빛과 어두움이라는 근본적인 양극 사이의 긴장을 나타낸다는 것이 분명했다. 빛은 실재의 흐름이고, 내재하는 신성(神性)의 현현(顯現)이며, 영혼과 마찬가지로 분할할 수 없는 것이다(이것은 신플라톤주의의 유산과 스토아주의의 유산 사이의 절충이다). 암흑은 고뇌이고, 비존재며, 죽음이다. 색채는 단순히 나타나는 것이 아니다. 색채를 지각하는 것은 하나의 광학적 행위이다. 그래서 예를 들면 눈을 감고 있을 때에도 타격에 의하여 색채가 발생하는 일이 있다. 그러나 보통의 상황에서는 그것은 극성으로부터 필요한 것을 골라내고, 암흑에 직면해서는 밝음을 요구하며, 각 색채에 대해서는 그 색채의 보색을 요청한다. 괴테는 프리즘을 가지고 관찰하지 않았지만, 실험도 믿지 않았다. 그렇기는커녕 뉴턴의 오류는 그의 방법이 치른 대가라고 생각했다. 그 방법은 자연을 수학에 의하여 추상화하고, 망원경, 프리즘, 거울 등의 도구로 자연을 괴롭힘으로써, 결국 자연을 핀에 꽂힌 나비처럼 숨을 거두게 하고 만다. 괴테는 현상을 있는 그대로 — 넓은 하늘 밑에서, 번거롭고 인위적인 기교도 부리지 않고, 일생 동안 공감적인 지각으로써 — 관찰하려고 한다.

벗이여 어두운 감옥에서 벗어나게
거기에선 빛을 붙잡아서 비틀고 잡아당기고
그리고 가엾게도 한껏 구부려서는 아주 못쓰게 만드는,
열렬한 미신 숭배자들이
언제나 와글거리고 있다네
요괴, 광기, 허위, 추파는
사악한 교사들의 손에 맡겨 두게나!

위대한 이 저자가 웃음거리가 되는 듯한 이 딱한 광경, 당황하지 않고 『색채에 대한 교설』을 읽기란 불가능하다. 아무리 그를 예찬하는 사람일지라도 그의 생물철학 쪽을 택하려 할 것이다. 그런데 그쪽이 더 낫기는 한가? 생물학이 누리고 있는 것처럼 보이는 유리한 점은, 그 학문이 물리학에 뒤떨어졌다는 데서 생겨난 환상이 아닐까? 아마도 가장 뛰어난 괴테 영역자인 베이어드 테일러(Bayard Taylor)가 몇 해 전에 지적했듯이, 괴테의 과학은 모두 그의 개성과 시에 밀접하게 연관되어 있다. "그의 지성은 인간과 자연, 즉 개인과 종족과 세계를 하나의 일관되고 조화적인 조직으로 결합하는 데 성공했다. 그런데 거기에서는 시, 산, 꽃, 조상(彫像)이 모두 동일한 성장 법칙에 따랐다." 그리고 시인 괴테나 과학자 괴테에게서 이 목표가 바뀐 적은 없다.

이 세계를 연결하고, 그의 길을 인도하며
그의 싹틈을 인도하는 가장 깊은 곳에 있는
힘을 발견하기 위하여,
나는 생산적인 힘을 탐색하며
더이상 공허한 말은 뒤적이지 않는다.

그렇지만 독일에서는 과학자 괴테를 언제나 진지하게 문제 삼아 왔다. 의례적인 심포지엄의 범람이 쇠할 기미는 조금도 엿보이지 않는다. 또 19세기에 있어서 그의 영향의 중대성을 부정하는 사람도 없다. 그것은 독일 철학의 관념론적 경향과 공명(共鳴)하는 것이었다. 그것은 독일 최고의 문인이자 근대의 레오나르도인 세계적 인물의 위광을 입고 이 경향을 웅변적으로 강화했다. 자연철학(Naturphiolsophie) 학파 전체가 그로부터 발생하여, 아니 개화하여 원형식물에 대한 연구를 진척시키고 심화시켰다. 그것은 형태학과 발생학에 커다란 자극을 주었다. 물론 이러한 연구에서의 독일의 우위를 모두 괴테의 영향으로 돌리는 것은 과장이 될 것이다. 중요한 과학자들 가운데 이 학파에 속해있는 사람은 거의 없었다. 그러나 생물학적 낭만주의의 감화를 입지 않은 사람은 더욱 드물었다. 그것이 독일 과학의 스타일을 결정했다. 마치 데카르트주의가 프랑스에서(이는 아직도 영향을 주고 있다), 베이컨주의가 영국에서 그랬던 것처럼. 그리고 괴테의 영향은 문화의 국수주의의 예로서뿐 아니라, 과학의 창조에 참여함으로써 문화로부터 떨어지지 않겠다는 교양 있는 과학자들의 간절한 소망의 예로서도 해석될 수 있을 것이다. 만약 괴테가 그의 통찰로써 과학을 윤택하게 한 것이 옳았다면, 아니 부분적으로라도 옳았다면 과학은 그 정도는 휴머니즘에 관여해도 되지 않을까?

그렇다고 해도, 과학사가는 과학으로의 이 괴테적 침입을 과학에 대한 깊은 적의로 볼 수밖에 없다. 그것은 물리적 과학에 대한 적의이며, 비록 생물학에 자극을 주었다고 하나 그것을 잘못 인도했다. 그것이 우연히 어떤 공헌을 하기는 했지만, 다른 종류의 과학으로서의 생물학 상(像)을 만들어 낸 생물학적 낭만주의였다. 이것이 생물학의 대상이 생명인가 유기체인가, 형상인가 목적인가 하는 구별의 기원이 되었다. 이것이 바로 생물학자는 부분의 구조나 배열보다는 오히려 전체의 성질과 지혜를 특징적으로 연구해야 한다는 가정 ― 또는 변호 ― 에 입각하여, 생물학을 물리학으로부터 구분한 것이다. 분명히 어떤 의미로는 괴테의 그리고 디드로의 뉴턴 과학에 대한 공격은, 과학이 그 역사의 진행 중에 자연의 통일과 현상의 다양성 사이에서 수행해 왔던 저 긴 대화의 잘못된 방향 전환처럼 보일지도 모른다. 괴테는 원자 또는 광선이든 린네의 종이든 어떤 고정적 존재로 분쇄해 버리는 데 반대하여, 생물학적 연속성, 즉 생명의 흐름을 주장했다.

연속성이 반드시 틀렸다고만은 말할 수 없다. 자연의 통일을 인지하기 위해 연구하는 사람은 필연적으로 그것을 문제 삼는다(어쩌면 자연의 통일을 그 대가로 치를는지도 모르지만). 연속성의 수학적 표현은 기하학이었다. 아인슈타인, 뉴턴의 진공, 데카르트, 종국적으로 플라톤의 수학적 실재론에서 모두 그러했다. 이것은 합리적이다. 그리고 객관적인 것이거나, 또는 객관적일 수 있는 것이다. 그러나

생의 조류에,
행동의 폭풍우에
몸을 맡기고 파도처럼 오르내리며
여기저기 자유롭게 왕래한다
탄생과 무덤
끝없는 해원
종횡으로 누비고 흘러가며
강렬하게 명멸하는 생명

이 같은 도피처에선 그렇지 않다. 괴테의 자연은 객관적으로 분석되지 않는다. 그것은 주관적으로 통찰된다. 그의 경우 연속성은 기하학의 그것이 아니라 감각성 — 감상주의라고 말할 수는 없지만 — 의 그것이다. 그리고 이 유전(流轉)과 진행에 대한 선견이 올바른 의미의 진화로 인도되는

것도 아니다. 그렇기는커녕 오히려 자연의 통일은 보편적 변태에서 볼 수 있는 경험의 다양성을 눌러버린다. 인간은 자연의 산물도 자연의 관찰자도 아니다. 그는 자연에의 참여자이다. 그는 자연의 전달자이다. 왜냐하면 데카르트 과학이 자연에 대한 해설을 방기한 이후 낭만주의의 불사조가 날아오르기까지 그 동안의 재 속에서는, 과학적 설명에 대한 뉴턴적인 개념이 보이는 빈곤함에 대한 불만이 면면히 흐르고 있었기 때문이다. 데카르트주의자에게 자연은 합리성이 앉는 자리였고, 뉴턴의 법칙은 지적으로 하찮은 것처럼 보였다. 낭만주의자에게 자연은 덕의 좌석이었고, 뉴턴의 법칙은 도덕적으로 쓸모없는 것이었다. 그러므로 낭만주의자들이 할 일은 인격을 지성을 향해서가 아니라 실재를 향해서 해방시킴으로써 인간과 자연의 연속성을 보존하는 것이었다. 자연이 인간과 하나가 되고 과학이 그 연락자가 된다면, 우주는 연속체 — 디드로가 달랑베르에게 꿈에서 보도록 했던 하나의 완전체(tout) — 가 되지 않으면 안 된다. 통신하는 것은 심장뿐만이 아니라 전체 인격이다. 루소가 정신적 충격으로 입장을 바꿀 때까지는, 불합리성이 문제된 적이 없었다.

이제 드디어 정치, 철학, 예술의 역사에서 우리의 손을 살짝 빠져나갔던 낭만주의에 대하여 정연한 설명을 감히 시도할 단계가 되었다. 낭만주의는 물리학에 대한 도덕적 반역으로서 시작되었다. 그것은 자연을 완전히 객관화함으로써 과학의 창조자를 그의 창조물로부터 소외시키는 계량적·수량적 과학에 대항하여, 자연과 인간이 합일할 수 있는 질적 과학을 지키려는 시도를 감동적으로, 비통하게, 또 때로는 격렬하게 표현했다. 낭만주의는 과학의 중심에다 물리학 대신 생물학을 놓으려고 한다. 낭만주의는 질서의 모범으로서 기계론 대신에 유기체 — 지성 또는 의지를, 혹은 지성이나 의지와 동일한 것을 통일적으로 발산하는 — 를 놓으려고 한다. 낭만주의는 정치, 예술, 혹은 문학에서 다양한 형태를 취할지도 모른다. 그러나 자연철학에는 낭만적 경향을 판단하는 데 결코 틀림이 없는 시금석이 있다. 그것의 형이상학은 존재가 아니라 생성을 취급한다. 그것의 존재론은 원자론이 아니라 변태에 있다. 그리고 그것은 언제나 과학이 자연에서 발견한 것 이상을 자연에서 기대한다.

사실 자연에의 이 주관적 접근을 여기서 되새긴다는 것은 애상적인 테마다. 그것의 폐허는 과학이 걸어온 전역에 걸쳐서 겹겹이 쌓여 있고, 지금도 역시 뤼셍코(T. Denisovich Lysenko: 1898~1976. 획득형질 유전을 주장한 소련의 육종학자로서 정치권력층의 후원을 받아 득세함—옮긴이) 학설이나 인지학(人知學, anthroposophy, 인식의 중심에 신이 아닌 인간을 둬야 한다는 정신 운동으로서 20세기 초반에 시작됨—옮긴이) 같은 이상한 구석에 남아 있다. 거기서 자연은 사회화되거나 도덕화되어 있다. 이것은 서양인의 가장 특징적이고 성공적인 운동의 결과(근대 과학—옮긴이)로부터의 도피인데, 이러한 시도는 지금도 역시 그치지 않고 있다. 그런데 이 싸움은 운명적으로 이기게 되어 있는 것이다. 피할 수 없는 일에 직면했을 때 일어나는 반격처럼, 낭만주의적 자연철학은 자포자기에서 영웅주의에 이르기까지의 모든 뉘앙스들을 불러일으켰다. 가장 추한 경우, 그것은 지성에 대한 감상적이고 천박한 적의이다. 가장 고귀한 경우, 그것은 디드로의 자연주의적이고 도덕적인 과학을 고취했고, 괴테의 자연의 인격과, 워즈워드의 시, 알프레드 노드 화이트헤드의 철학을 고취했다. 그 외에 과학에서 질적이고 심미적인 자연 인식을 위한 장을 발견하려는 사람들의 정신을 모두 고취했다. 그것은 개화(開花)의 식물학과 일몰의 기상학을 만들려고 하는 사람의 과학이다. 그리고 아마도 자기를 앎으로써 자연을 이해하려고 하는 저 휴머니스트의 시도는, 과학의 길은 결코 될 수 없겠지만 예술의 길은 언제나 될 수 있을 것이다. 예술뿐만 아니라 역사의, 아니 오히려 역사주의의 길일 것이다. 왜냐하면 헤르더의 역사철학은 디드로와 괴테가 품었던 것과 같은 자연관을 전제하고 있기 때문이다. 그것의 실재는 진행이며 개화이다. 그것의 법칙은 단일한 유기체의 탄생, 성장 및 일생을 지배하는 법칙의 보편적 연장이다. 그것은 대우주와 소우주의 조화를 공간에서 시간으로 옮김으로써 구해냈다.

보수주의에 관해서 쓴 어떤 책 속에는, 미국의 엘리트라는 행운을 가진 젊은이들(프린스턴 대학의 학생들 — 옮긴이)이 과연 명민하게도 밑줄을 그어 놓은 다음과 같은 문장이 있다. "자발적 행동의 창조적 요소와 어느 정도의 건전한 자기 조직력이 없다면, 사회라는 유기적 생명은 비록 민주주의라는 신성한 이름을 붙이더라도 유력한 전제주의에 의하여 멸망되고 만다. 정부의 목적은 권력을 집중하는 것이 아니라 발산하는 것이다. 힘의 발산이 유기적 생명의 특성인 것은, 마치 힘의 집중이 기계론의 특성인 것과 같다." 이와 같이 순수한 낭만주의로부터 정치의 영역으로 이행되는 과정을 상상해 보자. 정치의 영역에서는 한 사람과 다수 사이에 작용하는 권위라는 매듭이 진실로 중요한데, 원자론과 기계론을 유기체의 비유로 대치하는 데 의존하고 있는 국가와 사회에 관한 거대한 추론 구조를 생각한다는 것은 놀랄 만한 일이다. 이것 없이는 버크가 존재할 수 없다. 19세기가 고대의 국가 이념을 자연주의와 동일시함으로써 과학을 잘못 이해했다면, 19세기의 보수주의 변호론 전체는 어떻게 될까? 집단으로서의 사회라는 관념 — 이것은 낭만주의적 보수주의로부터 솟아난 것인데 — 이 원자론적인(또는 개인주의적인) 것으로 분쇄된다면, 사회주의는 어떻게 될까? 물론 정치 현실에서는 아무 일도 없을 것이다. 그러나 적어도 정치적 변명꾼들이 자연으로부터 독단론을 끌어낼 권리는 박탈될 것이며, 그들은 자신의 술책에 빠져버릴 것이다 — 그 점에서 볼테르가 두 세기 전부터 그들을 공격해 왔으므로, 그들이 여전히 그러한 술책에 만족하고 있다고 생각할 이유는 없지만.

이것을 요약한다면, 낭만주의의 자연관에는 흥미로운 문제와 심원한 감정이 얽혀 있다. 그리고 그것은 역시 과학에 관한 틀린 견해이다.

제6장 물질의 합리화

『왕립 과학 아카데미 회지』 1783년 호(인쇄는 1785년)에는 「연소와 하소(煆燒, calcination) 이론의 발전에 이바지하기 위한, 플로지스톤에 관한 고찰, 1777년 라부아지에 저(著)」라는 논문이 게재되어 있는데 그것은 다음과 같은 문장으로 시작된다.

아카데미에 제출한 일련의 논문에서 나는 화학의 주요 현상의 개요를 소개했다. 거기에서 나는 연소, 금속의 하소 및 일반적으로 공기의 흡수와 고정을 포함하는 모든 작용을 수반하는 현상에 중점을 두었다. 나는 모든 설정을 단일한 원리로부터 연역했다. 그것은 순수 공기 즉 생명에 필수적인 공기로서, 그것에 특유한 원소, 즉 그것의 기본이 되며 내가 산을 생성하는 원리(oxygenic principle) ─불과 열의 물질(즉 연소)과 결합되어 있는─ 라고 명명했던 것으로 구성되어 있다. 일단 이 원리가 인정되면 화학의 주요 난제는 얼음 녹듯이 풀릴 것이고 모든 현상은 놀랄 만큼 간단하게 설명될 것이다.

"불과 열의 물질" ─ 나중에 그가 칼로릭(caloric, 熱素)이라고 부른 것 ─은 근대 화학의 기억에서 사라져 버렸다. 근대 화학은 올바른 연소 이론의 창시자로서의 라부아지에(Antoine Laurent Lavoisier: 1743~1794)를 회상하면서 이 견해를 더욱 단순화시키고 말았다. 라부아지에의 신념에 의하면 그의 연구는 좀더 일반적인 의의가 있었고 좀더 깊은 흥미가 있는 것이었다. 그것으로써 그는 하나의 과학 전체를 개혁하려고 했다. 어떤 과학이나 그 역사의 구조를 보면 그것에 질서를 부여하는 사람이 있다. 그는 그 과학의 상태에 새 방향을 정립하기에 충분할 만큼 넓은 객관적 개념을 처음으로 고안해 내는 사람이다. 운동론의 갈릴레오, 물리학의 뉴턴, 생물학의 다윈 등이 그와 같은 사람이다. 이 높은 지위를 라부아지에는 화학에서 요구했다. 이것은 당연한 요구인데, 이 과학이 그에게 빚지고 있는 것은 연소 중에 화합하는 것이 산소임을 파악해 낸 것보다 더욱 큰 것이기 때문이다. 이 과학은 또 그것의 형식도 그에게 빚지고 있다. 그것은 물질의 대수학(algebra)이라고도 할만한 저 독특한 결합 양식과 명명법인데, 그 구문론은 지금도 변함없이 쓰이고 있는 18세기적 분석을 보존하고 있다. 그것의 방정식은 균형을 이루고 있으며 그것의 이름은 화합물을 표현한다. 라부아지에는 콩디약의 교육적 과학철학을 연소, 열, 기체에 관한 실험적 탐구로 해석했고, 그의 화학을 화합을 골자로 삼아 구성했다.

이 계몽철학자의 정신이 라부아지에라는 인물을 통하여 화학으로 다시 들어왔고, 화학은 그의 논리적 근거를 종합이자 입문서인 한 저작에서 발견한 것이다. 『화학 원론 *Traité elémentaire de chimie*』은 뉴턴의 『프린키피아』처럼 가까이 하기 어려운 것이 아니다. 1789년에 출판된 이 책은 이 과학과 그것을 연구하는 사람들을 올바른 방법의 기초 위에서 출발하도록 할 목적으로 씌어졌다. 라부아지에는 자기 자신이 받은 화학 교육을 지배하고 있던 혼란에 대하여 안타까워했다 — 이 성분과 제조법들의 혼돈 속에서는 결코 예비 뉴턴주의자의 경건심이 지탱될 수 없었으며, 공리와 정의로부터 결과가 명확하게 도출되는 수학이나 역학과 용어만 무질서하게 모여 있는 이 과학은 명확히 대비되고 있었고, 선생은 어떻게 가르쳐야 할지 모르면서도 이를 학생들이 이미 알고 있는 것처럼 가정함으로써 당혹감을 교묘하게 나누고 있었다. "이러한 불편은 이 학문의 성질보다는 오히려 교수법에 의하여 야기되었다. 이런 일을 피하기 위하여 나는 화학을 새롭게 정리하는 일에 착수하기로 했다." 그의 철학적 배경과 그의 세대를 고려할 때, 라부아지에의 화학의 재정리가 자연주의적 교육학 이외의 모습을 지니기란 거의 불가능했다.

그러나 『화학 원론』이 단순한 방법 서설인 것만은 아니다. 이것은 그 방법을 키워낸 음식물도 포함하고 있다. 즉 그의 비길 데 없이 훌륭한 실험실에서 되풀이되고 정련된 그의 전 생애의 위대한 실험상의 발견들에 대한 설명이 들어 있는데, 그 모든 것이 그 실험실에서 처음으로 수행된 것은 아닐지라도 이것들은 거기에서만 이해되었던 것이다. 그가 받은 화학 교육이 지리멸렬했던 것은 그의 선생들의 결점 때문이 아니었다. 그들은 그 지식에 형태를 부여하지 않았던 반면, 라부아지에는 그들이 가지고 있던 지식으로 하나의 과학을 만들었던 것이다. 그들은 무게가 화학자의 양이라는 것도 가르치지 않았다. 18세기 초의 화학 실험실에서는 신중한 무게 측정 광경을 찾아볼 수 없었다. 그것은 자연의 물질들에 대한 연구보다는 오히려 과정에 대한 연구에 열중하고 있었기 때문이다.

*

보일이 물질의 변환을 연구해서 원자론적 화학을 수립하려는 목적을 이루지 못한 것은 당연한 일이다. 기체에 관하여 전혀 모르는 상태에서 화학자들이 기체의 증거를 조종하고 원자 가설에 결정적인 무엇을 만들어 내기란 불가능했다. 이처럼 부진하였으므로 18세기의 화학은 애매하고 평판이 좋지도 않은 플로지스톤설에서 구원자를 발견했다. 아니 그것은 연옥이었을지도 모른다. 최근 들어 역사에 관심을 가진 화학자들은 그들의 선배들을 괴롭혔던 문제의 복잡성에 오싹하여, 플로지스톤에 대해서는 관대한 견해를 취하게 되었다. 18세기의 연구자들은 용감하게 전기, 열, 화학 현상 등과 씨름했다. 그들의 연보(年報)는 말로 표현할 수 없는 "원리들" ― 이것들에 의하지 않고는 설명할 수 없는 효과를 물리적으로 전달하는 것으로서의 유물론 이외에는 아무것도 바라지 않은 과학에 의하여 도입된 ― 로 가득 차 있다. 플로지스톤도 그 원리들 중의 하나였는데, 이것은 슈탈(Georg Ernst Stahl: 1660~1734)의 생기설(生氣說, vitalism)이 만들어 낸 것이다. 그것은 오래 사용되는 동안 조셉 프리스틀리 등 실험가들의 이론적 근거로 변형되었는데 그것의 결점은 양(量)에 숙달되지도 않은 상태에서 분에 넘치게 객관성을 원했던 데 있었다. 그럼에도 불구하고 플로지스톤은 화학을 의미 있는 학문으로 만들었다. 그것은 연소의 원리였다. 석탄, 황, 인은 불에 타서 거의 없어지는데 이는 플로지스톤을 풍부하게 가지고 있기 때문이다. 그것의 증기는 산을 형성한다. 역으로 비트리올(vitriol, 황산)과 플로지스톤이 합하면 황이 된다. 그와 마찬가지로 제련 과정에서 플로지스톤은 목탄에서 광석으로 이동한다. 슈탈은 일반적으로 산소의 취득이 있는 곳에서 플로지스톤의 손실을, 산소의 손실이 있는 곳에서 플로지스톤의 취득을 보았던 것이다. 플로티스톤은 연소하고 있는 덩어리를 떠나서 형태 없는 잿더미를 남긴다. 이것은 거울에 비친 화학, 거꾸로 된 이론이다. 이것은 그 학문의 유년기에는 목적에 들어맞았지만 왼손을 쓰는 습관을 고치기 어려운 것처럼 그것의 극복도 곤란하게 되었다.

 18세기 과학에서 이러한 계량 불능성 유체의 역할은 복잡한 문제이며, 충분한 연구도 안 되어 있다. 그러나 꾸며낸 것인 플로지스톤과 예컨대 전기 같은 것은 명확하게 구분해야 한다. 전기는 칼로릭이나 에테르처럼 그 이후로도 계속되는 역사를 가지고 있기 때문이다. 그렇기는 해도 화학은 이 플로지스톤으로나마 연금술의 신비적인 숲을 탈출할 수 있었다. 그것은 그럭저럭 과학이 되었지만, 이것은 양적인 과학이 아니라 질적인 과학이었다. 이러한 단계는 어떤 과학의 전개에 있어서나 다소의 중요성을 띠고 일어나게 마련인데, 이러한 전개 과정 중에는 여러 효과들이 자연에서 일어나는 참된 성질이라고 설명된다. 갈릴레오 이전의 역학이 운동을 주어진 임페투스로 설명했고 뉴턴 이전의 광학이 색채를 실제로 존재하는 빛의 성질로 보았던 것도 그와 같은 사정에서였다. 현상을 합리적 양식으로 정합하는 한에서는 유용했던 플로지스톤이 거추장스럽게 된 것은 1765년 이후의 일이었다. 기체 화학에서의 발견들과 조정시키는 문제가 이 이론을 정교하게 만든 것이 아니라 오히려 복잡하게 만들기 시작했던 것이다.

흔히 프랑스인은 사물을 정식화하고 영국인은 일을 실행하기를 좋아하는 것처럼 보인다. 어쨌든 화학혁명에 있어서, 기체 화학은 영국 실험학파가 성취한 것이며 이론 화학은 형식미에 대한 프랑스적 본능의 표현이다. 1727년에 뉴턴적 고찰을 생리학과 화학에 도입하려고 노력했던 영국 국교회 목사 스티븐 헤일즈(Stephen Hales: 1671~1761)는 어떤 "공기"가 많은 유기 물질과 특정한 알칼리 토류(土類)에 "고정"될 수 있다는 것을 증명했다. 이것은 이산화탄소였다. 그러나 이 기체는 조셉 블랙(Joseph Black: 1728~1799)이 1755년에 에든버러 철학학회(그리고 그 후 왕립학회)에 보고하고 다음해에 산화마그네슘, 석회, 그밖의 다른 알칼리 물질에 관한 실험으로 발표하기까지, "나쁜 공기"와 별개의 화학종으로서 확인되지 않았다.

의학 수업을 마친 뒤 화학으로 전향한 조셉 블랙은 글래스고우 대학과 에든버러 대학에 활기를 불어넣었던 지적 서클에 속해 있었다. 제임스 와트, 데이비드 흄, 애덤 스미스, 케임즈의 헨리 홈, 듀갈드 스튜어트, 화성론(火成論) 지질학의 창시자 제임스 허튼 등, 이들은 북방 왕국을 빛나게 했다. 언어의 중후함에서는 프랑스적 스타일에 훨씬 못 미치지만, 그들의 급진주의는 스코틀랜드를 18세기적 자기만족 속에 빠져 있는 잉글랜드보다 더 그 정신에 있어서 계몽사조에 접근시켰다. 블랙은 의학 학위 논문으로서 고토(苦土, magnesia alba, 탄산마그네슘)에 관하여 연구하기 시작했다. 그것을 (산화물을 얻기 위하여) 가열하면 언제나 일정량의 무게가 감소한다는 것과 그 찌꺼기를 산에 용해시키면 거품이 일지 않지만 원래의 고토와 같은 염을 생성한다는 것을 발견했다. 석회 제조업자들은 이미 오래 전부터 그와 같은 기법으로 백악(白堊, chalk)에서 생석회를 생산해 왔다. 블랙은 이 흔한 물질에 눈을 돌려서 불은 (하성苛性이라는 요소를 덧붙여 주기는커녕) 알카리 토류에서 공기 자체와 같은 무언가 탄성적인 기체 성분을 몰아내는 것이라고 결정했다. 그는 처음으로 발견된 이 기체를 "고정 공기"라고 불러서 헤일즈가 썼던 용어를 답습했으므로, 그의 정확한 연구가 내쫓을 수도 있었던 애매성을 존속시키고 말았다.

　화학자의 기술의 상징으로서의 증류기와 레토르트가 화학이란 학문의 상징으로서의 천칭으로 대치된 때는 분명히 블랙부터였다. 그의 이론적 결론 — 입자간에 작용하는 소박한 뉴턴적 친화력 모델 — 은 흥미가 당기는 것이 아니다. 그러나 중량 분석 방법의 엄격성, 시약의 순도에 대한 주의, 어떤 연구에나 수반되는 끈기 있는 추론, 실험 전술에 관한 철저한 작전 — 이 모든 것이 칭찬받을 만한 것이며 블랙의 독자적인 것이었다. 그는 기체 화학의 창시자라기보다는 오히려 정량 화학의 창시자라는 평가를 받아야 마땅할 것이다. 그의 실험은 이산화탄소를 확인하기 위하여 계획되었지만, 그것은 주인공이 나타나지 않은 채 다른 사람들에 대한 그의 영향만 정확하게 기술되다가 마지막으로 주인공의 모습이 완전히 드러나는 교묘한 각본의 구상과 비슷한 점이 있다. 왜냐하면 기체는 포착하기 어렵기 때문이다.

　예를 들어 블랙은 120그레인(1그레인은 0.068 그램 — 옮긴이)의 백악을

421그레인의 염산에 녹일 때, 기포로 소실된 "고정 공기"의 무게는 40퍼센트가 된다는 것을 측정으로 알아냈다. 다음에 그는 120그레인의 백악을 태워서 생석회를 만들었는데, 이 때 무게는 43퍼센트 감소되었다. 그리고 이것을 중화하는 데는—이 때 기포는 발생하지 않는다—414그레인의 산이 필요했다. 이 양을 오차의 한계 내에서 보정하여, 그는 백악의 40퍼센트가 고정 공기라는 것을 증명했다. 그러나 블랙은 그의 고전적인 『실험』에서 고정 공기 자체를 모아놓지도, 또 그 성질을 직접 탐구하지도 않았다. 오히려 그는 교수가 되었고 "산더미 같은 공무가 내 앞에 쏟아졌는데 그것은 나의 주의력을 아주 많은 대상으로 분산시켜 버렸다." 그는 말년에 와서 잠열(潛熱)과 비열의 원리를 정식화하기 위하여 가까스로 이 주의력을 회복했다. 기체에 대한 직접적·정량적 연구는 10년 후인 1765년에 헨리 캐븐디시(Henry Cavendish: 1731~1810)에 의하여 런던에서 처음으로 시작되었다. 그는 데본셔 공작의 사촌으로서 귀족이었고 은둔적 과학자였고 병적일 만큼 여성을 혐오하는 독신주의자였으며, 아주 성미가 까다로운 인물이었다. 그의 기술은 스티븐 헤일즈의 기체 수조에 들어있는 물을 수은으로 대치하였다. 그것은 오늘날도 학생들이 기체 화학 실험에서 항상 가까이 하는 저 작은 수조이다. 이것을 가지고 그는 용해에 의한 손실 없이 이산화탄소를 모을 수 있었다. 그것으로 그는 가벼운 "가연성 공기"(수소)도 모았다. 이것은 화학자들이 오래 전부터 황산과 쇳조각 또는 황산과 주석 조각의 반응에서 얻어 왔고 최근에는 황산과 아연 조각과의 반응을 통해 얻는 기체이다.

이제 탐구는 막바지에 돌입했다. 이 사냥에 가장 열심이었고 그의 천진함으로 인하여 전 과학사 중에서 가장 매력적인 인물이 된 사람은 버밍엄의 조셉 프리스틀리(Joseph Priestly: 1733~1804) 선생이었다. 실제적인 청교도 전통이 유니태리어니즘과 인문주의에 의해 순화된 그 공업 도시는 런던, 에든버러와 함께 영국 기술 사회의 삼각형의 한 꼭짓점을 형성하고 있었다. 1772년 3월 프리스틀리는 기체에 관한 그의 첫 논문을 왕립학회에서 발표했다. 그는 "초석 공기"(일산화질소)와 "염산 공기"(염화수소)의 발견을 보고했다. 그는 보통 공기의 성질을 시험하는 데 쓸 수 있는 다른 "초석 공기"(아산화질소, 笑氣)도 발견했다. 현대의 용어로 말하면 2부피의 일산화질소와 1부피의 산소가 합하여 2부피의 과산화질소를 생성한다. 공기의 5분의 1이 산소이기 때문에 최대의 수축은 (프리스틀리가 경험적으로 발견한 것처럼) 2부피의 공기와 1부피의 일산화질소에서 1.8부피의 기체가 생성되는 경우에 일어난다. 이 생성물은 시약의 총합보다도 부피가 작을 뿐 아니라 공기 자체보다도 20퍼센트나 줄었다. 이 퍼센티지가 시료의 "좋은 정도"의 척도로 여겨졌다.

프리스틀리의 두드러진 특징은 일종의 손의 상상력 같은 것, 실험에 있어서는 관례에 구애되지 않는 성격 등이었다. 그는 만약 자기에게 화학 지식이 있었다면 아무것도 발견할 수 없었으리라고 스스로 말했다고 한다. 말할 것도 없이 산소의 발견이 가장 유명하다. 그는 산화제2수은을 가열하여 어떤 "공기"를 얻었다. 그리고 그 속에다 양초를 넣어 보았다 ─ 그랬더니 그것은 횃불처럼 빛났다.

그것은 이미 꽤 오래 전의 일이기 때문에 어떤 생각으로 이 실험을 했는지 기억해 낼 수 없다. 그러나 그때 내가 진짜 문제점을 전혀 예측하지 못하고 있었다는 것은 사실이다. 이러한 종류의 실험을 할 때는 언제나 즉흥적으로 움직여야 했는데 나에게는 그런 습관이 붙어 있었으므로 아주 사소한 동기로도 그런 일을 해 볼 마음은 생겼을 것이다. 그러나 만약 다른 목적에 쓸 불 켜진 양초가 때마침 눈앞에 없었다면, 아마 그런 시도는 할 수 없었으리라. 그리고 이 기체에 관한 나의 일련의 실험 전부는 행해지지 않았을 것이다.

이것이 프리스틀리의 "결정적 실험"에 관한 솔직성을 보여준다. 독창적이고 열광적으로 일하는 그에게 일관성이 없다는 말은 정당한 표현이 아니다. 하지만 그는 참으로 다재다능한 과학자였다. 프리스틀리의 『여러 가지 기체에 관한 실험과 관찰』은 여섯 권에 달한다. 신학과 형이상학에 관한 저술은 26권이나 된다. 그의 문장은 장황하지만 짜증스럽게 하지는 않는다. 그는 언제나 독자를 완전히 설득함으로써 그러한 것들을 보완한다. 예를 들면 그는 자기가 발견한 기체가 얼마나 호흡하기 좋은 것인지 정량적인 결론은 내리지 않는다. "용기를 따뜻한 곳에 두어야 하는데 그 일에 신경 쓰지 않았기 때문에 쥐가 얼어 죽은 것이 아닐까 하고 생각한다." 그러나 그것은 중요하지 않다. 그 쥐는 그 기체 시료가 보통 공기보다 "좋다"고 증명할 수 있을 만큼 오래도록 살아남았기 때문이다.

*

화학혁명의 주역인 프리스틀리와 라부아지에만큼 지적으로 정반대되는 개성을 상상하기란 어려울 것이다. 한 사람은 독창적이고 열광적이며, 소박하고 산문적이다. 또 한 사람은 숙련되고 과묵하며, 노련하고 비판적이다. 한 사람은 관대하고 경솔하며, 자기 식의 정치적 급진주의로 예언도 하는 유니태리언 목사이다. 또 한 사람은 프랑스 전문 지식의 관료적 전통 속에서 자신과 국가에 봉사하는 데 야심적이며, 일련의 실험처럼 신중하게 어떤 정해진 틀 속에서 그의 생애를 계획한다. 프리스틀리의 과학 스타일이 아무리 매력적이라고 해도 그것은 판단력과 품위의 부족을 드러내는데, 이는 급진적 교육이라면 제아무리 훌륭해도 종종 덧붙어 있는 약점이다. 왜냐하면 18세기의 영국은 옥스퍼드와 케임브리지 두 대학에서 비국교도를 제거함으로써, 왕성한 정신력을 우아한 취미로부터 분리시켰기 때문이다.

반면에 라부아지에는 교양에 관해서라면 보증된 파리의 콜레주 마자

랭에서 교육받았다. 라부아지에의 정신은 프랑스의 지식인에게 어느 정도의 데카르트적 정신을, 즉 교설의 질서와 통일을 요구하는 데카르트적 정신의 명령을 고취시키는 저 뛰어난 프랑스 중등 교육 과정에 의하여 형성된 최상의 비판적 방법으로부터 탄생했다. 이 교육은 위대한 리쎄(lycées)에서 계승되고 있다. 파리는 프리스틀리의 자질을 올바르게 평가하는 도시가 아니었다. 프리스틀리는 그의 『회상록』에서 자신이 파리를 단 한 번 방문했을 때 어떤 살롱의 모임에서 자기는 비록 유니태리언이지만 믿음이 깊은 기독교인이라고 생각한다고 말하자 회의적인 프랑스인이 놀란 눈초리로 바라보았다고 말한다. 그렇기 때문에 프리스틀리를 초청한 사람들은 프리스틀리의 엉터리 같은 발견론에 동의할 수 없었고, 다음과 같은 말도 받아들일 수 없었던 것이다.

내가 철학적인 저작에서 여러 차례 말해 왔고 자주 되풀이해도 좋다고 생각되는 진실이 하나 있다. 그것은 진리는 우연히 발견되는 수가 많다는 것이다. 그것은 철학적 탐구를 크게 고무한다. 다시 말하면 빈틈없는 계획이나 미리 생각해 둔 "이론"보다는 미지의 원인으로부터 일어나는 사건들의 관찰에 힘입는 바가 많다는 것이다. "종합"적으로 논문을 쓰는 사람이 연구하는 가운데 이런 우연이 나타난다는 것은 기대하기 어렵다. 철학적인 명민성을 자랑하는 사람이 분석적으로 그리고 독창적으로 쓸 때 비로소 그것은 놀랄 만큼 현저하게 드러날 것이다.

라부아지에의 환경에서는 분석적인 것을 독창적인 것과 동일시하지 않았다. 그 차이는 탐구에 접근하는 방식에서 두드러지게 나타난다. 라부아지에는 1760년대 후반에 먼저 지질학을 통하여 과학의 세계에 들어와서 점차 화학으로 이끌려갔는데, 그가 사귄 사람들은 목사, 약제사, 귀족, 의사 등이 아니었다. 그가 교제한 사람들은 프랑스 과학 아카데미 회원들로서 특히 수학 부문의 인물들과 교제했다. 그 중에서도 친했던 사람들은 라플라스, 라그랑주, 몽쥬 등이었다. 그들은 개념을 엄격하게 판단하는 사람들이었다. 그들이 옛 화학에 대하여 느꼈고 아마 분명하게 표명도 했을 우월감에 근거한 겸손은, 오늘날의 이론물리학자가 스스로 과학의 연대에 참여하고 있다고 제멋대로 상상하는 가상 관측자나 수의사에 대하여 느끼는 감정과 같을 것이다. 당시의 물리학은 플로지스톤같이 애매한 요소를 가지고 이론을 세우는 화학보다는 훨씬 멀리 가 있었다. 따라서 라부아지에는 그의 주의를 새로운 기체의 포착이 아니라 불만족스런 이론 상태, 특히 화학이란 학문의 집안 사정 같은 곳으로 돌렸다. 만약에 플로지스톤이 물체에 있는 불의 요소라면 연소를 통해서 그것이 제거되었을 때 질량은 감소해야 한다. 그러나 이미 알려진 바와 같이 금속재는 원래의 금속보다 무겁다. 약국에서 약을 조제하는 사람이나 학교에서 교편을 잡고 있는 사람에게는 그런 사실이 별로 문제되지 않았다. 라부아지에야말로 연소를 정확하고 체계적으로 연구한 최초의 인물이었다.

그는 일상적인 화학 물질 중에서 가장 연소가 잘 되는 것을 골랐다. 결과는 즉시 나타났다. 1772년 11월 1일에 그는 봉인한 노트를 아카데미의 상임 서기의 손에 맡겼다(이는 그의 권리였다).

일주일쯤 전에 나는 황을 태우면 무게가 감소하기는커녕 오히려 늘어난다는 사실을 발견했다. 말하자면 공기 중의 수분을 흡수시킴으로써 우리는 1리브르(livre, 1리브르는 약 0.5kg)의 황으로부터 1리브르 이상의 황산을 얻을 수 있다. 인의 경우도 마찬가지다. 이 무게 증가는 연소 중에 고정되어서 수증기와 결합한 다량의 공기 때문에 일어난다.

내가 결정적이라고 생각한 실험들에 의하여 확립된 이 발견으로부터 나는 황과 인의 연소에서 관찰된 것이 연소와 하소로 무게가 증가하는 모든 물질의 경우에도 일어날 수 있으리라고 생각하게 되었다. 금속재의 무게 증가도 이와 같은 원인 때문일 것이라는 결론에 도달했다. 실험은 나의 추론을 완전히 확인해 주었다. 나는 헤일즈의 장치를 사용하여 밀폐된 용기 속에서 일산화납을 환원시켰는데 금속재가 금속으로 변하면서 다량의 공기가 방출되었다. 그리고 이 공기의 부피는 사용된 일산화납의 양보다 천 배 이상 많았다. 나에게는 이 발견이 슈탈 시대 이후에 이룩된 발견 중에서 가장 흥미 있는 것처럼 보였다. 이 사실을 나의 친구들에게 말해서 그들을 진리의 도정에 오르도록 하려고 해도 꼭 무언가 좋지 않은 일이 생길 것 같기 때문에 나 스스로 실험하여 결과를 공표할 때까지는 이 증언을 아카데미의 서기 손에 위탁해 두는 것이 좋겠다고 생각했다.

당시에 라부아지에의 나이는 29세였다. 그는 그의 실험을 다듬었다. 그는 무게 분석에 있어서 그의 스승이라고 할 만한 블랙의 실험을 연구하고 되풀이하여 자기의 방법을 완성했다. 그의 중요한 기법은 유리종 속에 들어 있는 시약을 렌즈로 연소시키는 것이었다. 기구라는 면에서 그는 행운아였다. 그는 "아카데미의 훌륭한 렌즈(le verre ardent du Palais Royal)"와 과학의 후견인인 어떤 귀족이 가지고 있던 "더욱 강력한 렌즈(le grand verre ardent de la Tour d'Auvergne)"까지도 빌릴 수 있었다. 라부아지에는 아무리 찬양해도 지나치지 않는 명석한 정신으로 그리스의 원소설, 불과 유전(流轉)에 대한 옛 스토아 학파의 흔적, 염, 황, 수은 등의 파라켈수스적 원소, 연금술사의 증류와 정제, 광물학과 금속학의 전승, 점차 집적되어 가던 그 당시의 실험적 발견 등이 잡다하게 뒤섞여 있는 혼돈의 전승으로부터 화학이라는 근대 과학을 창조하기 위해서 무엇을 해야 하는가를 간취한 것이다. 그리고 자신의 의도를 명확하게 하기 위하여 — 아마 그것을 고정시키기 위하여도 — 앞으로 남은 생애 중에 그가 하려는 것을 실험 기록으로 적어 놓았다. 이 서류가 1772년 초에 작성되었는지 1773년 초에 작성되었는지, 봉함된 노트에 보고되어 있는 실험 직전인지 직후인지 이 날짜의 불명확성은 아직 해결되지 않았다. 앞의 날짜를 받아들이면 그의 사고 양식에 들어맞을 테고, 뒤의 날짜라면 그가 실행한 연구에 들어맞을 것이다. 따라서 이 문제는 라부아지에 생애의 가장 흥미 있는 문제 — 무엇이 먼저일까? — 의 축약도이다. 어느 날짜가 올바르든 간에, 이 서류는 전체 과학사를 통하여 선험적(apriori)이라고는 할 수 없을지라도 가장 선견(先見)적인 연구 계획이다.

발효나 증류 또는 모든 종류의 화학 변화에 의하여 방출되는 기체에 관하여 그리고 아주 많은 물질의 연소를 통하여 흡수되는 기체에 관하여 계획하고 있는 일련의 긴 실험을 시작하기 전에, 먼저 내가 취해야 할 경로를 나 스스로 개관하기 위하여 여기에다 저작 상의 몇 가지 고려를 기록해 둘 필요가 있다는 생각이 든다.
아주 다양한 조건하에서 물질로부터 어떤 기체가 방출된다는 것은 확실하다. 그런데 그 기체의 성질에 관해서는 몇 가지 다른 설이 존재한다.

여기서 라부아지에가 직면했던 복잡한 정황을 밝혀 두는 것이 중요하다. 한편으로 그는 연소와 호흡은 공기 중의 그 무언가와 결합하는 것임을 확신했다. 다른 한편 실험으로 확인된 기체인 "고정 공기"(이산화탄소)는 예상과는 거의 정반대의 성질을 나타내고 있다. 그것은 호흡과 연소의 재료가 아니라 그것들의 결과로 생기는 것이고, 보통 공기와는 아주 다른 것이다.

이 차이들은 많은 물질로부터 방출되고 그것들과 화합도 하는 기체에 관한 현재까지의 연구를 갖고 말하면 아주 명확하게 드러날 것이다. 중대한 전망 때문에 나는 이 일련의 연구에 착수하는 것인데 이 일은 물리학과 화학에 혁명을 가져올 게 틀림없다. 우선 나의 연구에 앞서서 이루어진 것은 모두 단지 시사적(示唆的)인 것으로 간주해야 한다. 나는 물질과 화합하거나 물질로부터 방출되는 기체에 관한 우리의 지식과 다른 사람들에 의해 획득된 지식을 결합해서 하나의 이론을 만들기 위하여 새로운 관점을 가지고 그 모든 것을 되풀이할 계획을 세웠다. 이 관점에서 보면 앞에서 말한 다른 사람들의 결과는 거대한 연쇄의 흩어진 부분처럼 보인다. 이 사람들은 단지 이 연쇄의 몇 개의 연결 부위에서만 결합되어 있다.

이 사람들이 주로 무시한 것은 많은 물질에서 발견되는 기체의 원천이었다. 그래서 라부아지에는 기체가 발생한 실험 전부를 되풀이하여, 그 본원을 파악하면 그 기체의 생성 경로를 알 수 있을 것이라고 생각했다. "공기를 고정할 수 있는 과정은 식물의 생장, 동물의 호흡, 연소, 특정 조건 하에서의 하소, 그리고 특정 화학 변화이다. 따라서 이 실험부터 먼저 착수해야 한다." 돌이켜보면 라부아지에가 이산화탄소를 "고정"하는 반응(식물의 생장, 석회의 소화(消和)과 산소를 필요로 하는 반응을 구별할 필요성을 느꼈다는 것은 분명하다. 두번째로 연소, 녹이 스는 것, 호흡의 화학적 유사성을 확립해야 했다. 마지막으로 그는 대기가 모든 기체 중에서 가장 특색있는 산소를 포함하는 혼합물이라는 것을 확인하려고 했다. 라부아지에에게 그것은 지금까지의 어느 기체보다도 흥미 있는 것이 될 터였다.

20년 후 라부아지에는 그가 계획한 실험을 완수했다. 호흡과 화학적 생리학에 관한 실험만 남았는데, 그것을 착수하려 했을 때 단두대가 그 앞을 가로막았다. 그러나 그는 고리를 연결하였다. 그는 자기 학설의 주요부를 만들어 내고 이 학문의 이론을 형성했다. 라부아지에는 혁명을 이룩했다 — 적어도 화학에서. 그리고 화학이 물리학과 연속하는 과학이라는 것을 인식한 점에서 그것은 물리학의 혁명이기도 했다.

제아무리 잘 계획해도 이처럼 완벽할 수 있었을까? 물론 돈이 필요했지만 라부아지에는 부자가 아니었다. 그래서 그는 세금 징수를 도급 맡은 재무관의 단체에서 일자리를 얻어서 하루의 일부분은 재산을 모으는 데 쏟았으며, 또 그의 후견인의 14세 난 딸을 아내로 얻었다. 그녀는 상속인이었다. 그녀는 총명했다. 그녀는 영어를 알았다. 그녀는 화학에 흥미를 갖게 되었고, 실험실의 기록자로서 봉사했다. 18세기에 실험실은 개인이 운영했다. 라부아지에는 화약 제조 개량법을 제안했는데, 1777년에 창설된 위원회는 이것을 그에게 위임하여 그는 병기창의 방 하나에다 국가의 비용으로 실험실을 설치했다. 라부아지에 부인은 라부아지에의 일상 생활에 대한 기록을 남겼는데 이것은 최근에야 햇빛을 보게 되었다. 그것은 라부아지에가 그의 동료 징세관들과 함께 죽음을 당하고 나서 오랜 세월이 지난 후에 쓰어졌다. 결국 화학자와 징세관을 겸하는 것은 조금도 이익이 안 된다는 것이 드러났다.

라부아지에는 그가 책임지고 있던 새 일에다 몇 시간을 바쳤다. 그러나 하루 중 대부분의 시간은 언제나 과학을 위하여 썼다. 그는 아침 6시에 일어나서 8시까지 과학 연구를 했고 저녁 때는 7시부터 10시까지 연구했다. 그리고 일주일에 하루는 완전히 실험에 몰두했다. 그는 이 날이 행복한 날이라고 자주 말했다. 그 날에는 두세 명의 학문상의 벗과 그의 실험에 협력할 수 있는 영광을 얻는 것을 자랑으로 여기는 몇 명의 청년들이 아침부터 실험실에 모여 들었다. 거기서 그들은 점심을 들었다. 또 거기에서 토론하고 실험을 했다. 거기에서 라부아지에를 불멸의 인물로 만든 저 아름다운 이론을 탄생시킨 실험들이 수행되었다. 세련된 정신, 적확한 판단력, 순수한 재능, 고매한 천재를 두루 갖춘 그를 이해하려면 그 실험실에서라야 한다는 것을 사람들은 알아야 한다. 그곳에서 오가는 대화 가운데에서 그의 아름다운 성격, 고귀한 식견, 엄격한 이론들이 밖으로 나타나는 것이다. 그와 마음을 통했던 사람이 이 글을 읽는다면, 깊은 감동 없이 그 기억을 회상하기란 불가능할 것이다.

그 실험실에서는 라부아지에의 사람됨을 알 수 있을 것이다. 우리에게 이것은 어려운 일이다. 우리는 파리 공예 학교에 보존되어 있는 라부아지에의 실험 장치를 볼 수 있다. 우리는 그때까지의 어느 화학자도 꿈꿀 수 없던 정확성을 그의 실험 결과에 제공한 멋진 천칭과 아름다운 펌프와 종모양의 병 등에 대하여 찬탄할 수 있다. 학자는 아카데미의 문서보관실로 가서 그의 실험 기록을 조사할 수도 있다. 1772년(혹은 1773년)의 실험 계획서를 열람할 수도 있다. 그 기록은 지금도 실험실의 지침서로 쓸모 있을지 모른다. 거기에는 20년 동안의 모든 기록이 들어 있다. 그의 연구는 6권의 책으로 종합되어 있다. 그의 서간은 머지않아 출간될 예정이다. 한걸음 한걸음, 우리는 그의 생애를 추적해 갈 수 있다. 그럼에도 불구하고 이 방대한 완전히 비인격적인 유물에 접하는 것만 가지고는, 대 과학자 중에서도 가장 접근하기 어려운 이 인물을 밝혀내지 못한다. 인간 라부아지에가 우리에게 붙잡히지 않는 것이다. 저 너무나도 완벽한 생애에 무언가 결여되어 있는 것이다. 그것은 야망이 아니다. 어떤 행위든 야망을 드러내고 있다. 그러나 적어도 실험실 밖에서는 라부아지에는 차가운 인물처럼 보인다. 그가 논쟁을 피했다는 것은 아니다. 그러나 그의 저술은 그 기질 탓으로 차갑고 명석하다. 거기에는 투쟁의 열기도 우리를 즐겁게 해 주는 자기 폭로도 없으며, 오직 "엄격한 이론"밖에 없다. 플로지스톤에 대한 변호는 과학사가의 흥미를 끌기에는 너무 절망적이다. 라부아지에의 반대자는 도저히 그의 적수가 안 되는 것처럼 보인다. 라부아지에는 결코 그들을 용서하지 않았다. 그는 모든 것을 제어했지만 자신의 지력만은 제어하지 못했던 모양이다. 그가 예견하지 못한 것이 단 하나 있었다. 그것은 범인 ─ 아무것도 모르기 때문에 자기 자신이 전혀 가치없는 존재라는 생각도 못하는 루소의 범인 ─ 의 감정이 전역사를 통하여 정치적으로 가장 강렬하게 고양되었던 시기, 버크가 라부아지에의 과학의 표현을 빌어서 "고정 공기가 속박을 벗어나고 …… 사나운 기체가 사방에 퍼졌다"고 비유적으로 말한 시기에, 라부아지에처럼 전문인이며 지성인이자 사물을 제대로 인식하고 있으며 옳은 견해를 가진 인물은 공격당하기 쉽다고 하는 사실이었다.

이처럼 불행하게 시대와 어울리지 못한 것 외에도 갈릴레오나 데카르트, 케플러나 뉴턴, 아니 빅토리아 풍의 점잖은 외관으로 꾸민 다윈조차도 정열을 가지고 있었는데, 라부아지에게는 바로 이것이 없었다. 이 위대한 창시자들 가운데에서 라부아지에만이 위대한 발견자가 아닌 것은 그 때문일까? 정신의 명석함이 상상력, 소박한 호기심, 예기치 못한 사물의 본성에 대한 공감 등을 배제했던 것일까? 이 문제는 추측에 머물 수밖에 없다. 그러나 그의 실험적 방법의 완전성에는 그의 방법에 한계가 될 수 있는 점도 있었다. 그가 1772년의 실험 계획을 실행에 옮긴 1770년대, 80년대의 위대한 연구 보고의 명석함은 지금까지 여러 번 찬양을 받았고 그것은 정당한 것이었다. 지금 생각하면 라부아지에는 어떤 실험이든 그것을 연소 이론 및 그 이론에 의하여 제안된 화학 반응의 개념을 지지하는 연쇄의 고리로 본 것 같다. 프리스틀리나 캐븐디시 등 우리보다 더 판단의 자격이 있는 사람들은 라부아지에의 저 멋진 추론에 결코 설득당하지 않았지만, 산소의 역할, 대기의 조성물의 성분 등을 알고 있는 우리는 이것을 승인할 수밖에 없다.

그것은 우리에게는 설득력이 있다. 연소 중에 인은 방출될까, 화합할까? 무게를 달아 보라. 그러면 천칭이 해답을 말해 줄 것이다. 증가한 무게는 대기로부터 온 것일까, 아닐까? 측정해 보라. 그러면 감소된 부피가 해답을 말해 줄 것이다. 이처럼 모든 실험은 극히 적절한 물음에 대하여 그렇다 또는 아니다 하고 답할 수 있도록 유례없이 세련되게 계획되었다. 아마 거기에 바로 결함이 있었을 것이다. 왜냐하면 라부아지에가 응용한 콩디약의 논리는 분류의 논리, 선택의 논리였기 때문이다. 그것은 이미 발견된 것의 논리이기 때문에 발견의 심리학이나 미지의 것에 대한 모험이 끼어들 여지가 없었다.

기성 학문의 논리를 방법의 규범으로 끌어올리는 것은, 탐구의 성과를 빈곤하게 만들지도 모르는 위험을 언제나 가지고 있다. 라부아지에의 이 훌륭한 실험은 실험실에 적용한 삼단논법이고 보존 법칙 같은 규칙에 따르는 이미 알고 있는 사실로부터의 연역이지, 프리즘을 가지고 연구한 뉴턴식의 탐구는 아니며 프리스틀리의 수은 용기를 사용한 실험에서 기포가 발생된 다음에 무엇이 나올지 모른다는 식의 탐구도 아니다. 라부아지에는 그렇지 않았다. 그의 실험은 계획에 있어서는 아무리 뛰어난 것이라고 해도 결국은 1772년의 계획에서 말한 것을 밝히는 데 소용될 뿐이었다. 그렇다면 이것도 모험적이고 내키는 대로 하는 식이 아니라, 연역적이고 엄밀한 그의 수학적 영감과 잘 조화되는 것이다.

따라서 화학은 프리스틀리와 라부아지에의 묘한 공존 관계에서 이득을 얻었던 것이다 ― 양자에겐 달갑지 않은 일이겠지만. 이론적 경향의 결여가 프리스틀리로 하여금 발견한 것을 이해 못하게 했다면, 라부아지에의 명석함은 그로 하여금 발견을 못하게 했다고 할 수 있다. 그의 계획에 따르면 연소, 하소, 호흡 등은 모두 대기로부터 어떤 물질을 고정한다. 라부아지에는 그것을 어디에서 찾아야 하는지 알고 있었지만 무엇을 찾아야 할지는 몰랐다. 이리하여 이 중요한 예에서 볼 수 있듯이 그의 방법은 발견 수단으로서는 소용없다는 것이 판명되었다. 그에게 새로운 사실을 말해 준 사람은 프리스틀리였기 때문이다.

과학사가가 발견 당사자 이상은 안 되더라도 그들처럼 격렬하게 우선권 문제를 가지고 싸우는 것은 과학사학의 미숙함에 기인하는 것이다. 발견자에게 실패란 별로 보기 좋지는 않지만, 허용될 수 있는 것이다. 지금까지 산소 발견에 관한 사실은 꽤 분명하게 드러났다. 이 기체는 수은

산화물의 독특한 성질에 의하여 그 존재를 드러냈다. 적당히 가열하면 수은은 붉은 산화물을 만든다. 더 세게 가열하면 산화제2수은은 분해된다(현재의 화학 방정식으로는 $2Hg + O_2 \longrightarrow 2HgO, 2HgO \longrightarrow 2Hg + O_2$ 가 된다—옮긴이). 그것은 목탄이 없어도 쉽게 환원되는 비교적 흔한 "금속재"였다. 따라서 이 물질만이 환원에 의하여 이산화탄소 대신 산소를 방출한 것이다.

기체 화학과 연소의 모든 반응이 빠짐없이 나온 마당에 이제 산소의 발견은 필연적이라는 느낌이 든다. 예를 들어 1774년 2월 파리에서 바이엔(Bayen)은 산화제2수은을 하소시켰다. 그리고 이 기체를 고정 공기라고 보고했던 것이다. 그러나 그가 최초의 인물은 아니었다. 웁살라(Upsala)에서 칼 빌헬름 셀레(Carl Wilhelm Scheele: 1742~1786)가 그 이전부터 산소 실험을 했으며, 산화제2수은과 산화은으로부터 산소를 얻었다는 것은 오늘날 잘 알려진 일이다. 그는 이것을 "불의 공기(fire air)"라고 불렀는데 이를 뒤늦게야 발표했다. 라부아지에는 그의 첫 저서 한 부를 그에게 보냈다. 이에 대하여 셀레는 1774년 9월 30일자 감사 편지의 마지막 부분에서 자기의 발견에 관하여 언급했다. 그러나 라부아지에는 이러한 암시적인 통신은 인정하지 않았다. 그러한 말로는 그의 주의를 환기시킬 수 없었을 것이다. 라부아지에가 산소의 발견을 인정하지 않을 수 없었던 때는 프리스틀리가 파리에 와서 프랑스의 동료들과 경험을 교환하고 그의 신앙으로 프랑스인을 놀라게 했을 때였다.

1774년 8월 1일 프리스틀리는 처음으로 산소를 분리해 내서 이 기체는 물에 녹지 않고 연소를 돕는 성질이 있다고 하여 이산화탄소와 구별했다. 그러나 그는 이를 그가 잘 알고 있던 소기(笑氣)라고 잘못 생각하고 말았다. 얼마 후에 그는 똑같은 기법을 적색 납에 적용해 보았다. 10월에 그는 파리에 있었다. "나는 나 자신이 관찰한 것을 감추어두는 성미가 아니기 때문에 이 실험도 하소시킨 수은이나 적색 침전물과 함께 파리와 그밖의 곳에 있던 학문상의 지인(知人)들 모두에게 말했다. 당시에 나는 이 주목할 만한 사실로부터 무엇이 나올는지 전혀 모르고 있었다." 다음 해 3월까지 그는 완전히 새로운 기체를 얻었다는 사실을 깨닫지 못했다. "그러나 이 달에 들어와서야 비로소, 나는 이 기체의 성질을 확인했을 뿐 아니라, 우리가 호흡하고 있는 공기의 완전한 조성도 이해하게 되었다." 프리스틀리는 모든 방법으로 닥치는 대로 시험해 보고 나서 이 새로운 기체가 연소와 호흡을 도우며, 소기(笑氣)와 반응하여 부피가 줄어든 후에도 역시 그렇다는 사실을 발견했다. "나는 잠자리에서 이 놀랄 만한 사실에 대하여 생각했는데, 다음날 아침 그 혼합물에 초석 공기(nitrous air)를 가했더니 놀랍게도 그것은 또다시 원래 양의 절반으로 줄어들었다." 그래서 신선한 시료를 가지고 소기(笑氣)에 대하여 시험해 본 결과 그는 그것이 보통 공기의 "4배나 5배의 효과가 있다"는 결론을 내렸다. 물론 이것은 보통 공기가 단순한 물질이 아니라 부피의 20퍼센트는 "순수한", 즉 "플로지스톤 없는 공기"라는 것을 그 특유의 장황한 방식으로 설명한 것이다. 프리스틀리는 이 대발견을 언제나 "플로지스톤 없는 공기"라고 불렀다. 그는 이미 중년이었으므로 자기 생각을 바꾸지 못했다. 이 새 기체는 플로지스톤을 전혀 포함하고 있지 않고 연소하고 있는 물체로부터 그것을 빨아들일 능력이 보통 공기의 5배이기 때문에 대단한 에너지로 연소를 돕는다.

라부아지에는 산화제2수은 실험을 당사자인 프리스틀리보다도 빨리 이해했다. 그는 1774년 11월에 그 실험을 되풀이했고, 다음해 봄 그것을 아카데미의 부활제 회합 강연 재료로 삼았다. 이 강연은 대중이 공식적으로 과학에 접할 수 있는 기회였으므로, 아카데미는 좀 재미있는 것을 발표하도록 배려하는 것이 상례였다. 이때부터 비로소 라부아지에는 주도적인 역할을 하기 시작했다. 그는 1온스의 산화물로 실험을 시작하겠다고 청중에게 말했다. 팔레 르와얄(Palais Royal)의 렌즈로 두 시간 반 동안 하소시킨 끝에 그는 7그로스(gros, 1그로스는 22그레인—옮긴이) 18그레인의 순 수은을 환원할 수 있었다. 그 차이는 54그레인이었고 발생한 기체의 부피는 78세제곱 인치였다. "이 사실로부터 다음과 같은 결론을 내릴 수 있다. 즉 무게의 감소가 모두 이 기체에 기인하는 것이라면 1세제곱 인치는 3분의 2그레인에 조금 못 미쳐야 한다. 그것은 보통 공기의 무게와 거의 차이가 없다."

이번만은 라부아지에의 열의가 배신당했다. 그는 이 78 세제곱 인치의 기체를 이산화탄소와 구별하여 자기 연구 대상으로 삼았는데, 이 산소를 프리스틀리처럼 소기(笑氣)라고 생각하지는 않았지만 공기 자체라고 생각하는 잘못을 범했다. "모든 금속재는 수은의 재처럼 완전히 환원되기만 하면 보통 공기만 방출하리라는 것은 분명하다." 그는 자신이 공기 채집기로 얻은 것이 "보통 공기일 뿐 아니라 호흡이나 연소에 더 적합하며 우리가 그 속에서 살고 있는 공기보다도 순수하다는 것을 모든 사정들로부터 확신했기" 때문이다. 라부아지에는 이에 대한 대가도 치렀다. 그것은 불명료성에 발을 들여놓은 그의 거의 유일한 모험이었다. 그는 결정적인 실험을 한 게 아니라 결정적인 잘못을 저질렀다. 그는 마지막 검사에 대하여 다음과 같이 보고했다. 이 기체는 그것에 "초석 공기를 3분의 1을 가하면 보통 공기처럼 기능이 감소한다." 그러므로 새로운 화학을 수립하기 위해서는 프리스틀리의 마지막 공헌이 필요했다. 그것이 이 창시자(라부아지에)를 올바른 위치에 올려놓았다.

프리스틀리는 라부아지에의 부활제 보고를 읽고 약간 불쾌감을 느꼈다. 그것은 어디에도 프리스틀리가 산화제2수은에서 생성된 기체에 대해서 말했다는 언급이 없었기 때문이다. 그러나 그는 자기가 라부아지에의 오인을 정정해 주었다는 기쁨을 아주 온화하게 다음과 같이 표현했다. 이는 그의 선한 인품 때문이며, 그가 불쾌하게 느낀 것도 잠깐 동안뿐이었다.

제6장 물질의 합리화 259

예기치 못한 사정, 계획 밖의 사정들이 나타난 것이 나의 탐구에 유리하게 작용한 것처럼, 그러한 일은 라부아지에에게도 다행한 일일 것이다. 이 경우 진리가 그를 오류로 인도하는 것처럼 오류 또한 그를 진리로 인도하는 수단이 되었다. 나의 논문을 보면 이 두 사정 모두 나에게 자주 일어났음을 알게 될 것이다. 그리고 이 플로지스톤 없는 공기에 관한 첫 장에서 그 두 가지 예를 모두 발견할 수 있을 것이다.

자신의 오류와 타인의 오류를 재미있게 생각할 수 있다는 것은 유쾌한 일이다. 나는 잘못을 감추려고 하면 감출 수 있었던 때에도 자진해서 그것을 발표하여 사람들이 재미있게 생각할 수 있는 기회를 제공했다. 그러나 나는 실험적 연구에는 "신비"같은 것은 거의 없다는 것과, 발견 — 이것이 위대하고 멋진 일이라고 생각하는 사람도 있는 모양인데 — 이 "명민함"과 "계획성"에 의하여 이루어지는 일 또한 거의 없다는 것을 증명하겠다고 결심했다.

라부아지에는 아마 자기의 실패를 다른 사람들의 웃음거리로 제공하는 인물은 아니었을 것이다. 그가 주역을 담당하는 경우라면 더욱 그러했을 것이다. 그는 프리스틀리의 이 비난에 대하여 한 마디도 언급하지 않았다. 그렇지만 미숙하게 그의 학설을 시도하는 것을 단념하고 일련의 논문으로 새 화학의 기초를 다지는 데 눈을 돌렸다. 그런데 그 전술은 18세기의 야전처럼 형식적이었다.

*

이 결정적인 회고들은 라부아지에가 새 화학에 대하여 집약했던 세 가지 측면을 전개하고 있다. 첫번째 것은 산의 성질을 탐구한다. 두번째 것은 연소, 하소, 호흡은 모두 산화라는 명제로 된다. 세번째 것은 열에 대한 문제로 나아간다. 오늘날 중심적인 의의가 있는 것처럼 보이는 것은 두번째 점으로서 그것은 화학사를 통하여 그대로 계속되어 오고 있으며 이 학문을 반응이라는 현상으로 종합했다. 라부아지에의 산의 구성과 "열소"에 관한 견해가 일탈된 것이라고 해도 그것은 적어도 흥미를 끌 만한 것이다. 관대한 프리스틀리가 신이 나서 저지른 오류와는 달리, 라부아지에의 오류는 데카르트 이래의 과학 연구에 있어서 가장 뛰어난 합리 정신에 의한 오류이기 때문이다.

부활제 논문의 면목 없는 정정이 있은 지 꼭 일 년 후인 1776년 4월 26일, 라부아지에는 「질산 중의 기체의 존재 및 그 산을 분해하고 재합성하는 방법에 관한 보고」를 아카데미에서 낭독했다. 그는 동료들에게 황과 인의 연소에 관한 실험과 그것들이 수증기를 빨아 들여 산을 만든다고 하는 사실을 상기시켰다. 고찰 결과 모든 산에 공기가 들어있으며 각각의 산에 특유한 성분에 의하여 각기 다른 산이 생성된다는 것을 확신하게 되었다. "처음에는 그럴듯한 추측에 지나지 않았던 것이 실험을 이론에 적용해 보자 확실한 것으로 바뀌었다." 라부아지에의 보고는 그의 독창적인 발상법에 입각하여 구성과 문체가 형성되며, 결론부터 시작되는 것이 많다. 어쨌든 그는 배울 것은 배워 익혔다. 라부아지에는 "공기뿐만 아니라 공기의 가장 순수한 부분"이 모든 산에 들어 있으며, 그것이 "산성을 구성한다"고 명기했다.

그는 여러 사실과 실험은 모두 프리스틀리의 것이라고 신중하게 인정한다. 그런데 그가 이끌어 낸 결론은 아주 다른 것이어서, "내가 이 고명한 과학자로부터 여러 증거를 빌어 왔다고 하여 비난을 당할지는 모르지만 적어도 나의 결론은 논쟁할 여지조차 없는 것이다"라고 말한다. 라부아지에가 수은을 선택한 이유는 그것이 탄소 없이도 환원 가능하며 이산화탄소에 의하여 많은 실험 결과가 감추어지는 것을 방지할 수 있기 때문이었다. 따라서 그는 수은을 질산에 녹여 그 용액을 증발시키고 남은 찌꺼기를 두 단계로 가열했다. 먼저 그는 질산수은을 분해하여 일산화질소를 모았다. 다음에는 산화제2수은을 하소시켜 산소를 모았다. 그의 의미심장한 방법의 특징은 두 종류의 기체 성분을 구별하여 그것을 분리해서 모은 것이다. 여느 때와 같이 그는 양을 엄밀히 측정했다. 그런데 이 논문의 가장 흥미 있는 특색은 아주 세련된 기법의 전개로서, 그 기법은 후속되는 논문의 한 특징이 된다. 일단 질산이 분해되면 다음 실험은 "같은 재료를 재결합시킴으로써 그것을 재합성하는 것이다. 그리고 이것도 나는 성공했다."

질산은 …… 초석 공기(nitrous air)가 거의 같은 양의 보통 공기의 가장 순수한 부분 및 꽤 많은 양의 물과 결합한 것임에 틀림없다. 반대로 초석 공기는 질산에서 공기와 물이 제거된 것이다. 이 점에 대하여 그 금속(수은)으로부터 나온 플로지스톤이 이 조작에서 어떤 역할을 하는 것은 아닐까 하고 생각하는 사람도 분명히 나올 것이다. 나는 여러 가지 결론을 내포하고 있는 이 문제에 대하여 감히 결론을 내리지 않겠으며 단지 다음과 같이 대답하겠다. 이 반응들에서 수은은 처음과 똑같은 상태가 되어서 나오므로 플로지스톤을 잃었다거나 얻었다고 생각할 수 없다(이 금속의 무게를 감소시킨 플로지스톤이 용기의 벽을 뚫고 달아났다고 주장하지 않는다면). 그런데 이것은 슈탈과 그의 제자들과는 다른 특수한 플로지스톤을 인정하는 것이 된다. 그것은 불의 원소로 돌아가는 것이고, 물질을 결합시키는 일종의 불로 돌아가는 것이다. 그것은 슈탈보다 훨씬 오래 된 사상 체계이고 그 정신에 있어서도 완전히 다른 것이다.

이렇게 라부아지에는 플로지스톤을 가볍게 일축한다. 그리고 한편으로는 화학적 견지에서 어떤 물질의 객관적 존재성을 시험하는 것은 그 물질을 여러 물질로부터 추출하여 원래 물질로 복구시킬 수 있는지 없는지, 즉 그 물질을 조종할 수 있는지 없는지에 대한 가능성 조사라는 것을 암시한다. 또다른 한편 이러한 고찰을 회피하는 것은 과학으로부터 후퇴하여 헤라클레이토스나 스토아 학파로 전락하는 것이며, 활동으로서의 불로, 유전과 생성으로서의 세계로 되돌아가는 것이라고 말한다.

일년 후, 즉 1777년 16월, 라부아지에는 그의 두번째 주요 논문「쿤켈(Kunckel)의 인의 연소에 관한 보고」를 낭독했다. 그것은 "순수 공기"가 산의 원리라고 한 분석 방법을 인산과 황산으로 넓혔다. 그러나 그 요점은 분석과 재합성이라는 반복 행위를 대기에 적용한 것이고 "대기는 이미 몇 번이나 말했듯이 약 4분의 1의 플로지스톤 없는 호흡에 아주 적절한 공기로 이루어져 있으며, 나머지 4분의 3은 유독한 공기, 미지의 성질을 가진 기체로 되어 있다."

라부아지에는 언제나 많은 소(小)실험으로 분주했는데, 그 실험 기록들이 남아 있다. 그는 몰모트를 산소가 가득한 병에 넣고, 그것이 질식한 뒤 검사를 했다. 또 그는 호흡할 때 혈액에서 일어나는 변화를 조사했다. 그는 프리스틀리에 대하여 사소한 것이지만 중요한 반증을 들었다. 즉 허파에서 배출된 기체는 "고정 공기"(이산화탄소)로 바뀌지 프리스틀리가 말하듯이 "플로지스톤화된 공기"(수소)로 바뀌지 않는다는 것이다. 어느 날 라부아지에는 산, 염, 산소의 생성에 관한 26편의 논문을 아카데미에 위탁했다. 그의 사실에 대한 충실성과 정확성은 한점도 흠잡을 데가 없었다. 이 논문들은 아무리 결벽한 인간이라도 만족시키기에 충분했다.

1777년 11월에 라부아지에는 「연소 일반에 관한 중간 보고」를 내놓을 준비가 끝났다고 느꼈다. 언제나 독자를 자기가 의도하는 곳으로 끌어들이는 명석한 서문에서 그는 이론의 역할에 관하여 대단히 명료하고 특징적인 말을 한다.

물리학에 있어서 체계를 좋아하는 정신도 위험하지만, 무질서한 실험을 지나치게 많이 쌓아 놓는 것도 과학을 해명하기보다는 오히려 더 난삽하게 만든다. 그것이 이 문제에 들어오는 사람들로 하여금 문제에 접근하기 어렵게 만드는 것이 아닐까? 한마디로 말해서 오랜 노고의 결과가 무질서와 혼란에 불과한 것이 되지 않을까? 사실, 관찰, 실험 등은 거대한 조직을 구성하는 재료이다. 그러나 그것을 집적하는 것이 과학의 진보에 장해가 된다면 이는 곤란한 일이다. 그와 반대로 우리는 그것들을 분류하고 각각의 질서에 따라 구별하고 그것들이 속하는 전체의 각 부분으로 구별하는 일에 전념해야 한다.

근대 화학의 경우 사실은 네 가지 항목으로 분류할 수 있다. 1) 연소는 항상 빛으로 나타나는 "열소"를 방출한다. 2) 물질은 특정한 기체, 아마 "순수한 공기" 속에서만 연소할 것이다. 3) 모든 연소에서는 "순수한 공기"가 소비되며 물질의 무게는 반드시 그 양만큼 증가한다. 4) 모든 연소에서 생성물은 "무게를 증가시키는 물질"이 더욱 가해지면, 산으로 변화된다. 플로지스톤설에 따르면 가연성 물질은 연소의 원리를 함유하고 있기 때문에 연소하며, 또 연소하기 때문에 그 원리를 함유하고 있다고 말한다. 따라서 연소로서 연소를 설명한다. 그러나 "내가 감히 제안하는 가설은 물리와 화학의 주요 현상을 대단히 일관되고 아주 간단하게 설명한다."

이제 라부아지에는 여러 가지 산을 마음대로 다룰 수 있게 되었다. 1778년 11월에 그는 연소에 관한 논문을 보완하는 「산에 관한 일반적 고찰」을 발표했다. 여느 때와 같이 그는 이 문제에 대한 당시의 견해를 음미했다. 이전의 화학자는 서로 다른 물질종들을 구별하기보다는 성질을 담당하는 원리로 생각되었던 기름, 염, 토류, 물 등을 구별하는 목적으로만 분석을 사용했다. 18세기 화학은 중성염의 기술(記述)과 이론에서 현저한 진보를 이룩했다. 그러므로 "화학자는 우리의 선배 화학자들이 중성염 자체에 대하여 수행했던 일을 중성염의 구성 성분에 대하여" 하지 않으면 안 된다. "그것은 산과 염기 문제를 추구하는 것이며, 화학 분석의 한계를 한 단계 높이는 것이다." 라부아지에는 산에 관한 첫 단계의 개괄을 할 준비가 끝났음을 감지했다. 그는 최근의 실험에 의존하여 "순수한 공기, 즉 호흡에 아주 적절한 공기가 산을 구성하는 원소"라는 가설을 종래보다 더 힘차게 밀고 나아갔다.

라부아지에는 "아주 견실하게 확립되었다고 생각되는 이 진리"의 결론을 강하게 확신하고 있었으므로, 18세기 학문인 화학에 결정적인 일보를 내디뎠다. 그것은 명명법이었는데, 이는 진리에 직면한 자만이 할 수 있는 대담한 모험이다. 그리고 그 후 화학은 이때 라부아지에가 저지른 잘못을 영속시키고 말았다. "이제부터 나는 화합 상태, 즉 고정 상태에 있는 플로지스톤 없는 공기, 즉 호흡에 아주 적절한 기체를 산을 생성하는 원리(acidifying principle)라고 부르겠다. 그리스어에서 온 말이 더 좋다면 산을 생성하는 원리(oxygenic principle)란 이름을 붙이겠다."

라부아지에는 아직 원소로서의 산소라는 생각에 도달하지는 못했다. 여러 원리에 대하여 운운하는 화학의 속박으로부터 벗어났을 때, 그는 아직도 실재적이라기보다 말에만 그치는 낡은 사고방식의 찌꺼기를 몸에 지니고 있었다. 산소가 산을 생성하는 원소라는 것은 화학 결합의 측면에서 볼 때 그렇다. 산을 생성하는 원소는 기체 상태를 제외하고는 화합되어 있는데, 기체 상태가 되기 위해서는 열소(칼로릭)와 결합해야 한다. 그러나 이것은 화학에서 표면적인 것에 불과했다. 중대한 점은 여기서 다시 라부아지에가 이론에 의해 고양된 흥분 속에서 그가 완전히 장악하고 있던 실험실의 경고를 무시했다는 사실이다. 실험실의 자료는 그의 부활제 논문을 구해내기에는 너무 미묘하고 까다로웠다. 라부아지에는 산은 그것의 중성염보다 더욱 복잡하고 따라서 분석하기가 더 어렵다고 했다. 그것은 아주 숙련된 기술을 요한다. "식염에서 얻어진 산을 예외로 하면 분해나 합성이 불가능한 산, 산소를 뽑아내거나 원상태로 복구시킬 수 없는 산은 없다는 사실을 보여 줄 수 있게 될 것이다."

여기서 예외란 염산이라는 것은 말할 필요도 없다. 인용문상의 강조는 라부아지에가 한 것이 아니다.

그의 업적의 구성을 보면, 그는 산에 관한 연구를 추진해 갈 셈이었던 것 같다. 그런데 생각지도 못한 사건에 의하여 딴 문제로 주의를 돌리게 되었다. 그것은 수소가 연소하면 무엇이 생기는가 하는 문제였다. 그러나 연소 후 아무것도 발견되지 않았기 때문에 그 문제는 그대로 방치되었다. 그것이 어려운 문제라는 것은 사실이었다. 가연성 물질의 소실은 연소의 결합설보다 연소의 방사설(放射說)에 더 유용하였다. 그래서 1781년에 프리스틀리는 가연성 공기와 보통의 공기를 전기 불꽃에 의하여 폭발시키려고 했다. 그는 생성물의 무게를 측정하려고 했는데, 용기 내부가 축축해졌다는 말밖에 못했다. 1783년에 캐븐디시가 이 실험들을 되풀이했는데, 이 반응이 내부의 공기의 부피를 5분의 1 정도 감소시킨다는 것을 알아차렸지만 실험 규모가 너무 작았기 때문에 생성된 이슬을 모을 수 없었다. 그는 이 이슬에 흥미를 느꼈으므로 규모를 확대하고 두 종류의 기체가 계속해서 연소 용기 속으로 보내지도록 고안하여 수분을 모았으며, 그것이 순수한 물이라는 사실을 발견했다.

이 문제의 우선권 논쟁은 산소의 발견보다 더 대단했다. 영국에서는 증기기관의 제임스 와트가, 프랑스에서는 화법 기하학의 창시자이자 메지에르 군관 학교의 몹시 가난한 교사였던 가스파르 몽쥬(Gaspard Monge: 1746~1818)가 똑같은 발견을 독립적으로 그리고 거의 동시에 했다. 몽쥬의 경우도 아주 명석한 것이었다. 그러므로 다시 한 번 말하면 누가 물을 합성했는가가 아니라 누가 그 의의를 이해했는가가 흥미 있는 문제이다. 물의 합성은 영국 기체학파의 마지막 대발견인데 캐븐디시는 그의 결과를 물의 응축으로 해석했지 합성으로 보지 않았다. 확실히 수소의 가벼움은 궁지에 몰린 영국의 플로지스톤 화학자로 하여금 수소를 플로지스톤 자체와 잠시 동안 동일시하게 했다.

이에 반하여 라부아지에는 일견 극히 단순한 물질이고 고전적으로도 가장 직관적으로 파악되고 있던 원소인 물이, 라부아지에식 명명법을 예상하여 말하면, "물을 만드는 기체(hydrogenerative gas)"의 산화물이라는 것을 즉시 이해했다. 라부아지에는 캐븐디시의 결과를 전술상의 행운이 담긴 것으로서 움켜쥐었다. 혹은 오히려 캐븐디시의 결과에 관한 정보를 입수했다고 하는 것이 타당할지도 모른다. 왜냐하면 그것은 1783년 7월에 병기창으로 라부아지에를 방문한 찰스 블랙든(Charles Balgden)에 의하여 캐븐디시가 발표하기도 전에 파리로 전해졌기 때문이다. 24일에 라부아지에는 일군의 아카데미 회원들을 모아 놓고 이 실험을 했다. 그 중에는 라플라스(Pierre Simon Laplace: 1749~1827)와 뫼스니에(Meusnier)도 와 있었다. 그는 50파인트(pint, 1파인트는 약 0.47리터 — 옮긴이)의 가연성 공기와 25파인트의 산소를 연소시켜 660그레인의 물을 얻었다. 다음날 라부아지에와 라플라스는 이 실험을 되풀이하여 그 결과를 아카데미에 보고했다. 몽쥬는 같은 내용의 논문을 8월에 발표했다. 라부아지에는 이 문제를 그 특유의 방법으로 파악했다. 우선 합성할 수 있었으므로 이번에는 분해에 의하여 그 물을 원상태로 복구시킬 수 있다는 것을 증명하자고 제안했다. 그는 뫼스니에와 공동 작업으로 총신을(표면의 산화를 방지하기 위하여) 동판으로 씌우고 석탄 풍로 속에서 일정한 각도로 유지했다. 그 하단은 응축기를 통하여 기체 수용기에 연결되어 있었다. 물은 상단에서 한 방울씩 밑으로 떨어뜨려졌으며, 그 양이 밑에 응축되는 양과 비교되었다. "우리를 인도하는 이론에 따르면" 이 차이는 총의 구멍이 산화했기 때문에 총신이 늘어난 무게에다 용기의 수소의 무게를 더한 양이다. 불행하게도 고온과 총신의 무게에 비하여 이 차이가 작았기 때문에 정확한 값을 얻는 데 방해가 되었다. 라부아지에는 물의 무게 중 3분의 1 내지 6분의 1이 수소로 이루어져 있다는 것을 발견했다.

이 논문은 1784년 4월 21일에 뫼스니에가 읽었는데, 이때 그것은 1781

년 호에 게재되어 출판될 참이었다(아카데미 출판 사무의 만성적 지연 탓이다). 이 문제에 관한 라부아지에의 모든 글 속에서 캐븐디시는 그저 잠깐 언급될 뿐이다. 사람들은 이 발견이 라부아지에의 수소에 관한 시도 —실패로 끝난—의 연속이며, 몽쥬의 업적의 확인이었다고 생각할 것이다. 이는 사실의 측면에서는 아니더라도 원리적으로는 옳을 것이다. 물이 산화물이라는 것을 보여 주는 이 극적인 실험은 베이컨적 의미에서의 "결정적 실험"은 아니지만, 연소를 산소가 화합하는 화학 반응으로 이해하는 개념을 지지한다는 점에서 역사적으로는 플로지스톤을 추방하는 싸움에서 결정적인 것이었다.

이처럼 라부아지에의 산소의 결합적 역할을 중심으로 하는 화학의 합리화는 그의 초기의 연소 실험과 직선적으로 연속되어 있는 것처럼 보인다. 이 장은 1785년의 「플로지스톤에 관한 고찰」 제1절의 인용과 함께 시작 되었다. 실제로 조리가 정연하며 참으로 당당한 이 논문은 그 문제의 완성이며 종합이지 논의의 제기가 아니다. 그것은 놀랄 만한 일이 아니다. 말하자면 라부아지에는 케케묵은 설에 만족할 수 없었고 무질서한 사실에 대하여 관용할 수 없었던 것이다. 부활제 논문 이후에 강요당했던 자기 부정은 라부아지에의 확신이 커감에 따라 약해졌다. 플로지스톤 화학에 대한 조소적 표현은 그의 일련의 논문에서 차례차례 드러난다. 이제 와서 공격은 정면에서 가해진다.

화학자들은 플로지스톤을 막연한 요소로 만들고 말았다. 그들은 그것을 어떤 방식으로든 엄밀하게 정의하지 않는다. 따라서 그것은 어떤 설명에라도 들어맞는다. 이 원리는 어떤 때는 무게가 있는 것 같은데, 어느 때는 무게가 없다. 어느 때는 유리(遊離)된 불 같은데, 또 흙이란 원소와 결합한 불이다. 어떤 때는 용기의 미세한 틈을 빠져 나가는데, 어떤 때는 물질을 투과할 수 없다. 부식성이라고도, 그리고 그 반대라고도 설명된다. 투명하고 동시에 불투명하며,

색채가 있는 것 같은데 동시에 무색이다. 이것이야말로 진짜 프로테우스여서 매 순간마다 변화한다.

이제는 화학에도 좀더 엄밀한 추론 방법이 도입되어야 할 때다. 그리고 이 학문이 날마다 더해 가고 있는 사실의 풍부한 축적으로부터 단지 체계적이기만 한 것과 가설적이기만 한 것을 제거해야 할 때가 아닐까. 간단히 말하면 화학적 지식이 도달한 단계를 분명히 보여 주고, 우리 뒤에 올 사람들에게 그 지점에서 출발하여 확신을 가지고 이 학문의 진보를 추진해 나갈 수 있도록 해야 할 때라는 말이다.

라부아지에는 오캄의 면도날(가장 간명한 것을 택한다는 원리 — 옮긴이)을 휘둘러 플로지스톤을 화학의 핵심, 그것의 의식으로부터 떼어냈다. 그리고 화학혁명은 라부아지에의 연소 개념을 모든 화학 반응으로 확장한 것이었다. 이 행위가 화학을 하나의 근대 과학으로 만든 것이다. 화학적 과정의 원형으로서 우주의 소화력을 상정하는 정령 숭배적 본능은 미련 없이 잊혀졌다. 생물 과학과 물리 과학의 양대 진영 사이에서 화학의 귀속의 불명료성은 이미 없어졌다. 그 학문의 대상은 여러 성질이 아니라 물질의 명확한 화합과 분리가 되었다. 그 현상은 유전(流轉)과 자비(煮沸, coction)와 과정이 아니라 반응이 되었다. 이제부터 화학자는 양을 측정하게 되었다. 그는 여러 요소를 증류하지 않는다. 화학에 있어서 객관성의 기초는 어느 학문보다도 깊이 양적 관념에 자리잡고 있기 때문이다.

과학자들은 라부아지에가 질량 보존의 법칙을 정식화했다고 한다. 실제는 보다 간단하다. 라부아지에는 그것을 전제했다. 그것은 라부아지에에게는 고대의 유물론자에게 의미했던 것과 같은 것을 의미했다. 즉 그것은 과학의 전제 조건이었지 그의 과학이 발견한 것은 아니었다. "자연과 인공의 어느 작업에서나 아무것도 창조되지 않는다는 것, 실험 전후에는 등량의 물질이 존재한다는 것, 그것을 우리는 부정할 수 없는 공리로서 설정해야 한다"라고 『화학 원론』에서는 말한다. 이 원리에 따라 그는 다시 물에 관한 보고에서 "실험으로서 정확하게 좀더 큰 규모로 할 필요가 있다"고 역설한다.

사회과학자는 당연히 과학이 사회나 정치로부터 영감을 끌어냈다고 생각하기를 좋아할 것이다. 라부아지에가 그 "손익의 대차대조표"라는 화학 철학을 징세 조합에서 회계를 본 경험으로부터 이끌어 냈다는 제안이 있었다. 창조적 활동을 경제적 관점에서 해석하려고 하는 사람은 라부아지에의 농업 개혁 취미를 유난히 기뻐할 것이다. 프랑스인의 토지에 대한 애착과 이론가의 새로운 기술에 대한 흥미에서, 그는 블루아에서 멀지 않은 프레신느에다 장원을 샀다. 거기에서 그는 중농주의자의 모범 농장의 꿈을 이해할 수 있었다. 라부아지에 부인의 말에 의하면 모든 방면에서 거래가 이루어졌으며 종자, 비료, 노동, 수확량, 가격, 최종 이윤 등이 (실험실에서처럼) 빠짐없이 기록되었다는 사실을 알 수 있다. 그러나 과학사가는 라부아지에의 화학적 방법의 수입 지출에 대한 기원을 탐색하기 위하여 이런 점까지 추구할 필요는 없다. 파리 사람인 라부아지에는 젠틀맨 농장주 또는 징세 조합의 중심 인물이 되기 전에 이미 조셉 블랙을 연구했던 것이다. 라부아지에의 정신은 계몽철학자의 정신으로서, 과학적 방법의 찬란한 빛을 일상의 극히 평범한 일의 어두운 구석까지 비추었던 것이다.

계몽철학자이자 과학자인 그는 아카데미에서 『플로지스톤에 관한 고찰』을 발표한 뒤, 대중에 눈을 돌려서 그들을 교육하려 했다. 그는 오류 가운데 있는 과거와 오류 자체를 18세기 식으로 부정하고, 그의 과학에 대한 확고한 희망을 아직 유순한 젊은이들에게 걸었다. 이 젊은이들이 계몽사조에 대한 후세의 부채의 첫 분할금을 지불하도록 정해진 것이다. 이 논문의 맺음말은 미래의 세대에게 호소하고 있다.

나는 나의 사상이 단번에 채용되리라는 기대는 하지 않는다. 인간의 정신은 사물을 보는 특정한 시선을 갖게끔 고정되어 있기 때문이다. 생애의 대부분을 통하여 특정한 관점에서 자연을 관찰한 사람들은 새로운 사상에 도달하기 어렵다. 그러므로 내가 발표한 견해에 대한 확신이나 파괴는 모두 시간의 경과에 달려 있다. 편견 없이 화학을 연구하기 시작한 젊은이들과 신성한 정신으로 화학의 진리에 접근해 온 수학자와 물리학자들, 이런 사람들이 이미 슈탈적 의미에서의 플로지스톤을 믿지 않는 것을 보고 나는 만족하게 생각하는 바이다. 그들은 그 학설을 화학이라는 학문에 유용한 것이라기보다는 오히려 유해한 관점이라고 보는 것이다.

1772년의 계획이 라부아지에의 생애를 결정했다. 먼저 그는 이 새로운 과학의 형태를 확정했다. 그리고 15년 동안은 실험실에서 "화학의 진리"를 이해하기 위하여 보냈다. 이제 이 진리들은 널리 퍼져야 하고 합리적인 외형을 갖추어야 했다. 1772년 아카데미의 일반 집회는 4월 18일에 열렸다. 라부아지에는 이 기회를 택하여 「화학의 명명법을 개혁하고 완성할 필요에 관한 논문」을 발표했다. 그의 일기에 의하면 이 학문의 진보를 위해서는 이것보다 긴급한 일이 없었던 것 같다.

화학의 연구와 교육에 도입되어야 할 중요한 방법은 그 명명법의 개혁과 밀접하게 결부되어 있다. 잘 만들어진 언어, 관념들의 변천 속에서 자연의 질서를 포착해낸 언어는 반드시 교수법에 혁명을 일으킬 것이다. 그것은 화학 교수들이 자연의 경로에서 일탈하는 것을 허용하지 않을 것이다. 그들은 명명법을 거부하든지 그것이 이정표로 세운 길을 거역하지 않고 잘 가든지 둘 중의 하나를 택해야 할 것이다. 어떤 학문의 논리는 본질적으로 그것의 언어와 관계되어 있다.

교육적이며 동시에 방법론적인 목적에 따라 라부아지에는 연구를 멈추고 동료들과 함께 화학 언어학을 프랑스 학파다운 방식으로 선언했다. 이 사정만큼 화학혁명을 프랑스 계몽사조와 밀접하게 관련시킨 것은 없었다. 화학자들은 자주 물질명을 오랜 전통이 있는 아름다운 것으로 하기보다는 정확한 것으로 하고 싶다고 생각했다. 그런데 처음으로 철저한 개혁을 제안한 인물은 귀통 드 모르보(Guyton de Morveau: 1737~1816)였다. 그는 과학이 아니라 법률 분야 출신이었고 실험실에 들어가기에 앞서서 디종의 의사당에서 정무 경험을 쌓은 인물이었다. 그는 지방의 실무가로서 산업적, 문학적, 철학적 야심에 의하여 실험실로 들어온 사람이었다. 1770년에 팡쿠케라는 출판업자는 디드로의 『백과전서』를 개정하고 재편집하는 일에 착수했다. 이『방법적 백과전서』에는 과학과 실업 양 분야의 부록이 덧붙여지도록 되어 있었다. 귀통은 화학편을 담당했다. 따라서 화학 용어를 조직적으로 재편성하자는 귀통의 제안은 화학을 백과전서적 내용으로 환원시킨다는 목적을 가지고 있었다.

귀통은 아카데미의 화학자들과 상의하기 위하여 파리로 왔다. 라부아지에에 따르면 이 계획의 규모는 모든 사람들에게 감명을 주었으며 "어떤 의미에서는 프랑스 화학자들의 대변인이 되어야 할 운명을 지고 있는" 귀통은 자신의 전문 분야가 아닌 이 계획에 큰 협력을 아끼지 않았다고 한다. 라부아지에는 계속해서 "화학의 전 분야를 몇 번이나 개관하고, 언어의 형이상학 및 관념과 말의 관계에 대하여 깊이 생각한 끝에 우리는 가까스로 하나의 안을 형성할 수 있었다"라고 말한다.

그들은 『화학 명명법』을 논문집의 형태로 1787년에 출판했다. 그 논지는 그것의 철학적 영감이 독자의 기대를 불러일으키는 것만큼 정연하지는 않다. 이른바 단순 물질의 보통명 — 철, 황, 안티몬 — 은 틀린 관념을 포함하지 않는 한 보존되었다. 만약 틀린 관념을 포함하고 있는 경우 — 예를 들어 "가연성 공기" 따위 — 라면 보통 그리스 어간에서 끄집어

낸 그 물질의 가장 특색 있는 성질을 나타내는 다른 말로 대치되었다. 이 원리는 기억에 도움도 되고 교육적이었다. 학생들은 처음부터 어떤 관념을 수반하지 않고는 말을 받아들일 수 없는 습관이 길러졌다. 틀림없이 많은 "단순" 물질도 분해될 수 있을 것이다. 그러나 이 학문이 독단적인 명명법이 아니라 이름붙이는 방법에 의하여 조직된 이상 그것의 미래에는 성가신 일이 일어나지 않을 것이다. 이 명명법의 구조는, 예를 들어 식염은 염화나트륨, 초석은 질산칼륨이라고 불릴 가능성을 마련했다.

복합 물질에 대하여서는 먼저 분류에 관한 의견 일치가 있어야 했다. "관념의 자연적 순서에서 강과 속의 명칭은 많은 개별적인 것에 공통적으로 들어 있는 성질을 상기시키며, 종의 이름은 특정 개체에 특유한 성질에 관한 관념으로 인도한다. 이 자연적 논리는 모든 과학에 들어맞는다. 우리는 이것을 화학에 적용해 보았을 따름이다." 이리하여 산은 두 가지 물질로 구성된다. 한 가지는 산성을 구성한다. 한 집단으로서 산은 강 또는 속의 지위를 요구한다. 다른 하나는 각각의 산에 고유한 것이다. 특수한 이름은 수식어로 분화되어야 한다. 그런데 예를 들어서 황에 의하여 형성된 어떤 산은 두 가지 원소를 서로 다른 비율로 함유하고 있다. 그것들은 산소의 비율에 따라 아황산이나 황산으로 접두어를 변화시킴으로써 구별된다. 산화물, 염, 염기의 위치도 이렇게 정해지며 당시의 화학에 알려져 있던 극히 소수의 탄화물이나 황화물도 그런 식으로 결정되었다. 그 이후로 화학 명명법을 이끌어 간 원리를 여기서 하나하나 들 필요는 없겠다.

명명법, 보존, 양, 경제성, 합성-분해, 합리성, 자연의 진리에 대한 계몽——이 같은 사항들이 라부아지에 최초의 총설이자 그의 유서가 된 1789년의 『화학 원론』에 모인 소재였다. 이 장 자체의 구성을 라부아지에의 분석의 한 예로 보는 것이 가장 좋을 것이다. 즉 이상에서 말한 요소들을 분해하고 분별하며, 역사 정신에 따라 그리고 (바라건대) 이해와 공감으로써 재편성하는 것이다.

*

우리는 라부아지에의 정확성이나 승리보다 그의 실패와 죽음에서 좀 더 자연스럽게 그에게 공감이 갈 것이다.

현대의 화학자는 라부아지에 화학의 연소, 열, 산 생성 반응 중에서 물론 연소라는 줄을 잡아당길 것이다. 그것이 그의 학문이라는 천을 짜낸 날줄과 씨줄이다. 허공을 맴돌고 만 다른 두 이론 중에서는 산 생성 이론이 그런 대로 오류가 적은 것처럼 보인다. 대부분의 산은 비록 위치가 틀리긴 했지만 정말 산소를 함유하고 있다. 그리고 과잉 산화로서의 산 생성이란 생각은 이론의 과잉 확대로서 남용되기도 했다. 그러나 칼로릭은 어느 정도 엄격하게 취급되었다. 라부아지에는 열이 미묘한 탄력성을 가진 유동체의 현현(顯現)이라고 믿고 있었다. 빛도 아마 그럴 것이지만, 라부아지에는 열에 더 관심이 있었던 것이다. 이 칼로릭설이 유력한지 아니면 무력한지를 놓고 최초의 라부아지에 연구자인 모리스 도마(Maurice Daumas)는 라부아지에의 화학 이론과 그가 배격한 "여러 원리"에 관한 이론 사이에 실제로 분명한 구별이 있겠는가라는 의문을 제기한다. 계량이 불가능하고 삼투성이 있는 칼로릭이 플로지스톤 이상으로 명확한 것은 아니다. "그의 천재성에도 불구하고 라부아지에는 18세기의 인간으로서 행동하고 생각할 수 있었을 따름이다."라는 문장으로 도마는 그의 명쾌한 저서를 끝맺는다.

그러나 도마가 암시한 후퇴적 의미는 느껴지지 않는다(도마의 견해는 전술한 것과 관련해서만 옳다.) 라부아지에의 두 가지 주요 원리를 어원적으로 분석하여 도마가 강조한 것을 역으로 생각하는 것이 18세기에 대한 취급 방식으로서 적절한 것이다. 왜냐하면 "산소"라는 말은 1787년의 체계적인 명명법을 지배하고 있던 필요 이상의 신중성을 깨뜨리고, 이름을 어떻게 붙이든 미래의 발견에는 특별한 지장이 없다는 것을 증명했기 때문이다. 염산이 잘 설명되지 않는 것을 무시함으로써, 라부아지에도 인간이기 때문에 벗어날 수 없는 오류를 범했다. (만약 역사가가 논리학자의 필법을 빌 수 있다면) 라부아지에의 입장은, 백조가 희다는 명제를 너무 존중한 나머지, 흑조를 얼핏 보았다는 사실을 무시하는 지구 반대편의 박물학자 같은 사람이다.

"칼로릭"이란 말에는 이러한 불행은 따르지 않았다. 그것은 산소와 달리 콩디약의 교훈과, 나타난 효과에 의하여 물질을 인식하는 뉴턴적 신중성을 결합한 정신에서 창조된 말이다. 귀통은 『화학 명명법』의 각주에서 이 용어를 설명하는데, 그것은 열로 지각되는 것을 가리킬 뿐 열의 성질에 대한 설명은 아무것도 포함하고 있지 않다. 그것의 기능은 라부아지에의 화학적 지혜의 권위를 훼손하지는 않을 것이다. 칼로릭은 화학적 동인으로서는 작용하지 않기 때문이다. 그것은 언뜻 생각해 보더라도 화학의 실제 대상으로부터 완전히 제외되어 있다는 것을 알 수 있다. 열은 빛과 같이 실험실 용기의 벽을 통과한다. 실험실의 한계는 열에 대해서는 한계가 아니다. 그것은 무게를 잴 수 없으며, 그것의 효과는 관습법에 알려지지 않은 행위 같은 것 ─ 알려지지 않은 이유는 그것이 존재하지 않기 때문이 아니라 법률의 관습 때문인데 ─ 이다. 바로 이처럼, 측정된 무게가 그 계수의 기초가 되는 과학은 칼로릭을 인정하지 않을지도 모른다.

이 문제를 고려하면 라부아지에가 주장했던 이 엄연한 구별을 원상태로 틀림없이 복구할 수 있을 것이다. 슈탈과 프리스틀리에게, 그리고 라부아지에가 반대한 모든 학파에게 플로지스톤은 이론의 중핵을 이루고 있었고 이 개념은 방기할 수 있는 것도 아니었다. 그것은 방향을 바꾸지 않으면 안 되었다. 플로지스톤에 포함된 양의 수학적 논술이 플로지스톤의 성질로부터 이끌어져 나오기란 불가능했다. 그런데 칼로릭의 경우는 그것이 가능한 것이다. 그것은 (뉴턴의 에테르처럼) 이론의 구조 속으로 구성적으로 들어가는 것이 아니라 임의로 들어간다. 이 칼로릭은 19세기가 되자 과학에서 모습을 감추었다. 그러나 산화이론과 그 연장으로서 화학 반응의 개념은 프리스틀리가 아니라 라부아지에가 설명한 대로 남아 있다. 에테르와의 유추가 칼로릭을 이해하는 데 도움이 될 것이다. 1774년의 노트는 라부아지에가 이미 적당한 압력과 온도 하에서는 어떤 물질이라도 세 가지 상태를 취할 수 있음을 추정하고 있었음을 말해 준다. 고체를 액체로, 액체를 기체로 바꾸는 것은 칼로릭에 의한 삼투인데, 그것은 뉴턴의 인력에 거슬러서 작용한다. 『화학 원론』에 따르면

> 이리하여 모든 물질의 입자는 두 개의 상반되는 힘의 작용을 받는다고 생각할 수 있는데, 그 힘의 하나는 반발력이고 다른 하나는 인력이다. 물질 입자는 이 양자 사이에서 평형을 이루고 있다. 인력이 강할 때면 그 물질은 고체 상태를 지속해야 한다. 그러나 반대로 열이 이 입자들을 인력의 권 외로 이동시켰다면 그것들은 응집력을 잃고, 그 물질은 고체이기를 그친다.

(라부아지에의 사상을 그의 용어를 사용하지 않고 표현하여) 기체의 상태를 반인력(反引力)으로서의 열의 삼투라고 논한다면, 그 매질인 칼로릭은 반에테르였다. 라부아지에도 뉴턴과 똑같은 이유에서 하나의 매질을 도입했던 것이다. 즉 능동적인 이론의 구성 요소로서가 아니라, 알기 쉬운 세계상에서 이론의 위치를 설정하기 위한 제안으로서. 뉴턴은 마지막에 그런 상황에 도달하여, 『프린키피아』를 에테르로 끝맺음으로써 독자를 크게 당황하게 만들었다. 이와 달리 칼로릭은 『화학 원론』 서두에서부터 나타났다. 이 책의 본령은 교육이다. 라부아지에는 아주 흔한 물리 현상과 열팽창 효과 그리고 이 효과들의 완전한 가역성부터 쓰기 시작한다.

그렇기 때문에 칼로릭은 라부아지에의 화학이기보다는 그의 우주상에 속하는 것이다. 그것은 화학적인 것이 아니라 물리적인 아니 수학적인 것이었다. 이것은 뉴턴이 중력을 역학적 힘으로 보지 않고 수학적인 것으로 간주했던 것과 같다. 라부아지에의 전 생애에 걸쳐서 그의 기호는 동료 수학자들의 지적 양식으로 기울어지고 있었다. 열을 연구할 때 그는 수학자 동료 중에서도 가장 뛰어난 라플라스와 공동으로 연구했다. 1783년 7월 18일에 라플라스는 아카데미에서 「열 측정의 새로운 방법에 관한 논문」을 읽었다. 방법은 열량계를 사용하는 것이었다. 그것은 어떤 냉각범위 안에서 녹은 얼음의 무게를 가지고 물질의 비열을 측정하는 조셉 블랙의 잠열을 이용했다. 단열이 충분치 않아서 외부의 온도가 응고점에 가까울 때 이외에는 좋은 결과가 나오지 않았고, 실험을 계속하기 위해서는 프랑스의 보통 겨울보다 추운 겨울이 돌아오기를 기다리지 않으면 안 되었다. 그럼에도 불구하고 라플라스와 라부아지에는 많은 것을 결정했으며 그들의 논문은 열량 측정의 원천이 되었다.

그리고 대단히 교훈적인 사실은, 이 두 사람의 공동 연구자가 열의 본성에 관하여는 근본적으로 다른 견해를 가지고 있었음에도 불구하고 측정을 계속하고 계산을 했다는 것이다.

열의 본성에 관한 물리학자의 견해는 가지각색이다. 어떤 사람들은 그것을 자연 전체에 삼투하는 유체라고 생각한다. 그것은 물체의 온도와 열용량에 따라 각기 다른 정도로 물체를 투과한다. 그것은 물체와 결합할 수도 있는데, 이때는 온도계에 영향을 주기를 그치거나 한 물체에서 다른 물체로 자유롭게 흐르기를 그친다. 그것이 "자유열(free heat)"을 형성할 때는 유리 상태뿐인데, 이 상태가 물체에서 열을 평형에 달하게 한다.

다른 물리학자들은 열이란 물질의 분자가 지각할 수 없는 운동을 한 결과에 불과하다고 생각한다. 물체는 아무리 밀도가 높은 것이라도 무수한 구멍과 약간 패인 곳이 있는데, 그것들의 전체 부피는 그것을 포함하고 있는 물질 자체의 부피를 상회할 것이다. 그렇기 때문에 물질의 각 부분은 모든 방향으로 진동할 자유가 주어지며, 그것들이 끊임없이 요동하여 어떤 점까지 도달해 가면 그 물질이 붕괴하고 분해된다는 것은 당연히 생각할 수 있다. 이 물리학자들에 의하면 열을 구성하는 것은 이 내부 운동이다.

그들이 그렇다고 말하지는 않지만 (다른 자료로부터 알 수 있듯이) 두 사람 중에서 라부아지에는 열의 칼로릭론자였고, 천체 역학에서 뉴턴을 완성한 라플라스는 운동으로서의 열이라는 견해를 갖고 있었다. 확실히 그들의 모순은 상보성의 원리를 인정하지 않으면 안 되는 오늘날의 과학과 상통할 수밖에 없다. 뉴턴조차도 이미 때로는 주기적이고 때로는 입자적인 빛의 이원성을 인정하지 않으면 안 되었다. 마찬가지로 라부아지에나 라플라스도 이 문제를 해결할 필요는 없었다. 그들의 열량계는 칼로릭의 보존과 운동 에너지 — 당시의 용어로는 활력(vis viva) — 의 보존을 구분하지 못했던 것이다.

이 두 가설 중 어느 쪽이 나은지는 결정하지 않겠다. 어떤 현상은 후자 쪽에 잘 들어맞는다. 예컨대 두 고체의 마찰에 의해 생기는 열 현상이 그렇다. 그러나 전자에 의하여 간단하게 설명되는 것도 있다. 아마 두 가지가 동시에 일어날 것이다. 그렇지만 어느 쪽이라고 하더라도 열의 본성에 관한 한 이 두 가설만이 가능하기 때문에 우리는 양쪽에서 공통된 요소를 끌어내야 한다. 뿐만 아니라 어느 쪽에 의하든 간에 물질의 단순한 혼합에 있어서 자유로운 열의 양은 일정하다.

『화학 원론』은 라부아지에 자신을 위한 저서이기 때문에 열을 칼로릭으로 다루는 것의 이점에 대하여 논한다.

따라서 우리는 열의 원인 또는 그것을 생성하는, 대단히 탄력성이 강한 유동체의 원인을 칼로릭이란 용어를 써서 열과 구별하기로 했다. 이러한 표현은 우리가 채용한 체계에서 우리 목적을 만족시킬 뿐 아니라, 엄밀히 말하면 칼로릭을 물질이라고 생각할 필요도 없는 것이기 때문에 어떤 견해와도 조화할 수 있다는 이점이 있다. 이 책을 읽다 보면 결국 분명해질 터인데 칼로릭을 반발적인 원인으로 생각하든 다른 무엇으로 생각하든 간에 그것은 물질의 입자를 분리하는 것이므로 그것의 효과는 추상적·수학적 방법으로 탐구할 수 있다.

물질에 관한 과학은 어느 것이나 두 가지 문제를 지니고 있다. 하나는 입자의 구성이고, 다른 하나는 공간에서의 현상의 전파이다. 라부아지에가 칼로릭을 도입한 것은 후자의 필요를 충족시키기 위해서였다. 그것은 열의 흐름을 가능하게 하는 연속적인 매질이다. 이에 대응하는 개념이 에테르라는 사실을 잘 알고 있는 이상 19세기가 이 생각들을 어떻게 받아들였는지는 뒤에 살펴보겠다. 에테르는 힘의 장과 동일시되어서 상대성 이론 속으로 모습을 감추었으며, 칼로릭은 에너지 역학(energetics)으로 계승되며 사라져서 열역학이라는 비가역적인 대하 한가운데로 퍼지고 말았다. 사디 카르노가 1822년에 이 난해한 학문의 제2법칙을 정식화했을 때에도 여전히 그는 칼로릭을 실제의 열원으로부터 연속적인 온도 경사를 흐르는 것으로 취급하고 있었다.

그러므로 전략적으로 칼로릭은 화학으로부터의 후퇴가 아니었다. 사실(이 책에서는 분명히 그렇게 논하고 있는 셈인데) 그것에 의하여 라부아지에는 화학에 객관성을 확립했다고 할 수 있을 것이다. 개별 과학의 역사에서 이 객관성의 확립이란 정밀한 지적 활동이다. 과학자 자신이 자기 문제에 급급하여 이것을 명확하게 인식 못하거나 자각하고 있지 않을 때라도 비평가는 그것을 지적할 수 있어야 한다. 라부아지에가 칼로릭과 열(특히 연소열) 사이에 지었던 구별은 뉴턴이 에테르와 빛 사이에, 갈릴레오가 변화와 운동 사이에, 그리고 다윈이 생물의 변이의 기원과 보존 사이에 지었던 구별이다. 이리하여 라부아지에는 물질의 오랜 성질을 화학으로부터 칼로릭에다 투영했다. 즉 그 성질을 칼로릭의 효과에 대한 지각이라고 보았던 것이다. 칼로릭은 화학적 동인도 아니고 물리와도 무관하지만, 보존 법칙에는 따랐다. 그것은 어딘가 신비적이거나 낭만적인 것도 아니며, 인격적 또는 공감적인 것도 아니다.

*

　라부아지에가 입고 있는 합리성이란 갑옷에 구멍을 내서 우리의 공감이 몰래 들어갈 허점을 만드는 것은 칼로릭이 아니다. 단지 산 생성 이론에서만 그는 흥미 있는 오류를 범하고 있는데, 그것이 저 정연하고 한 치의 틈도 없는 경력에서 유일한 실패다. 1782년에 그는 산에 관한 일련의 논문 중 마지막 것인「산에 있어서 금속의 용해에 관한 일반적 고찰」을 발표했다. 물이 우연히 플로지스톤을 파기하는 데 결정적인 역할을 하였는데 만약 그렇지 않았다면『플로지스톤에 관한 고찰』의 기초를 다진 것은 이 논문이었을 것이다. 그러나 이 경우 산화에 관한 라부아지에의 설은 연소라는 올바른 개념이 아니라 산 생성이라는 틀린 개념으로서 역사에 남았을 것이다.

　이 논문의 서두는 플로지스톤에 대한 결정적인 공격이 임박했음을 알려준다. 그리고 연소와 하소를 산화로 보는 그의 이론을 개관한다. "지금까지 충분히 알려져 있지 않은 것으로서 내가 이 논문에서 증명하려는 것은 금속이 산에 녹을 때는 보통의 하소와 거의 유사한 습성(濕性)의 하소가 일어난다는 것, 이때 언제나 산 또는 물의 분해가 일어난다는 것 그리고 그 금속은 그것이 건성(乾性)의 하소인 경우에 공기로부터 취하는 것과 거의 같은 양의 산소와 결합한다는 것이다." 이것을 증명하기 위하여 라부아지에는 질산 중의 "공기"에 관한 그의 초기 실험으로 돌아가서 그가 구사할 수 있는 모든 기술을 다 동원하여 그 실험을 되풀이했고 그 결과를 전례 없이 성급하게 논했다. 여기서도 그는 수은을 산에 녹였다. 그리고 수은과 반응한 산의 양을 결정하기 위하여 남은 산을 중화했다. 그는 질산의 산소 함유량을 알고 있었으므로 그 금속의 무게 증가분을 결정할 수 있었다. 그리고 그는 이 두 양이 답이라는 것을 알았다. 그러나 그는 정확성 때문에 오히려 무게에 의한 것이 아니라 어떤 천칭으로도 잴 수 없는 원인으로부터 발생한 오류에 빠졌다.

그런데 가장 흥미 있는 것은 라부아지에가 이 결과들을 취급한 방식이다. 그것은 양적으로는 아주 정확하고 원리적으로는 아주 잘못된 방식이었다. 라부아지에가 목적했던 바를 알기 위해서는 조금 상세히 그의 말을 되새겨 볼 필요가 있다. 그는 금속의 산염 생성은 많은 변수들 — 열, 농도, 화학적 친화력 등 — 을 포함하고 있다고 말한다. 그리고 각 변수들은 독특한 에너지를 가진 반응력이라고 말한다. 여기에서 복잡하고 해결하기 어려운 문제가 발생한다.

이 점에 대한 문제의 상태를 명시하기 편리하도록, 그리고 금속 용액에서 일어나는 현상을 한 눈에 알아볼 수 있도록 나는 일종의 공식을 만들었다. 그것은 대수식 같은 형태를 하고 있지만 다른 목적을 갖고 있으며 대수학과 같은 원리에서 나온 것도 아니다. …… 우선 다음과 같이 표현하기로 하자.

금속물질   S. M.

산   ⌒

물   ▽

산소   ⊕

산화질소 △⊦

질산   ⊦○⊦

그러면 금속 용액의 일반적 표현은

             S. M. (▽ ⌒)으로 된다.

이 일반식은 산과 금속의 성질에 따라 바뀔 것이다. 그러므로 예를 들어 질산 속에 녹아 있는 철은 (♂) (▽ ⊦○⊦)로 표시할 수 있다.

그러나 질산 자체가 화합물이기 때문에 그것에다 적당한 값을 넣으면 다음과 같은 식이 된다.

             (♂) (▽ ⊕ △⊦)

철의 양을 a라고 하면, 그것을 녹이는 데 일정량의 산이 요구된다는 것과 산의 양과 철의 양 사이에 어떤 관계가 있다는 것은 명백하다. 이 관계를 b라고 표시하면, 이 용액에 필요한 산의 양은 ab라고 표시할 수 있다.

더 나아가서 ab라는 질산의 양은 특정 비율만큼 물을 포함하고 있는 것이 분명하다. 이것을 $\frac{ab}{q}$로 나타내고, 특정 비율의 산소를 $\frac{ab}{s}$, 특정 비율의 산화질소를 $\frac{ab}{t}$로 표시하자.

마지막으로 거품이 과도하게 발생하는 것을 막기 위하여, 물을 조금 가해야 한다. 따라서 이 식은 다음과 같이 된다.

       (a ♂) + (2 ab ▽ + $\frac{ab}{q}$ ▽) + ($\frac{ab}{s}$ ⊕ + $\frac{ab}{t}$ △⊦)

이 식은 혼합하기 전의 용질의 양을 나타내고 있다. 그러나 이때부터 그 금속은 산에 함유되어 있는 산소를 빼앗는 것이다. 어떤 금속에 있어서도 이 양은 그 금속의 양과 일정비를 이룬다. a가 금속의 양이므로 $\frac{a}{p}$는 그것을 포화시키는 데 필요한 산소의 양을 나타낸다. 그러므로 완전히 녹았을 때, 이 양을 식에 나와 있는 철에 더해야 한다는 것은 자명하다. 그래서 이 식은 아래와 같이 된다.

$$(a \bigcirc\!\!\!\!\!\!{}^{\nearrow} + \frac{a}{p} \oplus) + (2\,ab\,\bigtriangledown + \frac{ab}{q} \bigtriangledown)$$
$$+ (\frac{ab}{s} \oplus - \frac{a}{p} \oplus + \frac{ab}{t} \triangle\!\!\!\!-\!\!\!|\,)$$

이것이 라부아지에에게 그의 모든 변수를 제공한다. 그리고 다음 단계에서 그는 발생된 기체를 철에 의하여 흡수된 산소의 양과 거의 같도록 만들고, 간단히 하기 위하여 사용된 산의 양을 1로 놓고, 계수들을 실험에서 실제로 사용했던 양으로 바꾸어 놓는다. 그래서 이 식은 다음과 같이 된다. 그러나 우리는 그 과정을 모두 추적할 수는 없다.

$$(0^{livre},\ 2 \bigcirc\!\!\!\!\!\!{}^{\nearrow} + 0^{livre},\ 058 \oplus) + (2^{livre},\ 5 \bigtriangledown)$$
$$+ (0^{livre},\ 192 \oplus + \ 0^{livre},\ 192 \triangle\!\!\!\!-\!\!\!|\,)$$

한걸음 더 나아갔다면, 이것은 최초의 화학 방정식이 되었을 것이다. 그런데 등호의 양변에 반응물과 생성물의 식을 놓는 대신 반응 전후의 질량이 같다는 것을 보이기 위하여 라부아지에는 두 괄호 안에다 합으로 나타냈던 것이다.

 이것은 화학의 역사에서 가장 아까운 논문이고, 라부아지에의 논문 중에서는 가장 마음이 끌리는 것이 아닐까? 여기에서만은 겸허를 느낄 수 있다. 이 표현에서 그는 결코 대수의 존엄을 요구하지 않는다. "화학에다 수학적 정확성을 도입하는 것은 아직 이르다. 그러므로 두뇌의 활동을 쉽게 할 목적으로 사용한 이 식들을 단순한 주해 이상의 것으로 생각하지 않기를 바란다"(이렇게 부정적으로 말하지만, 이것을 『화학 명명법』에서 대수 자체에 관해서 한 다음 말과 비교해 보자—"대수는 최고의 의미에서의 해석적 방법이다. 그것은 정신의 노동을 쉽게 하기 위하여 발명되었다. 그것은 몇 페이지에 걸쳐서 논해야 할 것을 몇 줄로 압축하고 대단히 복잡한 문제를 신속하고 확실하게 풀기 위하여 발명되었다").

1772년의 계획을 뛰어넘어서 화학을 수학화하려는 라부아지에의 참된 새로움을 엿볼 수 있는 곳은 여기뿐이다. 화학 방정식의 원형이라고도 할 이 식들은 명명법보다 훨씬 구조적인 형식에다 그의 실험을 담았다. 그것은 라플라스와 함께 쓴 「열에 관한 논문」에서 열교환과 온도차를 양화(量化)한 것과 같은 형식이다. 분명히 라부아지에가 그 공동 연구에서 "그와 같이 추상적이고 수학적인 방식으로" 화학적 양을 표현할 생각을 했다는 것은 있을 수 있는 일이다. "이 모든 힘의 에너지를 아는 것, 그것들에 수치를 주는 것, 그것을 계산하는 것—이것이 바로 화학의 목적이다. 우리는 서서히 진보하고 있다. 그러나 목적을 달성하는 일이 불가능하진 않다"라고 그는 결론을 내린다.

이 점에서만 라부아지에는 그가 저지른 잘못에 의하여 우리의 감정에 호소한다. 왜냐하면 그 잘못은 오만한 독단론의 당연한 응보로서 나타난 것이 아니라 모험적인 사색의 결과로 저질러진 것이기 때문이다. 여기서 그는 입법자가 아니라 개혁자 역할을 한다. 그리고 이 잘못들, 즉 이 논문의 실패는 라부아지에의 과학을 객관적 입장에 두었던 질서와 이성이라는 위대한 특질 자체의 피하기 어려운 결함으로서 출연한 것이다.

지금까지 별로 인정되고 있는 것은 아니지만, 라부아지에의 생애는 개인적으로나 사상적 의미에서 비극으로 끝났으며, 어느 면에서나 그는 18세기 과학철학—그 자신도 일부분을 형성했는데—의 중대한 결함의 제물이 되었다. 이 철학은 그의 생명을 앗아간 프랑스 혁명의 변혁 정신을 만들어 냈던 것이다. 라부아지에가 대변인 역할을 한 과학 아카데미 주위에서 소용돌이 쳤던 민주주의적 격분은 오히려 통속적인 낭만주의로부터 발생한 것이 사실이다. 그 통속적 낭만주의는 베이컨적 공리주의에 숨어 있는 감상적인 비속성에 근거한 것으로서 표면에 나타나지 않는 일이 없었다. 그럼에도 불구하고 그 교육적 과학철학 — 이것이 나중에 실증주의로 발전하는데 — 역시 진보의 이념 및 공리성과 타협하고 말았다. 그 철학은 뉴턴 물리학의 방법을 사물의 형상과 종을 분류하는 베이컨적 박물학의 논리로 화려하게 꾸미고 나타났다. 명명에 의하여("법전 편찬은 용처럼 거동하는 것이다"라고 벤덤이 입버릇처럼 말했듯이 그것은 가차 없는 결의를 요했다), 그 철학은 박물학자의 분류라는 안이한 방법으로 이미 실용에 이바지하고 있었는데, 그것은 이론물리학자의 추상과 수학화라는 정밀한 방법에 우선했다.

이제 라부아지에의 산에 관한 오류는 그의 칼로릭 가설보다도 그의 과학철학과 밀접한 관련이 있다는 것이 명백해졌을 것이다. 명명법에 의한 정리에 관하여 『화학 원론』을 읽어 보자.

단순 물질의 결합에 의하여 형성되는 화합물에는 그 물질의 성질을 지시하는 새로운 이름을 붙였다. 그러나 복합물질의 화합물 수는 이미 꽤 많이 있기 때문에 혼란을 피하는 유일한 방법은 그것들을 분류하는 것이다. 관념의 자연적 질서에 있어서 강 또는 속의 명칭은 대단히 많은 수의 개체에 공통되는 성질을 나타낸다. 이에 반하여 종의 명칭은 특정 개체의 성질을 표시한다. 이 같은 구별은 어떤 사람이 생각하는 것처럼 형이상학적일 뿐 아니라 자연에 의하여 만들어진 것이다. 드 콩디약 신부의 말에 따르면 "아이는 처음으로 가리켜진 나무에다 나무라는 이름을 붙이는 것을 배운다. 다음 나무를 보았을 때 그는 같은 관념을 품고 그것에다가도 같은 이름을 붙인다. 이런 일을 제3, 제4의 나무에도 반복함으로써 마침내 처음에 그가 개체에 적용했던 나무라는 말이 하나의 강 또는 속의 명칭으로서, 즉 모든 나무 일반을 포함하는 추상 관념으로 사용되게 된다. 그러나 모든 나무가 똑같은 구실을 하는 것이 아니라는 사실을 알았을 때, 이를테면 똑같은 종류의 과실을 맺는 것이 아니라는 사실을 알았을 때, 아이는 곧 특수한 이름으로 그것들을 구별하는 것을 배운다." 이것이 모든 과학의 논리이며, 특히 화학에도 적용되는 논리다.

이처럼 식물학의 용어가 나오는 것을 보아도, 결국 라부아지에에게도 문제되는 것은 화학 분류라는 것이 분명하지 않을까? 이것은 공저 『화학 명명법』에서 가장 명확하게 나타난다. 이 책에는 이 과학의 질서를 보이기 위하여 배치된 화학 물질에 관한 표가 들어 있다. 이것은 물론 오늘날의 학생이 선생의 강의에 지루해졌을 때 쳐다보는 멘델레예프(Mendeleev: 1834~1907)의 주기율표가 다루는 대상과 같다. 그러나 귀통의 원리들은 완전히 다르다. 그의 표에는 5개의 난이 있는데 그것은 옛 명칭과 새 명칭을 대비할 수 있도록 둘로 나뉘어져 있다. 제1란에는 "단순 물질"이 5개 군으로 나뉘어 있다. 전체 화학종 가운데 단순 물질은 겨우 55가지밖에 없다. 제1군에는 네 가지 원소가 있다. 그것들의 공통점은 작용의 격렬함 뿐이다. 그것은 빛, 칼로릭, 산소, 수소이다. 제2군은 25개의 산기를, 제3군은 16개의 금속을, 제4군은 5개의 토류를, 제5군은 4개의 알칼리를 포함한다. 마지막으로, 분류하기 곤란한 것으로서 마치 단순물질처럼 반응하는 17개의 잡다한 유기적 복합체가 있다.

그런데 라부아지에의 아름다운 원리가 마치 사이렌(Siren, 아름다운 노랫소리로 선원을 유혹하는 마녀 — 옮긴이)처럼 그를 유혹해서, 연소 이론과 이 과학의 객관화를 넘어 길을 잘못 인도하여 막다른 골목에 도달하게 했다는 것을 오늘날의 학생이 얼핏 보아도 알 수 있는 것은 이 난의 구성에서이다. 제2란은 단순 물질을 기체 상태로 만드는 칼로릭의 물리적 작용에 관한 표이다. 산소 기체는 산소와 칼로릭이 결합한 것이며, 수소, 질소

안티몬도 그와 같다. 제3란에는 단순 물질과 산소의 화합물을 모아 놓았다. 물, 모든 산, 이제는 금속 산화물이 된 "금속재"등이 여기에 들어간다. 이 산에 대응하여 제4란에는 "기체 산화물"— 일산화질소, 탄산가스(고정 공기) 등 — 이 들어온다. 마지막으로 제5란에는 산 상태로 되지 않는 극소수의 복합물질이 포함된다. 그것은 황화물, 탄화물 그리고 합금이다.

이리하여 화학종은, 만약 라부아지에의 주장을 받아들여서 이것을 진짜 분석이라고 본다면, 두 가지 기준, 즉 두 "좌표"에 의하여 분류된다고 할 수 있다(공감에서가 아니라면 그것은 잘못을 범하는 것이지만). 이 표의 횡 좌표에는 단순 물질이 자연적 순서에 따라 자리잡고 있다. 산으로 구성되어 있는 종 좌표는(다만 제2란은 화학 결합이 아니라 물리적 상태에 관계되는 것이므로 무시한다) 모든 화합물을 단순 물질과 산소의 화합 양식에 관련시킨다. 그러므로 산화가 결정적인 반응이 된다. 이것을 우리는 특권적 반응이라고 부를 수도 있을 것이다 — 즉 갈릴레오가 라부아지에와 조금도 다름없는 합리성에 의거하여, 그리고 또 이해가능한 대상으로 한정하여 과학에 질서를 부여하려는 라부아지에와 정말 비슷한 결의에서 원 운동에 특별한 지위를 부여한 것과 비유할 만한 것이다. 갈릴레오의 과학이 원 운동에 구애되었기 때문에 실패한 것처럼, 라부아지에의 과학도 대수학적 조작과 분류학적 조작의 궁극적인 모순의 희생물이 되었다. 이 두 가지가 양립할 수 없다는 것이 계몽사조의 과학철학 전체를 그르치게 했다. 게다가 이 철학은 선한 의도 밑에 숨어 있었다. 라부아지에의 경우 그것은 교육과 인도주의에 관련된 것으로서 숨어 있었다. 『화학 원론』의 서문에는 선배 화학자들에 관한 말이 있는데, 이것은 그 자신의 묘비명이 될 수도 있는 말이다. "이 화학자들은 모두 그들이 살았던 시대의 시대정신에 영향을 받았는데, 그 시대는 증명을 수반하지 않는 단순한 주장에 만족하고 있었다. 적어도 현대의 과학이 요구하는 엄밀한 해석의 지지를 받을 수 없는 아주 사소한 확률조차도 증명으로서 용인되었다."

말년에 그는 이 엄밀성을 갈망하여, 산에 관한 마지막 논문에서 화학의 수학화를 꾀했다. 그러나 이 훌륭한 계획은 틀린 본체론 위에서 잉태된 것이었기 때문에 유산되고 말았다. 그는 입구를 잘못 알았다. 그의 해석의 최종적 용어에는 그것들이 인정받을 수 있는 일반적 의의가 별로 없었다. 그의 방정식의 계수는 각 실험에서 사용된 시약의 무게에서 딴 것이었다. 반응과 생성에 쓰인 시약의 총량을 비교하지 않고 반응 시약과 생성물을 같게 하는 형식을 취했다고 하더라도, 그의 방정식은 여전히 일반성이 없었을 것이다. 그가 세웠던 것은 입자가 아니라 물질의 형상이었기 때문이다. 아리스토텔레스 이래 전 역사를 통하여, 형상의 수학화가 성공한 예는 없다. 역사적으로 말하면 원자와 진공, 즉 물질의 성분과 공간적 연장이라는 두 가지 면은 아직 수의 시험을 받지 않았다. 이 중 하나는 분류가 아니라 해석에 의하여, 다른 하나는 기하학적 종합에 의하여, 그리고 양쪽 모두 해석 기하학에 의하여 시험을 받아야 했다. 라부아지에는 원자를 믿고 있었다. 그러나

> 나의 견해로는, 원소의 수나 성질에 관하여 이야기될 수 있는 것은 모두 형이상학적 성질의 것에 관한 토론뿐이다 …… 그러므로 원소라는 술어를 가지고 우리가 물질을 구성하고 있는 간단하고 분할할 수 없는 원자를 나타내려 한다면 그것들에 대하여서 우리는 틀림없이 아무것도 알 수 없게 되리라고 생각한다. 그러나 원소, 즉 물체를 구성하는 원리가 분석에 의하여 도달할 수 있는 최종점을 의미한다면, 우리는 분해에 의하여 환원된 물질로서의 원소를 인정해야 한다.

그는 원자를 믿고 있었다. 그러나 그것을 계량하려고 생각지 않았다.

또 상상으로나마 그것들을 결합시키려 하지 않았다. 그것은 아주 좋지 않은 일이었을 뿐 아니라 아이러니컬한 일이었다. 라부아지에는 칼로릭을 수학적으로 취급했지만, 물질은 그렇게 하지 않았다. 그는 물질의 무게를 재고, 분류만 했을 뿐이다.

이렇게 틀린 방향 전환에 대하여 비극적이란 말은 너무 멜로드라마 같은 말일 것이다. 라부아지에는 틀린 것을 그대로 보아 넘길 사람이 아니었으며, 또 틀렸다고 생각지도 않았을 것이다. 그러나 이렇게 막다른 골목에 부딪힌 것은 적어도 치욕이긴 했다. 라부아지에 같은 사람이 결말을 다른 무대에서 타인이 맺도록 남겨 두었다는 것이 치욕이었다. 라부아지에에 의하여 프랑스의 과학으로서 그토록 자랑스럽게 그리고 정당하게 주장되었던 새로운 화학은, 콩디약의 우아한 프랑스적 양식으로도 라부아지에 자신의 뛰어난 이론적 역량에 의해서도 성취되지 않고, 보일의 구체적인 영국풍으로 그리고 뉴턴의 기치 아래에서 성취된 것이다.

왜냐하면, 보일이 원자물리학의 창시자였다면, 최초의 인정할 만한 물리화학자는 라부아지에가 아니라 존 돌턴이었기 때문이다.

*

결말은 요점만 간단하게 설명하겠다. 이것은 물론 화학적 원자론의 확립에 관한 것이어야 한다. 이 이론 없이는 근대 화학의 전개를 생각할 수 없기 때문이다. 아치형 구조를 가지고 있는 과학사에서 원자론은 화학적 원자론 이전으로 거슬러 올라간다. 화학은 처음으로 고대의 원자론을 과학적 의미로 표현한 과학인데, 그렇게 표현함으로써 원자론을 철학적인 방책이 아니라 과학 이론으로 만들었다. 라부아지에는 문제를 별로 생각하지 않았다. 그럼에도 불구하고 그의 화학 결합 개념이나 보존 가설이 결정적으로 입증될 수 있었던 것은 그것이 원자론으로 환원 가능한 것이고 따라서 수량화할 수 있는 것이었기 때문이다. 왜냐하면 멘델레예프의 주기율표와 원자가 개념은 라부아지에가 생각한 것처럼 산화물 형성체, 산 형성체, 염기 형성체 등의 화학 형식론에 의거한 것이 아니라, 원자번호에 의한 것이기 때문이다.

라부아지에 사후 혁명의 진통 속에서 출현한 프랑스 과학은 반응 메커니즘, 화학 결합의 성질, 물질 구조 등으로 논의의 방향을 돌렸다. 처음으로 중요한 제안을 한 사람은 베르톨레(Berthollet: 1748~1822)였다. 이 탁월한 실험 화학자가 이 책에서 틀린 과학 사상을 발표한 사람으로 나타난다는 것은 대단히 불공정한 일이다. 1801년에 그가 질량 작용의 법칙을 어렴풋이 보였던 것은 사실이다. 베르톨레는 그것을 완전히 근대적인 형태로 표현하지는 못했지만, 반응 속도와 그 진행 정도는 화학적 성질의 함수가 아니라 시약의 양과 농도의 함수라는 것을 실험에 의하여 밝혔다. 이때부터 그는 화학의 문제는 친화력(이 말은 꽤 오래 된 것이다) 문제라는 것을 알았다. 그는 이 과학을 화학적 동인의 상대적인 반응성에 자리잡게 하려고 했다. 그러면 화학자는 특수한 친화력과 상대적 농도에 의거하여 얼마만한 양의 시약이 다른 시약과 반응할 것인지 예상할 수 있게 된다. 예를 들어서 주어진 양의 구리와 화합하는 산소의 양은 이 양자의 상대적 친화력 — 이것은 일정하다 — 과 산소의 농도에 좌우된다. 베르톨레의 견해에 의하면 구리 또는 어떤 물질의 산화물이든 간에 그것의 포화점에 달할 때까지의 조성에는 무한한 계열이 있다. 이것을 뒷받침하는 증거도 없지 않다. 아말감이나 유리는 말할 것도 없고, 구리와 철도 서서히 산화한다. 시약의 주변 상황에 따라 반응의 정도를 예상하는 라부아지에에게도 근거는 있었다. 예를 들면 그의 표에서는 합금은 제5란에 들어가 있으며 또다른 난에는 질산의 산소 포화점에 도달할 때까지의 여러 다른 조성이 적혀 있다.

그러나 베르톨레의 견해는 프루스트(Proust:1754~1826)의 논박을 받았다. 프루스트는 같은 논거에 의거하고 있었지만, 원리적으로는 달랐다. 라부아지에의 용례에는 가끔 모순도 있지만, 그의 화학에는 어떤 화합물은 언제나 일정한 중량비로 조성되어 있다는 것이 은연중에 내포되어 있었다. 프루스트는 혼합과 진정한 화합을 처음으로 명확하게 구별했으며, 금속 산화물의 외견적인 다양성을 두 가지 산화물의 일정한 그러나 서로 다른 비에 의한 혼합으로 설명했다. 예를 들면 산화제일철, 산화제이철이 그렇다. 그리고 그는 화학의 발견으로서가 아니라 화학의 공리로서, 현재 배수비례의 법칙이라고 알려져 있는 원리를 정했다. 이 법칙은 과학적 본능과 잘 조화된다. 돌턴이 화학 결합은 분리된 각각의 특징 있는 원자 대 원자의 결합이라고 하는 가설에 의하여 설명하기도 전에, 그 법칙이 베르톨레의 개념을 쫓아내고 있었다고 말하는 것은 정당하다.

프리스틀리와 마찬가지로 존 돌턴(John Dalton: 1766~1844)도 영국 중부 지방의 열렬한 비국교도의 환경에 둘러 싸여 있었다. 프리스틀리의 고향은 버밍엄이었지만 돌턴의 고향은 맨체스터였고, 유니태리언이 아니라 프랜드교파였다. 직공의 아들이었던 돌턴의 사회적 환경이 더욱 천했다고 할 수 있다. 그의 정신도 역시 독학에 의하여 형성되었다. 그의 정신은 탁월했다기보다는 독창적이고 강인했다. 그의 표현에서는 우아함이란 전혀 찾아볼 수 없다.

돌턴의 원자설의 유래는 분명치 않다. 그의 노트 중 일부는 2차대전 때 소실되었기 때문에 단서를 찾을 수 없게 된 것처럼 보인다. 그렇지만 화학적 고찰보다는 물리적 고찰을 통하여 돌턴이 원자설에 도달했다는 것은 틀림없다. 1808년의 『화학 철학의 새 체계 New system of Chemical Philosophy』에는 그보다 앞서 이룩된 5, 6년간의 발견이 집대성되어 있다. 라부아지에의 『화학 원론』과 같이 그것도 열에 대한 논의부터 시작한다. 그 현상의 친숙성 때문이 아니라 온도 측정, 팽창, 비열, 물질의 상태 등에 돌턴이 흥미를 느꼈기 때문이다. 물질의 결합에 대한 원자 가설은 213페이지에 가야 겨우 나타난다. 그리고 그것은 도입하는 게 아니라 해설하는 식이다. 그의 첫 책은 기상학에 관한 것이었다. 그는 실험 기술에 뛰어나지도 못했다. 그 당시의 표준으로 보더라도 그는 아주 심한 오차를 무시하고 있었다. 아마 실험실 규모로 대기 현상의 연구를 하려고 기체 연구를 시작할 때까지는 화학을 공부한 적도 없었던 것 같다. 돌턴의 저서를 읽을 때는 프리스틀리나 라부아지에를 읽을 때와 달리 화학의 본질에 접한다는 느낌이 들지 않는다. 반면에 그의 과학 스타일은 모형으로 사고하는 도식적 취향이 현저하다. 화학적 원자론의 성공은 때에 따라서는 참신한 모형에 의한 사색이 유리할 수도 있다는 것의 아주 좋은 예이다.

돌턴의 이점은 모형과, 보일적 의미에서의 기계론에 대한 충실성에 있었다. 프랑스 학파의 심오한 연구에 비할 때 돌턴이 원자론으로 풀어낸 문제는 하찮은 것처럼 보인다. 1802년과 1803년에 그는 여러 가지 기체의 물에 대한 용해도를 연구하고 있었다. 동료 윌리엄 헨리(William Henry: 1774~1836)가 용해된 기체의 무게는 압력에 비례하고, 혼합물의 경우는 그 기체만의 압력에 비례한다는 법칙을 발표했을 때이다. 돌턴은 오히려 결론도 나오지 않은 실험과 기계론적 가설에 의지하여, 기체 상태에서 기체 입자간의 거리는 용액 속에 있는 기체 원자간의 거리에 대하여 간단한 정수비를 이룬다고 생각했다. 이 비가 주어진 온도 하에서 어떤 기체에 대해서도 일정하다면 헨리의 법칙은 필연적으로 도출된다.

돌턴은 용해도 문제를 더 깊이 연구해서 가벼운 기체와 단체 상태의 기체들은 거의 용해되지 않는다는 것, 용해도는 밀도 및 화학적 복합도와 함께 증대한다는 사실을 발견했다. 그러나 일정한 부피의 기체에는 언제나 일정한 수의 분자가 들어 있다고 하는 아보가드로(Count Amedeo Avogadro: 1776~1856)의 가설이 아직 알려져 있지 않았기 때문에, 그는 밀도로부터 상대적 원자량으로 나아갈 수 없었다. 그 대신 그는 기체 원자의 상대적 중량을 측정하기 위하여 화학적 화합 당량으로 나아갔다.

이렇게 해서 돌턴은 그의 "최대 단순성의 원리"와 함께 원자 가설을 화학에 도입했다. 이 가설에 따르면 두 원소가 결합하여 단 하나의 화합물을 만들 때는 AB라는 이원자 화합물이 된다. 몇 개의 화합물이 된다면, 이원자 화합물 다음에는 삼원자 화합물(AB2, A2B)을 만든다. 수소를 1로 하면 산소는 5.66, 질소는 4, 물은 6.66이라는 것이 돌턴이 얻은 결과였다. 이 이 결과는 개선되어 산소는 8이 되었다.

분명히 돌턴은 화학 결합에서 처음으로 이 가설을 응용하기까지, 몇 년간 이러한 구상을 마음속에 품고 있었던 것 같다. 그가 실제에 적용한 응용 범위는 용해도에서부터 기체의 혼합물에까지 미쳤다. 『프린키피아』 제2권의 명제 23에서 뉴턴은, 탄성 유체(기체)는 거리의 제곱에 반비례하는 힘으로 서로 반발하는 작은 입자로 구성되어 있다고 하는 정의로부터 보일의 법칙을 이끌어 냈다. 그러나 어려운 문제가 발생했다. 뉴턴은 전혀 몰랐던 것이지만 대기에는 적어도 세 종류의 기체가 있다. 문제는 어째서 산소가 최하층으로, 수증기가 중간층으로, 그리고 질소가 최상층으로 되지 않을까 하는 것이었다. 돌턴은 수년간 이 문제와 씨름했다. 그는 원자를 화합시켜서 복합물을 만들려고 했지만 결과는 깨끗하게 나오지 않았다. 그는 각 원자를 칼로릭으로 둘러싸인 작은 세계로 상정하려 했으며, 열에 대한 친화력이 무게에 비례한다고 함으로써 모든 원자가 같은 비중을 갖게 하여 사물의 균형을 유지시키려 했다. 그러나 이것은 칼로릭이 그 자신의 표준을 가지려고 하는 경향과 모순되었다. 그래서 돌턴은 반발적 메커니즘으로서의 열이라는 생각을 파기했다. 물론 이것은 올바른 진전이었다. 그러자 그에게 원자가 같은 종류끼리 서로 반발하는 게 아닐까 하는 생각이 떠올랐다. 운동론이 확산을 설명하게 된 것이다. 이로부터 그는 원자가 같은 종류끼리 반발하는 것은 크기와 무게의 차이 때문이라고 생각했다. "어떤 종류의 입자는 그 크기 때문에 다른 입자와의 공통 접촉면에 달라붙을 수 없다." 아직 분명한 것은 아니지만 이것이 돌턴을 다시 화학으로 인도했다. 여기서도 또 화학은 돌턴의 질문에 대답할 수 있었다. 화학은 크기를 다루는 것이 아니라 무게를 다루기 때문이다.

이것이 기체의 결합과, 나아가서 이러한 결합을 하는 원자의 수에 대하여 생각하도록 했다. 자세한 것은 나중에 말하겠다. 탄성유체 이외의 물질, 즉 액체와 고체도 그것들과 탄성유체의 결합의 결과로서 연구하게 되었다. 이리하여 서로 결합하는 모든 화학 원소의 수 및 무게를 결정하기 위한 일련의 연구에 착수하게 되었다.

『화학 철학의 새 체계』의 도판은 이 생각을 보여 주고 있다.(300~301쪽)

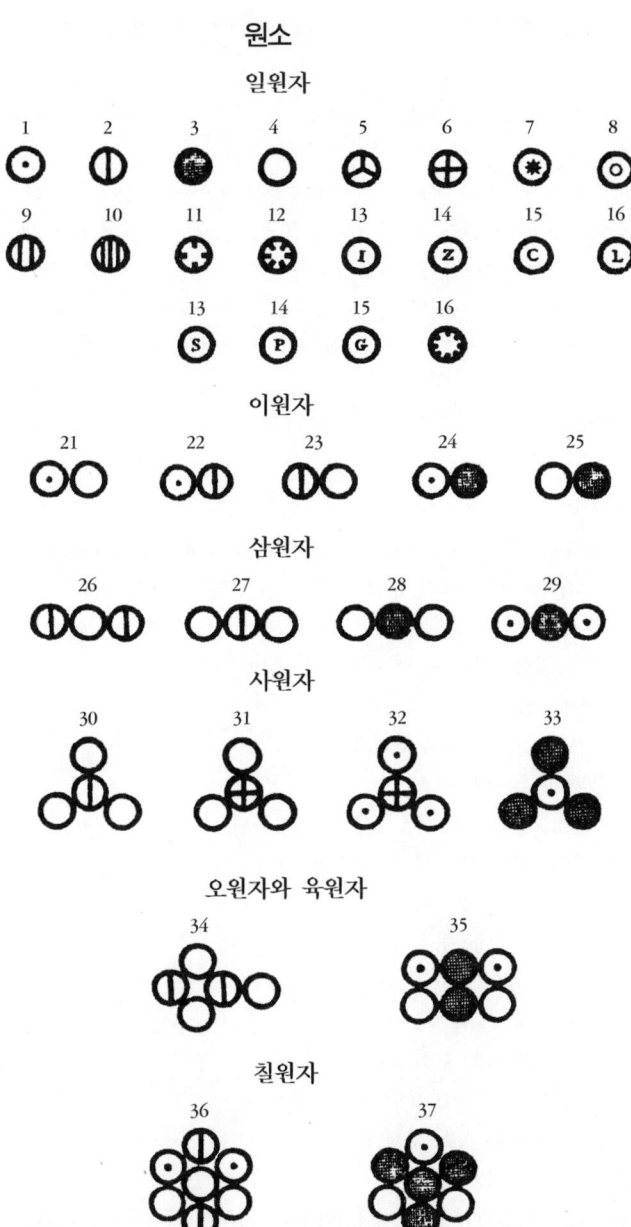

제6장 물질의 합리화

이 원형 기호는 여러 가지 화학 원소나 미립자를 표시하기 위한 임의적인 기호이다.

그림	질량	그림	질량
1. 수소	1	11. 스트론튬	46
2. 질소	5	12. 중정석	68
3. 탄소	5	13. 철	38
4. 산소	7	14. 아연	56
5. 인	9	15. 구리	56
6. 황	13	16. 납	95
7. 마그네슘	20	17. 은	100
8. 산화칼슘	23	18. 백금	100
9. 중조	28	19. 금	140
10. 가성칼리	42	20. 수은	167

21. 물이나 수증기의 원자, 산소 원자 1개와 수소 원자 1개로 구성, 강한 친화력에 의해 물리적 접속(질량) 유지, 열기(熱氣)에 의해 (질량) 둘러싸여 있는 것으로 추측됨 ································· 8
22. 암모니아, 질소 1개+수소 1개로 구성 ················· 6
23. 초석 기체, 질소 1개+산소 1개 ····················· 12
24. 올레핀기체, 탄소 1개+수소 1개 ····················· 6
25. 탄산화물, 탄소 1개+산소 1개 ····················· 12
26. 아산화질소, 질소 2개+산소 1개 ···················· 17
27. 질산, 질소 1개+산소 2개 ························ 19
28. 탄산, 탄소 1개+산소 2개 ························ 19
29. 탄화수소, 탄소 1개+수소 2개 ······················ 7
30. 아산화질산, 질소 1개+산소 3개 ···················· 26
31. 황산, 유황 1개+산소 3개 ························ 34
32. 황화수소, 유황 1개+수소 3개 ······················ 16
33. 알코올, 탄소 3개+수소 1개 ······················· 16
34. 아질산, 질산 1개+질소 기체 1개 ···················· 31
35. 초산, 탄소 2개+물 2개 ·························· 26
36. 질산암모늄, 질산 1개+암모니아 1개+물 1개 ············ 33
37. 설탕, 알코올 1개+탄산 1개 ······················· 35

『화학 철학의 새 체계』에서 돌턴은 입자의 크기라는 답할 수 없는 문제를 제쳐놓고 중량과 수에 주의를 집중한다.

단순 물질 및 복합 물질의 궁극 입자의 상대적 중량, 복합 입자를 구성하는 기본적 입자의 수, 그리고 복잡한 입자를 형성하는 복합 입자의 수, 이러한 것을 확인하는 일이 중요하다는 것과 유용하다는 것을 보여 주는 것이 이 책의 주요한 목적이다.

이렇게 해서 돌턴은 화학혁명을 완성했다. "최대 단순성의 원리"는 물론 오류이다. 돌턴에 있어서 물은 HO였고 산소의 원자량은 8이었다. 그의 중량 측정은 대부분 부정확했다. 그러나 사실에서는 자주 틀렸지만 원리에 있어서 그는 옳았다. 그러므로 일단 여기서는 게이-뤼삭의 기체 반응의 법칙은 언급하지 않기로 한다. 돌턴은 그것을 단순성의 원리에 의거하여 받아들이지 않았다. 그리고 이 양자의 설을 조정한 아보가드로의 가설도 언급하지 않겠다. 또 멘델레예프가 화학 원소표 — 이것이야말로 정말 원소의 성질을 분석한 것이다 — 작성을 위하여 필요로 했던 원자가 이론도 여기서는 언급하지 않겠다.

이 모든 것은 흥미 있으며, 그 전문적 중요성도 증대하고 있다. 그러나 과학의 진보에서 화학이 중요한 위치로 이동한 것은 돌턴부터였다. 콩디약의 중재를 제거함으로써 뉴턴과 라부아지에를 정면으로 대면시킨 사람은 돌턴이었다. 이제 와서야 우리는 과학의 교육자와 관계를 끊었다. 돌턴은 초보자를 위하여 쓰는 것이 아니라, 초보자를 무시하면서 각주에서 이렇게 말한다. "통론적인 것을 논하기에 앞서, 약간의 화학적 문제를 이해하고 있어야 할 필요가 있다는 것에 대하여 초보자는 동의하기 바란다." 돌턴은, 라부아지에가 극복했던 모든 난문제, 즉 연소와 반응의 이론, 정량 기술, 용어의 합리화 등을 모두 이것들에 수반되는 화학 지식과 함께 당연한 것으로 이용했다. 물론 그것은 어떤 과학자의 경우와 마찬가지로 뒤에 오는 사람의 권리였다. 그리고 돌턴은 그것들에다 17세기의 입자 철학을 읽고 얻은 옛 지혜를 그대로 적용했다.

어떤 철학자들은 모든 물질이란 아무리 다른 것일지라도 같은 것이며, 그것들의 외양이 심하게 다른 것은 그것들에 전해지는 어떤 힘 및 결합이나 배열의 다양성 때문이라고 생각해 왔다.
이것이 그(뉴턴)의 생각에는 없는 것처럼 보인다. 그리고 나의 생각도 그렇지 않다. 나는 서로 변형되는 일이 절대 있을 수 없는 기본적 입자라고 불리울 만한 것이 상당수 존재하리라고 생각한다.

왜냐하면 돌턴에게서 처음으로, 유동체보다는 입자의 흐름에 대하여 생각하는 것이 더 낫다는 이유가 분명해졌기 때문이다.
그것들은 셀 수 있는 것이다.

제7장 자연의 역사

화학이나 생물학은 영감에 있어서는 모두 18세기의 과학이다. 물질의 과학인 화학은 그것을 형성한 합리주의에 대하여 언제나 변함없이 충실했다. 이에 반하여 어원적으로 생명의 과학을 의미하는 생물학은 낭만주의적 관념론에서 얻은 추진력의 방향을 바꾸었다(혹은 배반했다). 이것은 사실이 명칭을 배반한 예로서 산소의 경우보다 더욱 일반적인 것이다. 생물학(biology)이란 말은 1802년에 라마르크가 박물학 — 세부적인 것을 분류하여 결국은 하찮은 것의 서열에 따라 정신도 권태에 빠지고 마는, 저 살아있는 자연에 대한 기술적(記述的) 연구 — 에 정연한 통일성을 부여하기 위하여 만들었다. 그러나 찰스 다윈이 생명 진화의 사실을 설명하는 근거로 삼았던 자연 선택설은 생명의 발전을 객관적인 자연 환경과 동일시했다. 이 심원한 문제는 1859년에 『종의 기원 On the Origin of Species』이 출판되고 나서 일어난 신학 논쟁 때문에 감추어졌다. 그러나 이제는 전혀 색다를 것 없는 이 책이 내포하고 있는 완전히 일반적인 의미, 즉 생물학은 더이상 생명의 과학으로 분리되어선 안 된다는 이해가 받아들여진다. 그것은 자연에 관한 과학이다. 그리고 생명과 자연 사이의 경계는 원리의 경계이기보다는 지식의 부족에 의한 경계이다. 따라서 그것은 점차 좁혀져 간다. 사실 대단히 일반적으로 말해서 근대 과학의 사적 전개는 통일성이 지배하는 영역을 자연에서 과학 자체로 이행시켰다. 그리고 결국 실증주의에 이르러서는, 경계나 비약이 없다고 하는 고대의 주장은 자연 — 과학에 의하여 객관화되고 소외되고 (낭만주의자의 표현에 의하면) 절멸되는 — 보다는 오히려 과학에 적용된다.

자연 선택설은 모든 생물 연구를 객관적 과학으로 만든 것이기 때문에, 진보의 전략과 구조에 관심을 가진 사상가라면 생물학에 눈을 돌릴 때 진화 사상의 배경과 영향에 주목하지 않을 수 없다. 이때 그는 기술사가나 의학사가와는 다른 점을 강조할 것이다. 그는 우리의 지식과 건강에 크게 공헌한 19세기의 연구, 즉 실험실에서의 뛰어난 업적, 더욱 엄밀해진 실험법 등을 사상가의 입장에서 생략할 수도 있다. 라마르크와 다윈, 퀴비에와 라이엘, 헉슬리와 멘델 등 진화 사상의 창시자들을 전문적 견지에서 보면 더 위대한 과학자들(일지도 모르는 사람들) — 자비에르 비샤(Xavier Bichat)와 프랑수아 마장디(François Magendie), 요한네스 뮐러(Johannes Müller)와 칼 에른스트 폰 바에르(Karl Ernst von Baer), 클로드 베르나르(Claude Bernard)와 루이 파스퇴르(Louis Pasteur), 테오도르 슈반(Theodor Schwann)과 마티아스 야콥 슐라이덴(Matthias Jakob Schleiden), 루돌프 비르효(Rudolf Virchow)와 로베르트 코흐(Robert Koch) — 보다 일반 역사 독자들에게 상세하게 말해야 한다는 것은 어쩌면 불공정한 처사일지도 모른다. 사실 이들의 상세한 연구 덕분에 근대 생물학의 유력한 연구 방법들과 그 기초가 확립되었던 것이다. 그것은 조직학과 생리학, 세포학과 발생학, 세균학과 병리학 등이다. 그렇다고 해도 이 훌륭한 과목들 중 어느 하나도 생물학 전체의 범위를 전환시킬 정도로 유리한 지점은 제공하지 못했다. 과연 이것들은 투철한 탐구를 유발했고, 요구하기도 했다. 그러나 이것들은 폭넓은 사상들을 자극하기에는 적절하지 않았다.

생기론(生氣論, vitalism)과 기계론 사이의 저 악명 높고 묘하게 결론이 나오지 않는 논쟁이라든가, 과학자와 신학자라는 두 돈키호테가 서로 상대방의 풍차를 공격하는 투쟁 따위에서는 해석상의 초점을 찾을 수 없을 것이다. 정말 이 문제들은 너무나 자주 혼란에 빠져 왔다. 양자가 모두 모호하기 때문에 명확하게 분별하기보다는 혼란을 가중시키기가 더 쉽고, 그래서 너무나 자주 혼란에 빠져 왔다. 앞으로 밝혀질 텐데, 라마르크의 진화론은 신학을 위한 도피처가 아니었다. 그것은 디드로의 자연에 대한 생물철학 및 변태론 철학을 분류학에 적용한 것이었다. 그러나 비록 신학적 논점이 구별된다고 해도(이러한 경우는 거의 없지만), 생기론에 대한 논의는 생물학사에 오해를 초래한다 — 이미 생기론을 거쳐 간 생물학 자체보다 더욱더 말이다. 이와 같은 예를 들면 라마르크는 흔히 기계론과 대립하는 생기론자로서 인용된다. 그러나 라마르크 비판의 진정한 문제 — 이는 생물학적 낭만주의의 전통 전체의 문제도 된다 — 는 동물이 고전적인 기계 이상의 무엇인가 아닌가를 묻는 데 있지 않다. 말할 필요도 없이 이러한 사정은 상대성 이론 이후의 태양계에서도 마찬가지다. 그것은 물리학을 예전보다 인간적으로 만든 것도 비인간적으로 만든 것도 아니다. 또 신학과 가까이 하기 쉽게 만든 것도, 가까이 하기 어렵게 만든 것도 아니다. 중대한 문제는 생물학이 어떤 질서의 모델을 숙고할 것인가 그리고 어떤 방법을 도입할 것인가에 있다. 그것은 물리학이 지니고 있는 질서와는 다른 질서를 생각할까? 그것은 다른 자연법칙을 탐구할까? 이런 관점에서 보면 기계론이나 생기론이나 별 다를 바가 없다. 어느 것이나 생물을 (그것이 기계에 불과하든 그렇지 않든 간에) 궁극적인 연구 대상으로 한다. 어느 것이나 물리학자들이 발견하는 질서보다 상위의 질서 — 그러나 보다 모호한 질서 — 를 생물학에 부여하려 한다. 대륙의 생물학자들이 실제로 연구 활동의 기초로 삼았던 것도 이 유기체적 질서 개념이었고, 이 개념 위에서 그들은 모두 각자의 좁은 전문 분야에 빠져서, 끊임없이 실험실의 생물들을 마주했고 자연의 추이라는 문제보다는 오히려 세포, 배(胚), 질병 등에 시야를 고정시켰다.

하비의 혈액 순환처럼, 생물학자들은 극히 제한된 연구에 있어서만 물리적 질서를 상정했다(또는 정보를 수량화했다). 이것은 결정적인 문제였다. 박물학과 의학은 분류와 해부에만 의존하게 되었다. 생물학이라는 이름이 생긴 이래, 이 분야는 두 사람의 승자, 전혀 양립할 수 없는 두 질서 개념의 투쟁의 장이었다. 그것들은 양립할 수 없었지만 어느 쪽이나 비물리적이라는 점에서는 같았다 — 하나는 스토아 학파에서, 다른 하나는 아리스토텔레스적 전통에서 유래하기 때문이다. 계몽사조의 낭만주의적 자연철학, 고대의 이교적인 우주적 유기체론을 부활시켰다. 그것은 괴테가 말하는 생득적인 내재적 질서, 동일성과 인격의 육체적 표현이었다. 이러한 의미에 있어서는 개개의 동물이 생명 과정에 참여하는 것은 여러 기관이 단일한 육체의 생명에 참여하는 것과 같다. 그러나 (나중에 라마르크의 예에서 밝혀질 텐데) 이 사상과 신학적 자연관 사이에는 상관관계가 없다. 유기체적 질서는 자기충족적인 질서이다. 이것은 하나의 도덕적 질서일 수는 있겠지만, 자연주의적 도덕이지 유신론적인 도덕일 수는 없다. 디드로는 무신론자였고, 괴테도 기독교도가 아니었다.

한편 기독교 문화에서는 아리스토텔레스의 새끼손가락이 (계몽사조의 유행에도 불구하고) 스토아 학파의 허리보다 더 큰 위력을 발휘하고 있었다. 신이 창조한 질서라는 개념은 낭만주의적 자연주의보다 훨씬 뿌리깊이 박혀 있었다. 무릇 기독교적 자연관을 품고 있던 사람은 반드시 낭만주의적 자연주의에 반대하였는데, 이는 그것의 자연관 때문이 아니라 그 도덕적 주장 때문이었다. 기독교에서 신은 창조주, 교사, 재판관이지 자연 자체가 아니다. 중세에 기독교화된 플라톤적·아리스토텔레스적 질서는 서구 문화의 특질을 바꾸었는데, 이 질서에서 자연은 모두 신의 손에 의하여 가공된 것이다. 자연의 모든 결과는 이 지고의 장인의 의도를 달성하기 위하여 고안된 것이다. 그 기능이 우리의 기능을 훨씬 더 앞지르는 것처럼, 그 의도도 우리의 이해 영역을 벗어날 것이다. 영국 자연신학의 원로 윌리엄 페일리(William Paley: 1743~1805) 부주교는 항상 신의 기술이 인간의 기술보다 뛰어나다고 말했다. "보기 좋은 가발을 만들기도 어려운데, 찌그러진 얼굴이 창조된 일이 한 번이라도 있었던가!" 그러나 우리가 숭상하는 것은 장인이지 그의 작품이 아니다. 따라서 자연신학(natural theology)은 학문의 여왕인 신학의 한갓 시녀에 불과하다. 이것은 여왕에 봉사함으로써 자연의 신학이 된다. 이것은 설계되었음을 뒷받침하는 증거들을 통해 설계자의 존재를 증명한다. 말하자면 시계로써 시계공의 존재를 증명하는 것이다. 베이컨이 말했듯이 "자연신학은 신의 철학이라고 불러도 된다. 그것은 자연이라는 빛과 피조물의 고찰에 의하여 얻을 수 있는 신에 관한 지식의 섬광이라고 정의된다. 여기에서 대상은 신이고, 정보의 원천은 자연이라는 결론이 나온다."

따라서 우주는 하나의 거대한 설계도이고, 거기에는 수많은 복잡한 종속물이 붙어 있으며, 그 모든 구성물은 피조물의 복지를 증진시키고 인류의 운명을 완수한다고 하는 궁극 목적을 향하여 움직이도록 되어 있다. 그러나 이런 사고방식은 모두 20세기의 오늘날에 와서 보면, 지나치게 단순해 보인다. 오늘날은 신에 대한 숭배가 완화되어 인간에 대한 헌신이 되었다. 대중의 종교는 사회봉사와 구별할 수 없게 되어가고 있다. 반면에 대중은 과학과 기술이 자신들에게 봉사하는 것을 좋아한다(이것은 과학이 제공하는 물질적인 풍족의 승리를 나타낸 것이지, 신학이 지적으로 패배한 것을 나타낸다고는 할 수 없다). 옛 사고방식은 단순했을지 모른다. 그러나 그것이 뉴턴의 자연관이기도 했다. 분명히 그것은 19세기까지 대부분의 과학자들이 신봉한 견해였다. 적어도 프로테스탄트 국가들에서는 그러했으며, 영국에서 특히 현저했다. 거기에서 과학자는 근면한 중간 계급에서 탄생했다. 그리고 경험을 개인적으로 해석하라는 "프로테스탄티

즘"의 명령과 자연 활동을 탐구하는 것은 신의 활동에 대한 연구라고 하는 베이컨적 가정은 서로 자유스럽게 전진했다. 그들의 발견도 성서와 밀착되어 있는 종교를 당황케 하는 데까지는 나아가지 못했다.

종교를 과학으로 뒷받침하려고 하는 이 구조의 결점은 성서의 천지창조설보다 더 깊은 곳에 있었다. 신은 세계를 창조하고 나서 그대로 방치해 두거나 자연법칙의 배후로 숨어 버리지 않았다. 신은 계속해서 세계를 지배하는데, 그 지배는 섭리의 형태를 취한다. 이미 부분적으로 인용했던 뉴턴의 문장을 다시 상기하면,

> 우리는 신의 전능한 사물에 대한 조작과 최종 원인에 의해서만 신을 알 수 있다. 우리는 그의 완전성 때문에 신을 찬미하고, 그의 우세함 때문에 신을 우러러 받든다. 우리는 그의 종복으로서 신을 숭상한다. 지배력, 섭리, 최종 원인을 보여주지 않는 신은 운명이나 자연일 뿐이다. 맹목적인 형이상학적 필연성은 언제 어디서나 같은 것이며 사물의 다양성을 만들어 낼 수 없다. 여러 다른 시간과 장소에서 발견할 수 있는 다종다양한 자연의 사물은 필연적으로 존재하는 신의 계획과 의지에 의하지 않고는 탄생할 수 없다.

또한 실제로 18세기의 자연신학은, 예를 들면 자연의 진행의 중단이라든가 벌로 부과된 성서의 대홍수 같은 격변을 가지고 신의 자연 지배를 해설하려는 경향이 있었다. 뉴턴 자신도 행성의 운행 중에서 어떤 편차는 누적되어 가는데, 신이 때때로 그것을 수정하기 위하여 행성의 운행에 간섭하는 것이 틀림없다고 생각했다. 따라서 신학은 과학에 비하면 아무 이유도 없이 불리한 입장에 놓였다. 그리고 (화이트헤드가 지적했듯이) 과학자가 새로운 사실에 의하여 학설을 수정하지 않을 수 없을지라도 그것은 과학의 승리로 보이는데, 신학자가 그와 같은 필요에 부딪히면 그것은 종교의 패배처럼 보이는 것이다.

이 영속적인 굴욕은 근대 과학과 공존하지 않으면 안 되었던 최초의 세대가 저지른 과실 때문에 당해야 하는 것이다. 그들은 뉴턴과 마찬가지로 과학이 발견한 것을 가지고 신이 존재함을 논하고, 과학이 발견하지 못한 것을 가지고 신의 지배를 논하는 불행한 습관에 빠졌다. 따라서 그 필연적 결과로서 과학의 손에 새로이 들어간 영역은 어느 것이나 신의 섭리의 범위로부터 탈락해 갔다. 이 때문에 무거운 부담을 지고 오명을 뒤집어쓴 것은 지질학이나 생물학 등의 기술적(記述的) 과학이었다. 이 두 학문은 바로 이즈음 박물학에서 탈피하여 고대의 기술적인 의미에서나 근대적 의미에서 모두 역사적인 것으로 이행되고 있었다. 뉴턴의 물리학은 자연의 전개에 관하여 아무것도 말하지 않는다. 뉴턴의 모든 업적을 보아도 우주는 현재나 그 창조의 날이나 완전히 불변이다. 지질학은 역사를 고려에 포함시킨 최초의 과학이었고, 자연의 사건을 창조주가 과연 조종하는가를 문제 삼은 최초의 과학이었다. 그리고 생물은 언제나 "여러 다른 시간과 장소에서 발견되는 사물의 다양성"에 대한 해설을 끄집어낼 수 있는 지식의 창고였다.

각각의 생물들이 생활상에 맞게 나타내는 적응 양식을 통해 신의 무한한 배려 — 지엽말단에까지 미치는 — 를 볼 수 있다는 논의만큼 설득력 있는 것도 없을 것이다. 나비는 나뭇잎과 닮게 창조된 것이 틀림없고, 범은 사슴을 잡을 수 있도록 칼날 같은 이빨을 부여받았고, 기린은 나무 꼭대기까지 뜯어먹을 수 있도록 긴 목이 주어진 게 아닐까? 어떤 목적에 맞도록 창조된 것이 아니라면 적응이란 현상을 어떻게 설명할 수 있을까? 생물 연구자에게 이보다 더 놀라운 일은 없다. 젊었을 때 다윈은 페일리의 논법을 받아들여서 다음과 같이 말했다. "그의 『자연신학의 논리』는 …… 유클리드만큼이나 많은 기쁨을 나에게 주었다. …… 그즈음 나는 페일리의 논법에 대하여 그다지 걱정하지 않았다. 나는 그것을 조금도 의심치 않고 매우 긴 논증에 매료되기도 했고, 설득되기도 했다." 그러므로 이것은 종교에 관계된 문제만은 아니었다 — 비록 종교와 관련된 것처럼 생각되었으므로 격렬한 토론이 벌어졌고 많은 사람들을 슬픔에 잠기도록 했지만. 오히려 형태와 종에 의한 분류라는 방법을 사용한, 적응에 대한 신학적 설명은 아리스토텔레스적 과학의 최후의 표출이었다. 그것은 이천년 뒤인 19세기에도 여전히 생물학에 도움을 준 뛰어난 사상체계였다. 그리고 단지 습관에 불과하지만 지금도 그것을 타파하는 것이 생물학자를 현명하게 만든다는 의미에서 역시 도움이 된다.

*

장 밥티스트 드 라마르크(Jean Baptiste de Lamarck: 1744~1829)의 『무척추 동물지 Histoire naturelle des animaux sans vertèbres』 일곱 권은 1815년부터 1822년에 걸쳐서 파리에서 출판되었다. 조르주 퀴비에(Georges Cuvier: 1769~1832)의 『동물계』 네 권은 1817년에 출판되었고, 이것에 이어서 퀴비에의 제2의 체계적 저술 『화석 골격에 관한 연구』 일곱 권이 1821년부터 1824년에 걸쳐서 출판되었다. 이 방대하고 명료한 저술을 펼쳐서 읽는 것은 박물학이 아리스토텔레스적 분류학에서 근대 동물의 분류로 가로질러간 발자취를 상세하게 더듬는 일이 된다. 이 새 과학은 옛 자연과 현존하는 자연을 고생물학으로 연결시킨다. 그것은 아리스토텔레스 이래 동물을 분류해 온 막연한 구별 — 즉 네 발인가 두 발인가, 태생인가 난생인가, 기어다니는가 헤엄치는가 아니면 날아다니는가 등 — 로 분류하기를 그치고, 엄격한 비교해부학 기술(技術)로써 공간과 시간 속에서의 관계를 확립한다. 식물학은 린네의 업적에서 이미 이러한 이행이 완수되었다. 그렇기 때문에 퀴비에와 라마르크의 업적은 실상 강, 목, 속, 종 네 등급을 가진 린네식 분류학을 동물학으로 확장한 것이라고 볼 수 있다. 식물학에서와 마찬가지로, 여기서도 세부적 사실의 방대한 증가에 따라 질서를 부여하는 데에도 개량이 이뤄졌다. 몇 백만이나 되는 고대의 종들이 각자 알맞은 장소를 부여받거나 아니면 여기저기로 옮겨졌다. 현대 생물학에서의 강과 목은 원리상으로 (종종 정의상으로) 린네, 퀴비에, 라마르크에서도 명백하다. 현대 생물학과 그들 사이의 차이점은, 진화 생물학이 문(門, phylum)들을 정렬시켜 놓았다는 점이다. 진화 생물학은 계보를 추구한다. 린네와 퀴비에는 종이란 형태에 있어서 고정된 것이며 탄생하거나 소멸할 수만 있는 불연속 생물군이라고 생각한 반면, 라마르크는 종을 생명의 흐름 속에 있는 조그마한 소용돌이들이라고 생각했다. 진화 생물학은 이 종들 사이에서 계통을 탐구하는 것이다.

퀴비에와 라마르크는 자연사 박물관(Muséum d'Histoire Naturelle)의 동료였다. 이 기관은 뷔퐁의 왕립 동식물원(Jardin du Roi)이 국유화되고 합리화된 것으로서, 프랑스 혁명의 더할 나위 없는 옹호를 받았다. 프랑스 혁명은 이 박물학이라는 학문을 인간적이고 민주적이라 하여 열렬하게 지지했다. 사실 퀴비에와 라마르크의 업적은 그 박물관의 멋진 수집품을 배열하는 방법을 확립하고 그것을 출판한 것이다. 거기에는 옛 왕정으로부터 물려받은 것도 있었지만, 혁명군이 유럽 변방의 박물 표본 진열대에서 탈취하여 공화국으로 보낸 것도 있었다. 그들은 혼자서 작업하지도 않았다. 자연사 박물관에는 12개의 좌(座)가 있었는데, 그것은 유럽에서 가장 혜택 받은 연구 기관이었다. 조프레이 생틸레르(Geoffrey Saint-Hilaire)와 브롱냐르(Brongniart)는 포유류의 특수한 속에 몰두했고, 라트레이으(Latreille)는 곤충에, 라세페드(Lacépède)는 (깊은 연구는 아니었지만) 어류에 전념했다. 거기에는 표본 실험 해설자도 있었고, 실험 조수도 있었고, 학생도 있었다. 이탈리아, 독일, 미국에서 오는 방문객은 그칠 날이 없었다. 알렉산더 폰 훔볼트(Alexander von Humboldt)는 파리 사람이 다 되었다. 그러나 근대 동물학과 고생물학에 대한 자르댕 데 플랑트(Jardin des Plantes, 자연사 박물관의 통칭)의 공헌은 퀴비에와 라마르크 사이의 원만치 못한 관계를 둘러싸고 양극으로 분열되어 있었다. 그들의 업적은 상보적이었다. 그들은 실제의 분류학의 세부적인 면에서는 동의할 수 있었다. 그들이 적용한 기술은 라마르크가 퀴비에에게서 배운 것이었다. 그러나 그들은 자연의 구조에 관해서는 결코 의견의 일치를 보는 일이 없었다. 그들은 말하자면 16세기의 두 천문학자 같았다. 한 사람은 프톨레마이오스를 따르고 또 한 사람은 코페르니쿠스를 따르는 천문학자로서 관측 기술은 같지만 근본 원리는 달랐던 것이다. 확실히 그들은 다윈 이전의 양대 생물학적 질서 개념을 보여 주는 인물들이었다. 라마르크는 낭만파로서 변태설을, 퀴비에는 아리스토텔레스주의와 섭리론을 지지했다.

퀴비에는 권위의 면에서는 라마르크보다 위였고, 연령상으로는 후배였다. 1872년에 아카데미의 상임 간사인 퀴비에에게는 추도문(éloge) 초고를 쓰는 일이 맡겨졌다. 아카데미는 잠시 과학의 역사를 만들기를 그치고 추도 연설로써 사망 회원의 업적을 회고하는 관례가 있었다. 퀴비에는 라마르크를 찬양하는 데 관대하지 못했다. "패류와 폴립의 관찰에 있어서 …… 속을 정의하고 특징짓는 데 발휘된 그 총명함 …… 종의 비교와 구별, 동의어의 설정, 상세하고 명료한 기술을 할 때 보인 그 불굴의 노력," 이리하여 라마르크는 "마침내 불멸의 기념비를 세웠는데, 그것이 기념하는 연구 대상도 영원히 잊혀지지 않을 것이다." 그러나 이것은 라마르크가 바라던 공적이 아니었다. 라마르크가 학생들에게 자주 전했던 것은 분류학의 지엽적인 사실들과 현학적 태도를 뛰어넘어서 자연의 철학에 도달하라는 것이었다. 그는 학생에 대해서나 동료에 대해서나 당대의 자연철학자로 자임하고 있었고, 실제로 강하게 나서기도 했다.

퀴비에의 판단은 너무 가혹했다(그의 동료들이 인쇄된 추도문에서 혹평한 부분을 삭제하자고 요구할 정도로). 그러나 과학적으로는 옳았다. 말하자면 그것이 라마르크의 고생물학에 대한 공헌이었다. 그것은 생물학의 발전에 공헌했고, 다윈으로의 길을 열었으며, 생물 형태의 구체적인 연속을 보여 주었던 것이다. 라마르크의 진화론은 『종의 기원』 이후에야 비로소 유명해졌는데, 그것은 다윈을 비판하는 사람들 중에서 다윈의 독창성을 의심하는 사람, 자연 선택에 대신할 인간적인 것을 찾는 사람, 또는 이 두 가지 이유가 혼합된 사람들이 의지하는 것이 되었다.

라마르크는 그의 생애 말기에 1793년에 재조직된 자르댕 데 플랑트의 한 좌에 임명되었을 때 동물학자가 되었다. 그때까지 그는 반(反)린네주의 식물학자로 알려져 있었다. 1800년에 그는 처음으로 생물 진화설을 발표했는데, 그때의 나이는 56세였다. 이 연령에서 근본적으로 새로운 견해를 전개하는 사람은 없을 것이다. 사실 라마르크의 진화론은 뷔퐁과 디드로의 뒤를 이어서 그가 화학, 지질학, 기상학에 관한 저술에서 다년간 품고 있던 사변을 새로운 관심사가 된 동물학에 쏟은 것일 뿐이다. 라마르크가 대담하게 제출한 이론은 사람들을 당혹스럽게 만들었는데, 이것은 그 때문에 오히려 반박당하지 않았다. 라마르크의 이론적인 모험은 매우 당혹스러운 것이었는데, 그것은 라마르크가 기존의 정통적인 사고방식에 대하여 분개했다는 점에서가 아니라, 이 이론으로 인해 저자에게 비추어진 조명 때문이다. 부당한 취급을 받는 영예조차 없었다. 단지 묵살하자는 합의만 이루어졌다. 그의 생전에 그 저술이 과학적인 비판을 당한 적은 한번도 없었다. 공식적으로 그것은 존재하지 않았다. 라마르크는 "나는 아주 잘 알고 있다. 내가 제기하고자 하는 것에 흥미를 가질 사람이 거의 없으며, 이 논문을 읽는 사람 중에서도 이것은 애매한 견해이고 정확한 지식에 바탕을 둔 것이 아니라는 등의 판단을 내리는 사람이 많으리라는 것을. 그리고 그들은 말만 할 뿐 그것을 글로 나타내는 일도 없을 것이다"라고 불쾌하게 말한 적이 있다. 우리는 그의 성실성을 찬양하고 그를 동정하지 않을 수 없다. 그는 숨막힐 듯한 맹목의 그림자 밑에서 만년의 20년 동안 쉬지 않고 자기의 임무를 완수했고, 훌륭한 업적을 남겼으며, 그에게는 하찮은 것이라고 생각되는 일에도 노력을 아끼지 않았던 것이다.

그렇기는 해도 오늘날 라마르크가 유명한 것은 진화론자로서다. 도대체 무척추 고생물학자 따위를 누가 신경쓰겠는가? 다윈이 출현한 뒤에 라마르크에 돌아간 세평은 퀴비에의 평판을 능가하는 것처럼 보이기도 한다. 그러나 역사는 잘못을 범할 위험을 감수해야만 비로소 과학에 정당한 평가를 내릴 수 있다. 따라서 다윈이 알아채지 못한 선구자이며 원리적으로는 옳지만 획득 형질의 유전은 틀렸다고 하는 평가로부터 라마르크의 진화 철학을 구하기 위하여 그의 철학을 재구성해 보겠다. 왜냐하면 라마르크는 자신의 저술로써 변종생성(transmutation)이라는 종속적인 사실뿐 아니라, 하나의 세계관을 수립할 것을 의도했기 때문이다. 그의 진화론은 세계를 유전(流轉)과 과정으로 보는 오랜 본능에 의거하여 과학을 만들고자 하는 진지한 시도의 마지막 예이다. 그 본능에 의하면 과학은 물질의 배열이나 형태의 분류법 등에 대한 연구가 아니라, 존재론적으로 근본적인 활동의 현현(顯現)에 대한 연구이다. 운동하는 물체라든가 종(種) 따위는 근본적인 것이 아니다. 라마르크의 사상을 그 자신의 관점에서 보면, 그가 정통했던 것으로부터 그렇지 않은 것으로의 이행이 드러날 것이다. 이렇게 하여 그의 사상 전개의 발자취를 더듬을 수 있다. 그는 최후로 자신의 생각을 분류학에 적용하여 진화론을 형성했는데, 그것의 근원을 추적해 보면 물리적 과학에 대한 낭만주의의 저항이라는 일반형에 도달한다. 라마르크의 경우는 라부아지에나 프리스틀리 등이 창시한 화학 개념 — 물리 과학으로서의 화학이라는 — 에 대한 저항이다.

1809년에 나온 라마르크의 『동물 철학 *Philosophie zoologique*』에는 나중에 『무척추 동물지』에서 보이는 진화론이 이미 충분히 전개되어 있다. 그는 결코 간결하게 서술하지 않았다. 그러나 『동물 철학』에서 개요를 끌어낼 수는 있다. 이 책은 세 부분으로 구성되어 있다. 제1부는 박물학, 제2부는 생리학, 그리고 제3부는 심리학에 대하여 다룬다. 이 철학에 따르면 생물에는 생성하는 힘(plastic force) — 참으로 생물은 생성하는 힘일진대 — 이 내재되어 있다. 이 힘은 유기체의 진행적 분화와 완성에 의하여, 가장 원시적인 것에서부터 가장 진화된 것에 이르기까지 극히 풍부하게 변화하는 동물들을 끊임없이 낳고 있다. 만약 이 생물의 행위가 전능하다면 이 연속은 거의 규칙적인 것이 될 것이고, 원시 동물에서 인간에 이르기까지 생물 형태상의 완전한 연속체가 생길 것이다. 그러나 복잡화로 향하는 이 내재적 경향만이 유일한 작용원인은 아니다. 이 내재적 경향을 극복하고 이것을 어떤 필연적인 경로 — 우리는 이를 자연 종(種)이라고 잘못 생각하는데 — 로 제한되게끔 작용하는 힘이 있다. 이것은 바로 물리적 환경의 영향이다. 완전성을 지향하는 유기체만이 성취하려는 연속을, 무기물의 생명 없는 손이 깨뜨려 그 결과 불연속을 낳는다. 이 불연속이 생명의 형태와 형태 사이의 간극처럼 보인다. 환경의 변화는 요구의 변화를 불러일으킨다. 요구의 변화는 행동의 변화를 낳는다. 행동의 변화는 새로운 습관이 되고 특수한 기관을 변화시켜 마침내 생물체 일반을 바꿔놓기에 이른다. 그러나 환경이 생명에 직접 작용한다고 말할 수는 없다. 반대로 라마르크에 있어서는 생명만이 작용할 수 있다. 생명과 작용은 결국 하나이기 때문이다. 오히려 환경은 주위 환경과 기회의 변천하는 조합이고 생물은 그에 대하여 창조적으로 응답한다. 이 응답은 생물의 의지의 표현이 아니라 — 라마르크 숭배자는 그런 식으로 해석했지만 — 살아있는 것으로서 그 특질 전체의 표현으로서의 응답이다. 그리고 라마르크는 두 가지 결론을 내리고 이를 법칙이라고 부르는데, 이것은 그의 자연관을 개진한 것이라기보다는 그것의 귀결로서 나온 것이다. 그 법칙은, 기관은 사용 여부에 따라 발달하거나 퇴화한다는 것, 그리고 환경에 대한 반응으로 획득한 형질은 유전된다는 것이다.

그로부터 7년 전인 1802년에 라마르크는 자르댕 데 플랑트의 강의를 바탕으로 한 저술 『생물체의 조직화에 관한 연구 Recherches sur l'organisation des corps vivants』를 발표했다. 여기서도 독자는 진화론의 주요 원리를 발견할 수 있을 것이다. 그러나 여기서는 강조점을 달리 하여 종이란 존재하지 않는다는 것에 주안점이 있었으며, 라마르크의 흥미는 오히려 동물의 전체 계열에 걸쳐 있었다. 이것은 연쇄나 사다리로서가 아니라 존재의 에스컬레이터로 보아야 할 것이다. 자연은 밑바닥에서 끊임없이 생명을 창조하고 있기 때문이다. 그리고 생명의 흐름은 쉬지 않고 기관을 분화시키고 구조를 복잡하게 만들어서 완성으로 이끌어가기 때문이다. 자연에는 상승하는 존재의 계단으로 올라가는 유기체와, 이것의 생명 없는 잔해물이 화학적 찌꺼기로서 떨어져 되돌아가는 무기계(無機系) 사이에서 영원한 순환이 계속된다. 자연의 계열은 참으로 규칙적이다. 그러나 이 계열은 종— 실재하지 않는 —에 있는 것이 아니라 "덩어리들(masses)"에 있다. 라마르크에게 이것은 대단히 매력적인 개념이었는데, 그는 이것을 주요한 조직 체계들이라고 정의했다.

그렇지만 라마르크가 처음으로 동물의 변이 가능성을 주장한 것은 1800년 그의 첫 강의에서였다. 여기서 강조되고 있는 점은 또다른 모습을 띠고 있다. 1802년의 논문은 1809년의 진화 원리와 대체로 같은 것처럼 보이지만 이것은 간결하게 서술되어 있고, 주된 요점을 해설하기 위한 보조적 명제로서만 도입되어 있다. 요컨대 박물학은 생물체와 무생물체, 유기적 자연과 물리적 자연을 근본적으로 구별하는 것부터 시작해야 한다는 말이다.

그런데 라마르크가 동물학자로 데뷔하는 것에 대한 논의는 이것만 있는 것이 아니다. 그것은 새로운 화학— 프리스틀리와 라부아지에의 초기 논문에서 시작되는—에 대한 20여 년간의 싸움에 대하여 라마르크가 마지막으로 내놓은 비방이었다. 1797년의 『물리학과 박물학』에서 그는 동물종의 불변성에 관하여 말한다. 그러나 이 논문의 중핵을 이루는 다이나믹한 명제는, 무기물은 모두 생명 과정 — 물리적 자연의 기본 경향인 부패와 붕괴를 영구히 보수하고 있는 — 의 잔해물이라는 것이다. 잠시 『동물 철학』으로 되돌아가 보면 이 논의는 최종적인 진화론과 완전히 일치한다. 그 진화론에 의하면, 동물의 사다리에서 규칙성으로부터 이탈하는 것은 생물과 무생물(즉 환경)과의 투쟁의 결과이다. 질서로서의 유기적 자연과 무질서로서의 물리적 자연의 이 관계는 상반되는 것임과 동시에 서로 의존하는 것인데, 이것이 라마르크 사상의 기초이며 이 점에 있어 그의 사상은 거의 변증법적이라 할 수 있다.

종에 관한 모순도 결코 간과할 수 없다. 1802년의 짧은 논문에서 라마르크는 당시에 그가 지엽적이라고 생각하던 것에 관하여 견해를 바꾸게 된 경위를 말해 준다. 1797년부터 1800년까지 그는 동물 종의 문제 — 아니 오히려 종이란 존재하지 않는다는 문제 — 와 종 일반의 문제를 동일화시켜 버릴 뿐이었다. 라마르크에 있어서 종이라는 말은 보다 넓은 함축을 상실하지 않고 있었기 때문이다. 그는 지구 표면의 끊임없는 침식에 오래 전부터 감명을 받아, 광물에는 항구적인 종이 없다는 견해에 일찍부터 찬성하고 있었다. 무기물에 있어서 유일한 실체는 "전체 분자(integral molecule)"이고, 환경과 인력에 의하여 형성되는 덩어리이다.

라마르크가 생물계에 대하여 품게 된 견해는 이것과 아주 유사하다. 유기적 자연과 무기적 자연에 있어서 개체 — 특정 동물이나 특정 분자 — 와 그것이 임시로 속해 있는 체계의 계통 — 네 발 달린 포유동물, 화강암 구조 등 — 을 연결해주는 것은 과정 이외의 아무것도 아니다. 이것은 물질이 한편으로는 연체동물에서 인간으로 다른 한편으로는 석회석에서 화강암으로 이행하는 이중의 연쇄 체계에서 그 매듭으로서의 덩어리라는 개념을 라마르크가 좋아했던 이유를 설명해 준다. 포유류의 원리를 이와 같은 방식으로 생각한 것도 자연스러운 일이었다. 광물은 어떤 생성하는 힘에 의하여 형태가 만들어지고 대지 속에서 창조된다고 하는 옛 직관은 여전히 널리 퍼져 있었다.

라마르크는, 파리의 화학자들이 화합물의 전체 분자는 불변이며 따라서 자연만큼이나 오래 되었다고 가르친다고 불평했다. 그렇게 되면 광물에서 종은 항상 존재하는 것이 되기 때문이다. 그런데 라마르크 자신은 어떤 화합물 분자도 그 본성 — 즉 화합물을 구성하는 원리들의 갯수와 비율 — 을 바꿀 수 있다고 생각했다. 이것을 부정하는 것은 화학 현상의 실재를 부정하는 것이다 — 발효, 용해, 연소 등은 분자를 형태나 밀도 및 그밖의 성질과 관련하여 다른 조건의 상태에 두는 것인데, 이런 현상들에 대한 부정이 되는 것이다.

『동물 철학』의 두 가지 다른 측면, 즉 생리학과 심리학도 모두 그 양식이나 소재상으로는 옛 화학으로부터 유래한 것처럼 보일 것이다. 이것은 실험실과는 인연이 먼 사변적 화학이었다. 라마르크는 프리스틀리와 라부아지에를 일괄해서 "기체"학파로 규정했다. 라마르크의 화학은 어느 편인가 하면, 브넬이나 디드로의 공감적 화학이었다. 그것의 주요 원리는, 오직 생명만이 합성할 수 있다는 것이었다. 다른 한편 생장의 생리학은 생물이 성장기 동안 그 체계 속을 통과시키는 물질로부터 필요한 것을 섭취한다는 것이었다. 일생 동안 환경을 소화해가는 중에 유연한 기관은 점차로 경화되어 가서 마침내는 노쇠와 죽음이 뒤따른다. 말년에 라마르크는 평형의 원리 — 생명이 덩어리의 반대편에서 균형을 잡아준다는 — 를 적용하여 진화의 메커니즘을 설명했다. 이것은 침식 작용과 유사하다(라마르크는 지질학에 관한 균일설적uniformitarian 논문을 쓰고 있을 때 진화라는 관념을 생각해 낸 것이다). 생명 유동체의 성질은 부드러운 조직을 가진 새로운 도관, 새로운 저장소, 새로운 기관들을 마모시켜 이로써 구조를 분화시키고 기능을 전문화시킨다. 개개의 생물은 마침내 사멸하지만, 더 복잡한 자손을 남기는 것이다.

라마르크는 1776년에 첫 화학 논문을 썼다. 이것은 그의 최초의 과학 논문인데, 거기에는 흥미 있는 기록이 들어 있다. 우주의 기원과 메커니즘을 설명하기 위해서는 우리는 세 가지를 알아야 한다고 그는 말한다. 그것은 물질의 원인, 생명의 원인, 그리고 어디에나 나타나는 활동의 원인이다. 라마르크의 화학은 불의 원소를 가장 중요한 것으로 놓았고, 산소는 전혀 근거 없는 가정으로 간주했다. 불의 원소가 눈에 보인 적은 한 번도 없지만 연소는 불의 활동이라고 설명할 수 있는데, 그것은 물체가 타거나 여름에 해가 쪼일 때 타일로 된 지붕이 반짝이는 것으로 미루어 알 수 있다. 불은 자연에 존재하는 활동의 원소이기 때문이다. 그것은 여러 상태로 존재한다. 라마르크는 그 상태를 다음과 같이 분류했다. 큰 불(conflagration)이란 격렬하게 팽창하여 물체에 삼투하고 그것을 갈기갈기 찢어 놓는 상태의 불을 가리킨다. 두번째 상태의 불은 증발을 일으키는 불로서 완만하게 물 분자 주위에서 팽창하고 그것을 들어올려서 수많은 분자 풍선으로 만들며 구름과 융합시킨다. 라마르크는 기상학을 수립하려는 의욕도 가지고 있었던 것이다. 마지막으로 자연 상태의 불이 있는데, 불은 이 상태로 돌아가려고 노력하며 이 같은 경향이 빛, 열, 대기와 태양의 현상들을 설명해 준다.

라마르크는 모든 것을 불로 해결하려는 태도를 결코 포기하지 않았다. 그것은 그에게 감정의 물리적 기초를, 그리고 생명 자체의 물리적 기초를 제공했다. 이것이 라마르크를 생기론자(vitalist)로 본 사람들의 잘못을 밝혀줄 것이다. 그가 자연을 유기계와 무기계로 양분한 것은 초월주의(transcendentalism)로의 도피—이것은 언제나 생기론자들이 과학에서 신비주의로 일탈하는 입구가 되어 왔다—가 아니다. 라마르크에게 있어서 생명은 순수한 물리적 현상이다. 그가 체계적으로 오해받았고, 실제로는 라마르크 자신이 혐오했던 유신론적 또는 생기론적 전통과 동일시되었던 것은, 과학이 (올바르게도) 라마르크적 물리 개념을 내버려두고 전진했기 때문임에 틀림없다. 그의 견해에 의하면 자연발생이란 지속적으로 이뤄지는 기적이 아니었다. 생명은 유동체의 뒤흔들림에 의하여 활성화된다. 라마르크는 이 과정이 불에 의하여 촉진된다고 암시했으며, 지각(知覺)의 메커니즘을 명백하게 밝혔다. 그것의 물리적 기초는 신경 유동체 —이것은 전기 유동체와 동일한 물질인데— 로서, 이것 자체는 불의 어느 특별한 상태에 불과하다. 그러므로 그의 불 이론은 물질, 생명, 활동을 포괄한다. 그리고 여기에 『동물 철학』의 세 가지 측면 —심리학, 생리학, 종 진화설— 의 공통 기원이 있는 것이다.

그러므로 진지하게 말한다면 라마르크의 진화론은 다윈 진화론의 과학적 서곡으로 여길 수 있는 것이 아니다. 오히려 이것은 화학이라는 학문을 유기적 연속체의 세계를 위하여 구해내려는 시도의 에필로그이고, 물리학에 대한 낭만주의적 생물학의 반격의 가장 두드러진 예 중의 하나이다. 라마르크는 화학적 불변성의 교설이 요구하던 항구적인 것 —즉 궁극적 입자로서의 분자— 을 부정함으로써 어디서나 받아들여지고 있던 입자론적 견해로부터 벗어났다. 라마르크의 라부아지에에 대한 공격은 괴테의 『색채에 관한 교설』과 상통하는 면이 있다. 양자 모두 수학이 과학의 언어라는 주장에 대하여 분개했던 것이다. 그의 진화론은 동물계를 흡입하여 만유 유전(流轉)의 소용돌이에다 내던진 것뿐이었다. 따라서 과학사에서 라마르크는 골치 아픈 지위에 머물러 있을 수밖에 없다. 그는 참으로 뛰어난 인물이었다. 그러나 이러한 애매함이 그의 업적에 항상 붙어다니는 것은 어쩔 수 없다. 그의 생애는 헛수고와 비애의 양극 사이를 진동한 것처럼 보인다. 여기서 헛수고란 연극에서 비록 그 끝이 아무리 좋다 해도 줄거리상에서 희생되는 인물에게 해당되는 것이다. 사람들이 암묵적으로 라마르크의 학설을 무시한 것은 그를 뛰어난 분류학자로 만드는 효과가 있었다. 이것은 그의 의지에 반하는 것은 아니었지만 그의 기호에는 분명히 반하는 것이었다. 비애란 자기 자신이 낮게 평가한 것이 높은 평판을 얻고, 반면에 높게 평가했던 것이 전혀 인정받지 못한 점이다.

오로지 권력의 길만을 걸었던 퀴비에의 성공은 비애에 의하여 손상되는 일이 없었다. 라마르크는 하등한 생명 형태까지 내려가서 린네가 "Vermes ─ 벌레들"이라는 모호한 항목으로 일괄하였던 것을 "흰피(white-blooded)" 동물로 분류했다. 반면에 퀴비에는 연체 동물에 과학의 메스를 대기도 했지만, 사다리 꼭대기까지 올라가서 극적인 것, 과대한 것의 홍행사가 되어 마스토돈, 익룡, 화석 후피 동물(厚皮動物), 검치수(劍齒獸) 등을 손수 다루었다. 두 사람은 절묘한 대조를 이루고 있다. 퀴비에가 쇼맨(showman)으로서 더 화려했다. 과학자로서도 그가 더 뛰어났다.

퀴비에는 순수한 프랑스인이 아니었다. 그가 자기의 직업을 바꾼 것은 부분적으로는 기술적인 것 때문이기도 했지만 장래의 전망 때문이기도 했다. 퀴비에는 쥐라 변경의 몽벨리야르에서 출생했는데, 이 고장은 문화적으로나 민족적으로 프랑스, 스위스, 독일 가운데 어느 쪽이라고 분별하기가 어려운 곳이다. 그의 언어는 프랑스어였다. 그의 종교는 칼빈주의였다. 그것은 고풍스런 위그노적 인격과 책임감으로 가득했으며, 그러한 변방에서는 아직 유니태리언의 침입을 받지 않았다. 그의 주군은 뷔르템베르크의 공작이었는데, 그는 공작의 학자금으로 슈투트가르트의 카롤리네 학당에서 공부했다. 거기서 그는 키일마이어(Kielmeyer)와 독일 자연철학(Naturphilosophie)의 영향을 받았다. 그것은 그의 과학자의 혼을 사로잡지는 못했지만 자연 연구에의 정열을 북돋웠다. 그러나 자연 연구는 퀴비에의 취미일 뿐이었다. 그는 독일의 작은 공국(公國)의 관리가 될 공부를 하고 있었다. 관리 임명을 기다리는 동안, 그는 노르망디의 프로테스탄트 귀족 에리시 백작의 아들을 가르치는 가정교사 일을 맡았다. 1788년 19세의 퀴비에는 칸(Caen)에 도착했다. 때마침 일어난 정치적 대사건은 라인란트 공국의 행정을 퀴비에와는 관계없는 것으로 만들어 버렸다. 그래서 그는 프랑스 혁명을 평화로운 노르망디에서 보내면서, 지방의 박물학회에 얼굴을 내밀 뿐이었다. 그는 해변의 동물을 수집해서 서로 대조하거나, 그것들과 채석장에서 나온 화석 조개를 비교하거나, 오징어나 그밖의 연체동물을 해부하면서 시간을 보냈다. 그리고 자기 자신의 만족을 위하여 해부적 기준에 따라 체계화를 시도하기도 했다. 퀴비에의 친구이며 일찍이 그의 전기를 썼던 어느 미국 부인은 다음과 같이 말했는데, 이 문장은 퀴비에가 발산했던 이상한 매력을 잘 전하고 있다. "노르망디의 벽지에서 처음으로 들려온 그 소리는 눈 깜짝할 사이에 문명 세계 전체를 찬양으로 가득 메워 버렸다. 그 소리는 감추어진 많은 창조의 경이를 인류 앞에 드러냈고, 전시대의 유물을 발견하게 했고, 박물학의 전모를 바꾸었고, 이미 입수된 비장물을 정리하게 했고, 그것을 그가 살아있는 동안 세상에 보여 주었다. 이리하여 과학은 신시대의 문 앞에 인도되었다."

그의 타고난 재능은 공포정치의 반교회주의를 피하여 전원에 은거해 있던, 파리의 박물학자 테시에 신부(abbé Tessier)에 의하여 발견되었다. 그리고 프랑스의 위대한 과학 연구 기관들이 형성되고 있던 1795년에 퀴비에는 두세 가지 작은 출판물과 그의 서간이 준 인상 등에 힘입어 파리에서 지위를 얻었다. 그의 출세는 빨랐다. 그때까지는 조류와 연체 동물에 머물러 있던 그의 흥미가 자연사 박물관의 수집품으로 확대되어 갔다. 파리에서 낸 첫번째 논문은 「현재까지 알려져 있지 않은, 파라과이에서 발견된 거대한 네 발 짐승의 골격」에 관한 것이었다. 이것은 지금은 절멸되고 없는 메가테리움이었다(신대륙은 동물에게 퇴화적 영향을 미친다고 말한 뷔퐁의 욕을 되갚고자 했던 토머스 제퍼슨이 거대한 사자라고 희망적으로 생각한 것이 이 동물이었다). 퀴비에의 두번째 논문은 「현존하는 코끼리와 화석 코끼리에 관한 논고」이다. 그는 파리에 도착했을 때부터 가장 흥미 있는 강(綱)인 포유류에 눈을 돌렸는데, 그 중에서도 가장 큰 것만 다루었다. 그 결과 명확하게 할당된 것은 아니었지만, "하위의" 강·

목들을 동료들에게 넘겨주게 되었다(동료들은 퀴비에보다 나이가 많았는데 이렇게 해서 그들 중 대부분은 그보다 하위에 서게 되었다). 라마르크에게는 최하위의 강·목들이 주어졌다. 그때 이후로 이 연구에서 서너 편의 중요한 논문이 나오지 않은 해가 없었다. 퀴비에는 그의 강의를 체계적으로 정리할 겨를이 없었다. 그래서 그의 학생 하나가 강의 노트를 기초로 그것을 정리해서 출판했다. 그래서『비교해부학 강의 Leçons d'anatomie comparée』가 1800년에 나왔다. 같은 해에 퀴비에는 콜레쥬 드 프랑스의 좌(座)에 임명되었다.

퀴비에의 재능에는 나폴레옹 치하의 프랑스 신체제와 조화되는 면이 있었다. 황제는 세계를 제 뜻대로 정돈한 후 과학자 사회에다 조언과 지원을 요구했다. 그리고 거기에서 정치철학자나 문인들에 의하여 거부당했던 그에 대한 공감을 발견했다. 그렇기 때문에 퀴비에가 뷔르템베르크 공에게 봉사하기 위하여 받았던 수업에서 이익을 얻은 사람은 나폴레옹이었다. 퀴비에는 교육 총감독에 임명되었다. 그는 프랑스 남부의 주요 도시에서 리쎄(lycées, 대학 진학을 준비하는 국립 고등학교 — 옮긴이)를 창설할 권한을 부여받았다. 그는 아카데미의 후신인 한림원(Institut)의 과학부문 종신 간사가 되었다. 1809년과 1810년에는 이탈리아 여러 지방의 교육 제도를 수립했다. 1811년에 나폴레옹은 퀴비에를 프랑스 전 학부의 으뜸이라고도 할 만한 제국 대학의 참의관으로 삼았다. 이 지위는 왕정복고에 의해서도 소멸되지 않았다. 프로테스탄트인 퀴비에가 총장으로서 소르본느를 다스린 시기가 있었던 것이다. 그는 또 추밀원의 일원이기도 했다. 이것은 내각과 정치가 표면적으로는 어떻게 변한다고 해도 프랑스 행정의 근본적인 연속은 보존되게끔 그림자를 길게 드리우고 있는 배후 조직이다. 1819년에 루이 18세는 퀴비에를 남작에 봉했다. 1832년에 루이 필립은 그를 프랑스 귀족의 반열에 넣었다. 1833년 퀴비에를 추밀원 의장으로 추대하려는 문서가 국왕의 서명을 기다리고 있는 동안 그는 죽었다.

　이 모든 것을 위대한 재능이 세상에서 인정받고 충분히 발휘될 때에 받게 되는 기대와 비교해 보면, 약간 덜 유쾌한 점이 있다. 명확히 말하기는 어렵지만 거기에는 어딘지 석연찮은 면이 있는 것이다. 권력의 맛을 보고 명성에 붙잡혀서 지위에서 연구로 돌아올 수 없는 많은 학자들을 타락시킨 유혹에 퀴비에가 패배했다는 말은 아니다. 이렇게 창조적 과학자가 자청하여 과학의 행정가가 되고 공직에 오른 예가 많은데, 그들은 자신이 명성을 얻은 실험실에 돌아와서는, 자신이 은밀하게 방패로 품고 있는 정치적 공직을 (그에게 정치적인 자아만이 남는 것을 두려워하여) 큰 소리로 개탄하기도 한다. 그러나 퀴비에의 경우는 그렇지 않았다. 그는 직책 때문에 과학을 버리지 않았다. 사무엘 스마일즈(Samuel Smiles, 1812~1904. 근면과 자조를 강조한 전기 작가―옮긴이)는 자조(自助)의 가장 좋은 예를 그에게서 발견할 수 있었을 것이다. 과학사가는 퀴비에에게서 갑작스레 19세기를 깨닫게 되는 것이다. 19세기에는 입신출세만큼 교화적인 이야기도 없었다. 프로테스탄트 윤리가 급속히 보급된다. 권력의 자리에 오른 시골 소년의 기쁨은 숨길 필요도 없다.

　퀴비에가 얻었던 권위에는 당당한 위엄이 깃들여 있다―아니 위엄 있다기보다 오히려 예언자적이라고 해야 할 것이다. 그것은 그의 과학 스타일에서도 드러난다. 예를 들면 후피동물 목에서는 에쿠우스(Equus, 말, 얼룩말 등) 자체에 한 강이 모두 할당되며, 반면에 인도 코끼리와 아프리카 코끼리는 다른 종이고 그 어느 쪽도 흔히 생각하는 것처럼 멸종된 매머드와는 관계가 없으며, (무엇보다도 먼저) 현존 설치동물과는 멀긴 하지만 관계가 있다. 그런데 이 기묘한 것들이 이상하게 생각되지 않고 친숙하게 느껴지는 것은 어쩐 일일까 하고 사람들은 의아해 한다. 그리고 이전에도 어딘가에서 경험한 적이 있는 듯한 기분이 든다. 이윽고 곧 사람들은 그 이유를 깨닫는다. 이 스타일은 모방인 것이다. 이러한 어투로 우리는 처음으로 천지 창조 이야기를 들었다. 대지와 피조물에 대한 이 단언에는 어떻게 "되어라!"는 명령이 붙어있는 것 같다. 그것은 절대 명령에 의한 서술이다. 여기에는 공상적인 인간의 인위적인 이론 체계가 들어갈 여지가 없다. 퀴비에는 체계의 정신과 자유분방한 상상력에 대해서 아주 준엄하였다. 자연의 역사가로서의 퀴비에와 그의 주제와의 관계는 이스라엘 민족에 대한 모세의 관계이고, 프랑스 국민에 대한 미슐레(Michelet, 프랑스의 역사가 ― 옮긴이)의 관계이다. 그가 등장하자 위반자는 추방당했다. 승리는 그의 것이며, 그 재난 또한 웅장한 서사시이다. 그는 사하라 사막을 푸른 평원으로 바꾸고 시베리아 평원을 울창한 원시림으로 가득 채운다. 그는 지구상에 익룡, 팔레오테리움, 아나플로테리움, 메가테리움 등 기묘한 동물들을 서식케 하는데, 지각 대변동으로 그것들을 또 일소해 버린다(여기에서도 어딘가 타이탄 신 같은 면이 보인다). 이것들 대신에 마스토돈, 검치수, 거대 하이에나 등을 출현시켰다가는 대홍수로 그것들을 쓸어 버린다. 마지막으로 현존하는 종을 한 구석에서부터 기어가도록 하여 얼마 안 있어서 대륙에 널리 퍼지게 한다. 퀴비에가 과학과 성서의 화해를 꾀했을 만큼 소박했다는 말이 아니다. 성서적으로 보이는 것은 지엽적인 것에 대한 그의 서술이라기보다 오히려 그의 태도이며, 그의 방법 또는 저서에 의하여 형성된 결과이기보다는 오히려 그의 과학적 개성이다. 이 과학적 개성에 의하면 자연은 깊은 의미를 지닌 것으로서 주어진 대로 받아들여야 한다. 파리 분지의 석고 채굴장에서 우연히 발굴된 화석에 직면했을 때의 그의 심경을 퀴비에는 다음과 같이 말한다.

나는 원래는 20종의 동물의 것이었던 수백이나 되는 뼈가 마구 흐트러져 있는 것을 받은 사람의 입장이었다. 하나하나의 뼈에 대해서 그것이 어떤 동물의 것인지 정하지 않으면 안 되었다. 말하자면 소규모의 부활이 요청되었던 것이다. 그러나 나는 만능의 나팔(신약성서 고린도 전서 15장 51절에 예수 재림의 나팔이 울리면 죽은 자가 부활한다고 한다 — 옮긴이)이 아니었다. 그렇지만 생물을 위하여 규정되어 있는 불변의 규칙이 그 일을 완수했다. 비교해부학의 음성에 따라 모든 뼈와 단편들은 있어야 할 장소로 뛰어 들어갔던 것이다.

그 비교해부학의 소리는 곧 퀴비에의 소리였다. 그는 다른 어떤 과학자보다 자신의 방법을 잘 알고서 연구했다. 따라서 그것을 퀴비에 자신으로 하여금 설명하게 하는 것이 가장 현명할 것이다.

다행스럽게도 비교해부학에는 하나의 원리가 있었는데 그것을 충분히 전개하기만 하면 모든 곤란을 해소할 수 있는 것이었다. 그것은 유기체 내부의 형태들의 상관성인데, 이것에 의하여 어떤 생물이든 간에 한 부분의 단편만 가지고도 엄밀하게 식별해낼 수 있다.

각 생물은 하나의 종합체를 형성하고 있다. 그것은 독특한 폐쇄 체계이고, 어느 부분이나 서로 대응하며, 상호 작용을 통하여 공동으로 일정한 활동을 한다. 이것들 어느 하나라도 다른 부분을 바꾸지 않고는 변화할 수 없다. 따라서 어느 하나라도 다른 모든 부분을 명시해 주는 것이다.

그러므로 …… 만약 어떤 동물의 장(腸)이 고기만을, 그것도 신선한 것만 소화할 수 있도록 되어 있다면 그것의 턱은 포획물을 잡아먹을 수 있도록 만들어져야 하며, 그것의 발톱은 포획물을 움켜쥐고 잡아 찢을 수 있도록 만들어져야 한다. 그리고 이빨은 물어 끊을 수 있어야 한다. 그 동물의 전 체계는 추적하고 포획할 수 있도록 만들어져야 한다. 감각은 멀리서도 지각할 수 있도록 민감해야 한다. 자연은 어떻게 몸을 숨기고 어떻게 포획물을 함정에 빠뜨리는지를 아는 본능도 그 두뇌 속에 부어넣었음에 틀림없다. 육식의 일반 조건이란 그런 것일 게다. 육식을 하도록 정해져 있는 동물은 반드시 이러한 특색을 보이지 않으면 안 된다. 이러한 특색이 없다면 그 종족은 존속할 수 없었을 것이기 때문이다.

그러나 이 일반적 조건에 수반되어 동물에 영향을 미치는 특수한 조건이 있다. 그것은 포획물의 크기, 종, 서식지 등에 관계된 조건인데, 이 특수 조건 각각으로부터 일반적 형태의 세밀한 특수화가 일어난다. 따라서 강뿐 아니라 목이나 속 그리고 종조차도 한 동물의 어떤 부분의 형태에서나 표현되는 것을 알 수 있다.

부분들의 상호관계성 원리(principle of correlation of parts)를 물리학의 원리 — 예를 들어서 관성이나 에너지 보존 등 — 과 비교하려고 하면 이 상호관계성 원리의 위력을 이해하기가 어려울 것이다. 이러한 물리학상의 원리들은 말하자면 자연에 관한 공리인데, 퀴비에의 원리를 동물계의 이법(理法, economy)의 설계에 관한 공리로 받아들인다면 이것은 그릇된 이해라고 할 수는 없을지라도 편향된 이해인 것이다. 그러나 만약 이것을 자연법칙에 관한 진술로서가 아니라 하나의 방법에 대한 해설로 받아들인다면 이것은 명확하게 실증적이고 과학적인 것이 된다. 그것은 동물의 한 부분으로부터 그 동물 전체를 추정하게끔 해 준다(만약 그것이 그런 추정을 하기에 적당한 부분이라면 — 왜냐하면 깃털 하나로도 독수리 전체를 복원할 수 있다는 것은 약간 과장된 말이기 때문에).

퀴비에의 실증적 연구에서 부분들의 상호관계성은 주어진 현상을 포괄하는 이론으로서보다는 오히려 하나의 조정 원리로서 유용했다. 동물의 전체성이 강조되고 있다고 해서 오해를 해서는 안 된다. 이것은 실제로 아무 해도 입히지 않는다. 그것은 분석의 출발점에 불과할 뿐, 종점이 아니기 때문이다. 일부러 논점을 회피하고 있는 것이 아니라, 사실 자체가 복잡한 것이다. 분석 자체는 각 기관계들, 그리고 궁극적으로는 특정 기관들을 확정한다. 해부는 각 부분들의 구조 및 이것의 변이, 그리고 (이것이 가장 중요한데) 다른 동물의 경우와 비교했을 때 이것들이 가지는 중요성을 밝혀낸다. 이러한 종속적 사실들이 일단 결정되면 그것들은 생명의 통일성이라든가 자연 따위와 관계지워지는 것이 아니라 객관적 환경 ─어떤 동물의 생활 환경, 즉 식물, 적, 포획물 등─과 관계 지어진다. 만약 여기서 다윈의 자연 선택설을 예상할 수 있다면, 진화론적 생물학을 위한 무대를 마련한 것이 라마르크와 유기적 방사(放射)가 아니라 오히려 퀴비에와 섭리론이라고 할 수 있는 이유가 비로소 분명해질 것이다. 이미 퀴비에에 있어서 생물은 그 생활양식의 함수이다. 어떤 의미로는 다윈에게 남겨진 것은 생명과 환경이라는 방정식을 풀 수 있도록 독립변수와 종속 변수의 자리를 바꾸는 일 뿐이었다.

실제로 퀴비에는 이빨과 발의 구조에서 가장 많은 정보를 담고있는 표시를 발견하곤 했다. 이것들은 다른 대부분의 부분들에 비해 별 관계가 없다고 생각될지도 모른다. 그러나 이것들의 상호 의존성은 퀴비에가 발견한 상호관계들 중에서도 가장 예상 밖의 것이었다.

마치 곡선의 방정식이 그 모든 성질을 나타내는 것처럼, 이빨의 형상은 발가락 관절의 형상과 관련되며 어깨뼈의 형태는 발의 형태와 관련된다. 그리고 역으로 곡선의 작은 일부분으로도 그것의 일반식을 유도할 수 있는 것처럼, 발, 어깨뼈, 발가락 관절, 대퇴골, 그리고 어떤 다른 뼈를 들더라도 그것을 가지고 이빨의 구조를 밝힐 수 있다. 다른 것에 대해서도 마찬가지다. 그렇기 때문에 생체의 이법(理法)에 관한 법칙을 합리적으로 파악하면 어느 하나의 뼈를 가지고도 그 동물 전체를 복원할 수 있다.

예를 들어서 발굽을 가진 동물은 초식을 해야 한다. 그들은 포획물을 잡을 수 없기 때문이다. 그리고 앞발은 신체를 지탱하는 데만 사용되기 때문에 견고한 어깨가 발달될 필요가 없었다는 것도 알 수 있다.

이 초식동물의 이의 치관(齒冠)은 곡식이나 풀을 잘게 부술 수 있도록 평평해야 하며 거칠어야 한다. 그리고 그러기 위해서는 사기질 부분과 골질 부분이 서로 엇갈려 있어야 한다.
　이러한 형태의 치관은 우적우적 씹기도 해야 하고 부드럽게 하기 위하여 수평운동도 해야 하기 때문에 턱뼈가 육식 동물처럼 단단하게 연결되어 있으면 안 된다. 관절은 평평해야 하며, 그것은 관자놀이 뼈의 평평한 면과 대응해야 한다. 관자놀이의 움푹 파인 곳은 근육이 거의 없어야 하며 넓지도 깊지도 않아야 할 것 등등이다.

　생물학은 언제나 기능에 대한 형태의 적응이란 문제를 무엇보다 먼저 생각해야 한다. 퀴비에의 접근 방법에서 드러나는 명백한 목적론이 생기론적 미망에 빠지지 않는 것은, 비록 그가 기능을 연구했지만 형태를 가지고 질서를 부여했기 때문이다. 그는 동물을 주어진 현상으로 받아들이며, 공학도가 어떤 기계를 분해할 때와 같은 사용하는 방식으로 그것을 연구한다. 그는 그것을 특무 상사가 신병에게 소총의 기능과 명칭을 가르치는 것처럼 가르친다. 훈련을 받는 사람은 동물을 부분으로 분해한다. 퀴비에는 부분들의 올바른 위치와 목적을 실물을 보이면서 가르치며, 부분들은 다른 모든 부분과 어울려서 전체의 조작을 돕는다는 것을 가르친다. 그는 여러 형, 즉 손으로 조작하는 것과 반자동적인 것 등을 비교한다. 그러나 우수한 상사는 화기의 진화 따위를 설명함으로써 자기의 임무에서 탈선하는 일은 하지 않는다. 물론 전쟁론도 전개하지 않는다. 소총은 지고의 권위에 의하여 지급되고 그 이름으로 교육이 실시되기 때문에, 분해를 논하면서 신학, 철학, 신비주의 등에 이르는 일은 없는 것이다.
　생물학자들은 그들이 아직도 목적론적 고찰을 하고 있다는 것을 다소 수줍게 인정한다는 말을 가끔 듣는다. 부분적으로 이것은 분명히 사실이다. 그리고 한정된 의미에서 그것은 틀림없이 필요하다. 그렇지만 전체 자연에 관한 하나의 철학으로서의 목적론과 특정한 생물의 구조적·기능적 분석을 구별한다면, 이러한 것은 별로 문제되지 않을 것이다. 후자는 단지 발굽이 말에 어떤 도움을 주는지를 보일 뿐이다. 그것은 퀴비에의 일이었던 것과 같이 생물학자들의 일이기도 하다. 그의 목적론은 원래 아리스토텔레스에게서 유래하는데, 그것은 자연에 관한 철학으로서는 이미 시대에 뒤진 것이었다. 그러나 퀴비에의 시대에 그것은 객관적 방법으로서 그를 각 동물에 대한 연구로 인도했고, 집약적이고 상세한 해부를 하게 했던 면에서는 그 목적론도 유익했다고 할 수 있다. 그것은 퀴비에에게는 긍정적인 힘이었기 때문이다. 그는 자연철학자라기보다는 오히려 날카로운 해부가였다. 그는 개별 종들의 이법에 따르는 근본적 사실들에 의거하여 분류를 수행한 최초의 동물학자였다. 그는 외견상의 특징을 관찰하는 데에는 눈을 돌리지 않았다. 라마르크와 퀴비에의 충돌에서 라마르크의 입장을 약하게 만든 것은 그의 철학 탓만도 아니었다. 라마르크는 해부를 하지 않았다. 그리고 자연사 박물관의 수집품은 이용했지만 실험실을 이용하지는 않았다. 한편 퀴비에는 일생 동안 면밀하게 주의를 쏟은 습관에서 무엇을 얻었을까? 오랜 기간에 걸쳐서 자발적으로 실습을 해서 마침내는 해부학적인 사실들을 완전히 파악하게 된 그의 경험을 그대로 체험하기란 물론 불가능하다. 확실히 그는 비교 대상을 잘 알고 있었다. 이제는 퀴비에가 자신이 바랐던 권위를 어떻게 해서 얻게 되었는가 하는 것만이 남았다.

그렇기는 하지만 퀴비에의 권위주의적 기질에는 과학적 보수주의가 내포되어 있었다. 그는 생물학이란 말을 거의 사용하지 않았다. 종래와 같이 그의 전문 분야는 박물관이었다. 『동물계』 서두에서 그는 여러 과학에 관하여 논한다. 자연과학(Science naturelle), 즉 피지크(physique)에는 두 부문이 있다. 그것은 일반적인 피지크(physique générale)와 구체적인 피지크(physique particulière)이다. 역학, 동역학, 화학으로 구성되어 있는 전자는 수량화를 인정하며 실험도 한다. 후자인 특정적인 피지크는 박물학과 같은 뜻이다. 이것은 개개의 대상을 연구하지, 추상적 이론을 바라지는 않는다. "전자의 경우 현상은, 분석이 일반 법칙을 이끌어 낼 수 있도록 제어된 조건 하에서 연구된다. 후자에서 현상은 제어할 수 없는 조건 하에서 일어난다. 따라서 과학자는 그 복잡한 것들 가운데에서 이미 알려져 있는 일반 법칙의 결과를 분별하기 위하여 노력해야 한다." 왜냐하면 박물학에서는 실험을 할 수 없기 때문이다. 박물학자는 문제를 전체로서 받아들여서, 그것을 머리 속에서만 분석해야 한다. 생물에 대하여 실험한다는 것은 그것에 변화를 주거나 파괴하는 것이다. 박물학에게는 비교가 실험을 대신해야 한다.

몸체의 차이는 말하자면 자연에 의하여 이미 실시된 실험 결과를 보여 주는 것인데 그것은 우리가 실험실에서 하고 싶어하는 바에 따라 부분에 무언가를 덧붙이거나 제거하는 것이다. 자연은 이 실험의 결과를 우리에게 보여 준다. 이리하여 이 관계들을 지배하는 법칙이 확립되며, 그것은 일반적인 과학에 의하여 결정되는 법칙들과 마찬가지 방식으로 사용된다.

그런데 이것을 생기론을 주장하는 것으로, 또는 과학에서 신비주의로 도피하는 것으로 해석해서는 안 된다. 현상의 복잡성에 따라 방법이 달라지는 것이지, 생명을 연구하는가 물질을 연구하는가에 따라 자연법칙이 달라지는 것은 아니다. 여기서 퀴비에가 말하고 있는 것은 박물학에 대한 소심하다고 할 수도 있는 겸허함으로써(퀴비에가 겸허함을 보인 것은 일찍이 없었던 일이다), 예컨대 실험물리학자나 이론물리학자가 발견한 법칙의 영역에서 자연의 작용을 인내로써 식별해내는 박물학에 대한 겸허함이다. 『화석 골격에 관한 연구』는 자연법칙의 균일성을 어떻게 이해해야 되는지를 설명해 준다. 해부학적 관계는 일정하며,

그것들에는 반드시 충분한 이유가 있다. 그러나 그 관계가 어떤지 우리는 모르기 때문에 관찰에 의하여 이론의 결함을 보완하지 않으면 안 된다. 이러한 방식으로 경험적 법칙을 수립하는데 그것이 충분히 되풀이된 관찰에 의거한 것이라면 합리적 법칙과 같이 거의 확실한 것이 된다. 그러므로 지금 우리는 갈라진 발굽의 발자취를 보고 예전에 그곳을 지나가면서 발자취를 남긴 동물이 반추동물이었으리라는 결론을 내릴 수 있다. 그리고 이 결론은 물리학이나 도덕 철학의 법칙과 마찬가지로 절대적이다. 발자취(足跡)만 가지고도 관찰자는 그곳을 지나간 동물의 이의 형상, 턱의 형상, 척추의 형상, 다리뼈, 어깨뼈, 골반 등의 형태를 알 수 있다. 그것은 자딕(Zadig, 페르시아의 신화적 인물로서 그 표만 가지고도 사람들의 성격을 점쳤다 — 옮긴이)의 모든 표식보다도 확실하다.

그렇지만 다른 면에서 퀴비에의 보수주의는 결함도 가지고 있었다. 그는 개별적인 것에 너무 집중했고, 분류학적 안광 — 즉 렌즈, 왜냐하면 그는 현미경을 내던진 괴테가 아니었기 때문에 — 보다 더 정밀한 기계는 쓰지 않았는데, 이것은 퀴비에의 해부학적 비교법이 매우 뛰어난 확실성을 가졌음에도 불구하고 생물학에 중대한 제한을 가했다고 할 수 있다. 그의 태도는 생물학적 낭만주의나 관념론보다도 오래 된 것이었다. 정말 아리스토텔레스만큼이나 오래된 것이었다. 그러나 이런 태도가 잊혀지지 않고 살아남았다는 것은 다행한 일이었다. 이것이 관념론자들에 대항하여 생명은 일(一)이 아니라 다(多)라고 하는 명제를 지켜줬기 때문이다. 괴테가 원형(原型) 생물학에서 주장했고 라마르크가 방사 진화론에서 기를 쓰고 실현하려 했던 계획의 통일성을 퀴비에는 이해할 수 없었다. 창조의 연속적 활동의 증거를 그가 예증했다는 것은 아니다. 그의 과학은 그런 야망을 품은 것도 아니었다. 그러나 실제로 그는 동물학의 4대 부문들 — 척추동물, 연체동물, 유체절(有體節) 무척추 동물, 방사형 동물 — 의 해부학적 비교점을 발견하지 못했다. 조직화라는 면에서 볼 때, 이것들은 식물과 공통점이 없는 만큼이나 서로 간에도 아무런 공통점도 갖지 않은 채 완전히 독립되어 있는 것처럼 보인다. 또 이것들은 더 나뉘어져서 강·목·속·종이 되는데, 이들 사이의 계보학적 관계도 문제 삼아지지 않았다.

퀴비에는 그가 파리에 도착했을 때부터 자연사 박물관에 수집되어 있던 화석 뼈에 매료되었다. 그것들은 파라과이에서 시베리아까지 이르는 각지로부터 수집된 장대한 유물로서 그것들이 지상의 거수(巨獸)였다는 것을 보여 주고 있었다. 그가 비교해부학의 기법을 완성했을 때, 그는 여기서 가장 흥미 있는 적용 대상을 발견하게 되었다. 확실히 고생물학은 사멸된 종의 비교해부학으로서 수립되었던 것이며, 오늘날에도 저 자연사 박물관의 이층 높이는 충분히 되는 홀에 덩그러니 우뚝 서있는 석고질의 거대한 공룡의 골격은 골반을 중심으로 조립된 것이다. 점차로 퀴비에의 흥미의 분포가 움직여 갔다. 그의 마지막 저작이 나올 때쯤에 비교해부학은 그의 연구의 목적이기보다는 수단이 되어 있었다. 19세기의 다른 대저술과 마찬가지로 그 제목의 전문이 그대로 구성을 보여 준다. 그것은 『지구의 대변혁 중에 절멸된 종에 속하는 많은 동물의 특성을 재확립하는 화석에 관한 연구』이다. 또 그 타이틀 페이지에 인용되어 있는 델리으(Jacques Delille: 1738~1812, 고전주의와 낭만주의 사이에 존재했던 프랑스의 시인. 당대의 베르길리우스라고 불렸다—옮긴이)의 이행시는 이 일곱 권이나 되는 책의 분위기의 출발점이다. 프랑스인들이 역사적인 서창(叙唱) 또는 장송적인 서창을 위해서만 보존해 온 저 숭엄한 가락으로 이행시가 낭창(朗唱)되는 모습을 상상해 보라. 오늘날에는 아마 과거의 프랑스의 영광을 드러내는 역사적 건축물을 비추는 조명극 속에서나 들을 수 있을 것이다.

Triomphante des eaux, du trépas et du temps:

La terre a cru revoir ses premiers habitans.

바다와 죽음과 시간에게 승리를 자랑하며,

대지는 그 최초의 서식자와 다시 만나리라고 생각했다.

퀴비에는 과학 무대에의 마지막 등장인 이 저술에서, "새로운 유형의 골동품 수집가"로 등장하여 "절멸 동물의 카탈로그"를 작성했다. 혹은 퀴비에는 웅대한 규모의 탐정 소설의 주인공으로서, 아무것도 빼놓지 않는 예리한 눈을 가지고 있었다고도 할 수 있다. 재미있는 탐정 소설이 그런 것처럼 실마리는 바로 발밑에 있었고, 누군가 제대로 관찰해 주기를 기다렸다. 퀴비에는 구태여 파라과이까지 갈 필요가 없었다. 그는 파리 분지 이상의 먼 곳으로 갈 필요가 없었는데, 파리 분지의 석고 채취장에서는 그때까지 방치되어 있던 육식동물, 후피동물, 파충류의 귀중한 화석이 출토되었던 것이다. 이들 속과 가장 가까운 유연 관계에 있는 동물들은 지금도 아프리카의 황야를 방황하고 있다. 프랑스인으로서 그들의 문명의 요람인 일 드 프랑스(Ile de France, 파리를 중심으로 하는 지역명 — 옮긴이)가 일찍이 이런 야수들의 서식지였다는 사실을 생각한다면 감개가 무량할 것이다. 그뿐 아니라 국내에 있으면서도 시간을 거슬러 올라가서 자연 속을 여행할 수 있다는 아주 편리한 점도 있었다. 프랑스인은 그런 여행을 좋아하는 사람들이기 때문이다.

퀴비에는 브롱냐르(Brongniart)와 함께 파리 분지의 지질 구조를 연구했다. 그들은 1811년에 『파리 근교의 광물 지질학』을 출판했는데, 그것은 지층학에 대한 최초의 체계적 저술 중의 하나로서 백악(白堊, chalk), 석회, 점토, 모래 등이 층을 이루면서 차례대로 형성되어 있는 것에 대하여 논한다. 퀴비에는 이 논문을 완성해서 『화석 골격에 관한 연구』의 일부로 출판했다. 거기에서 그는 논의에 일반성을 부여했다. 화석은 지층이 오래될수록 절멸된 형태의 비율도 커서, 그들에게 생성 순서가 있음을 보여주는 것 같다. 그러나 퀴비에에게 있어서 이것은 형태상의 진보의 순서가 아니다. 퀴비에의 관심은 그가 일생 동안 연구한 동물들의 연속에 있었던 것이 아니라, 오히려 그것들을 멸망시킨 사정, 즉 격변과 대단원의 파노라마, 그 중에서도 갑자기 전 세계에 덮쳤던 대홍수에 흥미가 있었는데, 그것은 시베리아에서 마스토돈을 얼음 덩어리에 파묻었고 파리에서는 석고 속에다 악어를 매장했다.

지질학에서 완벽하게 확립된 것이 있다면, 그것은 지각이 돌연히 대변혁을 겪었다는 사실과 그 시기는 오륙천 년 전 이상으로는 거슬러 올라가지 않는다는 사실이다. 그리고 이 대변혁은 사람들과 오늘날 우리가 잘 알고 있는 동물이 살고 있던 나라들을 모두 파묻고 말았다는 사실이다. 이 대변혁을 피한 소수의 인간과 동물들이 새로 육지가 된 땅에 전파되어서 그 중 인류만이 끊임없이 진보를 계속했고, 사회를 수립했고, 기념비를 세웠고, 자연의 사실을 수집했고, 학문과 과학의 체계를 수립했던 것이다.

퀴비에는 『화석 골격에 관한 연구』를 위하여 긴 서문을 썼다. 그것은 그 자체가 한편의 논문으로서, 『지구 표면의 대변혁에 관하여』라는 제목으로 여러 번 독립된 책으로도 출판되었다. 이러한 대변혁을 연구하는 동안 과학은 역사와 결합했고 자연의 역사는 인간의 역사가 되었다. 고대의 전설은 어느 민족의 것이나, 그들이 기록으로 남긴 경험의 초기에 천재지변이 있었다는 지질학적 증거를 각각 독립적으로 확인해 준다. "화석 골격에 대한 연구를 진행하는 동안 끊임없이 이러한 생각이 나를 사로잡았는데, 그것은 거의 나를 괴롭혔다고 할 수 있을 정도이다." 퀴비에의 생각에 의하면, 인간의 자연적 역사 속에서 새로운 과학의 미개척 지대가 열려서, 뉴턴이 공간에서 우리의 자연에 대한 지식을 자리잡아준 것처럼 시간에서 이런 일을 해줄 제2의 뉴턴의 출현을 기다리고 있었던 것이다.

*

『지구 표면의 대변혁에 관하여』의 끝부분에서 퀴비에는 지질학자가 비교적 새로운 사건에 주의를 기울이지 않는 것에 대하여 비난했다.

우리가 주요한 광물의 연대적 순서를 아는 것처럼 생물의 연대적 순서가 드러난다면 그것은 얼마나 멋진 일일까. 생물 과학 자체도 그것에 의하여 이익을 얻을 것이다. 생명의 발전 단계, 그 형태의 연속 등이 정확하게 결정되고 몇 개의 종이 동시에 태어났다가 점차로 소멸해 간 것 등이 밝혀졌다고 하자. 이것들은 모두 우리가 현존하는 종에 관해서 수행할 수 있는 실험과 같이 생물의 본질에 관하여 많은 사실을 가르쳐 줄 것이다. 지구상에서 겨우 한 순간의 생을 허락받은 인류는 그 존재에 앞선 수천 세기의 역사와 그와 시대를 같이 하지 않은 수많은 생물의 역사를 재창조할 영예를 가질 것이다.

지질학은 과학에 역사적 차원을 도입한 학문으로서, 그것 자체의 역사는 19세기 이전으로는 거의 거슬러 올라가는 일이 없다. 당시에조차 지질학이 과학이라고 할 수 있는지 여부를 놓고 의문이 제기되곤 했다. 지질학자는 역사가와 마찬가지로 변화의 유적(遺跡)들을 어떻게 해석하는가에 전적으로 의존하지 않으면 안 되었다. 그는 실험도, 수량화도 할 수 없었다. 지질학자들은 초기 단계에는 자신의 이론이 가진 예견 능력을 (예를 들면 퀴비에가 했듯이) 시험하는 일조차도 못했을 것이다. 지질학자가 내리는 결론은 의견에 그칠 수밖에 없었는데, 그런 일은 물리학자는 물론 해부학자의 경우에도 있을 수 없는 일이었다. 확실히 지질학은 고대의 광물 처리법과 지구의 기원에 관한 사변, 과학보다는 오히려 SF 소설 같은 17, 18세기의 우주 창조론을 종합해놓은 것 같다는 느낌을 준다. 19세기 초반의 학자들이 가지고 있던 역사에 대한 관심이 지구가 어떻게 해서 현재 상태에 이르렀는가 하는 문제에 관하여 좀더 학문적 접근을 하도록 자극했다는 것은 사실이다. 그러나 암석 구조와 지형학에 관한 지식을 정돈하고 과학으로 높이는 데 필요한 기술은 고생물학에서 유래했다.

처음에는 결정적인 방법으로 사용할 테크닉이 없었으므로, 이 학문의 탄생에 뒤따랐던 논쟁은 조잡하고 미숙하고 결론이 나지 않는 것이었다. 18세기 말경에 우세했던 학파의 시조는 작센의 프라이베르크에 있는 유서 깊은 유명한 광산학교의 광물학 교수 아브라함 고틀로프 베르너(Abraham Gottlob Werner: 1749~1817)였다. 베르너는 그의 매력에 이끌려 모여든 학생들을 제자로 만들어 버리는 뛰어난 교사였다. 그리고 그 필연적 결과로서 그의 강의는 체계와 조직의 수립이라는 즐거운 길을 걸었다. 암석은 모두 일찍이 지구 전체를 덮고 있던 원시 해양의 침전물로부터 생성되었다는 것이 베르너설 또는 수성론(水成論, neptunism)의 신조였다. 먼저 화학적 작용이 일어나서 점판암이나 화강암이 결정으로 된다. 이어서 기계적인 작용으로 물이 낮은 곳으로 이동함으로써 석회암과 백악이 안정된다. 마지막으로 격류가 밀려들었다 사라졌다 하는 동안에 산들과 대륙이 모습을 드러낸다. 화산 활동은 이보다 나중에, 부수적으로 나타나는 일로서, 매장된 석탄의 연소에 의하여 일어나며 여기저기에서 수평 상태의 지층을 휘게 한다. 그렇지만 일반적으로 말해서 지구는 엉겅퀴 잎사귀처럼 균일하며 암석층으로 둘러싸여 있다.

이러한 상(像)은 지질학 지식이 지질 구조보다는 주로 광물학에 의존했던 시기에만 가능하였다. 아니 당시에도 간신히 가능했을 뿐이다(비록 이러한 상이 아주 이해하기 쉽긴 하지만). 이 수성론의 해석은 섭리론적 자연관에 잘 들어맞았다. 그것은 막대한 시간의 경과를 요구하지 않았다. 물은 몇 번이라도 홍수를 일으킬 수 있을 만큼 충분했다. 생물은 원시 암석 후에 비로소 출현했다. 그리고 창세기가 설명하는 대로 물고기, 포유류, 인간이 출현했다. 이러한 대변동은 개체들로 이뤄진 집단뿐만 아니라 하나의 종 전체, 또는 속 전체까지도 없애버렸던 것이 틀림없다. 그렇기 때문에 현존하는 형태들이 그것들과 다르다는 점은 당연하다는 것이다.

이것에 대항하는 학파인 화성론(火成論, vulcanism)은 전통적 견해와는 잘 조화되지 않았다. "시작의 징후도 발견할 수 없고, 마지막의 징후도 볼 수 없다"고 말한 사람은 제임스 허튼(James Hutton: 1726~1797)이었다. 허튼은 스코틀랜드의 합리주의자로서, 에든버러 서클의 조셉 블랙과 제임스 와트의 동료이자 벗이었다. 그는 스코틀랜드의 불용성(不溶性) 화강암에 대하여 연구했다. 허튼이야말로 지질학자라는 이름에 값할 만한 최초의 대지 연구자라고 할 수 있다. 그의 『지구의 이론 *Theory of the Earth*』은 1795년에 나왔다. 그것은 지구의 역사가들에게 완전한 자기 부정을 요구했다. 과거의 사건은 현재도 작용하고 있는 과정으로부터의 귀납적 유추와 암석이 나타내는 증거에 의해서만 기술될 수 있다. 지각은 두 종류, 즉 화성 작용에 의한 것과 수성 작용에 의한 것으로 되어 있다. 지층 구성이 충상단층(衝上斷層, overthrust)인 경우 — 용융된 암맥이나 병출암(迸出岩)이 석회암에 관입된 경우 — 를 제외하면, 원래 화성암(화강암, 반암, 현무암 등)은 수성암 밑에 있는 것이 보통이다. 풍화와 침식작용은 끊임없이 사암의 미사(微砂, silt), 점토, 표토(表土)를 하천을 따라 운반하여 대양 밑바닥에 침전시킨다. 그리고 어떤 작용에 의하여 이 퇴적물은 우리가 주위에서 볼 수 있는 암석으로 바뀌었으며 지금도 바뀌어가고 있다. 그것은 물의 작용이 아니다. 이 퇴적물들은 물에 전혀 녹지 않기 때문이다. 그러므로 이 작용은 열에 의한 것임에 틀림없다. 지구 중심의 매우 높은 압력 하에서 작용하는 고열은 암석을 단단하게 하며 그 팽창력은 해저에서 생성된 대륙을 융기시킨다.

암맥의 굴곡이나 경사층에 대하여 수성론이 아무런 설명도 할 수 없었던 것에 비하여 이 가설은 그것들을 잘 설명할 수 있었고 어디서나 볼 수 있는 화산 활동의 증거를 설명할 수 있었다. 수성론자에게 특히 심한 타격을 준 것은 프랑스 중부의 사화산들인 퓨이(puys)였다. 그러나 허튼의 화성론보다 더욱 가치 있는 것은 자연의 장구한 균일성에 대한 그의 가정이었다. 자연은 늙지도 않고 힘을 잃지도 않는다. 이것이 형성된 과정은 과거의 사건이 아니다. 지금도 역시 암석은 해저에 있으며 거대한 압력 하에서 굳어가고 있다. 지금도 역시 어떤 육지는 융기하며 다른 육지는 마멸되어 간다. 기록에 남은 역사 어디에서도 두드러진 변화는 발견되지 않는다. 그래서 허튼은 대단히 깊은 곳에서 이상한 힘을 불러오는 대신에 무한한 시간을 생각했다. 자연은 상상도 할 수 없는 먼 옛날부터 시간 속에서 주기적으로 진동해 왔다—마치 행성이 무한한 공간 속을 그 궤도에 따라 운행하는 것처럼. 이제 지질학이 "사물의 기원에 관한 문제"에 관심을 갖지 않게 된 것은 물리학이 중력 법칙의 이유에 관심이 없는 것과 마찬가지이다.

화성론자의 입장은 지질학에 반영된 과학적 정신과 합리주의의 표현이었고, 수성론자의 입장은 계몽사조에서 온 것이 아니라 독일 광산학교의 까다로운 전통에서 온 것으로서 특정한 학파의 개인적이고 분파적인 정신이었던 것이 분명하다. 그렇지만 암석의 형성 순서를 확인할 방법이 없었던 당시로서는 논의가 논의로만 그치고 아무 성과를 거두지 못해도 어쩔 도리가 없었다. 한 가지 점에서 수성론은 도움이 되었다. 그들의 학설은 지층학을 강조했고, 주기적 변화보다 연속을 중요시했다. 암석을 그 광물적 조성 또는 화학적 조성에 따라 연대기적으로 순서를 정하는 것은 불가능하기 때문이다. 분류에 의거하여 체계를 세우는 일에 열쇠를 제공한 것은 화석이었다. 이 열쇠를 받아 쥔 사람은 논전을 벌이고 있던 지질학자 중의 한 사람이 아니라, 영국의 무명 측량기사 윌리엄 스미스(William Smith: 1769~1839)였다. 그는 운하 건설, 늪지 개척, 채광 등의 고문을 맡아 보던 사람이었다(발생기 상태의 과학은 이런 것이다). 1791년에 그는 특정 종의 화석은 특정 그룹의 지층들에만 존재하고, 다른 지층에는 없다는 것을 발견했다. 그는 이 사실에 의거해서 주요한 암석계를 확정하는 방법을 고안했다. 그는 1799년에 그가 썼던 대로 영국에 노출되어 있는 지층을 남부 도버의 백악에서부터 곧바로 섬을 가로질러 영국 동부 해안으로 그리고 웨일즈의 석탄층으로 쉽게 더듬어 갈 수 있었다. 스미스는 저술가도 과학자도 아니었다. 친구들이 하도 권해서 그의 지식을 지도에 정리해 놓은 때가 1815년이었다. 이 『잉글랜드 및 웨일즈의 지층의 개요』는 파리 분지에 관한 브롱냐르·퀴비에의 논문과 함께, 고생물학적 지표를 이용한 최초의 지층 분석이라는 영예를 공유하는 것이다. 그러나 스미스는 이 파리인의 고생물학을 전혀 알지 못했던 모양이다. 분명히 그는 반대쪽 끝에서 이 문제에 접근했던 것이다. 퀴비에 등은 화석 연구에서 지질 구조 분석으로 나아갔는데, 스미스는 그 반대 길을 걸었던 것이다.

베르너도 그랬지만, 스미스도 문필의 재능이 거의 없었다. 그래서 그의 연구에 관계된 최초의 해설서가 친구의 저술로서 1813년에 발표되었다. 그것은 조셉 타운젠드(Joseph Townsend)의 『천지 창조부터 대홍수까지의 사건을 기록한 역사가로서 확립된 모세의 성격』이라는 제목을 가진 책이었다. 일은 아주 묘하게 되었다. 고생물학과 지층학의 결합 ― 지질학에서 전자는 후자에게 봉사했는데 ― 은 허튼의 균일설(uniformitarianism, 동일과정설)이 아니라 퀴비에의 격변설(catastrophism)의 주문을 걸어서 이 새로운 지질학이란 학문을 주조해낸 것이다. 더욱이 개인적인 환경이 이 초기의 신학과 지질학의 결합을 강화하였다. 구조 지질학자의 첫 세대 대부분은 영국 국교의 성직자들이었다. 그들은 돈(don, 옥스퍼드, 케임브리지의 컬리지 교관 — 옮긴이)으로서 성직에 붙어있어야 했던 사람들이다. 혹은 목사로서 고상한 학문에 대한 교회의 막연한 후원과 함께 젠트리 계급의 허세와 야외 활동을 좋아하는 마음을 겸비하고 있었다.

이 지질학의 초기 단계에서 암석은 제1기층, 제2기층 또는 변이층 그리고 제3기층으로 분류되었다. 이들 그룹 내에서는 그 계나 기(紀)를 전통적인 명칭에 따라 이름붙이든가(석탄기, 백악기), 이 지질학의 "영웅시대"에 확인된 지층은 그 계가 처음으로 나타난 지방의 이름으로 붙이는 것이 관례가 되었다. 예를 들면 데본기, 주라기, 펜실베니아기, 페름기 등이 그것이다. 지질학의 명명법은 (합리주의 위에서 형성된 화학과 비교하면) 이처럼 역사로부터 발달한 과학에 어울리게끔 그것 자체의 역사의 기록을 보유하고 있다. 영국에 연구자가 많았다는 것은 영국의 섬들에서 유래하는 지방적·전통적 명칭을 가진 지층이 많다는 데서 드러난다. 스미스 자신은 기술자였고 교육도 받지 않았기 때문에 시대적으로 비교적 새로운 지층을 명명할 때는 간단히 지방명을 채택했다. 리아스, 포레스트 대리석층, 콘브래시, 코랄랙, 포틀랜드 암석층, 런던 점토층, 퍼벡 대리석층 .... 이것들은 베르너가 무셸칼크와 백악기라고 기술했던 계의 중간층이란 사실이 밝혀졌고, 유럽의 다른 지방에서도 이와 같은 순서대로 노출되고 있다는 것이 곧 발견되었다.

1820년대에 윌리엄 다니엘 코니비어(William Daniel Conybeare)는 윌리엄 필립스(William Phillips)와 공동으로 영국의 제3기를 백악기에서 석탄기로 끌어내렸다. 그들은 상부 백악기와 하부 백악기 사이에서 상·중·하부 어란상(魚卵狀) 석회암을 구별했고, 그 각각과 석탄기 사이의 경계도 설정했다. 그들은 그 석탄기를 고적색(古赤色) 사암과 접합하는 것으로 규정했다. 그 이하에서 모든 것은 혼란되고 뒤섞여 있었다. 이보다 오래 된 지층은 더 복잡하게 전도되고 흩어져 있었다. 여기에서는 근래의 지층보다 훨씬 많은 사건들에 의해 본래의 연속이 깨어져 있다. 그것들의 화석은 훨씬 드물고, 연구되는 일도 적으며, 현존하는 종과의 유추도 적다. 더구나 이것도 우연이겠지만 이 오래된 지층들은 역사적으로나 지질학적으로 먼 과거의 지방에서 나타난다—예를 든다면 켈트족의 흔적이 이와는 동떨어진 사물의 질서 속에서 지금까지 살아남은 웨일즈나 콘웰에서, 그리고 또한 프랑스에서도(아니 그보다 아서왕 전설의 안개가 지질학적 예스러움에 휘감겨 있는 브르타뉴 지방(한때 영국의 영토였다—옮긴이)이라고 해야 하겠다). 고생대 이후의 계(系)에다 순서를 정해 주는 것이 1820년대와 30년대의 주된 업무였다. 그 중 가장 중요한 일은 케임브리지의 지질학 교수 애덤 세지위크(Adam Sedgwick: 1785~1873)와 지질학자가 된 스코틀랜드의 젠틀맨 로드릭 머치슨(Sir Roderick Murchison: 1792~1871)이 한 일이었다. 처음에 그들은 매해 여름이 되면 지도, 망치, 표본 가방을 휴대하고 함께 웨일즈나 스코틀랜드의 산이나 섬을 답사했다. 머치슨은 마침내 남웨일즈의 상부 지층을 밝혀냈다. 그것을 그는 시저가 그 지방에서 발견한 주민들의 이름을 따서 실루리아기라고 이름 붙였다. 북웨일즈에서의 작업은 약간 곤란했던지 세지위크는 어느 여름에 찰스 다윈이라는 학생을 조수로 데리고 갔다. 그는 이 지방의 지층을 명석하게 확정하지는 못했지만, 캄브리아기라고 불렀다. 불행하게도 세지위크와 머치슨은 이 두 지층의 경계를 가지고 다툰 끝에 매우 고령이 되어 죽기까지 이 끝날 줄 모르는 빅토리아적 불화 속에서 지냈다.

 이 시기의 지질학자들의 아마추어적 신분이, 연구에 대하여 그들이 내린 해석의 소박함을 설명해줌은 분명하다. 그들은 지질학으로부터 종교에 대한 적의라는 오명을 씻어내려 했다. 그러나 누가 지질학에 그러한 오명을 씌우는지는 밝히지 못했는데, 아마 그것은 그들 자신의 빅토리아적 양심이었을 것이다. 그들의 양심은 지구의 역사를 자연에 충실하게 설명하려는 욕망과 그런 시도에 성공하는 데 대한 두려움으로 분열되어 있었던 것이다. 옥스퍼드의 윌리엄 버클랜드(William Buckland: 1784~

1856)는 1820년대의 가장 유명한 교사이자 저술가였다. 그의 첫 책은 『지질학적 증명, 지질학과 종교의 연관』이었고, 그의 명성을 높인 두번째 저서는 『노아의 홍수의 유적, 대홍수의 활동을 입증하는 동굴의 생물 유적, 균열, 홍적사력(洪積沙礫), 그밖의 지질학적 현상에 관한 관찰』이었다. 이것은 1823년에 나온 동굴의 전원시이다. 이것은 영국의 화석 척추동물에다 퀴비에의 격변설을 적용한 것으로서, 지질학이 솜씨 좋게 전개되어 있다. 또 성서의 홍수가 지질학적 격변과 동일시되고 있지만, 단순한 기독교 근본주의는 아니다. 축적되어 가는 증거는 자연신학으로 하여금 성서의 사건을 비유적으로 해석하도록 만들었던 것이다. 6일간의 천지 창조는 막연한 여섯 기간이 되어버렸고, 창조의 순서만이 그대로 유지되었다. 6천년이라고 여겨졌던 지구의 역사는 홍수 이전 시기에 필요한 만큼 늘어났다. 최근의 기록된 역사가 시작된 때는 홍수 이후가 되었다. 전 세계를 뒤덮었다고 생각되었던 홍수도 1830년대에는 기껏해야 국소적 격변 정도로 바뀌지 않을 수 없었다. 그러나 그래도 역시 세지위크가 자주 말했듯이 진리는 수미일관해야 했다. 해석의 중심이 되는 실이 아무리 가늘고 길게 늘어나더라도, 궁극적으로 그것은 신의 말씀과 위업을 연결하는 것이어야 했다. 마지막으로, 끊임없이 피조물을 간섭해서 자기의 지배력을 보이지 않으면 안 되는 신의 개념은 특수한 창조물들과 생명 형태의 적응에, 특히 모든 창조의 근본 이유인 인간에 의존하고 있었다. 1835년의 세지위크의 글에 의하면 지질학은

다른 과학과 같이 적당한 해석이 내려지면, 자연종교에 이바지하는 면이 있다. 그 기록에 따르면, 인간은 극히 짧은 기간 동안만 이 대지의 생존자였다. 인간과 그 업적의 자취는 지구사의 마지막 기념물에 의하여 제한되어 있기 때문이다. 그러므로 기록된 모든 증언에 관계없이 우리는 다음 사실을 믿는다. 즉 인간은 그 위대한 힘과 욕구와 그 놀랄 만한 구조와 환경에의 적응성

을 지니고 수천년 안에 출현했으며, 그 동안 인간은 종의 변이에 의해서가 아니라(이것은 황당무계한 꿈같은 설이다) 신의 뜻에 의하여 생존해 왔다. 따라서 만약 여기서 모든 현상을 무한한 과거와 연결되는 끊임없는 물질의 작용의 연속으로 보고 그의 통찰의 원인들을 잃음으로써, 우리의 길에다 발이 걸려 넘어질 돌을 던지는 자가 있으면 우리는 신속하게 그 방해물을 제거해야 한다.

지질학은 화석을 파악함으로써, 1830년경에 그 소재를 조종할 수 있게 되었다. 그것이 과학이 되기 위하여 필요했던 것은 그 혼을 신학의 손아귀에서 구해 내고 자연이 역사적 및 물리적으로 균일하다고 하는 허튼의 가설을 다시 받아들이는 일이었다. 그것이 찰스 라이엘(Sir Charles Lyell: 1797~1875)의 임무였다. 그의 『지질학 원리 Principles of Geology』는 과학사에서 아마도 가장 유명하고 가장 영향력 있는 책일 것이다. 라이엘은 사적으로 말하길, 되도록 냉정한 방식으로 서술된 이 책은 "홍수론자들을 침몰시키기" 위한 논쟁을 목표로 삼았다고 했다. 이것은 큼지막한 세 권으로 이뤄진 책인데, 1831년, 1832년, 1833년에 각각 초판이 나왔다. 거기에는 지질학상의 독창성은 거의 없다. 새로운 것은 그것이 체계적이라는 점이다. 제3기층의 선신세(鮮新世), 중신세, 시신세(始新世)라는 구별은 라이엘이 처음 시작했으며, 나중에 그는 여기에 빙하와 인류가 출현한 가장 최근의 시기인 홍적세를 추가하였다. 그러나 이 책의 힘과 영향력은 이 학문의 전체 상태와 내용에 대한 균형 잡히고 기품 있는 설명에서 유래한다. 이것은 문장을 통한 해설이 이룩한 것의 모범이다. 지질학이 참된 과학으로 발달하는 것을 방해했던 성가신 장애물은 현존하는 질서와는 다른 질서에 의하여 지구가 형성되었다고 하는 비학문적 전제였다.

시간이 가장 중요한 요소였다. 현재 작용하고 있는 힘에다가도 충분한 시간만 주게 되면, 인간의 거처인 지구에 관찰 가능한 변화가 초래될 것이다. 능란하고 명민한 세 권의 『지질학 원리』에는 이에 대한 증거가 잘 정리되어 있다. 이 책을 제외하고는 지질학 대요(Summa Geologica)라는 이름에 값할 만한 책은 눈에 띄지 않는다. 물론 라이엘은 변화가 현실에서 일어나는 것을 부정하지 않았다. 그러나 그는 모든 변화가 균일하며, 행성이 운행하고 있는 공간의 궤도처럼 시간 속에서 주기적으로 진행된다고 주장했다. 예를 들면 기후는 육지와 바다의 비율의 차이에 따라 각 지방마다 다르다. 제1권은 지질학적 동역학에 관하여 서술하고 있다. 풍화, 화산 폭발, 지진, 생물의 영향, 그리고 무엇보다도 유수(流水)에 의한 조각(彫刻) —— 세류(細流)에 의하여 조각된 계곡 —— 이 중요한 요인으로 제시된다. 역사적·동시대적 해설이 일단 주어지면, 이러한 힘의 누적 효과 —— 여기에는 언제나 시간이 필요하다 —— 에 의하여 퀴비에나 버클랜드가 격변(요컨대 기적)이라고 본 현상이 어떻게 생성되었는지 판명된다. 그리고 지질학은 신학이 아니라 과학이기 위해서는 지표의 변화를 성서에 조화시키는 것이 아니라 "자연의 현존하는 질서"와 조화시켜야 한다는 사실이 판명될 것이다.

  종래에는 흔히 지질학에서 균일설이 진화론을 떠들썩하게 불러냈다는 말이 있었다. 확실히 지질학은 생물학에 진 지적 부채를 즉시 상환했다. 즉 지구사의 연대학을 고생물학적 지표와 화석 형태의 연속을 가지고 수립한 것은 역으로 생물학자들에게 지질학적 시대의 종적 연쇄를 제공했던 것이다. 라마르크가 (그의 학설에서 다른 결점은 없다고 치더라도) 질서를 수립하는 과정에서 역사적 사건이라는 속세의 질서가 아니라 형태의 복잡화라는 척도에 의거했던 것도 이 지식이 없었기 때문이다. 더구나 다윈이 『지질학 원리』를 매우 면밀하게 연구했다는 사실은 잘 알려져 있다. 그것은 다른 어떤 책보다도 다윈의 과학적 관점을 형성하는 데 기여했다. 다윈은 『종의 기원』에서 "미래의 역사가는 찰스 라이엘 선생의 이 위대한 저술이 자연과학에 혁명을 일으켰다는 사실을 깨달을 텐데, 이것을 읽고도 여전히 과거의 시간이 얼마나 유구하였는지를 인정하지 않는 사람은 즉시 이 책을 덮는 게 좋을 것이다"라고 썼다. 또 한 사람의 후계자는 라이엘의 영향에 관하여 이렇게 말한 적이 있다. "우리가 데이터를 발견하면, 라이엘은 그 의미를 이해할 수 있는 방법을 우리에게 가르쳐 준다."

그럼에도 불구하고, 라이엘도 세지위크와 마찬가지로 (비록 그보다는 온건했지만) 종의 변이에 대해서는 단호한 반대를 표명했다. 제2권은 동물 생활의 영위에 관하여 논한다. 문제는 "종이 자연에서 현실적이고 항구적인 존재인가, 그렇지 않으면 어떤 박물학자들이 말하듯이 오랜 세대가 경과하는 동안 무제약적으로 변화할 수 있는 것인가"였다. 라이엘은 라마르크의 견해를 영어로 종합적으로 요약한 최초의 인물이다. 아니 어떤 언어로건 간에 요약으로서 최초의 것이었다. 그가 종의 고정성을 지지하지 않을 수 없었던 이유는 분명하다. 다윈에 끼친 그의 말년의 영향도 이로 인하여 패러독스에 빠지지는 않는다. 라마르크설은 다윈설과 아무런 공통점을 가지고 있지 않기 때문이다(이에 대해서는 나중에 말하겠다). 확실히 증거를 확인하지도 않고 종의 변화를 인정하는 것은 균일설의 가르침에 반하는 것이 될 것이다. 오히려 우리는 다음과 같이 생각해야 한다. 즉 생명은 많은 "창조의 초점"에서 유래하여 지상의 여기저기로 전파해 갔고, 그 역사 중에 때때로 왕성하게 활동했다. 왜냐하면 지구의 시대가 바뀜에 따라 차례차례 특정 종이 유력하게 되어 널리 퍼진 것이 분명하기 때문이다. 그리고 라이엘은 "이렇게 놀랄 만한 현상이 박물학자들의 관찰에서 누락되어 있는" 것에 놀란다.

사실 라이엘은 생물의 진보에 관한 증거에는 호감을 가질 수 없었다. 이것을 알아차리고, 격변론자 중에서 라이엘을 비판하는 사람은 그들이 성급하게 자기들의 이점이라고 생각한 것에 대하여 역설했다. 그러므로 그들의 반론은 역설적이다. 예를 들어서 과학철학자 윌리엄 휴얼(William

Whewell)이 한 잡지(*The British Critic, Quarterly Theological Review and Ecclesiastical Record*)에 게재한 논평에는 다음과 같은 절이 있다. 이 논문은 이 존경할만한 잡지를, 섭리론적 과학을 삼켜버리는 최후의 격변의 낭떠러지로 몰고 갔다.

그의 체계에 이론적 수미일관성을 부여하기 위해서 라이엘은 한 종류의 동물 형태의 세계로부터 전혀 공통된 점이 없는 다른 동물 형태의 세계로의 이행 양식을 보여 주어야 한다. 그는 리아스통(統) 시대의 사경룡(蛇頸龍)과 익룡으로부터 어란상암(魚卵狀岩)이나 사철(砂鐵)에 표를 남긴 동물로 추이해 간 것을 다루는 방법을 발견해서 제시해야 한다. 더욱이 이들로부터 지질학자가 팔레오테리움 시대라든가 마스토돈 시대라고 부르기 좋아하는 시대로 어떻게 변천했는지 가르쳐 주지 않으면 안 된다. 라이엘의 사변에서 이 결함을 훌륭하게 보완하는 가설을 세우는 것만도 그가 지금까지 이룩한 업적보다 어려운 일일 것이다. 우리는 다음 사실을 부정할 수 없다고 생각한다(라이엘도 아마 동의할 것이다). 즉 어떤 동물군이 사는 지구로부터 완전히 다른 종류의 생물이 모여 사는 지구로의 추이에서 우리는 이미 알고 있는 자연법칙을 초월한 창조력의 발휘를 보게 된다는 것이다. 따라서 지질학은 자연신학의 경로에 새로운 등불을 밝힌 것처럼 보인다.

이것은 1831년에 나왔다. "너무 성급하게 오류의 대군 속으로 공격해 들어가서 진리의 적에 사로잡히게 되는" 사람들에 대하여 2세기 전에 토머스 브라운 경(Sir Thomas Browne)이 경고한 말이 생각난다. 헉슬리가 다윈의 자연 선택에 의한 진화 가설을 읽은 것은 1858년의 일이다. 마치 생물학적 적응이라는 퍼즐맞추기를 통해 무늬가 드러난 것처럼, 그 개념의 위력이 그에게 와락 밀려들어 왔다. 그는 혼자서 "이걸 생각지 못했다니 얼마나 어리석었던가"라는 말을 중얼거릴 수 있었을 뿐이다. 이건 정말 옳은 대답이다. 그것은 전혀 예기치 못한 것, 또 거역할 수 없는 것에 직면해서 터져 나온 말이다. 과학의 역사에서 정말 새로운 생각은 흔히 이러한 인증서를 가지고 있었다.

제8장 성년에 도달한 생물학

『자연 선택에 의한 종의 기원에 관하여: 즉 생존 투쟁에 있어서 적자 생존 On the Origin of Species by Means of Natural Selection: or, The Survival of the Fittest in the Struggle for Life』(1859) — 이것은 유명한 제목이다. 이를 읽는 사람은 숨죽이며 읽어 내려간다. 그런데 읽는 사람에게 이처럼 은연중에 꺼림칙한 기분이 들게 만드는 "고전"이 이것 말고 또 있을까? 이토록 겸허한 외관을 쓰고 세상에 나타난 기초 과학 이론이 또 있을까? 이 책의 표현은 대단히 평범한 것이어서 책을 펼쳐 읽으면 마치 자연에서의 자조(自助)에 관한 전도사의 설교를 읽는 듯한 느낌이 든다. 설교단이나 회계 부서에서 들을 수 있는 이익과 손실에 관한 잠언이 모두 거기에 있다. "자연 선택은 유전된 작은 변화의 보존과 축적에 의해서만 작용하며, 그 작은 변화는 이를 보존한 각 생물에게 이익을 준다." 즉 티끌 모아 태산이라는 말이다. "발이 느린 동물은 반드시 멸망한다." 즉 빠른 것이 이긴다. "어떤 생물체나 나쁜 것은 배척하고 좋은 것은 모두 보존하고 축적하며 기회만 있으면 언제 어디서나 항상 진보를, 묵묵히 그리고 서서히 계속하고 있다." 이것은 경쟁을 통한 진보이다. "그러나 성공은 흔히 수컷의 특수한 무기 또는 매력에 달려 있다. 그리고 조그마한 이점이 승리를 결정한다." 이것은 성공에 관한 말이다. "겉모습이 생물에 유익한 경우를 제외하면, 자연은 겉모습에 신경 쓰지 않는다." 아름다운 마음씨에 관해서이다. "부지런한 벌이 얼마나 시간을 절약하는지, 많은 사례들을 보여 줄 수 있다." 근검절약에 관해서이다. "자연의 얼굴은 기쁨으로 빛나며 식물은 어디에나 가득한 것처럼 보인다. 그러나 즐겁게 지저귀는 새도 대부분은 곤충이나 씨앗을 쪼아 먹고 사는 것이며 끊임없이 다른 생물을 멸망시키고 있다는 사실을 우리는 알지 못하거나 잊고 있으며, 이것을 쪼아 먹는 새나 그들의 알 또는 둥지 역시 맹금이나 맹수에 의하여 파괴당한다는 점도 잊고 있다. 또한 음식물이 지금은 풍부할지라도 매년 어느 계절에나 풍족하다고 할 수는 없다는 사실을 잊고 있다." 이것은 살아가는 동안에도 죽음 속에 있다는 성찰이 아닐까? "생존 투쟁에 관하여 고찰할 때 우리는 다음 사실을 확신해도 되리라고 생각한다. 이것은 다소 위안도 된다. 즉 자연의 싸움은 그칠 새 없이 일어나지는 않으며, 공포가 느껴지지도 않으며, 죽음은 보통 신속하게 이루어지며, 원기 있고 건강하고 행복한 것은 모두 살아남아 증식한다." 최선을 다하는 가운데 얻게 되는 보상에 관한 말이다.

빅토리아 시대의 영국인이 아니고는 이런 말을 할 수 없을 것이다. 어느 독일인이 이것을 가차 없이 비판한 말에 따르면, 그것은 고전 경제학을 생물학에 적용한 것이다. 혹은 다윈 자신의 말을 빌면 "이것은 동물계와 식물계 전체에 적용한 맬더스 학설이다." 그 논지는 너무나 귀에 익은 것이기 때문에 그 위대함이 표면에 드러나지 않는다. 언뜻 보면 외관상 새로운 것이 전혀 없지만, 그 속에 숨어있는 것은 그 영역에서의 진정으로 새로운 자연철학——갈릴레오가 물리학에서 개척한 것과 버금가는——이다. 분명히 다윈은 적어도 뉴턴 이래 물리학으로부터 박물학을, 그 다음에는 생물학을 분리해왔던 구별을 파기했다. 이 구별은 생물학자는 분야들의 구조와 배열보다는 오히려 전체의 성질과 슬기로움을 연구해야 한다는 가정(혹은 변명)에 의거하고 있었다. 그렇기는 해도 다윈의 문장은 너무 평범해서 그 논지의 독창성과 위력을 드러내기 위해서는 특별한 해석을 요한다. 다윈은 만인의 이해력을 뛰어넘는 상상력을 가진 뉴턴이나 아인슈타인 같은 사람일 경우보다도 더 많은 해석이 필요하다. 과학의 영웅을 가까이하기 어려운 것은 당연한 일이다.

다윈(Charles Darwin: 1809~1882)은 해설자가 각색하기 쉬운 인물이 아니다. 다윈의 문체는 빅토리아 시대의 약간 수준 낮은 신문들에 얼룩져있는, 저 눅눅한 인습적 도덕에 구애받고 있다. 새로운 과학에 대한 그의 선견은 갈릴레오의 선견과 달리 사람들의 주의를 끌지 못한다. 그의 천재성은 뉴턴의 천재성처럼 마력을 가지고 있지도 않았다. 그에게는 라부아지에처럼 비극적인 숙명의 그림자가 덮여 있지도 않았다. 옥스퍼드의 주교 사무엘 윌버포스(Samuel Wilberforce: 1759~1833. 진화론을 공격하여 헉슬리와 논쟁을 벌임 — 옮긴이)의 그림자와, 인간과 원숭이에 관한 논쟁이 약간 마음에 걸릴 정도이다.

다윈 학설의 투사이자 변호자인 헉슬리(Thomas Henry Huxley: 1825~1895)처럼, 다윈도 과학만을 앞세워서 미지의 세계에 직면하려 했다. 그의 용기에는 감동적인 면이 있다 — 다만 빅토리아 시대의 미지의 세계에는 특별히 무서운 것이 없긴 했지만. 다윈은 만년에 짤막한 지적 자서전을 써서 자식들에게 보여주었다. 여기서 그는 놀랄 만큼 솔직하게 자기의 이해력에 대하여 말한다. 그는 자기에게는 추상적 사고력이 없으며, 단지 가장 소중하고 가장 둔중한 덕성 — 인내, 정확성, 몰두 — 만이 있다고 말한다.

예를 들면 헉슬리 같이 현명한 사람들이 가지고 있는 신속한 이해력이 나에게는 없다. 그렇기 때문에 나는 비판력이 부족하다. 논문이나 책을 읽을 때 처음에는 그저 감탄만 할 뿐이다. 어느 정도 숙고한 끝에 가까스로 나는 그 논지의 약점을 알아채는 것이다. 나에게는 길고 순전히 추상적인 사상을 뒤쫓아 갈 능력이 거의 없다. 나는 형이상학이나 수학 방면에서는 성공하지 못했을 것이다. 나의 기억력은 넓은 편이지만, 좀 흐릿하다.

그는 또 청년 시절에 음악, 시, 미술 등에 "기묘하게 그리고 애석하게도" 취미를 가지지 못했던 것에 대하여 후회한다.

나의 지성은 당당하게 수집된 사실을 갈아 으깨어서 일반적 법칙을 끌어내는 일종의 기계가 되고 만 것이 아닌가 생각된다. 그렇지만 어째서 이것이 고상한 취미에 관계하는 뇌수를 퇴화시켰는지 알 수 없다. 나보다 뛰어난 지성을 가진 사람에게서는 이런 일이 일어나지 않을 것이다. 만약 내가 다시 한번 인생을 되풀이할 수 있다면 적어도 일주일에 한 번은 규칙적으로 시를 읽고 음악을 들을 것이다.

그리고 다윈이 저 충동을 무심코 내보인 일은 단 한 번뿐이다. 그 충동 없이는 아무도 그러한 업적을 달성할 수 없는 것이다. 그러고 나서 다음과 같이 적절한 문장으로 말한다.

사실을 관찰하고 수집하는 일에 있어서 나는 최대한의 근면함을 발휘했다. 더욱 중요한 것은 나의 자연과학에의 착실하고 열렬한 애정이었다. 그러나 이 순수한 애정은 동료 박물학자들로부터 좋은 평가를 얻고 싶어하는 야심에 의하여 크게 조장되었다.

찰스 다윈은 1801년에 세상에 태어났다. 그의 일가친척은 커다란 분지(分枝)를 형성하고서, 저명한 빅토리아 시대의 지식인을 거의 세습적으로 출산해 왔다. 현재까지 다윈가와 인척 관계가 있는 가문은 웨지우드가

(家), 트레벨리언가, 매콜리가, 헉슬리가, 아놀드가, 골튼가 등이며, 그 중에는 케인즈나 콘포드 같은 사람도 있다. 다윈의 조부는 에트루리아에서 도기업을 시작한 조사이어 웨지우드(Josiah Wedgwood)와 에라스무스 다윈(Erasmus Darwin)이며, 그 두 사람 모두 조셉 프리스틀리, 제임스 와트와 함께 1770~80년대 버밍엄 과학 서클의 회원이었다. 의사이자 시인인 이래즈머스 다윈은 18세기에 진화론적 발상에서 나온 수많은 책 중의 하나를 썼다. 그의 『주노미아 Zoonomia』(1794~96)에는 라마르크와 비슷한 곳도 없지 않다. 이따금 다윈 비평가들은 다윈이 이 조부로부터 지적으로나 유전적으로 은혜를 입고 있다는 사실을 숨기려 한다고 말한다. 그러나 다윈이 말하는 바에 의하면, 그는 『주노미아』에서 아무런 감명도 얻지 못했으며 나중에 대학에서 들은 라마르크의 학설도 그에게 아무 인상도 남기지 못했다고 한다. 그것은 다윈이 기록한 모든 일들과 마찬가지로 사실이다.

이것은 매우 중요한 사실이다. 왜냐하면 다윈의 업적에는 경험적인 것과 이론적인 것의 두 가지 측면이 있기 때문이다. 『종의 기원』은 과거로부터 시간이 지남에 따라 동물들이 변이를 일으킬 수 있다는 것을 명확히 확립했다. 그러나 에라스무스 다윈, 라마르크, 괴테, 디드로 등을 앞에 놓고 변이성이라는 사실을 다윈이 발견했다고 주장하기는 곤란할 것이다. 참신한 것은 그 이론, 자연철학의 개념 — 고생물학, 비교해부학, 지질학, 지리학 등 여러 과학들에서 다윈이 마음대로 사용할 수 있었던 사실들을 설명해 내는 — 이었다. 다위니즘이 직면해야 할 반대가 두 종류라는 것은 예상할 수 있을 것이다. 종교적 근본주의자들은 진화의 사실을 부정할 것이나 이 반응은 지적으로는 하찮은 것이다. 철학적인 공격이, 자연 선택설 속에 암묵적으로 내재되어 있는 세계관 — 더욱 깊게 인간적인 감수성을 손상시킨 — 에 대해서 가해졌던 것이다. 이것은 받아들이기 어렵다든가 무의미하다는 이유로, 또는 이 두 가지 모두로 인해서 부정되었다. 이 비난들은 뉴턴의 중력설에 대한 데카르트주의자나 라이프니츠파의 반대와 결국은 같은 것으로서, 과학적 설명이 진정으로 말해주는 것은 무엇인가라는 저 영원한 문제로 귀착되는 것이다.

　다윈의 아버지도 의사였다. 완고한 빅토리아풍의 아버지였던 그는 체중이 300파운드가 넘었으며, 뒤에 프로이트가 설명한 바 있는 불건전한 존경심을 자식에게 불어 넣었다. 어머니에 대하여 다윈은 단지 임종의 모습만을 회고했을 뿐이다. 그도 아버지가 결혼한 가문의 처녀와 결혼했다는 것은 매우 특징적인 일이다. 그의 처도 웨지우드 가의 여자였으며, 그 자신의 사촌이었다. 사실 닥터 다윈은 자식을 노이로제에 걸리게 하고 또 그것을 이겨낼 적당한 방법을 주었다. 만년의 다윈은 주기적으로 우울증에 걸렸는데, 이때 그는 가정에 틀어박혀 있거나, 온종일 목욕탕에 들어가 있거나 소파에 장시간 누워 있거나, 숄을 뒤집어쓰고 있었다. 그도 청년 시절에는 의학에 뜻을 두고서, 16세 때 의학 수업을 받기 위하여 에든버러 대학에 들어갔다. 그의 학교 교육은 실패였다. 해부 시간에는 구토를 일으켰으며, 수술실에서는 공포를 참을 수 없었다. "겨울 아침 8시 던컨 박사의 약물학 강의는 생각만 해도 몸서리 쳐진다. 먼로 박사의 해부학 강의는 그 사람 얼굴 생김새처럼 지루했다. 그 과목은 내게 혐오감을 불러일으켰다." 이리하여 그는 에든버러 대학을 그만두고, 목사가 될 셈으로 케임브리지 대학에 들어갔다.

　그의 아버지는 그가 게으른 수렵가로서 자연 애호에 열중하는 것을 허락지 않았다. "그러나 케임브리지에서는 딱정벌레 채집을 어떤 공부보다도 열심히 했으며, 또 그것만큼 즐거움을 안겨 준 것도 없었다." 에든버러에 있을 때도 그는 자주 플리니 협회의 박물학자들을 방문했고, 플러스트라(그물상의 곰팡이)의 알이라고 불리는 것은 실은 유충이라고 하는 별로 가치 없는 논문을 발표하기도 했다. 그것이 그의 최초의 발견이었다. 그는 "나는 지질학의 진보에서 큰 기쁨을 느꼈다"고 말하고, 케임브리지의 세지위크 교수 밑에 들어갔다. 1831년에 세지위크는 다윈에게 매년 여름마다 해왔던 북웨일즈의 캄브리아기 암석 조사에 함께 갈 것을 권유했다. 이것이 과학자로서의 생활의 제일보였다. 다음 해에는 비글호가 세계 일주 탐험 항해를 준비하고 있었는데, 선장 피츠로이는 캐슬러레이(Castlereagh)의 조카였다. 다윈도 (무급이었지만) 박물학자로서 참가 요청을 받았다. 그는 그것을 수락했으며, 장래의 장인이 될 마음씨 좋은 삼촌 조사이어 웨지우드 2세가 아버지를 설득해 주었다.

　비글 호 항해는 다윈의 일생의 대사건이었다. 그것은 그를 과학자로 만들었으며, 그로써 목사가 될 가능성은 영원히 사라졌다. 확실히 그것은 그의 생애의 유일한 사건이었다. 그리고 귀국 후 그 항해 이야기를 쓴 것이 그의 저작 중에서는 가장 흥미 있는 책이다. 배를 탔을 때 그의 나이는 22세였다. 그리고 당시에 그가 진화 사상의 배경에 밝지 못했다는 점은 이 책의 독자와 마찬가지다. 그는 의복 상자에다 밀턴 선집과 라이엘의 『지질학 원리』 제1권을 넣어 가지고 갔다. 그들은 아조레스(포르투갈 앞바다의 제도—옮긴이)에서 브라질까지 남태평양을 가로질러 항해했고, 마젤란 해협에서 조금 쉰 뒤 그곳을 통과하여 태평양 연안에서 적도까지 북상했다. 젊은 다윈은 브라질에서 노예 제도를 목격하고 충격을 받았다. 몬테비데오(우루과이의 수도—옮긴이)에서는 라이엘의 책 제2권을 받았다. 그는 또 푸에고(남아메리카 남쪽 끝부분의 제도—옮긴이)에서 그들이 만났던 원시 민족의 야수성에 몸을 떨었다. 그 종족 중의 하나는 추운 겨울에는 늙은 여인을 죽여서 식용으로 삼고 있었다. 그 모든 새로운 나라들을, 그는 라이엘의 눈을 통하여 보았다. 칠레와 페루에서 그는 안데스 산맥으로 가서 지질학 탐사를 했다. 그리고 점차로 그는 자신의 주의가 이 지방의 지질 구조보다는 동식물상(相), 특히 동물상으로 끌려가는 것을 깨달았다. 그는 『자서전』에서 다음과 같이 말한다.

비글호 항해 중 나는 팜파 지대(남미의 대초원 — 옮긴이)에서, 현존하는 아르마딜로처럼 갑주로 덮여 있는 거대한 동물 화석을 발견하고 깊은 인상을 받았다. 두번째로 대륙의 남쪽으로 가까이 감에 따라 유연 관계가 있는 동물이 차례차례 교대로 나타나는 모습에 감명을 받았다. 세번째로는 갈라파고스 군도의 생물이 대부분 남아메리카의 특성을 보이는 데 감명을 받았다.

확실히 갈라파고스 군도는 다윈 자신의 발전에 결정적인 작용을 했다. 이 군도는 지질학적으로 오래 되지 않았고, 본토의 기후와는 거의 차이가 없었다. 이 멀리 떨어져 있는 섬들의 극적인 특성은 분명히 그에게 깊은 감명을 주었을 것이다. 이 군도는 적도 바로 위의 태평양에서 검은 용암의 분화구를 내밀고 있었다. 다윈의 말에 의하면 그곳은 "지옥에서 초목이 돋아나고 생물이 생존한다면 이럴까 하는 생각이 드는" 그런 곳이었다. 남아메리카의 생물들과 연관성이 있기는 했지만, 대부분의 종은 그 군도 특유의 것이었다. 파충류가 압도적으로 많았다. 큰 거북은 어디에나 있었다. "너무나 무거워서 나는 그것을 들어올릴 수 없었다. 검은 용암과 잎 없는 관목 그리고 커다란 선인장 등에 둘러싸여서, 그것들은 옛적 대홍수 이전의 동물, 아니 오히려 다른 천체의 생물처럼 보였다." 다윈을 놀라게 한 것은 원주민들이 아주 작은 변이만으로도 어떤 거북을 어느 섬에서 가지고 왔는지 알아맞힐 수 있었다는 사실이다. 다른 종들도 각 섬에 따라 그와 유사한 작은 변이를 보이고 있었다. 가장 두드러진 예는 핀치새로서, 이것은 진화론 연구의 고전이 되었다. 거기에는 여러 종의 핀치새가 있었다. 구별되는 요소는 부리였다. 어떤 것은 작고, 어떤 것은 크며, 어떤 것은 뾰족하고, 어떤 것은 굽어 있었다. 말하자면 이 군도는 자연이 만들어 낸 실험실로서, 종의 문제를 대양 한가운데 600마일 떨어진 곳에다 고립시켜 놓은 것이다. 나중에 그는 다음과 같이 기록했다.

이런 사실이나 그밖의 많은 사실들은 종이 점차로 변화되어 갔다는 가정 위에서만 비로소 설명될 수 있다는 것을 분명하게 해주었다. 이 주제는 나를 사로잡았다. 주변 조건의 작용〔이것은 물질적으로는 각 섬마다 차이가 없었다—인용자주〕이나 생물체의 의지(특히 식물의 경우에)로는 이 모든 종류의 생물들이 그 서식지에 훌륭하게 적응하고 있는 수많은 사례들을 설명할 수 없다는 것이 명백했다. 예를 들면 딱따구리나 청개구리가 나무를 기어오르고 혹은 잘 달라붙는 돌기나 깃털에 의하여 종자가 전파되는 것 등에 대하여 나는 이러한 적응에 언제나 감명을 받았는데, 이것이 설명될 때까지는 종이 변화되었다는 것을 간접적인 증거에 의하여 증명하려는 노력이 무의미한 것처럼 보였다.

이 주제가 그를 완전히 사로잡았다. 그는 1836년 10월에 영국으로 돌아왔다. 5년간의 항해가 에든버러와 케임브리지가 제공하기를 거부했던 교육을 그에게 제공했다는 것이 드러났다. 그는 연구에 착수했다. 그는 "진짜 베이컨적 원리에 입각하여 어떤 이론도 세우지 않은 채, 대규모의 사실 수집에 착수했다"라고 썼다. 그러나 언제까지나 목표 없이 변방에서 배회하지는 않았다. 1838년 10월 그가 처음으로 노트를 펼친 후 15개월 후에, 우연히 그는 맬더스(Thomas Robert Malthus: 1766~1834)의 『인구론 An Essay on the Principle of Population』(1798)을 읽었다. "재미로" 읽었다고 말했는데, 아무래도 이 말을 그대로 받아들이긴 어렵다. 이 음울한 논문의 논지는 모두가 잘 알고 있는 대로이다. 맬더스가 이것을 발표한 것은 1795년이었는데, 물질적 진보의 가능한 한계를 확정하기 위해서였다. 인구와 생계수단 사이에는 제약하는 관계가 있다. 그에 의하면 인구는 기하급수적으로 증가하지만, 식량 공급은 산술급수적으로 증가하는 것이 고작이다. 이러한 환경에서는 경쟁만이 유일한 생존의 법칙이다. 이 주장이 맞는지 안 맞는지를 여기서 숙고할 필요는 없다. 그것은 이것이

가지는 역사적인 중요성과는 별개의 문제이다. 맬더스는 경제학의 주제를 애덤 스미스의 낙천적 자연주의의 분위기에서 결정론적 자연주의 — 자유방임에 대한 초기 산업주의의 변호론인 — 로 바꾸었던 것이다. 18세기의 조화라는 전제는 19세기에 도달하기도 전에 이해관계상의 투쟁에 자리를 비켜주었던 것이다.

고전 물리학과 같이 (그리고 그 경우에 자극을 받아서) 고전 경제학은 원자론적 존재론을 그 논의 영역으로 도입했고, 그 결과 그것은 일종의 사회 동역학이 되었다. 복음주의적인 영국에서 맬더스의 인구론은 보다 넓고 그리고 깊게 침투해 들어가서, 자유주의적 개인주의의 도덕적 기초로 바뀌었다. 그것은 사회사에서의 한 시대와 동일시할 수 있는 시대정신(Zeitgeist)에 특유한 톤을 부여했다. 생계수단의 부족은 절약, 미덕, 근면, 자제 등의 동기가 되었고 이에 반하는 것들을 제지했다. 그것은 자비를 베풀기 위해서 내려지는 가혹한, 섭리의 채찍이었다. 이러한 규칙 속에서만 진보가 가능했다. 재미로 읽은 논문에서 다윈의 마음이 영감을 얻은 것은 그 부분에서였을 것이다. "동식물의 습성을 오랫동안 관찰한 결과 어디에서나 볼 수 있는 생존 투쟁을 충분히 이해할 수 있도록 되어 있던 나의 마음속에 갑자기 이런 생각이 떠올랐다. 즉 이런 환경 하에서는 바람직한 변이가 보존되고 바람직하지 않은 변이는 사라지는 경향이 있다고 하는 생각이. 그 결과는 새로운 종의 형성일 것이다. 여기에 이르러서야 비로소 나는 연구의 지침이 되는 하나의 이론을 얻었던 것이다."

그 후 연구는 20년 동안 계속되었다. 사실들은 베이컨적 원리에 의해서라기보다 다윈적 원리에 의해서 수집되었다. 종의 기원 — 지금은 기원이 아니라 변화라고 말해진다 — 과 관련만 있으면 어느 것이나 수집되었다. 그는 가축 품종개량가와 비둘기 애호가들의 업적에 대하여 연구했다("능숙한 비둘기 사육자가 되는 데만도 얼마나 많은 노력과 숙련 기간이 필요한지를 믿을 수 있는 사람은 거의 없을 것이다"). 다윈은 지질학과 고생물학 문헌을 널리 읽었고, 동물과 식물의 지리적 분포 및 역사적 천이에 관한 지식을 심화시켰다. 그는 실험도 했다. 그 중에서도 식물의 이화(異花)수정과 교배 실험에 주력했다. 다윈은 단순한 관찰자가 아니었던 것이다. 그 실험에서 구종을 신종으로 바꾸는 것은 마치 라부아지에가 화학종(種) — 즉 시약 — 에 분석-합성의 조합을 적용한 것처럼 정확하게 입증되었다. 다윈은 식물학에 특별한 관심을 가지고 있었다. "생물의 사닥다리에서 식물을 승진시키는 것이 내게는 언제나 즐거운 일이었다." 그의 마지막 저서는 식물의 운동하는 힘 — 물을 향하여 생장하는 뿌리, 빛 쪽으로 뻗는 잎 등 — 이 진화론과 조화된다는 것을 보이고 있다. 더구나 식물에 대한 실험은 1842년 전원생활로의 은퇴에 적합한 것이었다.

그의 정신 상태는 사실을 수집하고 가려내는 동안 호기심으로 가득 차 있었다. 한편 그는 자기 학설에 의하여 앞으로 나아가도록 내몰렸다. 그 학설에는 다윈의 과학자로서의 혼이 씌어 있었다. 다른 한편으로 아직 미숙한 것이 아닌가 하는 염려가 출판을 지연시켰고, 혼연히 결론을 내리는 일마저 주저하게 했다. 다윈에게 있어서 이것은 과학적 신중성의 단계를 넘어선 것이었다. 완벽한 사실들의 양에 압도되어 믿지 않을 수 없게 될 때까지 대저술을 내는 것을 보류하는 것은, 아마도 현대 학자들의 병폐라고 할 수 있다. 이와 같이 많은 학자들이 창조성과 소심함 사이에서 진동하다가 결국은 이 사이의 긴장에 무릎 꿇고 마는 것이다. 물론 그의 견해는 비판을 당하는 일이 없겠지만, 그 대저술은 결국 씌어지지 않게 되는 것이다. 이렇게 다윈은 출판의 아슬아슬한 고비에서 한 발자국도 움직이지 못하고 있었다. 그러나 이따금 운명의 여신에게 인질 — 비글호의 항해기, 산호초에 관한 논문, 갑각류의 분류와 생리에 관한 대저작 — 을 바치고는 있었다. 1842년에 그는 자기 학설에 대한 35페이지 가량의 초록을 작성해 보았는데, 단지 자기 자신만을 납득시키기 위한 것이었다. 2년 후에 이것을 확장하여 소논문의 규모로 만들어서 깨끗한 사본도 작성했다. 이렇게 해서 비로소 고민거리를 해결할 수 있었다—
그것은 분지(分枝, divergence)에 관한 문제였는데, 다윈은 그것을 생명의
모든 형태를 가능한 한 유리한 지점까지 몰고 가며 그 각각을 그것의 기
원에서 멀리 떨어진 곳으로 데리고 가는 일종의 진화상의 국면으로 보게
되었다.

　노트는 점점 더 늘어갔다. 다윈과 가장 가까운 두 사람의 벗—식물학
에서 후커(Joseph Dalton Hooker: 1817~1911), 지질학에서 라이엘—은
출판을 권유하기 시작했다. 그들이 다윈 학설을 믿고 있었기 때문이 아
니라, 다윈이 날아 보려고 하지도 않을까봐 염려스러웠기 때문이다. 그는
별로 알려져 있지 않았다. 나중에 헉슬리가 다윈 학설의 투사가 되어 다
윈을 18세기의 뉴턴처럼 19세기의 과학의 상징으로 만들었던 것이다. 그
러나 1851년에는 헉슬리가 지금은 잊혀져버린 두 사람의 박물학자 리처
드 오웬(Richard Owen)과 에드워드 포브스(Edward Forbes)의 탁월한 업적
에 대하여 말하면서, 다윈의 이름을 언뜻 비치고 "건강을 타고났다면 뭔
가 해낼 수 있을 것"이라고 말하는 데 그친다. 1856년에 다윈은 라이엘의
권고에 못 이겨서 자신의 견해를 상세하게 쓰기 시작했다. 그의 연구 규
모를 그대로 다 밀고 나갔다면 아마 상당한 권수를 채웠을 것이다. 그때
행운의 여신이 손을 내밀었다. 혹은 불행이었을지도 모른다(다윈은 그렇
게 느꼈다). 1858년에 그는 말레이로부터 온 한 통의 편지를 받았다. 그것
은 알프레드 러셀 월러스(Alfred Russel Wallace: 1823~1913)라는 별로 알
려지지 않은 박물학자에게서 온 것이었는데, 그는 말레이의 밀림 속에서
일하고 있었다. 월러스는 「원형(原型)으로부터 멀어져가는 변이의 경향에
관하여」라는 논문을 동봉했다. 그리고 만약 당신이 이 논문을 좋다고 생
각한다면 아무쪼록 라이엘에게도 보여서 그의 의견을 들어 주지 않겠느
냐고 의뢰해 왔다. 다윈은 번민하면서도 그 논문을 훌륭하다고 판정했다.
자기도 그와 똑같은 것을 썼을지도 모른다. 그러나 그는 다음과 같이 편

지를 곁들여서 분명히 그것을 라이엘에게 보냈다.

이것은 한번 읽어 볼 만하다고 생각됩니다. 당신의 말은 너무 가혹하게 실현되었습니다. 정말 나는 당신 말대로 기선을 제압해 놓았어야 했습니다—나의 생존 투쟁에 의존하는 자연 선택이라는 견해를 아주 간단하게 당신에게 설명했을 때 당신은 내게 이렇게 말했었지요. 나는 이토록 기막힌 우연의 일치를 본 적이 없습니다. 비록 월러스가 1842년에 나의 초고를 써 주었다고 하더라도, 이 이상의 요약은 할 수 없었을 것입니다. 그의 용어가 그대로 나의 장(章)의 제목이 되고 있습니다. 이 원고는 돌려주시기 바랍니다. 그가 나에게 그것을 발표하고 싶다고 말하진 않았습니다. 만나는 즉시 편지를 써서 어느 잡지에든 내라고 할 셈입니다.

그러면 나의 독창성은 그것이 어느 정도이든 모두 파괴되고 말겠지요—그렇다고 해도 만약 나의 책이 가치 있는 것이라면 그 가치가 저하되는 일은 없겠지만 말입니다. 왜냐하면 책을 쓰는 노고는 학설의 적용에 있기 때문이니까요.

이리하여 독립적인 동시발견의 유명한 예가 여기서도 발생했다. 월러스 또한 말라리아와 싸우면서 종의 수수께끼와 씨름하다가, 맬더스의 구절을 상기함으로써 자연 선택설로 인도되었던 것이다. 다윈의 우선권을 부정할 수 없지만 영국의 신사도와 자기 발견에 대한 지적 재산권이라는 감정 사이에 끼여서 난처하게 되었던 다윈에게 동정을 금할 길이 없다. 다윈은 언제나 자신의 업적의 가치는 애써 수집한 증거 위에다 사실을 경험적으로 쌓아올린 데 있다고 생각할 수밖에 없었다고 했다. 그러나 이것은, 빅토리아 시대의 과학관을 지나치게 베이컨적 틀로—이것은 근면에 대한 신조에 의해 강화되었는데—해석한 것이다. 왜냐하면 혁신자 다윈의 진짜 마음은, 과학의 가치는 그것에다 쏟은 노고에 의하여 결정된다는 이 노동 가치설에 시종 거역하고 있었기 때문이다. 유감스러운 일은 자신의 이론의 우선권을 잃은 것이었다. 높이 쌓인 노트 더미도 그의 마음을 진정시켜 주지는 못했다. 그러나 이것들은 "사소한 감정"에 불과했다. 그때 그는 월러스를 앞질러서 발표하려는 것처럼 보이지 않도록, 발표에 조심해야 했다. "수년간 계속되어 온 나의 우선권을 잃지 않을 수 없게 된 것은 나로서는 견디기 어려운 일이었다. 그러나 그렇다고 하여 이 경우에 대해 공정한 판단을 흐리는 것은 전혀 생각할 수 없었다."

다윈으로서는 다행하게도 라이엘과 후커가 다윈의 관심사이자 동시에 과학의 관심사이기도 했던 이 문제를 처리해 주었다. 후커는 일체의 기록과 서간을 달라고 요청했다. 월러스의 논문은 1858년에 발표되기 위하여 린네협회에 송부되었다. 거기에는 1844년 다윈의 초고에서 발췌한 것도 첨부되어 있었다. 라이엘과 후커는 친구로서 사정을 설명했다. 그곳은 영국이었다. 그리고 모든 사람이 참으로 훌륭하게 처신했다. 다윈과 월러스는 상대방의 특질을 세심하고 정직하게 인정했다. 후세 사람들은 다윈이 대단히 공평하게 처신했다고 느낄 것이다. 어쨌든 결국 다윈이 학문상 선배라는 것 — 그리고 그밖의 모든 사정들 — 이 중요하게 작용했다. 월러스만으로는 성공하지 못했을 것이며, 주의를 끌 수도 없었을 것이다. 이 두 논문은 1858년에는 거의 주목받지 못했으며, 월러스가 없었다면 다윈은 『종의 기원』을 쓰지 않았으리라. 그는 이 문제를 일단락 짓기 위한 노력의 일부로서 방대한 저술의 개요를 준비하는 일에 착수했던 것이다. 그는 1858년 9월에 착수하여 "질병과 레인(Lane) 박사의 즐거운 탕(湯) 치료원 방문으로 자주 중단되면서도" 13개월 만에 『종의 기원』을 완성했다. 그리고 그것은 1859년 11월에 출판되었다.

그것은 깊이 있는 저작 같다는 느낌이 들지 않는다. 다윈은 『자서전』에서 "어떤 비평가들은 '과연 그의 관찰은 예리하다. 그러나 추론의 힘이 없다'라고 말하기도 한다"고 썼다. 그는 이것이 약간 호된 비평이라고 생각했다. "왜냐하면 『종의 기원』은 처음부터 끝까지 하나의 장대한 논의이며, 많은 유능한 인물들을 납득시켰기 때문이다. 추론의 능력 없이는 아무도 이러한 것을 쓸 수 없다." 이 논의의 진짜 규모나 참 깊이를 이해하기란 아마 그것을 요약하는 것만큼 간단하지 않을 것이다. 제1장은 사육종에서 일어나는 잘 알려진 변종에 관하여 개관한다. 그것은 종의 애매함을 지적한다. 그것은 또 인간이 종을 사용상의 편의를 위해 바꿔나간 과정, 예를 들면 선택적 교배를 통해 짐마차 말이나 경주마 그리고 위피트(경주견의 일종 — 옮긴이)나 닥스훈트(사냥개의 일종 — 옮긴이)를 만들어낸 것 등을 많은 그림을 사용하여 설명한다. "열쇠는 인간의 누적적 선택의 힘이다. 자연은 연속적으로 변화시킨다. 인간은 그것을 자기에게 유용한 방향으로 돌린다. …… 사육자들은 보통 동물의 체계란 변화가능하며 그들이 원하는 형으로 바꿀 수 있다고 말한다." 제2장은 무대를 자연으로 옮겨서, 종과 변종(variety)의 구분을 없앤다. 이것은 박물학자의 편의를 위한 경계에 불과하다는 것이다. 제3장에서 논의가 절정에 달한다. 그것은 생존 투쟁이, 목축업자가 가축우리에서 완수하는 것과 같은 역할을 자연에서 해낸다고 말한다. 변이는 특정 동물에서 우연히 일어난다. "이 투쟁에 따르면 변이는 그것이 아무리 미세하고 어떤 원인에 의하여 생겼든 간에 다른 생물이나 생활의 물리적 조건과의 무한히 복잡한 관계에 있어서 각각의 종에 어느 정도라도 유익하다면, 이러한 개체의 보존에 도움이 될 것이고 자손에게도 계승될 것이다."

나중에 나온 판에서 다윈은 비판 때문에 자연 선택이라는 생각을 전개하지 않을 수 없었다. 그리고 다음 문장에서는 다른 어떤 곳보다도 다윈의 과학적 파악력의 진가가 발휘되고 있다.

몇몇 저작자들은 자연 선택이란 말을 잘못 해석하거나 반대한다. 자연 선택이 변이를 일으킨다고 생각한 사람조차 있다. 그러나 그것은 단지 그 생활 조건하에서 생물 생존에 유리한 변이의 보존을 의미할 뿐이다. …… 어떤 사람들은 이 용어가 변화되는 동물의 의식적 선택을 내포하고 있다고 해서 반대했다. 또 식물은 의지력을 가지고 있지 않기 때문에 자연 선택은 식물에 적용할 수 없다고 역설한 사람도 있었다! 문자적 의미에서 보면 자연 선택은 분명히 잘못된 용어다. 그러나 화학자의 원소들간의 선택적 친화력에 반대한 사람이 있었는가? 엄밀하게 말하면, 산이 즐겨 화합하는 대상으로서 염기를 선택한다고 할 수는 없다. 내가 말하는 자연 선택은 능동적인 힘 또는 신이라고 하는 사람도 있었다. 그러나 누가 행성의 운동을 지배하는 중력의 끌어당기는 힘에 반대하겠는가? 이러한 비유적 표현이 무엇을 의미하는지 누구나 잘 알고 있을 것이다. 간결하게 말하기 위해서 그런 것이 필요하다. 그러므로 자연이란 말을 의인화하는 것은 피하기 어려운 일이다. 그렇지만 내가 말하는 자연은 집합적 작용만을 가리키며 많은 자연법칙의 산출을 의미한다. 그리고 법칙이란 우리가 확인한 삼라만상의 귀결이다. 이런 것들과 조금만 익숙해지면, 피상적인 반대 의견은 잊혀질 것이다.

빅토리아 시대의 스모그 속에서, 진정한 과학의 목소리가 이 마지막 문장으로 위엄 있게 말한다. 실험실에서 어떤 생물의 구조와 기능 또는 일련의 기관에 대해서만 생각하는 것이 아니라, 자연의 전체 과정에 관하여 이 같은 것을 생각하고 쓸 용기가 있었던 생물학자는 그때까지 아무도 없었다. 그리고 여기서 적응이라는 중대한 문제를 해석한 다윈의 말의 의의가 밝혀지기 시작한다. 이것은 지극히 중요하다. 왜냐 하면 이것은 바로 목적을 지지하는 사례, 생물학이 목표지향적인 것에 관한 과학이라는 개념을 지지하는 사례로서, 동물이 그 환경에 적합하도록 창조되었고 올바른 기술과 올바른 본능, 올바른 습관을 가지고 그 생활을 영위하도록 만들어졌다는 고대부터의 분별 있는 관찰에 입각해 있는 것이다. 다윈은 적응이라는 문제를 해결하는 것 이상의 일을 했다. 그는 그것을 파기했던 것이다. 그는 그것을 원인 — 즉 궁극 원인(final cause) 또는 설계의 목적을 보여주는 증거 — 로부터 효과 — 뉴턴적이거나 물리적인 의미의 효과 — 로 바꿔버렸다. 말하자면 적응은 탐지되어야 할 신비가 아니라 분석되어야 할 사실 또는 현상이 되었다.

다윈은 그 자신을 "행성의 운동을 지배하는 만유인력에 관하여 말하는 사람"에 비유한다. 논의의 추세는 이 비유 관계를 확증한다. 왜냐하면 다음 장은 변이의 법칙을 논하고 있기 때문이다. 그것은 사용-불사용(用不用, use and disuse), 기후, 속에 특유한 형질보다 종에 특유한 형질이 더 큰 변이성을 가진다는 것 등에 대한 예리한 관찰들로 가득 차 있다. 이것들 가운데에는 근대 유전학의 견지에서 볼 때 명백한 것도 있지만 폐기된 것도 있다. 다윈은 그 자신의 한계를 잘 알고 있었다. 왜냐하면 변이를 일으키는 메커니즘을 모른다는 것이 토론에 부담을 주었기 때문이다. 그러나 (계속해서 뉴턴이 중력의 원인에 대하여 보인 태도와 비교하자면) 그것은 몰라도 된다. 필요한 것은 변이가 분명히 일어나며, 더욱이 그것이 유전된다는 증거 — 다윈, 지질학, 비교해부학, 박물학이 제공하는 증거 — 이다. 자연 선택설은 환경에 의하여 선택되는 변이가 왜 생기는지를 구체적으로 밝히려는 다윈의 노력에 의존한 적이 없었다. 정말 그것이 성공한 것은 이러한 의문을 내던져 버렸기 때문이다. 물론 다윈에 대해서도 뉴턴에 대하여 진실이었던 것과 같은 의미에서 "Hypotheses non fingo(가설을 만들지 않는다)"라고 말할 수 있다. 헛되이 경험주의를 주장하는 것으로서가 아니라, (사변과는 달리) 이론은 증거를 (설명해내야 하는 것이 아니라 — 옮긴이) 포괄해내기만 하면 된다는 뜻에서 말이다.

『종의 기원』의 마지막 장은 당연히 예상할 수 있는 난점에 부딪힌다. "그 중 어느 것은 너무 중요해서, 오늘에 이르기까지 나는 그것을 고찰할 때마다 어느 정도 망설이지 않을 수 없다." 그러나 베이컨주의를 고백하고 있음에도 불구하고 다윈은 이론가로서의 침착함을 잃은 적이 없다. 그는 본능을 다루고, 극도의 전문화를 다룬다. 그는 잡종은 (통상적으로) 불임인 데 반해 종 내의 변이들은 생식능력이 있다는 점을 논한다. 그는 종과 종 사이에 과도기적인 형태가 존재하지 않는 것처럼 보이는 문제를 해결하려 한다. 그는 어떤 새의 수컷은 대단히 아름다워서, 이것을 자연 선택의 평범한 작동과 조화시키는 것이 곤란할 지경이라고 말한다. 그가 "자웅 선택"을 강조한 것을 놓고 다윈이 자신의 주장을 어느 정도 방기한 것이라고 해석하는 경향도 있었다. 이런 부분에서 그의 말은 약간 모호하다. 그러나 그것은 자웅 선택을 부차적인 것으로서가 아니라 자연 선택의 특수한 예로 해석하려는 다윈의 일관적 태도와 더 잘 통하는 것처럼 보인다. 그는 지질학적인 기록의 불완전성을 충분히 활용했고, 우리 지식의 불완전성을 강조했다. 그리고 비글호의 경험을 가지고 변이의 지리적 분포, 특히 대양 한가운데의 섬들에 고립되어 있는 종들에 관하여 개관했다. 여기서 이 모든 자료들을 언급할 것 없이, 현대의 진화학자들이 모든 주요 논점에서 다윈을 확증해주고 있다는 것만을 말해 두기로 하자. 그들은 마치 라플라스가 뉴턴에 대하여 그랬던 것처럼, 다윈이 옳다는 것을 입증했다. 이러한 모든 외견상의 난점은 18세기에 관측되었던 행성의 균시차와 같은 것이다. 일단 그것들이 자연 선택 혹은 중력에 위반되는 것이 아니라 오히려 그 몇 가지 예에 지나지 않는다는 것이 설명되면, 그것들은 빠져나갈 구멍이 되는 것이 아니라 이론을 정교화한다. 현대 과학도 다윈의 이른바 "내 인생 최고의 작품"에 씌어있는 다음과 같은 결론에서 일탈할 실마리를 제공해 주지 못한다. 그 속에서 그는 산문이라는 막 발육중인 날개에 올라타고, 서정성을 지향하며 하늘 높이 힘껏 날아가는 것이다.

많은 종류의 수목들로 가득 차 있고, 새들이 숲에서 지저귀며, 곤충들이 윙윙

대며 날아다니고, 벌레들은 습한 바닥을 기어다니는 밀림이 있다. 이러한 곳에서 서로 전혀 다르고 더구나 복잡한 방식으로 의존하는 이 정교한 형태들이 우리 주위에서 작용하는 법칙에 의하여 탄생되었다는 것을 고찰하는 것은 재미있다. 이 법칙들은 광의적으로 보면, "생식"을 수반하는 "성장," 생식에 의하여 암시되는 "유전," 생활 조건의 직접-간접적 작용 및 사용-불사용에 의한 "변이성"이며, 생존 투쟁을 유도하고 그 결과로서 "자연 선택"을 낳으며 그럼으로써 "형질"의 "분지(分枝)"와 덜 개량된 형태의 "절멸"을 필연적으로 일으킬 만큼 높은 "번식률"이다. 이리하여 자연계의 전쟁, 기아와 죽음으로부터 우리가 생각할 수 있는 가장 고등한 대상, 즉 고등동물의 생성이 직접 귀결된다. 생명은 그것이 가지고 있는 몇 가지 능력과 함께 조물주에 의하여 최초의 소수 형태 또는 한 가지 형태에 불어넣어졌던 것이며, 이 지구가 불변하는 인력의 법칙에 따라 회전해 가고 있는 동안 이처럼 간단한 발단에서 시작하여 참으로 멋지고 경이적인 형태가 끝없이 진화 발전되었고 지금도 진행 중이라고 하는 이 견해는 정말 장엄하다.

*

18세기에 물리학이 편안하게 뉴턴적 자세를 취하게 되기까지는 『프린키피아』 출간 이후 약 50년이 걸렸다. 생물학이 다윈의 진화론을 중심으로 명확하게 방향이 정립되기까지는 그보다 더 광범위한 혼란을 겪어야 했다. 사실 근대 유전학의 도움을 받아 생물학이 그 관점을 명백하게 했던 것은 겨우 1930년대 이후의 일이다. 지금도 역시 가장 뛰어난 교과서인 1929년 에릭 노르든쇨드(Erik Nordenskiold)의 『생물학사 History of Biology』는 "다위니즘의 소멸"에 대하여 언급하는 것으로 끝맺는다. 노르든쇨드는 "자연 선택은 다윈이 상상했던 형태로 작용하지 않는다는 것이 증명되었다고 보아야 한다" 하고 말했다. 그런데 오늘날에는 이와 정반대되는 것이 옳다고 생각되고 있다. 20세기에도 과학자들의 견해가 이처럼 뒤바뀔진대, 당시 사람들이 다윈 이론이 과학 전체에 얼마나 중요한지를 제대로 깨닫지 못한 것은 당연한 일이라고 할 수 있다. 유능하고 냉정한 대실험가 클로드 베르나르(Cladue Bernard: 1813~1878)는 생물학의 미래는 생리학을 화학과 물리학의 법칙으로 환원하는 데 있다고 보았다. 그는 다윈에게서는 아무것도 얻을 게 없으며 독일 자연철학도 이와 조금도 다를 바 없다고 생각했다. 그는 그의 『실험 의학 Introduction à la médecine expérimentale』(1865)의 뛰어난 선언서에서 다음과 같이 말한다. "괴테, 오켄 (Oken), 카루스(Carus), 조프루아 생티레르(Jeoffroy Saint-Hilaire), 다윈 같은 천재들에 의하여 어슴푸레하게 드러난 거대한 지평선을 우리는 물론 찬양해야 한다. 그들에 의하면 모든 생물은 유기체와 종의 진화 중에 끊임없이 변화하는 형(型)의 발로이다. 이 형 속에서 개개의 생물은 그것이 속해있는 전체의 반영처럼 소실된다." 그러나 클로드 베르나르는 그들에 감탄하지 않았다. 그는 그 과학을 생각한 일조차 없었다. 프랑스 학문의 비판적 전통에서 볼 때, 다윈의 지력과 언어는 산만한 것에 불과했다.

이 프랑스적 무관심과는 완전히 대조적으로 과학을 종교로 만드는 열광이 싹텄는데 그것은 자연을 신으로 오인하고 다윈을 예언자로 만들어 버렸다. 이 "이즘(ism)"의 독일어 표현인 다위니스무스(Darwinismus)라는 말이, 독일을 거의 고향으로 삼는 이 정신을 가장 잘 전달한다. 에른스트 헤켈 (Ernst Haeckel: 1834~1919) 등은 사물의 특징을 희미하게 만들어버리는 그들 언어의 풍부한 능력을 전개해서, 자연의 통일성이라는 괴테적 감상과 생물 진화라는 다윈의 증명을 통합하려고 했다. 헤켈의 음성은 야곱의 음성이었고, 헤켈의 손은 에서의 손이었다(구약성서 창세기 27장 — 옮긴이). 즉 낭만주의적 관념론의 역사주의 정신이었고, 일원론적 유물론이라는 소름끼치는 철학이었다. 생물학은 모두 진화론이 되고 말았던 것이다. (하나의 예를 든다면) 발생학은 그때 이후로 반복설이 지배하게 되었는데,

이것에 따르면 각각의 생물은 태중의 배(胚) 상태에서 과거의 진화 과정 — 요컨대 단세포 생물에서 무척추동물 단계, 아가미 호흡 상태, 파충류 상태 등으로의 — 을 경과한다. 헉슬리의 말을 빌면, 모든 생물은 모태로부터 나와서 자기 종족의 나무를 기어오르는 것이다. 그러나 최고의 진리는 역시 진화였다. 헤켈의 말에 의하면 "종의 자연적 기원에 대한 다윈의 이론은 '모든 문제 중 최고의 문제'인 신비스러운 '창조의 문제'를 해결해 준다 — 즉 참된 형질과 인간 자신의 기원에 관한 문제를." 헤켈의 『우주의 수수께끼』의 두 장(章)은 혼(魂, soul)의 "개체 발생"과 "계통 발생"을 취급하는데 반복설을 이용하고 있다. 지나친 열광은 흔히 있는 일이긴 하지만 이것은 진화론을 너무 과도하게 적용했다는 느낌이 든다. 헤켈은 진화론을 생물학의 전문 영역과 연결시키기 위해서는 정확히 어떤 문제를 거쳐야 하는가, 과학 전체를 진화론의 용어로 환원하기 위해서는 어떠한 실증적 절차를 밟아야 하는가에 대하여 거의 생각하지 않았다. 그의 판단의 잘못은 베르나르의 잘못과 반대되는 것이었다. 그것은 편협한 특수화에 의한 잘못이었다.

　지금 다윈이 남긴 논점 이상으로 분석을 진전시켜 생각해 보면, 결정적인 문제는 유전의 메커니즘이라는 것이 분명한 것으로 보인다. 원래 다윈은 모르는 것은 모른다고 딱 잘라 말했는데, 이 점에 관해서는 후년의 논문에 담긴 범생설(汎生說, pangenesis)에 관한 막연하고 모순된 사변으로 인해 혼란이 발생한다. 다윈의 진화론이 유전을 설명할 수 없다고 하는 비판에 대처하기 위하여 어떤 생물학자들은 라마르크의 책까지 거슬러 올라갔다. 그리고 라마르크의 모든 원리들 속에서 획득 형질의 유전을 뽑아냈는데, 그들의 극단적 경향은 이것을 라마르크 철학의 주 논점으로 보고, 다윈 이론에 대한 중요한 보완점으로 삼았다. 독일의 생물학적 낭만주의는 신라마르크주의를 받아들이기 쉬운 풍토를 빚어냈다. 그것은 당연한 일이었다. 평범한 의미에서 획득 형질의 유전은 동어 반복

만큼 잘못된 것은 아니다. 종에 있어서 형태적 변화는 누적적이어야 한다. 그러므로 어떤 의미에서는 유전될 수 있다. 그렇지 않으면 진화는 있을 수 없다. 문제는 이 형질들이 유전되는 경위 및 형질 획득과 유전의 관계이다. 사실 이 문제를 구별하는 데 실패했기 때문에, 생물학 사상은 19세기의 나머지 기간 동안 점점 더 넓어지는 영역 속에서 계속 움직여 갔던 것이다.

이러한 영역에서 기계론자가 생기론자보다 더 잘 탈출한 것도 아니다. 여기에서도 진정한 문제는 생기론인가 기계론인가, 관념론인가 실재론인가 하는 선택의 문제가 아니라 생물학적 객관성의 달성이었던 것으로 보인다. 만약 우리가 근대 유전학의 입장에 서서 가장 뛰어난 관념론자 칼 폰 내겔리(Karl von Nägeli: 1817~1891)의 업적과 가장 뛰어난 기계론자 아우구스트 바이스만의 업적을 비교해 보면, 그들의 이론 구조가 다른 것이 아니고 그들의 차이란 그들의 기질에서 오는 것처럼 보이는 것이다. 내겔리는 베를린에서 헤겔(Hegel)에게 철학을 배웠던 식물학자이자 세포학자로서 뮌헨에서 가르쳤다. 화분(花粉) 입자, 단세포 조류(藻類), 은화식물(隱花植物)의 성(性)에 관한 내겔리의 연구는 중요한 것이었다. 자연 선택이라는 생각은 내겔리에게 아무 의미도 없었다. 진화에 관한 그의 사변 ─ 그는 이것을 이론이라고 생각했는데 ─ 은, 생물학적 낭만주의가 설명을 제공해줄 이상적 기계론을 찾기 위해 일종의 데카르트적 탐구를 수행한 경위를 보여 준다.

내겔리의 유전 원질(遺傳原質)은 복잡하게 얽힌 소용돌이처럼 시간의 경과에 따라 분지(分枝)한다. 그것은 가상적인 기계론의 모든 특징을 보여준다. 예를 들면 너무 미세하고 유연하기 때문에 어떤 장치를 가지고도 검출할 수 없는 구조, 각종 영향들이 통과하는 박막(薄膜), 형언할 길이 없는 프로테우스적인 장력 등이다. 유전 원질은 개체 발생과 계통 발생, 즉 생체의 역사와 종족의 역사를 외형적으로 구분하기 위하여 연구 전략상의 필요로 인해 생긴 것이었다. 어떤 생물체에도 기본질(tropoplasm)과 유전 원질(idioplasm)이라는 두 종류의 물질이 있다. 기본질은 여러 부분과 기관, 즉 눈에 보이는 구조를 만들어 내며, 모든 기본세포(tropocell)는 유기체와 함께 사멸한다. 유전 원질은 불변이다. 이것은 구조적으로는 세포상(狀)이고, 생명이 싹트는 원시 단백질적 물질로부터 결정(結晶)되는 "미셀"(micelle, 교질膠質입자 — 옮긴이)의 필라멘트이다. 그것들은 평행으로 배열된다. 그것들은 섬유처럼 꼬이거나 팽팽하게 되어서 실 모양으로 되는데, 반면에 기본세포는 펠트로 된 직물층처럼 두께를 가진 모상(毛狀) 덩어리로 되어 있다.

또는, 유전 원질은 진화론에서 스토아 학파의 뉴마(pneuma)에 대응되는 것이라고 하면 이해하기가 쉬울지도 모른다. 한편으로 그것은 진화에서의 통일성의 원리이다. 그러나 다른 한편으로 그것은 살아있는 물질의 흐름을 문, 종, 개체, 기관, 세포 등에 따라 분화시킨다. 유전 원질이 이것을 결정하는 인자를 가지고 있기 때문이다. 각 필라멘트는 그것이 삼투하는 기관에서 어떤 성질 — 즉 그것의 색, 화학적 조성, 물리적 상태, 생리적 기능 등 — 을 고정시킨다. 예외는 아무것도 없다. 유전 원질은 마치 감지할 수 없는 신경계처럼 유기체 전체에 가지를 뻗어 있다. 신체의 모든 부분에 유전 원질이 빠짐없이 고루 미치고 있는 것이다. 생식기도 예외는 아니며, 발생은 양친으로부터 온 유전 원질이 수정된 난자에서 혼합되는 데에서 비롯되는 것이다. 그러므로 예컨대 말(馬)이라는 종 속에 흐르고 있는 유전 원질은 다름 아닌 말의 본성 자체이다. 각각의 말의 차이는 유전 원질이란 물질의 변화에 의한 것이 아니라, 특정한 미셀들 사이에서 일어나는 차별적 장력(張力), 혹은 그 동물이 살아가는 동안에 일어나는 우연에 의한 것이다.

이것은 분명 가장 순수한 신판 라마르크주의이다. 내겔리를 따라 수백 페이지에 달하는 공상적인 이야기로 들어가는 것은 내키지 않는 일이다.

그것의 역사적 의의란 낭만주의 정신이 다윈 이후로 수십 년 동안 진화를 설명하려고 했던 방식에 있다. 여기서는 생명의 가닥이 관심의 표적이 된다. "나는 원시적인 미조직 상태의 물질에서 시작해서 어떻게 조직을 가진 미셀상(狀)의 물질이 생겼는가, 그리고 어떻게 이 미셀상의 물질로부터 다양한 성질을 갖춘 유기체가 생겨났는가를 보이겠다." 진화란 "자동적 완성화의 과정, 즉 유전 원질의 진행과 유기 물질의 엔트로피"의 표현이다. 외계의 조건에 의하여 발생하는 적응상의 변화는 거의 의미가 없다. 환경은 유기체에 그 생명 과정의 먹이와 재료를 제공할 뿐이다. 그것은 항구적인 변화를 일으키지 않는다. 그것은 개체 발생에서만 중요할 뿐이다. 생식이 연속의 단절을 의미하는 것도 아니다. 양친은 "줄기가 그 생명을 가지에게 계승시키는 것처럼" 자손에 의하여 연속된다. 결국 생물학자가 연구해야 할 것은 진화 과정 중에, 즉 세계의 기초를 이루는 생물학적 과정 중에 나타나는 생물의 본성이다. 그것은 유기체 자체가 분할될 수 없는 것과 마찬가지로 분할하여 취급할 수 있는 문제가 아니다.

만약 유전과 변이가 생물의 참된 본성에 따라 정의된다면, 그것들이 반대되는 것처럼 보이는 것은 외견에 불과하게 될 것이다. 한 개체에서 다음 개체로 이행되는 것은 유전 원질뿐이기 때문에, 계통 발생적 전개는 오직 유전 원질의 연속적 진행 속에만 있다. 그리고 원질의 시원(始原)적 한 방울에서 시작되어 현존하는 생물(식물 또는 동물)까지 다다른 계통수(系統樹) 전체는 엄밀히 말해서 각각의 유전 원질의 구성에 불과하며, 그것은 각 개체의 새로운 형태를 형성하며 그것의 진보와 대응된다.

한편 바이스만(August Weismann: 1834~1914)은 생물학사에서 보통 다윈의 자연 선택설을 유전 연구에 도입한 사람으로 소개된다. 그의 생식질(Keimplasm〔germplasm〕—이것은 이것을 탄생시킨 언어의 밖으로 나가면 마력을 잃고 만다)이란 가정은 지금도 교과서에 등장한다. 이것은 획득 형질의 유전에 의한 진화에 반대한 역사적 기초라고 생각될 만한 것이다. 바이스만이 생식질이란 말을 만든 때는 1882년으로서 내겔리의 유전 원질보다 2년 앞서서였다. 두 가지 모두 개체 발생의 소소한 사건들로부터 멀리 떨어져서 유전을 고찰하겠다고 하는 전술의 표현으로서, 1880년대의 이론 생물학에서 일반적으로 유행되었다. 내겔리의 유전 원질에 끌리는 사람은 해부학자, 생리학자, 병리학자일 것이고, 바이스만의 생식질에 끌리는 사람은 진화론자일 것이다. 바이스만은 생식세포와 체세포를 구별했다. 생식세포는 분열을 통해 증식하는 단세포 생물처럼 불멸이다. 이 구별은 현재는 그리 명쾌하지 않다. 그러나 이것은 생식세포와 분화된 체세포 사이의 중대한 차이를 극적으로 표현해주며, 후자가 유전과는 아무 상관도 없다는 것을 강조하는 데도 역시 도움이 된다. 즉 생물의 체세포는 생식 세포로부터 유도되지만, 그 역은 불가능하다는 것이다. 생식 세포의 계보는 분명히 세대에서 다음 세대로 직접 연결된다. 그러나 한 세대 안에서는 생식 세포는 격리된 채로 수도원적이라고도 할 만한 생활을 보낸다 — 만약 이런 비유가 허용된다면 말이다.

내겔리는 심오한 관념론자이자 라마르크주의자였다. 바이스만은 심오한 기계론자이자 다윈주의자였다. 그의 생식질이라는 해석은 내겔리의 유전 원질보다 개념적으로 우수했다. 바이스만은 생식질을 자연 선택이 실시되는 장소로 생각했으며, 진보나 인간 또는 그 이상의 것으로 향하여 가는 내재적 원동력의 장(場)은 아니라고 생각했다. 더 나아가서 그는 그것이 한 생물에서 다음 생물로 연속되는 입자상(狀)의 플라즈마이지 생명과 시간에 편재해 있는 검출 불능의 망상(網狀) 조직은 아니라고 보았다. 바이스만은 기질상 냉정했다. 그의 정신은 개방적이었고 독창적이었다. 그는 자신이 살아있던 기간 중에 이루어진 발견들에다 그의 생식질을 적용할 방책을 민첩하게 강구했다. 이 발견들 중에서 가장 관계가 깊었던 것은 루(Roux)의 염색을 통한 염색체 고정이었고, 세포 분열 중에 나타나는 그 구조의 비범하고 아름다운 행동이었다. 바이스만은 감수 분열이 어떻게 유전 물질의 나뉨과 혼합과 연관되어 있을지를 정확하게 예견했다. 그리고 그는 염색체가 생식질이 들어 있는 용기(容器)라는 설을 열렬히 지지했으므로 일반적으로 근대 유전학의 프로그램을 발표한 사람이 바이스만이라고 생각되는 것도 그리 놀라운 일이 아니다.

그렇지만 만약 이 말이 전적으로 옳다면, 어째서 생물학이 자신의 업무를 익히는 데 20세기까지 기다려야만 했을까? 비판적으로 음미해 보면 바이스만은 필시 근대의 종합보다는 내겔리에게 더 가깝다는 것이 밝혀질 것이다. 바이스만은 생식질의 한 입자를 세포에서 나타나는 변이 가능한 모든 성질의 물리적 기초로 만듦으로써 기계론을 구해낼 수 있었다. 그러나 그렇다면 영원한 회귀에 빠지게 된다. 그러므로 생식질이 일군의 분자, 즉 "바이오포어(biophore)"들로 구성된다는 것은 이론적으로 필연적이었다. "그것은 반드시 존재한다. 왜냐하면 생명 현상은 물질의 실체에 묶여 있음이 틀림없기 때문이다." 각 유형의 바이오포어들은 세포의 각 부분을 지배한다. 그러므로 바이오포어는 "형질, 즉 세포의 성질을 담당한다." 그러나 또한 세포는 조직적 기능에 의해서 분화되어 있다. 유기 조직의 이러한 양상은 생식질 속의 제2차 단위에 의하여 지배된다. 그것은 바이오포어의 복합체인 "디터미넌트(determinant)"이다. 마지막으로 이 디터미넌트는 제3차 원질 단위인 "이드(id)"에 자리잡고 있는 그 위치에서, 개체 발생의 과정 중에 어느 세포로 이동해야 하는지를 "알고 있다." 이 이드로부터 생식질의 유전된 완전히 명확한 건축물이 형성된다. 바이스만은 이 말이 유전 원질의 덕을 보고 있는 것에 대하여 사의를 표한다. 그의 "이드"는 아마 직기(織機)의 인구(引具) 같은 기능을 가진 것이라고 생각되며, 각각의 끈(즉 이드)은 직사(織絲), 즉 디터미넌트)의 특징적인 조합을 통하여 그 모양을 형성한다. 그리고 이러한 일은 모두 막대 모양의 염색체 안에서 지각할 수 없는 수준에서 이루어진다.

그러면 자연 선택은 어떠한가? 바로 여기에서 비로소 바이스만의 독창성의 진가가 발휘된다. 왜냐하면 그는 생식질 내의 실체들에 다위니즘을 자리잡게 하려고 했던 것이다. 바이오포어나 이드는 생명수가 흐르는 곳이므로 이 속에서 생존 투쟁이 일어나야 한다는 것은 자명하다. 그 각각은 개체 발생에서는 표출되고 계통 발생에서는 선택되는 변이의 근원 혹은 변이의 복합체의 근원이다. 생식질에서 어떤 이드가 다른 이드에게 이기는 일이 일어나는데, 그것은 생물을 풍토, 습관, 식생활, 그밖의 외적 조건의 변화에 적응할 수 있도록 만드는 결과로서 나타난다. 이 경우 선택된 생식질은 유리한 개체가 증가해 감에 따라, 점차 확장되는 경로를 통하여 증대되어서 신종으로 변하여 간다.

생식질 선택이란 생각은 바이스만의 사고와 현대 유전학의 사고 사이의 간극의 정도를 보여 준다. 결국 생식질은 정성적인 가설, 즉 역사적 시간을 거치면서 성질들을 떠맡는 가상의 물리적 요인에 머무르고 말기 때문이다(이는 유전 원질도 비슷하다). 생식질은 염색체 속의 원기(原基)의 흐름을 나타내는 말 이외의 아무것도 아니다. 그것은 결코, 생물학적 사건들의 프로그래머이자 조직화 정보의 항목인 유전자가 되지 못했는데, 이는 논리적으로 불가능했던 일이었다. 실제로 바이스만의 생식질의 고립화는 진화를 염색체 속에 내재하는 과정으로 만들어 버렸다. 구조와 환경을 연관시킴으로써 진화를 객관화하지 않고, 대신 그것을 생물 안에다 내재화시켰던 것이다. 바이스만에 있어서는 우리도 줄에 꿰어있는 염주이다. 그것이 비록 모래로 된 줄이라고 해도 진화론자들은 역시 그 줄을 연구할 것이다. 그러므로 생식질이란 것도 너무 많은 것을 설명하려 했기 때문에 실패한, 원시적인 과학적 해석의 일례였다. 바이스만은 유전과 발생을 모두 생식질로 해결하려고 했다. "발생은 생식질의 변화에 의존하며, 유전은 그것의 연속성에 의거한다."

그러는 동안 이에 대한 옳은 답은 멘델(Mendel: 1822~1884)의 정원에 있는 완두라는 형태로 꽃피었다. 멘델은 지금은 유명한 그의 논문 「식물 잡종에 관한 실험 Versuche über Pflanzenhybriden」을 1866년에 발표했다. 그러나 생물학자들이 앞에 서술한 그릇된 질문들에 정신을 빼앗기고 있었으므로 이 논문은 1900년까지 방치되었다. 멘델의 실험 결과가 오랫동안 알려지지 않았던 것은 그것을 출판한 브륀 박물학회가 무명의 학회였기 때문이라고 흔히들 이야기하는데 이것은 사실이 아니다. 과학사 최대의 아이러니 중의 하나는 멘델과 내겔리 — 작은 정원에서 연구한 주데텐의 겸허한 수도승과 뮌헨 대학의 고문인 박사 교수 — 의 서신 교환이다. 멘델은 초기의 편지에서 그의 발견에 관하여 말했다. 이에 대하여 충실한 헤겔 학도인 내겔리는, 그 발견이 "합리적이기보다는 오히려 경험적이 아닐까" 하고 답했다. 그리고 토론할 의도 따위는 전혀 없이 멘델에게 버들민들레 실험을 시킴으로써 그를 마치 무급 실험 조수처럼 취급했다. 자연 선택과 유전 형질의 불연속성은 역사적으로 생물학적 객관성의 기초를 이루고 있는 두 개념인데, 이것들이 아마추어라고 할 수는 없더라도 최후의 박물학자인 두 사람 — 영국의 시골 젠틀맨 다윈과 오스트리아의 수도승 그레고르 멘델 — 의 연구에 의하여 과학사 위에 모습을 드러낸 것은 분명히 기묘한 일이다.

그렇지만 다윈에서와 마찬가지로 멘델의 경우 또한 과학은 행운의 스트라이크를 기록하지 못했다. 「잡종 식물에 대한 실험」을 읽는 것은 뛰어난 생물학적 지성과의 교류를 경험하는 것이다. 우리는 여기에서 상황을 상세하게 설명하는 본능을 볼 수 있는데, 이것이 생물학자를 물리학자로부터 구별지어 주는 것이다. 또한 우리는 여기에서 유기체에 의해 부과되는 조건들을 만족시키기 위한 인내의 자질을, 그리고 실험을 설정해 놓고 생물이 그것을 수행해 가는 과정을 기꺼이 관찰하는 마음을 볼 수 있는데, 이는 물리학자에게는 요구되지 않는 것이다. 멘델의 실험은 몇 세대를 거듭하여 8년이란 세월이 걸렸다. 그 실험 전체를 통해, 기계적 정확성과는 다르지만 미세함에서는 전혀 이에 뒤떨어지지 않는 작업 기질을 가지고 생물체를 다루는 우아한 모습이 나타난다. 그는 통계적으로 충분한 의미를 가질 만한 수의 식물을 연구했고, 꿀벌이 제멋대로 꽃가루를 옮겨 주기 전에 그 하나하나를 수분하지 않으면 안 되었다. "인공수정은 분명히 어려운 조작이지만, 거의 언제나 성공한다. 이 일을 하기 위하여 봉오리가 완전히 열리기도 전에 이것을 열어 용골판을 떼어내고 수술을 하나씩 핀셋으로 주의 깊게 들어내었다. 그리고 나서야 암술머리에 다른 꽃가루를 묻힐 수 있었다." 다음에 멘델은 그것이 같은 종류의 식물의 꽃가루를 받을 수 없도록 꽃봉오리에다 작은 자루를 씌웠다. 멘델의 마음은 어떠한 정교한 문제가 어떠한 일반적 의의를 가지고 있는지를, 또 이것을 어떻게 제기해야 하는지를 아주 명료하게 지각하고 있었던 게 틀림없다.

왜냐하면 생물학의 결정적인 신비는 생물 형태의 지속성과 종의 변이의 관계에 있었기 때문이다. 이제 와서 보면 멘델이 다윈과 정반대되는 입장에 서서 이 문제를 얼마나 정연하게 문제 삼았는가를 알 수 있는데, 멘델의 해답은 다윈의 해답에 대한 필수적인 보완이었다. 말하자면, 다윈은 외견상 고정된 것처럼 보이는 종의 변이를 연구했고, 멘델은 외견상 지속과 변화가 대단히 빠르게 나타나는 잡종의 변이의 와중에 존재하는 고정성을 연구했다. 멘델은 인공 수정에 의하여 새로운 종의 꽃을 피우는 식물을 만드는 일에 대해서 풍부한 경험을 갖고 있었다. 그의 주의를 끌었던 것은 동일한 잡종 형태가 규칙적으로 출현한다는 사실이었다. 그래서 그는 "잡종의 형성과 전개에 적용가능한 일반적인 법칙"을 발견하려고 했다. "잡종의 자손이 나타내는 여러 가지 형태를 결정할 수 있게 해 주고, 그 각 세대에 따라 명확하게 형태를 정리하고 그것들의 통계적 관계를 분명하게 확인하는" 실험은 지금까지 한 번도 없었다. 이것은 올바른 물음이었다. 멘델의 성공은 이 물음이 가진 설득력의 덕분이었다. 그는 큰 주제 속에서 헤매지도 않았다(이따금 그런 것처럼 보이긴 했지만). "이처럼 원대하고 힘든 일을 하려면 반드시 용기가 필요하다. 그렇지만 이것이야말로 생물 형태의 진화의 역사와 관련하여 그 중요성을 아무리 높이 평가해도 지나치지 않은 문제를 해결할 수 있는, 단 하나의 올바른 길인 것처럼 보인다"(멘델의 장서 가운데는 글씨를 잔뜩 써놓은 『종의 기원』이 있다).

그가 이 실험을 위하여 완두를 생각해 낸 것은 행운만은 아니었다. 그의 문제는 각각의 형질이 고정되어 있고 불변이며 더욱이 그 형질 사이의 구분이 명료한 식물을 요구했다. 두 종류의 잡종의 자손은 길이가 길

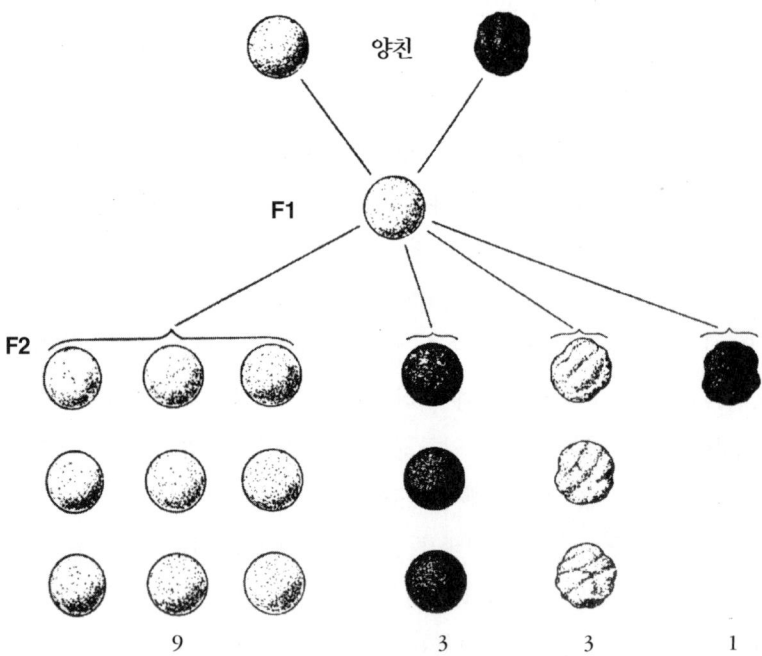

든지 짧든지 둘 중의 하나여야지, 좀더 길든지 좀더 짧은 것이어서는 안 된다. 여러 번 시험한 끝에 멘델은 34종의 완두를 골랐다. 그리고 일곱 쌍의 대립 형질을 관찰하기 위하여 그것들을 교배했다. 그 일곱 쌍은 종자의 형이 둥근 것과 모난 것, 떡잎이 황색인 것과 녹색인 것, 씨의 껍질과 꽃의 색이 백색인 것과 다른 색이 있는 것, 익은 콩깍지의 색이 녹색인 것과 황색인 것, 꽃이 줄기를 따라 있는 것과 맨 위에 붙어 있는 것, 식물 전체의 길이가 긴 것(6~7피트)과 짧은 것(약1피트)이었다.

그 결과는 일반 과학의 초보 과정을 배우는 학생도 알고 있으며, 저 유명한 가계도로 한번 배우고 나면 우성과 열성이란 낱말을 쉽게 사용하게 된다.

이것은 매우 단순 명료하고, 그 비 또한 매우 적절하다. 지식을 전달할 때 이러한 그림은 엄밀한 원자 모형처럼 학생의 기억에 도움이 되지만 그러한 자료가 나온 사색을 이해하는 데는 방해가 된다. 멘델은 세대에서 세대로 교대하며 이어졌던 긴 것과 짧은 것, 종자가 둥근 것과 주름진 것의 혼성물 속에서 우선 우성과 열성 형질을 생각해 내야만 했다. 다음에 그는 확률이 아직 과학적인 증명 방법으로서 그리 자주 사용되지 않았던 시대에 통계적 질서를 연구하지 않으면 안 되었다. 왜냐하면 어느 한 조(組)의 양친의 자손이 보통은 멘델의 비를 나타내지 않았기 때문이다.

예를 들어서 그는 처음 열 그루의 식물(F1)의 자손이 보여주는 결과를 첫번째 실험으로서 보여 주었다.

실험 1 씨의 형태

식물	둥근 것	주름진 것
1	45	12
2	27	8

3	24	7
4	19	10
5	32	11
6	26	6
7	88	24
8	22	10
9	25	7
10	25	7

실험 2 떡잎의 색

황색	녹색
25	11
32	7
14	5
70	27
24	13
20	6
32	13
44	9
50	14
44	18

실험 1에서 극단적인 경우에는 둥근 것이 43, 주름진 것이 2, 둥근 것이 14, 주름진 것이 15로 나온 경우도 있었다. 그가 연구한 일곱 쌍의 형질 하나하나에 대하여 우성, 열성의 비를 수립하기 위해서 필요로 했던 데이터의 양을 표로 나타내면, 그의 노고의 정도와 그의 확고한 통제 능력을 알 수 있다.

형질	식물의 수(F1)	우성과 열성의 비
종자의 형태: 둥근 것 대 모난 것	7,324	2.96
떡잎의 색: 황색 대 녹색	8,023	3.01
꽃의 색: 흰색 대 색 있는 것	929	3.15
깍지의 형태: 밋밋한 것 대 잘룩한 것	1,181	2.95
깍지의 색: 녹색 대 황색	580	2.82
꽃이 붙어있는 위치: 잎이 달린 곳 대 줄기의 끝	858	3.14
줄기의 높이: 긴 것 대 짧은 것	1,064	2.84
		2.98 또는 3:1

이것은 F1세대에서만 나타나는 현상이었다. 그 다음 세대에서는 3분의1은 순종이고 3분의2는 잡종으로서, 이것 또한 3대1의 비를 보여준다는 것에 멘델은 주의력을 집중하지 않으면 안 되었다.

아마 이 정도의 산술적 미로(迷路)는 고도로 추상적인 수학적 사고를 필요로 하는 것은 아니었으리라. 그렇지만 이것은 수학을 생물학에 적용한 주요한 사례로는 최초의 것이었다고 해도 과언이 아닐 것이다. 그리고 멘델은 그 밖에도 커다란 공헌을 남겼지만, 이것이야말로 과학에 대한 멘델의 주요 공헌이라고 생각할 수 있을 것이다. 즉 생물학의 수량화는 멘델의 실험까지 거슬러 올라가는 것이다. 몇 가지의 변화가능한 형질이 교배에 의하여 결합되었을 경우—예를 들면 줄기의 길이(긴 것과 짧은 것)가 꽃의 색(색 있는 것과 흰 것)과 결합된 경우—에, 유전의 미로를 통과하는 멘델의 강인한 추론의 끈을 더듬어가다 보면 우리는 최대의 찬사를 내놓지 않을 수 없다. 세부적인 설명으로 들어가지 않더라도, 멘델이 그의 결과를 나타낸 다음과 같은 표현이 논점을 설명해 줄 것이다.

AB + Ab + aB + ab + 2ABb + 2aBb + 2AaB + 2aab + 4AaBb ······
여기에서 각 항은 네 가지 형질의 가능한 조합을 나타내고, 계수는 자손의 상대적 발생빈도를 나타낸다.

특정 형질은 분리된 형태로 세대에서 세대로 지속된다는 것, 이것이 멘델의 기본적 발견이었다. 유전 형질은 혼합되어 전해지는 것이 아니라 묶음으로 전해진다. 이것은 불연속적으로 전해지는데, 물리학자도 이와 비슷한 기본적 요소 — 양자(量子)라고 불리는 — 에 도달하여 이 역시 통계적으로 취급했던 바 있다. 뉴턴이 중력의 원인에 대하여 그러했던 것처럼 멘델도 유전 단위가 존재하는 장소에 대해서는 가설을 제시하지 않는다. 하지만 여러 결과에 대한 멘델의 해결은 그 구조에서 볼 때 원자론적이다.

여러 다양한 정상 형태들이 하나의 식물에서 — 아니 하나의 꽃에서 — 생긴다고 할 수 있다. 따라서 잡종의 씨방에는 정상적으로 결합할 수 있는 수만큼의 난세포의 종류가 있고 꽃밥에는 그만한 종류의 화분 세포가 있을 것이다. 그리고 이 난세포와 화분 세포는 그 내부 구조에 있어 각각의 형태들에 대응된다는 결론을 내리는 것이 논리적일 것이다.

이 "세포들"을 현대 유전학의 유전자로 바꾸는 것이 논리적으로 가능했던 것은, 바로 멘델이 유전의 문제를 변이의 문제와 구별해냈기 때문이다. 그러나 내겔리와 바이스만의 혼합 유전 이론에서는 그렇게 될 수 없었다. 또 19세기 후반에 다윈의 유산과 맞붙어 씨름해야 했던 그밖의 생물학자들 — 뛰어나지만 갈피를 잡지 못했던 — 의 해석도 마찬가지였다. 그들의 유전 원질이나 생식질은, 일찍이 뉴턴과 대립했던 퐁트넬이나 데카르트주의자들이 하나의 단일 개념을 이용함으로써 중력의 원인을 설명하고 동시에 그 작용도 서술하려고 했을 때와 같은 입장에다 생물학자들을 던져 놓았던 것이다. 그렇기 때문에 만약 이 생물학자들이 과학사를 알고 있었다면 생물학에 어떤 영향이 있었을까, 또 만약 그들이 멘델의 업적에 주목했더라면 어떻게 되었을까 하고 과학사가로서 생각해 보고 싶기도 하다. 만약 그들이 멘델의 이 간단한 정수비를 돌턴의 정수비 ─ 이것에 의하여 화학혁명은 수학적 용어로 환원되었다 ─ 와 비교해 보려고 했다면 어떻게 되었을까? 만약 그들이 17세기의 입자론 철학과 뉴턴적 종합의 관계를 알고 있었다면? 그렇다면 그들은 무익한 추론을 생략할 수 있었을 것이고, 그들의 과학의 진보를 수십 년 앞당길 수 있지 않았을까?

그렇지만 사정은 그렇게 진행되지 않았고, 멘델의 논문은 사산(死産)되었다. 이것은 1900년까지 가사(假死) 상태에 있다가 그 해 과학의 논리에 의해서가 아니라 역사의 비논리에 의하여 홀연히 소생했다. 19세기의 끝 무렵에 몇몇 생물학자들은 다위니즘을 향하여 여러 차례 퍼부어진 반론을 문제 삼았다. 그 반론이란 다음 세대로 전해지는 거의 알아챌 수 없을 정도의 사소한 변이가 어떻게 해서 선택되고 영속되는가 하는 것이었다(유전자에서 중대한 돌연변이가 일어난다는 것이 알려진 지금은 이것이 그릇된 문제임이 잘 알려져 있다). 그러나 점진론(漸進論, gradualism)보다는 큰 돌연변이가 일어날 가능성이 보다 주목받았다. 진화는 필시 경사면이 아니라 계단일 것이다. 이 문제를 규명한 사람 중에서 가장 주목할 만한 사람은 암스테르담의 후고 드 브리스(Hugo de Vries: 1843~1935)이다. 그는 달맞이꽃의 어떤 파생종이 돌연변이에 의하여 신종이 되는 것을 관찰했다. 게다가 식물학자로서 그는 바이스만의 생식질에 내포되어 있는 의미, 예를 들어 꽃의 색은 단지 그 기관만을 지배하는 유전적 구조물에 의하여 결정된다는 것만으로는 불충분하다는 것을 알았다. 오히려 어떤 꽃이 희다는 것은 잎이나 줄기에도 나타나고 있는 현상과 관련되며, 그것은 드 브리스가 "팡겐(pangens)"이라고 부른 것 ─ 모든 기관에 내재해 있는, 분리된 구성 성분 ─ 의 지배를 받음이 틀림없었다. "한 식물의 전체 형질은 일정한 구성 단위들에 의하여 형성된다. …… 각각의 형질들은 특정한 형태의 물질적 전달자에 대응된다." 각각의 기관이나 체세포가 아니라 (이 점이 강조되어야 한다) 각각의 형질이 대응되는 것이다. "이 요소들 사이의 중간물이 존재하지 않는 것은, 화학의 분자와 분자 사이의 중간물이 존재하지 않는 것과 같다. …… 종에 대한 일반적인 이미지는 배경으로 물러나고, 종이 독립적인 요소들로 구성되어 있다는 생각이 전면에 등장하는 것을 우리는 인정해야 한다. …… 한 종의 형질을 구성하는 단위들은 …… 각각 명확하게 별도의 중요성을 가진 것으로 보아야 한다."

드 브리스가 이것을 썼을 때, 그는 이미 멘델의 논문을 발견하고 있었다. 또 거의 동시에 튀빙겐의 칼 코렌스(Carl Correns: 1864~1933)와 빈의 에리히 체르막(Erich Tschermak: 1871~1962)도 발견하고 있었다. 그들은 불연속적 유전에 관하여 완전히 독립적으로 연구하고 있었던 것이다. 이 삼중의 일치가 세상의 이목을 끌었다. 잘못의 정정이 너무 늦었기 때문에 피해자들에게 이득이 되지 못한 것을 애석해 하는 마음도 있었다. 드 브리스의 불안정한 달맞이꽃은 사실 진짜 돌연변이는 아니었다. 그래도 그것은 유전은 그 기초에 있어서 불연속일 것이라는 명제를 과학자 사이에 심어주는 데 도움이 되었다. 드 브리스의 "팡겐"에서 그 접두어만 떼어냈더라면 이 말(gene, 즉 유전자 — 옮긴이)은 생물학과 함께 남아있었을 것이며 멘델적인 해석 구조가 이것에 올바른 증거를 제공하기 위하여 기다리고 있었을 것이다. 그러나 그것은 1906년 콜럼비아 대학의 실험실에서 출현했다. 모건(Thomas H. Morgan: 1866~1945)이 분홍색 눈을 가진 초파리를 몇 세대에 걸쳐서 사육하고 있는 동안 흰 눈을 가진 것을 발견한 것이다. 폭발적으로 출현한 새로운 과학인 유전학은 불균형스럽게도 이 작은 곤충의 날개 위에서 탄생했다. 유전학자에게 초파리가 갖는 의미는 보일이나 프리스틀리에게 20일간의 쥐가 갖는 의미와 같았다. 과학사가는 이제까지 주워 모은 이야기들을 이 유전학과 함께 생물학자에게 넘겨주지 않으면 안 된다. 멘델-모건의 조합이 생물학 혁명의 역사적 구도 속에서 차지하는 위치는 돌턴이 화학에서 보여 주었던 위치와 같다는 것을 지적하는 정도로 그치겠다. 유전학자들은 세대를 거듭하며 (마치 화학자가 시약을 마음대로 다루듯이) 형질들 — 짧은 날개, 회색 몸체, 흰 눈 — 을 분리하거나 조합할 것이다. 유전의 물질적 단위가 가지는 객관적 의의에 대한 그의 테스트는 라부아지에의 분석 및 합성과 같다. 유전자가 실재하는 입자인가, 아니면 유전을 일으키는 거대한 분자들의 배열인가 하는 의문도 이 문제를 흐릿하게 만들지는 않는다. (라부아지에가 비슷한 상황 하에서 말했던 것처럼) 이 두 가지 모두 가설이라는 추상적이고 수학적인 방식으로 양을 표현하는 것을 허용하며, 아마도 서로 상호보완적인 진리일 것이기 때문이다.

*

돌연변이는 무질서하게, 혹은 복사(輻射)나 그밖의 손상의 결과로서 유전자에서 일어난다. 그러나 그 변이가 객관적 환경 속에서 동물에게 이익을 주는 한, 선택되고 보존된다. 시간에 대한 진화의 운동이란 이런 것이다. 다윈 자신은 시간에 관한 진화의 일반성을 공간에 관한 중력의 일반성과 비교한 문장으로 『종의 기원』을 끝맺는다. 확실히 19세기의 과학에 대한 인식이 진화론이란 조건에 의하여 제한되었던 것은, 마치 18세기의 그것이 뉴턴 이론이라는 조건에 의해 좌우되었던 것과 같다. 유전학에서 다윈의 자연 선택설의 확립은 학문이 처한 상황에 영향을 주어, 그 학문의 성공이 어떤 요소에서 비롯되었는지를 밝혀내고, 뉴턴 이론과 다윈 이론에 대한 구조적 비교를 확장하고, 그리하여 생물학에서 다윈의 중요성은 물리학에서 뉴턴의 중요성과 같다는 판단이 정당함을 보이도록 하였다. 자연 선택이란 개념은 유전학으로 수량화되었고 기계론과 유기체론의 대립에 종지부를 찍었다. 이 유기체란 개념은, 인간 냄새나는 자연관—궁극적으로 이것은 그리스인의 견해이다—이 뉴턴으로부터의 도피처를 생물학에서 찾아낸 것이었다. 한편 라마르크의 이론은, 낭만주의가 도래한 이후에 유전(流轉)과 과정이라는 낡은 견해를 생물학에 들여온 데서 유래했다—그리고 라부아지에는 물질의 과학인 화학에서 낭만주의를 축출해 버렸다. 뉴턴이 물리학에서 그러했고 갈릴레오가 운동론에서 그러했던 것처럼 다윈이 생물학에 질서를 부여했다는 것은 이러한 이유에서이다. 이러한 비교는 갈릴레오까지 거슬러 올라가는 것이 적당할 것이다. 운동의 객관화와 양화가 계량 과학의 맹아였기 때문이다. 아치형 구조를 이루고 있는 과학사에서, 라마르크설 혹은 신라마르크설과 다윈의 진화론 사이의 관계는 임페투스 학파와 갈릴레오 운동론 사이의 관계와 같은 것이다.

역학에서 갈릴레오는 운동을 자연적인 것으로 받아들였고, 그 양을 운동하는 물체와는 상관없이 측정되어야 하는 것이라고 생각함으로써 객관성을 달성했다. 그는 시간을 하나의 차원으로 취급함으로써 이것을 성취했던 것이다. 그 이후로 병진(竝進) 운동은 이미 형이상학적 변화로 여겨질 수 없게 되었다. 이것과의 상사점을 끌어내 보면, 다윈의 자연 선택은 유기체의 변이—말하자면 역사적 시간 속에서의 종의 운동—에서 나타나는 변화를 이와 같은 식으로 취급했던 것이다. 그는 변이(즉 운동)에 대하여 설명하는 대신, 그것을 기본적 사실로 전제하고 출발한다. 변이는 무질서하게 일어난다(실제로 변이는 유전자에서 일어난다). 다윈에게 더이상의 설명이 요구되지도 않으며, 또 과학이 추구해야 할 동인이 그의 이론에서 구해지리라고 예상되지도 않는다. 이것이 생물학이 물리학을 뒤이어 객관성으로 향해 나아갈 돌파구를 열었다. 이것은 변이의 기원과 변이의 보존을 구별하기 시작했다. 다윈이 최초로 이를 구별한 사람이었다. 변이는 우연히 일어난다. 그러나 그 변이는 객관적 환경 속에서 그것이 많든 적든 효과적으로 작용함에 따라 보존된다.

다윈의 진화적 변화를 분석해 보면, 그것은 또다른 그리고 더욱 인상적인 점에 있어서 갈릴레오의 운동과 유사하다. 거기에는 방향이 있다. 반면에 라마르크의 정식에서 생명은 자연에서 끝없이 순환할 뿐이다. 블럼(H. F. Blum)은 최근에 진화를 엔트로피의 문제로 생각하고, 시간을 열역학적 과정에 도입하면 시간을 진화의 좌표로 볼 수 있다는 흥미 있는 논의를 발표했다. 이것은 한편으로는 진화를 벡터적으로 기술하는 것이 가능하며, 다른 한편으로 생물학적 시간은 물리적 상황의 차원적 성분이고 그에 따라 더이상 생성을 위한 도피처나 유전(流轉)의 장이 되기를 그친다는 말과 같다. 사실 일반적으로 말해서 다윈의 업적은, 표현이 수치적이지는 않았을지언정 그 사고방식은 양적이었다. 이 점에 있어서 다윈과 멘델의 관계는 라부아지에와 돌턴의 관계를 재현한 것이었다 — 후자는 전자의 양에다 수치를 제공했던 것이다. 따라서 다윈이 맬더스와의 유추에서 출발했다는 것은 그 타당성의 문제 이상으로 다윈의 성공에서 큰 의의를 갖는다. 사실 이것이야말로 가장 중요한 것이었다. 다윈의 이론에서 선택의 역할은 주어진 객관적 환경에서 생존할 수 있는 생물의 양을 결정하는 일이었다. 이러한 접근 방식의 양상은 다윈의 다소 산만한 설명보다는 월러스의 논문에서 아마도 좀더 명료할 것이다. 예를 들면,

야생 고양이는 다산성이며 거의 적이 없다. 그런데 왜 이들은 토끼만큼 많지 않을까?
납득할 만한 유일한 답은 먹이의 공급이 불안정하다는 사실이다. 그러므로 토지가 물리적으로 바뀌지 않는 한 그 동물의 수가 늘어날 리 없다는 것은 자명하다. 만약 하나의 종이 그러하다면 같은 식물을 필요로 하는 다른 종도 비례해서 줄지 않으면 안 된다. 처음에 말했던 것처럼 이것이 "생존을 위한 투쟁"이며, 가장 약한 것 그리고 가장 불완전하게 조직된 것은 언제나 패배하

게 마련이다.

그리고 자연 선택에 관한 다음과 같은 월러스의 문장은 더욱 인상적이다.

자연계에 균형이 있다는 것은 누차 관찰된 바이다. 일련의 기관에 결함이 있으면 다른 기관이 잘 발달해서 이것을 보완한다. 강한 날개는 약한 다리를 수반하며 속도가 빠르면 방어력이 부족하다. 균형을 상실한 변종이 오랫동안 생존할 수 없다는 것은 이미 잘 알려져 있는 바이다. 이 원리의 작용은 증기기관의 원심력에 의한 압력 조절의 작용과 비슷하다. 이것은 어떤 불규칙성이 있으면 그것이 뚜렷이 나타나기 전에 조정한다. 그와 마찬가지로 동물계에서 불균형적인 결함은 위험하게 되기까지 발전하지는 않는다. 생존에 위협을 받아 틀림없이 절멸할 것이므로, 그것은 초기 단계에 즉각 감지된다.

그러므로 생물학에 혁명을 일으킨 사람은 다윈, 월러스, 멘델 같은 고풍(古風)의 박물학자들이었지 대륙의 실험실의 발생학자들이나 생리학자들이 아니었다는 사실은 이미 역설로 보이지 않을 것이다. 그 이유는 명료하다. 그것은 그들의 경험적 공헌에만 있는 것이 아니다. 그것은 양과 환경을 다룬 그들의 추론의 성격에 있다. 분류와 해부에 대한 제약적인 의존으로부터 생물학을 해방시킨 사람이 이들이라는 이유가 바로 여기에 있다. 이 분류와 해부 사이에는 목적지향적 유기체라는 실속 없는 다리 ─ 경험적 증거와는 아무런 상관이 없는 ─ 가 놓여있을 뿐이었다. 생물학의 혁명을 뉴턴의 혁명과 비교해 볼 때, 다위니즘과 멘델리즘의 교배에 의해 산출된 유전학이라는 잡종 과학 안에서 자연 선택의 개념이 유물론적 원자론으로 환원되어 버리는 일만큼 인상적인 것은 없다. 마치 원자와 진공으로 이루어진 물질들의 불연속성이 운동을 주관성 ─ 또는 내재적 성질들 — 으로부터 해방시켰던 것처럼, 생물학적 객관성은 유전 형질의 불연속성 위에 확고하게 자리잡고 있다(여기서 유전은 숫자로 구성될 수 있었다). 이 점에서 볼 때, 다윈의 이론적 업적이 고전 경제학의 개인주의적 가설을 생물학에 응용함으로써 시작되었다는 것은, 약점이라기보다는 오히려 다윈의 탁월한 지혜라고 보아야 할 것이다. 결국 그는 이것 이외에는 원자론에 관한 기본 지식을 가지고 있지 않았다. 그런데 그 결과는 현대의 원자 물리학에 의하여 상정되고 있는 질서 — 적절한 기법에 의하여 수학적 확률로 분석되는 우연의 질서 — 와 조금도 다르지 않은 생물학적 질서의 개념이다.

따라서 다윈과 라마르크주의자들은 원자와 연속, 우주만물의 다양성과 자연의 통일성 사이의 끝없는 논쟁에서 각자의 의견을 주장한 것이다. 사실 이 논쟁은 과학이 그리스에서 출발한 이래 그 역사에 변증법을 제공해 왔다. 자연의 프로그램으로서의 생명의 연속체라는 개념은 우주발생론의 연장선상에 있는 고전적 철학으로까지, 즉 스토아 학파와 헤라클레이토스를 거쳐 불, 유전(流轉)과 과정으로서의 세계로까지 거슬러 올라가는 것이다. 그러나 과학은 이것과 반대되는 우주론에서 유래한 것으로서, 과정이라는 견지에서 본 생성에 대한 고찰로부터가 아니라 이성의 견지에서 본 존재에 관한 고찰로부터 유래한 것이다. 그리고 아마도 결국은 이것이 모순처럼 보이는 다음과 같은 사실을 해결해 줄 것이다 — 즉 디드로, 괴테, 내겔리의 과정의 신앙보다는 섭리론, 고정성, 신의 계획에 대한 신앙이 사람들을 더 많이 실증적인 과학 연구로 이끌었다는 사실을. 이것은 예를 들면 뉴턴에게 있어서도, 린네나 퀴비에에게 있어서도 그랬다. 이론의 구성 요소로서의 섭리론은 끝내 자멸하고 말았다. 그러나 그것은 과학에 구조를 확립해준 뒤에 비로소 자멸한 것이다. 그것은 분석의 조건으로서 구실할 수 있는 특정한 존재를 가정한다. 반면 생성 속에서는 만물과 만물이 뒤섞여, 아무것도 뚜렷하게 밝혀질 수 없게 되어버린다. 분명히 다윈은 과학에 역사의 깊이를 부여하기는 했지만, 그의 역사는 참된 역사가의 유명론적(唯名論的) 역사이지, 마르크스적이거나 헤겔적인 역사주의 철학자의 내재적 과정이 아니다. 흔히들 다윈이 헤겔적 의미의 생성을 과학의 영역 안으로 끌어들였다고들 말하는데 ― 위대한 카시러(Ernst Cassirer: 1874~1945. 독일의 철학자, 사상사가 ― 옮긴이)조차도 이렇게 말한다 ― 이것은 잘못된 것이다. 다윈이 한 일은 (존재의 문제가 아니라) 생성의 문제에 속해 있던 자연의 전 영역을, 시간을 거슬러 올라가는 객관적 상황들의 무한한 집합으로 취급한 것이다. 그는 진화에 대한 역사적 증거를 과학적으로 다루었는데, 그것은 다윈 이전에도 정리되어 있기는 했지만 과학의 연장(延長)으로서가 아니라 억지로 꿰맞추는 식으로 정리되어 있었을 뿐이다. 그러므로 바르게 이해하면, 다윈의 자연선택에 의한 진화 이론은 생성의 문제를 존재의 문제로 바꾸었고, 다윈 이전까지는 과정에 둘러싸인 채로 로고스로부터 차단되어 있던 방대한 생물의 영역을 궁극적으로 수학화하는 길을 열어 주었다.

*

이제 진화 사상의 의의에 대하여 좀더 말할 필요가 있겠다. 과학과 종교, 진화와 윤리, 사회적 다위니즘 ― 이러한 주제들은 사상사가에게 상당히 많은 19세기 장사 밑천을 제공한다. 이것들 모두를 계몽사조와 과학이라는 테마의 변주곡 ― 계몽사조의 중대한 오해를 역사와 시간 속에서 과학의 조(調)로 조옮김하여 연주하는 ― 으로 간주할 있을까? 전체적으로 말하자면 답은 '예' 이다. 의심할 것 없이 다위니즘은 뉴턴주의에 비하여 직접적으로 정치-사회적 용어로 번역할 수 있다. 조야한 개인주의자들, 마르크스주의자들, 군국주의자들, 인종차별론자들은 모두 그들의 18세기 선조들이 자연의 조화에서 위안을 발견했던 것처럼, 자연의 냉혹함에서 이데올로기적 위안을 발견했다. 다위니즘의 영향이 그토록 깊지는 않았다 할지라도, 그 가르침은 (비록 모순되는 점도 있었지만) 상당히 그럴듯하게 여겨졌다. 자신의 사상을 형성하는 데 있어 뉴턴이 고전 기하학으로부터 출발한 것과 달리, 다윈은 영국의 자유주의 사상으로부터 출발했기 때문이다. 어쨌든 우리는 해석에 관심이 있는 것이 아니라 재해석에 관심이 있다.

확실히 이것이야말로 사회적 다위니즘(social Darwinism)의 타당성과 관련하여 필요한 유일한 것이다(사회적 다위니즘의 영향이라고 하는 진정한 그러나 이와는 별도의 문제는 논외로 하고). 제목만 봐도 그렇다. "기원" ─ 이것은 신학적인 문제이다. "선택" ─ 이것은 선택하는 행위를 암시한다. "생존" ─ 이것과 상관없이 존재할 수 있는 사람이 있을까? "축복 받은 종족" ─ 다윈은 그 뒤의 판본에서 "최적자 생존(survival of the fittest)"이라는 말을 이렇게 바꾸었는데, 이 어구는 고비노(Joseph Arthur de Gobineau: 1816~1882. 프랑스의 작가로서 인종차별주의자 ─ 옮긴이)나 히틀러의 환영을 불러일으키는 면이 있다. "최적자" ─ 그런데 적자라고 판정하는 자는 누구인가? 자연은 조화인가 투쟁인가? 밀림의 규칙이 생명의 법칙인가, 혹은 사랑의 규칙이 생명의 법칙인가? 동족이 서로 잡아먹어야만 하는 것일까? 분쟁의 소지는 다윈이 이것들을 모두 강조하려 했던 데 있는 것이 아니라, 비교적 엄밀하지 못했던 당시의 생물학에서 과학적 진화론에 내포된 의미와는 전혀 다른 인간적 함의를 가진 일상 언어의 용어들을 차용했다는 데 있다. 이것과 마찬가지로, 힘이라는 말이 물리학에서 의미하는 바와 생활에서 의미하는 바는 완전히 다르다. 다윈은 각 장마다 자신의 용어에 대하여 설명하기 위하여 하던 말을 멈추는 일은 도저히 할 수 없었다. 설명을 붙인 경우에는 다윈이 느슨한 언어를 가지고도 명석하게 사고할 수 있었다는 것이 밝혀진다. 예를 들면 그는 "성공"의 정도를 자손의 수를 가지고 결정하는데 이것은 분명히 특정 동물의 진화에 기여한 정도를 뜻한다. 그러나 이것은 앤드류 카네기가 말하는 성공이 아니다. 더군다나 맬더스의 그것도 아니다. 우리는 사회적 다위니즘을, 자연과학의 결정론적인 힘에 의하여 아주 그럴듯하게 강화된 언어가 사회과학으로 재수출된 것이라고 정의할 수 있다―의견이 과학을 통과함으로써 진리가 되어버렸다고나 할까.

어떤 의미에서 볼 때에는 진화론에서 사회적 복음을 연상한 아류들보다 다윈을 비판한 사람들이 문제를 바르게 이해하고 있었다. 낭만주의자들은 자연 선택설이 사회적 존재 혹은 도덕적 존재로서의 인간에 대하여 아무 의미도 가지고 있지 않기 때문에 그것을 비판했던 것이다. 낭만주의 생물학자들은 생물학에서 적응이라는 개념은 동어 반복에 불과하다고 말했는데, 그 중에서 가장 중요한 인물은 드리쉬(Hans Driesch: 1867~1941)였다(그는 지나치게 정돈되어 있다는 이유로 뉴턴의 기하학적 증명에 반대했던 퐁트넬과 똑같다). 다윈에게 있어서 인과 관계란 무엇일까? 또 뉴턴에서는? 거기에서는 형태 없는 결과의 연속이 뒤쪽으로 또는 바깥쪽으로 무한히 확장되어 결국은 형이상학적 연옥에 이를 뿐이라는 것이다. 19세기의 낭만주의자들은 18세기의 데카르트주의자들처럼 (이런 의미에서 그들의 후계자가 되는데) 여러 현상의 작용과 원인을 동시에 설명하는 과학, 자연을 착실히 이해함과 동시에 그것을 전체로서 이해하는 과학을 원했던 것이다. 그들은 자연의 통일성을 포착하는 과학을 원했지, 우연과 환경에만 관련되어있을 뿐 이성, 목적, 의지, 인간의 선의 등과는 관련이 없는, 유리되고 뿔뿔이 흩어진 사건들로 자연을 파편화하는 과학은 원하지 않았던 것이다. 드리쉬의 경우 그의 비판의 핵심은 다윈이 생물학을 빈곤하게 만들었다는 것, 다윈이 여러 사건들을 합리적으로 통찰하지 않았다는 것, 다윈은 철학자인 척 하고 있지만 기록자에 불과하다는 것 등이었다. 그리고 이것들은 모두 다윈이 생명의 법칙은 물리학의 법칙과 다르다는 사실, 생물에서는 목적이 가장 중요하다는 사실을 이해하지 못하기 때문이라고 한다. 다윈이 진화를 사실로서 인정받게 만들자 내겔리, 드리쉬, 베르그송 같은 사람들이 이 사실을 당시의 과학적 의식에 전달해준 바로 자연 선택설을 부정하고서는 이것을 유전 원질, 엔텔레키(entelechy), 엘랑 비탈(élan vital) 등으로 대체하는 한편 라마르크로까지(조지 버나드 쇼의 경우는 므두셀라로까지) 거슬러 올라갔던 이유가 바로 여기에 있다. 모두 인간적 대안을 선택했던 것이다.

생물학적 낭만주의는 영국의 문단에 그리 큰 감명을 주지 못했다. 다윈 비판가들 중에서 사무엘 버틀러(Samuel Butler: 1835~1902)와 버나드 쇼(Bernard Shaw: 1856~1950)가 가장 널리 읽혔다. 그들의 경우에도 18세기 계몽사조의 테마들과 비교해 보면 유익한 점이 있을 것이다. 왜냐하면, 여기서도 문제는 생물학적 토론이 아니라 과학이 자연에서 발견한 것 이상을 원하는 도덕적 분노의 지속적인 발현에 있다는 점이 명백해지기 때문이다. 디드로와 버틀러를 함께 읽어 나가는 것은 묘한 경험이다. 그 경험 자체가 그대로 버틀러의 『무의식적 기억』에 대한 옹호가 되어버리기 때문이다. 이 책 및 버틀러의 자연론에 관한 그밖의 책들은 노고로 가득 찬 성찰의 소산이다. 그러나 너무나 독창성이 없고 진부하다는 것이 이것을 읽는 사람이 받는 인상이다. 예를 들어서 버틀러의 『생명과 습성』의 4대 원칙은 다음과 같다. 즉 "양친과 자손간의 성격의 일치, 선조가 했던 어떤 행위를 자손이 기억하는 것, 연상에 의하여 소생하는 그 기억의 잠재성, 습관적 행위를 하게 만드는 무의식"이다. 버틀러는 원자론적 유물론으로부터 빠져나오는 디드로의 전철을 밟는다. "살아있는 물체로서의 분자에서 출발하여 죽음을 그 결합이나 집합의 파괴라고 추론하는 것은 생명 없는 것으로서의 분자에서 시작해서 생명을 슬며시 그 속으로 가지고 들어오는 것보다 우리의 생각과 부합되며, 따라서 받아들이기도 쉽다. …… 그러므로 무기계(無機界)라고 불리는 것도 어느 정도는 살아 있고 생기에 차 있는 것이다. 그리고 한계는 있지만 의식, 의욕, 협력적인 행위를 할 능력을 가지고 있는 것으로 보아야 한다."

그러나 과학의 지적 성취를 찬양하는 사람의 입장에서 볼 때, 과학을 비판하는 모험을 감행함으로써 자신의 자부심에도 불구하고 그 위대성이 현저하게 깎여버린 것으로 보이는 사람은 버틀러보다는 쇼이다. 『므두셀라로 돌아가라』의 유명한 서문에는 오만하게 퍼부은 진부한 말들이 나열되어 있다. 쇼는 자기의 괴팍함을 내보이기를 개의치 않는 우월한 지성의 권리를 행사하는 법을 터득하고 있었던 것이다. 그러나 그것은 과학을 초월하기는커녕 과학적 증명의 힘이나 한계를 이해하려는 노력을 기울여 보지도 않은 지성이었다. 그러므로 역사적 측면에서 볼 때, 쇼의 다윈 비판은 천문학자들을 자연철학으로 되돌려 놓은 벨라르미네와 교황청의 배심원과 어깨를 나란히 한다고 볼 수 있다. 쇼는 생물학자들에게 자연 선택의 옳고 그름에 대하여 한 번도 물은 적이 없었다. 그것은 요컨대 "신에 대한 모독이다. 자연을 활기 없는 죽은 물질의 우연한 집합체로 보는 사람에게는 자연 선택도 일어날 수 있겠지만 정신이나 영혼이 제대로 박힌 사람에게서는 영원히 일어날 리 없다." 그는 다윈이 우주에서 정신을 추방한 것을 용서할 수 없었다. "왜냐하면 '자연 선택'에는 도덕적 의미란 없기 때문이다. 자연 선택은 진화 중에서 목적과 지성이 없는 부분을 다루고 있으며, 우연적 선택이라고 부르거나 차라리 비자연적 선택이라고 부르는 게 보다 적당할 것이다. 우연보다 더 비자연적인 것은 없기 때문이다. 만약 전체 우주가 이러한 선택에 의하여 창조되었다는 것이 증명될 수 있다면, 삶을 견딜 수 있는 사람은 어리석은 자 또는 악인밖에 없을 것이다." 그렇기 때문에 진화론에 대고 토해낸 쇼 특유의 이 말은 단지 통렬한 비난에 그칠 뿐이며, 생체 해부 반대론 — 어떤 의미에서는 채식주의 — 이 다른 표현을 뒤집어쓰고 나온 것에 불과하다. 이런 사람들이 보이는 자연에 대한 루소적 태도에는 일반적으로 알려진 것보다 훨씬 깊은, 지성에 대한 감상적 적의 — 어떤 형태의 귀족주의에 대해서도 그러한 것처럼 — 가 포함되어 있는 것이다.

이러한 배경을 염두에 두었다면, 우리는 라마르크주의로의 재돌입이 마르크스주의의 맥락 속에서 발생할 것임을 예언할 수 있었을 지도 모른다. 이 에피소드는 다음과 같은 경고로서 받아들여야 한다. 즉 사상에는 사회적 결과가 따른다는 것, 그리고 과학을 이용하여 자연을 사회화하거나 도덕화하자는 유혹 — 극히 자연스러우며 흔히 선의와 결부된 — 에 굴복하는 것은 과학을 사회적 권위에, 즉 정치에 복속시키는 것이라는 경고로 말이다. 도덕주의자는 자신이 과학에 대하여 어떤 종류의 자연을 제공하기를 원하는지를 알고 있다. 그리고 만약 그것을 제공받지 못하면 그는 쇼처럼 과학을 부정하든가, 뤼셍코처럼 권력을 가지고 있을 경우에는 과학을 바꿔버릴 것이다. 디드로나 괴테 그리고 라마르크의 경우에서와 같이, 여기서 다시 한번 자연철학자의 의식 저변에 숨어 있는 도덕론자가 수학 — 이것은 양을 표현하지 선(善)을 표현하지 않는다 — 에 대한 분노를 통해 나타나는 것이다. 미츄린(I. V. Michurin: 1855~1935) 학파는 생물의 자율성을 선호하고 생물학의 수학화를 원리적으로 거부한다. 그러므로 이른바 뤼셍코의 발견이라는 것은 라마르크주의라는 역사의 구렁텅이로 간주될 수 있으며, 그렇게 되면 이야기는 곧 끝날 것이다. 인간적인(humane) 자연관은 뤼셍코의 선동에 의하여 인도주의적(humanitarian) 자연주의를 경과하여 출세주의자의 도구로 타락하고 말았다. 그러나 거기에는 새로운 것이 전혀 없다. 그것은 자연의 객관화에 대한 반동으로서 전체 과학사의 흐름 속에서 언제나 출현했던 과학에 대한 저항이라는 패턴의 최신판에 불과하다.

진리라고 하는 혁명적인 계기로 인해 인간이 다시 태어난다고 하는 쇼나 마르크스주의자의 신념은 기독교와 전혀 관계가 없다. 이것에 대하여 생각해 보면 정녕 19세기의 과학과 신학의 싸움만큼 불필요한 싸움도 없었고, 진화론만큼 신학과 무관한 발견도 없었다. 돌이켜 보면 자연의 역사에 대한 자연주의적 서술과 섭리론적 서술 사이의 논쟁은 주로 지질학적 측면에서 전개되었고, 이것은 『종의 기원』을 정점으로 하는 박물학에 의해서만 해결될 수 있었다. 이렇게 말한다고 해서, 19세기 특히 앵글로색슨의 프로테스탄트 세계에 있어서 감리교의 부흥의 여파 속에서도 여전히 불가지론이 성장하고 있었음을 부정하는 것은 아니다. 그러나 진화론으로 집약된 과학은 고작해야 이 운동의 상징 또는 희생양이었을 뿐이다. 그것은 이 운동의 원인이 아니었다.

『자서전』에서 스스로 말하고 있는 바에 의하면, 다윈 자신의 경험은 빅토리아 시대의 전형적인 인텔리겐차의 것이었다. 그의 가족적 배경은 잉글랜드 중부 지방의 급진적 비국교주의와 섞여 있었는데, 그 지방에서 청교도는 유니태리어니즘을 거쳐서 점차 불가지론으로 진화해 갔다. 다윈이 자신의 보잘것없는 신앙을 진화론으로 인해 잃어버린 것은 아니었다. 그는 역사적인, 특히 도덕적인 이유 때문에 신앙을 확신할 수 없었던 것이다. 차츰 다윈은 "바벨탑이나 언약의 표로서의 무지개 등에 대하여 말하는 구약 성서는, 그것이 명확하게 틀린 세계사이고 복수심으로 가득한 폭군의 마음을 신이 품고 있음을 보여 주기 때문에, 힌두교의 성전이나 그 외의 다른 야만인의 신앙과 같이 더이상 믿을 수 없는" 것이라고 생각했다. 그렇다고 해서 이에 비해 신약성서의 기반이 더 단단하다고 할 수도 없었다. 모순은 복음서 도처에 있었다. 복음서는 어차피 구전에 불과하다. 반면에 "건전한 사람으로 하여금 기독교를 지탱하고 있는 여러 기적을 믿게 하려면 최고로 명료한 증거가 필요할 것이다."

이렇게 불신은 아주 서서히 나에게 밀려 들어와서 결국 나를 완전히 사로잡았다. 너무 서서히 왔기 때문에 아무 고통도 없었고, 그 이후에도 한 순간이나마 나의 결론이 올바르다는 것을 의심한 적이 없다. 나는 누구나 기독교가 옳다고 생각해야 한다는 생각을 할 수 없다. 만약 그렇게 되어야 한다면, 믿지 않는 사람들 — 그 중에는 나의 아버지, 형, 그밖의 모든 친우가 포함된다 — 은 성서의 분명한 말에 따라 영원한 벌을 면치 못할 것이다. 이것은 아주 가증스러운 교리이다.

다윈의 정신은 1836년 10월부터 1839년 1월까지 여러 차례 이러한 명상에 잠겨 있었다. 그렇기 때문에 1838년 10월 그가 맬더스를 읽고 자연선택설을 정식화했을 때, 다윈은 이미 사상적 자유 속에 깊이 들어가 있었다. 이 말은 다윈의 생물학적인 탁월함으로 인해 그의 종교적 경험 — 혹은 무경험 — 이 역사 해석에 결정적으로 작용했다는 뜻이 아니다. 그럼에도 불구하고, 다윈의 불신앙이 그밖의 탁월한 빅토리아기 사람들의 기독교 부정에서도 마찬가지로 나타나는 것으로 보이는 불가지론의 한 패턴을 구체적으로 보여준다는 사실은 흥미로운 일이다. 이들 중에는 (저명한 사람의 이름을 들어보자면) 프랜시스 뉴먼(Francis Newman), 제임스 안소니 프로드(James Anthony Froude), 조지 엘리어트, 존 스튜어트 밀, 레슬리 스티븐 등이 있다. 그 누구의 경우에도 결정적 요인은 과학적 발견이 아니었다. 어느 사람의 경우에도 그것은 속죄, 영겁의 저주, 원죄 그리고 전능하면서도 악을 존속시키는 신이라는 교의로부터의 윤리적 전향이었다.

그러므로 "거의 모든 나의 친우가" 그랬다고 하는 다윈의 말을 굳이 빌지 않아도, 신학의 쇠퇴가 많은 총명한 빅토리아기 사람들을 위험한 선택에 직면케 했음은 분명하다. 그들은 똑바로 서서, 조금도 한 눈 팔지 않고, 진리 — 그 진리가 무엇이건 간에 — 에 몸을 맡긴 채, 윤리의 이름으로 종교를 부정하지 않으면 안 되었다. 그래서 헉슬리가 과학에서 다윈의 대변인이었던 것처럼 종교에서도 다윈의 대변인임이 판명된다. 그리고 헉슬리와 같이 다윈도 발포어(Arthur James Balfour)의 『신앙의 기초 The Foundations of Belief』(1895)의 적절한 비판 앞에서는 약점을 보이는 것이다. "그들의 신앙생활은 기생충적이다. 그것은 그들의 신념에 의해서가 아니라 그들이 그 일부를 구성하고 있는 사회의 신념에 의하여 보호받고 있다. 그것은 그들이 참여하지 않는 과정에 의해서 양육된다. 그리고 이런 신념이 시들해지고 이런 과정이 그치게 되면, 그들이 영위해 왔던 이질적인 삶은 거의 지속될 수 없을 것이다." 그러나 사과를 갉아먹는 벌레는 과학이 아니었다. 그 벌레는 남자다움, 염치, 체면 따위의 빅토리아 시대의 덕목들이었다. 이 덕목들은 감리교파가 신학을 조야한 복음주의적 신앙심의 강물에 익사시켜버림에 따라, 그리고 옥스퍼드 운동(1830년대에 일련의 소책자 발행을 통해 등장한 국교회 부흥운동 — 옮긴이)이 신학을 소책자 이야기의 고매한 종교적 바람에 실어 날려버림에 따라 무방비 상태로 내버려진 상태였다.

『종의 기원』은 정말 고뇌의 원인이 되었다. 결국 기독교는 영원불멸한 영혼의 소유자인 인간이 특별히 신의 형상대로 창조되었다고 말한다. 진화론은 인간이 자연적 과정에 의하여 다른 동물로부터 진화되었다고 말한다. 그래서 기독교와 과학 어느 한 쪽을 선택할 수밖에 없게 된 것일까? 이것이 빅토리아 시대 사람들이 기꺼이 직면했던 딜레마였다. 다윈의 노스승 세지위크는 그에게 헌정된 저서에 사의를 표하면서 다음과 같이 말했다. "생물 과학은 궁극 원인(final cause)을 통해 물질과 도덕을 결합시키는데, 이것이 생물 과학의 극치이자 영광이네. …… 자네는 이 연결을 무시하고 있네. 내가 만약 자네를 오해하고 있는 것이 아니라면, 한두 가지의 의미심장한 경우에 자네는 이 연결을 끊어버리려고 노력했다네. 만약 그것을 끊을 수 있게 된다면 (다행히 이것은 불가능하지만) 인간성은 상처를 입어서 짐승과 같이 되어버릴 것이고, 인류는 기록된 역사에 씌어 있는 그 어느 것보다도 더 저급한 존재로 전락할 것이네." 이보다는 덜 명상적이지만 글래드스톤과 옥스퍼드의 주교도 이 문제에 대하여 헉슬리와 논쟁함으로써 자신을 어리석은 자로 만들었다. 이때 논쟁은 곧이어 가다라 지방의 돼지의 기적(마가복음 5장—옮긴이)에서 가축을 죽인 것이 재산권에 대한 신의 침해가 아니냐는 문제로 바뀌어 버렸던 것이다.

이 모든 일들에도 불구하고 백 년이 지난 오늘날 진화론과 공존하는 법을 배운 쪽이 신학자들이라는 것은 기묘한 일이다. 반면에 그렇게 하는 것을 배우지 않았고 또 배울 수 없었던 사람들은 무신론자들로서, 그들은 공공연하게나 은밀하게 도덕의 원천으로서 신 대신에 자연을 내세우려고 하는 사람들이다. 스콥스 재판(Scopes Trial, 1925년 미국 테네시 주에서 인간 창조에 관한 성서의 이야기에 반하는 학설을 공립학교에서 가르치는 것을 금하는 법령이 통과되었는데, 존 T. 스콥스라는 생물학 교사가 다윈의 이론을 가르쳤다가 재판을 받은 일—옮긴이)은 결국은 지적 익살에 불과했다. 테네시 주에서는 빅토리아 시대가 끝나가고 있었던 것이다. 그러나 쇼의 『므두셀라로 돌아가라』에서는 끝나지 않았다. 뤼셍코 사건이나 사무엘 버틀러의 장황한 감정의 표출에서도 마찬가지였다. 그것은 과학과 종교 사이의 사상적 투쟁이 아니다. 그것은 과학과 자연주의적 사회철학 혹은 도덕철학 사이에서 벌어지는 투쟁이다.

만약 우리가 세계를 기술하는 과학의 본성을 잘 분별하여, 그것이 서술적일 뿐이지 규범적이지 않다는 사실을 깨닫는다면 과학과 종교 사이의 양자택일을 피할 수 있지 않을까? 그것은 사실과 인격 사이의 혼동—과학이 시작한 고대까지 거슬러 올라가는—에서 발생하는 문제가 아닐까? 결국 과학은 자연에 관한 것이지 의무에 관한 것이 아니다. 그것은 사물에 관한 것이다. 기독교는 인격에 관한 것, 인간의 인격과 신의 인격의 관계에 관한 것이다. 생물학은 인간이라는 동물이 진화의 소산이라는 사실을 발견했다. 그러나 과학은 인간이 진화의 소산 이외의 아무것도 아니라는 사실 따위를 발견한 것은 아니다. 원리적으로 과학은 (전능하지 않기 때문에) 그런 것을 발견할 수 없는 것이다. 역사적으로 볼 때 자연 선택이란 이름 아래서 작동하는 무의미한 우연을 허용할 수 없었던 사람들은, 인간이란 자연적 존재 이외의 아무것도 아니라고 말해 왔던 사람들 자신이었다.

제9장 초기 에너지학

　이제 드디어 19세기 물리학을 다룰 차례가 왔는데, 이것은 매우 신중한 접근을 요한다. 우리 눈앞에 있는 것은 웅대한 이야기로서, 아마 과학사 중에서도 가장 웅대한 이야기일 것이다. 이것을 어떻게 이야기해야 할까? 항상 바르게 전달했다고 말할 수 있을까? 과학의 역사를 돌이켜 쉽게 설명하자면 어디에서부터 시작해야 할까?…… 이런 것들이 염려가 되어 스스로 질문을 던지곤 한다. 평범한 역사학 분야에 비해서, 과학사에는 특수한 연구를 수록한 전문적 문헌이 대단히 적다. 다른 경우라면 그나마 조금 찾아볼 수 있는데, 이 19세기 물리학에서는 그나마도 거의 없다. 그러므로 과학사가는 일차 사료를 가지고 책을 써야 하며, 과학자들로부터 발견할 수 있는 단서를 추적해 가서 이런저런 특성들이 그 이전의 누구로부터 유래했는지를 판단할 수밖에 없다. 이 경우 과학사가가 처한 상황은, 조약문이나 공식 문서 이외에는 연구 자료가 아무것도 없는 외교사가의 상황과 비슷하다고 할 수 있다. 이때 외교사가는 그와 동시대의 외교관들의 언행을 충분히 터득한 뒤에 연구해야 한다. 우리는 이처럼 현역에서 활동하는 사람들을 고려해야 하며, 그들의 견해가 대개 역사적 시야를 결여하고 있다는 것도 알고 있어야 한다. 그러나 과학사에는 이보다 더 크고 중대한 장애가 가로놓여 있다.

일상 언어는 언제나 과학에서 이뤄진 발견을 전달하는 데 어느 정도 결함을 나타낸다. 물리학의 경우 이 언어의 불완전성의 정도는 카르노와 헬름홀츠 사이, 그리고 패러데이와 맥스웰 사이에서 급경사를 이루며 상승했다. 19세기 중반 이후에 이 불완전성은 기하급수적으로 상승하여서 커뮤니케이션의 파국에 도달했다. 현대 학문은 어느 것이나 이 문제로 인해 괴로움을 당했다. 아인슈타인이 어디선가 말했듯이, 과학의 개념이 단순화되고 점점 더 아름답게 되어감에 따라, 그것을 표현하는 수학은 점차 난해한 것이 되어가고 있다. 단지 수리물리학자만이 개념을 인간적 경험과 연결시켜 주는 점차 길어지는 추상의 연쇄를 추적할 수 있다. 그리고 그들만이 단순성의 아름다움을 이해할 수 있다. 그밖의 우리 같은 사람들은 침묵할 수밖에 없다 — 침묵과 찬탄, 그러나 그 찬탄도 물리학에 대한 것이라기보다 아인슈타인에 대한 것이다. 사실 현대 물리학에는 자연에 관한 관념 이외에도 많은 것들이 포함되어 있다. 그것은 추상이다. 그것은 기술이다. 그것은 대부분의 위대한 옛 기술자들이 꿈에도 생각하지 못한, 복잡하고 값비싼 기계를 이용한 장비들이다. 그것은 힘이다. 그것은 교육이고 외교이며 전쟁이다. 적어도 물질적으로 그것은 만인을 위한 모든 것들 — 세계의 희망이건 세계의 종말이건 간에 — 을 갖고 있다. 사상사가 사람들을 어느 정도로 여기에 참가하게끔 해줄 수 있는지는 극히 불명확하다. 오늘날 기술은 사상이 들어갈 여지를 없애 버린다. 기술은 점점 더 빨리 변천한다. 기술사(技術史)의 내용도 점차 많아지고 있으며, 최근 반세기 동안에는 훨씬 더 많아졌다. 이처럼 자연에 대한 명시적이거나 암시적인 관념 구조는 과학이 팽창함에 따라 점차 적은 비중만을 차지하고 있지만, 그것은 여전히 실마리를 남겨두고 있다. 과학이 지성(智性)을 방기하고 극단으로 가버려서 완전히 기술로 되어버리거나 또는 다른 쪽 극단으로 가버려서 완전히 수학화되어 버리지 않는 한 —

이러한 양 극단은 조작주의(operationalism)가 새로운 유명론의 기호논리학과 만나는 곳에서 서로 접하는데 — 그것은 여전히 길잡이가 되는 실마리라고 여겨야 할 것이다.

이런 말을 미리 말해 두는 것은 변명하기 위해서가 아니라, 앞으로의 서술은 지금까지보다 더욱 잠정적인 것임을 말해 두고 싶기 때문이다. 왜냐하면 19세기 물리학은 종결임과 동시에 시작으로서 취급되어야 하기 때문이다. 고전 물리학의 위대한 테마들은 절정에 달했다. 대물리학자들은 자신이 뉴턴 물리학을 자연의 구조의 구석구석까지 아우르고 있다고 생각했다. 소수의 철학자만이 그 기초의 문제에 대하여 번민했을 뿐이다. 20세기에 물리학에서 제2의 혁명이 일어나리라는 것을 예측한 사람은 아무도 없었다. 그렇지만 이 혁명은 고전 물리학이 사물의 형상과 완전히 부합하지 못한 지점까지 거슬러 올라간다. 그러므로 임박한 혁명을 의식하지 않고서 고전 물리학의 역사를 쓰기란 불가능하다. 이것은 프랑스 혁명을 모르면 구체제(ancien régime)의 역사를 쓸 수 없는 것과 같다.

그러므로 고전 물리학의 세계상에서 보이는 대담한 시도를 여기서 회상하는 것도 헛되지는 않을 것이다. 계몽사조 기간 동안에 데카르트적 합리성은 뉴턴적 신중함보다 우세했다. 그래서 물리적 우주가 역학적 문제로 되어버린 것처럼 보인다. 이상화된 태양계는 무한한 진공 속에서 운동하고 충돌하는 관성을 가진 당구공의 세계의 모델로서 구실했다. 18세기는 위대한 승리를 가져왔다. 라그랑주(Joseph Louis Lagrange: 1736~1813)는 형식상의 발전을 완성했는데, 그것은 해석 역학을 물체의 모든 특수한 물리적 성질, 혹은 그 운동의 도식적 표현으로부터 추상해낸 순수하게 합리적인 분야로 만들었다. 그만큼 훌륭하진 않았지만 라플라스도 관측 천문학에서 행성들의 외견상의 균시차가 행성간 상호 인력으로 인한 것임을 증명했다. 벤저민 프랭클린(Benjamin Franklin: 1706~1790)

은 정전기학(靜電氣學)을 보존 법칙의 영역에다 들여 놓았다. 쿨롱(Charles Augustin de Coulomb: 1736~1806)은 정전기적 전하들 사이의 상호작용이 제곱반비례 관계를 나타낸다는 것을 증명했다. 이것은 뉴턴의 힘의 법칙의 형태가 보편성을 가진다는 신념을 가장 극적으로 고양시켜 주었다. 측정 기술이 일단 충분하게 정밀해지기만 하면, 그때까지는 다룰 수 없던 현상들도 관측의 영역으로 들어오리라는 것은 생각할 수 있는 일이었다. 예를 들면 광입자의 복사와 운동, 원자와 분자들 사이의 화학 결합, 계량 불가능한 것들의 수력학 모델에 의해 다룬 전기, 자기, 그리고 열현상에서의 에너지 흐름과 교환 등이다.

지금은 이 구조에 두 가지 결함이 있다는 것을 쉽게 지적할 수 있다. 하나는 형이상학적인 것으로서 뉴턴의 공간을 둘러싼 것이고, 또 하나는 물리적인 것으로서 입자론적 기계론에 관련된 것이다. 냉정한 뉴턴이 원자론자들의 진공을 고전 물리학의 구조로 구체화했음을 상기하기 바란다. 진공은 관성운동을 파악 가능하게끔 해주었으며, 이것을 도입함으로써 뉴턴은 물질의 불연속성을 공간의 연속적 연장에 맞춰놓았다. 그러나 뉴턴의 진공은 그 기능만이 에피쿠로스적일 뿐, 형식은 유클리드적이다. 진공은 활동의 장일 뿐 아니라 운동의 좌표계이며, 그 운동 방정식은 해석 기하학으로 표현된다. 고전적인 갈릴레오 운동론의 핵심은 운동을 형이상학적 변화에서 상대적 상태로 바꾼 데 있었다. 물체가 운동하고 있는 것은 내재적 본질의 표현이 아니라, 다른 물체와의 관계에서 볼 때 운동하고 있는 것이다. 이 운동론에 뉴턴은 상대 운동과 절대 운동의 구별을 삽입하고, 공간적 진공을 절대 운동이 일어나는 기준틀로 만들었다.

그 시도는 찬란한 넌센스였다. 라이프니츠의 반대는 적절했다. 진공의 구성적 역할은 무(無)의 존재를 가정한다는 것이었다. 라이프니츠는 공간을 진공으로 구성되어 있는 실체라고 정의하기보다는, 그것 자체를 하나의 관계 — 동시에 일어나는 사건들간의 관계 — 로 보기를 좋아했다. 이러한 반대 입장은 고전 과학이 모든 형이상학 위에다 퍼부었던 모욕으로 인해 가려졌으며, 뉴턴적 입장이 점차 성공해 감에 따라 그 그림자에 파묻히고 말았다. 그러나 그것들은 묻혀 있으면서도 살아있었던 것이다. 지금까지 사상사에서 흔히 볼 수 있었던 것처럼, 결국 형이상학은 원수를 갚는 방법을 알고 있다는 사실이 밝혀진다. 뉴턴은 공간이 에테르로 가득 차 있다고 말했다. 그것은 무게가 없고, 탄성을 가지고 있고, 진동하며, 중력을 전달하는 매질로서 유용한 것이었다. 이 에테르는 18세기에는 큰 흥미를 불러일으키지 못했다. 공간과 달리 에테르는 물리학에서 작동하는 부분이 아니라 말뿐인 것에 그치고 말았다. 에테르는 19세기가 되어서야 두드러지게 자신의 모습을 드러내기 시작했는데, 그 이유는 힘─입자의 운동과 충돌에 의하여 정의되는─으로만 구성되어 있는 역학의 불완전성을 보완해 줄 보완물로서의 의미가 점차로 증대했기 때문이다.

이 불완전성은 철학에서 출현하기 이전에 이미 나타나기 시작한 현상이다. 19세기 물리학의 움직임은 자연의 통일성과 사건의 다양성 사이의 연속적인 대화, 또는 전체의 구조나 행동과 부분의 배열 사이의 대화 속에서 추적할 수 있다. 물리 과학이라면 어떤 것이건 간에 물질과 에너지의 상호관계, 그리고 공간의 여러 성질─특히 물리적 현상의 전파─에 관심을 가져야 한다. 이러한 서로 대응되고 상보적인 선입견들이 19세기 물리학의 양대 측면인 열역학과 역학을 양 극단으로 분열시켜 온 것으로 보인다. 양쪽 모두 비슷한 패턴으로 진화했다─공간상의 전파를 위해서 고안되었던 실체적 유체를, 정교한 방식으로 추방한 것이다. 양쪽 모두, 고전 물리학에서 개념들은 너무 복잡한 반면 수학은 너무 초보적이어서 곤란한 문제가 발생했다는 견해를 잘 보여준다. 예를 들어 힘에 대한 연구에서 라부아지에 이래로 이러한 유체 개념이 계승되었다. 이 유체는 열소(熱素)인 칼로릭으로서, 연장(延長)을 가지고 있으며 (아마도)

보존 법칙을 따랐고 (따라서) 수학적 취급이 가능했다. 이것은 물질의 입자에 반발력을 미친다고 생각되었다. 물론 칼로릭은 보다 세련된 에너지학 속으로 사라져 갔다. 그렇지만 이것은 열역학의 출발점이 되었다. 열역학에서의 문제는 동역학으로 간단히 환원되지 않았다. 그렇다면 그것은 역학과 평행 관계에 있는 물리학의 한 분과로 보아야 하는가, 아니면 고전적 입자론 역학의 대안으로서 통일 과학에 이르는 길이라고 보아야 하는가? 그렇게 생각한 사람이 19세기 말까지도 여전히 존재했다. 그들은 입자론적 역학이 틀렸음을 입증하고자 했다기보다는 그것이 세계의 구성에 적용하기에 부적절하다는 것을 입증하고자 했던 것이다.

결국 전자기론으로 진입하는 혁명에서는 물리학의 또다른 큰 분과인 역학이 더욱 풍성한 결실을 얻는다는 것이 판명되었다. 거기에서 에테르는 칼로릭과 반대되는 역할을 했다. 그것은 반발력의 매질이 아니라 인력의 매질이었다. 그러나 에테르는 생기설의 생명력이나 괴테의 친화력과 비교할 만한 것이 아니라 보존 법칙을 따르고 수학적으로 취급할 수 있는 개념이라는 점에서 칼로릭과 같은 부류의 개념이었다. 에테르는 칼로릭보다 좀더 기본적인 관계에 적용되는 것이었기 때문에 이를 쫓아내기란 더 어려웠다. 그러나 칼로릭이 열역학 속으로 사라진 것처럼, 에테르는 기하학적인 연속체 안에서 법칙의 통일성을 드러내려는 노력의 절정인 상대성 이론 속으로 사라졌다. 19세기에 장(場, field)의 현상 — 에테르를 필요로 했던 모든 것들, 특히 빛의 파동적 특성과 전자기 유도 현상 — 은 공간의 문제에 대한 사고를 대표하는 것이었다. 그리고 여기에서 그것과 대립되는 개념이 무엇인지가 밝혀졌다. 그것은 동역학, 통계 역학, 궁극적으로는 방사성과 불연속성 — 양자(量子)를 입증해준 — 이었다.

*

1824년에 프랑스의 젊은 엔지니어 사디 카르노(Sadi Carnot: 1796~1832)는 『열의 원동력에 관한 고찰 Réflexions sur la Puissance Motrice du Feu』이라는 짧은 논문을 발표했다. 이것은 증기기관에 대한 논증으로 시작되는데, 헨더슨(Lawrence Joseph Henderson: 1878~1942. 미국의 생물학자이자 화학자―옮긴이)의 유명한 말―증기기관이 과학에 빚지고 있는 것보다 과학이 증기기관에 빚지고 있는 것이 더 많다―이 이 논문에서 유래한다는 것은 의심할 바 없다. 외견상으로 볼 때 카르노의 정신은 정말 베이컨적인 것처럼 보인다. 그는 동력원상에서 일어나는 영속적인 혁명이 모든 문명에 어떠한 의미를 던져주는가를 잘 이해하고 있다. "이미 증기기관은 광산에서 움직이고, 배를 나아가게 하고, 항만이나 하천을 준설하고, 철을 제련하고, 목재를 만들고, 곡물을 빻고, 실을 뽑고, 천을 짜고, 어떤 무거운 짐이라도 운반한다. 그것은 결국 만능 모터가 되어서 동물력이나 수력 또는 풍력을 대신할 게 틀림없다." 산업에서 영국의 지도력을 생각해 보자. "영국에서 증기기관을 빼앗는 것은 석탄과 철도를 동시에 빼앗는 것이 될 것이다. 그것은 영국의 모든 부의 원천을 고갈시킬 것이며, 그 번영이 의존하고 있는 모든 것을 멸망시킬 것이며, 저 거대한 힘을 근절시킬 것이다. 영국이 가장 강력한 방어력이라고 생각하는 해군을 파괴하는 것조차도, 이것과 비교하면 별로 치명적인 것이 아닐 것이다." 그러나 카르노는 와트(James Watt: 1736~1829)도 아니었고 브루넬(Marc Isambard Brunel: 1769~1849. 철도와 조선 분야에서 활동한 엔지니어―옮긴이)도 아니었다. 그는 공학 수학자이자 "승리의 혁명적 조직자"인 라자르 카르노(Lazare Carnot: 1753~1823. 프랑스 혁명기에 활약한 정치가이자 장군―옮긴이)의 아들이었다. 또 거의 당연한 일이지만 그도 에콜 폴리테크닉 출신이었다. 그는 합리주의와 기술관료제(technocracy)의 신봉자로서 이 대단한 학교의 출신자들 중에서도 그 정신에 가장 투철했던 사람들 중 하나이다. 그는 데카르트주의자이면서 동시에 실증주의자로서 모든 공학을 과학에 동화시키고자 했고, 국가 경영을 사회과학 — 인간성의 공학 — 에 동화시키고자 했다. 증기기관은 카르노에게 과제를 던진 것에 불과했기 때문에, 경험적인 냄새는 즉각 사라지고 사고 실험(思考實驗)이 진행되었다. "증기기관에 의하여 여러 작업이 수행되었고 오늘날 이미 많은 만족스런 결과를 얻었음에도 불구하고, 이것에 관한 이론은 거의 알려져 있지 않으며 증기기관을 개량하려는 시도도 아직 거의 우연에 의해 일어날 뿐이다."

처음에 제기된 문제는 오래 된 것이었다. 즉 사물의 성질 중 열로부터 이끌어낼 수 있는 "동력(motive power)"에 한계가 있는가, 그리고 증기보다 더 유효하게 힘을 전달하는 것이 있는가 하는 문제였다. 그러나 에콜 폴리테크닉은 그 학생이 가능한 한 일반적인 방식으로 사물을 생각하도록 훈련시켰다. 그래서 카르노는 증기기관이란 특수한 것으로부터 즉각 "열에 의한 운동의 생성"이란 문제를 추상하여, "상상할 수 있는 모든 열기관"으로 나아갔던 것이다. 이 같은 보편적 기초 위에서, 이 주제는 영국식 사업의 마술적인 솜씨와는 완전히 다른 것이 되었다. 즉 기계론적 물리학이 자연을 기술하는 데 과연 적절한 것인가에 관한 문제가 된 것이다. 기술자가 인간이나 동물, 바람이나 물의 운동으로부터 지레, 도르레, 기어, 스크류 등에 전달되는 힘만 다루어야 한다면, 고전 역학의 원리만으로도 충분했다. "모든 경우들은 예측될 수 있으며, 모든 상상 가능한 운동은 일반 원칙에 비추어 볼 수 있다. 그것은 견고한 기초를 가지고 있으며 어떤 환경에서도 적용할 수 있는 원칙이다. 완전한 이론의 성격이란 이런 것이다." 그러나 열을 동력으로 삼자마자 고전 역학은 아무 짝에도 쓸모없게 되었다. 모멘트라는 개념은 증기에 의하여 피스톤이 밀려가는 것과 원통 속의 온도가 내려가는 것을 연결시킬 수 없었다. 유용한 이론에 도달하기 위해서는 물리학의 법칙들을 "충분히 확장하고 일반화하여서 어떤 물체에나 일정한 방식으로 작용하는 열의 모든 효과를 미리 알 수 있게끔 만들" 필요가 있었다.

  카르노는 온건한 언어를 사용했다. 그렇지만 그의 명제는 몹시 과격해서, 소박한 기계론 속에 침잠해 있던 19세기 물리학의 상(像)을 고쳐 놓았다고 말해도 될 정도다. 그 세계상은 카르노가 손대지 않았으면, 아인슈타인이 바로잡기까지 — 혹은 더욱 비틀어 놓은 것인지도 모르지만 — 19세기 물리학의 상으로 남아있었을 것이다. 카르노는 기계론의 부적절함에 대하여 논하지 않았다. 오히려 라플라스와 라부아지에가 진지한 자세로 손댔던 (물리학 문제로서의) 열에 대한 이론적 연구를 다시 꺼내들었던 것이다. 이미 말했듯이 라부아지에에게 칼로릭이란 물리적 작용요소로서 팽창력을 전달하고 화학 변화에 수반되는 것이지만 여기에 참여하지는 않는다. 푸리에(J. B. Joseph Fourier: 1768~1830)는 1822년에 『열에 대한 해석 이론』을 완성하여 발표했다. 이 저술은 고체나 액체에서의 열전도를 기술할 수 있는 수학적 테크닉을 만들어 냈지만, 그 해석적 고찰 대상에서 기체의 행동을 결정하는 "열에 의한 반발력"을 제외했다. 그것의 영감은 라그랑주의 『해석 역학』에서 온 것이지만, 라그랑주의 저술처럼 푸리에의 책도 물리학 저술이 아니라 미분 방정식에 관한 저작이었다. 그것은 해석자로 하여금 열의 흐름을 계산할 수 있도록 해 주었지만, 열의 존재 방식에 관한 모델을 상정하기를 거부했으며, 열을 가지고 뭔가를 할 수 있다든가 또는 열에 대한 연구가 자연에 대한 이해를 심화시킬 수 있다는 등의 관념을 거부했다. 카르노는 이 이론이 물리적인 면에서는 빈곤하다는 것을 느꼈을 것이다. 그는 동력을 연구하고자 했다. 카르노의 접근 방식이 일반성에 있어서 뒤떨어진 것은 아니었다. 그는 모든 형태의 엔진으로부터 추상을 했고, 다만 물체를 움직이는 열의 능력으로부터는 추상을 하지 않았던 것이다. 카르노의 생각에 의하면 열은 칼로릭의 감지 가능한 효과이다. 그리고 칼로릭은 증기 또는 고온의 물체 일반에 내재된 것이라기보다 (라부아지에의 화학 반응에서와 마찬가지로) 그것과 결부된 것이다.

19세기 물리학에서 에너지학이 역학에 대한 반대쪽 극이 된 이래, 어떤 것이 문제되었는지 여기서 분명히 해두는 것이 좋겠다. 뉴턴 역학은 물체의 연장, 질량, 그리고 (수학적인) 중력의 작용으로 인한 운동밖에 몰랐다. 그것은 힘을 질량에다 운동의 변화를 곱한 양으로서 정의한다. (질량이라는 개념에 또다른 형이상학적 난점이 잠재되어 있는 것은, 공간의 절대성에도 난점이 있는 것과 비교할 수 있다. 그러나 여기서는 그에 대하여 논하지 않겠다.) 연장, 질량, 속도 — 뉴턴에 대한 열광에 들떠있던 18세기조차도 이 양을 측정하는 것이 그대로 세계의 모든 작용을 포괄하기에 적합하다고는 생각되지 않았다. 물리학자는 작용을 어떻게 표현해야 했을까? 힘, 일, 열, 불, 화학적 반응성, 자기, 전기, 생명 등을 어떻게 표현해야 했을까? 뉴턴 이전에는 힘조차도 이런 모호한 단어에 불과했었다. 이것은 19세기 중반까지 계속 애매모호하게 사용되었다. 물리학의 임무 가운데 하나는 이런 모호한 단어들로부터 물리적 의미를 모두 박탈하고, 다른 것들에 적극적인 의미를 부여하는 것이었다.

처음부터 이럴 필요성이 희미하게나마 느껴졌다. 동역학에서 운동량과 활력(vis viva) — mv 또는 mv^2 — 가운데 어느 것이 보존되는 양인가 하는 것은, 데카르트주의자들과 라이프니츠 사이의 어려운 논란거리였다. 어느 것도 질량과 가속도의 곱으로 정의한 뉴턴의 힘과 대응되지 않는다. 달랑베르가 이 문제를 어의상의 논란에 불과한 것으로 치부하여 파기하였고, 이후 라그랑주는 나중에 일(work)의 개념이 될 것을 희생시키면서 이것을 물리적으로가 아니라 해석적으로 해결하였다. 물론, 결국 열의 지위가 에너지의 한 형태로서 확립되면서, 문제들은 분해되어 단일한 주제로 바뀔 것이었다. 그러나 역사적으로 볼 때, 이 문제들을 물리학의 재판정에 소환한 것은 활력(운동에너지)이 아니라 열이었다.

어떤 의미에서는 물리학 자체가 재판받은 것이었다. 이 문제들이 역학을 확장하고 개량해줄 것인가? 아니면 물리학이 이것들을 통해 풍부해지고 역학을 초월하게 될 것인가? 궁극적으로 맥스웰, 볼츠만, 깁스 등의 탁월한 기계론자들은 열역학을 동역학으로, 즉 통계 역학의 특수한 사례로 만들고자 했다. 그러나 언제나 보다 많은 말로 웅변을 토했던 사람은 역학을 초월하려 했던 사람들이었다. 그들은 열역학적 현상을 운동하는 물체에 의하여 얻어지는 것으로서가 아니라 좀더 깊은 수준의 질서의 표현으로서 다루려고 했다. 그렇다면 그들의 시도 속에는, 과학의 황량함을 초월하여 데모크리토스에 의하여 말살되었던 사물의 혼을 소생시키고 싶다는 열망이 남아 있는 것이 아닐까.

그렇지만 이것은 카르노의 논문이 함축하고 있는 영역 밖의 것이다. 카르노는 기계론을 열에 적용할 수 없다고 애써 논하지는 않았다. 초기의 전기 연구자들처럼 그는 열을 단순히 받아들인 뒤, 칼로릭으로서의 열에 수력학적인 유추를 채용하여 이것을 보존되는 유체로 취급하였다. 칼로릭은 운동의 에너지원이 되는 연료가 아니라는 것이다. 보존가능한 양은 소모되지 않는다. 증기기관의 운동은 칼로릭의 흐름으로 인한 것이다. 그것은 "따뜻한 물체에서 찬 물체로 이동하는 칼로릭의 흐름, 즉 연소 등의 화학 작용 또는 다른 원인에 의하여 평형이 깨어진 뒤에 평형이 다시 수립되는 과정에 기인하는 것이다." 다음 표현의 독창성과 명석함은 아무리 강조해도 지나치지 않을 것이다 — 열의 결집은 물질의 상태에 상당한 혼란을 초래하는데, 칼로릭이 자신의 준위(準位)를 찾아 평탄함이 복원되는 과정에서 동력이 끌어내지는 것이다.

그러나 카르노는 앞을 내다보며 엔트로피를 전망한 것이 아니라, 뒤로 돌아서서 수력학을 살펴보았다. 특히 그의 아버지가 1803년에 발표한 논문 『평형과 운동의 일반 원리』로 되돌아갔다. 브루놀드(Charles Brunold)는 이 부자의 언어의 유사성을 지적한 바 있다. 아버지는 수력에 관하여 다음과 같이 말한다.

물의 충격을 받아 움직이는 수차를 사용하는 것이, 유수로 작동하는 수력 기계에서 최대의 효과를 얻을 수 있는 방법은 아니다. 실은 두 가지 요소가 최대 효과를 얻는 것을 방해한다. 첫째는 마찰로서 반드시 피해야 하는 것이다. 둘째는 유체가 충격을 가한 뒤에도 여전히 속도를 가지고 있다는 것인데, 이것은 순수한 손실이다. 왜냐하면 이 여분의 속도를 사용하면 더욱 효과를 올릴 수 있기 때문이다. 즉 최초의 충격이 증대하는 것이다. 그러므로 완전한 수력 기관을 만들기 위한 핵심 문제는 다음과 같다. (1) 유체가 기계에 작용할 때, 그 유체로 하여금 운동을 모두 잃게 할 것. (2) 유체가 이 운동을 모두 아주 서서히 잃도록 하여, 유체나 기계의 부분들의 상호 작용에서 진동이 전혀 일어나지 않도록 할 것. 이밖의 것들, 예를 들면 이 기계가 어떤 모양을 하고 있는가 등은 문제될 것이 거의 없다. 이 두 가지 조건을 구비한 수력 기계는 언제나 최대의 효력을 발휘할 것이다.

아들은 다음과 같이 말한다.

동력은 칼로릭이 평형을 회복할 때 발생하기 때문에, 동력을 생산하지 않은 채 평형이 회복되는 것은 순수한 손실로 생각해야 한다. 더욱이 부피의 변화에 기인하지 않은 온도 변화는 칼로릭의 평형이 아무 유용성도 없이 회복하는 것임에 틀림없다. 그렇다면 최대의 효과를 얻기 위한 필요조건은, 열의 동력을 실체화하기 위하여 사용되는 기계에서 부피를 변화시키지 않으면서 온도가 변화해서는 안 된다는 것이다. 역으로 이 조건이 충족될 경우에는 언제나 최대 효과가 달성된다. 이 원리는 열기관을 건설할 때 절대 잊어서는 안 될 점이다. 그것이 기초인 것이다. 만약 이것이 엄격하게 지켜질 수 없다면, 편차를 최소한도로 줄여야 한다.

이 이유만으로도, 고체나 액체를 열기관으로 사용할 생각을 하는 것은 가망 없는 일이다. 이것은 완전히 이론적인 주장으로서, 고체나 액체의 팽창과 수축을 이용하는 연동 장치를 고안하기가 어렵다는 것과는 전혀 관계가 없다. 이것은 금속이나 달궈진 막대 등을 냉각해서 그로부터 많은 운동을 얻는 일이 불가능한 것과 관계있다. 액체나 고체는 팽창에 의하여 냉각되는 것이 아니라, 전도나 복사에 의하여 냉각되기 때문이다. 이것은 중요한 발견이지만 놀랄 만한 것은 아니다(결국 와트이든 누구이든 간에 보일러 대신 열전대(熱電對)를 설치하려고 생각한 사람도 없었다). 카르노의 다른 증명에 대해서도 마찬가지다. 즉 열기관의 용량은 절대온도의 차이의 함수라는 것, 압력과 부피가 일정할 때 비열의 차—비(比)가 아니다—는 모든 기체에 대하여 같다는 것 등, 어느 경우나 관심의 중심은 응용보다는 논증이다.

이 논증이 열역학이라는 학문을 만들어 냈다. 카르노가 우리에게 요구하는 것은 기체의 열적 행동에 관한 실험물리학 지식을 상기하라는 것뿐이다. 기체는 압축에 의해 뜨거워지고, 팽창에 의해 냉각된다. 만약 기체를 압축시키면서 온도를 일정하게 유지하고자 한다면, 우리는 칼로릭을 어떤 방법으로든 제거해야 한다. 또 역으로 팽창시키면서 온도를 일정하게 유지하려면, 칼로릭을 공급해 주어야 한다. 그렇지만 이것은 칼로릭이, 보일의 법칙에 따라 압력에 반비례하는 부피에 고유한 것임을 의미하지는 않는다. 이것이 우리가 아는 것 전부이다. 우리는 칼로릭의 변화를 부피의 변화에 관련시키는 법칙을 모른다. 즉 칼로릭의 양이 기체의 종류에 의하여 변하는지 아니면 그 기체의 밀도나 온도 등에 의하여 변하는지를 모른다. 우리는 이 관계를 확립해야 하는데, 카르노는 이에 관하여 필요한 지식을 이미 우리가 모두 갖고 있음을 보여준다.

열기관의 여러 요소를 보여주는 이상적 계(系, system)를 상상해 보자. 물체 A는 노(爐)를 나타낸다. 여기에는 칼로릭이 무진장 저장되어 있다. B는 응축기, 즉 칼로릭이 흘러가는 곳으로서 A보다 저온으로 유지된다.

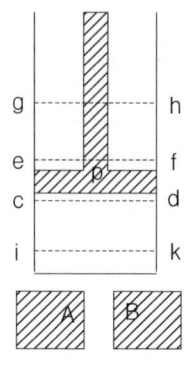

어떤 기체(예를 들면 공기)를 무게와 마찰이 없는 피스톤 밑의 실린더에 집어넣는다. 칼로릭이 A에서 실린더로, 다음에 B로 손실 없이 이동할 수 없다고 하자.

일련의 조작으로 다음의 6가지 단계가 진행된다. (1) 칼로릭이 A에서 실린더로 이동한다. (2) 피스톤이 cd에서 ef로 상승한다. 이때 A는 온도를 일정하게 유지시키기 위하여 칼로릭을 공급한다. (3) A에서 오는 칼로릭의 공급이 중단되지만, 피스톤은 gh로 상승해 간다(이때 기체가 냉각되기 시작한다). 온도가 B의 온도까지 하강한다. (4) 기체가 압축되며 피스톤은 cd로 되돌아간다. 그러나 칼로릭이 B로 흘러갈 수 있으므로, 온도는 저온 상태에서 일정하게 유지된다. (5) 칼로릭이 B로 흐르기를 멈추고, 피스톤이 ik로 움직임에 따라 압축에 의하여 온도는 A로 되돌아간다. (6) 실린더와 A가 다시 연결되고, ef에 이르기까지 정온 팽창이 일어난다. 그 이후로는 몇 번이라도 원하는 만큼 이 조작이 되풀이될 수 있다.

이렇게 해서 가역성(可逆性, reversibility)이라는 관념이, 그 창조자의 두뇌에서 완전한 원을 그리며 튀어나왔던 것이다. 카르노는 이 일들이 역방향으로도 일어날 수 있음을 지적한다.

이 첫번째 조작의 결과, 일정한 양의 동력이 생성되어 칼로릭이 물체 A에서 물체 B로 이동된다. 그와 반대 방향의 조작의 결과로는 동력이 소모되고 칼로릭이 물체 B에서 A로 되돌아간다. 따라서 이 두 가지 조작은 어떤 양식에 의하여 서로 상쇄된다.

근대의 교과서에 나와 있는 이상적 사이클은 좀더 간결한 도식 ―

1834년에 클라페이롱(Clapeyron)이 고안한 것 — 으로 표현되어 있다. 즉 등온 팽창 다음에 단열 팽창이 일어나고, 등온 압축 다음에 단열 압축이 이뤄져서 이 계(系)는 원래 상태로 돌아온다. 공급된 일(혹은 소비된 일)은 그래프로 둘러싸인 면적으로 표시된다.

그럼에도 불구하고 카르노의 논의는 오늘날 학생들이 기대하는 결론으로 진행되지 않는다. 압력-부피 그래프의 면적(cdki 부분)이 수행된 일의 크기와 비례함을 볼 수 있는 사람은 우리 독자들이다. 카르노는 일의 개념을 정의하지 않았다. 칼로릭이 소실되지 않는다고 생각하는 한, 일을 정의하기는 불가능했다. 그의 흥미는 다른 방향으로 이끌려갔다. (6)의 단계에서 그는 피스톤을 cd에서 ef로, 즉 초기 온도의 최대 부피점까지 되돌렸다. 왜냐하면 그는 주어진 피스톤의 어떤 위치에서도 온도는 압축되는 동안보다 팽창하는 동안이 더 높다고 하는 것을 (아주 정확하게) 논증하려고 했기 때문이다.

공기의 탄력은 팽창하는 동안에 더 크다는 것이 판명되었다. 따라서 압축 운동을 일으키기 위하여 사용된 동력의 양보다는 팽창 운동에 의하여 생성되는 동력의 양이 훨씬 더 크다. 그러므로 우리는 분명히 잉여 동력을 얻을 수 있다. 그 잉여 동력을 우리는 여러 가지 목적을 위하여 사용할 수 있다. 그래서 공기가 열기관으로서 쓰여 왔던 것이다. 사실 우리는 그것을 최대로 유리한 방식으로 사용해 왔다. 칼로릭에서는 쓸모없는 평형의 재수립이 일어나지 않기 때문이다.

말하자면 A에서 B로 흘러간 칼로릭 전부가 피스톤에 제공된 운동으로 사용된 것이다. 마찰에 의하여 낭비된 것도, 전도에 의하여 흩어진 것도, 부피 변화가 아닌 공기의 상태 변화에 사용된 것도 전혀 없다. 그런데 이보다 더 유리한 것이 없는 것처럼 보이는 이 이상적 상황에서조차도, 운동을 일으키기 위해서는 칼로릭이 고온의 물체에서 저온의 물체로 이동해야 한다. 다른 방법으로는 이 계(系)에서 그 이상의 힘을 얻을 수 없다. 만약 있다면, 잉여 동력을 사용해서 칼로릭을 B에서 A로 되돌릴 수 있을 것이다. "냉장고에서 노(爐)로" 칼로릭을 거슬러 올라가게 할 수 있을 것이다. 만약 이런 일이 가능하다면 칼로릭을 소비하지 않고도 초기 상태를 회복할 수 있을 것이다(말하자면 사이클의 종점에서 피스톤의 위치는 ik가 아니라 cd가 되며, ik까지 압축하는 데 필요한 동력을 마음대로 쓸 수 있게 된다는 말이다).

이것은 영구 운동일 뿐만 아니라, 칼로릭이나 다른 어떤 요인을 소비하지 않고도 무제한으로 동력을 만들어낼 수 있다는 말이 될 것이다. 이 같은 동력 생성 방식은 현재 인정되고 있는 관념에 완전히 반하는 것이고, 역학 법칙이나 건전한 물리학의 법칙에 반하는 것이다. 이것은 허용할 수 없다.

열역학 제2법칙에 관한 진술이 가끔 에너지 창조의 불가능성, 즉 영구 운동의 불가능성은 열역학의 발견이었음을 암시하는 형태를 띠는 일이 있다. 적어도 역사적으로 볼 때, 이것은 완전한 오해이다. 역사적으로 말하자면 오히려 열역학이 카르노가 이 불가능성을 알아차린 것에 기반을 두고 있다. 이것은 칼로릭이 보존 법칙을 따른다는 가정보다 더 기초적인 것이다. 이것은 단지 과학의 방법 — 과학의 가능성 자체에 조건을 부여하는 — 에 관한 공리이고, 이것을 정당화해 주는 것은 "건전한 물리학"의 경험 전체이다.

그러므로 카르노의 논문은 신중한 것이 아니다. 그는 열의 원동력을 나타내는 정식으로서 $\frac{T-t}{T}$ 를 쓰지 않았다. 그러나 그의 논의는 분명히 이 원동력이 절대 온도의 차이에 좌우되지, 열기관을 어떤 증기가 채우고 있는가에 좌우되지는 않음을 확정한다. 카르노는 결과가 기체의 종류와는 상관없다는 것을 증명했을 때조차도, 증기의 팽창성이 열의 동력을 실체화하는 가장 효과적인 방법임을 보여 주었다. 그는 일정 부피와 일정 압력 하의 여러 기체의 비열을 표로 만들어서, 차이가 일정하다는 것을 밝혔다. 그리고 여러 기체 — 수증기, 산소, 공기 등 — 의 성질을 연구한 뒤 그 연구를 넘어서, 가설적 유체(칼로릭) — 지금 막 나열한 실재하는 유체들은 다만 이것을 전달하기만 할 뿐이다 — 의 보존과 더욱 궁극적으로는 영구 운동의 불가능성이라는 기초 위에서 결론을 내린다. 정말 용기 있는 사람만이 이런 일을 할 수 있다. 카르노의 상상력은 매우 풍부했다. 그는 다름 아닌 열역학적 추론의 범주를 생각해 낸 것이다. 이상적 열기관, 등온 및 단열 변화, 가역적 사이클 등이 열역학에서 차지하는 바는 힘, 속도, 질량, 직선적 연장 등이 역학에서 차지하는 바와 같다.

남은 문제는 이것들에 이름을 붙이고 수학화하는 것인데, 그 중에서도 특히 가역성 개념에 대하여 그렇게 해야 한다. 왜냐하면 열역학과 가장 밀접한 관계가 있는 칼로릭설의 역사적 내력이 이 하나의 개념 속에 들어있기 때문이다. 열역학이 전개되어 온 구조를 볼 때, 가역적 과정은 17세기 역학의 관성 운동 개념과 비교할 수 있다. 현실의 운동 중에서 직선 위에서 영원히 지속될 수 있는 운동은 없다. 이와 마찬가지로, 현실의 과정 중에서 가역적인 과정은 없다. 그럼에도 불구하고 수학적 추상화의 단서를 제공하는 것은 이상적 데이터이다. 관성 운동은 신의 불변성과 묶여진 데카르트의 공간-물질의 기하학화에 의한 물리적 결론으로서 과학에 들어왔다는 것을 상기해 주기 바란다. 카르노도 역시 가역성이란 개념을 연속체, 즉 미적분학에서 통용되는 유량(流量, flux)의 물리적 표현으로서 도입했다. 중요한 결과는, A와 B의 온도차가 한없이 작아지도록 가상 실험의 조건을 바꾼 점에 달려 있었다. 그러면 (3)과 (5)의 단계를 무시할 수 있는 것이다. 왜냐하면 이 (단열적) 부피 변화는 사이클에 큰 영향을 미치지 않기 때문이다. 그래서 등온 팽창과 등온 압축만 남게 된다. 그런데 마리오트(Mariotte)의 기체 법칙 — 앵글로 색슨에게는 보일의 법칙 — 이나 게이-뤼삭, 돌턴 등의 기체 법칙에 의하면, 일정한 온도 하에서 압력과 부피 사이의 관계는 기체의 종류에 관계없이 일정하다. 따라서 등온 변화에서 칼로릭의 양은 기체의 종류와는 무관하다는 간단한 결론이 나온다. 마찬가지로 (그 추론을 상세히 더듬지는 않겠다) 비열의 차가 일정하다는 것에 대한 증명은 극소량의 항을 무시하게 한다.

    카르노의 칼로릭의 유동성에 대한 생각은, 미적분학을 물질화한 것으로 볼 수 있다. 이 해석에서 물리학자는 실제의 가역성을 이리저리 좇을 필요가 없다. 이것의 적절성은 오히려 물리학자가 어떤 계의 초기 상태와 최종 상태에만 관심을 기울이면 된다는 점에 있다. 실제로는 마찰이 많고 작은 구멍들을 통해 열이 누출되며 피스톤이 움직일 때 단열인지 등온인지 가려낼 수도 없는 현실의 증기기관 대신, 카르노는 초기 상태에서 시작하여 초기 상태로 되돌아가는 이상 기관을 생각해 냈던 것이다. 이와 같이 물리학자는 현실의 비가역적인 변화 대신에 이론적인 가역 변화를 생각할 수 있다. 초기 상태와 최종 상태를 비교할 수 있는 한, 가역 변화는 어느 상태나 그 이전의 상태와는 무한소의 차이가 있기 때문에, 가상적인 가역성은 연속성을 의미하며 미적분을 응용할 수 있게 해 준다. 이것은 클라페이롱(Benoît Paul Emil Clapeyron: 1799~1864)의 업적으로서, 그는 카르노의 이론을 수학적으로 다뤄 1834년 『에콜 폴리테크닉 저널 *Journal de l' école polytechnique*』지에 발표했다. 카르노의 업적은 25년 동안 사람들의 눈에 띄지 않았으므로, 클라우지우스는 클라페이롱의 논문을 통해서 이것을 알았다. 가역성은 클라우지우스가 그것으로부터 엔트로피 개념을 이끌어 낸 필수 조건이었다. 클라우지우스는 가역성이 "절대로 도달할 수는 없지만 무한히 접근할 수 있는 한계" 같은 것이며 "그러므로 이론적 고찰을 할 때는 이것을 실현 가능한 것으로 생각해도 좋으며, 비록 한계로서일지라도 이론에서 중대한 역할을 한다"고 썼다.

이러한 클라우지우스의 출현을 생각해 보면, 열역학이라는 학문이 열 교환을 유체의 이동으로 보는 칼로릭 이론에 지고 있는 빚을 알 수 있을 것이다. 이것과 상보적인 관계에 있는 것은 열을 물질 입자의 운동으로 보는 열이론인데, 이것은 기체의 운동론적 모델을 필요로 하며 통계적 기법으로 해석되어야 하는 것으로서 당시에는 아직 완성되어 있지 않았다. 흔히들 카르노가 얻은 결과들은 그가 칼로릭을 사용했다는 것과는 무관하다고 말한다. 그것은 어느 정도 사실인 것 같다. 만년의 메모— 그가 요절한 후에 발견된—를 보면 그가 칼로릭에 대한 신념을 누그러뜨리고 있다는 것을 알 수 있다. 확실히 그의 논문 어디에서든 칼로릭을 열량으로 바꾸어 읽어도 추론은 전혀 손상되지 않는다. 이와 마찬가지로 뉴턴에게서 에테르를 제거하면 그 명료성은 손상되겠지만, 뉴턴 물리학은 조금도 손상되지 않을 것이다. 그런데 역사적으로 더욱 흥미 있는 문제가 또 하나 있다. 그것은 칼로릭 모델을 사용하지 않고도 카르노가 그러한 결과에 도달할 수 있었을까 하는 점이다. 칼로릭이 아니라면 무엇에 대하여 생각했을까? 무엇의 보존을 논했을까? 어떤 면에서 영구 운동이 불가능하다고 했을까? 왜냐하면 운동론적 열이론으로부터는 누군가 가역성이라는 핵심적이고도 역설적인 개념을 이끌어낼 수 있었으리라고 보기 어렵기 때문이다. 통계학을 자유롭게 구사할 수 없는 상황에서, 현란하게 움직이는 분자가 들어 있는 상자 속에서 가역성이 무슨 의미를 지닐 수 있었겠는가? 어쨌든 라부아지에의 열량 측정을 뛰어넘어서 실험 열 물리학을 창시한 럼퍼드나 열의 일당량을 결정한 줄의 경우에, 운동으로서의 열개념은 가역성으로 인도되지 않았다.

*

카르노의 논문은 열역학 창시에 결정적인 연대인 1840년대까지 인정받지도 못하고 거의 알려지지도 않은 상태로 방치되어 있었다. 만약 그렇지 않았다면 이 문제들은 또다시 원점으로 되돌아가고 있었는지도 모른다. 왜냐하면 방향성을 취급하며 열 흐름에 대한 칼로릭설로부터 추상된 가역성이라는 해석적 개념을 사용하는 것은 제1법칙이 아니라 제2법칙이기 때문이다. 한편 에너지 보존의 법칙인 제1법칙은 역사적으로 볼 때 물질로서의 열이라는 생각에 대한 상보적 비판으로부터 유도된 것으로서, 열의 "동력"으로의 변환 가능성에 대한 증명에 의존하고 있었다. 변환성과 가역성은 결코 같은 것이 아니다. 카르노는 열이 보존된다고 한 점에서는 틀렸다. 열은 흐르기만 하는 것이 아니다. 실제의 변환에서 열은 감쇠된다. 보존되는 것은 에너지이다. 그것은 보다 일반성 있는 양이고, 물질처럼 계량할 수는 없지만 그 변화를 함수로 표현할 수 있다. 열역학이 성립하는 곳에서 이 함수는 일과 열의 합이며, 열은 에너지의 한 형태로서 나타난다.

역사적으로 볼 때, 열역학 제1법칙은 자연의 궁극적 힘이 서로 교환될 수 있으리라는 막연한 생각의 물리적 표현으로서 출현했다. 이것은 잡힐 듯 말 듯한 상태로 19세기 초 물리학자들을 애태웠다. 예를 들면 빛은 반드시 복사열을 동반하며, 철이 열을 받으면 처음에는 붉게 빛나다가 다음에는 흰색을 띠게 된다. 화학적이면서 물리적인 힘이 볼타 전지와 이를 계승한 험프리 데이비의 습전지를 통과했다. 열은 화학 반응에서 사라지기도 하고 나타나기도 한다. 전류는 전선 속에서 열로 나타난다. 1820년에 외르스테드는 전류의 자기 효과를 발견했다. 갈바니(Galvani)가 개구리 발에 경련을 일으킨 실험을 통해, 전기는 심지어 생명력과 관련된 것으로 보였다. 마찰에 의하여 운동을 열로 변환시킬 수 있다는 것을 증명하는 (명확하게 계획된) 최초의 실험은 벤저민 톰슨(Benjamin Thompson: 1753~1824)에 의하여 수행되었다. 이 양키 시골 소년은 미국 독립전쟁 때 영국파로 돌아서서 영달의 길을 좇았다. 그는 군사 전문가로서 바이에론 왕에게 봉사했고, 럼퍼드 백작의 작위를 수여 받았으며 공교롭게도 라부아지에의 미망인과 결혼했다. 그는 대포의 포신을 무거운 공삭기(孔削機)로 깎을 때 발생하는 열로 물이 심하게 끓는다는 것을 통해, 열은 운동에 존재함을 주장했다. 그것은 1798년의 일이었다. 럼퍼드가 다른 변환성을 알기에는 시대가 너무 일렀다. 그는 운동으로부터 열로의 변환을 수량화하지도 못했다. 40년 뒤 이것을 수량화하는데 성공한 인물로서 존 돌턴의 제자인 맨체스터의 제임스 프레스코트 줄(James Prescott Joule, 1818~1889)은, 이보다 넓은 변환 가능성을 출발점으로 삼았다.

줄은 현실감각을 가진 물리학자로서, 매우 솜씨가 좋았으며 기민한 실험 의식을 가지고 있었다. 양조업자였던 아버지는 그에게 자그마한 자가 실험실을 만들어 주었다. 그는 32세에 결혼했는데, 신혼여행 장소로 샤모니를 선택했다. 그리고 그때 긴 온도계를 휴대하고 가서 알프스 산맥의 폭포의 온도를 여러 높이에서 재 보려고 했다. 운동에 의하여 온도가 높아진다는 사실을 확인하고자 하는 희망에서였다. 여행은 실망만 안겨 주었다. 물보라가 너무 심했던 것이다. 자연력이 공통의 기원을 가졌다고 하는 데 대한 그의 신념은 확고한 것이었다. 그의 초기 실험은 기계적 동력의 소모와 열의 발생 사이에 일정한 비율이 성립한다는 것을 보여 주었다. 1843년에 그는 다음과 같이 기록했다. "나는 즉각 이 실험들을 반복해서 더욱 확장하려고 한다. 그리고 자연의 위대한 힘은 창조주의 엄명에 의해 영원불멸임에 대하여 만족한다. 기계력이 소모되면 언제나 정확히 그에 상응하는 만큼의 열이 얻어지는 것이다." 그는 신학이나 형이상학에 대하여 더이상 언급하지 않고, 그것을 측정하는 일을 계속했다. 1849년에 그는 요약문을 썼다. 그것의 서문은 두 가지 진술로 되어 있는데, 첫번째 진술은 로크에서 유래한 것이다.

열은 물체의 감지불가능한 부분의 대단히 활발한 동요로서, 그것은 우리에게 그 물체가 뜨겁다고 하는 감각을 갖게 만든다. 그러므로 우리의 감각에서 열로 느껴지는 것은, 물체에서는 운동일 뿐이다.

두번째는 라이프니츠에서 유래한 것이다.

운동하고 있는 물체의 힘은 그 속도의 제곱에 비례한다. 혹은 중력을 거슬러 올라가는 높이에 비례한다.

줄은 독특하고 단순한 생각을 가진 인물이었다. 1843년부터 1849년까지 그는 위의 첫번째 진술을 두번째 진술로 환원할 수 있음을 증명하는 일에 매달려 있었다.

1830년대의 물리학의 주류는 전자기학이었다. 줄이 열의 연구로 눈을 돌린 것은, 결론이 나지 않는 모터에 관한 실험을 통해서였다. 그는 전기를 증기와 경제적으로 경쟁하는 위치에 두려는 희망을 포기했다. 1843년에 영국 과학진흥협회는 코크(Cork)에서 회합을 가졌다. 여기서 줄은「전자기의 발열 효과에 관하여」라는 논문을 발표했다. 그는 물 속이라는 장(場)에서 작은 전자석을 회전시켰다. 줄은 유도 전류, 발생 열량, 에너지 소비량 등을 측정했다. 뒤의 두 양은 전류의 제곱에 비례한다는 것, 따라서 서로 대등한 양이라는 것이 판명되었다. 이 최초의 측정에서 물 1파운드를 화씨 1도 높이는 데 드는 열량은 838피트 파운드(foot-pounds)였다. 다음에 그는 이 양을 독립적으로 (그리고 직접) 확인했다. 그는 구멍 뚫린 피스톤을 물이 든 원통 속에서 상하로 움직여서 유체의 마찰을 일으켰고, 이때 발생한 열에 대응하는 일당량은 770피트 파운드라는 사실을 발견했다. 이처럼 초보적인 단계, 또 이렇게 작은 온도 차에서는 대략의 크기만 맞으면 되므로, 숫자가 다소 틀리는 것은 문제가 안 된다. 하지만 줄은 좀더 정확하게 변환성을 실증할 수 있는 기술을 고안했다.

그러는 동안 카르노의 연구가 줄의 주의를 끌었다. 그래서 줄은 압축이나 팽창이 일어나는 기체의 온도 변화에 관하여 스스로 실험을 했다. 그는 증기기관의 기계적 힘은 뜨거운 물체에서 차가운 물체로 열이 흘러감으로써 생성된다고 하는 "많은 철학자들의 견해"와 다른 것을 발견했다고 발표했다. 그는 그 중의 한 견해를 카르노와 클라페이롱의 것으로 돌렸는데, 이것은 적어도 카르노는 갖지 않았던 견해였다. 그것은 유동하는 칼로릭의 활력(vis viva)이 동력의 원천이라는 견해였다. "이 견해에 의하면 활력도 소멸될 수 있다는 결론이 나오기 때문에" 줄은 이 추론이 틀렸다고 했다. "힘의 소멸을 요구하는 이론은 반드시 틀린다"는 뜻에서, 줄은 (카르노의 경우처럼) 허용할 수 없는 것을 배제하는 논리에 따라, 독자에게 자신의 가설을 받아들일 것을 요구한다. 실린더에서 증기가 팽창할 때, 증기는 피스톤에 전달되는 기계적 힘에 정확하게 비례해서 열을 잃는 것이다. 활력은 소멸되지 않는다. 왜냐하면 그것은 실체로서의 열의 흐름에 있는 것이 아니라, 전체의 상황 속에서 보존되기 때문이다. 그 상황에서 활력은 증기 입자로부터 피스톤이 밖으로 밀어 올리는 힘으로 전달되며, 그에 정확히 상응하는 증기를 냉각시킨다.

이 당량을 직접 측정하는 일이 아직 남아 있었다. 그래서 줄은 유명한 장치를 고안했다. 그는 열량계의 물통 속에서 수평으로 회전하는 주석으로 된 작은 물갈퀴를 만들고, 추시계처럼 추가 내려가면 움직이도록 했다. 하강하는 추에 의하여 이루어진 일은, 물갈퀴의 마찰에 의하여 수온이 상승하는 데 소비된 열을 나타냈다. 줄은 이때 교란을 감소시키는 것이 중요하다는 사실을 깨달았다. 그래서 그의 장치에는 물의 회전을 완화시키기 위한 날개가 붙게 되었다. 나중에 그는 물 대신에 향유고래기름이나 수은을 사용했다. 그가 얻은 결과는 1849년의 이 일련의 실험을 요약한 논문에 간결하게 기록되어 있다.

첫째, 물체의 마찰에 의하여 발생한 열량은 그것이 액체든 고체든 간에, 언제나 소비된 힘의 양에 비례한다.

둘째, 1파운드의 물을 화씨 1도 높이는 데 드는 열량은, (55~60도 사이에서, 진공 중에서 측정시) 772파운드의 무게가 1피트 낙하하는 기계력이 소비됨으로써 발생하는 열량과 같다.

심사위원들의 희망에 따라, 줄은 세번째 명제를 삭제했다. 그것은 "마찰은 기계적 힘이 열로 변환되는 것이다" 라는 것이었다. 그러나 줄은 이것을 각주에서마저 빼는 것은 허락하지 않았다.

이것은 역학에서 유도된 차원을 통해 열량을 측정한 것이었지만, 과학사가는 이러한 제약을 존중하여 (일반적인 에너지 보존보다는 좁은) 열과 일의 등가성을 줄의 업적으로 인정해야 한다. 이것의 중요성은 과학에서 실험실에서 이뤄지는 활동이 점차 우세해지고 있었음을 잘 보여준다. 줄은 1849년에야 비로소 일정하고 결정적인 결과를 발표할 수 있었다. 그보다 2년 전에 헬름홀츠는 『힘의 보존에 관하여』라는 논문에서 이 원리를 충분한 일반성을 가지고 논했는데, 줄의 연구를 아직 지엽적이며 불확실하다고 여기고 있었다. 줄이 이에 앞서 발표한 논문에, 흥미롭지만 사변적인 견해가 결론으로 나와 있었던 것이다.

1845년 『철학 잡지 *Philosophical Magazine*』에 보낸 짧은 글에서, 줄은 후기의 형식으로 "물질 속의 열의 절대량"에 관하여 언급했는데, 여기서 그는 탄성적 유체의 팽창성은 "전기의 회전하는 기운(atmosphere)"의 원심력의 결과라고 가정했다. 줄은 이러한 것이 각 분자 주위를 둘러싸고 있다고 말하려는 것 같다. 압력은 이 기운의 전체 활력에 비례할 것이다. 32도와 33도에서 기체의 압력비가 480 : 481이란 것을 통해, 줄은 영하 480도가 절대 0도라고 산정했다.

그렇다면 우리는 얼마나 거대한 양의 활력이 물질에 존재하는지 알 수 있다. 60도에서 물 1파운드는 …… 415,316파운드의 무게가 수직으로 1피트 낙하했을 때 얻어지는 것과 같은 활력을 가지고 있는 것이다. 이처럼 거대한 양의 활력을 제공하기 위해서는, 전기의 기운이 회전하는 속도 또한 거대해야 할 것인데, 아마 우주 공간의 광속이나 전기 방전의 속도와 같아야 할 것이다.

그러나 줄은 이러한 흥미 있는 사상을 추구하는 사람이 아니었다. 그가 가끔 전기적 힘이나 화학적 힘을 다루기는 했어도, 그의 펜으로부터 열과 일의 보존을 넘어서서 보존에 관한 본질적 논술이 나온 일은 없다. 마이어(J. Rober von Mayer: 1814~1878)는 이것과는 완전히 다른 고찰에 의하여 똑같은 결과를 얻었는데, 그는 그것을 1842년과 1845년에 독일에서 두 편의 논문으로 발표했다. 당시에 줄은 이 논문에 대해서 모르고 있었다. 만약 알고 있었다고 하더라도, 그의 연구는 이 논문에 크게 영향 받지는 않았을 것이다. 마이어의 추론 방법이 너무 유별난 것이었고 그의 사상은 사변적이고 형이상학적이었기 때문이다. 마이어는 칸트학파였다. 그는 원인력(原因力)이라는 고도로 관념적인 형이상학적 착상을 통해, 열의 일당량을 기체법칙으로부터 대수적으로 유도했다. 줄의 실제적인 측정에 비할 때 마이어의 업적이 세상에서 인정받지 못했던 것은 당연한 일이다. 이렇게 인정받지 못한 데 대한 심신의 부담(그렇다고들 말한다), 또 우선권을 놓고 줄과 꼴사납게 다툰 일 등으로 인하여 마이어는 1850년대에 잠시 신경쇠약에 빠졌다. 그의 편지를 읽어 보면 그의 성격에는 분노나 유감보다는 주정주의가 깊이 뿌리박혀 있고, 그의 내성적인 기질은 그의 사상의 원천일 뿐만 아니라 일시적인 광기의 원인이기도 한 것처럼 보인다. 마이어는 하일브론의 의사였는데, 특히 생리학에 흥미를 갖고 있었다. 다윈과 같이, 그의 관심사는 그가 의사로서 참여했던 열대 지방 탐험 중에 하게 된 사색에 의하여 형성되었다. 선원 한 사람이 폐병에 걸려 있었다. 그의 피를 검사해 본 마이어는, 정맥혈은 열대에서 대단히 붉어서 동맥혈의 색에 가깝다는 것을 알게 되었다. 그리고 그는 열대에서는 체온을 유지하는 데 다른 장소보다 적은 열이 들 것이기 때문에, 신진대사를 위해 혈액으로부터 끌어내는 산소가 다른 곳에서보다 적을 것이라는 결론을 내렸다.

이 정맥혈 검사를 통해 그는 힘의 변환이라는 일생 동안의 관심사와 맞닥뜨리게 되었다. 그리고 마이어는 언제나 그 힘을 무기물이 신진대사를 통하여 생명력으로 이행되는 경로라는 맥락에서 파악하려고 했다. 그의 첫 논문 「무기물의 힘(Kräfte)에 관한 노트」 첫머리에서 그는 정말 칸트 학파답게 다음과 같이 말한다. "힘은 원인이다. 그러므로 causa aequat effectum(원인은 결과와 같다)이란 원리를 문자 그대로 적용할 수 있다. 만약 원인 c가 결과 e를 일으킨다면, e는 c와 같다." 방정식의 양변이 같은 것과 마찬가지로, 힘은 소실되지 않는다. 왜냐하면 원인은 양적으로 소멸 불가능한 것이지만 (물질과 달리) 질적으로도 변화할 수 있는 성질을 가지고 있기 때문이다. 이것이 바로 우리가 힘에 있어서 보존과 변화의 조합―그 존재에서뿐 아니라 활동에서도 실체인―을 추구하지 않으면 안 되는 이유이다.

힘과 물질, 활동과 존재―마이어는 처음부터 그의 형이상학적 입장을 표명한다. 이것이 모든 원인이 포함되어 있는 양대 범주이다. 물질은 연장과 무게를 가지고 있다. 그것이 보존되리라는 것은 이미 의문의 여지가 없다. 한편 힘은, 일반적으로 측정할 수 없는 음성적인 성질 정도로 통하고 있었다. 그러나 힘도 인과율―마이어에 있어서 이것은 충족 이유율의 별명이었다―에 따라야 한다. 그리고 "소멸되지 않고, 변화 가능하며, 측량할 수 없는 대상"이어야 한다. 역학에는 활력의 보존이라는 잘 알려진 특수한 사례가 있다. 그러나 이것을 뛰어넘는 문제로서, 화학, 전자기학, 공학에는 열이 곧 운동에 존재함을 보여주는 많은 막연한 징후가 있다. 마이어가 낙하력(Fallkrafr)이나 베베궁(Bewegung, 운동)이라고 부른 것은, 일단 소멸된 뒤에 열로 재현되는 것처럼 보인다. 그런데 여기서 낙하력을 포텐셜 에너지라고 바꿔 적으면, 그것은 문제를 풀기도 전에 해답을 보는 것이 될 것이다. 그것은 마이어가 직면했고 절반쯤 해결한 난문제를 감추어 버리는 게 될 것이다. 왜냐하면 마이어는 지금 $m \times s \times g$ 라고 쓰어지는 양을 $\frac{1}{2}mv^2$ 과 같다고 놓았지만(m 은 질량, v 는 속도, s 는 높이, g 는 중력가속도), 그럼에도 불구하고 그가 사용하는 운동에너지라는 말은 역학의 제한된 활력이 아니라 오히려 베베궁이었다. 그것은 물체 사이의 공간적 관계의 변화가 아니라, 수량화할 수 있는 대상으로서의 운동 일반이다. 베베궁은 힘이다. 1845년의 논문 첫머리에서 그는 이렇게 말 한다―이것은 모든 힘의 아버지이다. 그의 말은 이런 식으로 대단히 불명료하지만 그럼에도 불구하고 결국은 마이어가 문제를 아주 명확하게 파악하고 있었다는 것이 드러난다. 비록 그의 용어가 구시대적이기는 했지만, 줄에 못지않게 명확하면서도 훨씬 더 흥미롭게 파악하고 있었던 것이다. 문제는 얼마만큼의 열량이 얼마만큼의 낙하력 또는 베베궁에 상당하는가를 구하는 것이었다. "예를 든다면, 표준 무게를 지면에서 얼마만큼 들어올려야, 그 낙하력은 같은 양의 물을 0도에서 1도로 높이는 데 드는 양에 상당하겠는가?" 하는 것이었다. 1842년에 마이어는 365미터라는 해답을 내었다.

마이어는 이 결과를 일정 압력, 일정 온도에서 기체의 비열 차이로부터 얻었다. 이 차이는 1807년에 게이-뤼삭(J. L. Gay-Lussac: 1778~1850)에 의하여 측정되었으며 뒬롱(Dulong)에 의하여 그 후 15년 동안 정밀화된 것이었다. 일정 압력에서 기체의 온도를 높이는 경우엔, 일정 부피에서 온도를 높이는 경우보다 약 40퍼센트 가량 많은 열이 소요되었다. 마이어의 추론에는 칭찬받을 만한 독창성이 있었다. 추가로 투입된 열은 대기압에 대항하여 기체를 팽창시켰다는 것이다. 1842년의 논문은 너무나 신비적인 것이어서, 계산이 들어갈 여지가 없었다. 1845년의 제2논문은 내용도 충실해졌고, 숫자도 더욱 많아졌다. 마이어는 스스로 실험을 한 적이 없었다. 그러나 그는 비열의 비(比)를 일반적인 대수 용어로 표현했고, 기체에 관한 가장 좋은 문헌에 나와 있는 숫자로 바꾸어 넣었다. 그리고 다음과 같은 결과에 도달했다.

$$1°의\ 열\ =\ 1그램의\ \begin{bmatrix} 367\ m \\ 1130\ \text{Paris feet} \end{bmatrix}\ 상승$$

그는 각주에서 이것을 1845년에 나온 줄의 결과와 비교하고 있다. 줄의 결과는 이 용어에 따르면 425그램-미터가 된다. (오늘날 제럴드 홀튼의 교과서에는, 마이어의 결과가 칼로리의 일당량으로서 3.6×10^7에르그로 바꾸어 있다. 그리고 그는 현대의 값이 4×10^7에르그라는 것을 지적한다. 홀튼은 물리학사에 주의를 기울이며 저술하고 있는 사람이다.) 이것은 명확한 결과이다.

$$C - c = \frac{R\sigma}{E}$$

라는 표현은 열역학의 구조가 발달해 감에 따라 마이어의 관계식으로 알려지게 되었다. 좌변은 두 비열의 차이이고, 우변에서 E는 열의 일당량, R은 절대 온도를 대기압으로 나눈 값을 c.g.s.단위로 나타낸 것, σ는 기체 1그램의 부피이다. 여기서 뒤의 두 값은 섭씨 0도, 760mm-Hg에서 측정된 것이다.

마이어는 역학을 넘어서, 자연의 작용 깊숙이 자리잡고 있는 함의에 이끌렸다. 이처럼 마이어는 줄과 줄곧 대조적이었다. 그는 의학 물리학자라는 말로 가장 잘 이해될 수 있을 것이다. 1845년의 그의 논문 제목은 「물질 대사에 관련된 유기적 운동」이었다. 응용 수학은 (이 논문의 머리글은 이렇게 시작된다) 18세기의 여러 과학에 대하여 지도적 역할을 수행해

왔다. 단지 생물학만이 갈릴레오와 뉴턴의 발견과 방법에서 이득을 얻는 데 실패했다. 현재까지도, 생물에 적용할 수 있는 공식은 없다. 옛 속담에서 "문자는 생명을 죽이고, 정신은 생명을 준다"고 말하는 대로이다. 물리학과 생리학의 이 간격을 메우려면, 생물의 영역에 있는 운동을 연구해야 할 것이다.

마이어는 물리학의 라마르크라는 오해를 불러일으킬 소지가 대단히 많다. 그의 관심사는 사물이 아니라 활동이다. 그는 화학이 형(形)의 질적 변화 속에서도 양이 보존되는 가장 잘 알려진 예라고 말한다. 그는 열의 일당량을 "힘"의 소멸불가능성의 한 예로 본다. 기체 법칙과 데이터만 주어지면, 그 당량을 즉시 계산할 수 있다. 낙하력과 베베궁은 역학적인 원인이자 동시에 결과이다. 열, 자기, 전기는 계량할 수 없는 형태의 힘이다. 전기는 화학적 힘의 범주와 겹친다. 이것들은 모두 우주의 과정 속에서, 한 형태로부터 다른 형태로 득실 없이 전환된다. 우주에서 힘의 전체 저장량은 불멸이고 불변이다. 그리고 이 논문은 식물이 햇빛으로부터 힘을 얻어서 생명의 질서에 전달하고, 동물이 식물에 저장되어 있는 힘을 섭취하는 것에 대하여 논한다. 생체 조직에서 유기물이 화학적으로 변화하여 역학적 운동이 되는 성질은, 기체가 팽창하는 성질에 상당하는 것이다. 마이어는 개개의 생물이란 이를테면 살아있는 열기관이라고 본다. 그의 논문은 신진대사의 에너지학에 대한 시론이다. 그는 다음과 같은 것을 의도했다 — 즉 힘의 섭취와 소비에 평행을 취하면서, 생물에서 수량화할 수 있는 것을 수량화하는 것. 그리고 그의 생리학의 가치는 부정확하고 표현할 수 없는 과학의 도피처라는 데 있는 것이 아니라, 모든 변환이 완전히 들어맞는 정확한 과정의 장(場)이라는 데 있다. 그는 동역학을 생명 과정에 적용하고 연장을 가진 물체에 관한 추상적인 역학을 형태와 수라는 생생한 과학으로 보충함으로써, 물리학을 풍성하게 하려고 했다.

그러므로 라마르크와의 비교가 너무 강조되어서는 안 된다. 마이어는 숫자로부터 도피하려고 하지 않았다. 이 수에 대한 존경이야말로, 과학에서 칸트적 관념론을 괴테적 낭만주의로부터 구별해주는 것이다. 19세기 과학의 문화적 의의를 평가하는 맥락에서 볼 때, 이 구별은 핵심적 관건이다. 마이어는 관념론자였지 낭만주의자가 아니었다. 그는 결코 생물적 비유로 도피하지 않았다. 그렇기는커녕 그는 독일 자연철학(Naturphilosophie)에 대한 물리학의 반격을, 생물학의 영역에서 개시했던 것이다. 그러나 마이어의 물리학은 약간 색다른 물리학이었다. 그는 물리학을 좀더 풍부하게 해주는 길을 발견하려고 하는 철학적 항의 — 역학에 대한 — 를, 생물학에서가 아니라 에너지학에서 확립했다. 마이어의 견해에 의하면 역학은 옳지만 그것은 연장을 가진 대상에 대한 그것 자체의 추상에 의하여 한정된다. 그것은 물질만을 다룬다. 그것도 장소와 운동과 관련해서만. 그리고 그것에 관계되는 수학은 기하학에 의한 공간적 관계의 해석, 혹은 그것 자체로부터 파생된 불확실한 미적분이다. 그러나 힘도 역시 원인이다(마이어의 세계에서는 가장 엄격한 인과율이 지배하기 때문이다). 힘은 또한 대상이다(계량할 수 없는 대상이지만, 틀림없는 대상이다). 계량할 수 없는 대상 — 전기, 칼로릭, 에테르 등 — 을 취급하는 다른 사람들에 비해서 마이어가 앞섰던 점은 물질로부터 힘을 존재론적으로 구별했다는 데 있다. 그에게는 지각 불가능한 유체 따위는 없다. 그는 "실체 없는 물질은 없다"라고 단호하게 말하며, 이것을 건실한 과학의 원리로 삼는다. 그의 업적 중에서 (이것이 그의 독창성인데) 나중에 에너지 차(energy differential)라고 불리는 양은, 여러 가지 작용들을 전달한다고 생각되던 18세기의 표현 불가능한 유체들과는 구별된다. 마이어가 고전 물리학을 꿰뚫고 지나간 것은, 힘에 기초적인 존재론적 지위 — 마치 일원론적 기계론이 물질에 부여하고 있던 것과 같은 — 를 부여했다는 점에 있었다.

고전 물리학을 넘어서(혹은 그 원천으로 돌아가서), 마이어는 통찰력 있는 문장으로 뉴턴의 역학적 힘과 수학적 힘 사이를 구분짓는다. 중력과 같이 열도 운동의 원인으로서 수학적으로 취급해야지 역학적으로 취급해서는 안 된다는 것이다. 마이어는 열을 입자 철학에 동화시켜 버리는 환원론자가 아니었던 것이다. 그에 있어서 수는 분석의 단계를 나타내는 것이 아니라 당량을 나타낸다. 칼로릭을 비판한 다른 사람들과 달리 마이어는 카르노를 연구한 것 같지도 않으며, 열을 물질 입자의 진동으로 바꾸려고 한 것 같지도 않다. 그는 계량할 수 없으며 연속적인 대상의 영역을 정했다. 그것은 본질적 유체보다도 심오한 것, 즉 열이었는데, 마이어는 이것을 진동보다 더 기초적인 것으로 설정했다. 열은 힘의 표현으로서, 새로운 형태의 물리학에 의하여 연구되어야 하는 것이다. 왜냐하면 여러 형태의 힘 사이의 수학적 대응관계는 일정하고 정확하기 때문이다. 마이어에게 있어서 수리 물리학은, 유클리드 공간에서 물체의 차원을 해석적·기하학적으로 분해하는 것과는 다른 것이었다. 그에게 공간은 연장이라기보다 오히려 생활권(Lebensraum)이었다. 이것을 수학화하는 것은 대상으로 여겨지는 힘의 수치적 당량을 결정하는 일이 된다. 이 힘에 있어서 그 양은 외연적인 것이 아니라 내포적인 것이다. 사실 그의 상상력을 통해 수리 물리학은 힘의 형태에 대한 수비학(數秘學, numerology)이 되었고, (양에 있어서는) 양적임과 동시에 (그 표현에 있어서는) 질적인 과학이 되었다. 열의 일당량은 출발점에 불과하다. 그의 논문의 후반부는 여러 대상과 사건에서 나타나는 열의 소비와 일의 소모를 계산했다. 즉 석탄의 무게, 견인 동물(牽引動物)의 행위, 화학 반응, 전기의 발생, 근육의 수축, 신진대사에서 동력에 의존하는 일들 등. 이 논문의 마지막 문장은, 에너지학이 (마이어의 정신에 따르는 한) 어떻게 물리학 — 모든 것을 원자화하는 동력학의 영향으로 인해 파편화되어 버린 — 에 자연의 활동에 존재하는 이상적 통일에 대한 감각을 불어넣어 줄 것임을 예언한다. "모든 기구들이 협동하는 가운데에만 조화가 존재한다. 그리고 생명은 조화 속에만 존재한다."

*

에너지 보존의 원리는 (기술을 정당하게 대접하여 표현한다면) 증기가 있는 곳에는 어디든지 잠재해 있다. 그것은 고전 물리학의 마지막 반세기에, 그리고 그 이후에는 양자 역학에서 기초적 역할을 완수했다. 어떤 사람은 에너지 보존이야말로 가장 기초적이라고 말한다. 푸앵카레가 말했듯이, 이것을 포기한다 해도 우리는 즉시 다른 형태의 에너지를 상정하여 에너지를 보존시키려 할 것이다. 핵물리학에서 중성미자(neutrino)가 한 역할이 바로 이것이다. 그러나 이 열역학 제1법칙이 역학 중에서도 보다 엄격하고 냉정한 영역인 영역에 비를 뿌려서 그토록 풍부한 결실을 맺게 했다고 말하기란 어딘지 좀 이상하다. 브리지맨(Bridgman)은 "어떤 마술에 의하여 우리의 흐름은 그 원천보다도 높은 곳으로 올라 왔을까?" 하고 묻는다 — 마치 열역학 제2법칙을 지적으로 적용하는 것에 반항하기라도 하듯이. 이것은 역사적으로 답할 수 있겠다. 적어도 역사적으로는 제1법칙과 그 적용 범위에 대한 인식이 점차 증대되어 갔는데, 그것은 1847년에 헬름홀츠(H. L. F. von Helmholtz: 1821~1894)가 발표한 훌륭한 논문 『힘의 보존에 관하여 Über die Erhaltung der Kraft』의 세련됨과 간결함에 힘입은 바가 컸다. 그는 아마 19세기 과학자 중에서 가장 세련된 인물일 것이다. 그는 일반인을 대상으로 한 과학 강연에 많은 사고와 노력을 기울였는데, 그의 강연 태도는 틴달처럼 자기주장을 내세운다거나 헉슬리처럼 현명함을 너무 의식한다거나 혹은 헤켈처럼 낭만주의적 야수성에 빠짐으로써 좋은 취미에서 일탈하는 일이 전혀 없었다. 그의 권위는 또한 클로드 베르나르의 프랑스적 오만처럼 위압적이지도 않았다. 헬름홀츠는 독일인다운 따스함과 자연스러움을 가장 잘 보여주는데, 이것은 이 뛰어난 물리학적 지성에게 호감을 불러일으키는 침착성을 부여해 주었으며, 과학으로 하여금 문화적 책임감에 넘치는 교양 있는 정신을 통과시킴으로써 이를 문명화시켰다.

헬름홀츠는 침착한 인물이었다. 그 사고에 있어서 19세기 물리학자 중 가장 보편적이었던 이 인물이 의학 수업을 받은 후에 프로시아 육군의 군의로 사회생활의 첫발을 내디뎠다는 사실은, 과학이 전문 직업화된 것이 얼마나 최근의 일인가를 잘 보여준다. 물론 이러한 비전문적 접근 방식은 그것 나름대로 유리한 점이 있었다—비록 이러한 접근 방식에 만족한 것은 그의 세대가 마지막이었지만. 헬름홀츠의 공헌은 생리학에서 시작하여 물리학을 거쳐 철학으로까지 나아간다. 그는 검안경(檢眼鏡)을 발명했는데, 이것은 검진하는 의사가 내보낸 빛을 동공을 통하여 망막에다 반사시킨다. 그리고 의사가 포물경의 한가운데 나 있는 구멍을 통하여 관찰할 수 있도록 되어 있다. 헬름홀츠는 베를린의 요한네스 뮐러(Johannes Müller) 밑에서 공부했는데, 대부분의 감각은 자극에 의한 것이 아니라 신경에 특유한 것이라고 하는 뮐러의 실증에 깊은 감명을 받았다. 망막에 대한 연구는 헬름홀츠를 지각의 물리학으로 이끌어 갔다. 먼저 빛으로, 다음에는 음으로. 그리고 헬름홀츠는 (마이어 또한 표현한 바 있던) 조화에 대한 일종의 독일적 본능에 의하여, 회화의 아름다움을 해명하는 데 광학을, 음악의 감미로움을 인식하는 데 음향학을 응용했다. 지각의 문제는 결국 그를 인식론과 과학철학으로 되돌려 보냈다. 즉 그는 자신의 교육의 출발점으로 되돌아갔다는 뜻이다. 거기에서 그는 헤겔적 과정, 그리고 그것이 과학에 대립하는 정신적 절대자를 긍정하는 데 불만을 느끼고, 과학 자체의 안내자로서 낭만주의의 배후에 있는 합리주의와 칸트적 관념론을 주의 깊게 살펴보게 되었다.

헬름홀츠는 마이어보다 난점을 명료하게 서술했으며, 또 그것에 대하여 더 잘 알고 있었다. 에너지 보존에 대하여 그는 대단히 종합적으로 진술했다. 헬름홀츠도 생리학으로부터 여기에 도달했다. 자신의 첫번째 연구에서 그는 실험실의 동물에 의하여 발생된 열량을 조사했는데, 그것은 그들이 먹은 음식물을 열량계에 넣고 태웠을 때 발생되는 열량과 같다는 사실을 발견했다. 이로써 신진대사는 혼의 활동이 아니라 산화라는 것이 밝혀졌다. 그러나 이것은 이미 대체로 알려져 있던 사실이었다. 헬름홀츠의 탁월함은 그의 추론의 종합성과 그것에 부여한 형식에 있다.『힘의 보존에 관하여』를 발표했을 때 그는 26세였고 아직 프러시아 신병들의 병간호를 하고 있었다. 약 60페이지에 달하는 이 논문에는, 그가 일생 동안 연구해야 할 것들이 요약되어 있었다. 마이어와 달리 헬름홀츠는, 자연의 힘을 기계론적 이미지에 부합하는 것으로 파악했다. 그는 열이나 힘 일반에서 출발하지 않고, 고전적인 18세기 동역학으로 돌아가서 그것의 근본 원리인 활력(vis viva)의 보존에서 출발했다. 그리고 당시에 사용되었던 해석 수학을 에너지 문제에 응용함으로써 열과 활력을 동일화했다. 비록 창조적인 수학자는 아니었지만 그는 창조적인 물리학자가 되고자 하는 사람에게 필수적인, 당대의 수학 병기고에 있던 가장 예리한 무기를 휘두를 수 있는 강력한 수학적 이해력과 기술을 가지고 있었다. 그리고 그는 자신의 논의를 그때까지의 물리학에서는 볼 수 없던 세련된 언어로 표현했다. 줄의 서투른 실험 보고처럼 산적한 데이터에 의하여 무겁게 짓눌리는 것도 아니고, 마이어처럼 초보적인 당량의 수치에만 구애된 것도 아니었다. 그것을 세련되고 엄격하며 게다가 유연성 있는 고전 역학의 미분 방정식으로 표현했던 것이다.

그것은 철학을 회피하고 "순전히 물리적인 가설"을 도입하기 위한 것이었다. 그러나 바로 이처럼 철학을 부정하는 행위에서, 헬름홀츠가 (마이어처럼) 칸트의 노선에 따라 과학에 대하여 여러 기대를 했음이 분명히 드러나는 것이다. 그의 설명에 따르면, 실험 과학은 현상들을 끌어모아

기술하여 일반 법칙 밑에 둔다. 이러한 예로서 굴절 법칙이나 기체 법칙 등을 들 수 있다. 반면 이론 과학은 인과율과 충족 이유율에 따라서 현상을 파악하려고 한다. 그것은 "자연의 모든 변화는 어느 것이든지 충분한 원인이 있다"는 공리에 의하여, 생각하는 존재인 인간에게 맡겨진 학문이다. 우리는 불변하는 원인을 식별할 때까지, 연구를 계속해야 한다. 원인의 불변성은 이것을 결과와 구분해 준다. 과학이 모든 사실을 포괄한다든가, 자연을 완전히 이해할 수 있다는 말은 아니다. 아마 사물에는 자발성의 영역, 자유의 영역이 있을 것이다. 그렇지만 인과율의 한계는 바로 과학의 한계이다.

이 영역 속에서 과학은 세계의 대상들을 존재와 활동이라는 두 가지 관점에서 고찰한다. 물질이란 우리가 고전 역학에서 물체의 존재에 관하여 추상해 낸 것이다. 그것은 연장과 질량이라는 성질을 가지고 있다. 그 양은 영원히 일정하다. 그러나 우리는 대상의 질적인 차이를 물질의 위치 변화로 환원할 수 없다(헬름홀츠도 에너지 역학이 데모크리토스적 세계상을 꿰뚫고 지나가는 지점으로 우리를 데려간다). 힘은 우리가 사건들의 원인으로서 추상해낸 것이다. 인과율을 강조한 헬름홀츠는 (단순한 실험물리학과 대비하여) 이론물리학을 물질보다는 힘의 방향으로 향하게 했다. 그러므로 헬름홀츠와 마이어는 똑같은 영감하에서 움직이고 있었지만, 헬름홀츠가 더 큰 확신을 가지고 이 새로운 지반 위에 서있었다. 그리고 이 두 독일 사상가의 정신에서 힘이 물질과 대등한 지위 — 존재론적으로는 대등하며 물리적으로는 더 흥미로운 — 까지 끌어올려진 것은, 이론을 수립하려는 지적인 노력의 과정에서 원인과 결과를 칸트적으로 동일시했다는 데 있다. 이리하여 힘의 여러 형태 — 활력, 열, 화학 결합, 전기, 자기, 중력, 그 외에 아직 인지되지 않고 있는 것들 — 는 물질의 종류, 개수, 위치 등과 같이 과학의 대상이 되었다. 물질과 에너지는 단순히 운동하는 물질이 아니라(이 경우 힘은 질량과 가속도의 곱이라는 빈약한 내용을 가진 것이 된다), 영원에서 영원으로 존재해 온 것의 두 가지 측면이 되어야만 했다.

이 패턴은 고전적이다. 어느 누구도 지금까지 어떤 실험에서든지 보존을 발견한 일은 없었기 때문이다. 오히려 보존은 객관적 과학의 한 가지 조건으로 전제되어 왔다. 이것에 대한 확신은, 역사적으로 본 과학의 경험 전체에 기인한다. 심지어 이 경험을, 점차 넓어져 가는 자연의 영역에 이 같은 고찰을 확장해 간 과정으로 볼 수도 있다. 확실히 어떤 종류의 실험은 보존 법칙을 확신하게 해 준다. 그러나 그것은 프리스틀리가 산소를 발견한 곳, 뉴턴이 빛의 조성을 발견한 곳, 베크렐(Becquerel)이 방사능을 발견한 곳에서가 아니다. 경험을 합리화하고 조절하기 위하여 라부아지에가 가정했듯이, 이론가가 그것을 가정하는 것이다. 그렇기 때문에, 누가 에너지 보존 법칙을 발견했는가 하고 묻는 것은 무의미하다. 아무도 발견한 사람이 없는 것이다. 헬름홀츠가 달성한 것은 이보다 한층 더 어려운 것이었는데, 그는 누구나 막연히 가정하고 있던 것을 표현해 냈다. 그 혼자만이 열이나 힘(미지의 것)에서 출발하지 않고 운동(기지의 것)에서 출발했다는 것, 이것이 그의 성공의 결정적 요인이다. 운동은 규칙적·법칙적인 변화의 일례인데, 물질 자체도 이러한 변화가 가능하다. 동역학의 가장 일반적인 원칙은 활력의 보존이다. 헬름홀츠가 본 바에 따르면, 문제는 공간상의 배치를 지배하는 법칙을 이와 평행하는 힘의 영역으로 확장하는 것이었고, (그는 이렇게 말했을 법한데) 자연의 활동을 그 존재를 지배하는 법칙과 동일시하는 것이었다. 혹은 (우리로서는 이렇게 말할 법하다) 이미 보존이 성립되어 있는 역학의 형식으로 하여금 에너지학을 받아들이게 하는 것이었다.

이론 과학이 현 상태와 같은 반쪽의 이해에 머무르기를 원치 않는다면, 그것의 관점은 기본적인 힘의 성질에 관한 (활력의 보존이라는) 이 원칙의 요구

및 그 결과와 조화되지 않으면 안 된다. 이론 과학의 사명은 모든 현상을 기본적인 힘의 견지에서 정의하고, 오직 이 정의만이 사실과 양립할 수 있다는 것을 증명했을 때에야 비로소 완수될 것이다. 이러한 정의는 자연을 인식하는 필연적 형식으로 여겨져야 한다. 그것은 객관적 진리라는 지위를 부여받을 만한 것이다.

역학은 헬름홀츠에게 줄이나 마이어의 입장을 뛰어넘을 수 있는 확실한 기반을 제공했다. 줄과 마이어는 각각 자력으로 어려운 길을 개척했다. 즉 전자는 실험적으로 후자는 형이상학적으로, 열 연구로부터 열역학이라는 과학을 끌어올리려고 했던 것이다. 그리고 이제야 근대 물리학에 의하여 엉켰던 실이 간신히 풀리기 시작한다. 그리고 역학의 기본 원칙이 된 에너지 보존이 역사적으로는 열역학 제1법칙으로 나타났다는 것이 밝혀진다. 그 공리들과 방정식들은 실상 역학에서 유래했다. 그러나 추론 대상은 에너지였다. 헬름홀츠는 이 (아직 이름이 붙지 않은) 대상을 추구하여, 문제의 핵심 자체로 접근하는 길잡이를 찾았다. 그는 역학으로 돌아가지도 않았고(만약 그렇게 했으면 원을 일주하여 출발점으로 되돌아왔을 것이다), (종속적인 고찰로 시야가 제한되어 있는) 줄이나 마이어로 돌아가지도 않았다. 그는 카르노와 클라페이롱으로 돌아갔는데, 그것은 그들만이 열이 가진 기계적 동력을 이론적으로 연구했기 때문이다.

그들의 연구는 이 논의에서 처음으로 나타난 것으로서, 다음과 같은 가정에서 시작한다.

물체들의 조합에 의하여 무로부터 지속적인 동력을 창조하기란 불가능하다. 이 원리에 의하여 카르노와 클라페이롱은 자연의 아주 다양한 물체들의 잠열과 비열에 관한 일련의 법칙을 이론적으로 증명했다. 그런데 그 법칙 중에는 이미 과학자에게 알려진 것도 있고, 아직 실험적으로 확인되지 않은 것도 있다.

영구 운동의 불가능성이란 전혀 새로운 것이 아니다. 프랑스 혁명 이전에 이미 프랑스 과학 아카데미는 무에서 유를 창조해 내려는 의도를 가진 어떤 발명이든 그것을 주목하기를 단호하게 거부했다. 그러나 영구 운동의 포기는 마찰의 불가피성보다 더 깊은 데 연유한 것은 아니었다. 그것은 과학자들로 하여금 그들의 시간을 절약하는 데 기여했을 뿐이다. 카르노의 이론은 그것을 흥미 있는 것으로 만들었다. 그는 이 영구 운동의 불가능성을, 허용할 수 없는 것을 배제하는 추론의 도구로서 적극적으로 이용했다. 그는 우리가 할 수 없는 것뿐만 아니라, 열로 무엇을 할 수 있는가에 대해서도 말했다. 그리고 그는 온도 차이라는 조건을 두었다. 헬름홀츠는 동역학으로부터 그의 목표, 즉 보존의 일반화로 인도해 가는 하나의 방책으로서 이 이점을 이용했다. 그 보존은 활력에서 시작되었지만, 열과 그밖에 그가 아직 힘이라고 부른 것 — 따라서 우리도 잠시 이렇게 부르기로 한다 — 을 포함한다.

이리하여 헬름홀츠는, 카르노가 보존가능한 상황에서 성립되는 가역성 개념으로부터 만들어낸 해석 도구를 도입함으로써, 동역학을 그의 목적에 기여하게끔 만들었다. 게다가 그는 논의를 칼로릭 이론에 대한 의존으로부터 해방시키고, 그 대신 그것에 고전 역학의 강력한 권위를 부여했다. 상호간의 힘에 따르는 질점(mass point)들로 이뤄진 계를 생각해 보자. 하나의 배열에서 제2의 배열로 이행할 때, 질점들이 속도를 획득했으며 이것이 일로 이용되었다고 하자. 이 계로부터 똑같은 양의 일을 다시 한번 끌어내려면, 어떤 수단을 이용해서든 초기 조건을 회복시켜 주어야 할 것이다. 예를 들면 그 계의 외부로부터 에너지를 취하여 그것을 소비해야 한다. 그런데 공리에 의하면, 이렇게 처음 상태로 되돌아갈 때 소비된 일의 양은 초기 과정에서 창출된 일의 양과 같다. 이것은 이때 사용된 수단, 입자가 움직인 경로, 속도와 무관하다. 만약 그렇지 않다면, 어느 한 경로를 택하여 다른 경로와의 차이로부터 이익을 얻을 수 있게 되고, 따라서 영구 운동이라는 허용할 수 없는 결과를 창조할 수 있게 된다. 이 불가능성을 배제하는 수학적 표현이 활력의 보존 법칙이다. 우리는 항상 이 결과를 원리적으로 알고 있었기 때문에, 논의에서 확신을 가지게 되었던 것이다.

헬름홀츠는 이 논의를 확장해 간다. 힘과 거리의 곱은 기계의 이론에서 힘의 척도로서 은연중에 채용되어 왔다. 헬름홀츠는 자유 낙하하는 물체가 소비하는 일과 얻어진 활력을 같게 하기 위하여, 그것에다 중력 상수를 곱했다. 중력을 거슬러 h라는 높이까지 도달하기 위하여 물체가 가져야만 하는 속도는 $\sqrt{2gh}$ 이기 때문에 다음 식이 나온다.

$$mgh = \frac{1}{2} mv^2$$

다음에 헬름홀츠는 보존이 성립하는 질점들의 계는 입자들 중심간의 힘에만 종속되리라는 것을 해석적으로 증명하기 위하여 잠시 멈춘다. 이것도 탈선은 아니다. 왜냐하면 헬름홀츠는 일반성이란 목표를 잠시라도 잊은 적이 없었기 때문이다. 그러나 그의 사고 구조는 너무 탄탄히 짜여 있어서, 연결을 식별하기 위해선 세심하게 주의해서 보아야 한다. 그가 이룩한 일은 기계 이론으로부터 취한 일의 척도와 열에 관한 카르노 논문의 보존론적 추론을 결합하여, 힘 일반을 일을 하는 능력으로서 정의한 것이었다. 그러나 여기까지는, 논의가 단지 중력의 경우에만 미칠 뿐이다. 평형을 고려해 넣으면, 중력 — 일은 이에 거슬러 일어난다 — 도 포함되게 된다. 그리고 힘의 보존은 실질 속도의 원리(principle of virtual velocities)와 동일한 것이 된다. 요컨대 활력을 운동 에너지로 바꿔 말할 수 있게 되는 것이다. 그러나 포텐셜 에너지라는 개념은 아직 중력의 끌어당기는 힘과 구별되지 않았다.

이러한 추상은 제2장에서 달성되었다. 이제 우리는 보존 가능한 질점 계에서 중심력만이 작동한다는 설정으로부터 이익을 얻는 것이다. 그렇기 때문에 중력 — 이것 자체가 보존 가능한 계의 중심력이다 — 은 "힘의 중심으로부터의 거리의 상대적 변화에 대응하는 장력(verbrauchten Spannkräfte)"으로 대치할 수 있다. 그러면 보존가능한 중심력 하에서 어느 질점의 활력의 증가는, 이 "장력"의 감소와 같다. 즉 ∅는 장력, q는 속도, r은 각 중심력의 반지름이라 할 때

$$\frac{1}{2}mQ^2 - \frac{1}{2}mq^2 = -\int_r^R \emptyset\, dr$$

당시에는 아직 이러한 식으로 표현될 수밖에 없었다. "일"이 카르노의 동력을 의미하는 말로 정식으로 사용된 것은, 1850년 클라우지우스 이후부터이다. 그보다 반세기 전에 토머스 영은 활력만큼 인격화되어 있지 않은 말로서, 그리고 뉴턴적 힘과는 다른 동역학적 양을 가리키는 말로서 "에너지"를 제안했다. 그러나 그 말은 랭킨(Willam Rankine: 1820~1872. 스코틀랜드의 엔지니어이자 물리학자 — 옮긴이)이 다시 들고 나오기까지 주목을 끌지 못했다. 랭킨은 정전기학으로부터 "포텐셜"이란 말을 빌려와서, 방정식의 우변에다 Spannkraft 대신에 집어넣었다. 한편 운동 에너지의 특성은 이 에너지 방정식의 좌변을 입자 역학이라는 신뢰할 만한 영역 내에 두려고 하는 결의에 영향 받은 바가 많다. 그것은 이 영역에서 활력을 계승하는 것이었다.

헬름홀츠는 처음에는 이러한 술어의 도움도 없이 서술했다. 그러나 여기까지 오면 우리도 이러한 술어를 예상할 자격이 있다. 그것은 보통의 용법들, 즉 뉴턴의 가속도나 실용 기술 등의 잔해 가운데 감추어져 있던 양을 해방시킨 헬름홀츠의 명석함을 정당하게 평가하기 위해서이고, 또 힘 개념이라는 파악하기 어렵고 거의 동어반복과 같은 것으로부터 에너지 보존이라는 명제를 끄집어낸 그의 능숙한 솜씨를 음미하기 위해서이

다. 왜냐하면 이 방정식은 에너지라는 의미를 충분히 담고 있는 최초의 표현이기 때문이다. 운동 에너지는 준위의 차이로 표현되며, 그 차이는 "이러한 결과를 낳을 수 있는 장력"의 정적분값과 같다. 헬름홀츠는 이 논문을 베를린 물리학회에 제출했는데, 19세기 중반의 물리학은 아직 여기까지 수학화되지 않았기 때문에, 그는 이 법칙을 말로 표현할 때에도 별로 간결하게 설명하지는 못했다.

강도가 거리에만 의존하는 인력 또는 척력의 영향 하에 있는 질점의 운동의 모든 경우에, 장력(포텐셜 에너지)의 감소는 언제나 활력(운동 에너지)의 증가와 같다. 또 역으로 전자의 증가는 후자의 감소와 같다. 바꾸어 말하면, 활력과 장력의 총합은 언제나 일정하다. 여기서 우리는 이 명제를 가장 일반적인 형식으로 표현하여 힘〔에너지 — 인용자〕의 보존 법칙이라고 부를 수 있다.

힘과 에너지 개념에 관한 역사의 한 가지 특징은, 가정과 결론 사이의 작전 지역이 좁다는 것이다. 그리고 이러한 생각에 익숙해 있지 않은 사람은 하나의 가설 또는 결론이 어떤 점에서 다른 것보다 뛰어난지 식별하기 어려울 것이다. 헬름홀츠의 논의에서 결정적인 요소는 동역학의 공리에 의하여 구축된 확신이다. 그 확신은 열, 전기, 화학 에너지에 관한 유추에 의하여 논증된 것이고, 이어서 그의 발견이 타당하다는 것을 증명하기 위하여 역학이라는 확실한 주제에다 그의 발견을 재도입한 것이다. 이리하여 헬름홀츠가 에너지 보존이라는 유력한 새 법칙을 처음으로 이용한 것은, 역학이 아니라 정역학의 가장 확실하고 단순한 명제인 가상 속도의 원리를 그로부터 하나의 특수 케이스로서 유도한 것인데, 이는 동어 반복이 아니다. 그는 순환 논법에 의하여 사고하지는 않았다. 오히려 그는 사고 실험에 의하여 그의 법칙을 증명하고 있으며, 우리가 의심할 수 없는 것은 보다 광범위한 실재에 관한 이 새로운 단서임을 내비치고 있다. 그는 이러한 확신으로 무장하고 카르노가 칼로릭의 보존에 입각해서 내놓은 일에 관한 결론을 다시 서술한다. 그러나 이제야 비로소 그는 그 결론들을 합리적인 역학의 용어로 표현하고, 이것들을 유체로서의 열의 소멸불가능성으로부터가 아니라 에너지 보존 법칙으로부터 이끌어 낸다. (1) 에너지가 보존되는 계에서, 얻을 수 있는 최대의 일은 유한하고 확정적이다. (2) 만약 시간이나 속도에 의존하든가 혹은 중심 방향 이외의 방향으로 작용하는 비보존력(非保存力)이 존재한다면, 물체의 조합은 에너지를 창조하거나 소멸시킬 수도 있을 것이다. 그러나 이러한 결과는 허용할 수 없다. 고로 이러한 힘은 존재하지 않는다. (3) 중심력 하에서 평형 상태에 있는 계가 다른 계와 상대 운동을 하려면 오로지 외부의 힘에 의해서만 가능하며 내부의 힘으로는 불가능하다. 즉 바꾸어 말하면 스스로 시동할 수 있는 것은 없다.

나머지 장들은 이 법칙을 분석적으로 상세하게 논술한 것으로서, 우선 물리학의 여러 부문에까지 미친 다음과 같은 역학의 정리들이 이 법칙을 따른다. 즉 중력의 제곱 반비례 관계, 간단한 기계에서 힘의 손실은 획득된 속도에 비례한다고 하는 유명한 규칙, 탄성체의 운동론 — 즉 파동 역학, 충돌, 빛의 반사와 굴절, 소리의 속도 등. 다음에 열은 명확하게 에너지의 한 형태로 취급되며, 그 일당량이 이론적으로 수립된다. 여기에서 역사적으로 가장 중요한 전후 관계는 다음 사실인데 그것은 제1판에서 분명하게 드러난다. 즉 과학사가는 헬름홀츠를 줄의 측정을 개념화한 사람으로서보다는 오히려 열의 본성에 관하여 카르노와 의견을 달리하는 사람으로 보게 되리라는 것이다. 줄이 얻은 결과는 1847년의 확신을 고무하기에는 너무 부정확했다. 또 헬름홀츠가 "열량"을 단지 "발열 운동(caloric movement)의 활력의 양, 혹은 다른 한편으로 원자의 장력의 양"을 표현하는 수단으로만 정의한 것도 줄의 결과 때문은 아니다. 헬름홀츠는 더 나아가서 이러한 에너지가 세 가지 자유로 분포되어 있는 방식을 정성적으로 개괄한다. 그 자유도가 분자에 대하여 존재한다는 것은 이미 앙페르가 깊은 통찰력을 발휘하여 상상했던 것이다.

포텐셜이라는 개념을 에너지학에 적용할 수 있다는 것은, 전기가 물리학 전반에 걸쳐서 지니고 있는 중요성을 암시한다. 헬름홀츠는 매우 능숙하게 전자기적 전하의 운동을, 역학이 입자로 이루어진 물질의 집단에 대하여 발전시킨 형식으로 바꾸었다. 그가 전기 역학을 18세기를 상기시키는 방식으로 조직한 것은 애석한 일이었다. 전기는 두 종류의 운동을 한다. 한 가지는 이것을 가진 물체에 의해 수송되는 것이다(정전기). 또 한 가지는 물체를 통과하여 이동한다(갈바니 전기). 후자의 경우 전류는 금속에서 전도되거나 또는 전해질 용액 속에서 화학적으로 전도된다. 어느 경우에서나 헬름홀츠는 전류에 의하여 생성된 열과 그것의 일당량을 대조해 보았고, 화학적 에너지와 전기적 에너지를 그것들의 열당량과 비교했다. 유도 전류는 아직 너무 새로운 것이었으므로 익숙하게 다룰 수 없었다. 헬름홀츠는 그것을 별개로 취급했다. 그것 자체를 연구하기 위해서이기보다는, 자기가 전기로 변환될 수 있다는 점을 이용하여 자기를 에너지학에 포함시키기 위한 수단으로서였다. 이제 마지막으로 생물들이 남았다. 식물은 화학적 에너지를 다량으로 축적하는데, 그것은 태양 광선의 활력을 원천으로 한다. 동물은 신진대사의 연료로서 이것을 이용한다. 그에 앞선 마이어처럼 헬름홀츠도 그가 출발한 곳, 즉 생리학의 에너지학에서 끝났다. 그러나 헬름홀츠는 단지 생물학을 향하여 제스처를 보였을 뿐이다. 당량을 계산하기 위한 데이터를 과학은 아직 갖추어 놓지 않았기 때문이다.

나중에 헬름홀츠는 대중 강연에서, 에너지의 복음을 가장 능숙하게 전달하는 설교자의 한 사람이 되었다. 제1법칙은 과학 강연에서 인기 있는 내용이 되었으며, 헬름홀츠의 경우에는 이 문제를 다룬 많은 저자들 가운데 지나치게 어렵지 않은 글을 발표했다.

모든 잘 알려져 있는 물리적 및 화학적 과정에 대한 연구로부터, 우리는 자연은 증가하지도 않지만 감소하지도 않는 힘을 그 전 과정 속에 축적해 놓고 있다는 결론에 도달한다. 따라서 자연에 있는 힘의 양은 물질의 양과 같이 영속적이고 불변이다. 이런 형식으로 표현하면서, 나는 이 일반 법칙에다 "힘의 보존의 원리"라는 이름을 붙였다.

우리는 역학적인 힘을 창조할 수는 없지만, 자연이라는 보고를 우리의 목적에 알맞게 사용할 수는 있다. 수차나 풍차를 움직이는 개울이나 바람, 증기기관의 연료가 되기도 하고 방을 따뜻하게도 하는 삼림과 석탄층은 우리에게는 위대한 자연의 저장물의 일부를 날라 주는 것이다. 우리는 그것을 우리의 목적을 위하여 끄집어내며, 또 그 작용을 각각 알맞다고 생각되는 곳에다 적용할 수 있다. 수차나 풍차의 소유자는 개울의 중력이나 바람의 힘을 자기 소유라고 주장한다. 자연이라는 저장고의 이런 부분들이 그의 계산을 가치 있게 만드는 것이다.

기묘하게도 열역학의 핵심적인 아이디어를 역사적으로 추적해 가면, 여러 가지 생각으로 갈라져 가는 것이 아니라 어느 것이나 카르노의 논문으로 귀결된다. 다른 과학에 비하여 이 과학의 형성에는 실험적 환경보다는 사상적 유산의 영향이 더 많이 작용한 것이다. 그리하여 줄과 마이어는 열과 일의 상호변환성을 서로 독립적으로 그리고 완전히 다른 방식으로 수립했는데, 양자 모두 논의에서는 열의 실체성에 대하여 결정적인 비판을 가하려고 했다. 헬름홀츠 또한 주장에서 시작한 것이 아니라, 온도차의 필연성에 관한 카르노의 증명과 영구 운동의 배제에서 출발했다. 확실히 어떤 면에서 헬름홀츠는 카르노만큼 해석적 도구와 깊게 연관되어 있지는 않았다. 헬름홀츠는 열에 관한 새로운 연구에 역학의 권위를 부여하기 위하여, 영구 운동의 불가능성을 역학의 용어로 바꾸어 놓았다. 역학에서 그것은 이미 전제되어 있었던 것이다. 또 일에서 열로의 전환의 경우, 열역학은 역학을 당황하게 만들 수 없었다. 피스톤의 운동 에너지는 충돌에 의하여 그와 같은 양의 에너지를 기체 분자에 전달한다는 생각이 그럴 듯한 것처럼 상정되었다. 헬름홀츠는 방향의 문제에는 전혀 관심이 없었다. 그는 열에서 일로의 변환보다는 일에서 열로의 변환에 대하여 생각했다. 처음에 그는 전자의 경우에 그 변환 메커니즘은 훨씬 더 다루기 힘들다는 것을 알아차리지 못했다. 카르노 자신의 원리에 의하면 모든 열이 운동으로 표상되는 것이 아니라, 그 중 어떤 것은 고온에서 저온으로 이동하는데, 저온에서는 체셔의 고양이(『이상한 나라의 앨리스』에 등장함—옮긴이)처럼 사라져 없어지게 된다. 말하자면 그것은 소비된다. 그리고 그것이 보다 넓은 범위에서는 보존된다고 하더라도, 이 소실은 언뜻 보기에는 입자론적 기계론에 따르지 않는다.

역사적으로 두 개의 새로운 양—절대 영도와 엔트로피—이 카르노의 온도차에서 비롯된다. 일정 압력과 일정 부피에서의 비열 차에 관한 마이어의 논의에서와 마찬가지로, 카르노의 논의에서 온도에는 밑바닥이 존재한다고 암시되어 있었다. 그러나 윌리엄 톰슨(William Thomson: 1824~1907)이 처음으로 이 데이터를 실험적으로 연구하여, 그 값을 영하 273°라고 정했다. 그 온도에서 분자는 운동을 멈춘다. 그는 실험실의 뛰어난 업적 때문에 켈빈(Kelvin) 경에 책봉됐다. 여기에서 절대 온도의 등급을 매기는 이름이 유래한다. 카르노가 열에 관하여 했던 것을 톰슨은 온도에 관하여 한 것이다. 그는 온도의 등급을, 수은, 알코올, 또는 그 밖에 그 팽창을 온도계로 측정할 수 있는 어떤 물질의 물리적 성질과는 별도로 생각했다. 그도 역시 카르노의 논문에서 직접 출발했는데, 어떤 의미에서는 자기가 그 논문의 발견자라고 생각한 것처럼 보인다. 더구나 그는 열이 역학적 힘으로 되면서 소실된다고 하는 줄과 마이어의 증명에 의하여 카르노의 칼로릭 보존에 도입된 난점을 이해하고 있었다. 열의 흐름이 반드시 일을 한다고 할 수는 없다. 예를 들면 단순한 전도의 경우 열은 아무런 일도 하지 않는다. 그러나 톰슨에게는 동력원으로서의 온도차를 무시하는 것도 마음 내키는 일이 아니었다. "만약 우리가 이 원리를 포기한다면, 우리는 수많은 다른 난점에 부딪힐 것이다. 이것은 더 높은 수준의 실험적 연구와, 열이론을 기초부터 재구성하지 않고는 극복할 수 없는 난점이다." 이러한 후퇴를 받아들이기보다, 그는 필사적으로 열의 일로의 변환가능성과 열의 전도 또는 저온부로의 손실 사이에 보이는 모순을 해결하려고 하였다. 양자는 열이 가진 동력을 실현하기 위한, 필수적이면서도 상호 배제적인 조건들로 보였다.

루돌프 클라우지우스(Rudolf Clausius: 1822~1888)는 이 딜레마의 양쪽 뿔을 단단하게 움켜쥐고, 카르노도 줄도 모두 거부하는 한편 양자의 주요 원리를 취하여 열역학 제2법칙을 세웠다. 1850년의 논문 『열의 동력에 관하여』에서 그는 다음과 같이 말한다.

카르노의 이론 전부를 폐기할 필요는 없다. 그것은 경험에 의하여 어느 정도까지는 증명된 것이기 때문에, 이를 폐기하는 일은 쉬운 일이 아니다. 신중하게 검토해 보면, 새로운 방법이 카르노의 주요 원리와 모순되는 것이 아니라, 단지 열은 소실되지 않는다는 부차적인 진술만이 모순된다는 것을 알 수 있다. 왜냐하면 일이 이루어질 때에는 이와 동시에 일부의 열은 소모되고 다른 일부의 열은 고온의 물체에서 저온의 물체로 이동하며, 이 두 양의 열과 이루어진 일 사이에서는 일정한 관계가 성립하기 때문이다.

이 제목은 필시 카르노의 제목을 의도적으로 번역한 것일 것이다. 왜냐하면 클라우지우스는 클라페이롱의 수학적 취급을 통해서만 카르노를 알고 있었을 뿐인데, 열역학의 이념을 전개하는 데에 이르러서는 다른 사람들로 향하지 않고 곧바로 카르노로 향한다고 하는 그 시대의 패턴에 클라우지우스도 따르고 있기 때문이다. 이 시기에 클라우지우스는 헬름홀츠를 면밀하게 연구한 것 같지도 않고, 일 더하기 열이라는 에너지 보존의 함수도 아직 염두에 두고 있지 않았던 것 같다. 오히려 그는 열에서 일로의 변환 및 저온으로의 열의 수송에 주의를 기울이고 있었다. 그는 또 톰슨처럼 이 문제를 절망적이라고 생각지도 않았다. 톰슨은 절대 영도 이상으로 심오한 것은 아무것도 이끌어내지 못했다. 클라우지우스의 지적 능력은 다른 사람보다 예민하였다. 줄이나 톰슨만큼 구체적이지도 않았고, 헬름홀츠만큼 종합적이지도 않았지만, 물리학의 추상 범위에 관해서는 그 세대에서 가장 유연성을 가지고 있었다. 엔트로피라는 불가해한 양이 그의 식별을 기다리고 있었다―그것은 카르노의 논증에서 유래하는 제2의 대원리이고, 에너지 보존을 보완하는 것이다. 제2법칙에는 아서 에딩튼(Arthur Eddington) 경이 "시간의 화살"이라는 간결한 비문체(碑文體)의 이름을 붙였는데, 그것은 이 원리에서 처음으로 물리학이 지나간 시간과 앞으로 올 시간의 구별을 확립했다는 중대한 결론을 상기시키기 위해서였다. 이 원리에서 비로소 자연의 구조뿐 아니라 자연의 역사를 물리학적으로 기술하는 것이 가능하게 된다.

클라우지우스는 카르노의 핵심 원리는 칼로릭의 보존이 아니라 열의 동력이 T2와 T1에 의존한다고 하는 독특한 관계라고 파악했다. 그러므로 클라우지우스의 문제는 헬름홀츠의 문제와는 다른 것이다. 그는 보존되었던 것을 해석하지 않고, 소실되었던 것을 해석했다. 그리하여 그는 저온으로 소실된 열과, 줄의 비에 따라 기계적 일로 변환된 열을 구별했다. 아무리 클라우지우스의 꿰뚫는 듯한 안광을 통하여 변화를 조망하기 위해서라고 해도, 여기서 다시 카르노의 사이클을 따라서 등온 변화라든가 단열 변화를 되풀이하는 것은 지루한 일일 것이다. 그는 중간적인 내적 변화의 효과를 소멸시킴으로써 이루어진 일 전부, 또는 소비된 열이 외적 변화를 나타내도록 고안한 이 사이클을 충분히 이용했다. 그는 열을 소비하거나 일을 소비할 필요성이 초기 조건으로의 회복에 불균형을 가져온다는 것을 인정했다. 이 계는 사이클이 끝났을 때는 다시 처음과 같은 상태로 돌아간다. 그렇지만 무언가 변화된 것이 있다. 뭔가 비물질적인 것이 소실되었다. 그것은 보존 법칙으로는 파악할 수 없는 무엇이다. 그런데 이 무엇인가는 카르노의 원리에 따른다. 그 양은 중간 과정이나 비에 의존하는 것이 아니라, 단지 그 계의 초기 상태와 최종 상태에만 의존한다. 여기서 생긴 것은 온도차에 의하여 일어난 것이다.

이 변화된 것을 나타내는 것이 엔트로피이다. 클라우지우스는 1854년의 논문에서 처음으로 이 양을 확인했다. 그것은 다음과 같은 방식으로 유도되었다. 클라우지우스는 T_1의 열원으로부터 방출된 열량을 Q_1, 일로 변환된 양을 Q, T_2의 수용기로 흘러간 양을 Q_2로 놓았다. 그러면

$$Q_1 = Q_2 + Q$$

그리고

$$\frac{Q_1}{Q_2} = \emptyset(T_1, T_2)$$

여기서 $\emptyset(T_1, T_2)$는 온도의 함수로서 물체의 성질과는 무관하다. 두 번째 조건에 의하여, 어떤 물체에 대해서 참인 것은 모든 물체에 대해서도 참이어야 한다. 그러므로 이상 기체에 대하여 고찰할 수 있다. 따라서 기체 법칙으로부터 다음 식을 증명할 수 있다.

$$\frac{Q_1}{T_1} - \frac{Q_2}{T_2} = 0$$

그런데 받아들여진 열을 양, 방출된 열을 음으로 나타내는 관습에 따르면, 제2항의 부호가 바뀌어서

$$\frac{Q_1}{T_1} + \frac{Q_2}{T_2} = 0$$

똑같은 추론을, 수없이 많은 단계나 온도들을 거치는 가역적 사이클에

도 적용할 수 있다. 따라서

$$\frac{Q_1}{T_1} + \frac{Q_2}{T_2} + \frac{Q_3}{T_3} + \cdots\cdots = 0$$

즉

$$\sum \frac{Q}{T} = 0$$

마지막으로 일반적 형태의 사이클상(狀) 과정을 생각할 수 있다. 연속적인 등온과 단열의 단계들로 되어 있지 않더라도, 그것들은 이러한 선의 무한소의 요소들로 해석될 수 있다. 따라서

$$\int \frac{dQ}{T} = 0$$

이 관계를 말로 나타내면 다음과 같이 될 것이다.

가역적 사이클에서, 받아들여진 (양 또는 음의) 열을 그것이 받아들여진 때의 절대 온도로 나누고, 이렇게 하여 생긴 미분값을 그 과정의 전경로에 걸쳐서 적분하면, 이 적분값은 영이 된다.

사이클의 가역적 과정의 조건들로부터, $\frac{dQ}{T}$ 라는 표현은 이 계의 배치에 의존하지만 그러한 배치가 나오게 된 방식과는 전혀 무관한 양의 미분값이라는 것이 밝혀진다. 이 양을 S라고 하면

$$\frac{dQ}{T} = dS$$

즉,

$$dQ = TdS$$

클라우지우스는 S에 대해서 엔트로피라는 말을 만들어 냈다. "나는 이 중요한 과학적 양의 이름에다 고대의 단어를 붙임으로써, 이것이 현재 사용되

는 어떤 언어에서도 같은 의미를 갖도록 하려고 한다. 이에 따라서 나는 S를 그리스 어로 '변환'이라는 뜻을 나타내는 '엔트로피'라고 부를 것을 제안한다. 나는 일부러 '엔트로피'란 말을 '에너지'와 비슷하게 만들었다. 그것은 이 두 양의 물리적 중요성이 유사하므로, 유사한 명칭을 붙이는 것이 도움이 되리라고 생각되었기 때문이다."

두 가지 법칙이 어떤 계의 에너지 상태를 기술한다. 첫째 것($dQ = dU + dW$)은 에너지는 보존된다고 말한다. 두번째 것($dQ = TdS$)은 현실의 (즉 비가역적인) 과정에서 엔트로피는 증대한다고, 즉 아무리 보존법칙에 충실하더라도 에너지는 자연이 변화해 감에 따라 점차 사용할 수 없게 된다고 말한다. 엔트로피라는 아이디어는 대단히 예리한 해석 방법이라는 것이 판명되었다. 열역학은 본시 가역 과정밖에 모르지만, 제2법칙은 에너지가 관성적으로 영속한다고 말하기보다 오히려 에너지의 얻을 수 없는 정도, 현실적인 것의 이상적인 것으로부터의 이탈, 사물과 사물간의 (이를테면) 마찰에 의한 브레이크를 측정함으로써 이 가역성이라는 제한을 벗어난다. 이 간접적인 접근은 비가역 과정과 가역 과정을 같은 형식으로 생각할 수 있도록 해주었다. 가역 과정이 사이클을 형성해야만 제2법칙이 성립되는 것은 아니다. 초기 상태와 최종 상태만을 고려하고 그 사이의 이행 방식은 고려하지 않는 느슨한 조건을 받아들이면, 하나의 계가 가지는 이 두 가지 특정한 배치를 "상태의 쌍(state-couple)"으로 간주할 수 있을 것이며, 이때 이것을 분석하기 위하여 계의 출발점으로 되돌아갈 필요는 없는 것이다.

*

에너지와 엔트로피의 대비를 통해, 클라우지우스는 열이 에너지로서는 보존되고 일에 있어서는 소모된다고 하는 모순으로부터 역학적 열이론을 구해내려 했다. 그것은 그럴 듯한 희망이었다. 그의 열의는 전염성과 설득력을 가지고 있었다. 에너지와 엔트로피는 모두 사물의 질량, 위치, 연장 등의 함수가 아니라, 사물의 상태 내지는 조직의 함수이다. 어느 것도 물질의 크기를 나타내는 것이 아니며, 점 함수(point function)도 아니다. 그리고 모두 순간적인 조건과의 관계를 통해 정의되는 것이 아니라 어떤 계의 배치의 초기 상태와 최종 상태와의 관계를 통해 정의되기 때문에, 이전의 값과 비교할 때에만 의의가 있다. 더구나 두 가지 모두 세계의 기본적인 경험, 깊은 직관에 대한 고도로 세련된 추상적 표현이다. 에너지란, 운동하는 물질이라는 것을 넘어서 사물에는 활동성이 있고 "힘"이 있다고 하는 직관, 무언가 현실적인 것이 자연을 운행시키고 있다고 하는 직관의 표현이다(그리고 만약 그렇다면 보존의 가정은 그 힘을 측정, 즉 과학에 포함시키도록 하는 전제 조건이라는 사실을 역사는 가르치고 있다). 한편 엔트로피는, 물이 자기 자신의 수위를 찾고, 뜨거운 물체가 냉각되고 용수철이 풀어지고 자기가 줄어들고 전하가 새나가는 등의 일들을, 그리고 아래 시와 같은 운명을 뒷받침해 준다.

영원히 사는 생명은 없고
죽은 자는 결코 다시 일어나지 않는다.
아무리 느린 강물이라도
결국은 무사히 바다로 간다.

이것은 늙고 쇠약해져 가는 세계에 관한 말이다.
그럼에도 불구하고 에너지와 엔트로피 사이의 대비가 클라우지우스의 희망을 언제나 충족시켜 주었던 것은 아니다. 이 두 양에는 철학적 혼란이 따라다녔다는 것을 여기서 명백히 밝혀야 할 것이다. 그것은 (아마도) 유사한 형식 때문일 것이다. 예를 들면 클라우지우스 자신도, 열이 일로 변환되는 과정에서 불가피하게 일어나는 열의 손실 — 이것은 역학적으로 다룰 수 없는 사실이었는데 — 로부터 끌어낸 개념을 통해 역학적 열 이론을 구해내려 하였다. 마이어와 헬름홀츠는 엄밀한 인과율 — 이는 충족 이유율이란 것이었는데 — 에 입각해서 "힘"을 보존했다. 그리고 이 목적을 위하여 에너지를 물질의 존재론적 파트너로 삼았으며, 그것에게 옛 입자 철학에서 진공이 원자와 대립하여 차지하고 있던 지위에 비길 만한 지위를 부여했다. 한편 입자 철학이 여전히 과학의 스타일에 영향을 미치고 있던 해협 저편의 나라에서는 줄이 본능적으로 에너지를 활력으로서 보존하고 있었다 — 형이상학적 원인으로서가 아니라, 동역학의 고전적 기초에 의거해서 말이다.

뿐만 아니라 에너지에 어떠한 지위를 부여한다고 하더라도 엔트로피는 존재론적으로 결코 에너지와 동등한 것일 수 없었다. 이것은 너무나 임의적이고 비이성적인 개념이다. 이것은 어떤 종류의 대상에 대한 측정으로부터 추상된 것이 아니라, 자연이 시간의 흐름을 거슬러갈 수 없다는 점으로부터 추상된 것이다. 엔트로피가 양인가 음인가 하는 것은 관습의 문제에 불과하다. 증기기관 — 이것으로부터 카르노 사이클이 추상되었다 — 의 작용처럼, 엔트로피는 전체 과정하고만 관계있을 뿐 자연의 심오한 구조와는 무관하다. 그것은 특정한 사물의 척도가 아니라 사물의 집합체의 조건을 가리키는 지표, 혹은 그 조건이 어떻게 비교되었는지 또는 앞으로 어떻게 비교될 것인지를 가리키는 지표이다. 추론은 모두 가역 과정에 관한 것이지만, 현실의 과정에는 가역적인 것이 없음이 드러난다. 일어날 수 없는 것을 숙고함으로써 현실에 관하여 배우는 셈이다. 자연의 기본 법칙이 인간으로서 불가능한 것, 즉 영구 운동의 창조를 배제하는 데 그 기초를 두고 있다는 것은 기이한 느낌이 든다. 그런데도 제2법칙이 자연의 법칙 중에서도 가장 근본적인 것이라고 주장하는 사람들이 있다(그 중에서도 가장 탁월한 인물은 에딩턴이다).

제1법칙과 제2법칙의 논리적 관계에서의 난점은 역사적 질서의 깊은 모순으로 되돌아간다. 열역학의 법칙은 뉴턴의 법칙이나 케플러의 법칙과는 다르기 때문이다. 열역학의 법칙들은 상호 환원이 불가능하다. 그것들은 같은 것에 관한 법칙이 아니다. 제1법칙은 이상적인 동등성에 대하여 말하고, 제2법칙은 현실적인 부등성에 대하여 말한다. 제1법칙에 의하면, 어떤 계의 에너지의 양은 일정하다. 역사적으로 이것은 에너지 형태 간의 상호변환성에 관한 논의 — 때로는 기계론적이고 때로는 관념론적이었던 — 로부터 나왔다. 이에 비하여 제2법칙은, 현실의 과정에서 사용할 수 있는 에너지가 감소한다고, 즉 자연에서 에너지가 감쇠하며, 열은 소모되는 자산이고 세계는 그 자본으로 살고 있다고 말한다. 이 발견은 역사적으로 열이 보존된다고 하는 오류로부터, 말하자면 열이 에너지의 한 형태임에도 불구하고 이것이 소실된다고 하는 경험으로부터 나온다. 제2법칙에 의하여 자연은 결정된 방향으로 나간다. 적어도 그것은 확률이 대단히 높은 방향이기 때문에 이를 어긴다면 우리의 질서 감각도 모두 이것과 함께 소실될 것이다. 그리고 이것은 기계론 — 여기서는 시간이 기하학적 변수이다 — 의 중요한 개념들과 양립하지 않는다. 열역학에서 시간은 진보나 진화라는 완전히 이질적인 생물학적 개념에서와 마찬가지로 과정의 경로였던 것이다.

이것이 생물학적 낭만주의에 새로운 (그러나 거짓된) 활기를 불어넣었을지도 모른다. 그러나 분쟁이 나타나서 이러한 길을 가로막았다. 균일설적인 지질학과 다윈 생물학은 자연 선택에 의하여 종이 진화하는 기간으로 수억 년 혹은 수조 년을 요구했다. 분명히 원리적으로 19세기의 지사 (地史)는 허튼을 좇아 무한의 시간을 전제했다. 그러나 물리학자들은 그렇지 않았다. 그들은 새로운 열역학으로 매우 엄밀하게 사고했는데, 켈빈 같은 사람은 지질학자에게 지구의 용융 상태로부터 지금까지 1천만 년, 그리고 죽어 가는 태양 아래서 냉각되어 생물이 절멸될 때까지 다시 1천만 년을 허용했을 뿐이다. 다윈은 당황해서 자신의 후손들보다는 자기 이론을 걱정하면서, "나에게는 태양이 몹시 마음에 걸린다"라고 썼다. 제2법칙은 허버트 스펜서(Herbert Spencer: 1820~1903)의 우주적 역사주의에는 한층 더 피해를 주는 것이었다. 그는 진보라는 관념을 균질적인 것, 미분화된 것으로부터 개별적인 것, 고도의 조직을 가진 것으로 옮아가는 이행과 동일시했다. 그런데 우주에서 일어나는 불가항력적인 엔트로피의 증가는, 사물의 이 자발적인 경향과 정면으로 모순된다.

(흔히 말하는 것처럼) 엔트로피가 계의 무질서도나 무작위도를 나타낸다고 말하는 것은 동어 반복을 간신히 피할 수 있을 뿐이다. 이 엔트로피라는 양을 사용하는 것은 19세기 말경까지는 생각조차 할 수 없었다. 그러나 그 이후로 엔트로피는 프로테우스적인 개념이 되었다. 과학과 철학은 점점 더 조직과 정보의 문제에 관심을 가지게 되었고, 물질, 운동, 공간 등 고전적 모델에 대한 관심은 엷어져 왔기 때문이다. 에너지의 지위는 인과율의 쇠퇴에 의하여 손상을 입었는데(제1법칙이 역사적으로 원인과 결과를 관념론적으로 동일시한 데에서 탄생했다는 것에 대해서도 이것은 진실이다), 반면 구성적 관념으로서 엔트로피의 위세는 그에 따라 점점 더 올라갔다. 그것은 그 자신이 나타내는 것처럼 우리 앞에 나타나서는 붕괴하고 말 것인가? 어쨌든 엔트로피의 운명은 확률 분석과 함께 팽창해 왔다. 예를 들어서 엔트로피는 특정한 상태에 있는 계를 발견할 확률을 나타내게 되었다. 이처럼 고전 물리학의 독단론이 쇠망한 것은 기묘하게도 2세기 전 독단론의 붕괴를 상기시키는 것처럼 보인다. 게다가 이것은 자신의 물리학을 수립한 뉴턴적 비판 자체를 잠식하면서 일어났다. 정말이지 현대의 과학철학은 가끔 계몽사조의 테마를 반복하는 것처럼 느껴진다. 철학자들은 다시 과학을 창조하는 정신의 작용—언어와 커뮤니케이션—에 대하여 과학이 시사해주는 바를 연구한다. 정보 이론에서 엔트로피는 우리 지식의 불완전성을 나타내는 척도가 된다. 모든

것이 계몽주의를 연상시키지만, 단 그 정조(情調)만은 제외된다 — 왜냐하면 오늘날 철학은 인간의 교육가능성을 가르치는 것이 아니라 커뮤니케이션의 어려움을 가르쳐주기 때문이다.

그러나 엔트로피 개념은 19세기 말 절망의 예언자들의 좀더 모호한 우주적 비관론 속에서 이미 보급되고 있었다. 그들에게 있어서 진보의 이념은 용광로 속의 찌꺼기처럼 되어 버렸다. 그리고 그들은 폐허 가운데 정좌하고서 우주의 열의 사멸에 관하여 명상하고 있었다. 이러한 태도가 19세기 말에 유행했다는 점은 이상한 일이다. 우리에게 19세기는 난관이라는 것을 거의 몰랐던 것처럼 보인다. 확실히 과학의 아이디어와 발견이 어떻게 이용되는지를 결정하는 문화적 요인에 대한 연구만큼 시급한 연구는 없다. 이에 대한 해답은 자연계에서가 아니라 인간 세계에서 발견되리라는 것도 확실하다. 왜냐하면 18세기의 낙관론에서 19세기의 어설픈 비관론으로 스타일을 바꾼다는 것은 과학으로서는 있을 수 없는 일이었기 때문이다.

확실히 진화와 엔트로피는 19세기가 학자들에게 던져준 손꼽히는 신개념이었다. 잘 알려져 있듯이 다위니즘의 해설자들은 경쟁을 가장 잔인한 방식으로 해석했다 — 투쟁이 생명의 법칙이며, 인류는 자연의 발걸음에 맞추어 조화를 이루면서 진보하는 것이 아니며, 진보는 불쌍하고 무능한 것의 패배라고 말이다. 그렇지만 다윈은 이미 숙명론적 정조에 휩싸여 있던 경제학 문헌에서 그 말을 발견해 낸 것에 불과하다. 자연은 그런 메시지를 담고 있지 않다. 엔트로피는 역사나 사회적 과정을 이해하는 데 크게 도움되지 않는다. 그럼에도 불구하고 강도짓을 하는 귀족이나 무장한 유력자가 자연 선택의 이론으로부터 잔혹한 짓을 해도 좋다는 면허증을 얻었다고 한다면, 감히 그런 짓을 할 수 없는 지성인은 그의 세기병(世紀病, mal du siècle)에 빠질 구실을 엔트로피에서 발견했을 것이다. 미국인에게 진보의 꿈에 대한 환멸을 외친 사람들 중에 가장 친숙했던 것은 헨리 애덤스(Henry Adams: 1838~1918. 미국의 역사가 — 옮긴이)의 목소리였다. 역사는 종족의 완성을 향하여 나아가는 것이 아니라 비천한 것들이 뒤죽박죽 섞여 있는 곳을 향하여 하강해 간다. 그곳은 계급, 조직, 서열, 의무, 책임, 고귀, 문화가 없는 사회, 몽-생-미셸도 샤르트르도 없는 사회이다(애덤스의 『몽-생-미셸과 샤르트르』를 빗댄 표현 — 옮긴이). 바꾸어 말하면 미래에는 오직 평등과 사회적 혼란만 있을 뿐이다. 그렇지만 애덤스는 우주에 대한 신념을 잃기 전에, 자유주의와 자신이 받은 교육에 대해서 참으로 절망했던 것일까? 정말 애덤스 및 그와 동시대의 저자들은 무언가 무책임이나 안도와 비슷한 기분으로, 종말이 박두한 것을 인정했다. 그때는 대중들의 성미가 까다로워짐에도 불구하고 아무도 모든 것이 쇠퇴했음을 식별하지 못하게 되리라. 이것이 바로 스윈번(Algernon Swinburne: 1837~1909. 영국의 시인 — 옮긴이)이 "어떤 신들이 있든지 간에" 라고 노래했던 해방이다.

태양도 별도 잠 깨지 않고, 빛도 비치지 않는다.
물소리도 들리지 않는다. 아무것도 보이지 않고, 아무것도 들리지 않는다.
겨울도 봄도 없고, 낮이라는 것도 없다.
오직 영원한 밤 속에, 영원한 잠만 있을 뿐이다.

제10장 장(場)의 물리학

그러나 결국 물리학사에서는 열보다도 빛이 더 많이 다루어지고 있다. 복사와 물질의 상호 작용에 대하여 렌즈가 어떤 의미를 지니는가를 숙고해 본 적이 있는 사람이라면, 어떤 관계를 눈치 채지 않은 채 넘어 갈 수는 없었다. 1800년에 왕실 천문학자 윌리엄 허셸(William Herschel: 1738~1822) 경은 『철학 회보 *Philosophical Transactions*』에 「열을 발생하는 태양광선 및 천체 광선에 관한 실험」을 발표했다. 그는 다음 사실들을 증명했다. 열은 복사(輻射)된다는 것(전적으로 새로운 것은 아니었지만), "프리즘이 만들어 내는 색은, 그것 자체가 열을 발생하는 광선은 아니라고 해도, 적어도 열을 발생하는 힘을 동반하고 있다"는 것, 그 색들은 반사와 굴절의 법칙을 따른다는 것, 열선은 각각 다른 굴절률을 가지고 있는데, 가장 강한 것은 적색과 관련되어 있다는 것, 그리고 마지막으로 열선은 "적색의 경계를 뛰어넘은" 눈에 보이지 않는 스펙트럼 부분에 있다는 것 등이다. 몇 년 뒤에 리터(Johann Wilhelm Ritter: 1776~1810)는 자외선으로 염화은을 감광시켰다. 이리하여 뉴턴의 스펙트럼의 양 끝은 눈에 보이지 않는 복사로 이어져 있다는 것이 드러났다.

빛을 발광 입자의 흐름으로서가 아니라 연속적인 매질 속의 진동 효과로서 연구하기 시작한 비판의 움직임은, 그 비판을 열에도 미치지 않을 수 없었다. 이 비판은 빛의 본성보다 오히려 매질의 특성에 주의를 돌렸다. 그리고 열의 칼로릭설이 에너지 역학 속으로 사라질 운명의 방향으로 걷기 시작하기 전에, 물리학은 빛의 "방출(emission)"설을 폐기했다. 카르노에게 칼로릭의 실재성에 관하여 점점 더 많은 의혹을 시사한 것은 이 유추였던 것이 아닐까 생각된다. 카르노는 『열의 원동력에 관한 고찰』을 발표한 뒤, 노트에 다음과 같이 적었다.

오늘날 빛은 에테르상(狀) 유체에서의 진동의 결과라고 생각되고 있다. 빛은 열을 발생한다. 혹은 적어도 빛은 복사열을 동반하고서 같은 속도로 이동한다. 그렇다면 열은 물체로부터의 방출인데, 그것에 수반하는 빛은 운동에 불과하다고 생각하는 것은 우스운 일일 것이다.

그러므로 지금은 방향을 바꾸어서 광학을 추적해 보아야 할 때이다. 19세기의 빛의 파동설은 서로 독립적으로 발견되었고, 발견된 결과가 일치했기 때문에 두 사람의 발견자에게 정신적인 고통을 준 고전적인 예 중의 하나이다. 오귀스탱 프레넬(Augustin Fresnel: 1788~1827)은 1816년에 토머스 영(Thomas Young: 1773~1829)에게 다음과 같이 편지를 썼다. 그런데 영은 1802년과 1804년에 똑같은 간섭 현상을 발표했었다. "자기가 어떤 발견을 했다고 생각했는데 그것을 이미 다른 사람이 먼저 발표했다는 것을 알았을 때만큼 유감스러운 일은 없을 것입니다. 솔직하게 말해서 아라고가 나에게 내가 프랑스 학사원에 제출했던 논문에 참으로 새로운 관찰은 들어있지 않다는 것을 일깨워 주었을 때, 나의 기분이 그랬습니다. 그러나 우선권을 가질 수 없던 나에게 위로가 된 것이 있었다면, 그것은 수많은 중요한 발견을 해서 물리학을 풍요롭게 한 과학자와 마주 보게 되었다는 것입니다. 동시에 그 경험은 내가 택한 이론에 대한 확신을 적지 않게 증대시켜 주었습니다." 그렇지만 영과 프레넬의 관계는 서로 독립적인 재발견이라고 말할 만한 것이다. 그리고 그것은 과학에도 스타일이 있고 문화적 전통이 있음을 보여 주는 예이기도 하다. 왜냐하면 영은 자기 자신을 뉴턴 광학의 파동론적인 면을 되살린 자라고 생각했기 때문이다. 그는 자신의 이론을 뉴턴의 권위와 결합시켜서 내놓으려고 했다. 이와 동시에 그는 이 거장을 해석 역학의 아류들의 손에서 구해 내서, 새로운 경험적 사실들의 뒷받침을 통해 뉴턴 광학을 본래 가졌던 정도의 정교함으로 복귀시키려 했다. 한편 프레넬은, 그의 이론이 수학적 표현에서 뛰어났다는 점에서만 영과 달랐는데, 자신은 호이겐스의 원리를 하나의 진동계에 응용했다고 생각하고 있었다. 그 진동계에서 "빛은 발광 물체의 입자의 신속한 운동에 의하여 동요된 보편적인 유체의 진동이다." 말하자면 데카르트 물리학에서 나온 공간-물질 모델에 그 원리를 적용한 것이다.

　지적 관습의 영역에도, 분명히 여러 가지 국민적 스타일이 존재한다. 19세기 초에 에테르는 영국적 매질이었고 칼로릭은 프랑스적 매질이었다고 해도 과언이 아니다. 영이 칼로릭을 에테르에 동화시키는 데에서 (즉 열을 빛에 동화시키는 데에서) 출발했고 프레넬은 그와 반대로 출발했다는 것은 사상사의 기묘한 사건이다. (기묘하지만 중요하지는 않다. 왜냐하면 결국 양측은 동일해지기 때문이다. 프레넬은 자기가 한 실험을 상술할 때 전통적인 발광 매질인 에테르를 사용할 마음도 있었다). 첫 논문에서 볼 수 있는 영의 방법은 뉴턴의 광학적 저작에서 몇 개의 긴 문장을 인용하는 것이었는데, 이는 그것들이 파동설과 합치한다는 것을 보이기 위해서였다. "희박하고 고도의 탄력성을 가지고 있는 발광 에테르가 우주에 충만해 있다"고 하는 영의 첫번째 기본 가설은 다음과 같은 뉴턴의 의문을 힘들여 고친 것이다. "열은 공기보다 훨씬 더 미묘한 매질의 진동에 의하여 진공 속에서 전해지는 것이 아닐까? 그리고 이 매질은 빛이 반사되고 굴절되는 매질, 그 진동에 의하여 빛이 열을 물체에 전하고, 반사하기 쉽게 되고, 투과하기 쉽게 되는 매질과 같은 것이 아닐까?"

프레넬로 말하면, 프랑스 학문의 편협한 프랑스 중심 보편주의에 충실했으므로 영어를 몰랐기 때문에, 마라(Marat)의 번역이 없었다면 뉴턴의 『광학』도 읽을 수 없는 형편이었다. 그런데 이 번역은 뉴턴의 생각을 충분히 전달하지 못한다. 프레넬이 생각한 뉴턴의 빛 이론의 핵심은, 빛은 입자들의 방출에만 존재하는 것이며 물질 속에 원자들이 있듯이 빛 속에 입자들이 있다는 것이었다. 프레넬의 논문은, 뉴턴은 광입자들이 공간에 가득한 칼로릭의 방해를 받지 않고 공간 속을 흐른다고 생각할 수밖에 없었다는 말로 시작한다. 프레넬은, 빛이 쪼여지는 흑체는 그 위에 쪼이는 빛을 모두 흡수하여 칼로릭으로 변환시키기 때문에 온도가 얼마든지 상승한다는 것을 지적함으로써 이 뉴턴의 견해를 반박했다(그런데 실제로 뉴턴은 그런 견해를 가진 적이 없었다). 마찬가지로 (예를 들어) 유리에서의 굴절을 유리 분자의 보다 큰 인력이 빛 입자에 작용하는 것으로 설명할 수 있다면, 굴절면은 빛을 휘게 할 뿐 아니라 열을 흡수하여 인접한 공기보다 더 따뜻해져야 한다. 마지막으로 프레넬은, 여러 가지 색을 나타내는 입자가 각각 다른 속도로 운행한다는 것도 받아들이기 어렵다고 생각했다. "빛의 성질의 주기적인 변화는 칼로릭의 진동에 의하여 생긴다고 생각하는 편이 훨씬 더 낫다." 프레넬은 그의 첫번째 논문의 끝 부분에서, 열 자체도 물질의 방출로서보다는 칼로릭의 진동으로 나타난다고 보는 것이 더 적절하다고 제안한다. 그는 칼로릭의 진동설이 우세한 것은 열 연구가 화학적으로도 중요하기 때문이라고 명확하게 지적한다. 그런데 폭발에서는 열과 빛이 동시에 나타난다. 따라서 열과 빛 모두 칼로릭의 진동으로 나타난다고 생각하는 것이 이치에 닿는다. 그리고 어떻든 간에 "칼로릭과 물질 입자의 끊임없는 진동은 의심할 수 없는 사실이다. 이 진동의 힘과 본성은 물리학과 화학에 포함되는 모든 현상에 커다란 영향을 미치고 있는 바이다. 지금까지 이 두 과학의 연구는 지나치게 상대방으로부터만 끌어내 온 것처럼 보인다."

이상과 같이 두 사람의 입장은 너무나 달랐다. 각각의 입장으로부터 프레넬과 영은 같은 결론에 도달하기는 했지만, 외견상 한 사람은 뉴턴주의자였고 또다른 한 사람은 반(反)뉴턴주의자였다. 이 두 사람의 논증방법도 프랑스와 영국의 과학적 사고의 장점과 단점을 보여주고 있다. 한 사람은 체계적이고 엄밀하고 이론적이며 형식적인데, 또 한 사람은 영리하고, 발명에 재간이 있으며, 구체적이고 물리적이다. 한쪽은 냉혹한 혁신을 받아들이기에는 너무나 우아했고, 또 한쪽은 우아함의 위력을 느끼기에는 감식안이 부족했다. 영은 그가 발견한 아이디어를 프레넬의 파동 역학이 해석적으로 정밀화함으로써 개량했다는 것을 결코 이해할 수 없었다. 그리고 빛의 파동설에 변환을 일으킨 것이 프레넬의 수학적인 증명과 정식화라는 것도 이해할 수 없었다. 영은 아라고에게 다음과 같은 편지를 썼다.

프레넬의 노력이 결실을 맺어서 성과를 올린 것에 대하여 나는 진심으로 기뻐하고 있습니다. 이 말을 그에게 전해 주시기 바랍니다. 그의 증명과 해설은 대단히 명료하게 서술되어 있다고 생각합니다. 그러나 뒤팽 편에 부친 편지에서 당신은 프레넬의 논문은 "간섭 이론의 증명인 것처럼 생각된다"고 썼는데, 나는 이것을 전혀 받아들일 수 없습니다. 나로서도, 그리고 나의 논문을 알고 있는 몇몇 사람들로서도, 무언가 중요성이 있는 새 사실을 그 속에서 발견할 수 없는 것입니다.

역사는 이 두 사람의 우선권 주장에서 우열을 가리지 않고, 모두에게 평등하게 탁월성을 부여했지만, 거기에는 일말의 불공정이 수반되어 있다. 분명히 우선권은 영에게 있었다. 그러나 승인을 얻어낸 것은 프레넬의 업적이었다. 또 영이 선행하여 연구하지 않았다 해도 프레넬이 주요 요소를 놓치지는 않았을 것이다.

*

영이 먼저 등장했기 때문에, 그에게서부터 시작하겠다. 영국 비국교도의 전통에서 그리고 그 교파의 불리한 입장에서 출현한, 아마도 가장 다면적인 학자인 이 사람의 재지와 독창성을 훼손해서는 안 된다. 영은 서머셋의 포목상이자 은행가인 퀘이커 가정 출신이었다. 청년 시절에 그는 퀘이커파를 버리고 외견상 국교도가 되었다. 그러나 퀘이커의 태도— 담백한, 가장 좋은 의미에서의 — 는 버리지 못했다. 회복될 가망이 없는 병상에 누워서도 그는 이집트어 사전을 만드는 일을 계속했다. 펜을 쥘 수 없게 되면 연필을 사용해서 일했다. 그만둘 것을 충고한 친구에게 영은 이 일을 완성하면 물론 만족이고, 비록 완성 못하더라도 일생 동안 하루도 게을리 지내지 않았다는 것에 역시 만족한다고 대답했다. 영은 의사라는 전문직을 꿈꾸었고 잠시 의사로서도 활동했다. 그러나 정밀성과 엄격성을 지향하는 그의 자질과 강한 자기신뢰의 감정은 그를 의학에 안주하게 만들지 않았다. 그리고 그는 의사라는 직업의 사적이고 교감을 중시하는 면을 갖추지 못했다. 그의 진정한 흥미는 자연철학에 있었고, 환자들도 그것을 알아차렸다. 1801년에 영은 험프리 데이비의 뒤를 이어서 럼퍼드 왕립연구소의 교수가 되었다. 뒤에 그는 자신의 강의를 정리하여 『자연철학 강의』를 펴냈는데, 이것은 19세기의 첫 십 년간의 물리학의 전모를 보여 주는 유일한 자료로서 대단히 높은 가치가 있는 것이다. 그러나 유행의 첨단을 걷는 귀부인들이나 유행을 초월한 노동자들에게 물리학을 강의하여 그들의 비위를 맞추는 일도 그의 자질에는 맞지 않았다. 그래서 그는 거기서 오랫동안 가르치지 않았다.

영이 세운 기준에 대항할 수 있는 사람은 거의 없었을 것이다. 그는 렌즈를 갈고 선반을 회전시키는 데도 숙련된 솜씨를 가지고 있었다. 그는 문법에 크게 이끌려서 그리스어, 라틴어, 헤브라이어, 칼데아어, 시리아어, 사마리아어를 배웠다. 그리고 영국 문학뿐 아니라 이탈리아, 프랑스 문학의 고전도 읽었다. 그에게는 언어도 필시 여러 요소로 분해될 만한 일련의 구조로서, 자연과학과는 또다른 지적 흥미를 불러일으켜 대결을 촉발했을 것이다. 그런데 이처럼 언어와 문학에 통달했음에도 불구하고, 영의 문체는 세련된 것이 아니었다. 과학에서는 뉴턴, 린네, 라부아지에, 블랙, 보어하브(Boerhaave)의 전 저작에 뛰어들었다. 그는 런던, 에든버러, 괴팅겐, 케임브리지에서 연구했다. 그는 자신의 빛의 파동설을 세상 사람들이 이해하지 못하는 데 실망하고, 물리학을 떠나 로제타석(石)에 흥미를 갖게 되었다. 그것은 1799년에 나폴레옹의 이집트 원정군 병사들이 나일강 근처에서 발굴한 것인데, 나중에 그 군대가 항복함으로써 영국인에게 넘어간 것으로서 고고학자들은 15년에 걸쳐서 그 메시지의 수수께끼를 풀려고 했지만 결국 해독되지 않은 채 남아 있었다. 영은 이 비문에서 그의 언어학적 재능을 발휘하여 상형 문서의 원리를 파악했다. 그러나 이 발견 역시, 체계적인 결론을 낸 프랑스인 샹폴리옹(Champollion)에 의하여 영의 우선권의 영예는 희미해지고 말았다. 영은 『대영 백과사전 Encyclopedia Britannica』 제4판의 편집장 자리를 거절했지만, 그는 거기에다 가장 많이 기고했다. 마지막으로 그는 초기의 보험업에 관심을 가져서, 보험 통계학의 창시자라는 인정을 받고 있다. 간단히 말해서, 토머스 영은 천재였다. 그가 좀더 체계적인 교육을 받았다면, 또 자조 자립의 나라 영국에 과학적 전문직으로의 길이 열려 있었다면, 또는 새 술을 헌 부대에 넣을 수만 있었다면, 그의 에너지가 어떤 일을 달성했을는지 알 수 없다. 그는 심지어 헬름홀츠보다 50년 앞서서 활력(vis viva)을 "에너지"라는 말로 바꾸자는 제안도 했다.

헬름홀츠도 그랬듯이, 영도 생리학에서 물리학으로 왔다. 그는 여러 거리에 대한 눈의 적응성을 측정했고, 특정한 조건에서 난시와 색맹이 일어남을 확인했다. 지각의 양식으로서의 색에 관한 그의 논의는 대단히 세련된 뉴턴적 전통 속에서 전개되고 있다. 1801년에 그는 왕립학회에서 그 해의 베이커 강연을 했는데, 그것은 1802년에 『철학 회보』에 발표되었다. 같은 해에 실험에 관한 논문이 발표되었고, 제2의 베이커 강연은 1804년에 행해졌다. 우리는 그의 업적을 이루는 여러 요소들을 구별해낼 수 있지만, 영은 자기의 견해를 발표하는 데만 사로잡혀 있었기 때문에 그리 명료하게 구별하지 못했다. 그 요소들은 다음과 같은 것이다 — 빛은 파동을 나타낸다고 하는 일반적 가설, 빛의 간섭 법칙, 그 법칙의 실험적 증명, 그것의 예측과 계산의 성공 등. 이렇게 영의 공적을 분석해도 그의 사상의 질서를 손상시키지는 못할 것이다 — 단지 어느 정도 그 기세를 누그러뜨리는 것 정도가 될 뿐. 영은 뉴턴의 문장을 가지고 그의 가설을 제기했다. "기초적인 가정은 다음과 같은 것이다. 물체의 부분들은 심한 자극을 받으면 에테르에 진동을 일으키며, 그 진동은 이 물체들로부터 직선적으로 사방으로 전파되고 안저(眼底)에 부딪쳐서 빛의 감각을 일으킨다. 그것은 공기의 진동이 청각을 때려서 음의 감각을 일으키는 것과 같다." 이 생각에 대하여 영이 가지고 있던 "선입견"은 새로운 증거의 문제가 아니라, 광학적 원자론에 의하여 거의 보편적으로 승인 받고 있던 견해에서 무시되던 것을 다시 고려한 것에 불과하다. 이 돌파구는 점점 넓어져서 에테르의 성질들은 물리학의 토론 석상에도 올려지게 되었는데, 이 돌파구가 1세기 뒤에 상대성 이론으로 에테르를 날려 없애버릴 다음과 같은 고찰에서 출발했다는 것은 상당한 흥미를 자아낸다. "빛을 투사하는 힘이 어떤 때는 전기의 아주 작은 전도이고, 또 어떤 때는 두 개의 조약돌의 마찰이고, 최저한도의 연소이고, 용광로의 백열이고, 태양의 강렬한 열이라면, 빛 입자가 언제나 등속도로 추진된다고 하는 현상이 어떻게 일어날 수 있는 걸까?" 더구나 모종의 주기성 ─ 뉴턴이 투과의 발작, 반사의 발작이라고 부른 ─ 을 인정하지 않고는, 왜 굴절면이 항상 입사광의 어떤 부분만을 반사하는지 설명하기가 전혀 불가능했다.

이 일반 법칙을 넘어서서, 영은 기름막이나 비누 거품에서 나타나는 "박막(薄膜)"의 색에 관한 뉴턴의 실험을 면밀히 연구했다. 그 결과는 영의 생각을 바꾸게 만들어서, 파동계는 "진리와 충족성"을 가진다는 것을 인정하게 했다. 뉴턴은 광학 유리의 평면을 아주 조금 휘어 있는 다른 유리와 겹쳤다. 그러자 원형의 공기 쐐기가 동심적인 스펙트럼, 즉 "뉴턴 고리"를 만들었다. 뉴턴은 그 각각의 굴절대에 대응하는 점에서의 "박막"의 길이를 측정했다. 영은 그의 첫번째 베이커 강연에서는 이 현상들을 정성적으로 논했을 뿐인데, 이는 증명하기 위해서라기보다는 오히려 파동설에 대한 반대를 제거하기 위해서였다. 그림자 끝이 가장 어두웠는데, 이 그림자는 뉴턴을 주기성의 증거를 매끈하게 설명하기 위한 부차적인 생각에 머무르게 했을 뿐이지, 파동설에는 도달하지 못하게 했다. 왜냐하면 빛은 분명히 직선적으로 움직이는 것처럼 보이기 때문이다. 또 이런 난점과는 별도로, 중대한 사정으로 인하여 뉴턴은 파동설에서 멀어지게 되었다. 그의 눈으로는, 파동설은 파동설에만 그치는 것이 아니라 동시에 데카르트 우주론의 한 특색인 빛의 압력설이기도 했다. 『광학』의 의문 제28번은, 그 견해에 있어서 호이겐스적이기보다는 데카르트적이다. "빛을 유체 매질 속에서 전파되는 압력 또는 운동이라고 생각하는 모든 가정은 틀린 것이 아닐까? 만약 빛이 순간적으로 혹은 시간이 걸려서 전파되는 압력이나 운동에 있다면, 그것은 그림자 쪽으로 휠 것이다." 그러나 무언가 다른 이유들이 뉴턴으로 하여금 호이겐스의 파동설의 장점을 보지 못하게 했을 것이다. 데카르트의 소용돌이를 이용하는 데 실패한 것보다도 깊은 요소가 거기에 있었던 것이다. 뉴턴이 가장 순수한 유클리드적 형식주의를 고집한 것은, 그의 위대한 수학적 자질에 기인한 결함이었다. 뿐만 아니라 뉴턴은 빛이 ─ 그가 조각조각 분해한 빛조차도 ─ 기하학으로 생각할 수 있다고 하는 전통 속에서 성장했던 것이다. 그리고 호이겐스가 파동 매질이라는 좀더 물리적인 개념을 그 속에서 표현했던 기하학적 해석은, 반사 법칙이라든가 사인 법칙을 따르는 광선을 직선적으로 추적하는 기하학보다 훨씬 복잡한 것이었다.

영은 그의 첫 논문에서, 호이겐스의 증명을 언어적으로 전개하여 파면(波面)의 반경 방향의 전개가 반사와 굴절의 법칙을 만족시킨다는 것을 보였다. 그는 진동수나 위상이 다른 파동의 상호 간섭이 뉴턴 고리를 만드는 것을 일반적인 방식으로 보여 주었다. 이처럼 이런 아이디어를 즉석에서 도입하는 것은 재치가 풍부한 영의 기질 특유의 것이고, 또 그 한계이기도 했다. 왜냐하면 이 아이디어로 영은 파동계의 운동과 그것이 진동시키는 입자의 운동 사이에 매우 중요한 구별을 지었기 때문이다. 그러나 영은 이 모든 것을 암시적으로 보여주었을 뿐이다. "같은 원인이 음에서도 맥놀이라고 불리는 효과를 일으킨다는 것은 잘 알려져 있다. 거의 같은 크기의 두 파동이 각각 운동할 때 이것들은 서로 완전히 일치하는가 여부에 따라 서로 강화시키기도 하고 소멸되기도 한다." 이로부터 유추하여 영은 빛을 여러 가지 색으로 분해하는 실험을 구상했다. 그는 잘 닦여진 표면을 조사하려는 파장의 크기만큼의 깊이로 긁고, 그 결과로 입사 광선이 그 위상에서 벗어나면서 그 성분 진동이 반사색을 나타냄을 보여주었다.

그 후 영은 체계적으로 이 간섭의 원리를 발전시키고 증명했다. 그리고 이것을 파동계에서 여타의 보다 가설적인 문제와 구별하기 시작했다. 간섭은 적어도 실험실에서 증명할 수 있는 것이다. 간섭은 "많은 착색광의 현상들을 설명할 수 있게 해 주는 단순하고 일반적인 법칙"이고, "이 법칙 없이는 그 현상들을 이해할 수 없을 것이다." 영의 실험 논문은 이런 확신적인 어조를 담고 있었다. 그 첫번째 것은 1802년에 왕립학회에서 발표된 빛의 간섭 법칙에 대한 명시적인 진술로부터 시작한다.

동일광의 두 부분이, 완전히 같은 방향 혹은 거의 같은 방향의 두 경로를 지나 눈에 도달한다면, 이 경로의 차가 어떤 길이의 배수일 때 빛은 가장 강하고 그 중간 상태일 때 가장 약하다. 이 길이는 다른 색의 빛에 대해서는 서로 다르다.

이것을 영은 일련의 단순하고 유력한 실험을 통해 증명했는데, 이것은 그를 두 가지 새로운 현상에 주목하게 만들었다. 첫째로 그는 "굴곡(inflection)" 현상이 기하학적인 그림자와 회절 — 작은 구멍에 의한 — 이라는 것을 명확히 하기 위하여, 명암의 간섭무늬를 조사했다. 둘째로 이것은 그를, 그가 여러 다른 광학적 성질과 굴절률을 가진 매질들의 연속을 변화시킴으로써 만들어 낸 "혼성 박막" 효과로 이끌고 갔다.

영은 그림자의 끝에서 시작했다. 특히 너무 가늘어서 그 그림자가 거의 가장자리와 같다고 할 수 있는 물체에서 시작했다. 그는 촛불을 보면서 눈 가까이에 실을 늘어뜨렸다. 먼저 말의 갈기털을 사용해 보았다. 그것은 너무 거칠었다. 모직 섬유 한 오라기가 더 잘됐다. 그리고 견섬유가 가장 잘됐다. 광선의 양편에 색을 가진 줄무늬가 만들어졌다. 이것들은 측정할 수 있어 보였다.

그래서 나는 카드에 사각형의 구멍을 내고, 카드 양 끝을 구부려서 털이 구멍과 평행하도록 했다. 그리고 나서 눈을 구멍에 대자, 털은 시야가 분명치 않기 때문에 확대되어서 면처럼 보였다. 그 면의 너비는 동공이 그때 얼마만큼 확대되어 있는가에 관계없이, 털의 거리와 구멍의 크기에 의해서 결정되었다. 털을 촛불 가장자리 방향으로 접근시켜서, 굴곡광이 감지할 수 있는 결과를 만들어 낼 정도를 풍부하게 되도록 하자, 줄무늬가 보이기 시작했다. 이때 외견상의 털의 너비에 대한 줄무늬 — 그 털의 상을 가로지르는 — 의 너비의 비율을 측정하는 것은 쉬웠다. 나는 6개의 가장 밝은 적색 무늬가 거의 등거리에서, 털의 상 전체를 차지하고 있는 것을 발견했다. 이때 구멍의 지름은 66/1000인치, 털로부터의 거리는 8/10인치였다. 털의 지름은 1/300인치 이하였는데, 내가 확신할 수 있던 바로는 1/600인치였다. 따라서 8/10의 거리에서 최초의 적색 무늬의 편차는 11/1000이다. 또 8/10:1/1000:1/600:11/480000이기 때문에, 곧 1/43646이 적색광이 가장 강할 때의 경로의 차이다. 뉴턴의 실험에서 연역한 값은 1/39200이다. 이러한 미량의 9분의 1이란 오차밖에 안 보이는 이 일치는, 이 현상의 설명을 완전히 정당화하는 데 충분하다고 생각한다.

그 후의 실험에서 광원은 태양 광선을 통과시키는 바늘구멍만한 크기까지 축소되었다. 털 대신에 얇은 한 매의 카드를 광선 속에다 세웠다. 그리고 카드 한쪽을 막았다. 그러자 그림자 양측에서 "내측의" 무늬가 사라졌다. 이렇게 해서 영은, 미세한 물체는 그 양측에서 굴곡된 빛끼리의 간섭에 의하여 그림자 내측에 무늬를 만들고, 직사광선과 모서리에 의하여 반사된(즉 비껴난) 광선의 간섭에 의하여 그림자 외측의 무늬 — 열려져 있는 쪽에서는 영향이 없다 — 를 만든다고 하는 결론을 낼 수 있었다 (영은 아직 종파만을 생각하고 있었기 때문에, 유감스럽게도 이 결론은 틀린 것이었다).

다음에 그는 눈과 촛불 사이에 한 가닥의 털을 놓는 대신에, 한 타래의 털을 놓았다. 그러자 뉴턴 고리와 비슷한 광륜(光輪)이 불꽃 주위에 나타났다. 그는 그것을 "혼성 박막"과 비교하려고 했다. 이것은 두 개의 유리면 사이의 공기"층" 대신에 여러 가지 다른 굴절률을 가진 물질을 넣은 것이다. 그는 두 개의 판유리를 밀착시켜서, 공기가 섞인 소량의 물이 털의 역할을 하도록 했다. 이 효과는 영으로 하여금 오래 된 문제를 생각하게 했다. 그것은 빛의 속도는 소(疏)한 매질과 밀(密)한 매질 가운데 어디에서 더 빠른가 하는 문제였다. 파동설에 의하면, 소한 매질에서였다. 그러나 이렇게 차이가 적은 것을 직접 측정하기는 당시의 기술로는 아직 무리였다. 그렇지만 이론을 위해서 다행인 것은, 뉴턴 고리는 매질의 밀도가 높아짐에 따라 작아진다는 것이었다. 이 사실은 파장이 짧아지면 속도가 줄어드는 것을 의미하였다.

뿐만 아니라 파동설은 다른 방법으로는 이해할 수 없는 "혼성층"이란 현상을 설명했다. 뉴턴 고리에서 중앙의 점은 유리면이 접촉하는 부분과 대응한다. 그 점은 검정색이다. 뉴턴 고리는 다른 상황에서도 볼 수 있다. 특히 비누 거품이 터질 때 분명히 볼 수 있다. 이것은 액체가 얇아져서 장력을 견딜 수 없게 될 때, 즉 사라지는 순간에 나타난다. 영은 매질이 가능한 한 얇어졌을 때 빛을 없앤다는 것은 기묘한 일이라고 생각했다. "경로의 실제 길이는 거의 같은데도, 결과는 빛의 일부분이 다른 부분을 소멸시킬 만큼 늦어진 것과 같아진다." 포물선 궤도의 차는 무한소이기 때문에, (영은 생각하기를) 파동을 반주기만큼 늦어지게 한 것은 광학적으로 소한 물질면에서 일어난 반사임에 틀림없다. 그런데 여기서 증명 가능한 결론이 도출되었다. 광선이 점차로 굴절률이 작아져 가는 두 개의 물질을 통과한다고 하면, "그 결과는 앞의 것과 반대가 될 것이다. 중심의 점은 검정색이 아니라 흰색이 될 것이다. 한 방울의 사사프라스나무 기름을 플린트 유리의 프리즘과 크라운 유리의 렌즈 사이에 넣으면 반사광에서 중심점은 희게 되고 주위의 고리는 검게 된다고 하는 예상을 충분히 증명했음을 여기서 말하고 싶다."

이것은 과학이나 정밀한 학문에 의해서만 얻을 수 있는 만족 중의 하나였다. 여기서는 순수한 원리에서 연역된 예상이 견고한 사실로 실현된다. 사소한 승리지만 그 범위 안에서는 절대적인 것이며, 전문가의 자존심을 만족시키기에 충분한 것이다. 왕립 연구소(Royal Institution)에서 강의를 하게 될 즈음에, 영은 간섭 효과, 즉 빛의 "맥놀이"를 증명하는 교묘한 방법을 고안했다. 그는 단색광의 파면의 여러 요소를 회절시키는, 두 개의 작은 구멍이 있는 격자를 만들었다. 스크린 상에는 명암의 띠가 교대로 나타났는데 그 길이로부터 영은 여러 가지 색의 파장을 그때까지보다 정밀하게 계산했다.

두 부분의 중앙은 언제나 밝고, 그 양쪽의 밝은 무늬 사이의 거리는 다음과 같다. 즉 한 구멍에서 오는 빛은 다른 구멍에서 오는 빛보다도, 이 진동의 1배, 2배, 3배 또는 그 이상의 간격만큼의 거리를 더 지나온 것이 아니면 안 된다. 반면에 그것들 중간에 생기는 어두운 공간은 진동의 반, 1배 반, 2배 반 등의 차에 대응하는 것이다.

여러 실험과 비교한 결과, 적색 끝을 구성하는 빛의 파장은 공기 중에서 약

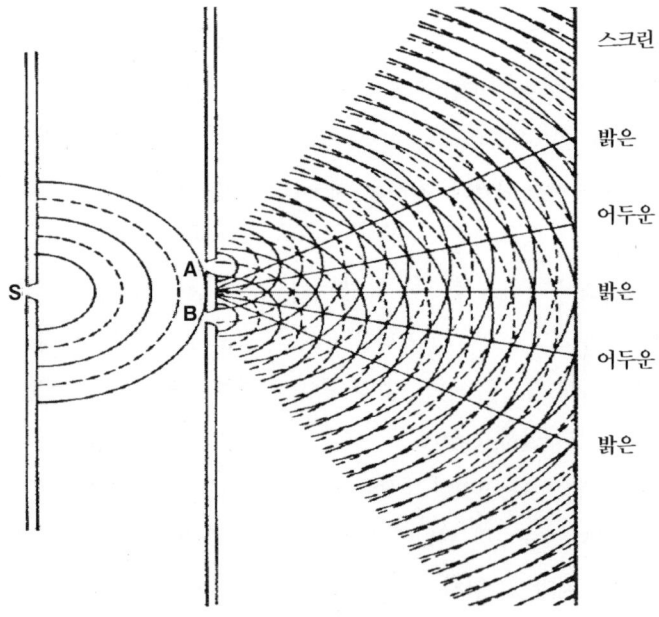

1/36000인치이고, 자색 끝의 그것은 1/60000인치라고 생각할 수밖에 없다는 결론이 나왔다. 그리고 빛의 세기와 관련하여 볼 때, 전 스펙트럼의 평균치는 1/45000인치이다.

지금 생각해 보면, 이것만으로도 충분히 설득력이 있는 것처럼 보인다. 19세기 후반이 되자 이것은 그 이상의 것, 즉 결정적인 것처럼 보였다. 물리학자들의 세계는 하나의 전향을 경험해서 한 극에서 다른 극으로— 입자에서 파동으로— 진동했기 때문이다. 그렇지만 영 자신은 사람들을 거의 전향시키지 못했다. 영의 업적을 보고, 입 밖에 내지는 않았지만 마음속으로는 근본적으로 과학의 원리가 틀렸다고 생각하는 사람도 있었다. 개인적 요소들이 영의 영향을 약화시킨 것은 틀림없다. 영국 국교회에 들어와서도, 그의 논의에는 사람들을 불쾌하게 만드는 퀘이커풍의 독선이 감돌고 있었다. 그는 매섭게 응답함으로써 상대방의 분격을 자아냈다. 게다가 그의 문장은 꽤 서툴렀다. 그의 논문은 짧지만 수다스러웠다. 주로 남의 문장을 인용하고, 때로는 모욕을 줌으로써 문장을 그럴싸하게 만들었다. 예를 들면 그는 젊었을 때, 나이 든 존경받는 수학자의 조화수에 관한 논문을 공격하여 침몰시킨 일이 있는데, 그것은 너무나 명쾌한 논술이었기 때문에 오히려 화를 초래했다. "스미스 박사는 의미가 불분명한 많은 책을 썼는데, 이것은 전혀 실용성이 없으며 그 때문에 이 학문은 한 발짝도 더 나아가지 못하고 있다." 그래서 영 자신의 빛에 관한 논문이 『에든버러 리뷰 Edinbargh Review』에서 그가 일찍이 모욕을 준 적이 있는 헨리 브루엄(Henry Brougham)에 의하여 조롱당했을 때에도, 학계는 조금도 동정하지 않았던 것이다. 브루엄은 경박한 스코틀랜드의 수사가이자 사이비 베이컨주의자였는데, 빅토리아적 기회주의의 역사에서 이 인물의 말년의 정치적 경력만큼 볼썽사나운 것은 없다.

그러나 이 중요한 저항의 흐름은 고전 물리학의 구조 자체 속으로 깊이 침투해 갔다. 이것은 뉴턴이 파동설의 위력을 충분히 이해할 수 없었던 것과 비견할 만하다. 또 이것은 과학의 전범(典範)이 되는 스타일과 언어가 과학에 미치는 영향과도 관계가 있다. 말하자면 그것은 수학적 취향과 기법의 영향이다. 수학자는 어떤 과학의 상황에서도 영향력 있는 발언을 해야 하는데, 그렇지만 그들은 그들 자신의 용어에 의해서만 논증될 수 있다. 뿐만 아니라 단순한 보수주의나 뉴턴 숭배가 라플라스, 푸아송, 프랑스 해석학파로 하여금 빛의 입자 모델에 충실하도록 한 것도 아니었다. 분명히, 그들은 더이상 유클리드적 기하학으로 생각하는 것이 아니라, 추상적인 질점의 동역학을 위하여 그들이 발전시킨 형식으로 생각하는 데 익숙해졌기 때문이다. 그들과 그들의 계몽사조의 선배들은, 그 형식에다 역학이라는 학문 전체를 투입했던 것이다. (연속적인) 파의 운동과 (불연속적인) 입자의 운동을 구별한 것이, 영의 간섭 법칙의 위대하고 독특한 공적이다. 그 입자의 실제 변위는, 매질을 통과하는 몇 개의 파동계의 영향을 합성한 것이다. 이 구별이 파동 역학의 탄생을 가져왔다. 그것은 이미, 때로는 이상화되기도 하고 또 구체화되기도 하는 질점을 기본 요소로서 가지고 있는 동역학이 아니다. 이러한 것들은 모두 영이 의식 못하던 것이다. 그렇지만 그는 에테르 파가 열이나 빛뿐만 아니라 전기도—그것은 하나의 물리적 실재가 세 가지로 현현된 것이리라—전달할 것이라고 말하긴 했다. 그러나 영은 파동역학을 이론적으로 전개할 인물은 못 되었다. 그는 단지 물리적인 증거나 증명해 줄 실험을 보였을 뿐이며, 빛과 빛이 중첩되면 검은 띠가 생긴다는 이치에 닿지 않는 명제를 전개했을 뿐이다. 그리고 그는 이 띠를 단지 통찰에 의하여 해명했을 뿐이지, 이론으로써 해명한 것이 아니다.

*

프레넬의 이점은 학생으로 하여금 먼저 이론부터 공부하게 하는 에콜 폴리테크닉의 교육을 받았다는 데 있었다. 그의 발견 중에서도 가장 운이 좋은 초기의 어떤 발견은, 그림자 외측의 무늬는 스크린이 물체로부터 멀어짐에 따라 쌍곡선 궤도로 전개된다는 것이었다. 아라고(D. François Arago: 1786~1853)가 그에게 영의 연구를 알려 주자, 그는 즉시 영에게 편지를 써서 발견 경위를 정확하게 알려줄 것을 요청했다. 만약 영이 정말 발견한 것이라면 그와 동일한 정식에, 즉 이 쌍곡선 경로에 도달했을 것이다. "나를 이 결과로 인도한 것은, 어떤 의미에서든 관찰이라고 할 수 있는 것이 아니라 이론이다. 그것을 나중에 실험이 확인했다는 것을 말해 두어야 한다." 이 이론의 궁극적인 문제는 매우 중대한 것이었는데, 프레넬은 곧 그 이론이 미치는 범위를 이해했다. 그것은 색의 특수성과 물질의 전 존재론을, 빛과 열로 가득 차 있는 공간과 조화시킬 것이었다. 원자론은 전자의 목적에 유용했다. 그러나 후자에 대해서는 탄성 매질의 진동이 보다 간단한 가설을 제시할 수 있었다. 고전 역학에 대한 프레넬의 비난은, 물리학이 19세기에 걸어야 할 행로에 대한 예언으로 생각할 수도 있다.

첫번째 (입자론적인) 가설은 명료한 결론을 유도해 내는 데 유리하다. 왜냐하면 거기에다 해석 역학을 적용하기가 쉽기 때문이다. 반대로 두번째 (파동론적인) 가설은 그것을 적용하기가 상당히 어렵다. 그러나 이론을 선택할 때는 오직 가설의 단순성에만 주목해야 한다. 계산이 간단하다는 것은 확률의 대조에서는 그리 중요하지 않다. 자연은 미적분이 어렵다는 것은 개의치 않는다. 자연은 단지 수단의 복잡성만을 회피한다.

프레넬은 스탕달이 이해한 프랑스인의 세대에 속해 있었다. 그 세대는 청춘의 부푼 꿈을 안고 팽창하는 나폴레옹 시대의 우주로 뛰어들었지만,

성년에 달했을 때는 부르주아적 프랑스의 폐쇄된 세계에 직면하지 않을 수 없었다. 파동 역학의 창시자 프레넬, 열역학을 정식화한 사디 카르노, 덜 성숙한 아인슈타인이라고도 할 수 있는 에바리스트 갈루아(Evariste Galois: 1811~1832) — 그들은 쥘리앵 소렐(스탕달의 소설 『적과 흑』의 주인공 — 옮긴이)처럼 독수리가 되려는 찰나에 죽고 만 새끼 독수리였다. 갈루아는 21세, 카르노는 35세, 프레넬은 39세에 세상을 떠났다. 프레넬의 직업은 토목국의 토목 기사였다. 그 토목국은 19세기 중엽 이후로 세계에서 가장 뛰어난 고속도로망의 건설을 맡고 있었다. 프랑스 공학의 전통은 신발견에 의한 혁신이나 응용을 경멸하지도 않았다. 프레넬은 그의 빛에 관한 연구를, 양쪽 면이 볼록한 렌즈를 가진 등대에 응용했다. 그때까지 선장들이 보기가 힘들었던 약한 햇불이나 등불은 이 등대의 나란히 설치된 렌즈들로 교체되었다. 프레넬은 프랑스의 벽지에서 나폴레옹 도로의 건설에 종사하고 있었는데, 시골 생활 중에 기분 전환을 위해 이러한 연구를 시작했던 것이다.

빛과 열의 실체는 불만족스런 조건에 처해 있는 주제의 일례로서, 일찍부터 폴리테크닉 학생들에게 연구 과제로 주어져 왔다. 100일간의 정치적 실책(나폴레옹의 백일천하를 말함 — 옮긴이)은 자동적으로 프레넬에게 휴가를 얻게 해서, 그는 칸과 아주 가까운 노르망디의 마티외에 있는 가족에게로 돌아갔다. 거기에서 그는 손으로 만든 장치로 영이 보인 것과 똑같은 현상을 발견했다. 그는 아라고에게 연락했고, 과학 아카데미가 병합된 학사원에도 연락을 했다. 그를 격려한 회원도 있었고, 비판을 가한 사람도 있었다. 그는 때때로 파리에 가서 적당한 실험실을 방문했다. 라플라스와 그 그룹의 사람들은 그의 견해를 받아들이지 않았지만, 프레넬의 1823년 학사원 회원 선거에서는 그를 지지했다. 프레넬은 만장일치로 승인을 받았다. 그의 건강은 이미 악화되어 있었고, 겨우 6,7년간 창조적 활동을 한 뒤 4년 동안 19세기 천재의 병인 결핵을 앓다가 죽었다. 그러나 프레넬의 공헌은 두세 가지의 방정식에서 볼 수 있는 깊은 직관만이라고 생각해서는 안 된다. 그의 광학 논문은 학사원의 배심원들의 토론과 함께 그의 『저작집』의 방대한 분량의 책 두 권을 가득 채우고 있으며, 공학에 관한 저술은 제3권을 이루고 있다. 그러므로 우리가 빛의 파동설과 (현상주의적인) 간섭법칙 사이에 붙인 영의 구별을 인정해서 후자를 영의 업적으로 돌린다면, 파동으로서의 빛에 관한 참된 수학적 이론을 탄생시킨 사람은 프레넬이었다. 그리고 이를 통해 과학계를 자신이 제창한 사물 모형으로 전향시킨 사람도 프레넬이었다.

이미 영이 지나간 길을 프레넬이 어떻게 걸어갔는가를 추적하기보다, 프레넬이 이론적인 공격에서 이용한 돌파구를 밝히는 것이 이 주제를 보다 빨리 전진시킬 것이다. 프레넬의 결정적인 전술은 진동하는 매질의 각 점들을 구면파(球面波)의 전파 중심이라고 본 것이었다. 이것은 이미 호이겐스도 생각하고 있었는데, 미적분을 구사할 능력이 없었던 그로서는 전개할 수가 없었다. 프레넬은 미적분 해석을 자유자재로 구사하여, 그것을 간섭의 원리와 결합시키는 데 이용했다. 그의 논의에 의하면 매질 중의 운동 성분 가운데 관측 가능한 것은 전진하는 파면뿐이다. 방사상의 기본 진동 이외의 것은 모두 서로 상쇄된다. 따라서 그 결과로서 생긴 파의 운동, 즉 요소파의 외곽선은, 파의 효과가 직선적으로 전파되는 것을 하나의 특수한 사례로서 포함한다. 이로부터 동시에 발생한 광선의 경로의 차가 반 파장의 짝수 배인지 홀수 배인지에 따라 회절파는 스크린에 밝거나 어두운 띠를 형성한다는 것을 예언할 수 있다(그리고 프레넬은 실제로 예언했다). 물론 이것은 영의 간섭 법칙을, 단지 사실 그대로 말한 것보다 좀더 깊게 파동설로 끌어들였다.

더욱이 프레넬이 외측 무늬의 쌍곡선 궤도를 예언한 것은, 그의 방법이 유력하다는 것을 한층 선명하게 보여 주었다. 영은 이 사실을 실험적으로 알고 있었지만(뉴턴도 그리고 그 이전에는 그리말디[F. Maria Grimaldi:

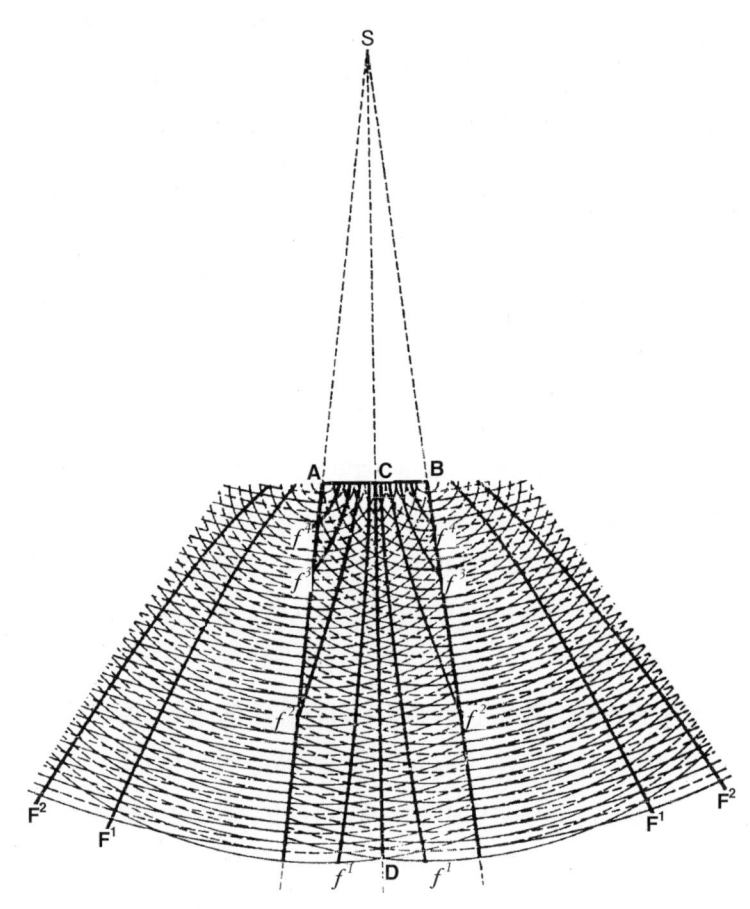

1618~1663]도 알고 있었다), 그것이 얼마나 흥미로운 결과인지 알지 못했고, 여타의 하찮은 현상보다도 그것이 더 중요하다고 생각하지도 못했다. 프레넬은 이 현상을 그림으로 설명했다. S는 광원, AB는 가느다란 물체로서 그 물체의 그림자에 줄무늬 모양이 형성된다. 프레넬은 물체의 양 끝, 즉 A와 B를 회절의 중심으로 취급한다. 실선은 S, A, B로부터 방사되는 세 계(系)의 파면(波面)의 외곽선으로서, 압축의 마디(node)를 연결한 것이다(왜냐하면 프레넬은 아직도 오르간 파이프에서 생기는 종파·충격파를

생각하고 있었기 때문이다). 한편 점선은 팽창 상태의 초점을 나타낸다. 그러면 어두운 띠의 궤도는 그림자 외측에서는 F1, F2, 내측에서는 f1, f2가 된다. F1, F2 등을 기하학적으로 해석하면, 이것은 원도 직선도 아니고 쌍곡선이라는 것이 판명된다. 그리고 실험은 완벽하게 이 예언에 응답한다. 뿐만 아니라 내측의 무늬의 수는 물체에 접근할수록 더 많아진다는 것이 이론적으로 설명되었다.

이러한 광학적 문제의 중요성에 영향을 받아서 아카데미는 1818년의 연례 대회에서 다음과 같은 문제를 제출했다.

(1) 직사광선과 반사 광선이 따로따로 혹은 동시에, 한 개 혹은 몇 개의, 유한한 혹은 무한한 길이의 물체 끝에 접근해서 통과할 때의 모든 효과를 정확한 실험에 의하여 결정할 것. 이때 물체간의 거리와 광원으로부터의 거리에 특히 주의를 기울일 것.

(2) 물체에 접근했을 때의 광선의 운동을, 이 실험들로부터 수학적 귀납의 방법을 사용하여 결론지을 것.

프레넬은 그의 이론과 실험을 종합해서, 사람의 마음을 끄는 논문을 낳았다. 심사위원 중에는 라플라스, 푸아송, 비오(Biot)가 들어 있었는데, 이들은 노골적으로 적의를 표하지는 않았지만 회의적이었다. 아라고는 열심히 지지했으며 게이-뤼삭은 어느 편도 들지 않았다. 수학자로서 푸아송(Siméon-Denis Poisson: 1781~1840)은 프레넬의 적분에 모순이 있다고 말했다. 작은 원판의 기하학적 그림자의 중심에서 회절광의 광도는, 같은 지름을 가진 구멍의 원추 투영의 정점의 밝기와 같아야 할 것이다. 따라서 장애물과 구멍이 회절광에 의해 구별할 수 없게 될 것이다. 그들은 프레넬을 자극하여 이 정말 어처구니없는 결론을 시험해 보게 했다.

그는 그 실험을 했다. 그리고 완전한 성공을 거둔 후에 그는, 입자론에만 집착하는 수학자들의 태도 — 그들의 습관처럼 되고 만 방정식이 만들어 낸 — 에 약간의 교훈이 될 만한 논문을 발표했다. 파동 가설은 이미 "훨씬 광범위한 계산 방법을 제공해 주고 있다. 이것만 보더라도 이론의 진실성을 의심할 수 없다는 것을 알 수 있다. 어떤 가설이 참이라면 그것은 수적인 관계를 발견할 수 있도록 해 주어야 할 것이다."

좀더 넓은 함축에 대해서도 프레넬은 무관심하지 않았다. 그의 방정식은 그 뒤에 맥스웰이 전자기력장에 부여했던 것과 같은 유형의 것이다. 그것은 빛의 전파와 굴절을 포함하는 2차 편미분 방정식이다. 그렇다면 에테르와 물리학의 보통 물질 — 운동하는 계산 가능한 물질 — 과의 상호 작용에 관하여 무언가가 암시되어 있었을까? 한편으로는 지구의 운동과 별에서 오는 빛이 광행차(光行差)에 의해 관련된다. 다른 한편으로 아라고는 그의 대단히 유명한 실험을 통해, 지구의 운동은 항성으로부터 온 광선이 프리즘에 굴절되는 데 영향을 주지 않는다는 것을 보였다. 그렇다면 에테르 대기는 물체와 함께 움직이는 걸까? 그렇지 않으면 물체가 그 가운데를 운행하는 것일까? 프레넬은 이 문제를 해결하지 못했다. 그러나 그런 문제를 제기했다는 것은 위대하고 놀랄 만한 일이다. 그는 이 문제를 대단히 흥미로운 사변을 통하여 제기했다. 프레넬은 계량 가능한 물체는 그 물체가 점하는 공간에 상당하는 양의 에테르 가운데 일부분만을 (그 물체 내부의 틈새들을 통하여) 전달할 것이라고 말했다. 그 양은 고유 에테르성(specific aethercity, 이 말은 프레넬의 것이 아니다) 이라고 할 만한데, 같은 체적을 가진 물체라면 모두 동일한 최소량의 에테르를 가지고 있다고 가정할 때, 그것을 초과한 양을 나타내는 것이다. 프레넬은 또한 에테르의 발광 기능에 관하여 생각하기를, 투명한 물체의 에테르의 양은 그 굴절률의 제곱에 비례한다고 생각했다. 그 굴절률은 진공에서의 빛의 속도와 물체에서의 빛의 속도의 비율이다. 마지막으로 물체의 속도와 광속도는 벡터적으로 가산된다. 따라서 물체 속에서의 절대 광속도는 공간과 물체에 부속되어 있는 에테르의 양을 보여 줄 것이다. 이렇게 해서 프레넬은 에테르의 운동으로부터 발생되는 어떤 결과라도 이 빛의 전파 이론에 포함될 것이라고 생각했다.

몇 해 후 이폴리트 피조(Hippolyte Fizeau: 1819~1896)는 이 가설을 세련된 실험으로 시험했는데, 그것을 1859년에 『화학 및 물리학지 Annales de chimie et de physique』에 발표했다. 어떤 이유가 있기는 하겠지만, 그것은 에테르의 견인(aether drag)을 검출하려고 했던 마이켈슨과 몰리의 실패만큼 유명하지는 않다. 그러나 중요성을 놓고 볼 때 그에 뒤지지 않는 것이다. 왜냐하면 이것은 매질 속의 광속도가 $v(1-\frac{1}{n^2})$의 식에 따라 증가한다는 것을 보였기 때문이다. 여기서 v는 매질의 속도, n은 매질의 굴절률이다. 피조의 장치는 두 개의 평행한 관으로 되어 있는데, 그 속에다 그는 서로 반대 방향으로 물을 빠른 속도로 흘려보냈다. 그는 한 줄기의 광선을 거울로 분할하여, 그 각각을 서로 반대 방향으로 관 속을 지나가게 했다. 그리고 나서 물의 흐름과 같은 방향으로 나아가는 빛이 만드는 간섭 무늬와 그와 반대로 나아가는 빛이 만드는 간섭 무늬를 비교한 결과, 그는 그 무늬들이 반대 방향으로 움직이며 이 양을 측정하고 반복적으로 확인할 수 있음을 발견했다. 그러므로 만약 에테르가 매질로서 작용한다면, 그 운동 상태는 광속도에 영향을 미칠 것이며 이것을 관측할 수 있을 것이다. 그러나 물론 이때의 논점은 에테르의 존재가 아니었다. 피조는 다음의 세 가지 결론 중 어느 것 하나를 선택하기 위하여 이 실험을 계획했던 것이다. 첫째, 에테르는 물체의 운동에 동반된다. 둘째, 물체는 에테르 속에서 운동한다. 셋째, 진리는 이 두 경우의 중간에 있다──즉 광속도는 매질의 속도보다 작은 어떤 특정한 양만큼 증가할 것이다. 이 마지막 것이 피조가 스스로 확증했다고 생각한 발견이었다──이것은 19세기 물리학의 양자택일적인 상황과는 동떨어진 것이었지만.

이보다 몇 년 전에, 피조의 다른 실험이 이미 파동설의 승리를 결정지었다. 이것은 1849년에 푸코(Jean Bernard Foucault: 1819~1868)와 함께 한 실험이었다. 푸코는 팡테옹의 돔에 커다란 진자를 매달아, 최초로 지구의 자전을 증명해 보인 인물이었다. 빛의 파동설은 아직 지구의 자전만큼 확증된 것은 아니었던 것이다. 그러나 이 경우에도 그들의 실험은 이를테면 개종자를 향한 설교였다. 대부분의 물리학자들은 세기의 중엽까지 이미 파동설을 채용하고 있었기 때문이다. 방출설은 밀도가 큰 매질이 광입자에 대하여 보다 큰 인력을 작용한다고 함으로써 굴절을 설명했다. 따라서 빛의 속도는 공기 중에서보다도 물 속에서 더 커야 한다. 이 차는 프레넬 세대의 가장 정확한 장치도 검출할 수 없는 것이었다. 피조와 푸코는 그러한 장치를 사용해서, 그 반대가 참이라는 것을 증명했다. 이것은 빛 입자설에 대한 치명적인 일격처럼 보였다.

그러나 이것은 그 후의 발전을 고려했을 때의 이야기이다. 프레넬의 회절에 관한 업적이 형식상의 것 이상이었다고 하기는 어려운 면이 있기 때문이다. 간섭 연구의 경우, 파의 진행 방향의 앞뒤로 진동하는 음파와 유추하는 것만으로도 충분했다. 그렇지만 그 후 연구의 최종 단계에서, 프레넬은 개념상으로나 형식상으로 영을 뛰어넘었다. 그리고 빛의 횡파라는 생각을 도입했다. 이것은, 역학에 대한 광학의 혁명이라는 부를 수는 없다 하더라도, 고전 동역학에 대한 광학의 반역임은 분명했다. 편광이 프레넬을 인도했다 — 편광과 복굴절에서 보이는 편광의 특수한 사례가. 방해석은 뉴턴 세대 이래 광학적 호기심을 불러일으켰다. 이 광물의 결정은 광선을 두 개의 굴절 광선 — 하나는 보통의 사인 법칙에 따르고 또 하나는 고유한 각으로 빗나가는 — 으로 나눈다. 호이겐스는 방해석 결정이 에테르에 두 개의 파동계를 만들어 낸다고 생각함으로써 복굴절을 설명할 수 있는 가능성을 제시했다. 즉 하나는 구상(球狀)으로 정상 광선을 전하고, 또 하나는 회전 타원상으로 이상 광선을 전한다는 것이다.

그런데 전기석(電氣石)이 설명을 복잡하게 만들어 결국 설명이 이뤄지지 않았다. 전기석도 복굴절 현상을 나타낸다. 그 결정을 두 개의 박편으로 쪼개서, 그 한쪽을 다른 쪽에 대하여 직각으로 세우면, 이 한 쌍의 박편은 광선을 통과시키지 않게 된다. 더구나 전기석과 방해석의 박편을 짝 지워 보면 전기석은 어떤 위치에서는 정상 광선만을 투과시키는데, 거기에서 90도 회전한 위치에서는 이상 광선만을 투과시킨다. 빛이 "측면들(sides)"을 가지고 있다는 명제를 입자설로 설명하려면, 그 입자가 비대칭이든지 자기(磁氣)와 비슷한 질적 극성을 가지고 있든지 둘 중의 하나여야만 한다. 그런데 이 어느 것도 잘 들어맞지 않았다. 한편 파동설도 파면에 대한 법선 방향의 진동만 생각하는 한 도움이 되지 않았다. 영이 재차 이 문제를 들고 나와서, 친구에게 편광에 관한 연구를 하게 했다. 그는 횡진동을 하는 파라면 그러한 비대칭을 만들어낼 것이라고 제안하기도 했다. 그러나 그것은 한때의 지나가는 공상으로서, 영은 이것을 머릿속에 가끔 떠올렸을 뿐이었다. 그래서 결국 그는 이 생각도 프레넬에게 넘겨주었고, 프레넬은 이것을 종합하여 이론화하였다.

프레넬은 서서히 그 이론에 접근하고 있었다. 말뤼(Malus)는 1809년에 다음과 같은 현상을 발견했다. 즉 어떤 종류의 물질의 표면 — 유리, 물, 잘 연마된 금속 — 에 특유한 범위의 각도에서 반사된 빛은, 마치 방해석에서 이미 굴절하여 두 부분으로 나뉜 광선 중 하나처럼 행동하면서 방해석의 결정을 통과한다는 것이다. 반사도 빛을 편광시킨다는 것으로 인해 편광 현상에 대한 관심이 크게 넓혀졌다. 프레넬은 처음부터 자신의 연구가 편광과 관계있을 것이라고 생각했다. 그는 서로 다른 방향에서 편광된 빛은 간섭하지 않는다는 것이 어떻게 가능한가에 관하여 앙페르(André Marie Ampère, 1775~1836)와 의논했다. 언제나 독창적이고 상상력이 풍부한 앙페르는, 서로 수직이고 진동수와 진폭이 같은 횡진동의 두 파동계가 복합되어 있을 것이라는 견해를 제시했다. 만약 그것들이 위상을 벗어나서 서로 상쇄된다면 전진 운동만 나타날 것이고, 따라서 편광 광선들은 서로 무관계한 것으로 보일 것이다. 프레넬은 이 의견을 채용하여 점차 진행 방향의 성분이라는 아이디어를 수량화하다가, 최후에는 이 생각을 버리고 진동면이 기울어져 있으면 편광 광선이 분리된다고 했다.

그것은 결단이었다. 왜냐하면 그의 동료들에게는 역학적인 난점이 극복될 수 없는 것으로 생각되었기 때문이다. 고체의 탄성체라면 이러한 엇갈림파(shear wave)를 입증할 수 있을 것이다. 진자가 움직일 때에 중력이 그것을 되돌리는 것처럼, 강성률(剛性率)을 만들어내는 힘이 각 입자를 평형점 이상으로 되돌아가도록 도와줄 것이다. 한편 유체에서는 충격의 조화적 연속만이 각 진동 입자를 파동의 최대 진폭으로부터 평균점 너머로 되돌려 보낼 것이다. 그러나 만약 유체가 충격에 대하여 직각 방향으로 진동하고 있다고 하면, 이 역할을 수행하는 것은 유체 속의 무엇일까? 아라고마저도 이 최후의 "곡예"에 대해서는 프레넬에게 동의하지 않았다. 왜냐하면 공간상의 동일한 관 속에서, 그리고 동일한 유체 매질 속에서 — 이 매질의 본성은 이러한 운동을 허용하지 않는데 — 서로 무관하게 진동하고 있는 무수한 동축 진동면을 가진 광선의 파동을 상정하기란 전술한 경우에 못지않게 곤란했기 때문이다. 아라고의 의견을 존중해서 프레넬은 이러한 특징을 가지고 있는 그의 이론을 발표하는 것을 1821년까지 보류했다.

그러나 프레넬은 자신의 양심 또한 존중했다. "언제나 대담한 추측을 하는" 영에 앞서서, 그는 횡진동을 생각해 냈던 것이다. 그러나 그것이 역학의 원리와 모순되지 않는다는 것을 확인할 때까지 그는 성급하게 그 아이디어를 발표하려고 하지 않았다. 고찰이 진행됨에 따라 횡진동이 그의 이론에 필수적인 부분이라는 것이 드러났으므로, 그는 우선 자기 자신이 만족할 수 있어야 했다. 그렇지 않으면 파동계는 그 개념의 단순성과 일관성을 주장할 수 없을 것이었다. 복굴절이라는 특수한 예가 있는데, 이것도 동일한 원칙에 의하여 설명할 수 있어야 했다. 이것은 쌍축결정의 작용이었다. 이것은 지엽적인 것으로서, 하찮은 것이라고 생각될지도 모른다. 그러나 프레넬은 새롭고 보다 어려운 문제를 차례차례 풀어 가는 데에서 용기를 얻는 기질의 소유자였다. 그가 복굴절의 문제를 전개하여 완결시킨 두 편의 긴 논문으로부터, 그의 견해를 개괄하는 것이 가장 좋을 것이다. 이 제2의 논문에서 프레넬은 라플라스 및 입자론 학파와 정면으로 대결하고 있다.

우리가 분투하고 있는 이론, 이것에 대하여 다른 의견을 제시할 수도 있는 이론에서는, 아직 아무런 발견도 나오지 않고 있다. 드 라플라스의 까다로운 계산은 역학의 우아한 적용으로서 훌륭한 것이긴 하지만, 복굴절의 법칙에 관해서는 새로운 것을 조금도 가르쳐 주지 않는다. 그러나 현상의 법칙들이 이미 알려져 있는 이상, 우수한 이론의 이점이 단지 계산력에만 제한되어야 한다고는 생각되지 않는다. 그런 것은 과학의 진보에 거의 공헌할 수 없을 것이다. 법칙 가운데는 복잡한 것도 있고 간단한 것도 있는데, 유추의 도움만 받는 관찰로는 아무리 노력해도 이를 발견할 수 없을 것이다. 이 수수께끼를 풀기 위해서는, 참 가설에 근거한 이론의 안내를 받는 것이 필요하다. 빛의 진동 이론은 그러한 성격을 가진 것으로서 여러 가지 귀중한 이익을 가져다 줄 수 있다. 우리는 이 이론에 힘입어서, 광학의 가장 복잡한 법칙을 발견했고 해석하기 가장 어려운 사실을 풀어냈다. 반면에 빛의 방출설에 집착하는 물리학자들에 의하여 이루어진 발견은, 뉴턴의 발견에서 시작되는데, 그것들은 숫자가 많고 중요하긴 해도 그들의 관찰 혹은 예지의 성과일 뿐, 뉴턴 체계로부터 연역된 수학적 결론은 아니다.

프레넬이 이러한 확신을 하게 된 것은, 쌍축 결정의 굴절 효과에 대한 예언이 적중했기 때문이었다. 단일축을 중심으로 대칭인 결정에서, 정상 광선은 여전히 통상의 굴절 법칙에 따른다는 기대를 할 수 있었다. 그러나 쌍축 결정에서는 그렇게 될 리가 없었다. 분자는 모든 방향에 걸쳐서 비대칭적인 장력을 받는다. 따라서 탄성 효과는 등방성 매질의 그것과는 모든 면에서 다를 것이다. "아라고에게 전달하고 나서 1개월 뒤에, 내가 실험에 의하여 증명한 것은 바로 이것이다. 나는 이 결과를 하나의 사실로서 그에게 전했던 것이 아니라, 그것이 나의 이론의 필연적인 결론이기 때문에 만약 실험을 통해 쌍축 결정의 복굴절이라는 이 특성을 확인할 수 없으면 나의 이론 자체를 파기하지 않으면 안 되는 것으로서 전했던 것이다." 왜냐하면 프레넬에게 있어서는, 이론 자체가 거의 결정과 같은 구조를 가지고 있으므로, 사고의 패턴이 두세 가지 점에서 사실과 접촉하는 것이 아니라 모든 면에서 사실과 들어맞지 않으면 안 되기 때문이다. 반면에 이론으로 보아서는 당연히 있어야 할 곳에서 새로운 사실이 나타나지 않게 되면, 그것은 한 면만의 문제에 그치지 않고 사고의 형체 전체를 파손하게 된다.

초기의 노트 중에는 횡진동의 역학적 처리 가능성을 정성적 용어로 논한 것이 있다. 프레넬이 지적한 바에 의하면, 해석 역학은 연속적인 위상(位相, phase)과 위상 사이의 팽창 또는 압축 상태의 차이만을 전파력으로서 인정했다. 해석 역학의 방정식은 충격이 빈번히 일어나는가 드물게 일어나는가에 따라 밀집되기도 하고 분산되기도 하는 탄성 유체의 점을 나타낸다. 그러나 이 방정식이 사물의 진정한 상태를 표현한다고는 생각되지 않는다. 실제로 유체의 각 입자간의 거리는 그 반지름에 비해서 훨씬 크다. 그 입자들이 실제로 접촉하는 일은 거의 없을 것이다. 그러므로 유체 동역학의 진정한 방정식은 뉴턴의 법칙보다는 오히려 공간적 관계를 문제 삼아야 할 것이다. 유체의 한 층이 다른 두 층 사이로 미끄러져

들어간다고 할 때 일어나는 운동을 고려할 수 있는, "기하학자들"의 고전적 방정식의 용어는 없다. 프레넬은 우리에게 그들 사이의 반발력에 의하여 평형 상태를 유지하고 있는 세 개의 평행한 입자열(列)을 상상할 것을 요청한다. 만약 바깥쪽 열의 분자들이 서로 마주 서 있다면, 가운데 열의 분자는 그 사이에서 동요하게 된다. 지금 이 열의 분자가 세로 방향으로 옮겨진다고 하자. 평형 상태이기 때문에, 반발력은 각 분자들을 초기 위치로 되돌리는 방향으로 작용할 것이다. 따라서 외측 열의 진동에 의한 작용-반작용의 법칙에 따라, 그것을 보정하려고 진동이 일어난다. 그리고 이 변위는 가로 성분과 세로 성분을 가질 것이다. 분명히 이것은 앙페르의 생각을 전개한 것이다. 그리고 에테르의 조건 하에서는 가로 성분만이 감지 가능하다는 것을 보이기 위하여, 여기서 프레넬의 논지를 되풀이할 필요는 없을 것이다. 논점은 유체 속의 횡파가 편광을 포함할 수 있는, 아니 포함해야만 하는 메커니즘일 가능성을 묘사하는 것뿐이다.

그러므로 자연광은 모든 방향으로 편광되어 있는 파동계가 재결합된 것이라고 생각할 수 있다. 좀더 정확하게 말하면, 그 파동계가 급속하게 연속되어 있는 것으로 볼 수 있다. 이러한 견지에서 보면, 편광 현상은 이미 횡운동을 생성하는 것이 아니라, 직교하는 두 방향으로 그 횡운동을 분해하고 그 두 성분을 서로 분리하는 행위이다. 그러면 그 각 성분에서의 진동은 언제나 같은 면에서 일어나게 된다.

복굴절에 관한 논문들은 이러한 상(像)을 수학적으로 전개한다. 프레넬은 광선의 진동을 축을 통과하면서 직교하는 두 면에 투영된 성분으로 분해함으로써, 3차원의 복사광선 다발을 해석하려고 했다. 이것은 운동의 기하학적 조성과 분해를 그의 모델에 적용한 것이고, 이것에 이어서 광학의 법칙이 유도되었는데 여기에 처음으로 편광 현상이 포함되었다.

프레넬은 복굴절을 해석하기 위하여, 호이겐스의 기하학적 해석으로까지 되돌아갔다. 그런데 호이겐스는 정상 광선을 구면파로서, 이상 광선을 회전 타원체로서 전개시켰다. 이것은 사물의 형태에 맞긴 하지만, 빛의 입자적 구조에 기초를 둔 것이 아니었다. 자신이 가장 뛰어난 달성이라고 여기고 있던 해석적 용어로의 대단히 우아한 변환을 통해, 프레넬은 간섭 현상에서 얻어낸 에테르의 진동으로서의 빛의 구조에 대한 증거, 그 진동이 횡진동일 것이라는 편광 현상으로부터의 추정 및 특정한 종류의 결정에 특유한 복굴절의 예언 사이를 연결했다. 그의 방정식은 쌍축 결정의 두 개의 굴절률을, 그 주축과 부축의 비율과 관련시켰다. 이렇게 해서 프레넬은 광학의 모든 현상을 파의 전파에 관한 법칙들에 포함시켰다.

이 법칙들에 따르면 진동이 통과하는 매질의 어떤 점도, 그것 자체가 무한소의 파의 중심이 된다. 파면은 하나의 포락선(包絡線)이다. 등방성 매질에서는 파가 구상이고, 이방성(異方性) 매질에서는 파가 4차의 복잡한 면을 형성하는데, 이는 매질이 어떤 대칭축을 가지는가에 따른다.

이 종합의 일반성을 충분히 이해하는 것은, 프레넬 세대의 능력 밖에 있었다. 또 프레넬의 엇갈림 탄성파라는 기계적인 모델, 결정 속의 분자들을 비대칭 패턴으로 잡아 늘이고 그에 대응하여 에테르에서 오프비트(off-beat)를 만들어 낸 것 등도, 그가 그것들에 부과한 이론의 무게를 충분히 견뎌내지 못했다. 그럼에도 불구하고 그의 논의의 일반성과 힘은 물리학의 방향을 복사의 주기적 양상으로 되돌리도록 강요했다. 그는 역학으로부터 광학을 다시 붙잡았고, 빛을 입자로부터 파동으로 돌려보냈고, 광학 연구를 입자의 물리학이 아니라 연속체의 물리학을 위한 장(場)으로 만들었다. 그리고 비록 이 횡진동이, 신봉했던 것만큼은 그의 체계에 결정적인 것이 못 되었지만, 적어도 지금 생각하면 19세기 물리학의 가장 경이적인 사상으로 보이는 곳으로 다가가도록 물리학자들을 부추긴 것만은 분명하다. 그 사상이란, 공간을 통하여 현상을 전파시키는 에테르 — 원격 작용을 위한 매질 — 의 기계적 성질이다. 횡진동의 필요조건은 너무 혼란된 상태였으므로, 프레넬은 처음부터 무언가 실험적 증거를 넘어선 곳에다 근거를 두려고 했다. 그러나 이론에서 잃을 것이 하나도 없었던 영은 그렇지 않았다. 이제 영의 말을 인용함으로써 이 절을 끝맺기로 하겠다.

프레넬의 이 가설은 적어도 매우 독창적인 것이다. 그것은 우리를 만족할 만한 계산으로 인도할 것이다. 그러나 그것에 수반된 사정으로서, 완전히 놀랄 만한 결과가 일어난다. …… 이러한 횡방향의 저항을 보이는 것은 고체뿐이라고 생각되어 왔다. 그래서 만약 파동계를 부활시킨 사람 자신[즉 영 — 인용자]이 그의 『자연철학 강의』에서 제시한 구별을 채용한다면, 모든 공간에 퍼져 있고 모든 물질을 투과하는 발광 에테르는, 탄성을 가진 것일 뿐 아니라 완전한 고체이기도 하다고 추정할 수 있다.

*

과학자 중에서 마이클 패러데이(Michael Faraday:1791~1867)만큼 질서 정연한 연구자도 없을 것이다. 『전기학 실험 연구 Experimental Researches in Electricity』에 집대성되어 있는 논문들은 1831년부터 1855년까지 4반세기에 걸친 연구의 보고서이다. 그는 모든 논문의 각 단락마다 일련번호를 매겼다. 1845년 11월 20일에 그는 왕립학회에서 열아홉번째 시리즈를 강연했다. 그것은 편광면의 자기에 의한 회전을 발표한 것이다. 단락 이천이백 이십이는 다음과 같다.

편광, 자기 및 전기 사이의 관계는, 보통 빛만일 때의 관계보다 훨씬 흥미 있다. 그것은 보통 빛의 경우에도 미치지 않을 수 없다. 어떤 면에서 볼 때 빛은 편광에 의해서 그 성질이 더욱 명확하게 되었다. 편광과 자기와 전기의 이 관계는 그것들이 가지고 있는 힘의 이원적 성격에서 그 힘들과 결합하여, 여러 가지 복사 작용인의 본성에 대한 연구에 이 힘을 적용할 계기를 마련했던 것으로서, 그러한 계기는 그때까지 없던 것이었다.

그리고 그는 그 다음다음 단락에서 이렇게 말한다.

자력은 광선에 직접, 즉 물질의 개재 없이는 작용하지 않는다. 자력과 광선이 그 속에 동시에 존재하는 물질의 개재에 의하여 작용하는 것이다. 물질과 힘이 빛에 작용하는 힘을 서로 주고받는 것이다.

과학 소설이나 유소년을 위한 과학의 저자들은, 그들의 책임과 입장의 중요성을 반성해 볼 수 있겠다. 패러데이를 과학으로 끌어당긴 것은 그들의 선배 중의 하나로서 『화학에 관한 대화 Conversations on Chemistry』의 저자인 마세트(Marcet) 부인이었던 것이다. 가난 속에서 보낸 유년시절을 회상하면서 패러데이는 다음과 같이 말한다. "내가 생각이 깊었다든가 조숙했다든가 하고 생각하지 말기 바란다. 나는 대단히 왕성한 상상력을 가지고 있어서, 『대영 백과사전』을 믿는 것처럼 간단하게 『아라비안 나이트』도 믿을 수 있었다. 그러나 사실이 나에게 중요했고, 사실이 나를 구해 주었다. 나는 사실을 신뢰할 수 있었고, 주장에 대해서 언제나 엄중하게 반문하곤 했다. 그래서 나는 마세트 부인의 책을 혼자서도 할 수 있는 보잘것없는 실험으로 조사했는데, 책에서 내가 이해한 것과 사실이 일치했으므로, 나는 화학적 지식에서 키를 붙잡은 느낌을 받았고 단단하게 그것을 붙잡았다. 그때부터 나는 마세트 부인을 깊이 존경하고 있다. 첫째 그분은 나에게 대단히 좋은 것, 즐거운 것을 주었다. 그리고 또 그분은 자연의 사물에 관한 무한한 지식의 진리와 원칙을, 교육 받지 못했지만 탐구심 강한 젊은이의 정신에 전할 수 있었던 사람이다." 패러데이의 아버지는 대장장이였는데, 이 자식을 교육시키거나 품위 있는 환경에서 자라도록 하는 일은 할 수 없었다. 패러데이의 우아한 기질은 참으로 훌륭했는데, 그것은 모두 타고난 것이었다. 이 사람만큼 상냥한 성품과 온화한 마음씨 ― 발견으로 몰아대는 충동이나 명성을 좇는 야심과는 별로 어울리지 않는 ― 를 소유한 사람은 과학의 역사에서 찾아볼 수 없다. 패러데이의 야심, 그보다는 오히려 정열은, 남다른 데가 있었다. 그것은 그를 철학자의 생활로 인도해 줄 것이었다. 그는 과학보다도 "철학"이라는 말을 더 좋아했다.

당시에는 교육받지 못한 사람이 과학자가 되려면, 실험가가 되는 수밖에 없었다. 열세 살 때 패러데이는 책방의 견습 점원으로 들어갔다. 그때는 인쇄소에서 넘어온 인쇄물을 제본하는 것도 책방의 일이었다. 법규로 정해진 7년간 그는 열심히 일했지만, 그 동안에도 계속해서 여가 시간에는 화학과 물리학에 몰두했다. 1812년에 그는 애를 쓴 끝에 왕립과학연구소에서 하는 험프리 데이비(Humphry Davy, 1778~1829)의 강연을 듣게 되었다. 그는 그의 노트를 훌륭한 형식을 갖추어서 다시 쓰고, 제본까지 해서 과학에 관계된 일자리를 구한다는 뜻의 편지와 함께, 데이비에게 보냈다. 데이비는 유능한 과학자였다. 그는 전기 화학을 최초로 체계화했고, 그 이전의 10년에 걸쳐 이것을 물리 화학의 가장 활발한 분야로 만들었다. 데이비는 패러데이가 안정된 기술을 버리고 다른 직업을 얻으려는 데 반대하여, 과학에서 취업의 문은 극히 제한되어 있다고 충고했다. 그러나 그래도 패러데이가 고집했기 때문에, 실험 조수 자리를 주었다. 패러데이의 젊은 동료 ― 제자라는 말이 더 적당할 텐데 ― 인 존 틴달(John Tyndall: 1820~1893)이 쓴 『발견자 패러데이 *Paraday as a Discoverer*』라는 매력적인 회상기가 있는데, 거기에서 틴달은 이렇게 말한다. "데이비는 그 청년을 도와주었다. 이것은 잊어서는 안 되는 일이다." 그러나 유감스럽게도 데이비의 행동에서 나타나는 꼴사나운 출세주의나 우수한 후배에 대한 저 불행한 질투도 잊을 수 없는 것이다. 1823년에 자기의 피보호자인 청년이 왕립학회의 지위에 선임되는 데 반대했다가 실패한 것도, 그 질투가 빚어낸 일이었다. 그러나 패러데이는 이 에피소드로 인하여 그 보호자에 대한 경의를 저버리는 일은 결코 하지 않았다.

패러데이의 1820년대의 연구는 대부분 화학에 관한 것이었다. 그것들은 훌륭한 연구였지만, 아직 장래성 있는 것은 못 되었다. 틴달이 말하는 "그가 가지고 있던 비범한 힘"을 계속 발전시켜 가야만 했던 것이다. 그 힘에 대하여 틴달은 이렇게 말한다. "패러데이는 거대한 힘과 완전한 유연성을 겸비하고 있었다. 그의 운동량은 하천의 그것과 같은 것으로서, 중량과 직진성을 가짐과 동시에 하상의 굴곡에도 따르는 능력도 가지고 있었다. 그의 통찰력이 한 방향으로 집중되어 있을 때라도, 그 때문에 다른 방향의 지각력이 감소되는 일은 없었다. 그가 어떤 결과를 예상하면서 어떤 주제를 공격할 때, 그의 정신은 항상 긴장 상태를 유지할 수 있었으므로(이것이 바로 그의 능력이었다), 예상과 다른 결과가 나오더라도 선입견에 의하여 그것을 못 보고 넘어가는 일은 없었다." 대과학자들 가운데 패러데이가 거둔 성공은 디드로의 말을 정당화하는 예라고 생각할 수도 있다. 디드로는 고립적 정신을 가진 수학을 회의적으로 보고, 겸허한 사람들에게 예지하는 능력을 주고 수공(手工)의 영감에 의하여 자연과 함께 있다는 것을 감지하는 능력을 주는 서민적인 장인 기질이야말로 민주적이라고 했다. 진리를 "간취하는" 이 직인적 능력은 어떤 독일 물리학자도 디드로가 지적했던 것처럼 정확하게 갈파한 적이 있다. "그는 진리를 냄새 맡는다(Er riecht die Wahrheit)" — 콜라우쉬(Kohlrausch)가 패러데이에 대해서 한 말이다.

과학철학의 입장에서 패러데이를 연구하는 사람은, 예측을 통하여 이론을 입증하는 것에 대하여 논하기보다는 예언을 통하여 입증하는 데 대하여 논하고 싶어할 것이다. 실험실에서 패러데이의 상상력을 억제한 냉정함은 그의 직감력을 손상시키지 않았다. 틴달은 또 실험실이라는 소우주로부터 자연이라는 대우주로 주제를 높이는 패러데이의 재능에 대하여 — 즉 둘레의 쇳가루가 곡선적 형태를 그리고 있는 왕립과학연구소의 조그마한 자석에서 지구라는 거대한 자석으로 어떻게 눈을 돌렸는지에 대하여 — 말한다. 그 지구에는 대기와 해양을 뚫고 지나가는 역선(力線)이 있는데, 그것은 (그렇게 될 수 있다면) 조수의 간만에 의하여 끊임없이 차단되고, 만약 그렇다면 대양과 공기 중에서 전류를 유도한다. 또한 이론적인 생각을 통상적인 과학의 수학적 형식으로 표현하도록 훈련받은 사람들의 방식을, 패러데이가 따르기가 얼마나 어려웠는지에 대해서도 말한다.

그는 독자의 요구를 모른다. 따라서 독자의 요구와 만나지도 않는다. 예를 들면 그는 하나의 전기로는 물체를 대전시킬 수 없다고 거듭해서 말하는데, 그 불가능성은 명백한 것이 아니다. 난점을 풀 열쇠는 이런 것이다. 그는 모든 절연된 도체를 라이든병 내측에 입힌 코팅으로 간주한다. 그의 생각에 의하면 방 한가운데 있는 절연된 구가 그러한 코팅이고, 벽은 외측의 코팅이 된다. 그 양자 사이의 공기는 절연체이고, 그것을 넘어서 유도에 의하여 대전된다. 패러데이에 따르면, 이 구에 대한 벽의 반응 없이 그것을 대전시키기가 불가능한 것은, 라이든병 외측의 코팅을 제거하고 라이든병을 대전시킬 수 없는 것과 같다. 그에게 있어서 거리는 중요하지 않다. 일반성을 찾아내는 사람으로서의 그의 확신 앞에서, 크기라는 이념은 소멸되고 만다. 예를 들어서 지금 방의 벽을 헐어 없앴다면 — 아니 지구를 없애 버렸다면 — 패러데이는 태양과 행성들을 그의 라이든병의 외측 코팅으로 삼을 것이다.

패러데이가 수학을 전혀 몰랐다는 것이 그의 업적에 어떤 영향을 미쳤을까에 대해서는 오로지 추측만이 가능할 뿐이다. 그는 이러한 핸디캡을 견디어 낼 수 있던 최후의 물리학자였다. 수학적 천분을 타고나지 못한 사람들이, 이것이야말로 패러데이에게는 절대적인 이점이 되었고 또 그를 유례없이 성공을 거둔 실험가의 길을 걷게 했다고 즐겨 논하는 것도 당연한 일이겠다. 패러데이 자신은 비록 언제나 점잖은 태도를 보이긴 했지만 때때로 수학자들을 나무라기를 좋아했다. 전자기 유도에 관한 그의 최초의 논문은 아라고, 배비지(Babbage), 허셀에 대항하여 (다른 것도 있지만 그 중에서도) 동판을 회전시키는 힘은 접선 방향으로 작용한다는 것을 증명한 것이었다. "실험은 수학을 두려워할 필요가 없으며 발견에서 그것과 충분히 경쟁할 수 있다는 것을 알아내고 지금 나는 아주 유쾌한 기분이다"라고 그는 사신(私信)에서 말했다. 그렇긴 하지만 만약 패러데이가 수학을 자유로이 구사할 수 있었다 해도 그 이상은 전진하지 못했으리라고 생각하기는 어렵다. 정리하는 도구로서 또 결실이 풍부한 실험의 안내자로서, 그는 추상보다는 유추에 의존할 수밖에 없었다. 그는 유추의 솜씨를 한껏 발휘하여, 정말 고상한 경지에 도달했다. 그는 영국의 실험적 전통에서 이런 일을 할 수 있는 사람으로서 뉴턴 이래 최초의 물리학자였다. 그러나 능률 면에서는 지독한 희생을 치른 것이었다. 결국 유추는 한 분야에서 다른 분야로, 아이디어가 직선적으로 이행하는 데 달려 있다. 반면에 추상은 아이디어를 물리적인 것으로부터 해방시키고, 정신을 사고실험으로 데려간다. 오직 패러데이같이 탁월한 정신만이 방대한 실험 한가운데서 방향을 잃지 않고 나아갈 수 있는 것이다. "그의 실험가로서의 기지는 참으로 놀라운 것이었고 그가 실험에서 얻는 즐거움도 비교가 안 될 만큼 컸으므로, 그는 종종 너무 지나치게 이 방향으로만 달렸다. 나는 그가 '진동면에 관한 나의 논문에는 실험이 너무 많다'고 말하는 것을 들은 적이 있다" 하고 틴달은 썼다. 사고와 시도를 패러데이만큼 많이 기록으로 남긴 과학자는 케플러 이외에는 없다. 최근에 일곱 권으로 간행된 그의 『일기』에는 그의 사적인 사색이 적혀 있다. 그러나 그가 발표한 논문들도 마치 실험 노트의 사본 같은 것으로서, 무게, 길이, 상황, 결과, 편차, 잘못된 방법, 실패, 성공 등으로 가득하다. 이것은 재미있게 읽을 수 있는 것이 아니다. 과거의 과학 문헌은 이미 적극적인 발언력을 잃고 위축되고 있다. 때때로 패러데이만이 자유롭게 펜을 움직여서, 그의 정신을 사로잡았고 방대한 사실 가운데에서 그의 손을 잡아 끈 사변, 이 세계는 어떻게 되어 있는가에 관한 사변을 기록했던 것이다.

더구나 패러데이가 일종의 본능에 의하여, 그의 40여 년간의 연구 생활에서 모든 실험 과정을 인도했던 기초적인 이념과 부차적인 이념을 구별할 수 있었던 것은 실로 불가사의하고 놀랄 만한 일이다. 부차적인 이념은, 패러데이가 자기 두뇌의 소산을 제 손으로 처분하는 것이기 때문에, 아무 미련도 없이 파기할 수 있었다. 기초적 아이디어는 과학에 생기를 불어넣는 특수한 신념을 해명해 준다.

오랫동안 나는 하나의 견해, 아니 거의 확신에 가까운 생각을 가지고 있었다. 그것은 자연의 지식을 사랑하는 많은 사람들과도 공통된 견해일 것이다. 즉 물질의 여러 가지 힘은 다양한 모습을 띠고 나타나는데, 그것은 하나의 공통된 근원을 가지고 있다는 것이다. 다시 말하면 그 형태들은 직접 관련되어 있고 서로 의존하는 것이기 때문에, 한 형태에서 다른 형태로 전환될 수 있고, 그들의 작용에 있어서 각각에 해당하는 동력을 가진다.

그러나 이 확신은 패러데이를 열로, 그리고 나서 열역학으로 인도하지 않고, 그가 궁극의 통일성이라고 믿었던 전기, 자기 및 중력의 깊은 관계로 인도했다. 그에게는 다른 과학자에게는 없었던 장(場)에 대한 감각이 있었기 때문이다. 그는 역선을 통과하는 철사의 움직임과 그 속에서 흐르는 전류를 거의 눈으로 보는 듯했다. 그것은 분명하고도 깊이 있게 —

틴달이 말한 것보다도 더 깊게 — 그려낸 자연에 대한 통찰인데, 아마 그것은 추상 능력의 결여에 대한 보상이었을 것이다. 패러데이는 피타고라스를 따르지 않으며 기하학도 모르는, 빅토리아 시대의 케플러였다 — 또한 그릴 수는 없었지만 볼 수는 있던, 실험실의 레오나르도였다. 자연 인식에 대한 패러데이의 정열은 19세기의 인간에게 열려 있던 표현 양식을 초월했다. 그리고 그는 언제나 순진했으며 겸양이라는 장점을 가지고 있었다. 그는 엄격한 비국교 집단의 장로답게 처신했다. 역사가가 패러데이의 논문을 읽을 때 마주치는 사변적인 구절은, 마치 그의 양심이 그에게 운명지운 끝없는 실험적 사실로부터의 휴식처럼 보인다. 그러나 그것도 잠시뿐이다. "이 막연한 생각 — 그렇긴 해도 나의 마음에 강하게 밀어닥치는 것이지만 — 에 어떤 표현을 부여하는 일은 삼가겠다. 그것보다 먼저 실험을 통한 엄격한 연구로 그것들을 테스트해 보아서, 만약 합격한다면 왕립학회에 제출하기로 하겠다." 이런 식으로 말하기 때문이다.

전자기의 상호 작용이 발견되고 나서 이미 10년이 지난 1831년 8월에, 페러데이는 쇠바퀴 양쪽에다 구리선을 감고 그중 한 쪽 회로의 구리선은 자침 곁을 지나게 하고 다른 쪽을 전지를 통과하도록 했다. 그러자 자침은 회로와 접속되고 차단됨에 따라, 한 쪽을 가리키거나 다른 쪽을 가리켰다. 그것은 최초의 변압기였다. 자기와 정전기의 유사성은 형태적으로나 물리적으로 명백했으므로, 이 두 현상 사이에 어떤 관련이 있는 것이 아닌가 하는 의문이 싹텄다. 1820년에 한스 크리스티안 외르스테드(Hans Christian Oersted: 1777~1851)가 이 연구에 성공했다. 그의 발견은 학생들을 놀라게 할 목적으로 주의 깊게 고안된 강의실험 도중에 얻어진 중요한 발견으로는 아마도 유일한 것이다. 외르스테드가 전류가 통하는 철사와 직각으로 자침을 놓았을 때는 아무 일도 일어나지 않았다. 다음에 그가 자침을 철사와 평행되게 놓자, "철사가 자침 밑에 있을 때는 자침을 동쪽으로 움직이게 하고, 위에 있을 때는 서쪽으로 움직이게 한다"는 사실을 발견했다. 즉 이 경우에 전류는 자석에 작용하는 것이다.

외르스테드의 결과는 파리에 전해져서 즉각 사람들의 주목을 끌었다. 앙페르가 이 연구를 시작해서, 전류상호의 영향, 즉 전류가 같은 방향일 때는 도선이 서로 끌어당기고 반대 방향일 때는 도선이 서로 반발한다는 것을 즉시 확인했다. 그러나 앙페르는 폴리테크니션(애콜 폴리테크닉 출신자)이었다. 그리고 그 교육에 어울리게 그는 이 새로운 주제를 전기 역학이라고 명명하고, 이 유도현상을 해석 역학의 형식에 담아내는 일에 집중했다. 그가 이런 일을 한 것은 풍부한 수학적 재능의 승리였다. 그는 각 전류의 요소를 미분으로 다루어야만 했고, 그 중 어떤 두 요소를 연결하는 힘이 항상 방사상으로 작용한다고 가정하지 않으면 안 되었기 때문이다. 앙페르는 처음 시작할 때부터 과학적 설명이란, 입자들 사이에서 작용하는 크기가 같고 방향이 반대인 힘에 대한 기술(記述)로 현상을 환원하는 것이라는 입장을 천명했다. 그는 이로써 명료성을 증대시켰고, 마찰전기와 갈바니 전기 사이의 구별을 파기했다. 전자가 역학의 특수한 사례로서 일종의 구속당한 동역학으로 보이게 되자, 역학의 역사와의 유추를 통해 이것에 정적(靜的, statical)이라는 말이 적용되었다. 어떤 경우에 "장력"(또는 포텐셜)으로서 나타나는 것이, 다른 경우에는 연속적인 흐름을 일으킨다. 앙페르의 지적에 의하면, 운동하는 전기만이 그 주위를 자기적 영향으로 둘러싼다―즉 공간을 넘어서 다른 전류에 영향을 미친다. 그런데 이 유도현상의 수수께끼에서 빠뜨려진 부분, 즉 자기에 의하여 역으로 전류가 발생되는 현상을 발견하는 일은 패러데이에게 남겨졌다. 이 효과는 항상 곡선적인 배치의 결과로, 그리고 물체에 대하여 중심 방향이 아니라 접선 방향으로 작용하는 힘에 의하여 일어나게 되는데, 이 효과가 일어나는 공간에 관하여 숙고하는 일도 패러데이에게 남겨졌다. 그런데 거기에 난점이 있었다. 케플러 이래로 물리학에서 접선 방향의 항력은 없어졌던 것이다.

상호성의 원리에 따르면, 만약 전기가 자기로 변환될 수 있다면 역으로 자기도 전기로 변환될 수 있어야 한다. 패러데이는 1831년 여름휴가에서 왕립과학연구소로 돌아온 후에 체계적인 실험을 시작했다. 그는 전기에 입문하는 사람으로서 이 문제에 손댄 것은 아니었다. 그때까지 그는 주로 화학을 연구했지만, 유도현상이라는 새로운 과학에도 관심을 기울여 왔던 것이다. 그는 이미 1821년에 한쪽 끝에 백금 추를 매단 막대자석을 철사가 드리워져 있는 수은조 속에다 수직으로 띄워서 볼타 회로를 만들고, 이 막대자석을 철사 둘레로 회전시켰다. 또 이와 반대로 고정된 자석 주위로 철사를 회전시켰다. 다음에 그는 논리적으로 당연한 순서로, 철사나 자석을 수은컵 중앙에서 회전시키려고 했다. 그러나 그것은 실패였다. 아마 도체 속에서 전류가 회전했을 거라고 그는 생각했다. 그의 머리는 언제나 그런 식으로 움직였다. 그래서 그는 그것을 크랭크 모양으로 구부렸다. 이 생각은 옳았다. 이번에는 정말 회전했다. 그리고 패러데이는 지구의 자기장 속에서 도체가 회전하는 것을 보일 수 있는 충분히 정교한 방법을 고안했다.

전류를 유도해 내려는 그의 첫번째 시도도 비슷한 실망을 경험했는데, 그것을 그는 집요한 천성으로 헤쳐 나갔다. 그는 운동하는 전기에 의하여 연속적인 자기를 얻을 수 있는 것과 같이, 2차회로에서 갈바니 전기의 연속적인 흐름을 발생시킬 수 있다고 생각했다. 그러나 그는 다음과 같은 결과를 얻었을 뿐이다. 즉 전지와 접속하는 순간에 자침이 홱 움직여서 그 상태로 정지해 있다가, 회로를 끊는 순간 반대 방향으로 그 전에 움직인 것만큼 움직였던 것이다. 아인슈타인이 언젠가 말했듯이, 실험이란 것은 읽을 때는 지루하기만 하지만, 해보면 그때야말로 정말 재미있다. 사실 아무리 잘 요약해 놓아도 패러데이가 실험에서 보여준 인내와 독창성을 올바르게 전달할 수는 없다. 그는 단순한 코일을 나선 모양으로 바꾸어 보기도 하고, 그 안에다 철심을 넣었다가 빼 보기도 하고, 접속을 바꾸어 보기도 하고, 그 부분들을 모든 단계에서 다른 단계와 비교해 보기도 하고, 아라고의 실험을 생각해 내기도 했다. 그것은 동판 위에 매단 영구 자석을 회전시키면, 동판도 함께 돌고, 또 그와 반대로 동판을 회전시키면 자석도 도는 것을 보이는 실험이었다. 이때의 동인은 유도 전류가 아닐까? 만약 그렇다면, 유도 전류를 발생시키는 것은 구리에 대한 자석의 운동이다. 패러데이는 한 전류로 다른 전류를 일으키기보다는, 자석을 이용하여 전기를 만들어 내려고 생각했던 것이다. 이제 그는 전지가 필요 없게 되었다. 그는 쇠로 된 원통 둘레에다 구리선을 단단하게 코일 형태나 나선 모양으로 감고 그 양끝 사이에 검류계를 연결한 뒤, 막대자석을 구멍 속으로 밀어넣어 보았다. 이 실험이 성공했음은 널리 알려진 사실이다. 그의 일기에는 "전류계의 바늘을 몇 번이나 빙글빙글 돌게 할 만큼 강력한 힘이 발생했다"라고 쓰여 있다. 그러나 전류가 발생한 것은 자석을 넣을 때와 뺄 때뿐이었다. 그렇지만 여기서 패러데이는 이 제약을 극복하거나 회피하는 것보다, 오히려 이 사실을 발전시켜서 그것을 확대하고 연속시킬 방법을 발견해야 한다는 것을 간파했다. 창의력이 필요했다. 그는 왕립학회 소유의 거대한 자석 양극 사이에다 동판을 놓고 회전시켜서, 화학적 방법이 아닌 방법으로 얻을 수 있는 최초의 전류를 끌어내었다. 그것은 원판을 회전자 주위에 감은 코일로 대신하면 자석 발전기가 되는 것이었다. 그리고 이 결과로 생긴 것은, 전체 과학사 중에서도 가장 경탄할 만한 공업적 응용을 탄생시킨 최초의 기초 연구 ─ 합리적 방법과 반대되는 것으로서 ─ 였다.

패러데이의 상상력은 다른 방향으로 나아갔다. 예를 들면 바깥쪽을 향해서는 늘 그랬듯이 지구라는 거대한 자석의 방향으로, 그리고 안쪽을 향해서는 자연의 여러 장치에 대한 가장 단순하고 아름다운 표현으로. 먼저 그는 지구 자기장의 작용을 통해 전류를 유도하는 여러 방법을 고안했다. 가장 경제적인 것은 복각계(伏角計)의 선과 직각으로 회전하는 동판으로만 이루어진 것이었다. "복각계에서의 효과는 미소했지만 매우 명료했고, 운동을 역전시키거나 반복함으로써 효과를 축적할 수 있었다." 그리고 다음에 패러데이는 언제나와 마찬가지로 이러한 인공적이고 국부적인 전류의 웅대한 유추를 발견하겠다고 생각했다. 말하자면 영불해협의 조수로 인하여 도버와 칼레 사이에서 유도된 전류를 관찰하려는 것이다. 그러나 그것은 성공하지 못했다. 그래도 그는 자신의 『전기학 실험 연구』 제2집에서, 전자기를 정말로 이용하고 있다. 그는 한 가닥의 구리선을 직사각형으로 만들고, 검류계를 긴 변의 하나에다 부착시켰다. 그리고 구리선을 검류계 둘레로 회전시키자, 바늘이 90까지 움직이는 것이었다. 한 가닥의 구리선으로 수행한 이 실험은 "참으로 기본적인 실험"이었고, 그 결과는 "아름다웠다"라고 패러데이는 『일기』에 적었다. 그리고 (발표한 논문에서는) "무관계한 주변 상황이나 복잡한 장치가 일체 배제되었고 더구나 명료하게 눈금이 지시를 했으므로, 이 실험은 전자기 유도의 모든 사실의 축약도가 된다"라고 말했다. 그의 3월 26일자 일기에는 그의 정신 작용의 가장 특징적인 예와 그의 사색의 결과로서 나온 견고한 장(場)의 감각이 들어 있다. 노트의 메모처럼 보이는 짧은 진술이, 물리학에서 새롭게 나타난 전자기적 차원을 과학의 고전적 임무인 운동과 관련시키고 있다.

전기, 자기 및 운동의 상호관계는 서로 직교하는 세 개의 선으로 나타낼 수 있다. 하나의 선이 그 중의 하나를 나타낸다면, 다른 두 선은 다른 것을 나타낸다. 만약 전기가 하나의 선으로 결정되고 운동이 또다른 하나의 선으로 결정된다면, 자기는 제3의 선으로 전개된다. 혹은 전기가 한 선으로, 그리고 자기가 다른 선으로 결정되면, 운동은 제3의 선에서 일어난다. 또 자기가 먼저 결정되면 운동이 전기를 생성하든지 전기가 운동을 생성하든지 한다. 혹은 만약 운동이 최초로 결정되면, 자기가 전기를 일으키든지, 전기가 자기를 일으키든지 한다.

패러데이는 이와 같은 전도유망한 발견으로부터 전자기 현상의 방대한 영역에 대한 개발로 눈을 돌렸다. 가장 먼저 한 일은, 그때까지도 전기에는 "보통의 전기, 동물 전기, 볼타 전기" 등의 여러 종류가 있다고 생각하는 사람들이 있었는데, 이것들 사이의 동일성을 확립하는 일이었다. 그렇지 않으면 패러데이가 얻은 결과의 균일성에 확신이 가지 않았을 터이다. 그래서 그는 마찰에 의한 것이든 전지에 의한 것이든 물고기에 의한 것이든 간에 어떤 전기라도 물리적·열적·생리학적·화학적으로 동일한 효과를 나타낸다는 것을 보이기 위한 일련의 실험을 고안했다. 이것은 놀라움도 실망도 주지 않았지만, 이같이 극히 당연한 실지 증명 과정에서도, 패러데이는 전적으로 새롭다고만은 할 수 없는 사실에도 주의를 기울였다. 예를 들어서 물이 얼면, 그것은 전도 작용을 그친다. 거기에서 패러데이는 즉시 도체의 물리적 상태에 관심을 돌려서, 액체는 응결하면 전류를 통하기를 그친다고 하는 일반 법칙을 발견했다. 그는 열의 전도의 경우에는 그 역이 옳다고 말했다. 즉 열은 액체보다 얼음이나 그밖의 고체를 통해서 더 잘 전해진다는 것이다. 이러한 차이는 관계 물질의 "입자적 조건"을 꿰뚫어 보는 통찰력을 열어줄 수도 있었다. 그러나 그는 우선은 물질 구조에 대한 연구를 중지하고 전기분해 — 이 말은 패러데이가 처음으로 사용했다 — 의 메커니즘에 집중했다. 물질은 그 자신의 분해라는 대가를 치르면서 화학적으로 전류를 전하며, 전지도 그와 같은 식으로 전류를 발생하는 것처럼 생각되었기 때문이다.

전기분해에 관한 연구는 패러데이 특유의 재기발랄한 탈선으로서 그의 상상력의 정수와 두뇌의 명석함을 발휘한 것이었다. 그의 과학적 개성이 가진 기묘한 특색이 여기에서 현저하게 나타난다. 그에게는 수학이 없었지만, 그럼에도 불구하고 그는 속된 기호와 소박한 모델의 감옥에서 애타게 몸부림쳤다. 그가 표현할 수 없던 추상을 넘어서 수학자의 손에는 잡히지 않는 자연과의 친밀한 관계로 패러데이를 이끌어간 것은 아마 이것들, 말하자면 능력과 무능력의 조합이었을 것이다. 그러나 유감스럽게도 그는 그 자연과의 친밀함을 다른 사람과 나누지 못했다. 그는 "전류"라는 말에서 암시되고 있는 수력학적 이미지를 견디지 못하고, 연구를 미리 판정하는 모든 용어의 속박으로부터 물리학을 해방시킬 것을 제안했다. 극(poles)은 인력의 의미를 내포하고 있다. 그래서 그는 "전극(electrode)"이라는 말을 만들고 그것을 양극과 음극으로 나누었다. 분해될 때 전기를 전도하는 물질은 전해질이고, 그것을 구성하는 "이온"은 음이온과 양이온이다. 극은 인력 또는 반발력을 의미한다. 그렇지만 "나의 견해에 의하면, 결정적인 힘은 극에 있는 것이 아니라 분해 중인 물질 가운데 있다. 산소와 산은 그 물질의 음의 끝에서 발생하고, 수소와 금속 등은 양의 끝에서 발생한다. …… 보통 극이라고 불리는 것은, 전류가 분해물질로 들어갔다 나왔다 하는 문에 불과하다. 그리고 물론 극이 그 물질과 접촉할 때, 그 극은 전류 방향에서의 한계이다." 따라서 패러데이는 극 대신에 "전극"이라는 말을 이 상(像) 또는 다른 어떤 상과도 모순되지 않는 것으로 만들었던 것이다.

왜 양극이 정(正)을 나타내고 음극이 부(負)를 나타내는지 알고 있는 물리학자가 얼마나 될까? "전기의 자연적인 방향의 기준을 탐구하는 동안, 나는 그것을 지구에서 발견할 수 있지 않을까 하고 생각했다. 나의 양극과 음극은 이 전기의 자연적 방향을 말로 나타내려 한 것인데, 그것은 이 두 극의 차를 명확하게 보여 주며 동시에 모든 이론으로부터도 자유롭다. 만약 지구의 자기가 그 주위를 통과하는 전류에 의한 것이라면, 이 전류는 일정한 방향으로 흘러야 한다. 즉 보통 말하는 식으로 표현한다면 동에서 서로 흘러야 한다. 혹은 태양이 움직이는 방향이라고 하는 쪽이 기억에 더 도움이 될 것이다." 그러므로 패러데이는 전기분해에서 용액 중의 전류는 지구 주위에서 흐르는 전류와 같은 방향이며 그것과 평행하다고 생각한다. 그러면 전극은 불변하는 준거를 갖게 된다. 그리고 동쪽으로 향하는 전극은 양극(anode, "ana"는 위쪽 즉 떠오르는 태양 쪽으로라는 의미이고, "hodos"는 길이라는 의미이다), 그 반대는 음극(cathode, "kata"는 아래쪽 즉 지는 태양 쪽으로의 뜻)이다. 이와 유사하게 전기분해에서 실제로 전기를 전도하는 물질은 전해질이라 불리고, 그 구성 "이온"은 양이온과 음이온이다. "이러한 용어는 일단 명확하게 정의해 두면 그 후에도 이것을 사용함으로써 완곡하거나 불명료한 표현을 피할 수 있으리라고 생각한다. 나는 이 용어들을 필요 이상으로 자주 사용하려고 생각지는 않는다. 명칭과 과학은 별개의 문제라는 사실을 나는 잘 알고 있기 때문이다."

우리는 콩디약으로부터 이미 멀리 떨어져 왔다. 패러데이는 즉시 실재하는 물질에 주목하여, 전기화학을 통해 전해질의 당량을 결정했다. 물론 이것은 돌턴의 일정 성분비 법칙의 유력한 확인이고, 따라서 물질의 원자론이다. 여기에는 일종의 아이러니가 있다. 패러데이는 전기를 유체로 개념화하는 것을 뛰어넘겠다고 결심하고 있었기 때문에, 이온이 그 전하를 운반한다고 생각했다. 그리고 이온의 운동을 분해되는 물질 속을 흐르는 전류로 보았다. 예컨대 그는 전류를 분해함으로써 물질의 입자적 상에 구체성을 부여한 것이다. 이것은 대단히 성공적이어서 1세기 후에도 여전히 그의 전기 분해 모델은 교과서의 요구를 충족시킨다. 그러나 패러데이 자신은 물질의 구조 및 그것과 전자기의 관계를 생각하면 할수록, 입자론적 설명이 실재하는 구조를 충분히 표현하는지에 대해 점점 더 실망하게 되었다. 다시금 그의 탐구는 그가 확장한 평범한 길로부터 유도현상과 전도의 메커니즘, 즉 힘과 물질의 관계로 되돌아 왔다. 만년의 패러데이는 오로지 이 생각에만 빠져 있었다. 아카데믹한 철학의 훈련을 전혀 받지 않은 패러데이에게 있어서, 그것은 마이어나 헬름홀츠의 경우처럼 형이상학적 문제일 수는 없었다. 그것은 전적으로 물리적인 것이었다. 뉴턴이 원격 작용이란 생각을 받아들일 수 없었던 것과 같이 그도 그 생각을 받아들일 수 없었다. 패러데이는 유도와 전도를 "인접 인자"의 작용으로 보는 실험, 즉 전기적 충격을 전하기도 하고 지연시키기도 하는 것은 그 입자들의 성질 내지는 그것들의 운동의 자유도에 의한 것임을 증명하는 실험을 1837년 이후로 몇 차례 행했는데, 기대한 결론은 얻지 못했다. 그로부터 유추하여 전해질의 액체에서의 행동과 고체에서의 행동을 대비해 보았는데, 이것도 실패였다. 그는 물질간의 거리에 대한 고려로부터 벗어날 수 없었다. 만약 원격 작용 내지 원격 유도가 일어난다면, 그것은 중력처럼 힘이 작용하는 중심점 사이를 잇는 직선상에서 일어나야 한다. 그런데 자기력과 전기력은 방사상이 아니다. 그것들은 공간 속에서 휘는 것으로 보인다. 그래서 패러데이는 역선(力線)에 관해서 쓰기 시작하여, 자석 주위의 쇠자루가 그려내는 도형이 보여주는 가능성을 일반화했다. 그러나 그럴 경우 외견상의 원격 작용으로부터 이해불가능성이라는 저주를 축출하는 것은 기계론적인 입자의 밀침이 아니라 매질이지 않으면 안 된다. 틴달은 이러한 명상을 실험실에 깃들게 만든 실험들을 통해 패러데이의 생각을 따라가는 것의 어려움에 대하여 다음과 같이 말한다.

그러나 이 연구를 비판하는 것도 용이한 일이고, 사용되는 용어의 산만함 그리고 때로는 부정확성을 지적하는 것도 용이한 일일 것이다. 그렇지만 그러한 비판 정신은 패러데이로부터 아무것도 얻지 못할 것이다. 오히려 그의 업적에 관하여 숙고하고 그의 목적이 무엇이었는가를 이해하는 일에 진력하는 것이 어떨까. 이렇게 해서 가끔 나타나는 패러데이의 모호함 때문에 그의 사변을 음미하는 일을 방해받지 않도록 하는 것이 좋을 것이다. 우리는 물의 흐름이 만들어 내는 잔물결이나 크고 작은 소용돌이를 보더라도, 이것들의 운동을 그 구성 성분으로 분해할 수는 없다. 패러데이도 유체, 에테르 원자의 움직임을 명백하게 이해했지만, 그가 받은 교육은 그가 본 것을 구성 성분으로 분해할 수 있도록 해주지 못했다. 또는 역학에 숙달된 사람을 만족시킬 만한 방식으로 기술하도록 해줄 수도 없었다. 나도 때때로 그런 인상을 받기 때문에, 솔직히 말해서 이해하기 어려운 모호한 말이 나의 이 결론에 대한 자신감을 흔들리게 하는 것이다. 그러나 항상 기억해 두어야 할 것은, 패러데이는 우리의 지식의 경계선 끝에서 일하고 있다는 것, 그리고 또 패러데이의 지력은 우리의 지식의 주위를 둘러싸고 있는 "미세한 차이의 무한한 연속" 가운데 살고 있다는 것이다.

패러데이는 이러한 딜레마와 선입견을 가지고 있었다. 그리고 1841년에 그는 그 무게 때문에 쓰러졌다. 정확하게 쉰 살 때였다. 그의 쇠약은 언제나 과로에 의한 것이었다. 정말 과학사에서 그만큼 길고 충실한 시간을 실험실에서 보낸 사람은 없을 것이다. 이제 와서 풋내기가 정신 분석을 한다고 해서 역사적 이해가 풍부해지는 것은 아니지만, 그렇다고 해도 패러데이가 지니고 살아갔던 긴장에 관하여 잠시 생각하는 것만으로도 감동하지 않을 수 없는 것이다. 자기의 전문 분야인 과학의 언어를 몰랐던 대물리학자, 자기의 결함과 그 시대의 지적 양식 때문에 너무나 충실하고 고통스럽고 험준한 실험주의의 길을 걷지 않을 수 없었던 대담한 사변적 사상가, 비국교도적 양심과 빅토리아적 생활양식이란 이중의 관례 아래서 살아간 긍지 있고 정열적인 품성과 관용은 그를 극히 자연스럽게 따라다녔다. 그러나 그는 중용이라는 것을 몰랐던 것 같다. 이 긴장들은 패러데이를 심사숙고하게 만든 무서운 문제들이었다. 만약 이것들로부터 오늘날에도 남아있는 비슷한 긴장으로 눈을 돌린다면, 패러데이의 얼굴에서 보이는 어린애 같은 단순성, 거의 미에 가까운 요소와 가슴 아픈 대조를 이룬다. 그는 5피트밖에 안되는 작은 사람이었는데, 이것이 그에게 상처를 입혔던 것일까? 어쨌든 패러데이의 허탈 상태는 빅토리아 시대 사람들이 쉽사리 빠져 들었던 신경증적 파국의 하나였다. 두 가지 예를 들어 보면, 똑같은 위기가 존 스튜어트 밀과 플로렌스 나이팅게일을 괴롭혔다. 다윈은 일생 동안 신경쇠약으로 괴로워했다. 패러데이는 2년 동안 과학에도 손댈 수 없었고, 사람들과 교제할 수도 없었다. 그리고 최후로 고전적인 19세기의 요법이 서서히 그 마력을 발휘했다 — 헌신적인 아내의 간호, 위안을 주는 알프스의 풍물. 그리고 패러데이는 다시 연구로 돌아왔다.

그러나 연구에 대한 태도는 이전과 달랐다. 물질의 구조에 관한 사변과 이론이 점차로 그의 관심의 큰 부분을 차지하게 되었다. 이것들이 그의 상상력의 오락 대상이 아니라 그의 연구 대상이 되었다는 느낌이 들기 시작하는 것이다. 실험실에서 일하기를 그친 것도 아니고, 크고 작은 발견을 하는 것을 그친 것도 아니었다. 입자의 실제적인 연속에 접근한다는 희망을 품고 그는 편광을 가지고 연구를 시작했다. 그리고 자기력 하에서 그것이 회전한다는 것을 발견했다. 그는 이 연구를 보고한 논문에다 「빛의 자화 및 자력선에 대한 해설」이라는 제목을 붙였다. 2614절에는 다음과 같이 쓰어 있다. "수 년 전에, 자기는 우리에게 있어서 두세 가지 물체에 작용하는 잠재적인 힘에 지나지 않았다. 그런데 지금 그것은 모든 물질에 영향을 미치고 전기, 열, 화학 작용, 빛, 결정화와 대단히 밀접한 관계를 가지며, 또 응집에 관한 힘과도 관계되어 있음이 밝혀졌다. 그래서 현재 우리는 이것을 중력 자체와 결합시키려는 희망을 품고 우리의 노력을 경주해야 하리라고 생각한다." 그런데 잠시 후에는 다음과 같은 말이 나오는데, 이 말은 오랜 시간이 흐른 후 더욱 위대한 사상가가 말한 것이라고 해도 손색이 없을 것이다. "지금 여기서 나의 시도는 끝난다. 결과는 부정적이다. 그것은 중력과 전기 사이의 관계를 증명해 주지도 않지만, 그 사이에 관계가 있을 것이라는 나의 강한 느낌을 흔들리게 하지도 않는다."

패러데이의 말에 결정화가 들어 있는데, 이것은 결정의 자기적 성질에 대한 그의 연구를 가리키는 것이다. 그 연구는 복굴절로부터 편광의 이해로 인도했던 유추에 바탕을 두었음이 분명하다. 그는 또 힘의 방향과 관계되는 기묘한 효과도 발견했다. 어떤 종류의 결정 ― 예를 들면 금속성 비스무트 ― 은 자기력 속에서 인력도 반발력도 받지 않으며, 역선에 대하여 수직으로 섬으로써 저항이 가장 적은 배치를 취한다. 패러데이는 "인력도 척력도 작용하지 않으면서 물체를 어떤 위치에 놓이게 할 뿐인 이런 힘은 경험한 적이 없다"고 기록했다. 이제 역선이라는 물리적 존재에 관한 신념을 점차 굳혀가고 있던 패러데이의 만년의 명상을 소개해야 할 때가 온 것 같다.

이보다 앞서 1830년대와 1840년대에, 패러데이는 역선을 방향에 대한 표현으로만 취급하고 있었다. 역선이 공간의 물리적 조건 속에서 실제로 존재한다고 패러데이가 생각하기 시작한 것이 언제부터인지는 분명치 않다. 이 신념은 자석 주위에 펼쳐진 쇳가루의 모양을 처음으로 보았을 때 싹튼 것임에 틀림없다. 분명한 것은 그것을 믿으려고 하는 생각이 1840년대에 그의 마음속에서 자라고 있었다는 것이다. 물질의 자성 및 "반자성," 전도 및 절연의 성질을 연구한 패러데이의 실험은 확장되었다. 그는 그 발견들을 역선을 표시한 보다 명료한 도형으로 나타내려고 했다. 그 역선은 자기 또는 전기를 가진 물질 속에서는 오목한 형상으로 흐르고, 이 힘에 반발하는 물체로부터는 볼록한 형상으로 바깥쪽으로 휜다.

도식에 의한 표현의 이점은 크다. 그렇기 때문에 한 세기 동안 학교 교사들은, 유도 전기의 양은 전기자(電機子)가 지나가는 역선의 수에 비례한다고 가르쳤다. 유도에 관하여 무언가 기억을 가지고 있는 사람들 대부분은, 아직도 이것을 기억하고 있을 것이다. 패러데이 자신은 자석을 수많은 역선이 몰려있는 장으로 보았다. 그것들은 밀집해서 자기적으로 중성인 공간으로부터 자석을 통하여 흘러가고, 불친절한 "반자성적" 물질을 가능한 한 멀리 피하기 위하여 널리 퍼져서 흐른다. 믿고 싶다는 생각에 패러데이가 서서히 굴복해 간 것은 심리학적으로 여러 가지 설명을 할 수 있겠지만, 그것을 양육한 물리적 현상이 무엇이었는지는 분명하다. 우선 전자기의 역선의 형태가 곡선이라는 것은, 그것이 물리적 존재라는 것을 뜻한다. 패러데이는 때때로 오직 수학적인 것만이 유클리드의 직선을 따르며, 그의 역선은 추상적인 것으로부터 물리적인 것을 멀리 떼어 놓는다고 하는 본능적 파악을 드러내 보이는 것 같다. 고전 역학의 추상을 뚫고 지나가서 통일적인 힘의 진짜 물리학으로 나아가려고 하는 그의 희망이 좌절되었던 것 ─ 중력의 중심으로 향하는 방향성에 의하여 그리고 역선 방향의 힘과 중심력이 전적으로 양립하지 않는다는 사실에 의하여 ─ 은 사실이다. 그러나 고전 역학에서 나온 앙페르의 방정식도 전자기의 매질의 조건을 적절하게 기술할 수는 없었다. 따라서 패러데이 자신도 해결할 수 없던 모순을 확인한 것은 그의 공적으로 돌려야 한다. 앙페르와 해석 학파는 현상을 수학의 틀 안에서 보존하려고 했다. 게다가 힘의 물리적 기초에 관한 고찰에서, 패러데이는 공간을 뛰어넘는 원격 작용에 점점 더 실망을 느끼게 되었다. 그것이 과학에 들어온 것은 근본적인 난문제를 무시해도 된다는 허용일 뿐이었던 것이다. 그 결과로서 생긴 뉴턴 이래의 물리학은 이 아킬레스건에 아무런 갑옷도 입히지 않고 있었다.

    1844년에 패러데이는 리처드 테일러(Richard Taylor)에게 보내는 편지 형식으로, 『철학 잡지 *Philosophical Magazine*』에 논문을 발표했는데, 거기에서 그는 물리학의 근저 자체에서 그를 괴롭힌 난제를 자유롭게 그리고 명료하게 논했다. 기억해 두어야 할 것은, 당시는 화학에서나 결정학에서 원자론이 찬란한 승리를 거두고 있던 시기였다는 사실이다. 그리고 아직도 패러데이는 물질 구조의 가설로서의 원자론의 의미에는 정비례, 당량,

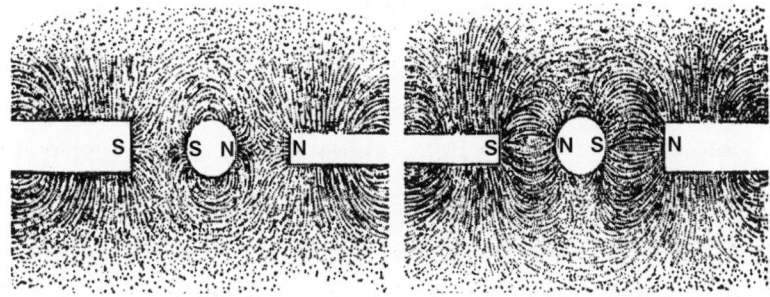

일정 조성 등의 사실을 뛰어넘는 것이 있다고 지적한다. 원자론을 좋아하는 사람들의 마음속에는, 이 현상들의 총화 이외의 무엇인가가 분명히 있었다. 패러데이 자신도 전하와 전류를 전하기도 하고 반발하기도 하는 물질 입자를 상상하려고 노력했다. 그러나 궁극적으로 원자론은 실제 존재를 표현해주는 것으로서는 패러데이를 만족시켜 줄 수 없었다. "빛과 전자는 물질의 입자적 구조에 대한 두 개의 커다란 탐구의 열쇠이다. 이러한 생각이 머리에 떠오른 것은, 전기에 의하여 분해되지 않는 물질의 본성이 전도와 절연 가운데 어느 쪽에 더 적절한가를 생각하고, 또 원자론자들이 물질이라고 부른 것이 존재하지 않는 공간과 전기의 관계 등을 고찰하고 있을 때였다."

만약 물질 구조에 관한 통상의 원자론적 견해가 옳다고 한다면, 물질 입자와 공간은 완전히 별개의 것이다. 그것은 마치 건포도와 케이크의 관계와 같은 것으로서, "공간은 단지 연속적인 부분이라고 봐야만 한다. 왜냐하면 공간에 의하여 입자들이 분리되고 있기 때문이다. 공간은 그물처럼 모든 방향에서 물질 덩어리에 스며든다. 그것은 그물망이 있는 자리를 제외하면 세포를 형성하며, 각각의 원자를 인접한 것으로부터 고립시킨다. 단지 공간만이 연속이다." 그렇다면 부도체인 셸락(shellac)의 공간은 어떤 식으로 존재할까? 원자론에 따른다면 공간은 절연체여야 한다. 왜냐하면 만약 공간이 절연체가 아니고 원자가 절연체라면, 저항이 가장 큰 물체 속에서도 공간은 여전히 원자 주위에서 전도를 일으킬 것이기 때문이다. 그렇지만 금속은 어떨까? 백금이나 구리는? 또다시 원자론에 의한다면, 오직 공간만 물질의 연속적인 측면이고 따라서 공간은 도체이다. 이렇게 해서 "논증은 그 이론의 완전한 전복으로 끝난다. 만약 공간이 절연체라면, 그것은 도체 없이 존재하지 못한다. 만약 그것이 도체라면 그것은 절연체 속에서는 존재하지 못한다. 따라서 이러한 결론을 이끌어 낸 논증의 근거 자체가 잘못되어 있음에 틀림없다."

패러데이를 실재의 모형으로서의 원자와 허공을 부정하도록 한 것은 이러한 모순이었다. 그는 결정화 현상과 일반적인 화학 및 물리 현상이 힘의 중심 주위에 모여 있다는 것을 분명히 알았다. "나는 지금 그 힘들을 가설로서 인정하지 않을 수 없음을 느끼고 있다." 그렇지만 가능한 한 인정하지 않으려고 했다. 패러데이는 통상적인 견해보다 보스코비치(Boscovich)의 원자를 더 마음에 두었다. 보스코비치는 과학의 주류로부터 벗어난 18세기의 예수회 철학자로, 원자를 힘이 내재된 물질 입자로서가 아니라 힘의 중심으로서만 정의했다. 화학에서 생각할 수 있는 궁극적이고 부피를 가진 원자라는 상이 아니라 그같이 막연한 초점으로 희미하게 표현한다 해도, 그것이 과학에 질서를 부여하는 원자의 능력을 손상시키지는 않을 것이다. 오히려 전기 전도, 화학 반응, 물질과 열, 전기, 자기의 상호 작용에서 나타나는 현상을 고찰하는 일을 훨씬 수월하게 해줄 것이다. 패러데이가 주장하는 것은, 연장에서의 에너지의 현현과 물질 및 공간을 동일화하기 위하여, 물질과 공간의 경계를 없애자는 것일 뿐이다. 예를 들어서 칼륨이라는 도체를 생각해 보기로 하자. 칼륨의 전도력을 우리는 "공간의 성질의 결과" 이외의 다른 어떤 것으로는 생각할 수 없다. 빛, 자기, 고체의 상태, 비중, 견고성 등과 관계하는 그것의 성질들에 관해서도 마찬가지다. "두 개의 인접하는 원자의 중심과 그 중심 사이의 다른 점들간의 종류의 차이를 생각하기 위한 최소한의 근거 — 불필요한 가정은 제외하고 ─ 는 어디에도 없는 것이 아닐까? 정도의 차이라든가 연속성의 법칙과 모순되지 않는 힘의 본성의 차이라면 인정할 수 있다. 그렇지만 작고 견고한 입자와 그것 주위의 힘의 차이는, 상상할 수 없는 것이다."

정규 교육을 받지 않고 독학으로 공부한 것은, 패러데이를 고귀한 야만인이라고 말할 수는 없더라도 적어도 과학사를 통틀어서 가장 자연아에 가까운 사람으로 만들었다. 그 패러데이가 자기 자신의 손으로 일생 동안 과학을 연구한 끝에, 그리스에서 과학이 출발한 이래 과학사에 구조를 부여했던 원자와 연속체 사이의 모순에 도달한 것은, 몇 세기에 걸친 문화의 드라마에 관심을 가진 사람에게는 정말 흥미로운 것이다. 이미 해석 역학이 성공을 거두고 있는 상황에서 이것은 원자에 대한 봉사에 협력하고 있던 수학자들의 전향에 관한 문제가 되었다. 그리고 연속체와 자연의 통일성 쪽으로 처음으로 전향한 사람은, 경험주의자들 중 최대의 인물이었던 패러데이였다. "지금 우리는 창조의 모든 현상 가운데에서 여러 가지 힘을 인지하고 있다. 그런데 추상적인 것은 어디에서도 인지할 수 없다. 그렇다면 어째서 우리가 모르고 또 그에 관하여 생각할 수 없는, 그리고 철학적 필연성도 없는 것의 존재를 가정하는 것일까?" 왜냐하면 데카르트의 경우 연장에서 물질과 에너지를 포함하는 것은 기하학이었고 훗날 아인슈타인도 그렇게 생각하게 되었지만, 패러데이는 그렇게 보지 않았기 때문이다. 그것은 상상력이다. "그러므로 나의 생각에 의하면, 핵은 사라지고 물질은 힘으로 되어 있다. …… 우리가 핵의 힘을 제외한다면 핵에 관하여 무엇을 생각할 수 있겠는가?" 이 견해에 의하면 원자는 튀고 되튀는 딱딱하고 작은 구가 아니라, 극히 무정형(無定形)한 것이다. 이러한 원자에는 사전에 정해진 형태, 정해진 위치를 부여할 필요가 없다. "만약 원자를 힘의 중심이라고 생각하면, 형(形)이라는 말로 보통 표현되는 것은 힘의 위치와 상대적 강도가 될 것이다." 그

리고 마지막으로

물질의 구조에 관한 견해는, 물질은 전 공간을 가득 채우고 있거나, 또는 적어도 중력이 미치는 전 공간을 (태양과 태양계도 포함하여) 가득 채우고 있다고 하는 결론을 필연적으로 내포하고 있는 것처럼 보인다. 중력이란 어떤 힘에 의존하는 물질의 한 가지 성질이고, 물질을 구성하는 것은 이 힘이기 때문이다. 그 견해에 의하면 물질은 서로 삼투할 수 있을 뿐 아니라, 모든 원자는 말하자면 태양계 전체로 퍼지며 게다가 언제나 그 힘의 중심을 유지하고 있다.

이렇게 해서 패러데이는 "물질은 그것이 존재하지 않는 곳에서는 작용하지 않는다"고 하는 금언을 구하려고 했다. 이것은 모호한 견해였다. 틴달은 이것에 대하여 "추론보다는 오히려 계시의 산물인 것처럼 보이는 놀랄 만한 통찰로, 번득이는 발상"이라고 말했다. 이것도 "이론적 견해"였는데, 거의 아무도 그것을 받아들이지 않았다. 패러데이에게 그토록 공감을 했고 칭찬을 했던 틴달조차도 그것을 믿지 않았던 것이다.

패러데이를 장의 물리학의 창시자로서 언급하고 있는 많은 물리학 책의 착각에 대하여 한 마디 주의의 말을 던져야겠다. 의심할 나위 없이 가장 중요한 의미에서, 패러데이는 물리학의 방향을 재차 바꿔 공간의 성질로 향하게 하였고, 점점 더 해석적으로 그리고 아름답게 되어가는 방정식의 변수 역할을 하는 물질의 차원에 관심을 돌리는 대신, 현상들의 전파에 주의를 기울일 것을 물리학에 요구했다. 그렇지만 그는 장에 관하여 쓰지 않았다. 그의 공간은 힘의 관(管)으로 가득 차 있다. 또한 그는 공간의 구조를, 파동설에 의하여 에테르에 부과된 기계적 성질과 동일시한 사람도 아니었다. 에테르에 관해서 패러데이가 가지고 있던 견해는 그가 힘의 관이라는 생각에 도달했을 때 파기되었다. 공간과 시간에 관해서조차 그는 실질적으로 후퇴하여 힘의 중심의 필연성과 어떤 구별의 필연성으로 돌아갔다. 그는 물리학을 데카르트주의로 내던져 놓는 사람이 아니었다. 『전기학 실험 연구』 제25집에는 1850년에 왕립 학회에 발표한 논문이 들어 있는데, 그 2,777절에는 다음과 같은 문장이 들어 있다.

자력선이 순수 공간을 통과할 수 있는 것은, 마치 중력이나 정전기력이 그것을 통과하는 것과 같다. 따라서 공간은 그것 자체의 자기적 관계를 가지고 있고, 앞으로 그것은 자연 현상 중에서도 가장 중요한 것으로 여겨질 것이다. 그러나 이 공간의 성격은 물질과의 관련에서 우리가 자성 혹은 반자성 따위의 말로 표현하려 하는 것과는 같은 종류가 아니다. 그것들을 혼동하는 것은 공간과 물질을 혼동하는 것이고, 작용 양식과 자연력의 여러 법칙에 관한 견해를 전진적으로 명료하게 하려는 노력이 의존하고 있는 개념들에 혼란을 가져오는 것이다. 그것은 중력 속에서나 전기적인 힘 속에서 서로 작용하는 입자와 그것들이 작용하는 장인 공간을 혼동하는 것이 되고, 진보로 들어가는 문을 닫는 게 된다. 에테르 가설을 아무리 자유롭게 활용한다 해도, 단순한 공간은 물질이 작용하는 것처럼 작용할 수 없다. 또 에테르 가설을 용인할지라도, 자력선이 에테르의 진동이라고 생각하는 것은 중대한 부가적 가정일 것이다. 게다가 그것이 전파되는 데 시간이 걸린다고 하는 증거나 증명도 아직 없다. 또한 어떤 면에서는 자력선이 중력선, 광선, 전기력선과 일반적 성격이 같은지 다른지에 대한 증거도 없는 것이다.

이런 문제에 관한 패러데이의 사색에는 소심한 정신을 위한 도피의 장은 없다.

*

공간의 전자기적 관계에 관한 패러데이의 고찰로부터 아무런 예비 단계도 없이 제임스 클럭 맥스웰(James Clerk Maxwell: 1831~1879)의 장 이론으로 이행하는 것은, 하나의 물리적 발견이 또다른 이론적 정식화로 연결되는 긴밀함을 보여 줄 것이다. 무언가 지적 연속체라고도 할 만한 것이 그들의 사유를 연결하고 있다. 확실히 맥스웰은 처음부터 전기 역학의 문제를 수학적인 것으로 생각했지, 연속적인 매질 속에서의 장력이나 선회에 대한 직관적 기술(記述)로 생각하지 않았다.

빛의 입자론의 불명예스런 쇠퇴에 대하여 후회하는 빛도 없이, 대륙의 해석학자들은 쿨롱과 앙페르를 좇아서 전자기적인 힘을 미분의 형식으로 표현하는 방향으로 나아갔다. 이것은 고전 역학에는 도움이 되었지만 광학에서는 실패했다. 그들은 전자기의 전하를 전기나 자기의 무한소의 요소로 분해하고 전류를 뉴턴 법칙에 따르는 보존적인 운동의 점질량으로 분해했다. 그들은 인력, 척력, 유도 효과들을 입자 상호간의 원격작용으로 보이고, 그 궁극적 근거로서 뉴턴의 중력의 법칙과 제곱반비례 관계가 전자기력으로 확장됨을 들었다. 맥스웰이 인정했듯이 그것은 위력적인 방법이었고 "과학자들의 보편적 승인에 의해서 정당화된" 것이었다. 패러데이의 역선은 아직 그러한 승인을 얻지 못한 상태였다. 사실 그것에 진지하게 주의를 기울인 물리학자는 거의 없었다. 대부분의 사람들은 그것을 너그럽게 보아 넘기거나 경멸감을 갖고 바라보았으며, 수학적 무능력의 또다른 증거이자 그로 인해 초래된 이론적 미숙함 또는 영국의 실험적 전통의 야만성의 증거로 간주했다.

그러나 맥스웰은 그렇지 않았다. 그에게 있어서 패러데이는 자신이 발견한 법칙을 "순수 수학의 용어와 거의 맞먹을 만큼 명석하게" 말한 사람으로 보였다. 그리고 맥스웰은 수학자의 역할이란 물리적 진리를 받아들이고 실험에 의하여 테스트될 수 있는 다른 법칙을 이끌어 냄으로써 물리학자가 자신의 사고를 정리하는 일을 돕는 것이라고 생각했다. 그 진리는, 전류는 도체 주위에 있는 매질의 자기적 또는 전기적 상태의 변화에 의하여 발생한다는 것, 또한 매질의 긴장이나 변형의 실재와 효능을 무시하는 어떠한 원격 작용을 동원한다 해도 완전한 서술은 불가능하다는 것이었다. 그는 패러데이의 보조 수학자이고자 했다.

그러므로 다음에 말할 연구에서, 패러데이에 의하여 수립된 법칙은 진리라고 간주될 것이다. 그리고 패러데이의 사변을 뒤따라감으로써 다른 보다 일반적인 법칙이 그것으로부터 연역될 수 있다는 것이 증명될 것이다. 만약 원래 일련의 현상을 위하여 고안된 이 법칙들이 다른 현상에도 미칠 수 있도록 일반화된다면, 이 수학적 연결들은 물리적 연결을 수립할 수단을 물리학자들에게 암시해 줄 것이다. 이처럼 단순한 사변이 물리적 과학의 해설로 전용될 수 있는 것이다.

그리고 이것은 맥스웰이 1856년에 『케임브리지 철학회보 Transactions of the Cambridge Philosophical Society』에 발표했던 「패러데이의 역선에 관하여」라는 매력적이고 독창적인 논문의 취지였다. 패러데이 자신은 놀랐고 또 기뻐했다. "그러한 수학적 힘이 그 주제와 관련되는 것을 보고 처음에는 놀랐으며, 다음에 이 주제가 수학적으로 다루어지는 것을 보고 감탄했다."

그런데 다른 사람의 머리 속에서는 그토록 불투명했던 패러데이의 역선 같은 것이 어떻게 수량화될 수 있었을까? 맥스웰은 이를 해낼 수 있는 아주 적절한 사람으로서, 그 특유의 독창적인 기질, 합리적이고 동시에 솜씨가 좋은 스코틀랜드 기질을 발휘하여 그 일을 해낼 수 있었다. 맥스웰은 그의 논문 서두에서 물리학은 추상의 스킬라(Scylla, 돌)와 구상의 카리브디스(Charybdis, 소용돌이) 사이에서 방향을 잡아야 한다고 말한다.(호메로스의 『오디세이아』에 나오는 것으로 스킬라는 카리브디스에 면한 동굴에 사

는 괴물이고 카리브디스는 소용돌이를 의인화한 것임 — 옮긴이)

그러므로 우리는 연구의 각 단계에서 정신이 명료한 물리적 개념을 갖도록 해야 하고, 그 개념이 차용되어 온 어떤 물리학설에도 구애받지 않는 연구 방법을 발견해야 한다. 그러면 미묘한 것을 탐구하는 데 있어서, 주제에서 벗어나는 일도 없을 것이고 마음에 드는 가설에 의하여 진리를 넘어선 곳까지 가게 되는 일도 없을 것이다.

물리학의 이론을 채용하지 않고 물리적 아이디어를 얻기 위해서는 물리적으로 유추되는 존재를 숙지하고 있어야 한다. 물리적 유추란 한 과학의 법칙들과 다른 과학의 법칙들 사이의 부분적 유사성으로서, 그것은 서로 상대방을 해설하도록 한다. 그래서 모든 수학적 과학은 물리학의 법칙과 수의 법칙 사이의 관계 위에 세워져 있다. 따라서 정밀 과학의 목적은 수에 의한 조작을 통하여, 자연의 여러 문제를 수량에 대한 확정으로 환원하는 것이다. 모든 유추 중에서 가장 보편적인 이 유추에서 극히 특수한 유추로 옮겨 감으로써, 우리는 빛의 물리 이론의 기초로 되어있는 두 개의 다른 현상 사이에서 수학적 형식의 유사성을 발견한다.

이렇게 맥스웰은 빛에 대해서는 두 개의 선택적인 모델이 있다고 설명한다. 관성 운동을 하는 입자 모델은 광선의 직진을 설명했다(그리고 지금도 하고 있다). 그리고 이것은 오랫동안 굴절에 대한 올바른 설명으로서 생각되어 왔다. 또다른 한편 파동 모델이 비록 과학을 좀더 전진시키기는 하지만, 단순히 그렇다고 해서 이것과 사물의 진리를 혼동해서는 안 된다. 그것은 빛의 법칙과 진동의 법칙 사이의 형식상의 유사성에만 의거해 있기 때문이다. 맥스웰은 전자기의 모델로서 원격작용과 중력에 대해서는 대단히 신중한 태도를 취하면서 주의 깊게 준비를 한다. 어느 정도로 비교를 진행하면 좋을지, 당시의 그로서는 예지할 수 없었다. 그러나 건전한 직관이 그의 첫번째 중요 논문에서 빛의 파동설과 전자기의 관계 — 그것이 그의 주제였다 — 의 씨앗을 심었다.

그렇지만 당면한 문제로서 그의 관심은 공간에서의 역선의 연속성과, 전자기적 효과가 성립하는 상황에 있었다. 그는 아직 파동으로 향하고 있었던 것이 아니라 보다 소박한 표현인 연속체 — 수학적 관계의 물리적 표현으로서 정의된 유체의 움직임 — 로 향해 있었던 것이다.

그는 패러데이가 말하는 역선이 무엇이었는지 우리에게 일깨워 준다. 그것은 공간의 모든 점을 통과하는 선이고, 양으로 하전된 표면에 의하여 같은 부호의 입자 또는 소북극(素北極)에 작용하는 힘의 방향을 나타내는 것이다. 우리는 전 공간을 이러한 선으로 가득 채움으로써, 모든 점에서 힘의 방향을 가리키는 기하학적 모델을 얻을 수 있다. 그렇지만 아직 우리는 그 강도를 알 필요가 있으므로, 이를 위하여 우리는 이 이미지를 3차원적으로 나타내고 이 곡선적 형태들을 "비압축성의 유체를 운반하는, 굵기가 서로 다른 미소한 관이라고" 생각한다. 속도는 이 관의 단면적에 반비례해서 변화하기 때문에, 이것으로 강도를 표시할 수 있다. 더구나 전기적 및 자기적 힘은 이 추상을 매우 단순화시키는 성질을 가지고 있다. 우리는 이 관의 가상적 지름을 아주 작게 축소해서 틈을 완전히 없앨 수 있다. "그러면 관은, 모든 공간을 가득 채우는 유체의 운동 방향을 가리키는 단순한 면이 된다." 이 이미지들이 표현하는 것이 대수적 혹은 해석적인 것으로부터 자명한 것으로의, 그리고 기학학적 상상력으로의 복귀라는 것은 말할 필요도 없다.

모든 것을 가상적 유체의 운동이라는 완전히 기학학적인 생각으로 돌림으로써 나는 일반성과 정확성을 얻을 수 있었으면 한다. 그리고 또 현상의 원인을 설명할 수 있다고 공언하는 미숙한 이론으로부터 발생하는 위험을 피하게 되기를 바란다. 내가 수집한 단순한 사변의 결과들이 실험 과학자들이 그들의 결과를 정리하거나 해결하는 데 무언가 도움이 된다는 게 판명되면, 그것들은 목적을 달성한 셈이다. 성숙한 이론에서는 물리적 사실이 물리적으로 설명되고 있는데, 그것은 자연 자체에 질문에서 수학적 이론이 제시하는 문제의 올바른 해답을 얻을 수 있는 사람에 의해서만 형성될 것이다.

맥스웰의 유체는 상당히 색다른 것으로서, 카르노의 칼로릭과는 완전히 달랐다. 그가 즉각 지적한 바에 의하면 그것은, "실제의 현상을 설명하기 위해서 도입된 가설적 유체조차도 아니다. 그것은 단지 가상적인 성질들의 집합에 불과하다. 가상적인 성질은, 대수 기호만 사용하는 경우보다는 많은 사람들이 더 잘 알 수 있고 보다 더 물리적 문제에 적용할 수 있는 방법으로서 순수 수학의 정리를 수립하기 위하여 사용되는 것이다." 그렇기 때문에 보통의 유체와 비슷한 점은 그 완전한 유동성과 비압축성뿐이었다. 그것은 질량을 가지지 않으며, 방향이란 면에서는 관성 운동이 가능하지만 운동량 획득이란 면에서는 관성 운동이 불가능한 것이다. 이러한 것들이 그것의 물리적 성질 또는 비성질이었다. 이것의 이점은 수학적 성질에 있었다. 왜냐하면 이러한 유체는 수력학을 위해서 전개된 수학적 조작에 단서를 제공하기 때문이다. 전기 내지 자기의 강도를 유체의 속도로 볼 수 있고, 역선을 유선(流線)으로 볼 수 있다. 또 유동(역)관을 단위 체적이 단위 시간에 어떤 절단면을 통과하는 것으로 정의함으로써, 일관된 단위계(系)를 적용할 수도 있었다. 그리고 이 단위를 가능한 한 작게 함으로써, 이 관을 무한소까지 축소할 수 있었다. 그리고 공간 전체를 단위관으로 채우고, 그렇게 함으로써 유체의 전체 양의 운동을 정하고, 더욱이 공간의 주어진 한 점에서 그 운동의 상태를 확인할 수 있었다. 또 이미지를 폐쇄 회로에 대한 묘사로 제한할 필요도 없었다. 이 관의 끝은 실험 공간의 경계였다. 그 경우 그것 너머에 있는 것은 카르노의 칼로릭의 무진장한 저장고이거나, 칼로릭을 가득 채울 수 없는 배출구이다. 그러나 이것마저도 필요치 않다. 이 유체는 공간 속에서 공급되기도 하고 소멸되기도 하는 것이었다. 우리는 단위 시간에 단위 유체를 생성하는 원천 혹은 처리하는 배수구를 생각하는 것만으로 충분하다. "유체가 만들어지는 이러한 원천과 그것이 소멸되는 배출구라는 개념에는 자기 모순적인 것이 아무것도 없다. 이 유체의 성질은 우리 마음대로 만들어 낼 수 있는 것이다. 우리는 그것을 비압축적 성질을 가지는 것으로 했다. 그리고 지금 우리는 그것을 어떤 점에서는 무에서 생성되고 다른 점에서는 무로 돌아가는 것으로 생각한다." 원천과 배출구에는, 단위 시간에 그것들이 방출하거나 흡수하기도 하는 단위 수와 같은 값이 부여될 것이다. 맥스웰은 이 두 개 중 한쪽에는 양의 값을 다른 쪽에는 음의 값을 주고, 똑같은 방식으로 사용한다.

맥스웰은 그의 유체를 이렇게 냉정하게 그리고 여기에 요약한 것보다는 훨씬 상세하게 정의해서, 그것을 수학적 해석의 대상으로서 독자 앞에 내놓았다. 그는 저항이 있는 매질 속의 등속 운동에서 성립하는 속도, 압력 및 일 사이의 관계를 끌어냈다. 그리고 그 관계들을 가지고 그는, 패러데이의 역선 — 그의 유체의 유선이라고 생각된 — 을 표현하는 유동을 표현했다. 그리고 그 관계들을 전자기적 작용의 주요한 사례들, 즉 정전기, 영구 자석, 유도 전기, 전류 등에 적용하는 방향으로 나아갔다. 그리고 그가 아직 전자기장이라는 이름을 붙이지 않은 것에 대한 해석은 장래의 고찰을 위하여 남겨 두었다.

맥스웰의 독창적인 지성으로부터 계속해서 패러독스가 생겨난다 — 마치 해석을 가하면 침범당할 수밖에 없는 그 자신의 비밀을 지키기 위해서인 것처럼. 한편으로 그는 패러데이의 발견에 대한 수학화를 그의 사명으로 생각하고 있었다. 그러나 다른 한편으로, 수학화 자체가 그의 목적은 아니었다. 대륙학파의 경우와 달리 그것은 과학의 절실한 요구가 아니었다. 전자기에 대한 최초의 표현에 그의 수학적 유체를 응용한 뒤, 맥스웰은 다음과 같이 말했다. "나의 목적은 수학적인 아이디어를 구체적인 형태로 정신에 표상하는 것이었다. 구체적인 형태란 선이나 면으로 된 체계이지 단순한 기호가 아니다. 기호는 이러한 아이디어를 전달해주지 않으며, 설명되어야 할 현상에 용이하게 적용될 수도 없다." 맥스웰이 명석함을 추구하는 것은 수학에 있어서가 아니라 물리학에 있어서이다. 그는 그의 선생 패러데이와 반대되는 해석을 내리는 무례는 범하지 않았다. "자연을 잘 알고 있는 한 철학자의 추측은, 경험적 탐구자들에 의하여 발견되어서 충분히 확립된 실험적 법칙보다도 때로는 보다 많은 진리를 잉태하고 있는 경우가 있다. 우리는 그것을 물리적 진리라고 인정하지는 못하더라도, 우리의 수학적 개념을 한층 더 명료하게 해 주는 새로운 생각으로 받아들일 수 있다."

맥스웰은 "전기적 긴장 상태(electrotonic state)"라는 패러데이의 일시적인 가설에 대하여, 그것은 자석이나 전류가 존재하기만 해도 물체에 부과되는 어떤 특수한 조건이라고 언급한다. 그것은 교란되지 않는 한 감지할 수 없지만, 전류나 자기적 충격이 나타나면 반드시 어떤 변화를 보인다. 또 그 반대도 일어날 수 있다. 패러데이 자신은 이 생각을 불필요한 것으로서 방기하고, 오히려 그의 공간에 관한 생각을 역선이란 형태로 발표했었다. 맥스웰은 그의 논문의 후반부에서, 그 전기적 긴장 상태라는 개념으로 돌아갔다. 그렇지만 정전기학, 자기, 상호 작용을 하는 폐쇄 전류 및 그밖의 특수 효과를 다룰 때보다는 훨씬 더 실험적인 방식으로였다. 그의 유체는 이 생각을 이해하는 데는 이미 도움이 되지 않았다. 그는 자신의 모델 중 하나가 소용없게 된 것을 알았을 때는, 언제나 그랬듯이 버렸다. "전기적 긴장 상태라는 생각은 …… 그 본성과 성질이 단순한 기호에 의하지 않고도 명료하게 설명될 수 있는 형태로는 아직 나의 머리에 떠오르지 않고 있다." 그래서 맥스웰은 유도 현상을 전류 하나에 의해서만 설명되는 것이 아니다. 그 효과는 매질의 배치로 인한 기여를 전제한다는 것을 보이기 위해 수학적인 표현 양식을 만들어 냈던 것이다.

그의 두번째 스승 윌리엄 톰슨은 이미 전기적 현상과 탄성 사이의 형식적 유추를 연구했고, 변형을 받은 비압축성 고체의 평형에서의 변위를 정전기 계(系)의 힘의 분포와 비교했다. 맥스웰도 빛의 횡파성은 수학적으로 탄성체와 같은 에테르를 필요로 한다는 생각의 인도를 받았을 것이다. 어쨌든 그는 "일반적인 추론에 적용된 이 전기적 긴장 상태의 역학적 개념"을 갖추기 위하여, 탄성체와 점성 유체에 대한 연구에 주의를 기울였다. 그리고 이 처음의 논문에서는 아직 그 개념에 도달하지 못했지만, 그는 나중에 맥스웰의 장의 법칙이 될 것을 처음으로 근접한 말로 나타냈다. 그는 머리 속에서 좀더 명료하게 장에 대하여 생각했고 또 장이라는 이름을 붙였던 것이다. 그의 법칙 중 세번째 것을, 그의 사상이 도달한 단계를 말해 주는 것으로서 인용해 보겠다. "어떤 표면 주위의 자기의 강도의 총량은, 그 표면을 통과하는 전류의 양을 나타낸다." 이미 그는 공간 속의 방향과 강도를 생각하고 있었다. "크기와 방향의 확정량으로서, 공간의 임의의 점의 전기적 긴장 상태를" 생각하고 있었던 것이다. 그리고 이 논문이 도달한 단계에 그가 만족할 수 없었던 것은 수학화의 지연 때문이 아니었다. 맥스웰은 역학으로부터 모든 시각적인 요소를 추방하는 것을 목표로 했던 라그랑주와는 대립되는 위치에 서 있었다. 오히려 맥스웰의 견해는 다음과 같았다.

이 함수들에 관한 논의는 우리를 수식에 휘말리게 만드는데, 이 논문에는 이미 수식들이 지나치리만큼 가득 들어있다. 내가 패러데이의 추측을 지금과 같은 형태로 고찰하게 된 것은, 그것들을 수학적으로 표현하는 것이 물리적 중요성을 가지기 때문일 뿐이다. 그것들의 관계를 좀더 인내를 가지고 고찰하고 이 주제와 이것과 관계없는 다른 주제의 물리 연구에 종사하고 있는 사람들의 도움을 얻어서, 나는 전기적 긴장 상태의 이론을 해석적 계산과 관계없이 명료하게 모든 관계를 생각할 수 있는 형태로 나타내 보이고 싶다.

이것이 맥스웰의 머리 속에서 형태를 갖추어 감에 따라, 그것은 그 상세함, 독창성, 생산성, 그리고 또 일종의 기계론적 기지 — 이것으로 맥스웰은 그의 특이한 도식적 물리학의 수학적 해석에 생기를 불어 넣었다 — 라는 면에서 볼 때 모든 가상적인 구성 개념들 가운데 (모든 면에서) 가장 매력적인 것이 되었다. 맥스웰은 커다란 장래성을 내포한 그의 논문 중 두번째 것인「물리적 역선에 관하여」를 1861년과 1862년 두 번에 걸쳐서『철학 잡지』에 발표했다. 이 논문을 통해서 "장"이라는 말이 물리학으로 들어왔다. 그는 또 이 논문에서 역선의 흐름, 수, 방향을 다루었을 뿐만 아니라, 매질의 전체 상태도 다루었다. 그는 유동의 개념에서 장의 개념으로 나아가서, 그것의 전자기적 효과를 역학적으로 연구했다. 매질 속의 장력은 어떠한 것일까? 자기적 인력을 전자기나 유도와 연결시키는 것은 어떤 운동일까? 만약 여기에 답할 수 있다면, "우리는 하나의 이론을 발견하는 셈이다. 그리고 그 이론이 비록 틀린 것이라고 해도 그것은 단지 실험에 의해서만 오류임이 증명되는데, 그 실험을 통해 물리학에서 이 부분에 관한 우리의 지식은 크게 확대될 것이다."

맥스웰은 마음씨 좋게도 그의 초기 논문 이후로 그의 사고가 걸어온 발자취를 보여주었다. 그는 강체의 인력·전도·탄성에 관한 수학적 법칙들 사이에서 볼 수 있는 현저한 형식상의 유사성에 관하여 숙고를 해왔던 것이다. 이 현상들은 이것 이외에는 서로 어떤 관계도 없는 것처럼 보인다. 1847년에 윌리엄 톰슨은, 전자기적 힘은 변형을 받는 강체 입자의 변위로 나타낼 수 있다는 것을 보였다. 만약 강체의 각 점에서의 각변위(角變位)가 장의 그것과 대비할 수 있는 장의 한 점에서의 전자기적 힘과 비례하게끔 된다면, 입자의 절대적 변위는 전기적 긴장 상태의 그것과 대응될 것이다. 그리고 인접하는 입자와의 상대적 변위는 전류의 양과 대응될 것이다. 그러므로 문제는 전자기장에서의 효과들을 탄성체의 압력 및 변형과 수학적으로 동일시하는 이 시도를 의미 있게 하는 물리적 표상을 발견하는 것이었다.

그러나 자기에는 전기와는 다른 효과를 나타내는 특색이 있다. 그래서 맥스웰은 자력에서 시작했다. 이 현상들은 두 가지 기본 특징을 나타내는 것처럼 보인다. 첫째, 역선을 따라서 존재하는 압력이다. 그것은 자석의 상호 행동에 의하여 발생하는 선을 따라서 존재하는 장력 — 로프에 걸린 것과 같은 — 이어야 한다. 그것은 중력의 경우에서처럼 선의 배치가 같은데도 반대 방향으로 작용하는 압력이 아니다(말하자면 두 북극 사이의 역선과 인력을 받는 두 물체 사이의 역선를 계산한다면, 그 어느 경우라도 서로 피해서 중간으로 퍼지지만, 자력 효과는 척력이고 중력 효과는 인력이다). 그래서 자기는 각 역선을 따라 작용하는 장력에 의한 변형을 보인다. 그러나 그것은 제2의 아마도 더욱 흥미 있는 배치를 보여준다. 자력관은 축 방향의 장력 하에서는 종방향으로 수축하지만 횡방향으로 퍼지는 경향이 있다. 그래서 "다음 문제는, 하나의 유체 즉 유동성 매질의 여러 압력의 이 부등성에 대하여 어떤 기계적 설명을 할 수 있는가이다. 가장 쉽사리 떠오르는 설명은, 횡방향의 과잉 압력은 역선과 평행하는 축을 가진 매질의 와동(渦動, vortex)의 원심력으로부터 일어난다는 것이다." 뿐만 아니라 자기를 전기와 비교하면 그 관계는 "한 쪽은 직선적 성격을 다른 쪽은 회전적 성격을 가지고 있는 한 쌍의 현상 사이에서 볼 수 있는 것과 같은 수학적 형식을 기지고 있다." 패러데이는 이미 편광면의 자기 회전에서 실험적으로 후자의 성질을 발견했다. 그러나 맥스웰은 이 비교를 그의 논문 끝부분으로 늦추었다. 왜냐하면 그것들은 만들어가고 있던 모델보다 한층 더 자연 속으로 깊이 인도하는 것일지도 모르기 때문이다.

이 모델을 통해 맥스웰의 상상력은 그의 신데카르트주의적 환상이라고도 할 만한 것 — 새로운 소용돌이의 물리학 — 으로 들어갔다. 이제 패러데이의 역관은 수학적 유체의 유선이 아니라 오히려 전 공간에 가득 차 있는 롤러 베어링이 되었다. 이제 맥스웰은 각각의 자기력관을 축을 따라 유동하는 것이 아니라 측 둘레에서 회전하는 것으로 만들었다. 맥스웰은 이러한 상태의 평형의 기계적 조건을 연구하여, 매질의 모든 점에서 압력이 다르다는 것, 최소 압력의 방향은 역선의 방향을 따른다는 것, 그리고 최대 압력과 최소 압력의 비는 어떤 점에서나 그 힘의 세기의 제곱이 된다는 것을 보였다. 더 나아가서 이것은 자석이 전류에 작용할 때 따르는 보통 법칙들을 제공한다. 그러나 이것은 시작에 불과하다. 우리의 모델은 아직 자기를 만들어내는 소용돌이가 어째서 회전하는지, 또는 그 소용돌이가 어째서 자기장에서 힘의 법칙을 나타내도록 배치되어야 하는지에 관해서 가르쳐 주지 않는다. 자기 와동의 이론을 전류에 적용한 논문의 제2부에서 말하길, "사실 우리는 이 와동과 전류의 물리적 연결을 연구해야 할 단계에 와 있다. 그러나 한편 우리에게는 여전히 전기의 본성에 관한 의문이 남아 있다 — 그것이 하나의 물질인지, 두 개의 물질인지, 그렇지 않으면 애초에 물질이 아닌 것인지, 혹은 어떤 면에서 물질과 다른 것인지, 또는 어떻게 해서 물질과 연결되는 것인지 하는 등의 의문." 맥스웰이 말했듯이 이 문제들은 정말 "보다 고차적인 난제"이다. 왜냐하면 어째서 와동의 특정한 분포가 전류를 가리키는지 그 이유를 아는 것은 대단히 중요한 문제, 즉 "전류란 무엇인가"에 답할 수 있는 머나먼 길로 인도할 것이기 때문이다.

미리 해결되어야 할 기계적 난점 하나가 있었다. 이 이론은 소용돌이가 모두 같은 방향으로 회전할 것을 요구했다. 그러나 이것들이 서로 나란히 있다면 어떻게 그런 회전이 가능하겠는가? 맞물려있는 톱니바퀴는 서로 반대 방향으로 돈다. 그래서 맥스웰은 마지막으로 공학자의 수법을 취하여 "중개차"라는 장치를 고안하여 에테르에 도입했다. "소용돌이에 관한 가설에서 내가 제안해야 하는 것은 중개차 같은 작용을 하는 입자층이다. 이것을 소용돌이 사이에다 넣으면, 어떤 소용돌이라도 이웃하는 소용돌이와 같은 방향으로 회전할 것이다." 그러나 맥스웰의 매질 속에서는 작용이 이뤄져야 했는데, 에테르의 중개차를 돌리는 고정된 축만으로는 제대로 된 작용이 이뤄질 수 없었다. 그는 기술자들의 고안물을 더욱 상세하게 추구해서, 이동 가능한 중개차를 사용한 지멘스(Siemens)의 증기기관 조정기를 유추적으로 채용했다. 이 경우 중개차 중심의 운동은 양쪽의 동륜(動輪)의 원주 운동의 합의 반과 같다. 맥스웰은 "우리의 소용돌이 운동과 그것들 사이에 중개차로 들어가 있는 입자층의 운동 사이의 관계를 조사해 보자"라고 말한다.

그런데 조사해 보니 또다른 제약이 발생했다. 그 주된 것은 중개차 역할을 하는 관은 분자 한 개만큼의 두께를 가져야 한다는 것과 그것들이 소용돌이상의 역관 사이에서 미끄러짐 없이 회전해야 한다는 것이었다. 그러나 아마도 이것은 문자 그대로 미세한 부분에 대한 맥스웰의 풍부한 상상력을 보여주는 사례일 것이다. 이 상상력은 구상의 웅대함과 함께 정말로 놀랄 만한 조합을 이루고 있다. 그 구상이란 자기와 전기에 관한 (비록 사실은 그렇지 않더라도 원리적으로는) 기계적인 설명이 틀림없었다. 여기서 자기는 전 공간을 가득 채우고 있는 매질의 소용돌이의 회전 운동 에너지가 된다. 하나의 장에서 다음 장으로 회전이 이행됨으로써 생기는 접선 방향의 압력이 기전력을 구성한다. 그리고 전류는 중개층의 방향을 따르는 그 힘의 영향 하에서 이뤄지는 매질 입자의 이행이 된다. 중개층의 깊이는 단일 분자의 깊이와 같기 때문에, 각 운동량을 전개하지 않고도 소용돌이 사이에서 회전한다. 마지막으로 이 이행에 대한 저항이 에너지를 열로 바꾼다. 이것은 장의 작용을 통해 전자기적 에너지가 감쇠되는 유일한 경우이다.

이것들은 모두 계산 가능한 것이다. 그러므로 출발점으로 삼았던 가정, 즉 "자기-전기적 현상들은 자기장의 각 부분의 어떤 운동 조건이나 압력 조건 하에서의 물질의 존재에 의한 것이지, 자석과 자석 사이 혹은 전류와 전류 사이의 직접적인 원격 작용에 의한 것은 아니다"라는 가정이 옳았던 것이다. 맥스웰이 축전지의 표면에 축적된 정전기를 매질의 물리적 변위에 축적된 압력의 위치 에너지로서 고찰함으로써 완성한 모델은 나중에 정전기 현상도 설명할 수 있게 되었다.

그것으로부터 에테르적 회전의 운동에너지로서의 자기로부터 유래하는, 무엇보다도 흥미로운 결론이 나왔다. 첫번째 것은 특수한 것으로서, 절연체에 관한 새로운 이론과 관계있었다. 두번째 것은 일반적인 것으로서 전자기를 빛과 동일시하는 것이었다. 이 모델의 해석 전체를 통하여, 매질은 강체의 완전한 탄성을 가지고 있다고 가정할 필요가 있었다. 그는 전기 전도를 입자의 유동에 의한 것으로 보았다. 정의에 의하면 절연체는 그러한 유동을 전하지 않는다. 그러나 절연체는 전류를 저지하면서도, 전기적 효과들을 분명히 전달한다. 그래서 맥스웰은 물리학자가 유전체(誘電體, dielectric)라고 부르는 것을 해설하기 위하여 아주 멋진 유추를 생각해 냈다. "도체는 다공질의 막에다 비유할 수 있다. 그것은 유체가 통과하는데 대하여 많든 적든 저항을 나타낸다. 한편 유전체는 탄성 있는 막처럼 유체를 통과시키지 않지만, 한쪽에서 다른 쪽으로 유체의 압력을 전한다."

그렇기 때문에 라이든 병의 벽에서는 입자의 유동이 없다. 유도나 하전 작용은 각 분자를 그 원래 위치에서 분극하는 것이라고 생각할 수 있다. "각 분자 내의 전기는 변위를 일으켜서 분자의 한 쪽 면은 양, 다른 쪽 면은 음으로 대전되지만, 전기는 그 분자와 연결되어 있을 뿐 한 분자에서 다른 분자로 이동하지 않는다고 생각할 수 있다." 따라서 전 표면에 걸쳐서 그 효과는 선형의 변위이다. 그것은 비록 전류가 아니고 오히려 갑작스러운 변형이긴 하지만, 전류의 시작으로 간주할 수도 있는 것이다. 따라서 다음과 같이 해석할 수 있다. "우리는 이 현상을 압력을 받으면 변형되고 압력이 없어지면 원상태로 회복되는 탄성체의 현상으로 생각하지 않을 수 없다." 맥스웰의 모든 표상 중에서 이 유전체 내의 변위 전류만큼 동시대인들이 이해하기 어려운 것은 없었다. 그들에게는 마치 어떤 전류가 전류가 아니라고 단언할 수 있는 근거를 제공하는 명확한 구별을 맥스웰이 모호하게 하려는 것 같았던 것이다. 그 뒤에 맥스웰은 대전된 분자는 분극된 변형의 위치를 가진다고 하는 생각을 버리고 에테르의 구조상의 추상적 변화로 생각을 바꾸었지만, 그것이 특별히 명석함을 증대시켜 주지는 않았다. 이 변위 전류는 축전지의 개념을 바꿀 것을 강요했다 — 아니, 만약 그것이 받아들여졌다면 강요했다고 말할 수 있었을 것이다. 축전지의 코팅을 전류가 멈추고 전하가 축적되는 종착점으로 생각하는 대신, 그것은 유전체를 지나는 모든 전류를 막아 버렸을 것이다. 그것이 전기적 에너지의 본성에 관한 세련된 사고를 위해서 중요하긴 하더라도, 드라마에 깊이를 준 것은 정전기적 매질로서의 그의 모델의 두번째 결론이었다.

맥스웰은 빛의 파동설도 그의 전자기장 이론이 매질에 요구한 것과 같은 종류의 탄성을 매질에 요구한다는 것을 즉각 알아챘다. 방정식은 같은 형식을 취했다. 엇갈림 탄성파가 전파되는 속도도 그의 탄성체 모델로부터 계산할 수 있었다. 그 탄성파는 유추적으로 볼 때는 전자파와 같은 것이다. 1856년에 두 사람의 독일 물리학자 베버(Wilhelm Eduard Weber: 1804~1891)와 콜라우쉬(F. W. Georg Kohlrausch: 1840~1910)는 전혀 다른 가설 위에서 전기적 충격이 전선을 따라 전파하는 속도를 측정했다. 그들은 전기 역학과 정전기학 사이의 단위의 비율에 관심을 가지고 있었다. 그 요소는 길이를 시간으로 나눈 것, 즉 속도의 차원을 가져야 한다. 정전기적 반발은 어떤 시간 동안 어떤 전하를 운반하는 두 개의 전선 간의 전기 역학적 반발과 같은 유형의 양이기 때문이다. 그들은 실험으로 속도를 측정해서, 그 값이 거의 3.1×10^{10} cm/sec 라는 것을 발견했다. 그러나 1849년에 피조는 톱니바퀴의 회전을 이용해서 빛의 정밀한 속도를 결정했다. 그 장치에서 바퀴의 회전 속도는, 톱니 사이를 통과한 빛이 반사되어서 돌아오는 길에 그 톱니 중의 하나에 의하여 차단될 수 있도록 조절되었다. 그 규모와 각도는 광속을 계산할 수 있게 해 주었다. 피조의 숫자는 (목성의 위성의 식蝕으로부터 얻어진 이미 알려진 숫자의 개량치인) 3.15×10^{10} cm/sec였다.

맥스웰은 이렇게 썼다. "콜라우쉬와 베버 두 사람의 전자기적 실험에 의하여 계산된 가상 매질에서의 횡진동 속도는, 피조 씨의 광학적 실험에서 계산된 빛의 속도와 대단히 정확하게 일치하기 때문에 우리는 다음과 같은 결론을 내리지 않을 수 없다. 즉 빛은 전기적 및 자기적 현상들의 원인이 되는 것과 같은 매질의 횡진동으로 되어 있다."

이제 같은 것은 방정식의 형식뿐만이 아니다. 강조된 부분은 맥스웰이 직접 강조한 내용인데, 정말 그것은 강조할 만한 것이다.

마지막으로 맥스웰은 그의 세번째의 결정적 논문 「전자기장의 동역학 이론」에서, 이 가상적인 기계적 세부묘사들로부터 모두 탈피했다. 그러나 맥스웰에 대해서든 그의 과학에 대해서든, 시야에서 사라졌다고 해서 머리 속에서도 사라진 것은 아니었다. 그것들이 표현하는 중요한 용어나 아이디어, 즉 그의 제1논문의 전자기의 유동, 제2논문의 변위와 장, 그리고 제3논문의 매질 이론에서 전기와 동역학의 결혼이라는 개념은 그대로 남아있기 때문이다. 이리하여 전기 역학은 장에너지의 과학이기를 계속한다. "그러므로 내가 제안하는 이론을 '전자기장 이론'이라고 부를 수 있을 것이다. 왜냐하면 이것은 전기적 또는 자기적 물체 주위의 공간과 관련된 것이기 때문이다. 또 이것은 '동역학적 이론'이라고 부를 수도 있다. 왜냐하면 이것은 그 공간 속에서 운동하는 물질을 상정하고 그것에 의하여 전자기 현상이 일어난다고 하기 때문이다." 맥스웰은 거의 모든 특수한 모델들을 버렸지만, 기계론의 원리만은 버렸다고 생각되지 않는다. 말하자면 전자기 현상은 명확하게 어떤 종류의 운동의 표현으로서, 그 원인은 힘에 의한 상호 관계와 전달이다. 따라서 그것은 동역학의 일반 법칙들에 따랐고, 특히 에너지 보존 법칙을 준수했다. 맥스웰의 장이론이 자기, 전기 및 빛에 부과한 통합을 빠져 나간 것은 중력뿐이었다. 그것은 여전히 물체 사이에서 원격 작용을 하고 있는 것처럼 보였다. 이것에 관하여 맥스웰은 낙관적이 아니었다. "어떻게 해서 매질이 이러한 성질을 가질 수 있는 것인지 나는 알 수 없으므로 중력의 원인을 탐구하는 방향으로는 더이상 나아갈 수 없다."

이 법칙들을 이해하는 사람이라면 누구나 이것을 낙체의 법칙만큼 친숙하게 알고 있을 것이다. 이해하지 못하는 사람들은 이것들 사이의 대칭성을 제대로 인식하지 못할 것이다. 어쨌든 장의 방정식을 얼핏 보면, 거기에는 수렴하는 성질이 있다. 이것은 맥스웰의 다채로운 상상력의 정수를 보여 주는 것으로서 유용할 것이다.

1) $\text{div } E = 0$ 3) $\text{div } H = 0$

2) $\text{curl } E = -\frac{1}{c}\frac{dH}{dt}$ 4) $\text{curl } H = \frac{1}{c}\frac{dE}{dt}$

여기서 E는 전기장의 세기, H는 자기장의 세기, t는 시간, c는 광속, div와 curl은 벡터 해석의 수학적 조작으로서 말하자면 물리량의 방향에 관한 것이다.

아인슈타인은 언젠가 이 법칙들이 뉴턴 이래 물리학에서 가장 중대한 사건이라고 말한 적이 있다. 우리는 맥스웰의 생각의 경로를 더듬어 왔으므로, 아마도 이 법칙들이 무엇을 하는 것인지 이해할 수 있을 것이다. 이것들은 전기장의 양, 유동률, 상관관계를 그것이 유도하는 자기와 모든 면에서 연결해 준다. 또 역으로 자기와 그것이 유도하는 전기장에 대해서도 마찬가지이다. 전파되는 속도는 상수이고, 시간은 변수이며, 공간은 장의 정의에 의한 것이다. 이 방정식들은 뉴턴 법칙과는 다른 방식으로 현상들을 연결한다. 뉴턴의 법칙에서는 물체들로 이뤄진 계의 운동 에너지가 보존될 뿐, 그것들 사이의 공간에 관해서는 아무것도 설명되지 않는다. 맥스웰의 법칙에서는 공간의 각 단계에서 에너지가 보존될 뿐, 물체에 관해서는 아무것도 설명되지 않는다.

상대성 이론을 연구하는 사람들은, 맥스웰의 주의력은 전 공간에 퍼져 버렸다고, 또는 그의 혼이 에테르에 맡겨져 있다는 식으로 말했다. 그러나 맥스웰은 이들이 생각해 온 것보다 훨씬 깊게 전자기 효과를 기술하는 문제에 접근했는데, 바로 앞에 나와 있는 형식의 맥스웰 방정식은 자유 공간, 자유 에테르로 추상된다. 거기에는 장은 있지만 전하도 전류도 없다. 실제로 그는 공간과 에테르 양쪽에 모두 깊은 관심을 가지고 있었고, 따라서 그 자신의 방정식의 표현은 이렇게 간결하진 않았다. 맥스웰의 법칙들을 추적하여, 그 최초의 서술에 도달한 물리학자는 놀랄 것이다. 거기에는 벡터적인 기호가 나와 있지 않은 것이다. 그러나 다른 논문에서 맥스웰은 전선 위주를 둘러싸고 있는 역선의 행동을 수학화하기 위하여, 놀랄 만큼 도식적인 용어 "curl"을 만들어 냈다. 그것은 뉴턴이, 그의 물리적 개념의 필요성으로부터 "유율법"을 고안하고, 그 다음에는 그것들을 설명하는 데 미적분을 사용하지 않는 것과 비슷하다. 그러므로 현재 맥스웰의 법칙으로 되어 있는 4개의 방정식 대신에, 20개의 방정식이 있었던 것이다. 거기에는 맥스웰이 다음과 같이 표현한 많은 변수가 있다. 즉 전자기적 운동량, 자기의 세기, 기전력, 진짜 전류, 변위 전류, 전체 전류(그 각각에는 x, y, z 축 방향의 세 가지 성분이 있다), 그리고 마지막으로 자유 전기와 전기적 포텐셜이라는 두 개의 비 방향성(즉 스칼라) 양이 있다. 맥스웰은 이 양들 사이의 관계, 그리고 특수한 문제에 관련되는 다른 양들 사이의 관계에 흥미가 있었다. 그는 에너지의 보존에 관심이 있었지, 에테르나 공간의 구조에 관심이 있었던 것이 아니다. 그는 특정한 기계적 이미지로부터 최대의 일반성을 가지고 추상할 수 있었을 것이고, 사실 그렇게 하려고 했다. 또 그는 운동량과 탄성이라는 용어를 해설적인 의미로만 사용함을 환기시켰던 것이다.

장의 에너지에 대해서 말할 때, 나는 그것이 문자 그대로 이해되기를 바란다. 모든 에너지는 그것이 운동의 형태이건 탄성의 형태이건 혹은 다른 어떤 형태를 띠는가에 상관없이, 기계적 에너지와 같다. 전자기적 현상의 에너지는 기계적 에너지이다. 유일한 의문은 그것이 어디에 존재하는가이다. 옛 이론에서 그것은 대전체, 전도 회로 및 자석에서 포텐셜 에너지라고 불리는 미지의 성질의 형태, 즉 원격 효과를 일으키는 힘으로서 존재했다. 우리의 이론에서 그것은 전자기장 및 대전체와 자체 주위의 공간에 있고 그뿐 아니라 그 물체들 내에 있다. 그리고 그것은 두 가지의 상이한 형태를 띤다. 가설 없이 말하자면, 그것은 자기적 분극과 전기적 분극이고, 아주 그럴듯한 가설에 따르자면 동일 매질의 운동과 변형이다.

맥스웰이 19세기의 물리학자였기에, 결국 그는 19세기 물리학자들의 왕자였다.

*

그러나 장의 물리학은 물리의 반쪽에 불과하다. 또 물리학도 어느 쪽 반이 더 중요한지 아직 결정하지 않았다. 맥스웰 탄생 백주년 기념 논문집 『클럭 맥스웰, 1831~1931 Clerk Maxwell, 1831~1931』에서 막스 플랑크(Max Planck: 1858~1947)는 이렇게 말했다. "현대의 물리학은 양대 개념 체계를 인정하고 있다. 그것은 불연속적인 개별 입자의 물리학과 연속적 매질의 물리학이다. 그리고 이 양자가 명확하게 구별된 것은 맥스웰 시대부터이다. 이 두 체계는 정확하게는 아니지만 대체로 물질의 물리학과 에너지의 물리학에 대응한다. 양쪽 영역 모두에서 맥스웰은 결실이 풍부한 새로운 아이디어를 도입했다." "정확하게는 아니지만"이라는 말에 포함된 예외에 대해서 플랑크는 명기하지 않았다. 아마 플랑크가 생각하고 있었던 것은, 맥스웰의 운동론이 열역학을 입자의 움직임으로 환원함으로써, 그때까지 물질의 물리학이라기보다는 오히려 힘의 물리학으로 되어 있던 에너지학의 반기계론적인 진로를 차단한 것이었을 것이다. 맥스웰 자신은 플랑크보다 더 뛰어난 과학사가였다. 그러한 맥스웰은 과학자로서 물론 이 주제를 진지하게 다루었다. 그는 그 문제가 얼마나 오래된 것인지 동시에 또 얼마나 현대적인 것인지 알고 있었다. 그가 분자를 주제로 영국 과학 진흥 협회에서 강연한 적이 있었는데,

인간의 지력은 많은 어려운 문제를 끝내 풀지 못했다. 공간은 무한인가? 만약 그렇다면 어떤 의미에서 무한인가? 물질의 세계는 무한히 확대되는 것일까? 또 그 모든 장소는 어디나 마찬가지로 물질로 충만해 있을까? 원자는 존재할까? 그렇지 않으면 물질은 무한히 분할 가능한 걸까?
이러한 의문들은 인간이 사물에 대하여 생각하기 시작한 때부터 있어 왔다. 우리들 한사람 한사람이 사고 능력을 얻게 되자마자, 이 오래된 문제가 언제나 새롭게 대두된다. 5세기 전에도 그랬던 것과 같이, 그것은 우리들 19세기 과학의 주요 부분이다.

19세기에 이 문제는, 이성으로 하여금 실험실에서 원자를 다루게 했고, 기하학자들의 상상력으로 하여금 실험실 밖에서 연속을 다루게 했다. 입자의 물리학은 유난히 실험실의 전통과 결부되어 왔는데, 양 진영에 확고하게 발을 디디고 있던 맥스웰도 그 전통에 속해 있었다. 실험실의

전통이란, 약간 파벌적인 면도 있는 단체적 전통으로서 데카르트나 아인슈타인 같은 사람이 거기에 파묻혀서 사색했던 수학적 관념론 같은 고독한 것이 아니다. 사실 맥스웰은 저 빛나는 연구소를 창설했다. 이 연구소와 제2차 과학 혁명의 관계는, 파두아와 제1차 과학 혁명의 관계와 거의 같을 것이다. 이것은 케임브리지의 캐븐디시 연구소이다. 거기에서 맥스웰은 케임브리지 대학의 초대 실험물리학 교수가 되었다.

케임브리지 출신이었던 그는 애버딘대학의 자연철학 교수로 임명되어 스코틀랜드로 갔고, 다음에 1860년에는 런던의 킹즈 컬리지로 옮겨 갔다. 그의 가장 독창적인 연구는 런던에서 보낸 5년 동안에 이루어졌다. 그러나 일반 물리학 교사로서는 성공하지 못했다. 강의 도중에 여러 가지 아이디어가 떠올라서, 예정된 순서에서 벗어나고 마는 것이었다. 노트만 들여다보고 있는 그의 학생들에게 그의 강의가 이해될 리 없었다. 1865년에 그는 고향으로 은퇴했다. 케임브리지에 자리가 생긴 것이 1871년, 연구소 착공이 1874년이었다는 것은 유감스러운 일이다. 왜냐하면 맥스웰은 1879년에 49세의 나이로 세상을 떠났기 때문이다. 그리고 맥스웰이 그 과학의 커뮤니케이션에서 본연의 실력을 발휘한 것은, 연구소의 소장으로서였다. 훌륭한 연구소가 창조해 내는 친밀한 분위기 속에서, 그는 최고조에 달해 있었다. 그 매력과 기지, 남을 놀리기 좋아하는 그의 기질 등이 꽃피려면 친밀한 환경이 필요했다. 그의 시는 아직도 물리학의 구술 전통(oral tradition)의 일부를 형성하고 있다. 그것은 한 세대에서 다음 세대로, 일종의 가냘픈 피타고라스 주의 — 가냘프지만 약간 둔중해 보이는데, 문외한에게 그 시는 썩 훌륭한 것 같이 생각되지는 않기 때문이다 — 의 색채를 띠고 손에서 손으로 전해져 가는 개인적인 학문이다.

남을 놀리기 좋아하는 성질은 그의 과학 연구에서도 나타난다. 에테르의 전기역학적 모델에 관한 기계적인 세부 사항에 흥미를 가진 것도 그 때문이다. 그리고 고양이가 지면에 떨어질 때, 어떻게 그 발을 지면에 대는가 하는 실험도 했다. 다음과 같은 어귀도 있다. "영광스럽게도 왕립학회 앞에서 빙그르르 돌면서 들어가는 이 비길 데 없는 기쁨 ······ " 그리고 그는 "정점 주위를 회전하는 일정한 형태의 물체의 운동과, 그에 덧붙여서 지구의 운동에 관한 몇 가지 제안에 관한" 논문을 소개한다. 입자 물리학에 관한 맥스웰 최초의 논문, 그에게 명성을 안겨 준 논문은, 토성 고리의 평형 조건에 대한 동역학적 연구였다. 거기에서부터 기체의 운동론으로의 전개 과정은, 그 규모는 축소되었지만 중요성이 감소되지는 않았다. 맥스웰은 분자 과학에 해석의 기법을 도입해서, 그 이후의 융성의 기반을 구축했다. 그것이 통계 역학이다. 그는 확률을 서술하는 데 몰두해서, 이성에 대한 이 불가피한 폭력을 최대한 이용했다.

　기체 운동론은 화학자의 일반적인 관심사였던 현상에다 동역학적 고찰을 확장하려는 시도에서 시작되었다. "물체들의 분자 구조의 동역학적 증거에 관하여"라는 강연에서 맥스웰이 지적한 바에 의하면, 우리가 말하는 설명이란 것은 다른 현상들에도 적용할 수 있는 원칙을 일련의 현상들에 확장한 것이다. 모든 화학자들은 그 복잡한 분자들에 관하여 상상하고 있는 다양한 기하학적 해석이, 구성 성분의 물리적 관계를 표현하는 속기용 기호일 뿐이라고 생각할 것이다. 대부분의 물리학 이론은 오로지 그러한 가설의 방법에 의해서 구성되었던 것이다. 즉 어떤 가설이 참이라면 어떤 일이 일어날 것인가를 계산하고, 실제의 사건들과 비교했다. 화학의 난점은 비슷한 단계에 있는 물리학의 여러 부문들처럼, 초기 귀납의 단계에서 사색하는 사람에게 충분히 일반성 있는 용어나 방법이 부족했다는 점이었다. 그러나 도움은 눈앞에 있었다. "그러는 동안 수학자들은 그들 두뇌의 억제할 수 없는 분비물을 다른 사람들을 위하여 축적하라고 가르치는 본능의 안내를 받아서, 물질계의 동역학적 이론을 최대의 일반성을 가지고 전개했다." 물체의 구성에 관한 가설들 가운데 이의를 제기하기가 가장 불가능한 가설은, 그것이 지금까지 확립된 가장 일반적인 역학 법칙들을 따르는 물질계 이상이 아니라고 가정하는 것이다. 그러나 물질 입자들이 감지불가능하거나 구별 불가능한 관계들로부터 충분히 자유로운 상태에 있어 동역학적인 해석이 가능하다고 기대할 수 있는 경우는 단지 기체의 경우뿐이다.

기체의 운동론적 모델은, 다니엘 베르누이(Daniel Bernoulli: 1700~1782)가 1738년에 발표한 『수력학』이라는 논문에서 처음으로 고찰했다. 그는 입자 철학을 문자 그대로 밀폐된 용기 속의 공기에 적용하여, 압력은 입자의 용기 벽에 대한 충격의 법선 방향 성분의 결과라고 생각했다. 19세기 초에 또 하나의 제네바 사람 르 사쥬(Le Sage)는 이 모델을 크게 전우주의 차원으로까지 확대했다. 그리고 그는 『뉴턴적 루크레티우스』라는 저서에서, 중력은 무한한 공간을 무질서하게 흘러 다니는 원자의 충격에 의하여 일어나는 것이라고 생각했다. 만약 이 우주에 오직 하나의 물체밖에 없다면 어떠한 효과도 발생하지 않을 것이다. 그러나 실제는 하나 이상의 원자가 있기 때문에, 각각의 입자는 다른 입자들을 입자 충격의 어떤 부분으로부터 막아 주고, 그 결과로서 물체 사이의 압력은 줄어드는데, 그것이 인력이라는 현상을 일어나게끔 하는 것이다. 맥스웰은 『대영 백과사전』 제9판에 실린 그의 「원자」라는 논문에서 이 공상에 수 페이지를 할애했다. 충격을 받는 물체는 온도를 일정하게 유지할 수 없다는 것이 이러한 생각에 대한 주된 반론이라는 것을 그는 알고 있었지만, 이러한 생각이 일고의 가치도 없다고 생각지는 않았다.

그와 같은 세대로서 거의 주목받지 못한 영국의 물리학자 존 헤러패드(John Herapath)는, 보일의 법칙이 분자 운동론의 귀결이라는 당시로서는 유망한 가설을 떠올렸다. 그는 베르누이를 좇아서, 입방체의 용기는 어떤 면이나 $\frac{1}{3}MV^2$에 해당하는 압력을 받는다고 했다. 헤러패드는 또 온도는 입자의 운동량에 의하여 측정될 수 있다고 상정했는데, 이것은 앞의 결론에 비하면 약간 유감스러운 것이었다. 여기서는 압력이 절대 온도의 제곱에 비례하게 되기 때문에, 충분한 데이터에 근거했을지라도 절대 0도, 확산 속도, 아보가드로 수의 값, 비열과 원자량의 관계 등의 계산이 틀리게 나타났을 것이다. 그러나 이것은 용감한 시도였다. 그리고 이것은 온도가 일정하게 유지될 때의 계산을 가능하게 했다. 예를 들어서 헤러패드는

$$p = \frac{1}{3}\rho v^2$$

이라는 관계식을 내놓았다. 여기서 p는 압력, ρ는 밀도이다. 이것으로부터 줄(Joule)은 1848년에, 수소 원자의 평균 속도는 화씨 32도, 1기압에서 초속 6055피트라고 계산해 냈다.

클라우지우스는 1857년에 이 주제를 연구 대상으로 삼아, 그때까지 기계론적 열광자나 기인(奇人)의 도피 장소라는 비판을 받기 쉬웠던 영역으로 깊이 파고들어서, 운동론이 잠시 열역학적 논증의 주류를 담당하도록 만들었다. 「열이라고 불리는 유형의 운동에 관하여」라는 제목의 그의 논문은 실제적인 해석의 계획으로서 기체에 대한 동역학적 연구를 창시한 것이었다. 그것은 단순한 입자론적 주장이 아니었다. 그는 다른 사람들이 점질량으로 되어 있는 이상 기체의 공리로 회피해 버리던 문제와 씨름했다. 클라우지우스는 기체의 총에너지는 그 기체 분자의 여러 가지 운동 양식으로 나뉘어야만 한다고 논하고, 분자의 병진 운동과 그 축을 중심으로 하는 회전 운동으로 나누는 표현 방식을 전개했다. 이것은 기체의 비열이, 열이 (압력과 마찬가지로) 병진 운동량을 나타낸다고 가정되었을 때의 예상치보다 높게 나타나는 이유를 설명했다. 압력도 역시 분자 상호간에 작용하는 인력이나 척력에 의해서 영향 받을 것이다. 그래서 클라우지우스는 순수하게 해석적인 근거 위에서 이 편차들을 줄이기 위하여 근사식을 전개했다.

1859년의 클라우지우스는 두번째 논문에서 실제 경험이 기체 운동론

과 대립되는 또 하나의 당혹스러운 문제 — 기체는 이론상 평균 분자 속도로 예상되는 속도로 확산하지 않는다는 — 에 착수했다. 클라우지우스는 이 결함을 분자가 진행할 때 얼마 못 가서 다른 분자와 충돌해서 새 방향을 갖게 된다는 데 기인한다고 보았다. 마치 군중이 흩어지는 것과 마찬가지로 분자는 이리저리 부딪치면서, 직선적으로 나아가는 것보다 훨씬 많은 시간을 소비한다. 따라서 진행 속도는 속도와 평균 자유 행로의 함수이다.

이렇게 정밀화하자, 실제 기체의 압력, 부피, 밀도, 온도 등의 관계에 대한 이론적 예언은 그전보다 더 실험실의 측정에 접근했다. 하지만 그렇다 해도 아직 신뢰할 수 있을 정도는 못 되었다. 맥스웰이 새롭고도 놀랄 만한 해석적 아이디어를 가지고 운동론의 무대에 등장한 것이 이 때였다. 그 아이디어는 그가 토성 고리의 입자 운동을 계산할 때 사용한 것이었다. 클라우지우스나 다른 사람들은 기체 분자는 어떤 것이나 모두 같은 속도로 운동하는 것으로 생각했다. 물론 그것은 비현실적인 상정이었다. 그러나 클라우지우스는 실험에서 각 분자의 전체 경력을 추적한다고 하는 절망적이고 완전히 불가능한 방법 이외에는 다른 방법을 가지고 있지 않았던 모양이다. 맥스웰은 이 주제에 관한 그의 첫 논문 「기체에 관한 동역학적 이론의 해설」을 1860년에 발표했다. 그의 역선에 관한 두 번째 논문이 발표되기 전 해의 일이다. 이 논문들은 모두 가상적인 모델을 사용하고 있다. 클라우지우스는 평균 자유 행로와 입자들이 충돌할 때 그 중심 사이의 거리를 관련시키는 그의 대수적 표현에 대하여 변수를 결정하지 않았다. 맥스웰에게는 점성, 열전도도, 기체의 확산에 관한 실험 데이터가 이러한 계산을 가능하게 해 줄 것처럼 보였다. "이러한 연구의 기초를 엄밀한 역학적 원리 위에 두기 위하여 나는 충돌시에만 서로 작용하는 견고하고 완전히 탄성적인 무수한 작은 구의 운동 법칙을 증명해 보이겠다." 그리고 그 결과가 이미 알려진 기체 법칙과 모순되지 않는다면, 그것들은 보다 정확한 물질 구조에 관한 지식으로 인도해 갈 것이다. 다시 말하면, 그것들은 원자론에 대한 근본적인 논의를 일으킬 수 있을 것이다.

그러나 맥스웰은 먼저 속도 분포와 씨름해야만 했다. 그리고 이 목적을 위하여 그는 기초적인 물리학 문제에 확률 계산을 도입했다. 확률은 그때까지는 게임이나 사건에 대해 적용하는 게 자연스러웠던 해석 양식이었고, 연구 대상이 사물인 경우에 이를 적용하는 것은 자연을 인식함에 있어 우리가 무능력함을 인정하는 것이라고 여겨졌다. 맥스웰 자신도 그것이 엄격한 동역학과 같은 엄밀성을 가지고 있다고 생각하지는 않았다. 하지만 실험적으로나 수학적으로 다른 방법이 없었던 것이다. 이렇게 해서 맥스웰은 그 논문에서 통계 역학이라는 과학을 창시했다. 아주 드문 충돌 조건을 제외하고는, 충돌은 반드시 특정 분자의 속도를 변화시킨다. 그러나 정상 상태에서, 영에서 무한대까지의 속도 분포는 어떤 일정한 법칙을 따라야만 한다. 그러므로 각기 다른 속도를 가지고 있는 분자들의 비율을 계산함으로써 우리는 그 계를 기술할 수 있을 것이다.

비록 그가 아직 유명한 종(鍾) 모양의 곡선을 얻지 못했고 또 나중에 볼츠만에게 연명(連名)의 영예를 안겨다준 정밀화 과정도 중요하기는 했지만, 그럼에도 불구하고 원칙적으로 그 분포를 확신한 사람은 맥스웰이었다. 그리고 그 패턴에 관하여 가장 흥미로운 일은, 그것이 별로 새로운 것이 아니었다는 사실이다. 속도는 그림으로 그려 넣을 수 있는데, 그 그림에서 각각의 속도는 어떤 정점에서 그어진 벡터로 표시된다. 그리고 만약 각 벡터의 끝에다 점을 찍으면 이 그림은 표적 중앙의 흑점 주위에 퍼진 탄알 구멍을 나타낼 것이고, 혹은 동일한 항성을 연속적으로 관측한 천문학자들의 기록으로도 보일 것이다. 가우스의 오차론이, 그때까지는 결정론적이었던 입자 물리학에 예기치 않게 출현한 것이었다.

이제 와서 돌이켜 보면, 이 확률의 방법이 이 논문에서 가장 의미 있는 공헌처럼 보인다. 그리고 그 직접적인 결과는 그것의 가치를 주장하기에 충분할 정도로 놀랄 만한 것이었다. 스톡스(Stokes)가 행한 공기실험의 결과에 따라 계산해 보면, 맥스웰의 첫번째 운동 방정식은 $\frac{1}{447,000}$ 인치의 평균 자유 행로와 표준 상태에서 매초 매입자마다 평균 8,077,200,000회 충돌한다는 결과를 내놓았다. 이 하나의 방정식의 놀랄 만한 결론을 통해, 기체의 점성은 밀도와 무관하다는 것이 판명되었다. 이것은 당시에 실험을 통해 확인할 수는 없는 결과였지만, 이 이론이 세련화되고 정밀화됨에 따라 확고해졌다. 그러나 맥스웰에게 크게 용기를 준 것은, 그가 게이-뤼삭의 화합 용적 법칙(기체 반응의 법칙 ― 옮긴이)을 확인한 것이었다. 19세기 초 게이-뤼삭은 엄밀한 화학적 근거 위에서, 등온 등압 하의 기체들은 그 종류가 다르다 해도 단위 부피 내에 같은 수의 분자들을 포함해야 한다고 논했다. 그런데 맥스웰도 한 기체에서 다른 기체로의 단순한 확산에 관한 운동론적 고찰에서 똑같은 결과를 얻었다. 확산이 끝나면 평균 운동 에너지는 둘 중 어느 기체의 특정 분자에 대해서도 같다. 그리고 또 이것은 등온 상태가 될 것이다. 따라서 등온 조건에서, 개개 분자의 평균 운동 에너지가 같아야 한다는 결론이 나온다. 기체의 압력이 단위 부피의 운동 에너지의 3분의 2로 주어진다고 하는 사실은 이미 확립되어 있었다. 그러므로 만약 압력과 온도가 일정하다면, 각 분자의 총 에너지와 평균 운동 에너지는 같은 것이다. 따라서 단위 부피 내에는 같은 수의 분자가 들어 있어야 하는 것이다. 이것은 맥스웰의 설명이 의미하는 바를 정확하게 보여준 예가 되었다. 즉 화학적 고찰과 동역학적 고찰을 원자론이라는 하나의 원칙 아래에 모아서, 서로 지지하게 함으로써 이 원칙을 강화한 것이다.

기체의 운동론은 아직 완전함과는 거리가 멀었다. 맥스웰 생전에 극복할 수 없었던 커다란 난점은, 분자의 총에너지를 병진이나 회전 또 그외에 원자에서 가능한 여러 진동 양식으로 나누는 것이었다. 압력은 병진의 운동 에너지에만 의존해야 했다. 비열은 총 에너지가 온도와 함께 상승하는 속도에 의존할 것이었다. 이론적으로 볼 때, 일정 압력과 일정 부피에서 비열의 비는 병진 에너지에 대한 총 에너지의 비를 보여 줄 것으로 예상되었다. 그러나 극히 드물게 볼 수 있는 단원자 분자를 제외하고는, 이론에 의하여 예상되었던 이 비는 관측값보다 언제나 너무 높았다. 다원자 분자에서 일어나는 진동 양식이 복잡하고 다양할수록, 기체와의 불일치는 커졌다. 기체는 필요하다고 생각되는 것만큼의 열을 흡수하기를 완강하게 거부한 것이다.

맥스웰은 그의 첫번째 논문에서, 이미 알려진 비열 사이의 관계는 견고한 구상(球狀) 입자라는 상정 — 그는 이것에서부터 출발했다 — 을 배제함을 입증했다. 그리고 1866년에 이 주제에 관한 그의 가장 뛰어난 논문「기체의 동역학적 이론에 관하여」를 발표했다. 거기에서 그는 장의 이론을 고안할 때 사용한 수학적·동역학적 유체 모델을 기분 좋게 내버렸다. 분자를 미소하고 투과성이 없으며 탄성 있고 둥글고 자유롭게 비행할 수 있는 것으로 기술하는 대신에, 그는 수학적으로 좀더 편리한 특성들로 전환하였다. 그는 자신의 초기 정식화 — 가장 전도유망한 것은 아니라고 해도 — 의 대단히 놀랄 만한 결론을 자신의 실험으로 확인했다. 그것은 점성이 밀도에 의존하지 않는다는 것이었다. 이제 그는 아주 손쉽게 이 사실을 보여주는 분자를 고안해 냈다.

이 아이디어도 패러데이에게 빚지고 있는 것이리라. 왜냐하면 그의 제2논문은 충돌하는 실제 분자의 구(球)의 윤곽을 의미하게 만들어, 그것의 물리적 표면 너머의 어떤 거리까지 분자간 힘이 미치도록 했기 때문이다. 그것은 여전히 분자 운동의 문제였기 때문에, 그 힘은 밀어내는 힘이어야 한다. 그래서 맥스웰은 이 새로운 분자는 분자간 거리의 5제곱에 반비례하는 힘으로 같은 종류의 분자와 반발한다고 했다. 이것은 수학적이라는 점에서 유리했다. 맥스웰은 에너지와 운동량 보존 이외에는 분자의 충돌에서 특별한 조건을 상정할 필요가 없었다. 특히 정상(定常) 상태가 아니라 유동 내지 확산하고 있는 기체의 속도 분포를 생각할 필요가 없었다. 볼츠만(Ludwig Boltzmann: 1844~1906)은 당구공 같은 분자를 가정하고, 이 까다로운 문제와 수 년 동안 씨름해서 차례차례 지겨운 근사치를 사용했다. 맥스웰은 분자와 충돌의 성격을 달리 생각함으로써 이 난점을 극복했다. 서로 꽤 떨어져 있는 분자는 고차의 제곱수에 반비례하는 반발력을 가지고 있기 때문에, 거의 일정한 속도로 운동한다. 분자와 분자는 서로 접근했을 때에야 비로소 속도 내지 방향을 바꾼다. 그러나 만약 우리가 보존 법칙에만 관심이 있고 충돌들을 종합하는 데 관심이 없다면, 각 분자의 전체 속도가 얼마나 되는지 알 필요는 없다. 5제곱 법칙에서, 정면충돌에 가장 가까운 값은 상대 속도의 네 제곱근에 반비례하고, 그 상대속도 — 이것은 유동하는 기체에서는 아무도 결정하거나 가정할 수 없는 것이다 — 는 점성의 최종 방정식으로부터 사라진다. 그래서 맥스웰은 5제곱 법칙을 사용하여, 그 결론들을 자연과 비교했다. 볼츠만은 압도되어서 찬탄을 연발했다. 맥스웰 탄생 백주년 기념 논문집에서 막스 플랑크의 논문은, 이 맥스웰의 제2논문이 볼츠만에게 준 인상을 바그너적으로 해설한 볼츠만 자신의 문장을 인용하고 있다.

먼저 속도의 변화가 위엄 있게 전개되고, 이어서 한쪽에서는 상태 방정식이, 다른 쪽에서는 중심장의 운동 방정식이 등장한다. 공식들의 혼돈은 점차로 높게 휘몰아친다. 그러다가 갑자기 다음과 같은 말이 들려온다. "n=5로 하라." 악령 V(두 분자의 상대속도)는 사라지고, 위압적인 저음은 갑자기 침묵한다. 극복할 수 없는 것처럼 보이던 것이, 마술에 걸린 것처럼 타파되었다. 이런저런 대입이 이루어진 이유를 말할 시간이 없다. 이것을 깨닫지 못하는 사람은 이 책을 덮어 버려야 한다. 맥스웰은 표제 음악의 작가가 아니기 때문이다. 그에게는 총보를 설명할 의무가 없다. 유연한 공식에 의하여 차례차례 결과가 나오고, 드디어 예기치 못한 클라이맥스에 이르러서 무거운 기체의 열 평형이 나타난다. 그리고 막이 내린다.

사실 입자 물리학에서는 또 하나의 막이 오르고 있었다. 그러나 이 새로운 극을 보기 위하여 멈춰있을 수는 없다. 이 극은 지금도 진행중이다. 그것은 맥스웰이 마지막으로 고전 물리학의 드라마의 주역들에게 준 배역을 확인함으로써 끝을 맺는 것만으로도 충분할 것이다. 시종 맥스웰의 영향은 전혀 예기치 못한 것이었다. 그리고 그 영향은 원자와 연속체의 대화에 그가 가져온 전환점에서 발휘된 것이 분명하다. 그는 그 역학을 바꿔치기한 것이다. 한편으로 맥스웰은 기계론적 형식의 영역에서 전자기학을 끄집어냈다. 그리고 그것을 연속체의 물리학 속에서 새로운 광학과 짝지었다 — 혹은 통합했다고까지 할 수 있다. 다른 한편 그는 열역학을 에너지학의 열광(Schwärmerei)으로부터 구해내서, 에너지 연구를 운동하는 물질 입자의 동역학의 특수한 사례로 바꿔 놓았다.

따라서 결과적으로 맥스웰은 역학으로부터 에너지학으로의 도피를 저지했다. 그의 물리적 재치의 준엄성은 자연의 비법이라는 제2법칙의 거만함을 실추시킨 악마(demon)를 고안한 것에서 가장 잘 발휘되고 있다. 그는 두 개의 방으로 나뉜 상자를 상상한다. 그 방들 중 하나에는 고온의 기체가 있고, 다른 방에는 저온의 기체가 들어 있다. 방 사이의 벽에는 통풍구가 있는데, 거기에 악마가 있다. 그 악마의 감각과 반응은 날아다니는 분자처럼 미세하고 신속하다. 빠른 분자가 온도가 낮은 방에서 다가오면, 악마는 통풍구를 열어서 그것을 통과시킨다. 이렇게 해서 악마는 찬 물체로부터 뜨거운 물체로 열을 보내는 것이다. 맥스웰은 제2법칙이 과학에서 제1법칙과는 전혀 다른 위치를 차지한다는 것을 분명히 알았던 것이다. 에너지 보존은 그의 생각의 초석이었고, 그것은 사물의 본성 속에 깊이 새겨져 있었다. 그러나 제2법칙은 통계적인 것으로서 (맥스웰의 생각대로) 물리적 실재의 본성보다는 우리의 인식이나 활동의 무능력을 보여주는 것이다. 맥스웰은 통계 역학을 창시했지만, 그는 여전히 18세기와 계몽사조에 너무나 가까웠고 20세기와 실증주의로부터는 너무나 멀리 떨어져 있었기 때문에, 사물의 질서는 우연의 질서일지도 모르며 (제2법칙처럼) 과학이란 모두 그 자체 및 그 자체의 활동에 관한 것이라는 생각을 할 수 없었다. 즉 맥스웰은 스스로 악마가 되어 물리학자들의 곤경을 예지할 수는 없었기에, 선택의 기회를 가져보지 못한 채 좋든 싫든 자연 속으로 돌입했다.

과학 철학사에 정통한 맥스웰은, 그의 물리학의 두 양상이 보유하고 있던 각각의 전통을 알고 있었다. 그는 『대영 백과사전』의 「원자」에 관한 논문에서 다음과 같이 말했다.

> 물체의 구조에 관한 사고 양식에는 두 가지가 있는데, 그것들은 옛날이나 현재나 모두 각각의 신봉자를 가지고 있다. 이 두 양식은 수량을 다루는 두가지 방법 — 대수적인 것과 기하학적인 것 — 과 대응한다. 원자론자에 있어서 물체 속의 물질의 양을 평가하는 진짜 방법은 그 속에 있는 원자를 세는 것이다. 원자들 사이의 비어있는 공간은 중요하지 않다. 물질을 연장으로 확인하려는 사람에게는, 물체가 점하는 공간의 부피가 유일한 척도가 된다.

맥스웰의 경우 그의 원자론은 그 자신의 과학적 정신을 데카르트적 오류로부터 구해 냈다. 그렇지 않았더라면 패러데이의 전자기적 매질의 수학화가 맥스웰을 쉽사리 이 오류로 인도했을지도 모른다. 그의 훌륭한 논문 "기체의 동역학적 이론에 관하여"의 서두에는, 연장(延長)과 관련되어 있는 기하학의 기능과 물체의 성질을 파악할 수 있게 해주는 원자론의 이점이 명확하게 구별되어 있다.

물질 구조에 관한 이론은 물질을 연속적·균질적이라고 생각하든지, 혹은 제한된 개수의 서로 구별되는 입자들 또는 분자들로 이루어진다고 생각하든지 둘 중의 하나이다.

물리적 문제에 수학을 적용하는 데 있어서, 각기 다른 원소의 물질량을 좌표의 함수로 나타내기 위해서는 물질을 균질적이라고 생각하는 것이 편리하다. 그러나 나는 이러한 이론들이 물체의 여러 성질을 설명하기 위하여 제안되었다는 것을 모른다. 균질의 충만함이라고 상정되는 물체의 성질들은 독단적으로 규정될 뿐이지, 수학적으로 설명될 수는 없다.

그럼에도 불구하고 맥스웰은 에테르와 원자, 장의 물리학과 분자 물리학의 차이를 해소하여 그것들을 통합하려는 희망을 버리지 않았다. 『대영백과사전』의 원자에 관한 논문에서 그는 공상을 자유자재로 펼쳐 보았는데, 그 중에서 그는 윌리엄 톰슨경(뒤에 켈빈경이 되는)이 헬름홀츠의 수학적 연구로부터 유체의 회전운동 이론으로 발전시켜간 고찰을 탐구했다. 그것은 일종의 에테르 수력학이었다. 톰슨은 그 유체에 편의적인 물리적 성질들을 부여한다. 그것은 균질이고 비압축적이고 점성을 가지고 있지 않다. 그 운동은 공간적·시간적으로 연속이다. 사실 그것은 그것이 물질이라는 점만 빼면, 맥스웰의 최초의 수학적 유체와 매우 닮았다. 이것이 실제로 존재하는지 어떤지 염려할 필요는 없다. 이 성질들 중에서 가장 중요한 것은 그러한 유체가 입자적일 수는 없다는 것이다. 만약 그렇다면 부피는 어떤 용기에서도 질량과 함께 불연속적으로 증가할 것이다. 그러한 유체 속에서 회전 운동이 일어나면, 와동(渦動)의 선은 항구적이고 언제나 동일한 점을 포함하고 있다는 것을 헬름홀츠는 수학적 해석에 의하여 증명했다. 더구나 만일 와동의 선이 나타나고 있는 표면과 인접하여 관이 형성된다면, 이러한 관은 (그것이 무한대가 아닌 이상) 그것 자체로 돌아가게 되며 따라서 고리라고 부를 수도 있을 것이다. 이

고리들의 부피는 일정하고, 회전은 보존되며, 유체 속에서 연속적으로 연장되고 있지만 각각의 독립성을 가지고 있다. 다시 말하면 이것들은 원자에 필수적인 성질들을 보이고 있다. 즉 이것들은 일정한 크기를 가지며, 내부 운동의 불균질성과, 그 밀도 및 연장적 성질들의 균질성과 연속성을 결합할 것이다. 이것이 원자와 진공 사이를 아직도 떠돌아다니고 있는 물리학, 때로는 운동론에 또 때로는 장에 관계되는 물리학을 통합시킬 수 있지 않을까 하고 맥스웰은 공상했던 것이다.

루크레티우스의 제자는 여러 가지 세계를 만들어 보려는 생각으로, 그의 단단한 원자를 분할해 보기도 하고 결합해 보기도 할 것이다. 보스코비치의 추종자들은 새 현상들을 설명하기 위하여, 새로운 힘의 법칙을 생각할 것이다. 그러나 헬름홀츠와 톰슨에 의하여 열린 길에 발을 들여 놓으려는 사람은, 이러한 방편을 가지고 있지 않다. 그의 유치한 유체에는 관성, 일정한 밀도, 완전한 유동성밖에 없다. 그리고 이 유동의 운동을 추적하는 방법은 순수한 수학적 해석이다. 이 방법의 난점은 정말 대단하다. 그러나 그것을 극복해 냈을 때의 영광이란 굉장할 것이다.

맥스웰은 이 유체 — 그 속의 와동 모양의 고리들이 원자이다 — 가 에테르인지에 대해서 분명히 밝힌 적은 없다. 그렇지만 그것은 확실히 에테르와 비슷하다. 그것은 수학적 성질에 있어서, 역선에 관한 그의 논문의 "장의 유체"와 너무나 비슷한 것이다. 어쨌든 우리는 아무 증거도 없이 이 "장의 유체"가 맥스웰의 과학적 의식 속에서 전 공간에 가득 차 있는 에테르로 발전했다고 생각해서는 안 된다. 그러나 적어도 역사적으로는 이 논점을 특정 방향으로 밀고 나가는 것은 중요하다. 왜냐하면 이를 통해 형식상으로나 기능상으로 뉴턴의 에테르와 맥스웰의 에테르가 구별되기 때문이다. (논의를 되짚어 보자면) 뉴턴의 에테르는 가설적인 것이고 그의 물리학에 부속된 것으로서, 그것을 없애더라도 그 명료성이 손상될 뿐 구조상으로는 지장이 없다. 그러나 맥스웰의 경우는, 그가 장이론에서 빛과 전자기를 통합함으로써 에테르를 고전 물리학의 참된 골격으로 만들었던 것이다. 뉴턴에 있어서 공간은 물리학의 무대이고 실재하는 집인 반면에, 에테르는 단지 그것을 채우는 것일 뿐이라고 생각되었다. 뉴턴의 공간은 연속적인 유클리드적 연장이지만 에테르는 입자적이라는 것을 상기할 때, 이 구별은 분명해진다.

맥스웰의 에테르는 다른 성격을 갖는다. 그것은 입자도, 작은 구(球)도, 원자도 아니다. 이러한 에테르는 운동론이 발견되어야만 비로소 배제될 수 있을 것이다. 그는 "물질의 분자적 구조"에 관한 강연에서 "분자상의 에테르가 있다면, 그것은 기체 이상도 이하도 아닐 것"이라고 지적했다. 그렇다면 그것은 기체 법칙에 따를 것이다. "그러므로 그 존재는 비열에 관한 우리의 실험에서 관측되어야 마땅하다. 따라서 우리는 에테르의 구조는 분자적이 아니라고 단언한다." 물론 에테르의 존재는 다른 방법으로 검출할 수 있을지도 모른다. 전 공간에 충만하여 전자기 에너지와 발광 에너지의 횡진동을 전파하는 연속적인 매질로서의 그 기능에 알맞은 검출 방법이 있을지도 모른다. 그래서 맥스웰은 "에테르의 대양"이라는 이미지를 끌어들였던 것이다. 밀도가 높은 물체는 진행하면서 에테르의 일부분을 끌고 갈까? 아니면 "그물이 배에 의하여 끌려갈 때, 바닷물이 그물눈을 빠져나가는 것처럼" 에테르도 물체 사이를 지나가 버리는 것일까? 만약 지상의 두 점 사이에서 반대 방향으로 나아가는 두 빛의 속도를 비교할 수 있다면, 그 의문은 해결될 수 있을 것이다. 유감스럽게도 이론적인 예상으로는, 그 차이는 전달 시간의 1억분의 1에 불과하다─이것은 관측하기에는 너무 작은 값이다. 맥스웰은 스스로 분광학 실험을 계획해서 그것을 실행했다. 이를 통해 그는 먼 곳의 별에서 온 광선이 지구의 운동 방향과 그것에 수직인 방향으로 프리즘을 통과할 때 생기는 편차의 차이를 발견하려 했다. 결과는 부정적이었다. 그러나 물리학은 에테르 이론 연구의 가장 초보적인 단계에 있었다. 에테르는 그 개념의 측면에서나 그것을 다루는 측면에서나 모두 유례를 찾아볼 수 없는 정교함을 요구했던 것이다. 그렇지만 죽기 직전 맥스웰은 다음 말만은 자신 있게 할 수 있었다.

> 에테르의 구조에 관한 일관된 관념을 형성하기가 아무리 어렵다고 할지라도, 행성간 또는 항성간의 공간이 진공이 아니라 물질로 차 있다는 것은 의심할 여지가 없다. 그것은 분명히 우리가 알고 있는 것 중에서 가장 크고 아마 가장 균일한 물체일 것이다.

그러나 맥스웰의 물리학은, 상당한 통찰력이 있었던 그 자신의 예상 이상으로 발전했다. 맥스웰의 에테르 공간은 형식면에서나 기능면에서 모두 가득 차 있었으므로(전자에서는 연속적으로, 후자에서는 에너지적으로), 그 사이에 어떤 물리적 구분도 불가능했다. 그 중 하나에 관한 물음은 다른 것과도 관계되었다. 이 과학에 이성을 복귀시키는 것은, 톰슨의 와동 분자보다 더 비판적이고 더 추상적인 데카르트주의를 채용하는 것이 될 것이다. 그리고 그 역에 대해서도 같은 말을 할 수 있다. 에테르에 이러한 다양한 요구들이 부여되고 있었던 그 복잡성이 바로 케플러 이전의 원, 뉴턴 이전의 빛, 라부아지에 이전의 플로지스톤, 다윈 이전의 적응과 같은 성격을 에테르에 부여했다는 것을 이해하는 것은 이것들의 경위를 잘 알고 있는 우리로서는 쉬운 일이다(초등 물리학이 개정되어서, 이 개념들이 아이들에게 가르쳐지게 되면 이것은 더욱 쉬워질 것이다). 물리학이 새로운 모습을 준비해야 할 때가 온 것이다.

그러나 이것은 그 후의 전개를 앞질러 말한 것으로서, 옛 사람에 대해서 이러한 말보다 더 비역사적이고 불공정한 표현은 없을 것이다. 따라서 맥스웰 자신이 만든 이원성을 유지하면서 그를 고전 물리학의 마지막 지휘자라고 간주하는 것이 공정할 것이다. 그는 원자와 에테르라는 2인의 주역을 무대 중앙에 내보내서, 거기에서 실증주의로부터 불어오는 비판의 바람을 맞도록 했던 것이다.

제11장 에필로그

　1885년 하인리히 헤르츠(Heinrich Hertz: 1857~1894)는 칼스루에(Karlsruhe)에 있는 그의 실험실에서 전기 발진기를 고안했다. 그는 이 발진기로 어떤 진동을 만들어 냈는데, 이 진동은 눈에 보이지는 않으나 진동수, 굴절, 간섭, 편광 등에 있어서 빛과 같은 성질을 보였으며, 뒤이어 빛과 같은 속도로 진행한다는 것이 밝혀졌다. 따라서 전파는, 빛과 전자기가 같은 것이라는 맥스웰의 예언을 이론의 성립 여부를 결정짓는 심판에 붙였고 또 이를 당당하게 통과시켰다. 그것은 과학사에 있어서 다른 어떤 것보다도 결정적인 실험적 승리였으며, 물리학으로 하여금 새롭고도 다른 자세를 갖게 했고 패러데이가 제창하고 맥스웰이 정식화한 공간과 에테르에 관한 선입견에 심각하게 맞서게 했다는 점에서 그것의 전략적인 승리는 더욱더 큰 것이었다. 실제로 그때까지 물리학자들은 장 이론에 대한 맥스웰의 상상력의 전환에 대하여 당혹해 하는 태도를 취했고, 그의 상상 속에서 만들어졌다가 부서지고는 했던 모델들에서 보이는 세세함과 소박함에 대하여 경멸이 복합된 태도를 취했었다. 경멸은 프랑스 학파의 반응이었다. 피에르 뒤엠(Pierre Duhem: 1861~1916)은 맥스웰의 빛과 전자기 이론에 대한 완전한 논문을 썼는데 독자들은 여기에서 (뒤엠이 『물리학 이론의 목적과 구조』에서 말한 바와 같이) "맥스웰의 정신 가운데 논리적 정확성과 심지어 수학적 정확성에 대한 관심의 결여가 어느 정도인가"를 알 수 있을 것이다. 그리고 뒤엠은 이에 관하여 푸앵카레 (Jules Henri Poincaré: 1854~1912)의 『과학과 가설』을 인용한다. "프랑스의 독자가 맥스웰의 책을 펴 보면, 우선 칭찬의 기분과 뒤섞여진 불쾌한 느낌을 갖게 된다. 아니 불신의 마음을 품는 일조차 드물지 않다." 이렇듯 실험실에서의 전투를 초월하여 점차로 활력을 잃어 가면서도 흙에서 나와 흙으로 돌아가는 앵글로 색슨족의 솜씨를 저속한 것으로 깔보는 것은, 흠잡기를 좋아하는 지방 근성에 젖어 있는 프랑스 과학의 영원한 데카르트적 전통에 따라다니는 형벌일 것이다.

당혹감을 즐기고 그 바탕 위에서 무엇인가를 이룩하는 것은 오히려 독일적인 특성이다. 맥스웰의 견해의 바로 그 모호함이 헤르츠와 볼츠만을 확신으로 이끌었다. 헤르츠가 전파를 검출하는 데 성공했을 때 그의 나이는 28세였다. 그가 일찍 죽음으로써 그의 성공은 완전한 고전 물리학 사상의 테두리 안에서 이루어진 최후의 위대한 진전이 되었다. 같은 세대 중에서 볼츠만은 맥스웰의 기체의 운동론에 의한 접근 방법이 지닌 난점을 해결했으며, 통계적 방법에 의하여 열역학 법칙을 이끌어 냈다. 맥스웰 이후의 장 이론과 입자 이론에 관한 이야기를 계속하려면 지금까지 독자나 저자에게 요구했던 것보다 훨씬 높은 수학적 능력이 필요하게 될 것이다. 그럼에도 불구하고 다음과 같은 점을 지적하지 않으면 고전 과학 사상의 역사는 불완전한 것이 되고 말 것이다. 그것은 맥스웰에게 있어서 위대한 테마가 어떻게 클라이맥스뿐만 아니라 그 전환점을 가지게 되었는가, 그 마지막 매듭이 단단히 묶여진 위대한 뉴턴적 실재론의 거대한 거미줄이 어떻게 전혀 예상 밖으로 풀려버렸는가, 더욱이 앨버트 아인슈타인이 학생 시절에 맥스웰의 이론이 물리학에서 가장 매력적인 주제였다고 회상했을 때 그의 마음속에 있었던 것은 요컨대 무엇이었을까 등이다.

 현대의 다른 여러 혁명과 마찬가지로 끝없는 지속성을 갖고 있는 것처럼 보이는 이 제2차 과학 혁명이 그 기원과 내용에서 지적이고 철학적인 동시에 기술적인 것이었다는 점은 의심의 여지가 없다. 기술적 승리가 그 속도를 증가시켰는데, 예를 들면 윌라드 깁스(J. Willard Gibbs: 1839~1903)가 물리화학을 기계론적 열역학의 형태로 재구성한 것, 로렌츠의 개별 전자에 대한 예언적 파악, 콘라트 뢴트겐의 X선 발견, 퀴리 부처의 노고에 의한 라듐의 분리, 막스 플랑크의 에너지 복사에서의 불연속적인 요소의 연역 및 작용 상수의 계산 등은 원자 자체의 해부학적 단계─비록 아직 생리학까지는 아니지만─에서의 이를테면 손기술에 의한 산물이다. 여기서 이것 대신에 과학과 세계의 구성방식 사이의 관계에 관한 일반적 사상이나 가설 ─특히 19세기 말 실증주의의 부흥─ 에 주의를 기울이는 것은, 결코 이러한 기초적 요소를 과소평가하기 때문이 아니다. 그 이유는 프랑스의 피에르 뒤엠, 독일의 빌헬름 오스트발트 그리고 가장 유명했던 비엔나의 에른스트 마흐 등 과학자 중에서 과학 평론가로서도 탁월했던 사람들의 비판의 대상이 일차적으로는 역학의 우위였고 그 다음으로는 실재의 구조에 관한 근본적인 뉴턴적 가정이었는데, 이들 비판이 무엇보다도 고전 과학의 사상 변환을 이룩하도록 했기 때문이다.

 뿐만 아니라 실증주의는 적어도 그 파괴적인 면에서 근본적인 요소였다. 건설적인 면에서 그것은 아주 충분한 것은 못 되었는데, 그 이유는 현상주의(phenomenalism)의 입장에 서서 실재에 접근하고자 하는 이론을 심하게 경멸했기 때문이다. 사실 지성사의 어느 대목에서도 철학의 오류가 철학의 필요불가결함과 이처럼 밀접하게 뒤섞여 있는 에피소드는 없다. 왜냐하면 20세기 초에 실증주의자들은 다소 격렬하게 입자 물리학─정확하게는 그 교설이 양자역학, 확률, 불확정성에 의하여 점차 강화되어 온 물리학 — 을 거부했기 때문이다. 다른 한편으로 실증주의는 아인슈타인을 특수 상대성 이론으로 이끌어 간 일련의 사상을 고취했다. 그러나 아인슈타인은 만년에 바로 그 인식론을 그의 과학에서 이성을 포기하게 한다는 이유로 거부했다. 일반 이론에 도달하기 위하여 아인슈타인은 마흐를 뛰어넘어 그 자신이 창조한 존재론으로 들어갔으며, 현실적인 것과 이상적인 것이 (비유클리드) 기하학의 자극적인 분위기 속에서 어울리고 있는 더 높은 영역으로 솟아올라 갔다.

    실증주의 자체가 부흥했던 철학적 상황은 보다 덜 명확하다. 오귀스트 콩트(Auguste Comte: 1798~1857)가 19세기 초에 이 실증주의라는 단어를 만들어 냈다. 콩트는, 계몽사조의 최후의 대변자이면서 그 시대보다 더 오래 살아서 혁명과 나폴레옹 시대 유럽의 광범한 비이성의 와중에서도 계속해서 이성에 관해 논했던 관념론자들의 다소 황폐한 말장난으로부터 콩디약의 과학철학의 본질적 요소들을 되살려냈다. 콩디약의 교육주의를 역사주의와 병합시킴으로써 콩트는 사회학을 과학에서 인간 공학으로 바꾸어 버렸다. 그 다음에 역사가 규범으로서의 자연을 대신하게 되었기 때문에, 콩트는 콩디약주의자가 전혀 하지 않은 일을 해야 했으며, 형이상학은 물론 존재론도 거부해야 했다. 이렇게 해서 그는 과학으로부터 객관적 실재를 취급할 권리를 박탈하려고 하였다. 그는 예언하기 위해서 인식하려 했으며, 통제하기 위해서 예언하려 했던 것이다. 이것이 바로 실증주의의 프로그램이었으며, 콩트에게 있어서는 사회적 복음이 되었다. 그의 터무니없는 생각에도 불구하고 그는 자신의 학파의 창시자였다. 그리고 그의 만년의 세속적 광신이 아무리 불쾌한 것이었고, 그의 기술주의의 권위가 아무리 놀랄 만한 것이었고, 또 그의 문장의 장황함이 아무리 지루한 것이었다 해도, 그가 그 후계자들 사이에서 아무런 명성도 얻지 못한다는 것은 이상한 일이다. 하지만 헤겔, 스펜서 등의 위대한 체계 수립자들이 형이상학의 부흥을 구가했던 19세기 중반을 가로질러 파리와 비엔나, 즉 콩트와 마흐가 어떻게 연결되었는가를 밝히는 것은 철학사가들의 임무로 남겨져야 할 것이다. 이 문제는 좀더 탐구해 볼 필요가 있다. 왜냐하면 1900년까지는 수십 년 동안 실증주의를 부활시킨 주창자들간의 관계는 유도라기보다는 공명이라고 여겨지기 때문이다. 필자는 이 세대에 대해서는 동료 의식을 느끼는데, 그 후계자들, 필자 자신과 같은 세대의 논리 실증주의자들의 연구에 대해서는 그러한 동료 의식이 일어나지 않는다. 왜냐하면 과학의 방법과 논리를 존중하여 과학의 발전을 무시하는 이들 후자와는 달리 뒤엠, 오스트발트, 마흐는 역사에 깊은 관심을 품었기 때문이다. 아마 대단한 역사적 정신이 있어서 그런 것은 아닐 것이다. 그들은 과학 학설의 역사를 그 자체의 목적, 즉 문화와 창조의 기록으로서가 아니라 교훈적으로, 그로부터 당시의 과학 비판의 방법을 만들어 내기 위하여 연구한 것이다(그보다는 오히려 당시 과학의 오류를 비판하려고 했다고 할 수 있다 — 왜냐하면 역사에 대한 그들의 태도에는 계몽사조의 요소가 있었기 때문인데, 그것은 그들의 궁극적인 철학적 영감이었다). 마흐의 『역학의 역사적 발전』은 모든 과학사나 과학철학 연구자들로부터 아직도 고전적 저서라는 평가를 받고 있다. 아인슈타인은 그의 청년 시절을 회고하면서, 이 책은 역학이야말로 물리학의 기초라고 하는 물리학자들의 "독단적 신조"에 빠져 있던 그를 처음으로 흔들어 놓았다고 말했다.

뒤엠의 분야는 철학일 뿐 아니라 아마 주로 과학사일 것이고, 또 열역학에서의 그의 업적을 놓고 본다면 분명히 과학 자체라고 할 수 있다. 탈레스에서 케플러에 이르는 우주론의 역사에 관한 여러 권의 저서는 근대 과학사학을 창시했으며, 역학에서의 레오나르도 다 빈치의 선행자들에 대한 세 권의 논문집은, 갈릴레오가 거슬러 올라가서 14세기의 파리 학파에서 정점을 달한다고 본 전통을 추적함으로써 이 분야에서 중세 사조가 지속적이었음을 밝혔다. 마흐와는 대조적으로, 뒤엠의 학문은 선입견 때문에 너무나 자주 판단을 그르치는 그의 비평에서보다는 흔히 철학으로 걸러지지 않았던 그의 진정으로 뛰어난 박학다식함에서 우위를 보이는 듯하다. 마지막으로 오스트발트(Wilhelm Ostwald: 1858~1932)는 먼 과거의 문화보다는 위대한 근대 과학자들의 지적 개성과 사고 과정에 흥미를 품었다. 그의 전기『위대한 남성들』은 이를테면 근대 과학의 플루타르크 영웅전이다.『오스트발트 고전 총서』라는 제목으로 그가 수집해 놓은 위대한 원전들은 아직도 학자와 학생들에게 유용하게 쓰이고 있다. 간단히 말해서 필자는 이 실증주의자들이, 그들의 영웅적 세대에 당대의 과학을 그 과거의 표피일 뿐이라고 인식함으로써 제공한 기여를 인정하지 않을 수 없는 것이다. 비록 필자가, 과학자라면 무조건 실증주의자로 간주해 버리려고 하는 마흐로부터 갈릴레오와 뉴턴을 구출해내야 하고, 물리학 전체를 그럴듯한 이야기 정도로 격하시켜 버리려는 뒤엠의 정열로부터 코페르니쿠스와 케플러의 플라톤적 실재론을 구해 내야 한다고 느끼고 있지만 말이다.

아무리 냉정한 역사가라도 로버트 마이어에 의해 시작된 물리학상의 운동에 대한 오스트발트의 열의를 과소평가하려 하지는 않을 것이다. 확실히 이 19세기 말의 실증주의 철학자는 에너지학 물리학자였다고 해도 좋을 것이다. 열은, 우선 클라우지우스와 맥스웰을 따르고 다음에는 깁스와 볼츠만을 따라 열을 동역학의 문제로 환원하려고 한 사람들의 마음을 사로잡았다(바로 여기에서 열역학이라는 말이 유래된다). 그리고 또 그들과는 의견을 달리 하지만 뒤엠, 오스트발트, 마이어를 좇아 에너지 연구에서 역학을 초월하려고 했던 사람들의 마음도 사로잡았다(뉴턴적 과학을 대신하는 과학의 새로운 양상으로서의 에너지학이라는 의미가 거기에서 나왔다). 이 후자는 물리학에 혁명을 일으키리라는 것을 의미했다. 그리고 그들이 법칙 자체대신에 원자라는 잘못된 방향으로 돌진한 것은 그들의 불운이었다.

신뢰할 만하고 탁월한 과학자들에 의해서 주도된 과학 십자군이 이렇게 빨리 그리고 철저하게 해체된 적은 역사적으로 거의 없었다. 기계론이 불러일으킨 불만에 공감하기란 쉬운 일이다. 아직도 (기계론의) 고전적 압제로부터의 해방이라는 부류의 감정 속에서 자랑스러워하는 사람들이 있기는 하다. 그러나 이 압제는 현재 노예제처럼 사멸해 버린 것이다. 에너지 보존, 전기 역학, 광학 등의 정식화, 그리고 궁극적으로는 과학 전체의 정식화를 뉴턴 법칙이라는 언어로 행하는 것을, 하나의 승리로 생각할 수도 있을 것이다. 반면에 실증주의자들이 정말 그렇게 간주한 것처럼, 이것을 언어의 강제이자 정의의 남용이라고 생각할 수도 있다. 에너지를 방정식에 들어맞게 하기 위해서는 그것을 포텐셜 에너지와 운동 에너지로 임의로 나누어야 했다. 우주는 엇갈림 탄성파를 발생시킬 만큼 견고하다고 인정되어야 했고, 또 검출 가능한 것을 검출할 수 없는 것처럼 통과시킬 수 있을 만큼 희박하다고 생각되어야 했다. 전기는 (통상적인 역학의 방정식에 들어맞게 하기 위해서) 질점으로 분해되거나, (수력학의 방정식에 들어맞게 하기 위해서) 가상적이거나 압축할 수 없는 유체로 분해되어야만 했다. 어느 경우에나 운동으로 돌입하기 위해서는 계량불가능한 무엇인가가 주어져야만 했다. 역학 본래의 영역 밖 어디에서나 이 명제들을 규정한 것은 관찰이 아니라 운동 법칙이었다. 그러나 어디에서든 고전 과학의 구조는 반석 위에 세워진 집이라기보다는 감옥처럼 느껴졌으며, 역학의 확장은 이론의 정식화(또는 언어의 관습)에 실재의 속성을 입힌다는 오류를 범하는 것처럼 여겨졌다.

그리고 도처에서 잘못된 문제가 발생하여 그 진로를 방해했다. 원자론——그 운동이 법칙들로 기술되는 궁극적 입자들의 실재성을 나타내는——이 17세기 이래 고전 물리학에 존재론을 제공해 왔기 때문에, 역학을 비판하는 사람에게는 원자가 바로 악한처럼 보인 것도 무리는 아니다. 그러나 그 비평가들을 성나게 한 원자는 20세기에 들어와서 그들은 논박하기 위하여 출현한 풍부하고 복잡한 구조, 흥미와 장래성과 위협으로 가득한 구조를 지닌 것은 아니었다는 사실을 인정해야만 한다. 그 비평가들이 경멸의 대상으로 삼았던 원자는, 동역학에서는 미세한 볼 베어링이었고, 화학에서는 (그것이 없어도 마찬가지였겠지만) 원자가의 운반자였고, 전기에서는 에너지의 무한소를 형상화한 것이었으며, 기체 통계역학에서는 일군의 관찰할 수 없는 것들이었고, 그 외의 모든 곳에서는 본래는 단지 해석적 기법에 불과한 것을 실재의 상으로서 가정한 것이었다. 그러한 원자들은 쉬운 표적물이었다. 아마도 여기에 문제가 있었을 것이다 ─ 그것들은 너무나 평이하고 하찮은 원자들이었던 것이다.

논란거리는 이 비판들의 내용에 있는 것이 아니었다. 그 비판은 아주 분명한 것으로서 그것은 현대 물리학의 기묘한 입자들의 실재에 대해서도 똑같이 되풀이될 수 있는 것이다. 오히려 논란거리는 이 싸움이 행해진 분위기와 그것이 봉사했던 목적에 있었다. 뒤엠과 오스트발트가 원자에 관해서 (그렇다기보다는 오히려 원자에 반대해서) 쓴 글을 읽으면, 전에도 한번 본 것 같은 느낌에 놀랄 것이고, 그것이 막다른 골목이라는 것을 알게 될 것이다. 『물리학 이론의 목적과 구조』에서 뒤엠은 현상주의 ─ 이에 따르면 모든 물리학자는 실재하는 세계가 자신의 외부에 존재한다는 직관에 만족할 수 없다 ─ 을 제한하지 않을 수 없다고 느끼고 있는데, 이 현상주의에서는 확실히 수학의 법칙은 그 자체로는 경험을 간결하게 서술한 것에 불과하다. 그럼에도 불구하고 그것들은 매우 아름답게 조화를 이루고 있고, 초월적 질서를 대단히 설득력 있게 제시하기 때문에, 그것들은 실재 속에 존재하는 어떤 조화의 반향임에 틀림없다. 기계적 모델이나 도식적인 이미지, 또는 어떤 형태의 가설도 그 조화를 보여줄 수는 없다. 그 조화에 대한 우리의 접근은 간접적인 것으로, 자연 법칙들 가운데서 자연적인 분류를 식별함으로써 도달해야 할 것이다. 뒤엠의 이 "자연적인 분류"란 말은 비록 자연의 실제의 구조는 아니더라도 자연의 질서 속에 있는 사물의 관계를 반영하는 분류를 의미한다. 이론이 실험을 인도하여 관찰되지 않은 현상을 예언하고 표현되지 않은 법칙을 정식화하는 능력을 갖고 있다는 사실을 통해, 우리는 적절한 분류가 그러한 약속을 담고 있음을 확신할 수 있다. 이것은 발견이라는 사실과 현실의 개선이라는 목표가 현상주의적 논리와 맞부딪칠 때마다 항상 발생하는 난점이다. 이것은 새삼스러운 문제가 아니었고, 분류에 의존하는 것 또한 새로운 해답이 못되었다.

오스트발트의 개설서인 『에네르기 *Die Energie*』는 이 입장을 가장 전형적으로 서술한 것이다. 그의 논의는 당시 생물학이 자연 선택 이론으로부터 라마르크주의로 후퇴한 것과 일맥상통한다. 오스트발트는 화학자였다. 그는 과학에 생물학적 주관성과 과정의 의미를 다시 부여하기를 열망했고, 그의 자연관은 운동하는 물질의 과학이라기보다는 감각할 수 있는 물질의 과학에 의하여 형성되었는데, 이러한 사람에 의해서 물리학의 불모성에 대한 고발이 다시 한번 행해졌다는 것은 묘한 되풀이이다. 오스트발트는 기계론이 물체들로부터 그 특성들 — 물체들은 오로지 이를 통해서만 지각된 현상의 과학에 대한 실재성을 가지는데 — 을 박탈한다는 이유로 그에 반대했다. 분명 에너지의 현현은 우리가 감지하는 것이고 또 우리가 감지하는 모든 것이기 때문에, 에너지야말로 현상주의적인 과학에서 실재를 표현할 수 있는 유일한 개념이다. 에너지란 바로 작용하는 것이며, 어떤 사건 속에서 벌어지는 에너지의 변환이 곧 그 사건의 내용이다. 그러므로 에너지의 변화를 역학의 확장으로 보는 것은 어리석은 일이다. (가장 극단적인 예를 든다면) 관성 운동을 본 사람은 아무도 없지만, 우리는 관행상 관성 운동을 기본적 현상으로 여길 것을 요구받는다. 또한 마찰 없이 일어나는 현상은 아무것도 없지만, 우리는 마찰을 우발적 사건으로 여길 것을 요구받는다. 이것 대신에 오스트발트는 우리로 하여금 뉴턴을 넘어서 마이어에 의하여 그어진 방향으로 나아가게 하려고 했다. 자연은 외연적인 기하학적 크기에 의해서가 아니라 에너지의 크기에 의하여 계량되어야 한다. 그러면 역학적 문제는 에너지 교환의 특수한 예로 될 것이다.

인간의 편견이나 이익에 호소하는 논의는 반드시 모두 피해야만 하는 것은 아니다. 적어도 논리적 분석보다 역사적 비판이 행해지는 경우에는 그렇다. 과학사의 관점에서 보면, 에너지학은 우리를 이제는 낯익은 것이 된 다음과 같은 하나의 현상, 즉 무언가 유쾌한 목적에 봉사하려고 하는 과학자들 사이에 잠재해 있는 과학에 대한 불만에 직면케 한다는 것이 그 주창자들 — 그들은 모두 선의의 사람들이었다 — 에게 드러난 것보다 더 자명하게 드러날 것이다. 이렇기 때문에 뒤엠은 그의 이론에 의한 추상화와 자연적 분류를 통한 질서화에 대한 설교를 통해 철학자인 동시에 현자로 행세하는 것이다. 프랑스 과학의 미래가 앵글로 색슨의 "얕으나 넓은" 스타일에 의해 오염되는 대신에 자국 고유의 "깊고 좁은" 스타일을 비타협적으로 고수하는 데 있다는 것이 그가 항상 말하고자 하는 바였다. 뒤엠으로서는 그의 교회가 번영을 누렸던 중세기의 과학적 공적을 회복시키기를 원하는 것이 자연스럽고 가치 있는 일이었다. 그러나 그의 독자는 그렇게 되면 종교적 형이상학이 진리의 영역을 독점할지도 모른다는 생각에서, 물리학을 유익한 허구라는 지위로 격하시키려는 뒤엠의 열의에는 동의하기를 주저할 것이다.

사물에 대한 충실성과 불가지론이라는 양 극단이 실증주의에서 서로 접촉할 수 있었다. 오스트발트의 열정에 불을 붙인 그 종교는 콩트의 신 없는 사회학의 부활이었다. 오스트발트는 물리학 전제를 에너지학으로 재편성함으로써 인문학에 기여할 수 있으리라고 생각했다. 사실 그는 역학의 명제들을 받아들이기 어렵다는 점보다도 그것들을 다루기가 힘들다는 점에 더 기분이 상해 있었다. 역학은 심리학으로 향한 어떤 실마리도 거부함으로써 과학을 빈곤화했다. 한편 에너지에 대한 철저한 지각

위에 세워진 새로운 현상주의는, 물리학과 연속되어 있으며 따라서 확실하고 계몽된 그리고 사회의 개혁에도 적용 가능한 심리학을 우리에게 되돌려 주려고 했다. 오스트발트는 이론을 경험이라는 언어의 구문론으로 보는 점에서 콩디약과 같이 비타협적이었고, 예언을 이론의 증명으로 보는 점에서 콩트와 같이 확신이 있었으며, 응용을 과학의 정당화로 보는 점에서는 베이컨과 같이 공리주의적이었다. 과학을 일차적으로는 언어로 그 다음에는 행위로 보는 것의 이점은, 그렇게 되면 과학이 형이상학적 의미에서라기보다는 엄격한 그리고 조작적이거나 상호주관적인 의미에서 주관적이 될 수 있다는 것이었다.

에른스트 마흐(Ernst Mach: 1838~1916)의 업적에는 그런 어조가 따라다니지 않는다. 따라서 그는 경험의 가장 순수한 합리화가 될 과학을 향해서 보다 순수하고 보다 직선적으로 돌진할 수 있었다. 그는 계몽사조에의 부채를 의식하고 있었다 — 그러나 그 회의주의에 대해서이지 그것의 감상주의에 대한 것은 결코 아니다. "나는 마흐의 위대성을 그의 불후의 회의주의와 독립성에서 본다……" 라고 아인슈타인은 말했다. 여기에다 마흐의 대담성과 근본주의에서 본다고 덧붙였어도 좋았을 것이다. 송사리 실증주의자들이 가진 마음은 결국 고집스러운 까다로움이었다. 그들의 비판은 역학에 대한 비판이기보다는 오히려 그것에 대한 부정이었다. 마흐 역시 원자의 실재에 관해서는 그들 이상으로 인내하지는 못했다. 다만 역학의 방정식에 수로 표시되어 있는 것을 단순히 쫓아버리는 것이 아니라, 절대 공간, 절대 시간, 절대 운동 등 역학의 기본적인 상정을 공격한 것이다. 그는 뉴턴설의 핵심을 곧바로 찔러서 관성의 원리로 하여금 경험주의의 법정 앞에서 스스로 해명하도록 요구했다.

마흐의 실재하는 공간과 시간에 대한 불만은 그의 개인적인 성장 과정에서 관념론의 초기 단계, 즉 처음에는 칸트주의 그 다음에는 버클리주의로부터 온 것이다. 따라서 그는 공간과 시간을 실재의 속성으로 보기보다는 경험의 범주로 간주할 준비가 되어 있었다. 마흐 자신의 발전은 확실히 관념론의 진보적 공헌을 실증주의적 현상주의 — 이것에 대해서는 자아와 그 감각들이 실재를 구성한다 — 를 통해 재연했다. "우리는 단지 관찰된 현상들에 관해서만 인식한다"고 하는 자신의 인식론의 계획을 수행하는 데 있어서, 마흐는 뉴턴의 관성에 대한 그의 비판을 버클리가 이미 형이상학적으로 다룬 지점으로 돌려놓았다.

뉴턴의 운동의 제2법칙에 의하면 힘은 질량과 가속도의 곱으로 나타난다. 그렇지만 무엇에 대한 가속도인가? 만약 뉴턴이 이 난점에 의해서 저지당했다면 그는 고전 물리학을 절대로 수립할 수 없었을지도 모른다. 실제로 그는 이 문제를 간단히 비켜 가고 말았다. 양심의 가책이 없지는 않았겠지만. 뉴턴은 그가 『프린키피아』의 정의에서 도입했던 구별, 즉 한편으로는 물리학과 실재의 절대적 공간과 시간 그리고 다른 한편으로는 보통 사람들이 생활하고 그 속에서 존재하고 의식하고 있는 상대적 공간과 시간의 차이를 열심히 논했던 것이다. 그것을 정당화하기 위해 뉴턴이 말할 수 있었던 것은 저 유명한 사고 실험 덕택으로 "사물은 결코 절망적인 것이 아니다"라는 말 뿐이었다. 물이 담긴 양동이가 꼬인 줄에 매달려 있다. 물리학자가 그 양동이를 놓아 주면 꼬였던 줄이 풀리면서 양동이를 회전시킨다. 물의 회전 속도가 점차 빨라지면서 물은 양동이 벽으로 기어오른다. 이 때 갑자기 양동이를 멈추면, 잠시 동안 운동과 물 표면의 오목해진 상태가 지속된다. 물이 양동이에 대해 정지해 있을 때나 양동이 안에서 운동하고 있을 때의 두 경우에 모두 물 표면의 오목한 면이 형성되었으므로 이 현상은 절대 공간에 대한 가속도 — 원형 가속도이긴 하지만 별 문제는 없다 — 의 결과이며, 따라서 절대 운동의 한 예가 될 수 있을 것이다.

이 사고 실험의 설득력은 매우 불분명하다. 그리고 버클리의 반박이 더 마음을 끄는 것처럼 생각되기도 한다. 뉴턴의 실험은 양동이 속의 물질뿐만 아니라 다른 어떤 물질과도 무관하게 수면이 오목한 면을 형성할 때에만 그 논거를 가질 수 있다. 그리고 오직 그럴 때라야만 운동은 물체와 공간과의 순수한 상관관계로 추상화될 수 있을 것이다. 그러나 버클리는 이것은 무의미하다고 반대했다. 물질은 연장에 대해서가 아니라 단지 다른 물질과의 관계에서만 위치가 변화될 수 있다. 물은 우주의 모든 물질에 의해서 영향 받는다. 그것의 외견상의 관성은 항성에 대한 상대적 운동에 불과한 것으로, 엄밀히 말하면 항성이 물 표면을 휘게 한 원인이다. 만약 그것이 없다면 물은 평평하게 남아 있을 것이다. 그러나 이것은 다른 물질이 전혀 존재하지 않는 경우를 의미한다. 그렇기 때문에 우주에 물체가 오직 하나밖에 없다면 그것은 관성을 갖지 못할 것이다.

이 지극히 형이상학적인 명제가 그 자신도 형이상학의 재앙의 씨앗이었던 마흐에게 어떤 관심을 불러일으켰는지를 이해하기 위해서는, 그가 문제 삼고 있던 것이 뉴턴 물리학의 법칙이 아니라 그 존재의 가치라는 것을, 요컨대 고전 물리학의 요새인 관성의 법칙이 아니라 물체를 측정이나 비교대상과는 독립적인 내재적 특성으로 간주하는 것임을 기억해 두어야 할 것이다. 마흐의 역학 비판은, 항상 라그랑주나 갈릴레오나 아르키메데스로 하여금 그들이 경험으로부터 배워 얻은 것을 그들의 이성에 의한 것이라고 믿어 버리도록 하는 망상을 폭로하는 데 목적을 두고 있었다. 아르키메데스가 그의 평형의 문제를 고려해야 한다고 호소하면서, 정말로 그 자신의 신체의 대칭에 대한 감각을 개발한 것도 그런 이유에서였다. 문제는 지렛대 법칙의 유용성이 아니라, 그것을 올바로 이해하는 것이었다. 이와 마찬가지로 푸코의 진자 ─ 원리상 뉴턴의 양동이 실험과 같은 실험이다 ─ 를 해석하는 데 있어서 마흐는 지구의 (또한 일반적인) 절대 운동을 인정하거나 아니면 관성의 법칙의 표현상의 오류를 인정해야 한다는 데 동의한다. 어떤 물리학자도 미비한 점이 없다고 생각하고 있던 것 즉 국소적 법칙으로서의 관성의 원리의 유효성에 대하여 논의해야 한다는 식으로 문제를 제기하는 점에서 마흐는 다른 모든 심오한 물리학 사상가와 구별된다. 이것이 마흐의 근본주의의 특징이다. 우리가 방향을 명시하지 않는다면, 어떤 물체가 동일한 방향을 유지한다는 것은 무엇을 의미할까? 우리는 이 물체 혹은 저 물체에 관성을 부여할 수는 없다고 마흐는 주장했다. 우리는 관성의 법칙이 지구가 회전하는가 전체가 일주 회전을 하는가 하는 그릇된 문제에 자연은 완전히 무관하다는 것을 집어넣어서 그 법칙을 다시 서술해야 한다. 우리가 양동이를 회전시키든 항성을 회전시키든 간에, 수면에 관한 우리의 법칙의 예언이 바뀔 리는 없는 것이다.

따라서 물체들은 자신의 운동과 무관하지 않다. 물체의 관성은 다른 모든 물질과의 거리와 배치에 의해 영향을 받는다. 이러한 심오한 생각들 — 운동의 상대성, 운동의 매개변수인 시간과 공간을 여러 사건들 간의 기능적 의존의 질서로 재정의하는 것, 관성 따라서 중력과 가속도에 관한 논술은 우주에 있는 모든 물질의 상호 작용에 관한 것이야 한다는 원리 등 — 은 완벽한 경험주의의 대단히 난해하기는 하나 고도로 논리적인 이 결론들로서, 물리학을 철학만의 힘으로나 가능했을 정도로 상대성 혁명으로 접근시켰다. 마흐로 하여금 우주를 가득 채워 가고 있는 것처럼 보였던 전자기장의 실재성과 에테르의 구성을 고찰하지 못하도록 한 것은 그의 어떤 원리들이었을까? 이에 대해서 고려하지 않고서는 물리학은 더이상 번영할 수 없었다. 마이켈슨-몰리의 실험은 마흐의 관심을 끌지 못했다. 에테르의 검출 불능성 — 실증주의자라면 누구나 "그것은 당연한 일이다"라고 말했을 것이다 — 이 장의 지위를 현실적인 문제로서 제기하고 있다는 것을 마흐는 이해하지 못했다.

물리학에서 로렌츠(H. Antoon Lorentz: 1853~1928)와 아인슈타인(Albert Einstein: 1879~1955)의 관계는 철학에서 마흐와 아인슈타인의 관계와 같다고 하겠다. 로렌츠는 아인슈타인의 스승이기는 했지만, 주제를 완전히 이해하고 있지는 못했다. 아인슈타인은 그들의 상호 관계에 대해 이 세례 요한의 탄생 백주년 기념사에서 "개인적으로 그는 내가 인생의 도정에서 만난 그 어떤 사람보다도 나에게 의미가 있었다"고 말했다. 당시에 아인슈타인은 그 도정의 끝에서 과거를 회상하고 있었다. 이 찬사는 개인적인 것이기는 하지만, 과학적인 것이었다고 할 수도 있을 것이다. 왜냐하면 그는 정신에 있어서나 방정식에 있어서나 로렌츠의 뒤를 따랐기 때문이다. 로렌츠에게 부족했던 것은 아인슈타인의 정신에 있던 신성(神性)이라고 할 만한 궁극적인 자질 뿐이었다. 그런데 이 자질은 다른 사람과 똑같은 증거를 손에 넣고도 물리학이 자연에서 이해하는 세계의 모습을 완전히 바꾸어 버릴 수 있는 것이었다.

로렌츠는 많은 네덜란드인들이 그렇듯이 영국, 프랑스, 독일의 언어 및 과학적 전통에 똑같이 정통하다는 이점을 갖고 있었다. 그는 이 세 나라의 스타일을 모두 잘 이해하면서도 또 이들 스타일로부터 자유로울 수 있는 위치에서, 유럽 학문의 가장 좋은 전통 속에서 연구를 행했다. 그 자신의 모범은 프레넬이었다. 로렌츠가 라이덴에서 논술한 박사 학위 논문은 맥스웰의 장의 이론과 관련하여 빛의 파동설을 고찰한 것이다. 여기에서 그는 프레넬의 공식들 가운데 어떤 예외 — 그 중 가장 중요한 것은 횡진동에 종진동이 수반되는 경우는 없다는 것이었다 — 는 빛의 전자기설에서는 사라진다는 것을 보였다. 보다 곤란한 복잡성은 장 이론 자체에 남아 있었다. 맥스웰은 원격 작용을 배제하기 위하여 장을 수립했던 것이다. 그럼에도 불구하고 맥스웰의 방정식은 보통 물질과의 연결로부터 원격 작용을 해방시키지 못했다. 자유 공간의 에테르와 (예를 들면) 유리 속의 에테르 사이에는 연속체가 아니라 오히려 경계가 생겼다. 따라서 장 전체를 기술하기 위해서는 장의 세기를 특수한 상수에 의한 유전 변위, 유리의 유전율과 결합시켜야만 했다.

로렌츠는 에테르의 견인 관계에 관한 프레넬의 연구를 통하여 이 불운한 상황에 도달했다. 프레넬의 이론 역시, 물체와 겹치는 부분의 에테르는 말하자면 갇힌 것이라고 예언하였다. 로렌츠는 그 당시로 보아서도 보통이 넘는 침착한 포용성을 가지고 전 물리학을 자기의 연구 영역으로 삼았지만 에테르를 수미일관되고 합리적으로 설명하는 일이 다른 어떤 문제보다도 더 그를 끌어당겼다. 그는 학자 생활 초기에, 장의 이론은 빛과 전자기의 통일에 의하여 제한될 수 있을 것이며, 더 나아가서는 계량 가능한 물질과의 부분적인 그러나 막연하고 임의적인 결합으로부터 에테르를 해방시킴으로써 더욱 단순화될 것이라고 생각했다. 따라서 로렌츠는 무게를 잴 수 없고 어디에나 존재하며 정지하고 있는 에테르에 장이 자리 잡고 있어야 한다는 가설을 세우려고 했다. 뉴턴은 물질을 명확하게 구별했다. 뉴턴이 당대에 물질과 연장 사이를 구분한 것과 같은 정도로 날카롭게, 로렌츠는 에테르를 보통의 물질과 구분하였다. 이리하여 그는 장의 세기와 유전 변위라는 용어 사이의 구별을 없앴다. 물질의 원자적 구성의 기본 전하가 장을 만든다. 그러나 이것들은 장과는 다르다. 장은 뉴턴 법칙에 따라 전달하는 힘을 미친다. 즉 장과 물질의 상호 작용은 역학적인 결합에 의해서가 아니라 원자와 전자의 연결에 의해서만 일어난다(혹시 전자라는 말을 사용할 때, 로렌츠가 전하를 특별 취급했기 때문에 얻어진 발견을 생각할 수도 있을 것이다).

    상세한 검토를 거친 뒤 이 이론은 전기 역학의 모든 현상을 아름답고도 단순하게 설명했다. 그리고 단순성의 대가로서 하나의 중요한 조건을 요구했다. 그것은 에테르가 운동하는 물질에 대해서 정지하고 있으며, 에테르와 물질은 별개여야 한다는 조건이다. 다시 말하자면 맥스웰의 법칙은 한 가지 즉 장에 관한 것이었다. 뉴턴의 법칙은 또 다른 것 즉 운동하는 물체에 관한 것이었다. 그리고 로렌츠는 그것들을 에테르에 대하여 정렬시켜 놓음으로써 두 가지를 모두 설명하려 했다. 그렇게 되면 지구와 모든 물체는 에테르 속을 운동할 것이다. 맥스웰은 그 운동을 탐지할 실험을 계획했는데, 마이켈슨(Albert Abraham Michelson: 1852~1931)이 1881년에 처음으로 수행했으며 1887년에 몰리(Edward William Morley: 1838~1923)와 함께 정밀하게 다듬었다. 그들은 지구의 운동 방향에서 측정하는 경우와 그것과 직각인 방향에서 측정하는 경우의 빛의 겉보기 속도의 차이를 검출하려고 했다. 물론 그것은 그 자체만으로도 흥미로운 유명한 의문으로서, 로렌츠의 균일한 정지 상태의 에테르가 존재하는지를 판정하는 것에 그치는 것이 아니었다. 로렌츠는 최종적이고 부정적인 결과를 안겨 준 그 측정의 판정을 받아 들였지만, 이 실험을 그의 이론에 대한 중대한 반증이라고 해석할 마음은 들지 않았다. 그가 수정한 것은 그의 방정식이었다.

물리학이나 수학 문제에서는 흔히 일련의 좌표로부터 다른 좌표로 양을 변환시키는 것이 편리할 때가 있다. 직각 좌표로 서술된 문제가 있다고 하자. 그 해는 극좌표로 나타내는 것이 간단할 수도 있고, 혹은 처음의 직각좌표에 대해서 이동된 다른 직각 좌표로 나타내는 것이 간단할 수도 있다—즉 그 뒤에 결과를 초기 계로 환원할 수 있다. 로렌츠는 장을 떠맡고 있는 에테르를 물질과 전하가 상호 작용하는 관성계에 관련시키기 위한 수학적 고안으로서 그 변환을 만들어 냈다. 고적 역학은 시간을 운동의 차원으로 다루기 때문에, 그의 표현은 면이나 삼차원의 단순한 공간적 성분들보다 복잡했다. 그러나 시간의 취급은 원리적으로 (예를 들면) 항성시와 태양시 두 계 사이의 변환과 다르지 않았다. 광학에서 이 변환들은 로렌츠에게 프레넬이 그의 저항 계수를 도입했던 정지하고 있는 에테르라는 결과를 내놓았다. 변환을 전기 역학에 응용하는 것은, 정지 상태의 장에서의 전하의 운동을 이것에 대해서 등속 직선 운동을 하는 제2의 장에서의 경우와 같은 공식에 의하여 기술하는 것을 허용했다. 로렌츠의 세계상의 기본 조건은 언제나 (운동하는 전하의 계를 포함하는) 관성계의 근본적인 틀은 정지하고 있는 에테르라는 것이었다.

마이켈슨-몰리의 실험은 그 초석을 흔들어 놓았다. 왜냐하면 그것은 에테르가 지구와 함께 (아마 그 위에서 측정이 수행된 어떤 물체와 함께) 운동한다는 것을 보여주는 것처럼 생각되었기 때문이다. 두 가지 가능성이 있었는데, 그것은 로렌츠가 정지 상태의 에테르를 버리든가 그의 변환을 확장하든가 둘 중의 하나였다. 그는 후자를 택했다. 그리고 그 방정식을 피츠제럴드(G. F. Fitzgerald)라는 상상력이 풍부한 아일랜드인이 1892년에 처음으로 내놓은 제안에다 적용했다. 로렌츠 자신은 운동하는 정전기적 전하는 그 효과, 즉 자기장을 만들어내는 일에서는 전원 속의 보통 전류와 같다는 것을 확인했다. 피츠제럴드는 지상의 물리학자에 대해서 정전기의 전하는 정전기장을 발생시킬 뿐 자기장을 발생시키지 않는다고 논했다. 그러나 만약 그가 태양 위에 있다면, 그는 그 전하가 운동하고 있다는 것을 알아챌 것이다. 강체 속에서 원자는 그러한 전하를 가지고 있다. 어떤 물체의 형태는 그 분자 사이에서 작용하는 힘들에 좌우된다. 이 힘들은 전자기장의 상태에 영향을 받을 것이다. 어떤 물체는 전하에 대하여 운동하고 있는가 정지하고 있는가에 따라, 자기장을 수반하거나 수반하지 않을 것이다. 또 그 역도 일어날 수 있을 것이다. 따라서 어떤 물체는 이 운동 방향에서는 정지하고 있을 때나 직각으로 운동할 때보다 짧아질 것이다. 이것이 에테르를 통하여 운동을 관찰하려고 했던 마이켈슨-몰리의 실패에 대한 설명이 될 것이다—그들의 장치는 에테르 속에서의 지구의 운동에 의하여 극히 미량이기는 하지만 축소되었다. 그 운동이 빛의 겉보기 속도에 줄 감소량을 필연적으로 상쇄시켜 줄 양만큼 축소되었던 것이다.

그것은 과잉 확대된 개념처럼 보였다. 우리는 로렌츠가 직면했던 다른 하나의 개념을 상기해야 한다. 즉 맥스웰의 장에 관한 법칙, 빛과 전자기의 법칙을 인정하는 것은 운동 물질이 뉴턴적 관성을 보이는 세계에서는 성립하지 않는다는 것이다. 피츠제럴드 단축을 포함한 로렌츠 변환에 의하여 맥스웰의 법칙의 불변성은 수호되었다. 또 뉴턴의 법칙들도 그것들의 영역에서는 수호되었다—로렌츠가 말했듯이, 만약 시간과 공간이 그 방정식에서 약간 비스듬히 잡아당겨지는 것이 허용된다면. 물리학의 현상주의자들 가운데에는 아직도 아인슈타인이 특수 상대성이라고 부른 것을 로렌츠 변환과 동일시하는 사람이 있다는 것도 기억되어야 한다. 실제로 그것은 동일하다. 그 차이는 철학적인 것이지 수학적인 것이 아니다. 그리고 이것은 장의 소재지로서의 (이제 원리적으로 검출 불가능한 것이 되어 버린) 에테르를 내버리고 공간과 시간의 상대성을 새로운 물리학의 기초로 여기는 것이 기분 좋다든지 물리적으로 중요하다든지 하는 생각과 관련되어 있다.

　아인슈타인이 어떤 의미에서 로렌츠를 뛰어 넘었는지는 과거에 생각되었던 것만큼 명료하지 않게 되었다. 뉴턴적 종합이라는 말에서와 마찬가지로 자연의 실재에 대한 새로운 개념화를 통해 물리학과 철학이 혁명적으로 결합했음을 보여주기 위해, 우리는 아인슈타인적 종합이라는 새로운 말을 만들어내야 할 것이다. 아인슈타인은 그의 생애 말년에 그의 업적을 기리기 위한 심포지엄 서문으로 넣을 수 있도록 지적 자서전을 쓰라는 요청을 받았다. "67세에 자기 자신의 사망 기사 같은 것을 쓰기 위하여, 나는 여기에 앉아 있다."라고 그는 시작한다. 어느 누구의 회상록이라도 역사를 대신할 수는 없지만, 아인슈타인의 사상들이 어떤 순서로 전개되었는가를 아인슈타인 자신이 회상한 기록은 학문적 비판이 아직 발달되지 않은 경우에는 유익할지도 모른다. 그는 물리학의 기초가 역학에 있다고 하는 독단론에 대하여 젊었을 때 느낀 불쾌감을 회상한다. 그것의 외부에서 달성된 기계론적 분석을 칭찬할 필요에 의해서, 그 불쾌감은 일소되었다기보다는 오히려 억제되었다. 물리학은 나선형을 그리면서 이 귀찮은 문제에 점점 더 깊이 빠져 들어가는 것처럼 보였다. 비록 그들의 돌진이 사과 속의 벌레를 드러내 보이기는 했지만, 맥스웰과 헤르츠조차도 기계론적 사고에 집착하고 있었음은 분명하다. 광학 실험을 장에 대한 서술과 관련시켜 빛과 전자기의 법칙들이 동일하다는 것을 확인함으로써 상대성으로의 길을 열었다는 것은 아무리 강조해도 지나치지 않을 것이다. 그러나 아인슈타인은 그의 회의주의의 근거를 마흐의 물리학 비판에서 찾아야만 했던 것이지, 물리학자들의 논문에서 찾아야 했던 것은 아니었다.

아인슈타인은 물리학의 이론들은 두 가지 관점으로부터 비판될 수 있다고 생각했다. 사실과 부합되는지 아닌지를 조사하는 것이 첫번째 관점이다. 이것은 원리적으로는 명백하지만 실제에 적용해야 할 단계가 되면 종종 모호해진다. 이론이라는 옷의 주름을 펴기 위해서는 여러 가지 가정이 추가되어야 하기 때문이다. 두번째 관점은 이론의 "외적 확증"보다는 오히려 아인슈타인의 이른바 이론의 "내적 완성"과 관계있다. 아인슈타인은 이론의 특성을 "자연적임"—그는 이를 항상 이렇게 불렀다—이라고 보는 것의 모호함이 싫었다. 이것은 정확한 정식화 혹은 이론의 "논리적 단순성"이 몸을 감추고 빠져나가버림을 인정하는 말이다. 특히 "내적 완성"이라는 면에서는, 다른 무엇보다도 열역학의 법칙들이 젊었을 때의 아인슈타인에게 깊은 감명을 주었다. 이 법칙들은 그 영역 안에서 보편적이었다. 그리고 이 관점으로부터 "우리는 그 대상이 물리 현상의 총체인 이론들에만 연구를 한정하고 있다" (이렇게 해서 아인슈타인의 성향이 일찌감치 드러나는 것이다). 그리고 그의 생애 말년에도, 그는 고전 열역학에 관해서 다음과 같이 말했다. "그것은 보편적 내용을 가진 유일한 물리 이론이다. 그것은 그 기초적 개념이 적용될 수 있는 범위에서는 결코 파기되지 않을 것이라고 나는 확신한다." 이처럼 열역학이 보편적 이론의 예로서 그의 눈에 비쳤다는 것은 대단히 흥미로운 일이다.

왜냐하면 그것은 세기가 바뀔 무렵 물리적 사고의 주류도 아니었고, 상대성으로 전개된 그 자신의 연구도 그 계열에 포함된 것은 아니었기 때문이다. 역학의 기초에 놓여 있는 이 성가신 문제와는 무관하게, 막스 플랑크는 복사에너지의 밀도를 진동수와 온도에 관련시킨 함수 속에서 에너지 "양자"(量子, quanta)의 불연속적인 전파를 보이는 상수를 발견했다. 그것은 1900년의 일이었다. 고전 역학에 대해서나, 에너지학으로 원자론을 초월하려고 하는 학파에 대해서나 그 의미는 대단히 중대한 것이었다. 아인슈타인 자신도 그가 만약 상대성의 창시자가 아니었다면 양자 물리학의 창시자로서 최고의 영예를 누리는 사람이 되었을 것이다. 그는 광전 효과의 결과들을 인정하고 연구했다. 그리고 1905년의 논문에서 광자를 빛의 양자로서 확인했다.

아인슈타인은 늘 대부분의 과학자들보다 고독하게 지냈음이 분명하다. 다른 과학자들의 아이디어는 그들 자신의 것이기보다는 오히려 아인슈타인의 것인데, 그것은 콜로키움과 전문 용어가 끊이지 않는 실험실의 대화로부터 나온다. 이러한 고독 속에서 아인슈타인은 열역학의 법칙들을 운동론적으로 표현하기 위하여 통계 역학을 고안했다—무명의 인물이던 볼츠만과 깁스가 이미 그것을 완수했다는 것을 모른 채. 미세한 입자가 현미경에 잡히는 현탁액 속에서 마구 돌아다닐 것이라는 예상을 추론 도중에 발견한 것도 같은 정황에서였다. 아인슈타인은 그가 이론을 제공한 이 브라운 운동이 (설명되지는 않았지만) 이미 백 년 전부터 물리학자들에게는 잘 알려진 현상이었다는 사실을 몰랐다. 뿐만 아니라 아인슈타인은 역학에 관해서 비판적이었지만, 원자에 대한 안이한 철학적 승리에는 만족할 수 없었다. 그와 반대로 "나의 주된 목적은 유한한 크기의 원자의 존재를 되도록 확증해 주는 사실을 발견하는 것이었다"고 말한다. 그것이 그의 천재적 재능의 인장(印章)이다. 에너지학이 아인슈타인에게 미친 호소력은 그를 과학으로 깊이 끌어들였지, 그것으로부터 일탈시키지는 않았다. 오스트발트는 아인슈타인의 논문이 원자에 대항한 자신의 에너지론자로서의 십자군 운동이 무익하다는 것을 깨닫게 해 주었다고 말했는데, 그렇다고 해서 그것이 오스트발트의 명예를 손상시키는 것은 아니다.

사실 입자 물리학과 아인슈타인의 관계는 강렬한 자극으로 시작해서 비애로 끝난다. 이것을 보여주는 논문들은 바로 특수 상대성에 관한 논문이 나온 해인 1905년에 나왔다. 그리고 이렇게 해서 그가 고전 물리학을 유클리드적 주거로부터 전출시킨 바로 그 순간에, 그는 뉴턴적 견해들을 종속적 물질로 복귀시켰고, 빛에는 그 입자성이란 요소를, 그리고 역학에는 그 원자를 회복시켜 주었던 것이다. 왜냐하면 아인슈타인은 원리적으로는 그렇지 않았지만 세부적 사항에는 속속들이 그 영향을 미치는 입자물리학의 승리에 무감각하지 않았기 때문이다. 보어가 이 무너지기 쉬운 모래 위에다 이론을 세워서 물질의 화학적·분광적 성질을 원자 껍질(atomic shell)의 전자의 수와 관련시킨 것은, 아인슈타인에게는 기적처럼 보였다. 그는 그것을 "사상의 영역에서의 음악성의 최고 형식"이라고 불렀다. 그의 만년까지 점점 증대되던 장치 물리학이 아인슈타인의 음악보다 오히려 보어의 음악을 연주한 것은 아인슈타인으로서는 유감스러운 일이었다.

젊었을 때의 그로서는 실험 물리학으로부터 일반 이론을 이끌어 낼 수 없었는데, 이것이 "알려진 사실들에 바탕을 둔 건설적 노력에 의하여 진짜 법칙을 발견할 가능성"에의 희망을 버리게 만들었다. "내가 더 오랫동안 그리고 더 절망적으로 노력을 하면 할수록, 오직 보편적인 형식적 원리의 발견만이 우리를 확실한 결과로 인도한다는 신념이 더욱 깊어졌다. 나의 눈앞에 있는 본보기는 열역학이었다. 일반 원리는 다음과 같은 원리로 주어졌다. 즉 자연의 법칙들은 (제1종 및 제2종의) 영구 운동을 만드는 것을 불가능하게 한다는 것이다. 그렇다면 그런 원리들은 어떻게 발견될 수 있는 것일까?" 그래서 아인슈타인은 물리학으로부터 실증주의로, 로렌츠로부터 마흐와 철학으로 그의 기수를 돌렸다. 그런데 그 철학은 결국에는 그것이 창시한 상대성보다 양자역학을 더 좋아하게 되는 것이다.

이러한 원리는 어떻게 발견되었을까? 10년 동안 아인슈타인은 물질에 관해서 사색했다. 그리고 데카르트와 마찬가지로 그는 그 자신 속에서 즉 16세 때 처음으로 마음속에 떠올랐던 패러독스 속에서 통찰을 발견했다. 그가 빛과 함께 그와 같은 속도로 운동할 수 있다고 가정해 보자. 정지하고 있는 전자기장은 그의 눈앞에서 진동하는 것처럼 보일 것이다. 과학은 실험실에서도, 맥스웰의 방정식에서도 이러한 정지해 있는 장을 몰랐다. 그리고 관찰자가 지상에 있는 경우와 마찬가지로 이렇게 극단적인 속도로 돌진하고 있을 때라도, 사물은 관찰자에게 똑같이 나타나야 한다. 자연의 법칙이 어떤 계에서도 같다고 하지 않으면, 그는 어떻게 자기가 운동 중에 있다는 판단을 내릴 수 있겠는가? 이처럼 심화된 패러독스는 마이켈슨-몰리의 실험에 대한 고찰에 의해서 해결되었다. 이 실험은 관찰자가 빛과 같은 방향으로 움직이든지 반대 방향으로 움직이든지에 상관없이, 빛의 속도는 그에 대해서 같은 것처럼 보인다는 사실을 확립했다. 음파에서는 이와는 다른 현상이 일어난다. 음파의 움직임은 고전역학의 예상을 확인해 준다. 즉 관찰자가 음파의 전파 방향과 반대 방향 혹은 같은 방향으로 움직임에 따라, 음파의 속도는 그 속도만큼 증대 혹은 감소하는 것이다. 우리는 상당한 시간이 지난 뒤에 아인슈타인이 레오폴트 인펠트(Leopold Infeld)와 공저로 낸 통속적 해설서로부터 하나의 사고 실험을 빌려올 수 있다. 그들은 투명한 벽을 가진 실험실이 트럭 위에 놓여 있는 것을 상상하라고 말한다. 관찰자들 ― 이들은 측정 장치를 가진 물리학자이다 ― 이 그 실험실 안과 밖에 서서 대기하고 있다. 실험실 한가운데에는 빛을 발산할 수 있는 장치가 있다. 트럭과 함께 실험실이 앞으로 나아가는 도중에 빛 신호가 깜빡인다. 실험실 안의 물리학자들은 빛의 속도를 측정하고, 이것이 초당 186,000마일을 진행함을 확인한다. 그리고 실험실 앞쪽 벽과 뒤쪽 벽에 빛이 동시에 도달했음을 관찰한다. 실험실 외부의 땅 위에 서있던 물리학자 또한 이 빛의 속도를 측정한다. 광원이 그에 대하여 움직이고 있었음에도 불구하고, 그에게도 빛의 속도는 초당 186,000마일이다. 그러나 그는 빛이 뒤쪽 벽보다 앞쪽 벽에 약간 먼저 도달함을 볼 것이다.

실험실 안쪽에서는 동시인 것이 실험실 밖에서는 동시가 아닌 것이다. 이 결과를 고전적 뉴턴 물리학과 조화시키기란 불가능하다. 고전 물리학에서는 이곳은 이곳, 그곳은 그곳, 현재는 현재일 뿐이다.

소년 시절에 어린 싹으로 마음속에 떠올랐던 이 패러독스를 아인슈타인은 좀더 세련된 언어로 자주 언급하곤 했다. 고전 물리학에서는 두 개의 기본적인 실험 결과, 즉 광속의 불변성과 다른 관성계에서의 자연법칙의 불변성이 서로 모순되고 있다. 고전 물리학은 시간과 공간은 절대라고 상정하며, 길이 또는 지속의 양의 직선적 조성에 의하여 하나의 계에서 다른 계로 — 배에서 해안으로, 지구에서 달로 — 정보가 전달된다. 갈릴레오도 이러한 운동을 구성할 수 있었다. 그것과 마찬가지로 x에다 x'를 더하고 그에 따라 새 좌표 X를 사용함으로써, 일련의 데카르트 좌표에서 다른 데카르트 좌표로 이동할 수 있다. 그러나 마이켈슨-몰리의 실험을 설명하기 위해서는, 하나의 관성계로부터 다른 관성계로 이동하는 별개의 방법이 사용되어야만 했다. 그것이 로렌츠 변환이다. 변하지 않는 것은 좌표의 수치가 아니라 빛의 속도다. 빛의 속도는 불변이기 때문에 그것을 측정하는 것이 변화되어야 한다. 아인슈타인이 시간과 공간보다 시계와 자에 관하여 말하기를 좋아했던 것은, 매너리즘 이상의 것이었다. 그것은 아인슈타인의 실증주의적 단계의 유물이었다. 운동하는 시계는 분명히 느려진다. 운동하는 자는 분명 축소된다 — 광속도가 모든 관찰자에게 일정하게 보이는 것만큼 축소된다. 빛에 대한 그것들의 (등속) 운동 상태에 관계없이 말이다.

이렇게 해서 동시성에 대한 비판은 특수 상대성에 관한 아인슈타인의 입장의 핵심으로까지 우리를 인도한다. 그리고 그가 거기에서 통합한 요소들이 무엇이었는가를 밝혀 준다. 그 중 첫번째 요소는 명백히 이론 물리학을 열역학의 원리와 같은 보편적인 원리 안에 재건하겠다는 그의 결심이었다. 그는 그 과학(열역학)을 칭찬한 대가를 치렀다. 특수 상대성이론은 적극적인 현상으로부터의 유도라기보다는 오히려 과학에 대한 제약이었다. 그의 이론의 "내적 완성"에 대한 취향을 통해 아인슈타인이 심미주의자에게 답해준 것은 과학 논리학자들이 아직 경험적 용어 내지 상호주관적인 동의로 환원시키지 않은 것이었다. 그리고 대단히 뛰어난 물리학자들 중에는 특수 상대성 이론의 물리적 논증에 관하여 오랫동안 불만을 느꼈던 사람도 있었다. 예를 들면 1941년에 브리지만(Bridgman) 교수는 그의 책 『열역학 Thermodynamics』에서 내친 김에 다음과 같이 반론했다. "특수 상대성 이론은 열역학 제2법칙처럼 세계의 영위에 관한 일반적 논술의 근거를 물리학자가 조작할 수 없는 것, 즉 영구 운동의 고안 불가능과 에테르를 지나는 지구 운동의 검출 불가능에 두고 있다. 그러나 무슨 이유로 물리학자의 무능력에 의하여 제약당하는 자연을 생각해야 하겠는가? 상대성과 엔트로피에 관한 논술은 과학에 관한 것이지 자연에 관한 것이 아니다. 그리고 이것들은 과학으로 가능한 것보다도 가능하지 않은 것에 관하여 말하기 때문에, 조작적 이상의 것이 결코 아닌 과학에서 이것들이 높은 지위에 오르는 일은 거의 없을 것이다."

이러한 비판 앞에서 아인슈타인의 입장은 결코 쉽지 않았을 것이다. 왜냐하면 둘째로, 그는 열역학에서 끌어낸 논증의 양식을 실증주의로부터 끌어낸 물리학 자체에 관한 규칙과 연결시켰기 때문이다. 동시성에 대한 비판의 근거로 되어 있는 제약은, 빛의 속도보다 빠르게 움직이는 신호는 없다는 것이다. 그러므로 속도에다 보편적인 제한상수의 지위를 주는 것은 자연의 원리이기보다는 커뮤니케이션의 원리이다. 빛보다 빠르게 움직이는 것은 없다는 말은 그 누구도 할 수 없다―이것은 우리에게 그것보다 빨리 정보가 전달될 수 없다는 것에 불과하다. 측정에 관한 정보는 신호에 의해서만 전달될 수 있는데(가장 빠른 것이 빛의 경우이다), 물리학에서 측정에 관한 것을 제외하고는 의미 있는 진술은 없다. 도구 없는 측정은, 궁극적으로 물리학자 없는 측정은 없다. 그리고 얼핏 보면 이것은 과학에 일종의 주관주의를 회복시킨 것처럼 보일 것이다. 그렇긴 하지만 이것을 관념론으로의 역전으로 보아선 안 된다―아인슈타인은 말하자면 그리스적 인문주의의 태도로 미끄러져간 것이다. 물리학자 없이 물리학은 존재할 수 없다고 말하는 것이 좋은 것이다―혹은 이 경우 측정하는 물리학자와 그 결과를 듣는 물리학자 두 사람의 물리학자가 있다고 말하는 쪽이 더 나을지도 모른다. 그러나 그보다도 "도구 없는 물리학은 없다"고 말하는 것이 보다 정확할 것이다. 왜냐하면 이러한 목적에서는 물리학자가 하나의 도구이기 때문이다. 즉 우리는 인격적인 주관주의가 아니라 도구에 의한 주관주의와 연관되는 것이다. 이것은 컴퓨터로도 가능한 주관주의이다.

셋째로, 자연의 법칙들은 어떤 좌표계에서나 같다고 하는 원리로, 아인슈타인은 자연의 균일성이라는 가정을 고집했다. 그것은 과학의 가능성 자체에 선행한다. 그러나 자연의 어떤 법칙들일까? 그 문제를 부각시키는 일에서, 아인슈타인은 혁신자로서의 역량을 발휘했다. 로렌츠나 그 밖의 사람들처럼 역학의 법칙들과 장의 법칙들―뉴턴의 법칙들과 맥스웰의 법칙들―을 화해시키려 하지 않고, 그는 맥스웰에게 우선권을 주었다. 그것은 전대미문의 우선권으로서 매우 중요한 것이었다. 특수 상대성 이론은 나중에 일반 상대성 이론에서 이루어진 것처럼 아인슈타인을 비유클리드적 정식화로 인도하지는 않았다. 자연에 관한 고전적 이념들에의 에필로그인 이 장은 아인슈타인의 사상을 말로 부연해가면서 뒤쫓아 가려는 것은 아니다. 일반 상대성 이론은 법칙들의 불변성을 구하기 위해서는 계(系)들이 등속 운동에 관련되어 있는가 그렇지 않은가에 관계없이, 로렌츠 변환보다 더욱 복잡한 변환을 요구한다고 말하는 것으로 충분할 것이다. 자연을 하나의 근본원리로 포괄해 내는 데 보다 적합한 기질을 갖고 있던 아인슈타인은, 거기에서 실증주의를 넘어서 기하학화로 나아갔던 것이다. 그렇지만 아인슈타인이 처음 맥스웰의 장 이론에 감명 받은 이래 연속체의 물리학이 아인슈타인에게 미친 위력은 이미 특수 상대성 이론이 증명한 바이다. 뉴턴 물리학 특유의 난문제인 원격 작용은 절대적 동시성과 함께 소멸되었다. 빛의 속도로 전파되는 작용이 있을 수는 있겠지만, 에너지 보존에 어떻게 이것이 포함될 수 있을지를 생각해 보면 거의 가능성 없는 일이다. 따라서 물리적 실재는 공간의 연속적 함수로 기술되어야 할 것이고, 뉴턴과 고전 역학이 그 속에서의 질점의 작용을 생각한 광범위한 진공과 함께 질점은 이론의 근본적 실재로서의 역할을 그칠 것이다.

결국 아인슈타인의 물리학의 주요한 특색 — 통합, 연속체, 마지막으로 기하학 — 을 통하여 과학에서 합리주의의 전통이 되살아났다. 그것은 상식을 넘어서 끊임없이 추상화되어, 이상적인 것 속에서 실재하는 것의 일반적 정식화를 구한다. 충격을 준 것은 운동의 상대성도 아니었고 공간의 상대성조차도 아니었다. 전자는 이미 뉴턴에게도 있었고, 후자는 원근법 — 이것은 같은 것이 아니지만 — 을 알고 있는 이상 충분히 상상할 수 있는 것이다. 오히려 보통의 의식을 왜곡시킨 것은 시간의 상대성이었다. 그리고 이것에 관해서는 보통의 의식의 판단이 옳았다. 왜냐하면 동시성에 대한 비판은 공간의 재정의보다 더 깊숙이 아인슈타인의 물리학에 존재하고 있기 때문이다. 이렇게 해서 고전 물리학은 그것이 갈릴레오의 낙체 법칙으로 시작되었던 것과 같이 시간의 물리적 재정의와 함께 끝났다. 시간은 연속체의 본질적 양상인 것처럼 보인다. 그리고 그 결과는 과학을 사물의 몰개성적인 일반성으로 한 단계 더 전진시켰다.

갈릴레오의 물리학에서 질(質)을 위한 특권은 이미 남아있지 않다. 케플러에 의해서 원의 특권은 박탈되었다. 다윈에 의해서 생명에는 이미 특권이 남아있지 않게 되었다. 그리고 지금 아인슈타인에 의하여 특권적인 비교의 틀이나 기하학은 남아있지 않다.

비록 다른 것이 아무것도 없더라도, 이것만으로도 로렌츠에 대한 아인슈타인의 우월성은 결정적이 될 것이다. 수미일관된 설명을 요구하는 내적 필요에 직면했던 로렌츠는 에테르를 절대 좌표계로서의 뉴턴 공간과 동일시했고, 그것이 여전히 그의 과학을 통합해야 한다고 생각했다. 동일한 정보와 대결한 아인슈타인은 에테르를 쫓아내 버렸다. 에테르를 검출하려고 한 모든 노력은 실패로 끝났고 에테르는 원리적으로 그 효과를 검출할 수 없는 성질들을 가져야 했기 때문에, 그것이 유용했던 유일한 필연성은 지적인 것이었지 물리적인 것은 아니었다. 그리고 아인슈타인은 지성의 본래 영역에서, 즉 자연 밖에 있는 가상적인 존재보다 오히려 자연의 법칙들에서 통일성을 찾으려고 했다. 그래서 마지막의 계량할 수 없는 것, 물리학에서 특권의 마지막 변경(frontier)이 사라졌다. 이와 아울러 공간이 구체화되었다.

그의 자서전 끝에서 아인슈타인은 이렇게 말했다. "물리학은 실재가 관찰되는 것과 관계없이 사색에 의해서 실재를 개념적으로 파악하려는 시도이다." 물론 이것은 아인슈타인이 처음부터 계속해서 부르짖은 기계주의와는 철학적으로 모순 된다. 그러나 현대와 그 과학의 응용의 야만성에 반대하는 그의 사상의 고매함은 대중조차도 그에게서 물리학의 문화적 곤경의 상징을 희미하게나마 느끼게 할 정도였다—말하자면 그의 우아하고도 우수에 잠긴 풍모에서, 어딘가 다른 문명이나 좀더 우아한 세계에 어울리는 그의 단순성에서, 사물에 대하여 말할 때의 기묘한, 종종 부적절한 순간에서, 그 위대하고 심원한, 어딘지 완전히 비인격적인 자비심에서, 그리고 총명한 어린 아이의 순진성을 가지고 더러움으로 얼룩진 어른을 수치스럽게 만드는 것에서.

그의 자서전 서두에 나오는 구절은 아인슈타인이 찾았던 것이 무엇이었는지를 말해 준다. 12세 때에 성서의 이야기가 진짜일 리 없다는 것을 알았을 때 경험한 환멸의 충격에 대하여 말하고, 다음에 청소년들이 "허위에 의하여 국가에 고의로 속임을 당하고 있다"라고 판단한 경위를 말하는 것이다.

이렇게 해서 상실된 청소년 시절의 경건한 낙원은 "단지 개인적인 것에 불과한" 사슬로부터 그리고 원망, 희망, 유치한 감정 등의 지배를 받는 존재로부터 자기를 해방시키려고 했던 최초의 시도였다는 것이 분명하다. 거대한 세계가 있는데, 그것은 우리 인간과는 무관하게 존재하고 우리 앞에 커다랗고 영원한 수수께끼로 서 있다. 그리고 적어도 부분적으로, 우리는 그것을 조사하거나 생각할 수 있다. 이 세계에 관하여 명상하는 것은 해방의 손짓이었다. 그리고 이윽고 나는 내가 존경하고 찬양하게 되었던 많은 사람들이 그것에 몰두하는 일에서 영적인 자유와 평안을 발견하고 있음을 알아챘다. 주어진 방법의 틀 내에서 이 초인격적인 세계를 지력으로 파악하는 것이 나의 정신의 눈앞에 최고의 목표로서 의식적으로 또 무의식적으로 떠올랐다. 같은 동기를 가진 현재와 과거의 인물들과, 그들이 달성한 통찰은 결코 잃을 수 없는 친구였다. 이 낙원으로서의 길은 경건한 낙원으로의 길만큼 쾌적하지도 매혹적이지도 않았다. 그러나 이 길도 신뢰할 수 있는 것이었다. 그리고 나는 이것을 선택한 것에 대하여 후회한 적이 없다.

아인슈타인의 가혹한 운명은, 물리학의 관심이 상대성으로부터 양자로 바뀐 것보다도 더 깊은 실망으로부터 솟아났던 것일까? 더할 나위 없이 자비로운 것을 거대한 비인격적인 자연에 완전히 무관계한 것으로 만든 아인슈타인의 해방의 일반성, 바로 그것이 그의 영적인 자유와 평안에 그리스 비극의 고독을 주었던 것이다. 그것은 (갈릴레오의 경우와 마찬가지로) 인간의 성격보다 오히려 사물의 필연성에 내재해 있는 고독이었다.

후기

저자가 다른 사람에게 빚지고 있는 것에 대하여 사의를 표하기도 하고 비판을 무력하게도 하는 서문이라는 것은, 저자가 관용을 구해야 할 일을 끝마치고 또 그러한 위험을 감수한 뒤에 — 즉 책의 맨 마지막에 — 와야 하는 것이라고 나는 늘 생각해 왔다.

이 책은 갈릴레오로부터 맥스웰 및 멘델까지의 과학사 전체를 요약하여 이야기하려는 것은 아니다. 오히려 이 책이 의도하는 바는 내가 고전 과학의 역사의 구조라고 생각하는 것을 서술의 형식으로 말하려는 것이다. 나는 자연의 탐구를 통하여 하나의 다른 과학으로 객관성의 칼날이 전진해 온 경로에서 이 구조를 찾을 수 있다고 생각한다. 역사는 인간에 의해서 만들어진 것이지, 여러 가지 원인이나 힘에 의하여 만들어진 것이 아니다. 그래서 나는 이 싸움을 담당해 온 과학자의 개성에 상당한 주의를 기울이며 글을 쓰려고 했다. 물론 그 인과율에도 공감을 가지면서. 그리고 나의 힘이 허락하는 한 원문에 가깝게 썼다고 하더라도, 학문적 자료가 가진 제약에 방해 받지 않고 이야기를 전개해 가기를 원한다. 이 책에는 과거의 과학의 위대한 문헌이 자유롭게 인용되고 있는데, 그것들은 그 문체나 정신을 전하기 위하여 넣은 것이지 이런저런 사실들을 확인하기 위한 것은 아니다. 나는 이 책이 과학사에 대하여, 과학 철학이 일찍부터 철학에서 점유해 왔던 관심과 전문성에 비할 만한 위치를 역사 사학에서 차지하는 데 도움이 되기를 바라는 바이다. 그러나 역사는 비판적 서술이며, 과학사의 범위를 고려해 볼 때, 그것이 어떤 영향을 끼칠 수 있는지는 이 주제의 해석과 전망에 의존할 것이다.

해설은 불명료한 자료나 거의 알려지지 않은 자료에는 의존하지 않는다. 특별히 중요하지 않은 아주 약간의 예외를 제외하면, 내가 인용한 보고와 논문들은 전문가에게 잘 알려져 있는 것이고, 인용문의 대부분도 또한 그렇다. 그것들은 모두 원문에서 확인된 것이고, 사용된 판본은 다음의 참고 문헌에서 언급되었다. 어떤 경우라도 이 판본들은 표준적인 저작, 관계 과학자 또는 그것과 관련된 학회의 저작집, 서간집, 전기집으로서 큰 도서관에서는 금방 찾아볼 수 있다. 적당한 영어 번역이 있는 것은 그것을 채용했다. 그렇지 않으면 나 자신이 영역했다. 그러나 문제의 판이 어떤 주제의 표준판이거나 그 해석에 기여하는 경우가 아니면, 논의된 모든 책에 관한 서지학적 세부항목들은 늘어놓지 않았다. 예를 들면『프린키피아』나『종의 기원』의 판본들을 상세하게 기록하는 것은 어리석은 일인 것 같다. 그런 지식은 전문가들은 잘 알고 있으며, 다른 사람들은 카드 목록에서 쉽게 얻을 수 있다.

나는 자신의 연구를 자유롭게 인용할 수 있도록 허락해 주었던 학자들로서 현존하는 사람들이나 동료들에게 실례를 범하고 싶지 않다. 다음의 참고 문헌은 각 장 또는 절의 주제에 관한 문헌을 망라해 놓은 것이 아니다. 나는 한편으로 내가 직접 또 의식적으로 사용한 모든 것을 포함시킴과 동시에 다른 한편으로는 최근 수년간의 가장 중요한 논문 또는 연구서들을 함께 넣으면서, 그것을 최소한으로 줄이려고 노력했다. 어떤 경우이건, 만약 독자가 어느 한 주제를 더 추구하려고 하면, 이 문헌들은 그보다 더 오랜 문헌으로 인도해 줄 것이다. 예를 들어서 화학 혁명에 관한

제6장의 경우에, 내가 인용한 도마 교수나 겔락 교수의 저작은 내가 인용하지 않은 멜드룸이나 엘렌 메처의 연구서를 독자에게 가르쳐 줄 것이다.

이 뒤에 아니 오히려 그 이전에, 나의 견해를 근본적으로 형성시켜 준 사람들 또는 내가 특별히 사의를 표하고 싶은 사람들이 있다. 첫째는 나의 아내인데, 그녀의 세부적인 면과 문체에 관한 공감적이고도 비판적인 안목은 나의 책들을 보다 나은 것으로 만들어 주었다. 나의 학문이 어떤 것이든 간에, 그녀의 도움과 헌신이 없었다면 그것은 아주 미약했을 것이다. 나의 편집자, 프린스턴 대학교 출판부의 존 보울즈는 힘의 성채였고 인내의 모범이었다. 제9장을 처음 썼을 때 그것은 읽어 준 두 사람의 동료 과학사가, 위스콘신대의 마샬 클라겟(Marshall Clagett) 교수와 하버드대의 버나드 코언(I. Bernard Cohen) 교수에게 나는 대단히 많이 빚지고 있다. 옥스퍼드 대학교의 크롬비(Alister C. Crombie) 박사는 제 8장에 대하여 유익한 비판을 해 주었다. 제7장과 8장은 프린스턴 대학교 생물학과의 피텐드라이(Colin S. Pittendrigh) 교수와의 토론으로부터 얻은 바가 있었다. 물리학과의 동료 조지 레이놀즈(George Reynolds) 교수도 실험실의 시간을 쪼개서 제9장을 읽어 주었고 제10장에 관하여 논해 주었다. 마지막으로 옥스퍼드 대학교의 조지 템플(George Temple) 교수는 제11장에 관한 그의 견해를 피력해 주었다. 이 사람들은 얼굴을 붉힐 만한 오류로부터 나를 구해주었다. 그러나 만약 잘못이 남아 있다고 할지라도, 수호천사들 가운데 거기에 책임을 가진 사람은 아무도 없다.

클라겟 교수와 코언 교수는 소르본의 고등 과학기술 연구원(Ecole pratiqer des hautes études)의 알렉상드르 코이레(Alexandre Koyré)에게 그들의 주요 저작을 헌사해 왔다. 나 또한 프린스턴의 고등 연구소(Institute for Advanced Study)의 존재에도 불구하고 전문 분야에 관해서는 다른 누구보다도 코이레에게 많은 것을 빚지고 있다고 말해야겠다. 코이레의 저작들은 나에게 과학사의 사상적 내용이 어디에 있는가를 보여주었다. 그의 저작은 이 책에 가장 큰 영향을 주었다. 그리고 만약 내가 감히 두세 가지 점에서 코이레와 견해를 달리 하고 있다면 (결국 뉴턴과 에테르라든가 다윈과 19세기의 진보의 의미에 관한 코이레 자신의 영역에서, 또는 일반적으로 보다 많이 성격에 의거하고 보다 적게 철학에 의거하여 논하는 점에서 나는 감히 모험을 하고 있는 셈인데) 물론 이것이 좀 무모하다는 느낌을 가지고 있다. 그는 우리 모두의 스승인 것이다.

나는 또 매사추세츠 공과 대학의 조지오 드 산타야나(Giorgio de Santillana) 교수에게도 특별한 경의를 표하고 싶다. 나는 그의 갈릴레오를 제1장을 위해서 채용했을 뿐 아니라, 그의 저술이 내가 의식했던 것 이상으로 과학·역사·문화 일반의 관계에 관한 나의 견해를 형성하였다는 것을 이 책을 쓰면서 비로소 알게 되었기 때문이다. 최근에 나온 과학철학에 관한 두 권의 책은 과학사를 공감적으로 다루고 있다는 점에서 대단히 좋은 자극이 되었다. 아이오와 주립대학교의 구스타브 베르그만(Gustav Bergmann) 교수는 내가 제출한 논문에 관하여, 이것은 구조 사상사(structural history of ideas)의 좋은 예라고 평한 일이 있다. 나는 집으로 가서 그의 저서 『과학 철학 Philosophy of Science, Madison』(1957)을 읽고 그것이 내가 하고 있는 일임을 깨닫게 되었다. 그것은 논리적 질서와 역사적 질서의 차이를 인정하고, 후자에서 철학, 전문적 방법, 성격, 환경의 관계에 내재하는 구조를 식별하려는 것이다. 다음에 핸슨(N. R. Hanson)의 『발견의 패턴 Patterns of Discovery, Madison』(1958)은 과학철학의 다음과 같은 연구 방식의 탁월성을 보여 준다—즉 체계로서의 과학을 단지 논리적으로 또는 문자 상으로만 다루는 것이 아니라, 탐구로서의 과학을 비판적으로 다루는 것. 그리고 현대의 과학을 과학사와 연속하는 것으로서 다루고 그럼으로써 과학사를 조명하고 과학사에 접근하는 것.

마지막으로 나는 프린스턴 대학교의 학부 학생들의 연구로부터도 얻은 바가 있다. 그들 모두와 즐거운 경험을 함께 나누었는데, 그들에게 사의를 표하고 싶다. 코넬리어스 본드의 맥스웰에 관한 논문, 고든 하메스의 줄에 관한 논문, 르로이 디딕의 존 윌킨스에 관한 논문, 아서 자페이의 깁스와 뒤엠의 과학철학 비교, 그리고 챨스 손튼 머피의 19세기 물리학에서 장의 개념에 관한 논문 등.

    나는 라부아지에의 예를 본받아서, 다른 사람들의 연구와 나 자신의 특수 연구에 대한 개설을 짜 맞추어 입문적이고 교육적인 저서를 써서, 과학사라는 학문의 훈련 방법에 영향을 주고자 했다. 처음 네 장의 해석은 약간의 예외를 제외하면 대부분 다른 사람의 연구로부터 응용한 것이다. 예외 중에서 가장 중요한 것은, 파스칼에 관하여 아직 공표하지 않은 견해, 하비에 대한 분석, 베이컨에 대한 나의 응답, 화학자로서보다 오히려 원자 물리학자로서의 보일의 강조, 그리고 뉴턴에 관한 장에서는 빛의 불연속성이 입자에 있는 것이 아니라 광선에 있다는 논의, 에테르에 얽힌 커뮤니케이션과 명료성에 관한 뉴턴의 개인적 문제에 대한 논의 등이다. 그 외의 장에서는 참고 문헌에 인용되어 있는 학자들에게만은 자료를 빚지고 있다. 그렇지만 그것들의 구상은 내가 알고 있는 한, 나의 것이다. 내가 이런 말을 하는 이유는 나 자신의 공을 주장하기 위한 것이라기보다, 오히려 이 해석에 어떤 권위가 붙어있는가를 독자로 하여금 판단하게 하고 싶기 때문이다.

    이 책은 D. Van Nostrand사의 의뢰에서 비롯된 것이다. 그러나 처음에 설정된 한도 이내에서 정리할 만한 기량이 나에게는 없었다. 계약을 풀어 주어서 우리 대학 출판부에서 낼 수 있도록 허락해 준 데 대해 감사한다. 다음 출판사나 잡지사는 그들이 판권을 가지고 있는, 참고문헌 목록에서 언급된 나의 저작에서 몇 구절을 인용하는 것을 쾌히 허락해 주었다. 하버드 대학 출판부, 존스 홉킨스 대학 출판부, 위스콘신 대학 출판부, 도버 출판사, American Scientist, Archives internationales d'histoire des sciences, Behavioral Science, Isis, Proceedings of the National Academy of

Sciences, Revue d'histoire des sciences, Victorian Studies 등이다. 미국 학술평의회(American Council of Learned Societies), 구겐하임 재단, 국립 과학재단, 프린스턴 대학은 연구와 휴가에 편의를 봐 주어서 이 책의 집필을 가능하게 해 주었다. 아니 그보다 먼저 내가 과학사가가 되는 것을 가능하게 해 주었다.

<참고 문헌>

제1장

그리스 과학에 관하여 쓴 많은 저자들 중에서, S. Sambursky(*The Physical World of the Greeks,* London, 1956)는 근대 과학이 그리스 과학에서 유래한다는 것을 어느 누구보다도 강하게 주장하고 있다. 내가 그에게서 받은 영향에 관하여는 나의 "A Physicist Looks at Greek Science"(*American Scientist,* 46: 62-74, 1958)라는 평론을 보기 바란다. 이 책은 고전학자의 시각에서뿐만 아니라 물리학자의 시각에서 쓴 것으로서 Marshall Clagett의 *Greek Science in Antiquity*(New York, 1956)와 *A Source Book in Greek Science*(edited by Morris R. Cohen and I.E. Drabkin, 2nd ed., New York, 1959)와 비교해 보는 것도 좋을 것이다. A. C. Crombie의 *Medieval and Modern Science*(2vols., New York, 1959)는 표준적인 중세 과학사로서 일찍이 그 성가를 확립했다. 크롬비 박사는 나보다도 중세 과학이 근세 과학과 더욱 연속적이라고 보고 있다. 나의 견해는 이 주제를 생략한 것을 통해 추론해 볼 수 있을 것이다. 마샬 클라겟이 쓴 중후하고 권위 있는 전문서 *The Science of Mechanics in the Middle Ages*(Madison, Wis., 1959)는 어쨌든 모든 과학사 연구자에게 빼놓을 수 없는 것이고, 특히 갈릴레오 운동론의 중세적 배경을 알려면 반드시 보아야 할 책이다. J. H. Randall이 쓴 고전적 논문 "The Development of Scientific Method in the School of Padua"(*Journal of the History of Ideas,* I: 177-206, 1940)은 과학 혁명의 적극적인 아리스토텔레스적 요소를 알려면 참고해야 한다. 코페르니쿠스에 관하여 최근에 나온 가장 광범위한 저작은 Thomas S. Kuhn이 쓴 *The Copernican Revolution*(Cambridge, Mass, 1957)이다. 쿤은 이 주제를 개념 형성의 사례 연구로 다루었다. Herbert Butterfield의 *The Origins of Modern Science*(London, 1949)의 코페르니쿠스와 그의 보수주의에 관한 장은 그 책의 특징 중에서도 가장 뛰어난 것이라고 할 수 있다. 이 작은 책은 현대의 역사학에서 과학사를 위한 하나의 장을 쟁취하는 데 다른 어떤 책보다도 큰 역할을 했다. Edward Rosen의 Three Copernican Treatises(New York, 1939)의 신판이 준비중이다. 마지막으로 J. de Solla Price의 "Contra-Copernicus: A Critical Re-estimate of the Mathematical Planetary Theory of Ptolemy, Copernicus, and Kepler" (*Critical Problems in the History of Science,* ed. Marshall Clagett, Madison, Wis., 1959)는 코페르니쿠스의 전통성을 상당히 강조하고 있다.

우주론의 역사 일반과 특히 케플러의 우주론에 관해서는 아직도 J. L. E. Preyer 의 *A History of the Planetary Systems from Thales to Kepler* (Cambridge, 1905: re-issued, New York, 19 53)를 참고하는 것이 유익할 것이다. 나 자신의 과학사적 해석은 Arthur Koestler의 해석과는 완전히 반대되지만, 케슬러의 케플러와 그 천문학에 관한 해설로부터는 배울 바가 많은 데, 이 부분은 *The Sleepwalkers*(New York, 1959)의 가장 뛰어난 부분이라고 생각된다. 이론 형성에 관한 연구로서 케플러를 다룬 최근의 논문들이 있다. Gerald Holton 의 "Johannes Kepler's Universe, its Physics and Metaphy- sics"(*American Journal of Physics,* 24: 340-351, 1956)에서 케플러의 천체 역학부터 서술한다. 서간의 초역으로는 Carola Baumgardt 의 *Johannes Kepler: Life and Letters*(London, 1952)가 있다. 또 케플러 전집 *Gesammelte Werke*(München, 1937)을 편집하고 있는 Max Caspar가 쓴 뛰어난 전기 *Johannes Kepler*(Stuttgart, 1948)가 있다.

갈릴레오뿐만 아니라 17세기의 과학 혁명 전체에 대한 연구에서 빼 놓을 수 없는 출발점은 Alexandre Koyré의 Etudes galiléennes(3 parts, Paris, 1939)이다. Giorgio de Santillana는 *The Crime of Galileo*(Chicago, 1955)에서 갈릴레오와 교회의 분규와 그러한 분규를 일으킨 지성사에 대하여 연구하고 있다. 산티야나는 또 Thomas Salusbury가 번역한 *Dialogue on the Two*

Chief Systems of the World(Chicago, 1953)도 편집했다. 나의 인용은 이 책에서 온 것이다. 이것을 보완하는 것으로서는 Stillman Drake에 의한 현대어 번역 *Dialogue Concerning the Two Chief World Systems*(Berkeley and Los Angeles, 1953)가 있다. 드레이크는 *Discoveries and Opinions of Galileo*(New York, 1957)라는 제목으로 갈릴레오의 많은 다른 글들도 번역했다. 나는 이 사람의 "Galileo Gleanings I"(*Isis*, 48: 393-397, 1957)에서 갈릴레오의 포도주에 관한 일화를 이용할 수 있었다. *Discorsi*의 유일한 번역은 Henry Crew와 Alfonso de Salvio에 의한 *Dialogues Concerning Two New Sciences*(New York, 1914)이다. 이것은 *Opere*(2 vols., Florence, 1890-1909)의 *Edizione nazionale*의 편집자이자 위대한 갈릴레오 연구자인 Antonio Favaro의 승인을 받은 것이지만, 그다지 만족할 만한 것은 못 된다.

제2장과 3장

이 두 장은 갈릴레오와 뉴턴 사이의 사고의 동향으로서 과학을 다룬 것이기 때문에, 이것에 관한 저서는 한 데 통합하는 것이 좋다고 생각된다. *The Notebooks of Leonardo da Vinci*(New York, 1955)는 Edward Maccurdy에 의하여 번역되고 집대성되었으며, 레오나르도의 기술에 관한 그림은 Reynal에 의하여 뉴욕에서 출판된 거대한 이절판 *Leonardo da Vinci*에 들어 있다. 이탈리아 판권은 Instituto Geografico de Agostini(Novara)가 1956년에 얻었다. 레오나르도와 과학에 관한 가장 중요한 비판적 논문들이 *Léonard de Vinci et l'expérience scientifiqre au SVI siècle*(Paris, Centnre national de la recherche scientifique, 1952)에 들어있다. 베살리우스에 관한 나의 해석은 A. R. Hall의 *The Scientific Revolution*(London, 1954) 속의 De fabrica에 관한 뛰어난 논의에 의하여 형성된 것이다. 이것의 뒤를 잇는 생리학상의 발견은 Henry Gurerlac의 *Selected Readings in the History of Science*(multigraph, Ithaca, 1950, Vol. I, fascicule 3)의 초역에 선명하게 새겨져 있다. Sir Michael Foster의 *Lectures on the History of Physiology*(Cambridge, 1901)는 하비 이전의 혈액 순환설에 관하여 해설해 준다. Kenneth V. Franklin의 하비 신역 *On The Motion of The Heart*(Oxford, 1957)는 충실성에서나 표현의 적절성에서 아주 훌륭하며, Blackwell 판은 미장판(美裝版)이어서 광채를 더하고 있다. 하비 연구자들은 Gweneth Whitteridge가 번역한 *Bibliography of the Writings of Dr. William Harvey*(2nd ed., Cambridge, 1953)의 덕을 많이 입고 있다. 케인즈의 하비에 관한 조예와 찬미는, 매혹적인 소품 *The Personality of William Harvey*(Cambridge, 1949)에서 그 진면목이 가장 잘 발휘되고 있다. 마지막으로 가장 최근의 전기는 Louis Chauvois에 의한 것으로 (*William Harvey*, New York, 1957, 프랑스어로부터 번역) 그의 약간의 영웅 숭배적인 경향은 일생 동안 지속된 열광주의적 성품이 가진 공감할 수 있는 결점이다. Richard Foster Jones는 베이컨의 방대한 저술로부터 *Essays, Advancement of Learning, New Atlantis, and other Pieces*(1937)라는 유익한 초록본을 만들었다. 그 서문은 그것 자체가 뛰어난 논문이다. 더구나 나의 어딘지 모르게 비판적인 베이컨 평가를, Benjamin Farrington의 *Francis Bacon*(New York, 1949)를 봄으로써 균형을 취하는 것도 좋을 것이다.

Alexandre Koyré의 *Entretiens sur Descartes*(Nwe Yord and Paris, 1944)에는 『방법 서설』에 관한 매우 예민한 논의가 들어 있다. Koyré의 *From the Closed World to the Infinite Universe*(Baltimore, 1957)는 인간과 자연의 문제에 대하여 무한이라는 것이 어떤 의미를 내포하고 있는가를 충분히 전개한 것이고, 그의 *Etudes galiléennes*의 제3권은 데카르트와 관성을 연구한 것이다. 게다가 René Dugas의 *La Mécanique u XVIIe Siècle*(Neuchâtel, 1954)에는 이 문제 및 데카르트 역학 일반에 관한 뛰어난 해설이 들어 있고, 데카르트 학파의 후년의 물리학에 관하여는 Paul Mouy의 *Le developpement de la physiqe cartésienne, 1646-1712*(Paris, 1934)에 뛰어난 해설이 들어 있다. Vasco Ronchi의 *Storia della luce*(Bologna, 1939)는 권위 있는 광학의 역사이다. Juliette Taton에 의한 프랑스어 번역이 1956년에 나왔다. *Oeuvres de Descartes*(13vol., Paris. 1897-1913)의 원전 비판적인 판본은 Charles Adam과 Paul Tannery에 의하여 편집되었는데, 본격적인 연구를 위해서는 빼놓을 수 없는 것

이다.

Penguin Classics에는 R. E. Latham에 의한 *The Nature of the Universe*라는 제목의 상당히 쓸모 있는 루크레티우스 번역이 있다. 또 Sambursky의 *The Physical World of the Greeks*에는 고대의 원자론에 관한 훌륭한 논의가 있다. Robert Lenoble의 *Mersenne, ou la naissance du mécanisme*(Paris, 1943)은 17세기 자연 철학의 원자론 채용에 대하여 해설하고 있다. 가상디에 관한 콜로퀴움에 기고된 논문은 *Pierre Gassendi, sa vie et son oeuvre*(Paris, Centre international de synthèse, 1955)에 종합되어 있다. M.A. Bera가 편집한 *Blaise Pascal, l'homme et l'oeuvre*(Cahiers de Royaumont, Philosophie No. 1, Paris, 1956)는 같은 기회에 쓰여진 책이다. I. H. B. & A. G. H. Spiers는 *The Physical Treatises of Pascal*(New York, 1937)을 번역, 편집했는데, 여기에는 서간도 약간 들어 있다. J.B. Conant의 *Harvard Case Histories in Experimental Science*(2vols., Cambridge, 1957)는 보일의 기체론에 관한 실험 해설로 시작되고 있다. 그러나 보일 연구의 출발점이라고 할 만한 것은 Thomas Birch의 *The Works of the Honourable Robert Boyle*(5vol., London, 1744)의 서두에 나오는 전기이다. John Fulton의 *A Bibliography of the Honourable Robert Boyle*(Oxford, 1933: Suppl. 1949)은 서적수집가에 의한 고전적 저작이다. Marie Boas는 "The Establishment of the Mechanical Philosophy"(*Osiris*, 10: 412-541, 1952)에서 기계론적 사상가로서의 보일을 다루고 있다. 그녀는 최근에 더욱 일반적인 연구 *Robert Boyle and Seventeenth-Century Chemistry* (Cambridge, 1958)을 출판했다.

Sprat의 History of the Royal Society는 J. I. Cope와 H. W. Jones에 의하여 편집된 복사본이 있다(St. Louis, 1958). 과학학회사에 관한 선구적인 전문서로서 지금도 많은 최근의 저서들을 압도하고 있는데, 그것은 Martha Ornstein의 *The Role of Scientific Societies in the Seventeenth Century*(Chicago, 1928)이다. Maury의 L'ancienne Académie des sciences (Paris, 1864)는 반은 공적이고 비판적이지 않은 저술이기 때문에, 이것보다는 오히려 퐁트넬이 *Mémoires de l' Académie royale des sciences depuis 1666 jusqu'à 1699*의 권두에 붙인 역사적 서설을 이용하는 것이 낫다. 왕립학회에 관한 가장 최근의 역사서는 Dorothy Stimson의 *Scientists and Amateurs*(New York, 1948)이다. 영국 과학 운동의 사회학에 관한 표준적인 저술서로서 훌륭한 전문서는, Robert K. Merton의 *Science, Technology and Society in Seventent Century England*(volume IV, part 2 of *Osiris Studies*, Bruges, 1938)이다. 머튼을 보완할 만한 것으로는 Basil Willey의 *The Seventeenth-Century Backgroung*(London, 1953)와 Richard Foster Jones의 *Ancients and Moderns*(St. Louis, 1936) 그리고 G. N. Clark의 *Science and Social Welfare in the Age of Newton*(2nd ed., Oxford, 1949)가 있다. 또 R. H. Knapp와 B. H. Goodrich의 *Origins of American Scientists*(Chicago, 1952)와도 비교할 수 있을 것이다.

제4장

왕립학회에 의한 대망의 출판물 *The Correspondence of Isaac Newton*(ed. H.W. Turnbull, Cambridge, 1959)이 나타나기 시작했다. 이 장은 그 제1권이 도착하기 전에 교정을 받았다. 독자는 나의 해석과 1675년까지의 뉴턴의 서간을 비교할 수 있을 것이다. 광학에 관한 나의 해설은 I. Bernard Cohen이 편집한 *Isaac Newton's Letters and Papers on Natural Philosophy* (Cambridge, Mass., 1958)에서 Thomas S. Kuhn이 소개한 문서에 근거를 두고 있다. 코언의 이 책은 『프린키피아』(*Principia*)와 『광학』(*Optics*) 이외의 뉴턴의 물리학 논문들을 모아놓은 것이다. 『프린키피아』의 초판의 복사본은 William Dawson & Sons(London, 1957)에 의하여 출판되었고 『광학』초판의 복사본은 I.B. Cohen의 서문이 덧붙여져서 Dover(New York, 1952)에 의하여 출판되었다. 코언 교수의 *Franklin and Newton*(Philadelphia, the American Philosophical Society, 1956)은 뉴턴에 관한 이제까지의 저술 중 가장 광범위한 것으로서, 장래의 뉴턴 연구의 출발점이 될 것이 틀림없다. 그 서지학적인 철저함은 뉴턴 해석상에서 가장 중요한 논문 이외의 것을 여기에 열거하는 것을 무의미하게 만든다. 그 중에서도 가장 두드러진 것은 (여기서도 또 다시) Alexandre Koyré에 의한 것

참고 문헌   581

이다. 그것은 "The Significance of the Newtonian Synthesis"(*Archeves internationales d'histoire des Sciences*, II: 291-395, 1955): "A Documentary History of the Problem of Fall from Kepler to Newton"(*Transactions of the American Philosophical Society*, 45: 329-395, 1955): "L'hypothèse et l'expéerience chez Newton"(*Bulletin de la Société franoaise de Philosophie*, 59-97, avril-juin, 1956)이다. 뉴턴과 과학적 설명을 다룬 다른 중요 문헌은 A. C. Crombie의 "Newton's Conception of Scientific Method"(*Bulletin of the Institute of Physics*, 350-362, Nov. 1957)과 Stephen Toulmin의 "Criticism in the History of Science: Newton on Absolute Space, Time and Motion"(*The Philosophical Review*, 68: 1-29 and 203-227, 1959)이다. W. W. Rouse Ball의 An Essay on Newton's Principia(London, 1893)는 이 위대한 책을 아주 쓸모 있게 요약해 놓았다. 마지막으로 H. G. Alexander는 *The Leibniz-Clarke Correspondence* (NewYork, 1956)라는 서간집에서 라이프니츠와 뉴턴 사이의 철학적 논쟁을 훌륭하게 요약하여 소개했다.

제5장

이 장의 논의는 계몽사조에 끼친 과학의 영향에 관한 다른 사람들의 해석과는 약간 다르다. 그래서 이러한 해석으로 인도해간 나의 특수 연구 몇 가지를 여기서 언급하는 것이 좋으리라고 생각된다. 이것은 이 연구를 문서상으로 기록하는 목적에도 유용할 것이다. 나는 그로부터 몇 개의 문장을 이 논문을 위하여 채용했기 때문이다. 나는 프랑스 혁명기의 과학의 사회사적 및 사상사적 연구를 지금도 계속중인데, 이 연구에서 우선 뉴턴 과학에 대한 18세기의 적대 사조로부터 감명을 받았다. "The formation of Lamark's Evolutionary Theory" (*Archives internationales d'histoire des sciences*, 323-338, October-Décembre 1956)이라는 논문은 박물학에 있어서 낭만주의의 일례라고 생각되는 것을, 새로운 설로서 제창한 것이다. 또 하나의 논문 "The Encyclopédie and the Jacobin Philosophy of Science"는 *Critical Problems in the History of Science*(ed. Marshall Clagett, Madison, Wis., 1959)라는 심포지엄에서 발표한 것이다. 이것은 과학 아카데미에 가해진 공격은 추상적인 수학적 과학을 통속적인 생물적 과학으로 대치하려고 하는 시도의 정치적인 일례라고 논하고 있다. 이것과 상보적인 이야기가 테르미도르 이후의 연구기관과 교육시설에서의 과학의 합리화 운동인데, 그것이 "Science and the French Revolution"(*Proceedings of the National Academy of Science*, 45: 677-689, 1959)의 주제이다. 나의 흥미는, *A Diderot Pictorial Encyclopedia of Trades and Industry: Manufacturing and the Technical Arts in Plates from l'Encyclopédie*(2 vols., New York, 1959)를 쓰기 위한 연구로 인해 다시 디드로와 기술상의 베이컨주의로 돌아갔다. 마지막으로 두 편의 논문을 통해 계몽사조에 있어서 과학과 산업의 관계를 논했는데 그것은 "Discovery of the Leblanc Process"와 "The Natural History of Industry"(*Isis*, 48: 152-170 and 398-407, 1957) 이다.

계몽사조의 과학 철학의 실증주의적인 성격에 관한 가장 시사적인 저작은, Henri Gouhier의 *La jeunesse de Comte et la naissance du positivisme*, 3 vols., Paris, 1933-1941이다. Isaiah Berlin의 *The Age of Enlightenment*(New York and Boston, 1956)는 로크와 관념론을 잘 소개하고 있다. Peter Gay의 자극적인 *Voltaire's Politics*(Princeton, 1959)는 내가 볼테르를 그의 뉴턴주의를 통해 이해하고 있는 지성상과 일치한다. 어떻든 간에 *Voltair's Correspondence*(ed. Theodore Besterman, Geneva, 1953-) 제2권에서 제11권까지는 1730년대에 볼테르가 물리학에 관한 그의 기분을 표명한 것을 담고 있다. *Corpus général des philosophes français* 총서 중의 하나인 *Oeuvres philosophiques de Condillac*(3 vols., Paris, 1947-51)은 Georges Le Roy가 쓴 짧은 비판적이고 전기적인 서문이 덧붙여져서 편집되었다. Condorcet의 *Esquisse*는 June Barraclough에 의하여 *Sketch for a Historical Picture of the Progress of the Human Mind*(London, 1955)라고 번역된 것이 다행스럽게도 나와 있다. 그리고 디드로에 관해서는 Arthur Wilson이 뛰어난 전기를 썼는데, 그것은 *Diderot, the Testing Years*(New York, 1957)으로서 곧 제2권이 출판될 예정이다. 디드로 저작의

간편한 판본은 *Oeuvres philosophiques*(ed. Paul Vernière, Paris, 1956)과 *Oeuvres romanesques*(ed. Henri Bénac, Pris, 1951)이다. 계몽사조에 관한 최근의 저서들 가운데 시사하는 바가 가장 풍부한 책은 Aram Vartanian의 *Diderot and Descartes: A Study of Scientific Naturalism in the Enlightenment*(Princeton, 1953)인 것처럼 보인다. 그러나 데카르트를 18세기의 과학주의의 원류로 보는 그의 주장에 나는 동의하지 않는다. 뉴턴 과학이 인간의 조건과 관계를 맺게 된 경로를 논하기 위하여는, 관념 연합설의 심리학에서 시작해서 콩디약의 철학을 거쳐서 실증주의에서 끝나는 경로를 조망하는 것이 필요하다. 그렇지만 계몽사조의 관습적인 사상사 서술에 대한 비판이나, 이 계몽기 전체를 통하여 데카르트적 기질이 흐르고 있었음을 강조하는 점 등에서, 나는 바타니안에게 동의하는 바이다.

괴테에 관해서 나는 자신의 행위가 약간 무모했다는 것을 느낀다. 하지만 이렇게 괴테의 과학을 반(反)과학으로 보는 것이 의미를 가질 것이라는 깊은 확신에서 감히 나는 그런 해석을 하는 것이다. 우리는 근본적으로 동의할 수 없는 책으로부터도 상당한 이익을 얻을 수 있다. 현대의 괴테 제자 Ernst Lehrs만큼 괴테의 과학의 중요성을 이해한 사람은 없다(나는 그렇다고 생각한다). 나는 단지 괴테의 과학의 가치에 대한 궁극적인 판단에서만 그와 의견을 달리할 뿐이지, 해석에서는 그렇지 않다. 나는 그의 *Man or Matter: Introduction to a Spiritual Understanding of Matter Based on Goethe's Method of Training, Observation, and Thought*(London, 1951)에 빚지고 있는 바가 많다. 방대한 괴테의 문헌 중에는 René Michéa의 *Les travaux scientifiques de Goethe*(Paris, 1943), Martin Loesche의 *Grundbegriffe in Goethes Naturwissenschaft*(Leipzing, 1944), Marianne Trapp의 *Goethes naturphilosphische denkweise*(Stuttgart, 1949)를 들 수 있겠다. 괴테의 과학 관련 저술을 담은 가장 편리한 자료는 Weimar판이다. 저술 날짜가 적혀 있는 주요 저작으로 *Dem Menschen wie den Thieren ist ein Zwischenknochen der obern Kinnlade zuzuschreiben*(1784): *Die Metamorphose der Pftanzen*(1790): *Beitrage zur Optik*(1791-92): *Zur Farbenlehre*(1810-1823) 등이다.

보수주의에 관하여 내가 언급하고 있는 책은 R. J. White의 *The Conservative Tradition*(London, 1950)이다.

제6장

라부아지에와 화학 혁명에 관한 최고의 권위자는 Maurice Daumas와 Henry Guerlac이다. 나는 이 두 사람의 저작에 빚지고 있는 바가 많다. 도마는 그의 연구를 *Lavoisier, théoricien et expérimentateur*(Paris, 1955)에 요약해 놓았고, 겔락은 그의 일련의 논문들을 한 책으로 정리하고 있는데, 그 출현이 기대된다. (Henry Guerlac, *Lavoisier. The Crucial Year*, Ithaca, 1961) 그 중에서 가장 중요한 것은 "The Continental Reputation of Stephen Hales"(*Archives internationale d'histoire des sciences*, 4: 393-404, 1951): "Joseph Priestley's First Papers on Gases and their Reception in France"(*Journal of the History of Medicine and Allied Sciences*, 12: 1-12, 1957): "A Note on Lavoisier's Scientific Education"(*Isis*, 47: 211-216, 1956): "Joseph Black and Fixed Air"(*Isis*, 48: 124-151, 433-456, 1957): "Some French Antecedents of Chemical Revolution"(*Chymia*, 73-112, 1959): "A Lost Memoir of Lavoisier"(*Isis*, 50: 125-129, 1959)이다.

생전의 라부아지에에 관한 라부아지에 부인의 해설은 나의 다음 논문으로부터 인용한 것이다. "Notice biographique de Lavoisier per Mme. Lavoisier"(*Revue d'histoire des sciences*, 9: 52-61, 1956). 이론가로서의 라부아지에에 관한 해석도 나의 것이다. 적어도 칼로릭이 이론으로서 뛰어난 것이라는 것, 또 라부아지에의 산소의 과잉 확대와 그의 개념들을 원자론으로 환원할 수 없었던 것은 콩디약의 방법 때문이라고 하는 점 등은 나의 해석이다. 이 논문은 과학사 및 과학 철학에 관한 프랑스 국민 위원회의 주최 하에 1959년 9월 11, 12, 13일 3일간에 걸쳐서 파리에서 열렸던 "18세기 화학사에 관한 국제 콜로퀴움"에서 발표하기 위하여 쓰어진 것이다.

Uno Boklund의 다음 논문은 산소의 발견에서 셸레의 우선권을 주장하는 것이다. "A Lost Letter from Scheele to Lavoisier"(*Lychnos*, 1-27,

1957). 프리스틀리의 실험상의 발견 및 이것과 라부아지에의 개념적 사고와의 관계에 관한 역사는 James B. Conant의 사례연구 "The Overthrow of the Phlogiston Theory"(Harvard Case Studies, I, 65-116)의 하나의 주제를 이루고 있다. 이 책에는 또 Leonard K. Nash의 "The Atomic-Molecular Theory"가 들어 있다. 이것은 그의 논문 "The Origin of Dalton's Chemical Atomic Theory"(*Isis*, 47: 101-116, 1956)에서의 논의를 완화시킨 한편 돌턴의 사고의 물리적 특질에 대해서는 더욱 강조한 것이다.

Joseph Black의 *Experiments upon Magnesia Alba*(1756)는 Alembic Club(Edinburgh, 1898)에 의하여 증쇄되었다. 또 *The Scientific Papers of the Honourable Henry Cavendish* (2 volumes, Cambridge, 1921)은 James Clerk Maxwell과 Sir Edward Thorpe에 의하여 편집되었다. Joseph Priestley 는 그의 연구를 다음 책에서 발표했다. *Experiments and Observations upon Different Kinds of Air*(3 vols., London, 1774-1777), *Experiments and Observations Relating to Various Branches of Natural Philosophy*(3 vols., London, 1779-1785). 프랑스 문교성은 J. B. Dumas 편집의 *Oeuvres de Lavoisien* vols. I-IV(1864-1868)과 Edward Grimaux 편집의 vols. V-VI(1892-1894)를 간행했다. René Fric이 편집한 *Correspondance de Lavoisier*(2 vols., Paris, 1955-)가 출판되었다. 마지막으로 돌턴의 *New System of Chemical Philosophy*(1808)의 복사본(2 vols., London, 1953)이 입수 가능하다.

제7장과 8장

19세기의 생물학에 관한 문헌은 한 곳에서 다루는 것이 좋을 것이다. 라마르크론과 다윈론의 구절들은 나 자신의 다음 두 논문에서 인용한 것이다. "The Formation of Lamarck's Evolutionary Theory"(*Archives internationales d'histoire des Sciences*, 9: 323-338, 1956) 및 "Lamarck and Darwin in the History of Science"(*Forerunners of Darwin*, ed. by Bentley Glass, Baltimore, 1959). 또 지질학에 관한 서술은 나의 *Genesis and Geology* (Cambridge, Mass., 1951)을 축약한 것이다. 진화 사상사에 관한 발군의 명저는 Paul Ostoya 의 *Les théories de l'évolution*(Paris, 1951)과 Loren C. Eiseley의 *Darwin's Century*(New York, 1958)이다. 과학사가들의 주목을 별로 끌지 못하고 있는 듯한 19세기 생물학의 분류학적 기초에 관한 뛰어난 역사서가 있는데, 그것은 Henri Daudin 의 *Cuvier et Lamarck: Les classes zoologiques et l'idée de série animale*, 1790-1830(2 vols., Paris, 1926)이다. Cuvier의 최초의 발언에 관한 언급은 R. Lee 의 *Memoirs of Baron Cuvier*(New York, 1833)로부터 인용했다. Eiseley는 또 다음의 대단히 중요한 논문을 발표했다. "Charles Darwin, Edward Blyth, and the Theory of Natural Selection" (*Proceedings of the American Philosophical Society*, 103: 94-158, 1959). 그는 다윈이 박물학자 블라이드의 저술로부터 정당한 사의도 표하지 않고 그 이론을 채용했음을 인증한다. 이 논문의 출현은 나의 서술에 영향을 미치기에는 너무 늦었다. 그러나 다윈이 이로 인해 상당한 손상을 입는다고는 생각되지 않는다—(블라이드의) 아이디어와 (다윈의) 이론 사이의 차이점을 거론할 수 있을 것이다. Gertrude Himmelarb의 *Darwin and The Darwinian Revolution*(New York, 1959)는 다윈과 그의 업적의 명예를 훼손하는 것이다. 이 책은 전기적인 면에서는 다른 어느 것보다도 충실하다. 그러나 저자의 과학과 과학사에 대한 태도는 아더 케슬러의 태도와 비슷하고, 케슬러와 마찬가지로 객관적 과학과 그 창시자들의 문학자 기질 적어도 심리적으로 자연과 융화하려는 기질에 대한 불유쾌한 감정을 드러내고 있다. 또 하나 좀더 널리 호평받은 책인 Wiliam Irvine의 *Apes, Angels, and Victorians*(New York, 1955)는 진화론 과학의 창시자들을 희화화하고 있다.

(『종의 기원』 출판) 백주년 기념 해에 쏟아져 나온 출판물 중에서 가장 유익한 책은 Nora Barlow가 편집한 그녀의 조부의 *Autobiography* (London, 1959)이다. 이것은 *The Life and Letters of Charles Darwin*(edited by Francis Darwin, 2 vols., London, 1888)에서 생략된 부분들을 복원해 놓았으며, Samuel Butler와 다윈에 관한 추가의 자료를 담고 있다. 연구자들에게는 *The Darwin Reader*(edited by Marston Bates and Philip S. Humphrey, New York, 1956)에 선별되고 배치된 것들 및 다윈과 월러스의 원 논문의 재간행

본인 *Evolution by Natural Selection*(with a foreword by Sir Gavi Beer, Cambridge, 1958)이 편리할 것이다. David Lack의 *Evolutionary Theory and Christian Belief*(London, 1957)는 칭찬받을 만한 논술이기는 하지만 나로서는 그러한 견해— 진화론과 기독교적 신앙 사이에 실제로 투쟁이 있다고 하는 견해—를 가질 필요는 없다고 생각한다.

19세기 후반 진화주의의 역사와 관련된 주요 저작들이 번역되어 있다. Hugo Iltis의 *Life of Mendel*(trans. by Eden and Cedar Paul, London, 1932): 멘델의 원 논문 *Experiments in Plant Hybridization*(edited by William Bateson,Cambridge, Mass., 1948): Ernst Haeckel의 *The Riddle of the Universe*(New York, 1901): *The History of Creation*(London, 1876): *The Evolution of Man*(New York, 1892): August Weismann의 *Essays upon Heredity*(2nd ed., 2 vols., Oxford, 1891-1892): *The Germ-Plasm*(New York, 1893). Karl Wilhelm Nägeli의 *Mechanisch-Physiologische Theorie der Abstammungslehre*(München, 1884)는 영역되어 있지 않은 것 같다. 그러나 다음과 같은 발췌본이 있다. *A Mechanico-Physiological Theory of Organic Evolution*(trans. by V. A. Clark, Chicago, 1898). Erik Nordenskjold에 의하여 번역된 *The History of Biology*(New York, 1928)는 지금도 역시 일반 생물학사로서 가장 쓸모 있음에 틀림없다.

제9장

열역학의 역사에 관한 첫째가는 논문은 Thomas S. Kuhn의 "Energy Conservation as an Example of Simultaneous Discovery"(*Critical Problems in the History of Science*)이다. 쿤 교수는 사상의 계통을 수립하는 일에 있어서 진화적인 접근보다는 분류적인 접근을 사용한다. 이 문제에 정통해 있다는 것이 그의 저술을 활기차게 만든다. 거의 알려져 있지 않지만 대단히 시사점이 풍부한 책으로 Charles Brunold의 *L'Entropie, son role dans le développement historique de la thermodynamique*(Paris, 1930)이 있는데 이 책은 클라우지우스의 업적을 카르노의 업적과 관련지은 점에서 특히 유익하다. 논의 전체를 통하여 매우 귀중한 것이라고 생각되는 책은 P. W. Bridgman의 *The Nature of Thermodynamics* (Cambridge, Mass., 1941)이다. Gerald Holton의 *Introduction to Concepts and Theories in Physical Science*(Cambridge, 1952)는 풍부한 역사적 자료를 자유롭고 재치 있게 이용하고 있는 교과서이다. 다음과 같이 보다 오래된 문헌들에는 실증주의자들의 주요 공헌이 포함되어 있다. Ernst Mach의 *Die Prinzipien der Wärmelehre, historish-kritisch entwickelt*

(Leipzig, 1923) 및 Pierre Duhem의 *L'évolution de la mécanique*(Paris, 1905). 이 책의 목적은 역사적 서술이다. 그리고 (더욱 중요한 것은) 뒤엠의 *Traité d'énergetique*(2 vols., Paris, 1911)이다. Ernst Cassirer의 *The Problem of Knowledge*(New Haven, 1950)은 보다 최근의 것이지만, 그 형이상학적 접근 방식 때문에 훨씬 먼 과거의 것처럼 생각된다. 그렇지만 카시러는 마이어의 에너지주의를 다른 해설자들보다 더 잘 이해했다(아마 그것에 찬동했기 때문일 것이다). 원 논문에 대하여 말하자면, Sadi Carnot의 *Réflexions sur la puissance motrice du feu*(1824)는 1878년에 파리에서 재출판되었다. 카르노의 번역은 Clausius와 Thomson의 논문과 함께 *The Secand Law of Thermodynamics*(edited by W. F. Magie, New York, 1899)로 출판되어 있다. 클라우지우스의 개설서도 영역되어 있다. *The Mechanical Theory of heat*(trans. by Walter Browne, london, 1879). Joule의 실험에 관한 논문은 별다른 편집자의 배려 없이 두 권으로 모여 있다. *The Scientific Papers of James Prescott Joule*(London, 1884-87). H. Helmholtz의 *Über die Erhaltung der Kraft*는 *Ostwalds Klassiker*(Leipzing, 1889)의 첫 권으로 간행되었다. Meyer의 서간집으로 *Robert von Mayer über die Erhaltung der Energie*(edited by W. Preyer, Berlin, 1889)라는 흥미 있는 판본이 나와 있다. 마지막으로 과학사 서술이 19세기 학자들이 내놓은 저 불후의 저작들을 능가하는 놀랄 만한 책이 하나 있는데, 그것은 John Theodore Merz의 *A History of European Thought in the Nineteenth Century*(4 vols.,, 1896-1914)이다.

제10장과 11장

Ronchi의 *Storia della luce*는 빛의 입자론으로

부터 파동설로의 이행을 추적하는 데 유익한 안내자이다. Young의 서간은 다음 책으로부터 인용했다. Frank Oldham과 Alexander Wood의 *Thomas Young, Natural Philosopher, 1773-1829* (Cambridge, 1954). 영은 그의 초기 논문들을 다음 책의 광학 부분에다 요약해 놓았다. *A Course of Lectures on Natural Philosophy*(2 vols., London, 1807). 이 책은 (뜻밖에도) 19세기 초두의 물리학의 상황을 훌륭하게 개괄해 놓았다. Louis de Broglie는 "La physique moderne et l'oeuvre de Fresnel"(*Recueil d'exposés sur les ondes et les corpuscles*, Paris, 1930)라는 강연에서 프레넬의 업적을 해석하고 있다. Emile Verdet의 *Oeuvres d'Augustin Fresnel*(3 volumes, Paris, 1866-1896)의 서설은 너무 광범위해서 종잡을 수 없지만, 많은 정보로 가득 차 있다. 프레넬의 문장은 이 선집으로부터 번역한 것이다. Ernst Mach의 다음 책은 언제 읽더라도 유익하다. *The Principle of Physical Optics*(trans. by John S. Anderson and A. F. A. Young, London, 1926). 이 장 전체의 주제에 관하여 다음 책만큼 직접적으로 다루고 있는 책은 없다. E. T. Whittaker의 *History of the Theories of Aether and Electricity*(2 volumes, London, 1951-1953). 그러나 휘태커는 신중하게 이용하지 않으면 안 된다. 왜냐하면 그는 19세기의 물리학의 형식으로 표현했고, 자료들을 역사와 발견의 질서 속에서의 관계에 따라 배열하는 것이 아니라 현대 물리학의 질서 안에서의 관계에 따라 배열하기 때문이다.

Faraday를 연구하려는 사람은 누구나 John Tyndall의 *Fraday as a Discoverer*(London, 1868)에서 시작해야 한다. 이것은 매혹적인 논문집이고, 빅토리아 시대의 전기에 대한 Strachey의 혹평을 비난하는 것으로서도 그 효력을 잃지 않고 있다. Robert C. Stauffer의 두 논문은 전자기학의 시작을 다루고 있다. "Persistent Errors Regarding Oersted's Discovery"(*Isis*, 44:307-310, 1953): "Oersted's Discovery of Electromagnetism" (*Isis*, 48:33-50, 1957). 패러데이의 『일기』(*Diaries*)의 편집자 Thomas Martin의 면밀한 소연구집 *Faraday's Discovery of Electro-Magnetic Induction* (London, 1949)가 있다. 패러데이의 논문집 *Experimental Researches in Electricity*는 많은 판본이 있다. 그 중에서 가장 최근의 것은 시카고에서 "Great Books" 총서 45권(Chicago, 1952)에 라부아지에의 *Elements of Chemistry*와 함께 들어있다. *Scientific Papers of James Clerk Maxwell*(Cambridge, 1890)은 W. D. Niven에 의하여 두 권으로 편찬되었다. 또 *Hermann*(Paris, 1927)에 의하여 사진판으로 재인쇄되었다. 나의 맥스웰 인용은 모두 거기에 들어있는 논문에서 온 것이다. Lewis Campbell과 William Garnett의 *The Life of James Clerk Maxwell*(London, 1882)은 본격적인 전기이지만 비판적인 것은 아니다. 정말 유익한 것은 *James Clerk Maxwell, a Commemoration Volume, 1831-1931*(Cambridge, 1931)으로서 여기에는 J. J. Thomson, Max Planck, Albert Einstein, James Jeans 등의 논문이 포함되어 있다. 실증주의자들의 저작은 언제나 일독할 가치가 있다. 그러나 내가 보기에 Pierre Duhem의 *Les théories électriques de J. Clerk Maxwell*(Paris, 1902)는 그의 다른 저작만큼 즐거운 기분이 들지는 않는 것 같다.

본서의 에필로그는 엄밀한 의미의 과학사를 목적으로 한 것이 아니라 다음 책들에 대한 논평이라고 할 수 있다. Pierre Duhem의 *The Aim and Structure of Physical Theory*(trans. by Philip P. Wiener, Princeton, 1954): 그리고 *L'évolution de la mécanique*: Wilhelm Ostwald의 *Die Energie*(Leipzig, 1908): Enst Mach의 *The Science of Mechanics*(trans. by T. J. McCormack, 2nd ed., Chicago, 1902): C. B. Weinberg의 *Mach's Empirio-Pragmatism in Physical Science*(New York, 1937): H. A. Lorentz, *Impressions of His Life and Work*(edited by G. L. de Haas-Lorentz, Amsterdam, 1957): Cornelius Lanczos의 "Albert Einstein and the Role of Theory in Contemporaryhysics"(*American Scientist*, 47: 41-59, 1959): Albert Einstein과 Leopold Infeld의 *The Evolution of Physics*(New York, 1938): Albert Einstein의 *The Meaning of Relativity*(5th edition, Princeton, 1955) 그리고 *Albert Einstein, Philosopher-Scientist*(edited by Paul Arthur Schilpp, New York, 1951)에 실린 많은 글들. 특히 아인슈타인 자신의 것과 아인슈타인의 말은 여기에서 인용했다.

<찾아보기>

ㄱ

가스파르 몽쥬 Gaspard Monge 213, 249, 266
가이슨 Gerald L. Geison 9
갈레노스 Galenos 93~97
갈릴레오 갈릴레이 Galileo Galilei 9, 12, 14, 25, 31~36, 39, 41, 43~45, 49, 56~57, 70~85, 88,~89, 97, 99~100, 105~106, 110, 113, 115~117, 120, 122~126, 131~132, 134, 137, 139, 143~147, 152, 154~155, 168, 170, 176, 178~179, 218, 240, 243, 255, 280, 287, 346~347, 382~383, 400, 425, 547~548, 555~566, 569, 570~572, 576
갈바니 Galvani 416, 439, 491~492
게오르그 요아힘 레티쿠스 Georg Joachium Rheticus 52, 53
게이-뤼삭 J. L. Gay-Lussac 297, 414, 423, 473, 533,
고비노 Joseph Arthur de Gobineau 387
괴테 Johann Wolfgang Goethe 139, 160, 215, 216, 228~235, 237, 302, 316, 328, 349, 364, 385, 391, 402, 426,
귀통 드 모르보 Guyton de Morveau 272,
그레고르 멘델 Gregor Johann Mendel 372
그레고리 James Gregory 154
그리말디 F. Maria Grimaldi 471

ㄴ

나폴레옹 Napoleon Bonaparte 86, 151, 215, 319, 459, 469, 470, 546
노스트라다무스 Nostradamus 44, 229
노엘 스베들로우 Noel Swerdlow 14
니콜라스 코페르닉 Nicolas Kopernigk 48

ㄷ

다니엘 베르누이 Daniel Bernoulli 529
달랑베르 Jean de Rond d'alembert 11, 202, 225, 236, 406
더니 디드로 Denis Diderot 201~202, 210, 216~218, 221, 223~228, 235~237, 272, 301~302, 314, 349, 385, 389, 391, 486
데모크리토스 Demokritos 129, 132, 140, 168, 407, 431
데이비드 린드버그 David C. Lindberg 13
데이비드 흄 David Hume 199, 243
뒬롱 Pierre Louis Dulong 423
드 콩디약 신부 Étienne Bonnot de Condillac 200~206, 208, 212, 217, 240, 256, 275, 285, 289, 297, 497, 546, 553

ㄹ

라그랑주 Joséph Louis Lagrange 151, 210, 213~214, 249, 399, 405~406, 515, 555
라마르크 Chevalier de Lamarck 19, 213, 299~302, 306~317, 319, 324, 326, 328, 341~342, 349, 365, 367, 369, 382~383, 385, 389, 391, 425~426, 551
라부아지에 Antoine Laurent Lavoisier 18, 24, 121, 202, 220, 239, 240~241, 247~281, 283~292, 297, 310, 312, 314, 316, 347, 355, 381~383, 401, 405, 415, 417, 432, 449, 541, 577
라이프니츠 Gottfried Wilhelm von Leibniz 162, 181, 182, 184, 194, 350, 400, 406, 418
라자르 카르노 Lazare Carnot 403~405, 407, 409~416, 419, 427, 433~436, 438, 440~444, 448, 454
라플라스 Pierre Simon Laplace 202, 210, 213, 249, 267, 277~278, 284, 362, 399, 405, 468, 470, 473, 479
레오나르도 다 빈치 Leonardo da Vinci 9, 24,

36, 85~88, 116, 234, 490, 547
레오폴트 인펠트 Leopold Infeld 565
로드릭 머치슨 Sir Roderick Murchison 338
로렌츠 H. Antoon Lorentz 545, 556~561, 564, 566, 568~570
로버트 마이어 Julius Robert von Mayer 548, 551
로버트 보일 Robert Boyle 15, 135~142, 145~147, 157, 165, 168, 171, 197, 222, 241, 289, 292~293, 380, 409, 414, 529
로버트 오펜하이머 Robert Oppenheimer 148
로버트 후크 Robert Hooke 142, 147, 160~161, 163~164, 166, 168~172, 174, 181
로베르토 벨라르미노 Roberto Bellarmino 76~77
로베르트 코흐 Robert Koch 300
로베스피에르 Maximilien François Marie Isidore de Robespierre 212, 215
로저 베이컨 Roger Bacon 112
로저 코우츠 Roger Cotes 184
루돌프 비르효 Rudolf Virchow 300
루돌프 클라우지우스 Rudolf Clausius 442
루이 파스퇴르 Louis Pasteur 300
루크레티우스 Titus Lucretius Carus 129~131, 529, 539
뤼셍코 T. Denisovich Lysenko 237, 391, 395
르 사쥬 Le Sage 529
르네 데카르트 René Descartes 16, 105, 109 115~128, 131
리처드 오웬 Richard Owen 356
리처드 웨스트폴 Richard S. Westfall 16
리처드 테일러 Richard Taylor 502
리터 Johann Wilhelm Ritter 453

ㅁ

마샬 클라겟 Marshall Clagett 14, 575
마이어 J. Rober von Mayer 421~427, 429~431, 433, 439~441, 448, 497
마이켈슨 Albert Abraham Michelson 475, 556, 559~560, 565~566
마이클 마호니 Michael S. Mahoney 9, 14
마이클 패러데이 Michael Faraday 20, 398, 484~509, 511, 513~515, 517~518, 534, 537, 543
마티아스 야콥 슐라이덴 Matthias Jakob Schleiden 300
말르브랑슈 신부 Nicolas de Malebranche 195
맬더스 Thomas Robert Malthus 346, 353~354, 357, 383, 388, 393
메르센느 Marvin Mersenne 15, 144~145
멘델 Gregor Johann Mendel 300, 372~375, 377~384, 573
멘델레예프 Dmitrii Ivanovich Mendeleev 286, 290, 297
모리스 도마 Maurice Daumas 274~575
몰리 Edward William Morley 475, 556, 560, 565~566
몽테스키외 Baron de La Brède et de Montesquieu 218
미구엘 세르베토 Miguel Serveto 98
미츄린 I. V. Michurin 391

ㅂ

발포어 Arthur James Balfour 393
배비지 Charles Babbage 488
버나드 쇼 Bernard Shaw 389~391, 395
버나드 코헨 I. Bernard Cohen 16
버클리 George Berkeley 199, 201, 553~555
버트란드 러셀 Bertrand russel 128
베버 Wilhelm Eduard Weber 521~522
베이어드 테일러 Bayard Taylor 233
벤저민 톰슨 Benjamin Thompson 416
벤저민 프랭클린 Benjamin Franklin 147, 399
보스코비치 Boscovich 504, 539
볼츠만 Ludwig Boltzmann 407, 532, 535, 544, 548, 563
볼테르 Voltaire 193~196, 201, 214, 216, 238
브넬 Gabriel Venel 221~223, 314

브롱냐르 Brongniart 307, 330, 336
브루넬 Marc Isambard Brunel 403
브루놀드 Charles Brunold 407
브리지만 Bridgman 428, 567
비비아니 Vincenzio Viviani 143
빌헬름 오스트발트 Wilhelm Ostwald 545, 547 ~548, 550~553, 563, 564

ㅅ

사그레도 Sagredo 32, 70, 80
사디 카르노 Sadi Carnot 279, 398, 403, 470, 512~513
사무엘 올덴부르크 145, 162
사무엘 페피스 146
사이먼 섀퍼 Simon Shaffer 15
살비아티 Salviati 34, 80
사무엘 버틀러 Samuel Butler 389~390, 395
사무엘 스마일즈 Samuel Smiles 320
사무엘 윌버포스 Samuel Wilberforce 347
사무엘 클라크 Samuel Clarke 184
샘버스키 S. Sambursky 130
샤틀레 후작 부인 Marquise du Châtelet 194
샹폴리옹 Champollion 459
슈탈 Georg Ernst Stahl 242, 250, 262, 275
스넬 Willebrod Snell 121~122, 142
스윈번 Algernon Swinburne 452
스톡스 Stokes 533
스티븐 헤일즈 Stephen Hales 243, 245
스티픈 셰이핀 Steven Shapin 15
스프랫 주교 141, 146, 149
시몬 스테뱅 Simon Stevin 134

ㅇ

아서 러브조이 Arthur O. Lovejoy 12
아서 에딩튼 Arthur Eddington 443
아서 케슬러 Arthur Koestler 58, 73~75, 83
아드리앙 오주 Adrien Auzout 159
아라고 D. Françis Arago 454, 457, 469~470 473~474, 478, 480, 488, 493

아르키메데스 Archimedes 32, 43, 45, 70, 83, 134, 555
아리스타르코스 Aristarchos 46, 49~50
아리스토텔레스 Aristoteles 23, 35, 39, 42~46, 73, 80~81, 90, 95, 104, 106, 111~112, 117, 129, 132, 137, 179~180, 207, 288, 302, 306, 326, 328
아보가드로 Count Amedeo Avogadro 292, 297, 530
아브라함 고틀로프 베르너 Abraham Gottlob Werner 333, 336~337
아우구스트 바이스만 August Weismann 366, 368~371, 378~379
아이작 뉴턴 Sir Isaac Newton 16, 23~24, 37, 45, 62, 75, 81, 109, 117, 120, 123~124, 126~128, 138, 141~142, 145, 151~190, 192~206, 210, 215~216, 221~223, 226, 228, 232, 235~236, 240, 243~244, 255, 265, 275~278, 285, 289, 293, 297~298, 303~305, 331~332, 346~347, 356, 361~363, 378~379, 381~388, 399~401, 406, 415, 425, 427, 436, 449~450, 455~457, 459~462, 464~465, 471, 476, 479~480, 488, 498, 502, 508, 523~524, 529, 539~541, 544~545, 548~549, 553~555, 560~561, 564, 566, 568~570, 576~577
아이작 배로우 Isaac Barrow 152, 153
안드레아스 베살리우스 Andreas Vesalius 71, 88~89, 91~95, 97, 99
안드레아스 오지안더 Andreas Osiander 53
알렉산더 폰 훔볼트 Alexander von Humboldt 307
알렉상드르 코이레 Alexandre Koyré 12 ,16, 116, 183, 575~576
알프레드 노드 화이트헤드 Alfred North Whitehead 237, 304
알프레드 러셀 월러스 Alfred Russel Wallace 356 ~357
앙리 푸앵카레 Jules Henri Poincaré 190, 193,

428, 544
앙페르 André Marie Ampère 20, 439, 477, 481, 491, 502, 508
애덤 세지위크 Adam Sedgwick 338~339, 342, 351, 394
애덤 스미스 Adam Smith 243, 354
앤드류 카네기 Andrew Carneige 388
앨런 샤피로 Alan Shapiro 16
앨버트 아인슈타인 Albert Einstein 21, 37, 45, 64, 112, 117, 121, 128, 235, 347, 398, 405, 470, 492, 505, 523, 527, 544, 546~547, 553, 556~557, 561~571
야콥 뵈메 Jakob Böhme 163
에드먼드 핼리 Edmund Halley 147, 171~173
에드워드 그란트 Edward Grant 14
에드워드 포브스 Edward Forbes 356
에라스무스 다윈 Erasmus Darwin 349
에른스트 마이어 Ernst Mayr 19
에른스트 마흐 Ernst Mach 11, 545~548, 553~556, 562, 564
에른스트 헤켈 Ernst Haeckel 364~365, 428
에리히 체르막 Erich Tschermak 380
에릭 노르든쇨드 Erik Nordenskiold 363
에바리스트 갈루아 Evariste Galois 470
에이브라함 페이스 Abraham Pais 21
에케르만 Eckerman 215
에피쿠로스 Epikouros 129~132, 136, 200, 218~219, 400
오귀스탱 프레넬 Augustin Fresnel 454
오귀스트 콩트 Auguste Comte 11~12, 546~547, 552~553
오토 노이게바우어 Otto Neugebauer 14
요하네스 케플러 Johannes Kepler 13, 43, 54, 56~69, 73~74, 78, 82, 89, 106, 109, 121, 152, 154, 171, 178, 255, 449, 488, 490~491, 541, 547~548, 570
요하네스 뮐러 Johannes Müller 300, 429
윌라드 깁스 J. Willard Gibbs 407, 545, 548, 563, 577

윌리엄 길버트 William Gilbert 62, 106, 109
윌리엄 다니엘 코니비어 William Daniel Conybeare 337
윌리엄 랭킨 Willam Rankine 436
윌리엄 버클랜드 William Buckland 338, 341
윌리엄 스미스 William Smith 336~337
윌리엄 톰슨 William Thomson 441~443, 515~516, 538~539, 541
윌리엄 페일리 William Paley 303, 305
윌리엄 필립스 William Phillips 337
윌리엄 하비 William Harvey 16, 71, 89, 97, 99~105, 107, 111, 124, 141, 302, 577
윌리엄 허셸 William Herschel 453, 488
윌리엄 휴얼 William Whewell 342
유클리드 Euclid 32, 45, 70, 76, 117, 120, 123, 152, 178, 187, 305, 400, 427, 462, 468, 502, 540, 564
이냐티우스 파르디스 Ignatius Pardies 160
이븐 알 나피스 Ibn al-Nafis 98
이폴리트 피조 Hippolyte Fizeau 475, 476, 522

ㅈ

쟈크 델리으 Jacques Delille 329
자딕 Zadig 328
자비에르 비샤 Xavier Bichat 214, 300
작스 Sachs 11
장 뷔리당 Jean Buridan 71
장 자크 루소 Jean Jacques Rousseau 187, 202, 207, 212, 216~217, 228~229, 236, 254,
제드 부크발트 Jed Buchwald 20
제레미 벤담 Jeremy Bentham 187, 190, 285
제임스 안소니 프로드 James Anthony Froude 393
제임스 와트 James Watt 243, 266, 334, 349, 403, 409
제임스 클럭 맥스웰 James Clerk Maxwell 20, 24, 27, 42, 128, 398, 407, 474, 508~510, 512~529, 531~544, 548, 557~558, 560~561, 565, 568~569, 573, 577

제임스 프레스코트 줄 James Prescott Joule 417
제임스 허튼 James Hutton 243, 334~336, 340, 449
조르다노 브루노 Giordano Bruno 15, 57, 116
조르주 퀴비에 Georges Cuvier 213, 300, 306~308, 317~332, 336, 339, 341, 385
조바니 보렐리 Giovanni Borelli 143
조사이어 웨지우드 Josiah Wedgwood 348~350
조셉 블랙 Joseph Black 243~245, 250, 270, 277, 334, 459
조셉 타운젠드 Joseph Townsend 336
조셉 프리스틀리 Joseph Priestly 18, 220, 242, 245~248, 255~261, 263, 266, 275~276, 291~292, 310, 312, 314, 349, 380, 432
조지 사튼 George Sarton 11
조지 템플 George Temple 575
조지오 드 산타야나 Giorgio de Santillana 576
조프레이 생틸레르 Geoffrey Saint-Hilaire 307
조프루아 생티레르 Jeoffroy Saint-Hilaire 364
존 돌턴 Dalton John 18, 140, 289, 291~294, 297~298, 379, 381, 383, 414, 417, 497
존 로크 John Locke 146, 159, 175, 195, 196~200, 202~203, 208, 210, 417
존 스튜어트 밀 John Stuart Mill 393, 500
존 월러스 146, 357~358, 383~384
존 콘듀이트 John Conduitt 172
존 틴달 John Tyndall 428, 485~488, 490, 498, 506
존 플램스티드 John Flamsteed 159
존 헤러패드 John Herapath 529~530
지멘스 Siemens 519

ㅊ

찰스 다윈 Charles Darwin 19, 23, 89~90, 223, 228, 240, 255, 280, 299~300, 308~310, 316, 324, 341~343, 346~352, 354~365, 368~369, 372~373, 381~ 390, 392~395, 421, 449~451, 500, 541, 570, 576

찰스 라이엘 Charles Lyell 300, 340~343, 351, 356~358
찰스 블랙든 Charles Balgden 267

ㅋ

카루스 Carus 364
카바니스 Cabanis 214
카시러 Ernst Cassirer 386
칼 빌헬름 셸레 Carl Wilhelm Scheele 257
칼 에른스트 폰 바에르 Karl Ernst von 300
칼 코렌스 Carl Correns 380
칼 폰 내겔리 Karl von Nägeli 366~367, 369~370, 372, 378, 385, 389
칼 폰 린네 Carl von Linné 207, 213~214, 216, 229, 232, 235, 306~307, 309, 317, 385, 459
칼스루에 Karlsruhe 543
캐븐디시 Henry Cavendish 245, 255, 266~268, 527
캐슬러레이 Castlereagh 351
케이쓰 토마스 Keith Thomas 15
코페르니쿠스 Copernicus 14, 32, 48~57, 59 ~61, 63, 69, 71, 73, 77~80, 82, 88~89, 97, 104, 106, 109, 116, 121, 125, 170, 308, 548
콜라우쉬 F. W. Georg Kohlrausch 486, 521~522
콩도르세 Marquis de Condorcet 202, 208, 211~212
쿨롱 Charles Augustin de Coulomb 20, 400, 508
크롬비 Alister C. Crombie 13
크롬웰 Oliver Cromwell 145~146
크리스토퍼 렌 Christopher Wren 171~172
크리스티안 호이겐스 Christiaan Huygens 155 ~156, 160, 171, 182, 197, 455, 461~462, 471, 476, 482
클라우디오스 프톨레마이오스 Claudios Ptolemaios 46~47

클라페이롱 Benoît Paul Emil Clapeyron 411, 414, 419, 433, 442
클로드 베르나르 Claude Bernard 300, 364~365, 428

ㅌ

테시에 신부 abbé Tessier 318
테오도르 슈반 Theodor Schwann 300
토리첼리 Evangelista Torricelli 132~135, 137
토마스 윌리스 Thomas Willis 145
토마스 쿤 Thomas S. Kuhn 20~21
토머스 브라운 Thomas Browne 343
토머스 영 Thomas Young 167, 436, 454, 459
토머스 제퍼슨 Thomas Jefferson 187, 318
티코 브라헤 Tycho Brahe 59

ㅍ

파두아 Padua 49, 71, 77, 79, 91~92, 99~101, 527
파브리키우스 Fabrici d'Acquapendente, Hieronymus Fabricius 99~100
파스칼 Blaise Pascal 114, 133~135, 137, 144~145, 176, 224, 577
파올로 로시 Paolo Rossi 15
파올로 사르피 Paolo Sarpi 31
팔레 르와얄 Palais Royal 258
페데리고 체시 공 Prince Federigo Cesi 143
폰 라우헨 Von Lauchen 52
퐁트넬 Fontenelle 152, 158, 182, 378, 388
푸리에 J. B. Joseph Fourier 405
푸아송 Siméon-Denis Poisson 468, 473
푸코 Jean Bernard Foucault 476, 555
프란시스 베이컨 Francis Bacon 15, 101, 105~115, 140~142, 144, 146, 188, 203, 206, 226, 303, 553, 577
프란시스 예이츠 Frances A. Yates 15
프란시스쿠스 라이너스 Franciscus Linus 160, 162
프랑수아 마장디 François Magendie 300

프랑수아 페리에 133~134
프랜시스 뉴먼 Francis Newman 393
프레드릭 홈즈 Frederic L. Holmes 18
플라톤 Platon 39, 42~45, 55, 95, 104, 113, 118, 137, 142, 179~180, 235
피에르 가상디 Pierre Gassendi 131~132
피에르 뒤엠 Pierre Duhem 11, 543~545, 547~548, 550, 552, 577
피에트로 레돈디 Pietro Redondi 14
피타고라스 Pythagoras 43, 52, 490
피터 갤리슨 Peter Galison 20

ㅎ

하인리히 헤르츠 Heinrich Hertz 543~544, 562
한스 드리쉬 Hans Driesch 388~389
한스 크리스티안 외르스테드 Hans Christian Oersted 416, 490~491
허버트 스펜서 Herbert Spencer 450, 546
헉슬리 Thomas Henry Huxley 300, 343, 347, 349, 356, 365, 393~394, 428
험프리 데이비 Humphry Davy 416, 458, 485~486
헤겔 Georg Wilhelm Friedrich Hegel 366, 372, 546
헨더슨 Lawrence Joseph Henderson 403
헨리 굴락 Henry Guerlac 18
헨리 브루엄 Henry Brougham 467
헨리 애덤스 Henry Adams 452
헨리 캐븐디시 Henry Cavendish 245, 255, 266~268, 527
헨리 펨버튼 Henry Pemberton 153
헬름홀츠 H. L. F. von Helmholtz 398, 428~429, 430~441, 443, 448, 459~460, 497, 538~539
홉스 Thomas Hobbes 15, 182
후고 드 브리스 Hugo de Vries 379~380
후커 Joseph Dalton Hooker 356, 358
히포크라테스 Hippokrates 95